UG NX 12.0 中文版

完全实战一本通

云智造技术联盟　编著

化学工业出版社

·北京·

内容提要

本书通过大量的工程实例和容量超大的同步视频，系统地介绍了UG NX 12.0中文版的新功能、入门必备基础知识、各种常用操作命令的使用方法，以及应用UG NX 12.0进行工程设计的思路、实施步骤和操作技巧。

全书共分为16章，主要包括UG NX 12.0简介、基本操作、建模基础、草图设计、曲线功能、特征建模、特征操作、同步建模与GC工具箱、曲面功能、特征和曲面编辑、查询与分析、钣金设计、装配建模、工程图、动力学分析、有限元分析等内容。

书中所有案例均提供配套的视频、素材及源文件，扫二维码即可轻松观看或下载使用。另外，还超值赠送4大不同类造型的设计实例配套视频文件。

本书内容丰富实用，操作讲解细致，图文并茂，语言简洁，思路清晰，非常适合UG初学者、相关行业设计人员自学使用，也可作为高等院校及培训机构相关专业的教材及参考书。

图书在版编目（CIP）数据

UG NX 12.0中文版完全实战一本通/云智造技术联盟编著.—北京：化学工业出版社，2020.6(2023.1重印)

ISBN 978-7-122-36556-9

Ⅰ.①U…　Ⅱ.①云…　Ⅲ.①计算机辅助设计-应用软件　Ⅳ.①TP391.72

中国版本图书馆CIP数据核字（2020）第052542号

责任编辑：要利娜　　　　文字编辑：吴开亮
责任校对：边　涛　　　　装帧设计：王晓宇

出版发行：化学工业出版社（北京市东城区青年湖南街13号　邮政编码100011）
印　　装：涿州市般润文化传播有限公司
787mm×1092mm　1/16　印张29½　字数789千字　2023年1月北京第1版第2次印刷

购书咨询：010-64518888　　　　售后服务：010-64518899
网　　址：http://www.cip.com.cn
凡购买本书，如有缺损质量问题，本社销售中心负责调换。

定　　价：89.00元

前言 —— UG NX 12.0

UG（Unigraphics NX）是由美国 EDS 公司（现已被西门子公司收购）开发的集 CAD/CAE/CAM 于一体的设计软件，其功能强大，可以轻松实现各种复杂实体及造型的建构，可用于整个产品的开发过程，包括产品建模、零部件装配、数控加工、运动分析、有限元分析以及工程图生成等，是全球应用最广泛的计算机辅助设计和辅助制造软件之一。

UG 每次的版本更新都代表了当时先进制造的发展前沿，很多现代设计方法和理念都能较快地在新版本中反映出来。 2017 年 10 月，UG NX 12. 0 发布，在很多方面都进行了改进和升级，例如 HD3D、同步建模、数字化生命周期仿真等。

本书即基于目前最新版本的 UG NX 12. 0 展开介绍，结合初学者的学习心理和学习规律，在内容编排上注重由浅入深，从易到难，在讲解过程中及时给出经验总结和相关提示，帮助读者快捷地掌握所学知识。

本书主要特色如下:

① 内容全面，知识体系完善。 本书循序渐进地介绍了 UG NX 12. 0 的常用功能及新功能，涵盖了基本操作、建模基础、草图设计、曲线功能、特征建模、特征操作、同步建模、曲面功能、特征和曲面编辑、查询与分析、钣金设计、装配建模、工程图、动力学分析、有限元分析等知识。

② 实例丰富，覆盖领域多。 通过案例引导，可让读者在学习的过程中快速了解 UG NX 的用途，并加深对知识点的掌握，力求通过实例的演练，帮助读者找到一条学习利用 UG NX 进行产品设计的捷径。

③ 软件版本新，适用范围广。 本书基于目前最新的 UG NX 12. 0 版本编写而成，同样适合 UG NX 10. 0、UG NX 8. 0 等低版本软件的读者操作学习。

④ 微视频学习更便捷。 为了方便读者学习，本书中的重要知识点和案例都有相应的讲解视频，扫书中二维码边学边看，像看电影一样轻松愉悦地学习本书内容，大大提高学习效率。

⑤ 大量学习资源轻松获取。 除书中配套视频外，本书还同步赠送全部实例的素材及源文件，方便读者对照学习；另外再特意赠送 4 大不同类造型的设计实例配套视频文件，总时长达 350 分钟。

⑥ 优质的在线学习服务。 本书的作者团队成员都是行业内认证的专家，免费为读者提供答疑解惑服务，读者在学习过程中若遇到技术问题，可以通过 QQ 群等方式随时随地与作者及其他同行在线交流。

本书由云智造技术联盟编著。 云智造技术联盟是一个集 CAD/CAM/CAE 技术研讨、工程开发、培训咨询和图书创作于一体的工程技术人员协作联盟，包含 20 多位专职和众多兼职 CAD/CAM/CAE 工程技术专家，主要成员有赵志超、张辉、赵黎黎、朱玉莲、徐声杰、卢园、杨雪静、孟培、闫聪聪、李兵、甘勤涛、孙立明、李亚莉、王敏、张亭、井晓翠、解江坤、胡仁喜、刘昌丽、康士廷、毛瑢、王玮、王艳池、王培合、王义发、王玉秋、张俊生等。

由于编者的水平有限，加之时间仓促，书中疏漏之处在所难免，恳请广大专家、读者不吝赐教。 如有任何问题，欢迎大家联系 714491436@qq. com，及时向我们反馈，也欢迎加入本书学习交流群 QQ：811016724，与同行一起交流探讨。

编著者

第4章 草图设计 / 61

第5章 曲线功能 / 80

第13章 装配建模 / 335

第14章 工程图 / 367

第16章 有限元分析 / 427

附录 配套学习资源 459

参考文献 460

第1章 UG NX 12.0简介

本章导读

UG (Unigraphics) 是 Unigraphics Solutions 公司推出的集 CAD/CAM/CAE 为一体的三维机械设计平台，也是当今世界广泛应用的计算机辅助设计、分析和制造软件之一，广泛应用于汽车、航空航天、机械、消费产品、医疗器械、造船等行业，它为制造行业产品开发的全过程提供解决方案，功能包括概念设计、工程设计、性能分析和制造。本章主要介绍 UG 的发展历程及 UG 软件界面的工作环境，简单介绍如何自定义工具栏。

内容要点

- UG NX 12.0 的启动
- 工作环境
- 工具栏的定制
- 系统的基本设置

1.1 UG NX 12.0的启动

本节主要介绍 UG NX 12.0 中文版的启动方法。

启动 UG NX 12.0 中文版有下面 4 种方法：

① 双击桌面上的 UG NX 12.0 的快捷方式图标，即可启动 UG NX 12.0 中文版；

② 单击桌面左下方的“开始”按钮，在打开的菜单中选择“程序”→“UG NX 12.0”→“NX 12.0”，启动 UG NX 12.0 中文版；

③ 将 UG NX 12.0 的快捷方式图标拖到桌面下方的快捷启动栏中，只需单击快捷启动栏中 UG NX 12.0 的快捷方式图标，即可启动 UG NX 12.0 中文版；

④ 直接在 UG NX 12.0 的安装目录的 UGII 子目录下双击 ugraf.exe 图标，就可启动 UG NX 12.0 中文版。

UG NX 12.0 中文版的启动画面如图 1-1 所示。

1.2 界面

本节介绍 UG 的主要工作界面及各部分功能，了解各部分的位置和功能之后才可以有效进行工作设计。

UG NX 12.0 主工作区如图 1-2 所示，其中包括标题、菜单、功能区、工作区、坐标系、部件导航器、提示行和状态行等部分。

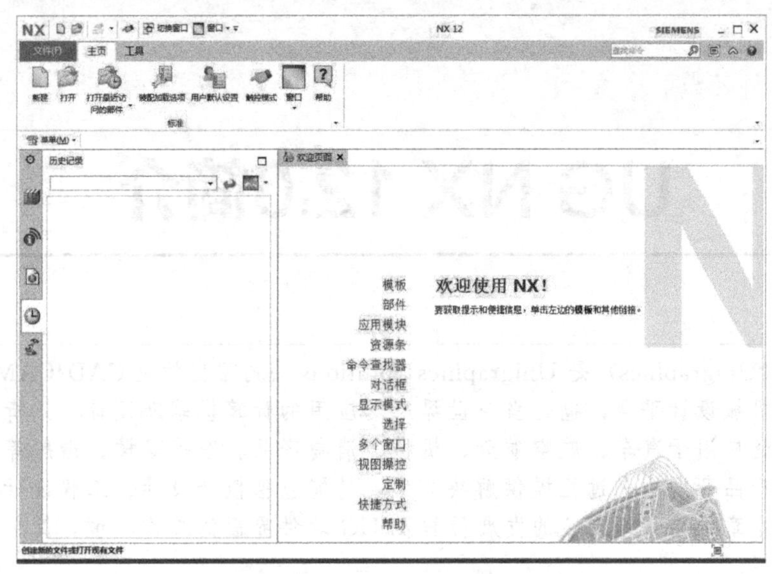

图 1-1　UG NX 12.0 中文版的启动画面

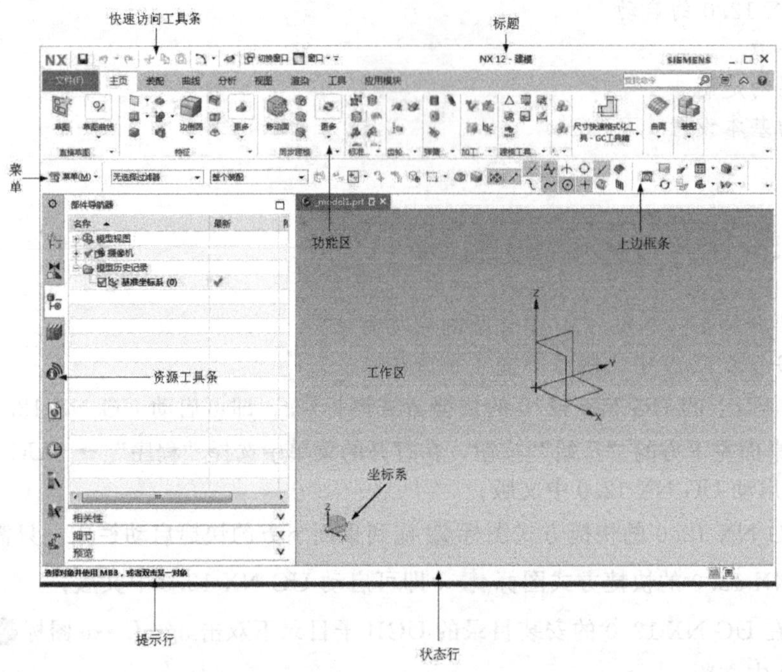

图 1-2　工作窗口

1.2.1　标题

标题用来显示软件版本，以及当前的模块和文件名等信息。

1.2.2　菜单

菜单包含了本软件的主要功能，系统的所有命令或者设置选项都归属到不同的菜单下，它们分别是："文件"菜单、"编辑"菜单、"视图"菜单、"插入"菜单、"格式"菜单、"工具”菜单、“装配”菜单、“信息”菜单、“分析”菜单、“首选项”菜单、“应用模块”菜单、“窗口”菜单、“GC 工具箱”和“帮助”菜单。

当单击菜单时，在下拉菜单中就会显示所有与该功能有关的命令选项。图 1-3 为“工具”菜单的命令选项，有如下特点：

① 快捷字母：例如 File 中的“F”是系统默认的快捷字母命令键，按下“Alt＋F”即可调用该命令选项。比如要调用“File”→“Open”命令，按下“Alt＋F”后再按“O”即可调出该命令。

② 功能命令：是实现软件各个功能所要执行的命令，单击命令会调出相应功能。

③ 提示箭头：是指菜单命令中右方的三角箭头，表示该命令含有子菜单。

④ 快捷键：命令右方的按钮组合键即是该命令的快捷键，在工作过程中直接按下组合键即可自动执行该命令。

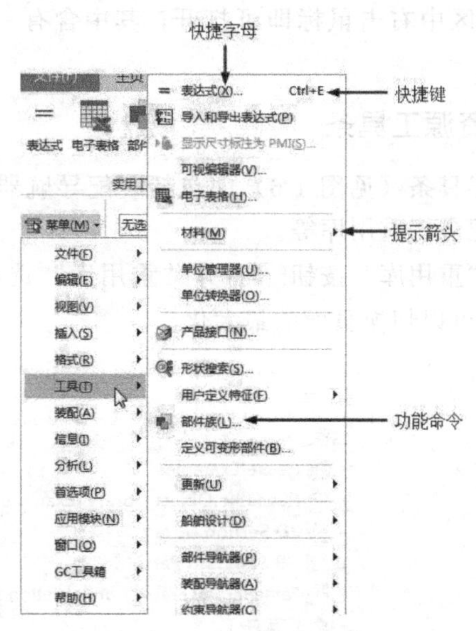

图 1-3　工具下拉菜单

1.2.3　上边框条

上边框条中含有不少快捷功能，以便用户在绘图过程中使用快捷命令，如图 1-4 所示。

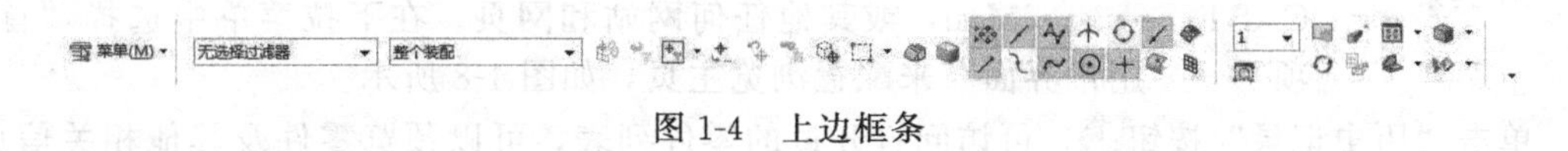

图 1-4　上边框条

1.2.4　功能区

功能区的命令以图形的方式在各个组和库中表示，如图 1-5 所示，所有功能区的图形命令都可以在菜单中找到相应的命令，这样可以使用户避免在菜单中查找命令时太烦，方便操作。

1.2.5　工作区

工作区是绘图的主区域。

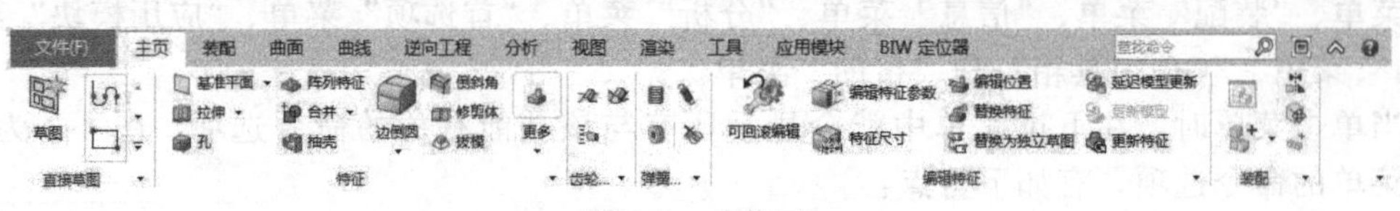

图 1-5　功能区

1.2.6　坐标系

UG 中的坐标系分为工作坐标系（WCS）和绝对坐标系（ACS），其中工作坐标系是用户在建模时直接应用的坐标系。

1.2.7　快速访问工具条

快速访问工具条在工作区中右击鼠标即可打开，其中含有一些常用命令及视图控制命令，以方便绘图工作。

1.2.8　资源工具条

资源工具条（见图 1-6）中包括装配导航器、部件导航器、Web 浏览器、历史记录、重用库等。

单击“重用库”按钮打开“重用库”选项卡，当单击按钮（见图 1-7）时可以切换页面的最大化。

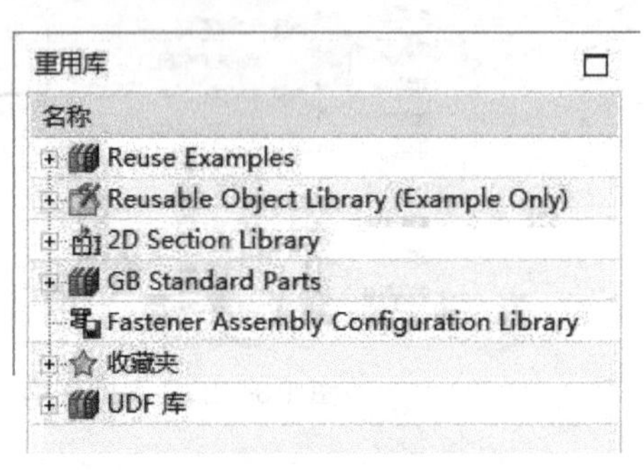

图 1-7　最大化窗口

图 1-6　资源工具条

单击“Web 浏览器”按钮，用它来显示 UG NX 12.0 的在线帮助、CAST、e-vis、iMan，或其他任何网站和网页。在下拉菜单中选择“首选项”→“用户界面”来配置浏览主页，如图 1-8 所示。

单击“历史记录”按钮，可访问打开过的零件列表，可以预览零件及其他相关信息，如图 1-9 所示。

1.2.9　提示行

提示行用来提示用户如何操作。执行每个命令时，系统都会在提示栏中显示用户必须执行的下一步操作。对于用户不熟悉的命令，利用提示栏帮助，一般都可以顺利完成操作。

1.2.10　状态行

状态行主要用于显示系统或图元的状态，例如显示是否选中图元等信息。

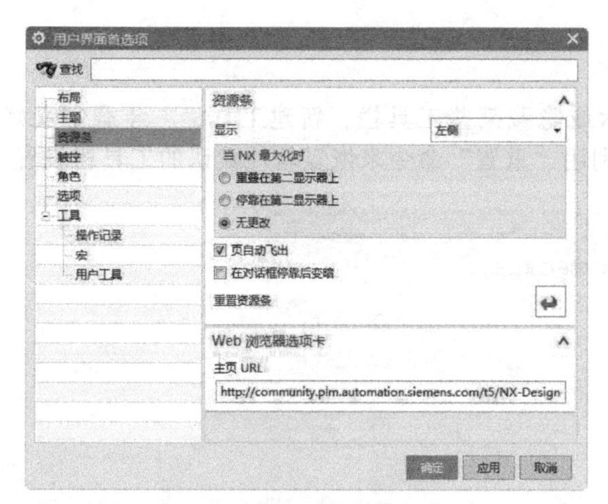

图 1-8　配置浏览器主页

图 1-9　历史信息

1.3　功能区的定制

UG 中的工具栏可以为用户工作提供方便，但是进入应用模块之后，UG 只会显示默认的工具栏图标设置，然而用户可以根据自己的习惯定制独特风格的工具栏，本节将介绍工具栏的设置。

在下拉菜单中选择“工具”→“定制”命令（见图 1-10）或者在功能区空白处的任意位置右击鼠标，从打开的菜单（见图 1-11）中选择“定制”项就可以打开“定制”对话框，如图 1-12 所示。对话框中有 4 个功能选项卡：命令、选项卡/条、快捷方式、图标/工具提示。单击相应的选项卡后，对话框会随之显示对应的选项卡内容，即可进行功能区的定制，完成后执行对话框下方的“关闭”命令即可退出对话框。

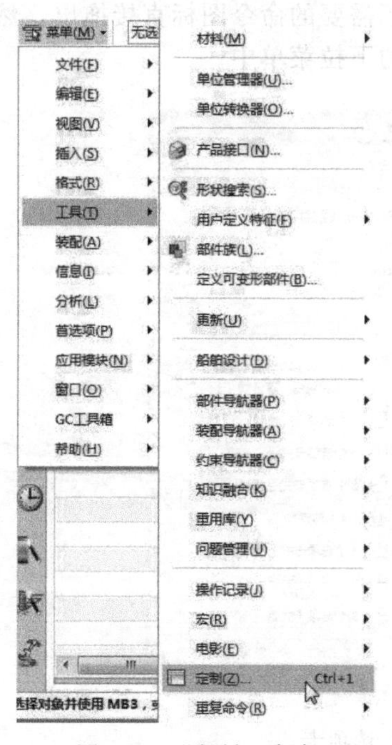

图 1-10　“定制”命令

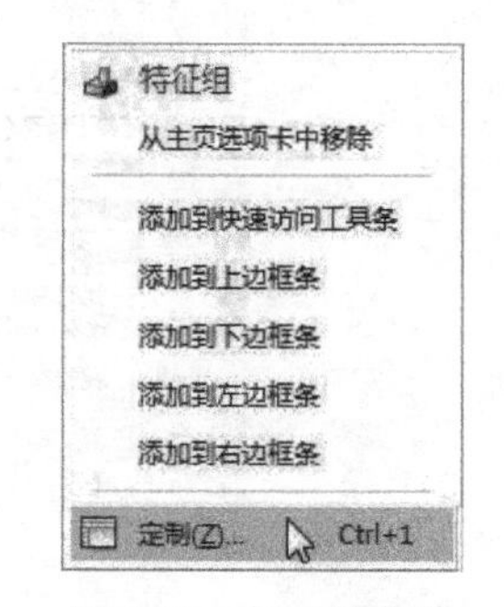

图 1-11　打开的菜单

1.3.1 选项卡/条

该选项卡（见图 1-12）用于设置显示或隐藏某些工具栏、新建工具栏、装载定义好的工具栏文件（以.tbr 为后缀名），也可以利用“重置”命令来恢复软件默认的工具栏设置。

图 1-12 “选项卡/条”选项卡

1.3.2 命令

该选项卡用于显示或隐藏功能区中的某些图标命令，如图 1-13 所示，具体操作为：在“类别”栏下找到需添加命令的功能区，然后在“项”栏下找到待添加的命令，将该命令拖至工作窗口的相应功能区中即可。对于功能区上不需要的命令图标直接拖出，然后释放鼠标即可。命令图标用同样方法也可以拖动到菜单栏的下拉菜单中。

图 1-13 “命令”选项卡

提示：

除了命令可以拖动到功能区，当类别栏中选为“菜单”时，“项”栏中的菜单也可以拖动到功能区中创建自定义菜单。

1.3.3　图标/工具提示

该选项卡（见图 1-14）用于设置在功能区和菜单上是否显示工具提示、在对话框选项上是否显示工具提示，以及功能区、菜单和对话框等图标大小的设置。

1.3.4　快捷方式

该选项卡（见图 1-15）用于定制快捷工具条和快捷圆盘工具条等。

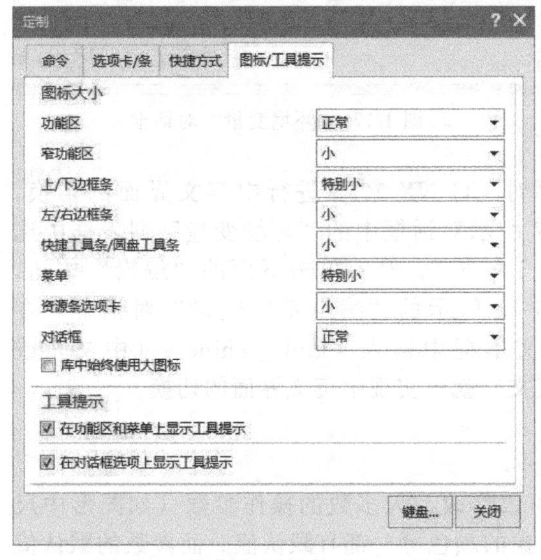

图 1-14　“图标/工具提示”选项卡

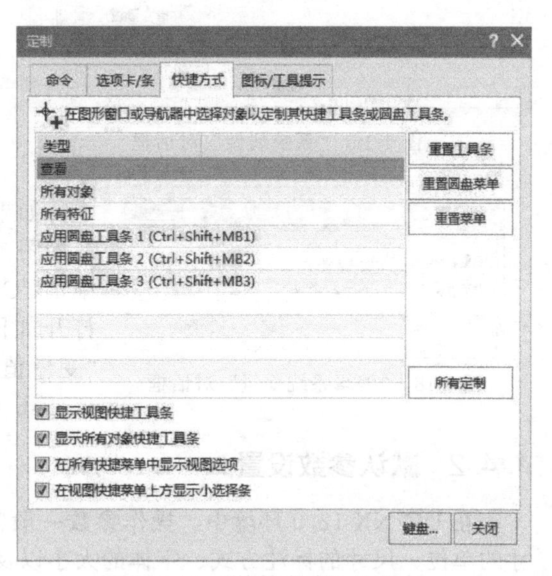

图 1-15　“快捷方式”选项卡

1.4　系统的基本设置

在使用 UG NX 12.0 中文版进行建模之前，首先要对 UG NX 12.0 中文版进行系统设置。下面主要介绍系统的环境设置和参数设置。

1.4.1　环境设置

在 Windows 7 中，软件的工作路径是由系统注册表和环境变量来设置的。UG NX 12.0 安装以后，会自动建立一些系统环境变量，如 UGII_BASE_DIR、UGII_LANG 和 UG_ROOT_DIR 等。如果用户要添加环境变量，可以在“计算机”图标上单击右键，在打开的菜单中选择“属性”命令，在打开的对话框中单击“高级系统设置”选项，打开如图 1-16 所示的“系统属性”对话框，在“高级”选项卡中单击“环境变量”按钮，打开如图 1-17 所示的“环境变量”对话框。

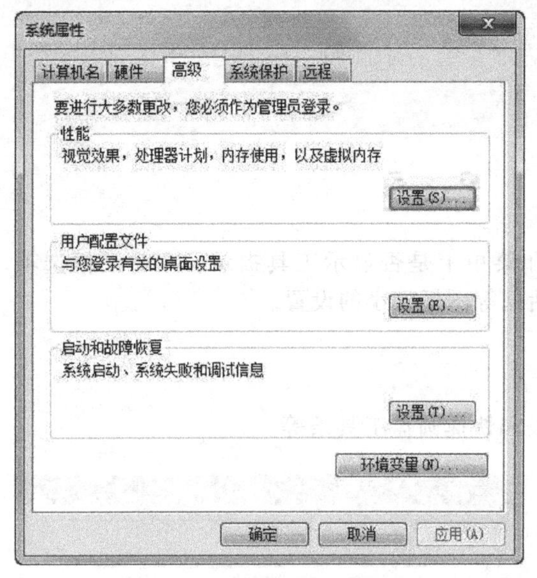

图 1-16 “系统属性”对话框

图 1-17 “环境变量”对话框

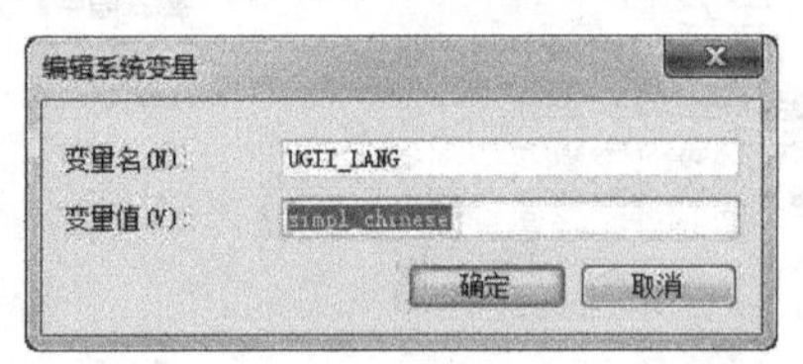

图 1-18 “编辑系统变量”对话框

如果要对 UG NX 12.0 进行中英文界面的切换，在如图 1-17 所示对话框中的“环境变量”列表框中选中“UGII_LANG”，然后单击下面的“编辑”按钮，打开如图 1-18 所示的“编辑系统变量”对话框，在“变量值”文本框中输入 simpl_chinese（中文）或 english（英文）就可实现中英文界面的切换。

1.4.2 默认参数设置

在 UG NX 12.0 环境中，操作参数一般都可以修改。大多数的操作参数（如图形中尺寸的单位、尺寸的标注方式、字体的大小以及对象的颜色等）都有默认值。而参数的默认值都保存在默认参数设置文件中，当启动 UG NX 12.0 时，会自动调用默认参数设置文件中的默认参数。UG NX 12.0 提供了修改默认参数的方法，用户可以根据自己的习惯预先设置默认参数的默认值，可显著提高设计效率。

在下拉菜单中选择“文件”→“实用工具”→“用户默认设置”命令，打开如图 1-19 所示的“用户默认设置”对话框。

在该对话框中可以设置默认参数的默认值，查找所需默认设置的作用域和版本，把默认参数以电子表格的格式输出，升级旧版本的默认设置等。

下面介绍图 1-19 所示对话框中主要选项的用法：

① 查找默认设置。在图 1-19 所示的对话框中单击“查找默认设置”按钮，打开图 1-20 所示的“查找默认设置”对话框，在该对话框的“输入与默认设置关联的字符”文本框中输入要查找的默认设置，单击查找按钮，则找到的默认设置在“找到的默认设置”列表框中列出其作用域、版本、类型等。

② 管理当前设置。在图 1-19 所示的对话框中单击“管理当前设置”按钮，打开图 1-21 所示的“管理当前设置”对话框。在该对话框中可以实现对默认设置的新建、删除、导入、导出和以电子表格的格式输出默认设置。

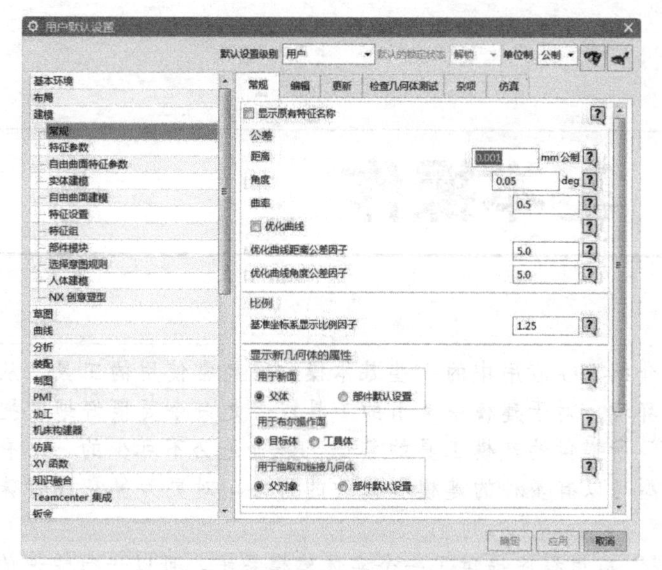

图 1-19 “用户默认设置”对话框

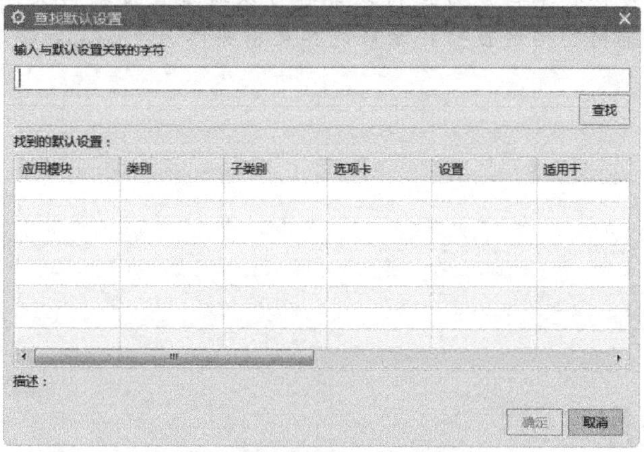

查找默认设置

输入与默认设置关联的字符

查找

找到的默认设置：

应用模块	类别	子类别	选项卡	设置	适用于

描述：

确定　取消

图 1-20 “查找默认设置”对话框

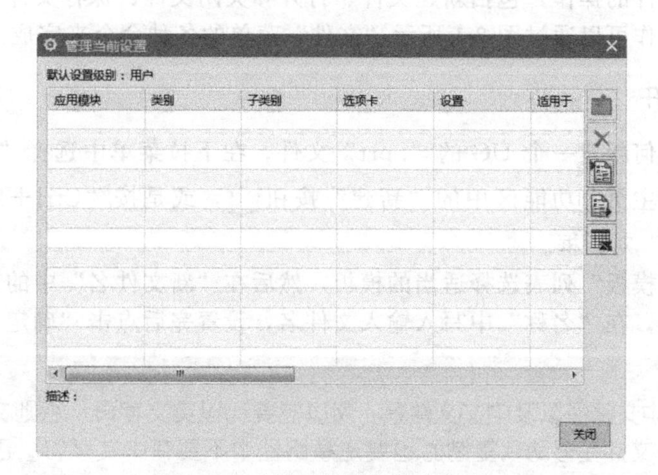

图 1-21 “管理当前设置”对话框

第2章 基本操作

本章导读

本章主要介绍UG应用中的一些基本操作及经常使用的工具，从而使用户更为熟悉UG的建模环境。对于建模中常用的工具或者是命令要很好地掌握还是要多练多用才行。对于UG所提供的建模工具的整体了解也是必不可少的，只有全局了解了，才知道对同一模型可以有多种的建模和修改的思路，对更为复杂或特殊的模型的建立才游刃有余。

UG“建模”应用程序提供了一个实体建模系统，可以进行快速的概念设计。工程师可通过定义设计中的不同部件间的数学关系，将他们的需求和设计限制结合在一起。基于特征的实体建模和编辑能力使得设计者可以通过直接编辑实体特征的尺寸，或通过使用其他几何编辑和构造技巧，来修改和更新实体。

内容要点

- 文件操作
- 对象操作
- 坐标系操作
- 视图与布局
- 图层操作

2.1 文件操作

本节将介绍文件的操作，包括新建文件、打开和关闭文件、保存文件、导入导出文件操作设置等。文件操作可以通过图2-1所示“文件”菜单的各种命令来完成。

2.1.1 新建文件

本节将介绍如何新建一个UG的“.prt”文件，在下拉菜单中选择“文件”→“新建”命令，或者单击“主页”功能区中的“新建”按钮，或是按“Ctrl+N”组合键，打开图2-2所示“新建”对话框。

在对话框中“模板”列表选择适当的模板，然后在“新文件名”中的“文件夹”确定新建文件的保存路径，在“名称”中写入输入文件名，设置完后点击“确定”即可。

提示：

UG并不支持中文路径以及中文文件名，所以需要代以英文字母！否则文件将会被认为文件名无效。另外，文件在移动或复制时也要注意路径中不要有中文字符，否则系统会认作为无效文件。这一点，直到UG NX 12.0依旧没有改变。

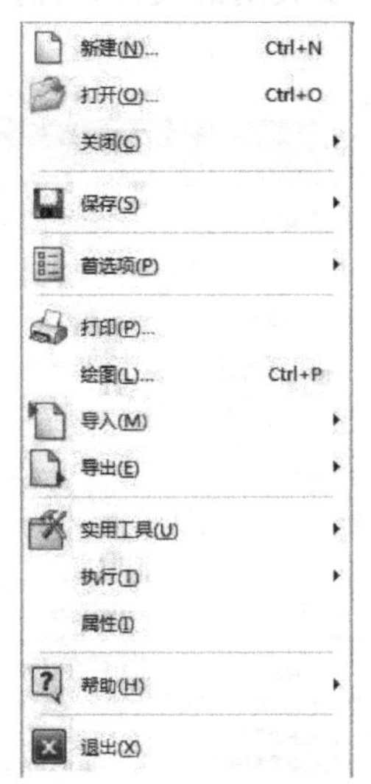

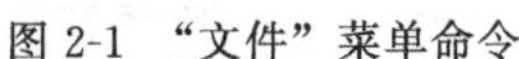

图 2-1 “文件”菜单命令

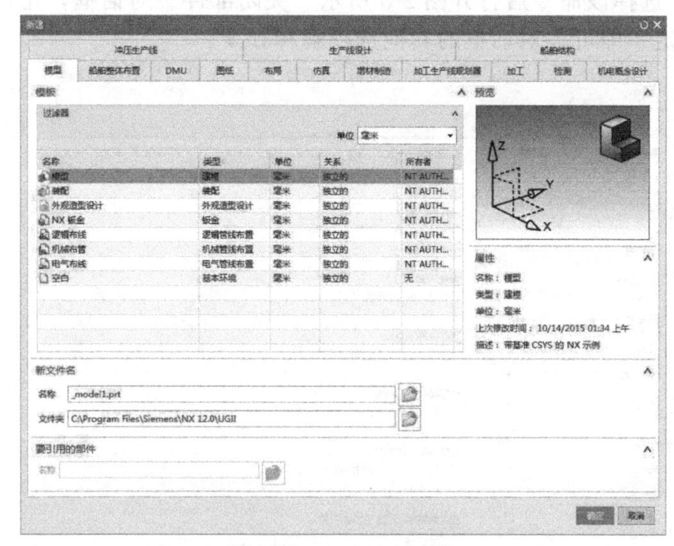

图 2-2 “新建”对话框

2.1.2 打开关闭文件

在下拉菜单中选择“文件”→“打开”命令，或者单击“主页”功能区中的“打开”按钮，或者按下“Ctrl＋O”组合键，打开图 2-3 所示“打开”对话框，对话框中会列出当前目录下的所有有效文件以供选择，这里所指的有效文件是根据用户在“文件类型”中的设置来决定的。其“仅加载结构”选项是指若选中此复选框，则当打开一个装配零件的时候，不用调用其中的组件。

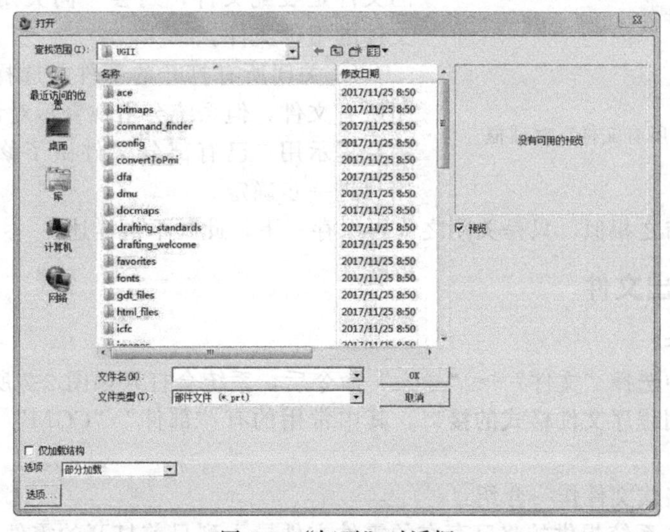

图 2-3 “打开”对话框

另外，可以单击“文件”菜单下的“最近打开的部件”命令来有选择性地打开最近打开过的文件。

关闭文件可以通过执行“文件”→“关闭”下的子菜单命令来完成，如图 2-4 所示。

以下对“关闭”→“选定的部件（P）”子菜单命令作一介绍。

选择该命令后打开图 2-5 所示“关闭部件”对话框，用户选取要关闭的文件，然后单击“确定”即可。对话框的其他选项解释如下：

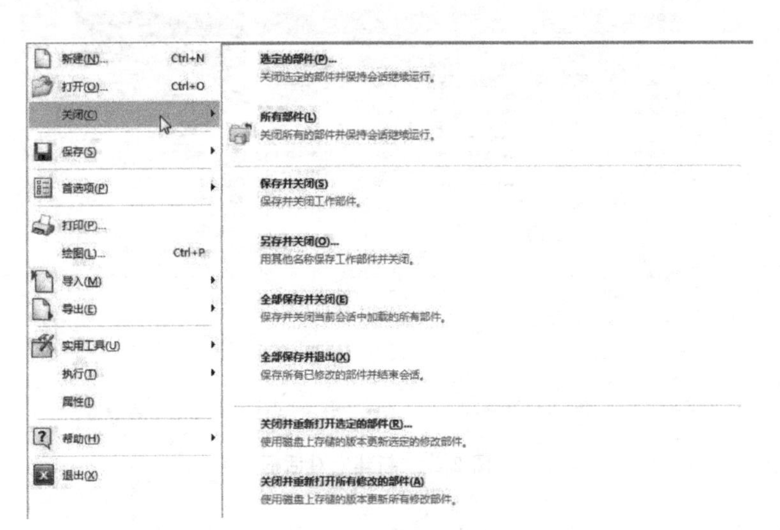

图 2-4 “关闭”子菜单

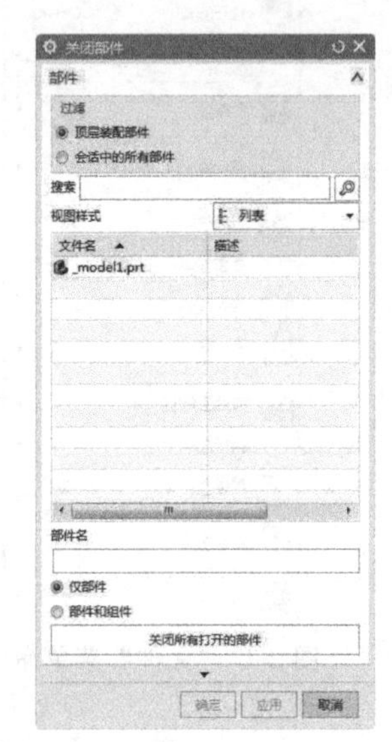

图 2-5 “关闭部件”对话框

① 顶层装配部件：该选项用于在文件列表中只列出顶层装配文件，而不列出装配中包含的组件。

② 会话中的所有部件：该选项用于在文件列表列出当前进程中所有载入的文件。

③ 仅部件：仅关闭所选择的文件。

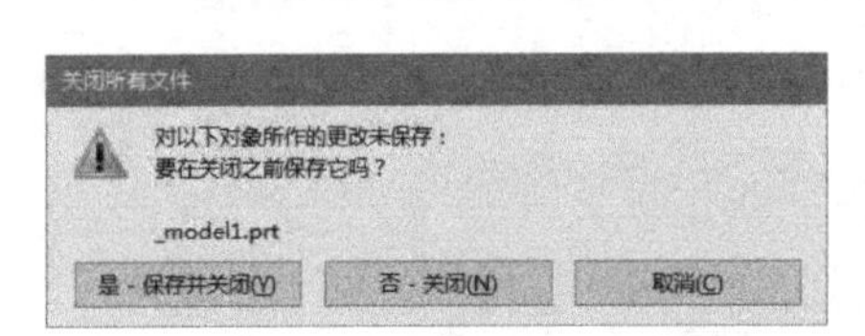

图 2-6 “关闭所有文件”对话框

④ 部件和组件：该选项功能在于，如果所选择的文件是装配文件，则会一同关闭所有属于该装配文件的组件文件。

⑤ 关闭所有打开的部件：选择该选项，可以关闭所有文件，但系统会出现警示对话框，如图 2-6 所示，提示用户已有部分文件做了修改，给出选项让用户进一步确定。

其他的命令与之相似，只是关闭之前再保存一下，此处不再详述。

2.1.3 导入导出文件

(1) 导入文件

在下拉菜单中选择“文件”→“导入”命令后，系统会打开如图 2-7 所示子菜单，提供了 UG 与其他应用程序文件格式的接口，其中常用的有“部件”“CGM”“DXF/DWG”等格式文件。

以下对部分格式文件作一介绍：

① 部件：UG 系统提供的将已存在的零件文件导入到目前打开的零件文件或新文件中；此外还可以导入 CAM 对象，如图 2-8 所示，功能如下。

a. 比例：该选项中文本框用于设置导入零件的大小比例。如果导入的零件含有自由曲面，系统将限制比例值为 1。

b. 创建命名的组：选择该选项后，系统会将导入的零件中的所有对象建立群组，该群组的名称即是该零件文件的原始名称。并且该零件文件的属性将转换为导入的所有对象的属性。

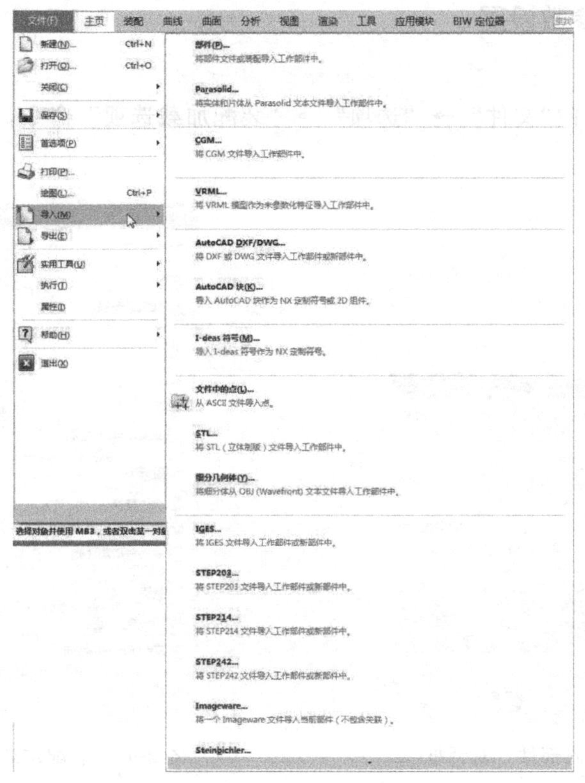

图 2-7　“导入”子菜单

c. 导入视图和摄像机：选中该复选框后，导入的零件中若包含用户自定义布局和查看方式，则系统会将其相关参数和对象一同导入。

d. 导入 CAM 对象：选中该复选框后，若零件中含有 CAM 对象则将一同导入。

e. 工作的：选中该选项后，则导入零件的所有对象将属于当前的工作图层。

f. 原始的：选中该选项后，则导入的所有对象还是属于原来的图层。

g. WCS：选择该选项，在导入对象时以工作坐标系为定位基准。

h. 指定：选中该选项后，系统将在导入对象后显示坐标子菜单，采用用户自定义的定位基准，定义之后，系统将以该坐标系作为导入对象的定位基准。

② Parasolid：单击该命令后系统会打开对话框导入（*.x_t）格式文件，允许用户导入含有适当文字格式文件的实体（parasolid），该文字格式文件含有可用于说明该实体的数据。导入的实体密度保持不变，表面属性（颜色、反射参数等）除透明度外，保持不变。

③ CGM：单击该命令可导入 CGM（Computer Graphic Metafile）文件，即标准的 ANSI 格式的电脑图形中继文件。

④ IGES：单击该命令可以导入 IGES 格式文件。IGES（Initial Graphics Exchange Specification）是可在一般 CAD/CAM 应用软件间转换的常用格式，可供各 CAD/CAM 相关应用程序转换点、线、曲面等对象。

⑤ AutoCAD DXF/DWG：单击该命令可以导入 DXF/DWG 格式文件。可将其他 CAD/CAM 相关应用程序导出的 DXF/DWG 文件导入到 UG 中，操作与 IGES 相同。

（2）导出文件

在下拉菜单中选择“文件”→“导出”命令，可以将 UG 文件导出为除自身外的多种文件格式，包括图片、数据文件和其他各种应用程序文件格式。

2.1.4 文件操作参数设置

(1) 载入选项

在下拉菜单中选择“文件”→“选项”→“装配加载选项”命令，打开图 2-9 所示“装配加载选项”对话框。

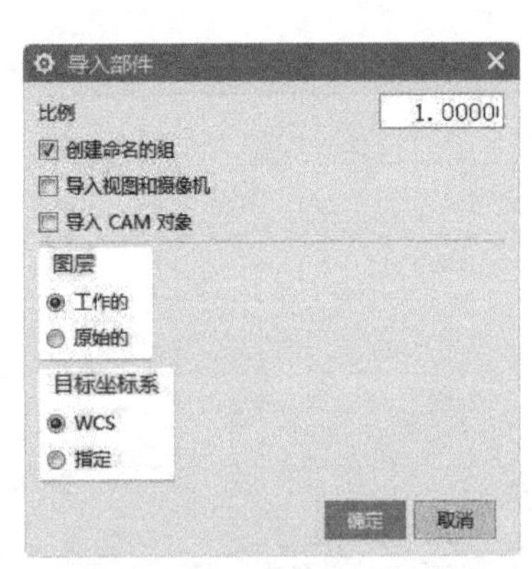

图 2-8 “导入部件”对话框

图 2-9 “装配加载选项”对话框

以下对其主要参数进行说明：

① 加载：该选项用于设置加载的方式，其下有 3 个选项。

a. 按照保存的：该选项用于指定载入零件的目录与保存零件的目录相同。

b. 从文件夹：指定加载零件的文件夹与主要组件相同。

c. 从搜索文件夹：利用此对话框下的“显示会话文件夹”按钮进行搜寻。

② 加载：该选项用于设置零件的载入方式，该选项有 5 个下拉选项。

③ 选项：选中完全加载时，系统会将所有组件一并载入；选中部分加载时，系统仅允许用户打开部分组件文件。

④ 失败时取消加载：该复选框用于控制当系统载入发生错误时，是否中止载入文件。

⑤ 允许替换：选中该复选框，当组件文件载入零件时，即使该零件不属于该组件文件，系统也允许用户打开该零件。

(2) 保存选项

在下拉菜单中选择“文件”→“选项”→“保存选项”命令，打开图 2-10 所示“保存选项”对话框，在该对话框中可以进行相关参数设置。

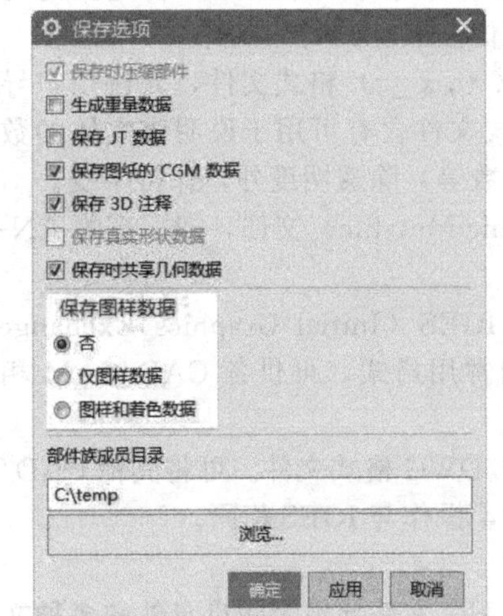

图 2-10 “保存选项”对话框

下面就对话框中部分参数进行介绍：

① 保存时压缩部件：选中该复选框后，保存时系统会自动压缩零件文件。文件压缩需要花费较长时间，所以一般用于大型组件文件或是复杂文件。

② 生成重量数据：用于更新并保存元件的重量及质

量特性，并将其信息与元件一同保存。

③ 保存图样数据：该选项组用于设置保存零件文件时是否保存图样数据。

a. 否：表示不保存。

b. 仅图样数据：表示仅保存图样数据而不保存着色数据。

c. 图样和着色数据：表示全部保存。

2.2　对象操作

UG 建模过程中的点、线、面、图层、实体等被称为对象，三维实体的创建、编辑操作过程实质上也可以看作是对对象的操作过程。本小节将介绍对象的操作过程。

2.2.1　观察对象

对象的观察一般有以下几种途径可以实现。

(1) 通过快捷菜单

在工作区通过右击鼠标可以打开图 2-11 所示菜单栏，部分菜单命令功能说明如下：

① 适合窗口：用于拟合视图，即调整视图中心和比例，使整合部件拟合在视图的边界内。也可以通过快捷键“Ctrl+F”实现。

② 缩放：用于实时缩放视图，该命令可以通过同时按下鼠标中键和左键不放来拖动鼠标实现；将鼠标置于图形界面中，滚动鼠标滚轮就可以对视图进行缩放；或者在按下鼠标滚轮的同时按下“Ctrl”键，然后上下移动鼠标也可以对视图进行缩放。

③ 旋转：用于旋转视图，该命令可以通过按下鼠标滚轮不放，再拖动鼠标实现。

④ 平移：用于移动视图，该命令可以通过同时按下鼠标右键和滚轮不放来拖动鼠标实现；或者在按下鼠标滚轮的同时按下“Shift”键，然后向各个方向移动鼠标也可以对视图进行移动。

⑤ 刷新：用于更新窗口显示，包括更新 WCS 显示，更新由线段逼近的曲线和边缘显示，更新草图和相对定位尺寸/自由度指示符、基准平面和平面显示。

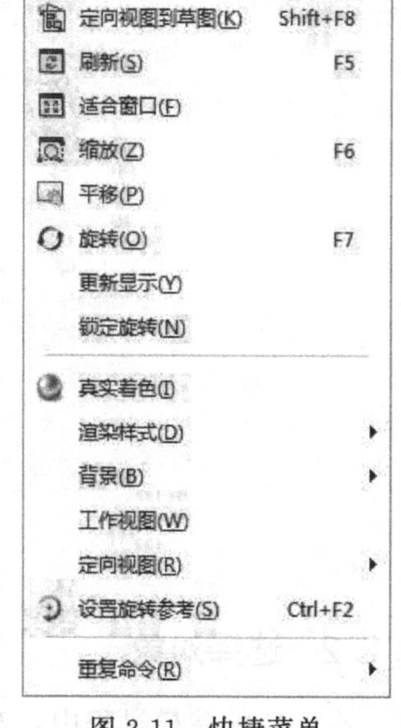

图 2-11　快捷菜单

⑥ 渲染样式：用于更换视图的显示模式，给出的命令中包含带边着色、着色、局部着色、面分析、艺术外观等 8 种对象的显示模式。

⑦ 定向视图：用于改变对象观察点的位置。子菜单中包括用户自定义视角，共有 9 个视图命令。

⑧ 设置旋转参考：该命令可以利用鼠标在工作区选择合适旋转点，再通过旋转命令观察对象。

(2) 通过视图功能区

“视图”功能区如图 2-12 所示。上面每个图标按钮的功能与对应的快捷菜单相同。

(3) 通过视图下拉菜单

在下拉菜单中选择“视图”命令，系统会打开图 2-13 所示子菜单，其中许多功能可以从不同角度观察对象模型。

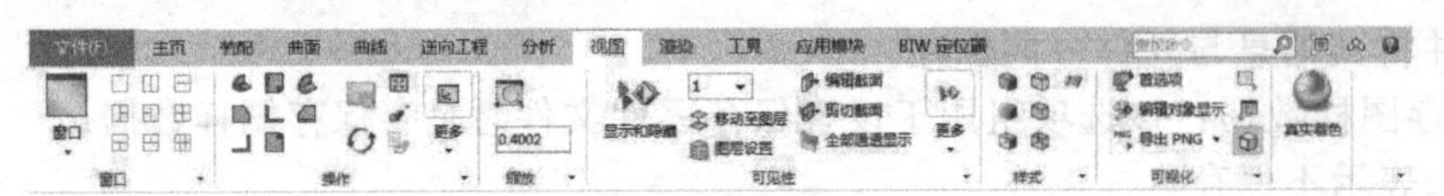

图 2-12 “视图”功能区

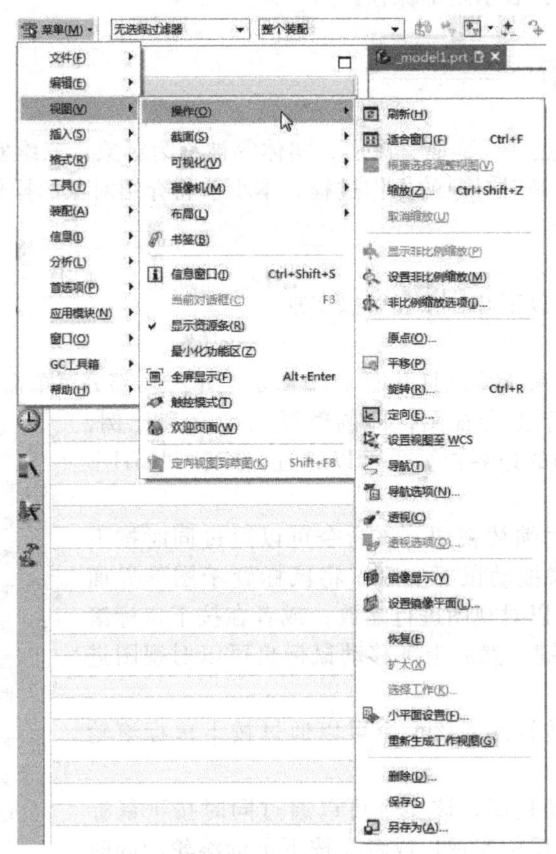

图 2-13 “视图”菜单

2.2.2 选择对象

在 UG 的建模过程中，对象的选择可以通过多种方式来选择，以方便快速地选择目标体，在下拉菜单中选择“编辑”→“选择”命令后，系统会打开图 2-14 所示子菜单。

以下对部分子菜单功能作一介绍：

① 最高选择优先级-特征：它的选择范围较为特定，仅允许特征被选择，一般的线、面不允许选择。

② 最高选择优先级-组件：该命令多用于装配环境下对各组件的选择。

③ 全不选：系统释放所有已经选择的对象。

当绘图工作区有大量可视化对象供选择时，系统会调出图 2-15 所示的“快速拾取”对话框来依次遍历可选择对象，数字表示重叠对象的顺序，各框中的数字与工作区中的对象一一对应，当数字框中的数字高亮显示时，对应的对象也会在工作区中高亮显示。以下给出两种常用选择方法的介绍：

① 通过键盘：通过键盘上的“→”等移动高亮显示区来选择对象，当确定之后通过单击“Enter”键或单击鼠标左键确认。

② 移动鼠标：在快速拾取对话框中移动鼠标，高亮显示数字也会随之改变，确定对象后单击左键确认即可。

如果要放弃选择，单击对话框中的关闭按钮或按下“Esc”键即可。

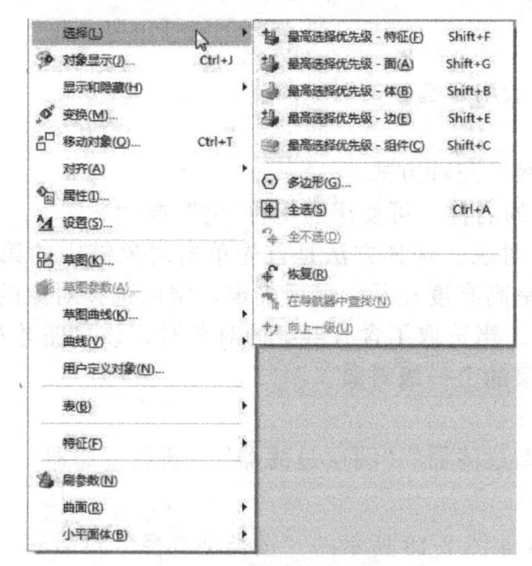

图 2-14 “选择”子菜单

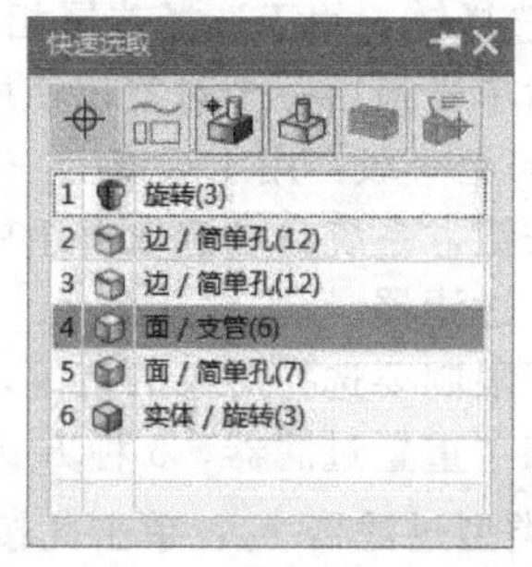

图 2-15 “快速拾取”对话框

2.2.3 改变对象的显示方式

本小节将介绍对象的实体图形显示方式，首先进入建模模块中，在下拉菜单中选择“编辑”→“对象显示”命令或是按下组合键“Ctrl+J”，打开图 2-16 所示“类选择”对话框，选择要改变的对象后，打开图 2-17 所示的“编辑对象显示”对话框，可编辑所选择对象的“图层”“颜色”“线型”“透明度”或者“着色显示”等参数，完成后单击“确定”即可完成编辑并退出对话框，按下“应用”则不用退出对话框，接着进行其他操作。

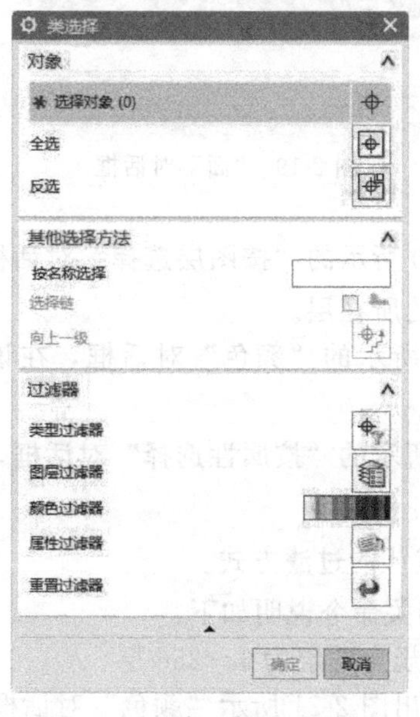

图 2-16 “类选择”对话框

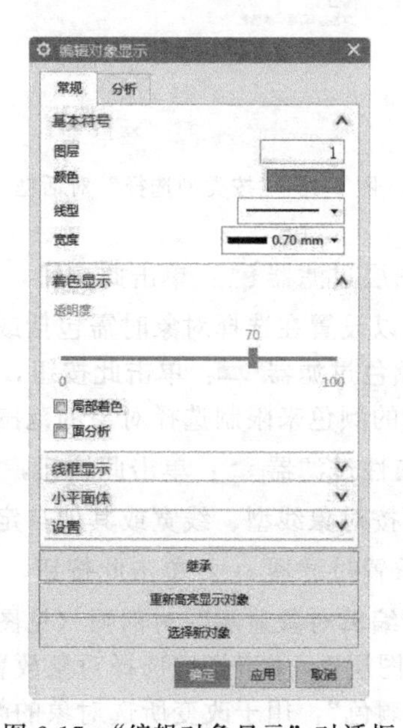

图 2-17 “编辑对象显示”对话框

“类选择”对话框的相关参数和命令功能说明如下：

（1）对象

有“选择对象”“全选”和“反选”三种方式。

① 选择对象：用于选取对象。

② 全选：用于选取所有的对象。

③ 反选：用于选取在图形工作区中未被用户选中的对象。

（2）其他选择方法

有“按名称选择”“选择链”“向上一级”三种方式。

① 按名称选择：用于输入预选取对象的名称，可使用通配符“?”或“＊”。

② 选择链：用于选择首尾相接的多个对象。选择方法是首先单击对象链中的第一个对象，然后单击最后一个对象，使所选对象呈高亮度显示，最后确定，结束选择对象的操作。

③ 向上一级：用于选取上一级的对象。当选取了含有群组的对象时，该按钮才被激活，单击该按钮，系统自动选取群组中当前对象的上一级对象。

（3）过滤器

用于限制要选择对象的范围，有“类型过滤器”“图层过滤器”“颜色过滤器”“属性过滤器”和“重置过滤器”5种方式。

① 类型过滤器：单击此按钮，打开如图2-18所示的“按类型选择”对话框，在该对话框中，可设置在对象选择中需要包括或排除的对象类型。当选取“曲线”“面”“尺寸”“符号”等对象类型时，单击“细节过滤”按钮，还可以做进一步限制，如图2-19所示。

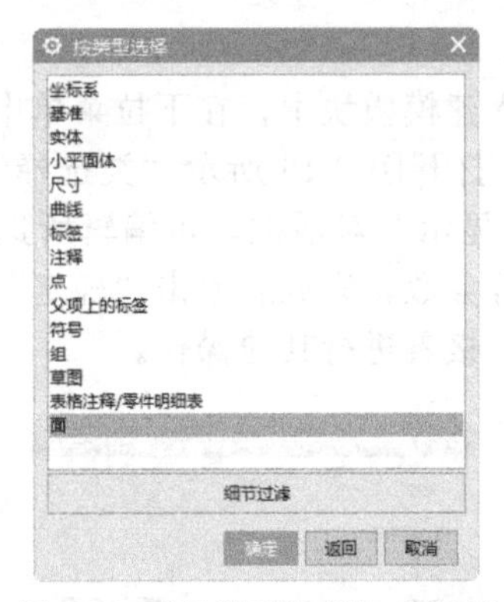

图2-18 “按类型选择”对话框

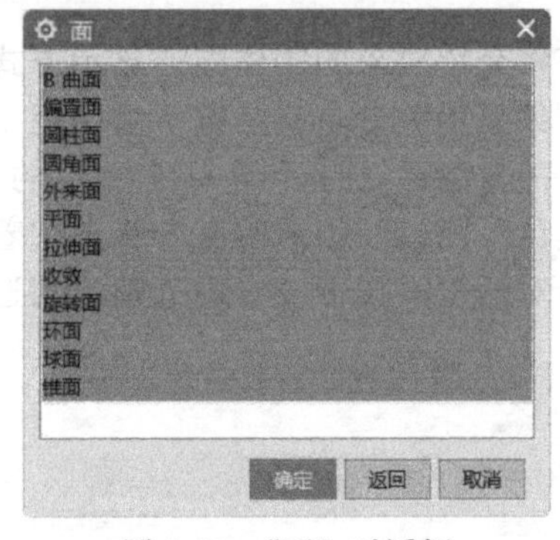

图2-19 “面”对话框

② 图层过滤器：单击此按钮，打开如图2-20所示的“按图层选择”对话框，在该对话框中可以设置在选择对象时需包括或排除的对象的所在层。

③ 颜色过滤器：单击此按钮，打开图2-21所示的“颜色”对话框，在该对话框中通过指定的颜色来限制选择对象的范围。

④ 属性过滤器：单击此按钮，打开图2-22所示的“按属性选择”对话框，在该对话框中，可按对象线型、线宽或其他自定义属性过滤。

⑤ 重置过滤器：单击此按钮，用于恢复成默认的过滤方式。

在“编辑对象显示”对话框（见图2-17），其相关命令说明如下：

①“图层”：用于指定选择对象放置的层。系统规定的层为1～256层。

②“颜色”：用于改变所选对象的颜色，可以调出图2-21所示“颜色”对话框。

③“线型”：用于修改所选对象的线型（不包括文本）。

④“宽度”：用于修改所选对象的线宽。

⑤“继承”：打开对话框要求选择需要从哪个对象上继承设置，并应用到之后的所选对象上。

⑥“重新高亮显示对象”：重新高亮显示所选对象。

⑦“选择新对象”：从“编辑对象显示”对话框修改附加的对象。

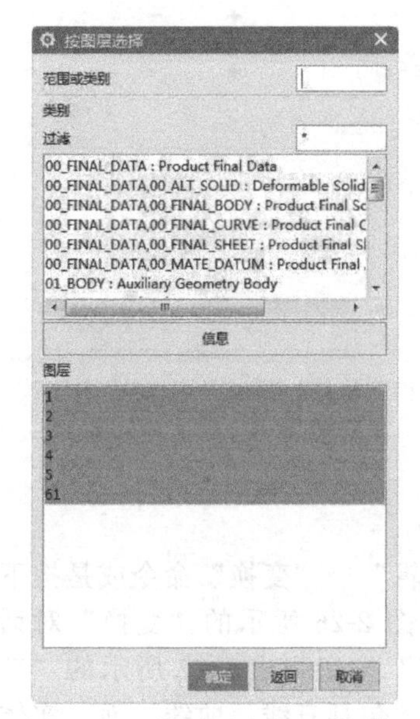

图 2-20　“按图层选择”对话框

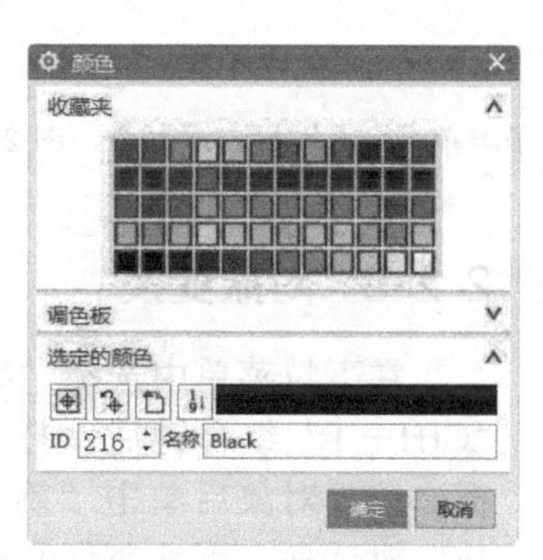

图 2-21　“颜色”对话框

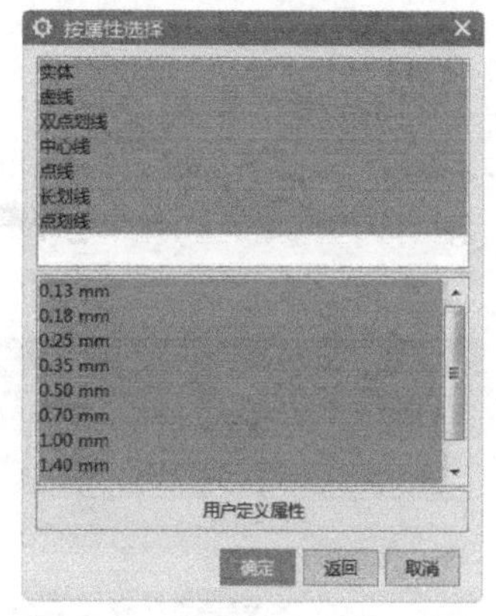

图 2-22　“按属性选择”对话框

2.2.4　隐藏对象

当工作区域内图形太多，以至于不便于操作时，需要将暂时不需要的对象隐藏，如模型中的草图、基准面、曲线、尺寸、坐标、平面等，在下拉菜单中选择“编辑”→“显示和隐藏”菜单下的子菜单提供了显示、隐藏等相关功能命令，如图 2-23 所示。

其部分功能说明如下：

① 显示和隐藏：单击该命令，打开图 2-24 所示的“显示和隐藏”对话框，可以选择要显示或隐藏的对象。

② 隐藏：该命令也可以通过按下组合键“Ctrl＋B”实现，提供了“类选择”对话框，可以通过类型选择需要隐藏的对象或是直接选取。

③ 反转显示和隐藏：该命令用于反转当前所有对象的显示或隐藏状态，即显示的全部对象将会隐藏，而隐藏的将会全部显示。

④ 显示：该命令将所选的隐藏对象重新显示出来，单击该命令后将会打开一类型选择对话框，此时工作区中将显示所有已经隐藏的对象，用户可以在其中选择需要重新显示的对象。

⑤ 显示所有此类型对象：该命令将重新显示某类型的所有隐藏对象，并提供了 5 种过滤方式（如图 2-25 所示“类型”“图层”“其他”“重置”和“颜色”5 个按钮或选项）来确定对象类别。

⑥ 全部显示：该命令也可以通过按下组合键“Shift＋Ctrl＋U”实现，将重新显示所有在可选层上的隐藏对象。

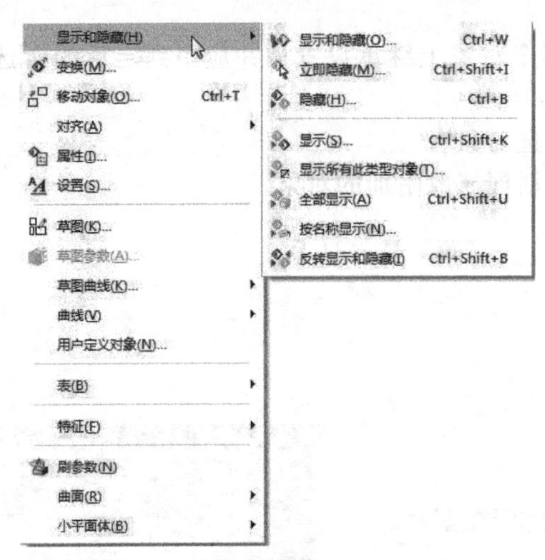

图 2-23 “显示和隐藏”子菜单

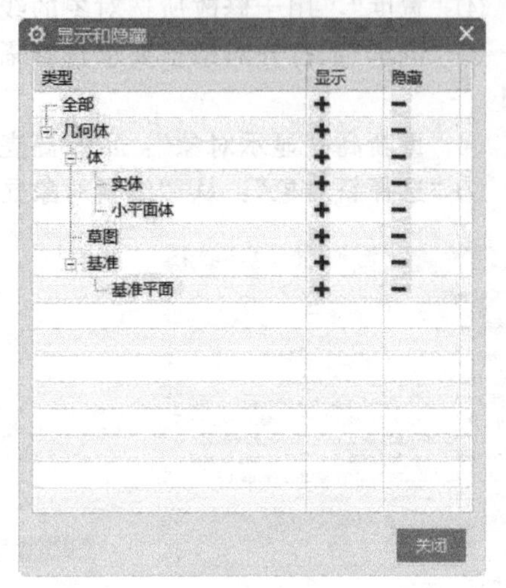

图 2-24 “显示和隐藏“对话框

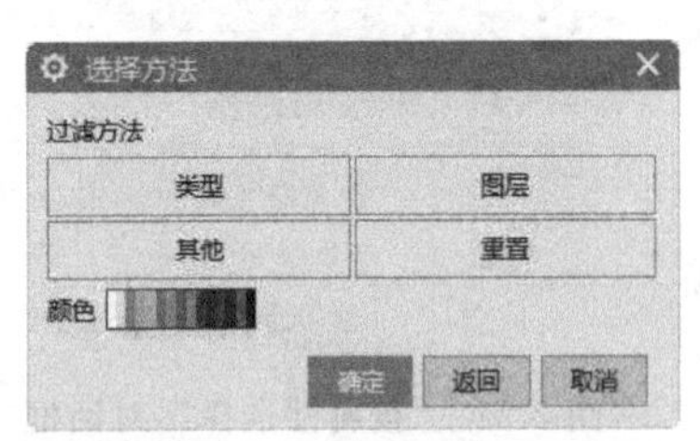

图 2-25 “选择方法”对话框

2.2.5 对象变换

在下拉菜单中选择“编辑”→“变换”命令或是按下“Ctrl＋T”组合键后，打开图 2-26 所示的“变换”对话框，选择对象后单击“确定”按钮弹出 2-27 所示的“变换”对话框，可被变化的对象包括直线、曲线、面、实体等。该对话框在操作变化对象时经常用到。在执行“变换”命令的最后操作时，都会打开图 2-28 所示的对话框。

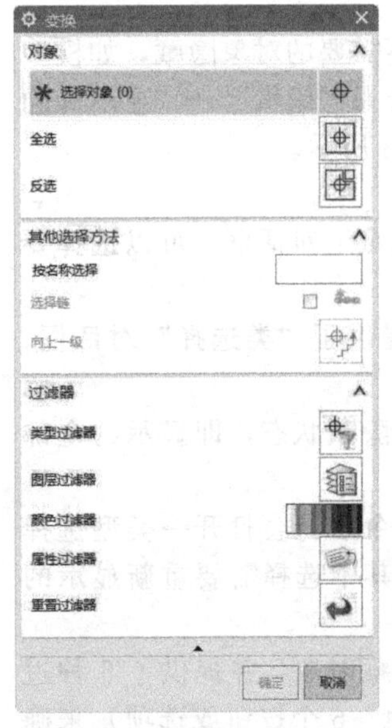

图 2-26 “变换”对话框

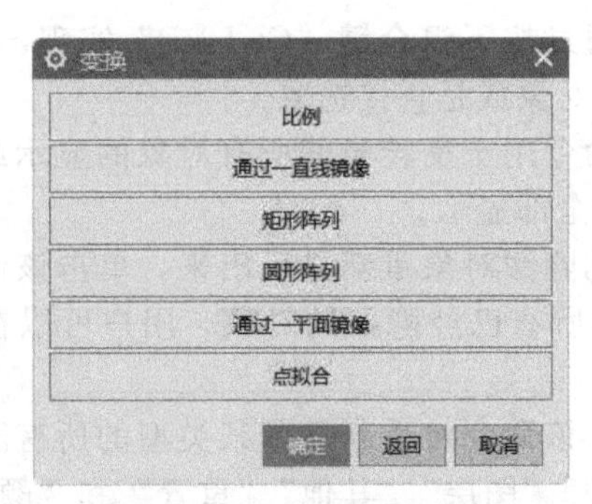

图 2-27 “变换”对话框

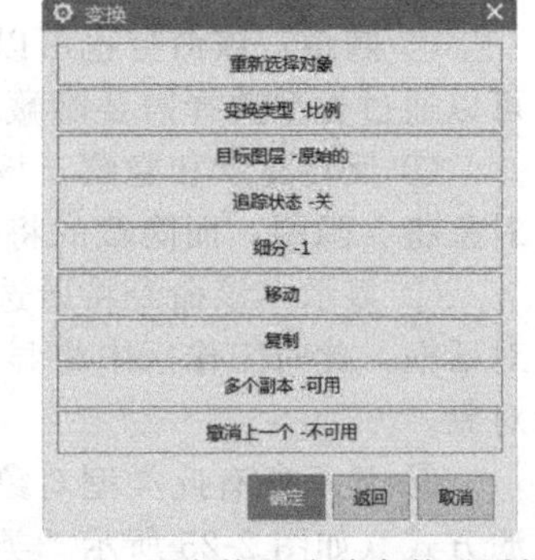

图 2-28 “变换”公共参数对话框

以下先对图 2-28 所示的对象“变换”公共参数对话框中部分功能作一介绍，该对话框用于选择新的变换对象、改变变换方法、指定变换后对象的存放图层等功能。

① 重新选择对象：用于重新选择对象，通过类选择器对话框来选择新的变换对象，而保持原变换方法不变。

② 变换类型-比例：用于修改变换方法。即在不重新选择变换对象的情况下修改变换方法，当前选择的变换方法以简写的形式显示在“-”符号后面。

③ 目标图层-原始的：用于指定目标图层。即在变换完成后，指定新建立的对象所在的图层。单击该选项后，会有以下 3 种选项：

a. 工作的：变换后的对象放在当前的工作图层中。

b. 原先的：变换后的对象保持在源对象所在的图层中。

c. 指定：变换后的对象被移动到指定的图层中。

④ 追踪状态-关：是一个开关选项，用于设置跟踪变换过程。当其设置为“开”时，则在源对象与变换后的对象之间画连接线。该选项可以和“平移”“旋转”“比例”“镜像”或“重定位”等变换方法一起使用，以建立一个封闭的形状。

需要注意的是，该选项对于源对象类型为实体、片体或边界的对象变换操作时不可用。跟踪曲线独立于图层设置，总是建立在当前的工作图层中。

⑤ 细分-1：用于等分变换距离。即把变换距离（或角度）分割成几个相等的部分，实际变换距离（或角度）是其等分值。指定的值称为“等分因子”。该选项可用于“平移”“比例”“旋转”等变换操作。例如“平移”变换，实际变换的距离是指原指定距离除以“等分因子”的商。

⑥ 移动：用于移动对象。即变换后，将源对象从其原来的位置移动到由变换参数所指定的新位置。如果所选取的对象和其他对象间有父子依存关系（即依赖于其他父对象而建立），则只有选取了全部的父对象一起进行变换后，才能用“移动”命令选项。

⑦ 复制：用于复制对象。即变换后，将源对象从其原来的位置复制到由变换参数所指定的新位置。对于依赖其他父对象而建立的对象，复制后的新对象中数据关联信息将会丢失（即它不再依赖于任何对象而独立存在）。

⑧ 多个副本-可用：用于复制多个对象。按指定的变换参数和复制个数在新位置复制源对象的多个副本。相当于一次执行了多个“复制”命令操作。

⑨ 撤销上一个-不可用：用于撤销最近变换。即撤销最近一次的变换操作，但源对象依旧处于选中状态。

提示：

对象的几何变换只能用于变化几何对象，不能用于变换视图、布局、图纸等。另外，变化过程中可以使用“移动”或“复制”命令多次，但每使用一次都建立一个新对象，所建立的新对象都是以上一个操作的结果作为源对象，并以同样的变换参数变换后得到的。

以下再对图 2-27“变换”对话框中部分功能作一介绍：

① 比例：用于将选取的对象相对于指定参考点成比例地缩放尺寸。选取的对象在参考点处不移动。选中该选项后，在系统打开的点构造器选择一参考点后，系统会打开图 2-29 所示选项，提供了两种选择：

a. 比例：该文本框用于设置均匀缩放（见图 2-30）。

b. 非均匀比例：选中该选项后，在打开图 2-31 所示的对话框中设置“XC-比例”“YC-比例”“ZC-比例”方向上的缩放比例，示意图如图 2-32 所示。

② 通过一直线镜像：该选项用于将选取的对象相对于指定的参考直线作镜像，即在参考线的相反侧建立源对象的一个镜像。

图 2-29 “比例”选项

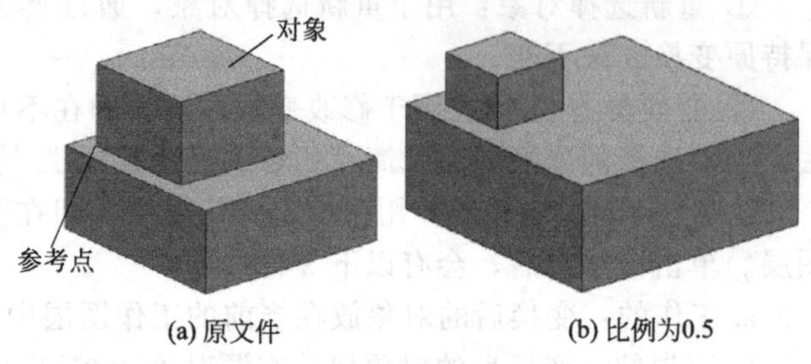

图 2-30 均匀比例示意图

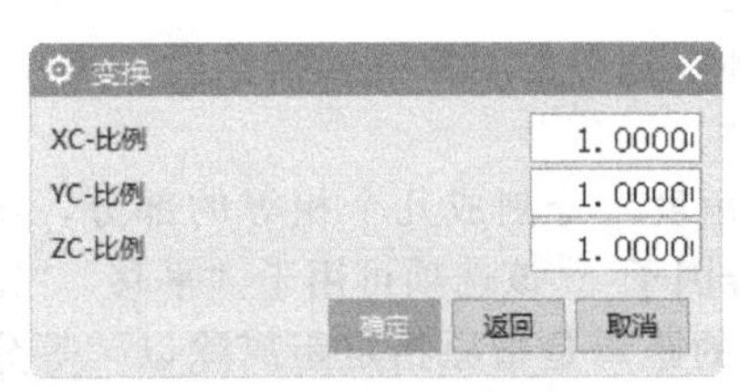

图 2-31 非均匀比例

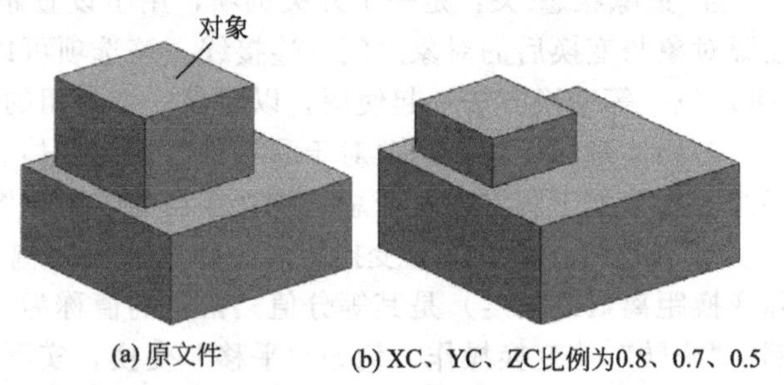

图 2-32 非均匀比例示意图

选中该选项后，系统会打开图 2-33 所示对话框，提供了三种选择：

a. 两点：用于指定两点，两点的连线即为参考线。

b. 现有的直线：选择一条已有的直线（或实体边缘线）作为参考线。

c. 点和矢量：该选项用点构造器指定一点，其后在矢量构造器中指定一个矢量，通过指定点的矢量即作为参考直线。

③ 矩形阵列：该选项用于将选取的对象，从指定的阵列原点开始，沿坐标系 XC 和 YC 方向（或指定的方位）建立一个等间距的矩形阵列。系统先将源对象从指定的参考点移动或复制到目标点（阵列原点），然后沿 XC、YC 方向建立阵列。如图 2-34 所示。

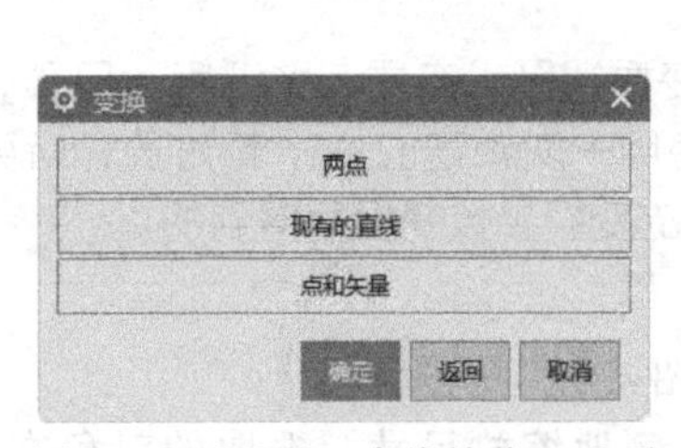

图 2-33 “通过一直线镜像”选项

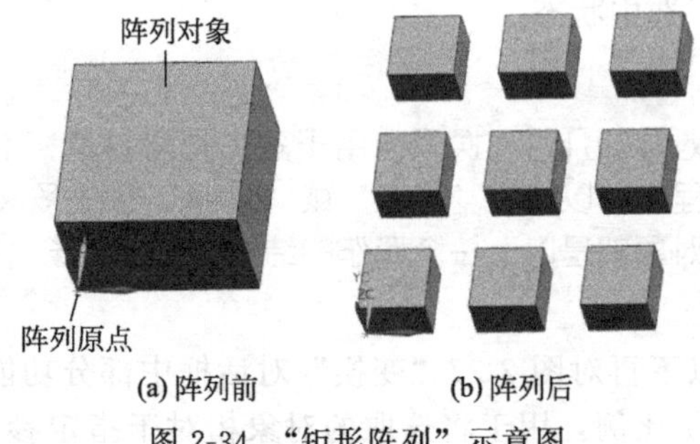

图 2-34 “矩形阵列”示意图

选中该选项后，系统会打开图 2-35 所示对话框，以下就该对话框选项作一介绍：

• DXC：该选项表示 XC 方向间距。

• DYC：该选项表示 YC 方向间距。

• 阵列角度：指定阵列角度。

• 列（X）：指定阵列列数。

• 行（Y）：指定阵列行数。

④ 圆形阵列：该选项用于将选取的对象从指定的阵列原点开始，绕目标点（阵列中心）建立一个等角间距的环形阵列。如图 2-36 所示。

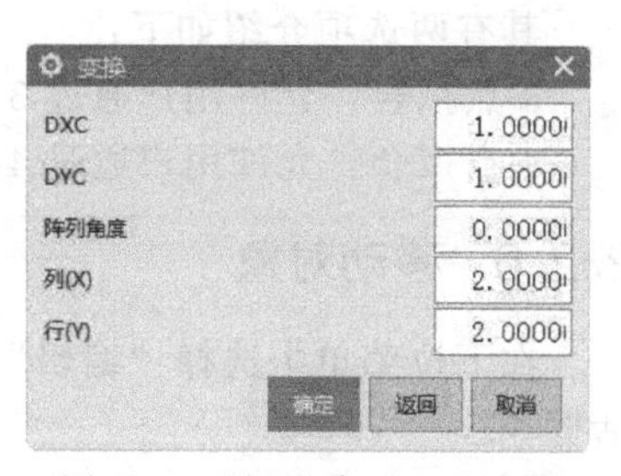

图 2-35 “矩形阵列”对话框

选中该选项后，系统会打开图 2-37 所示对话框，以下就该对话框部分选项作一介绍：

a.“半径”：用于设置圆形阵列的半径值，该值也等于目标对象上的参考点到目标点之间的距离。

b.“起始角”：定位圆形阵列的起始角（与 XC 正向平行为零）。

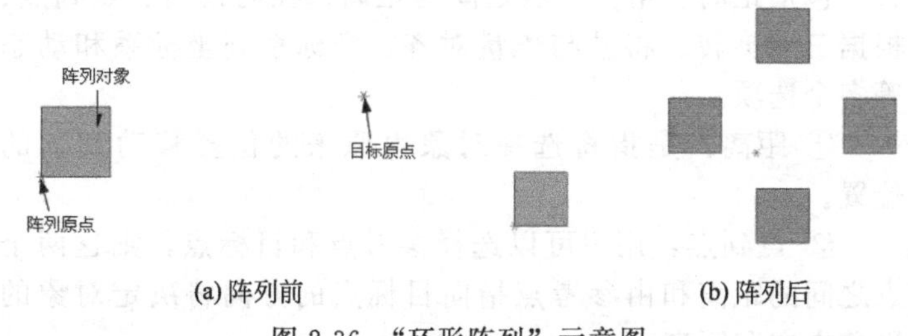

图 2-36 “环形阵列”示意图

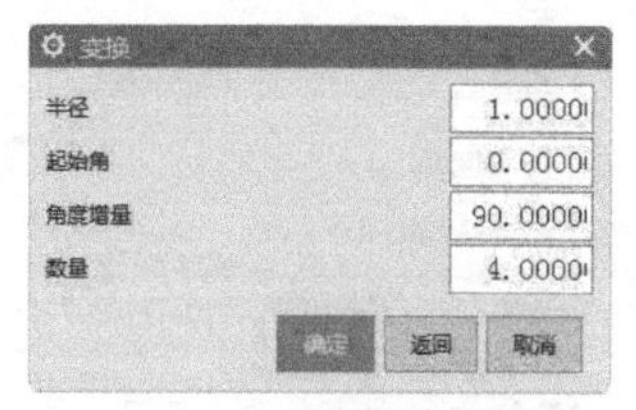

图 2-37 “圆形阵列”选项

⑤ 通过一平面镜像：该选项用于将选取的对象相对于指定参考平面作镜像，即在参考平面的相反侧建立源对象的一个镜像。如图 2-38 所示。选中该选项后，系统打开如图 2-39 所示“平面”对话框，用于选择或创建一参考平面，之后选取源对象完成镜像操作。

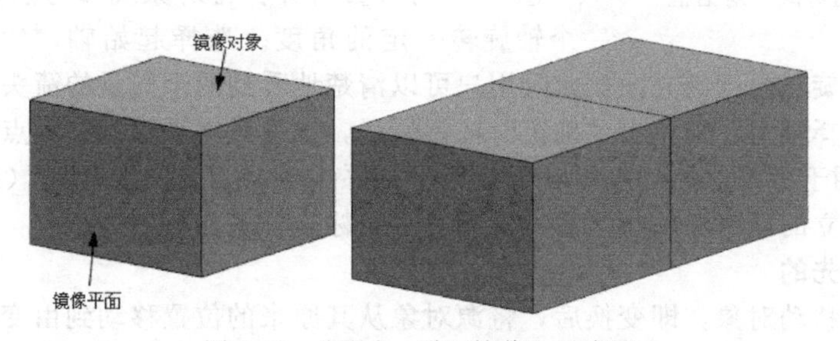

图 2-38 “通过一平面镜像”示意图

⑥ 点拟合：该选项用于将选取的对象从指定的参考点集缩放、重定位或修剪到目标点集上。选中该选项后，系统打开图 2-40 所示对话框。

图 2-39 “平面”对话框

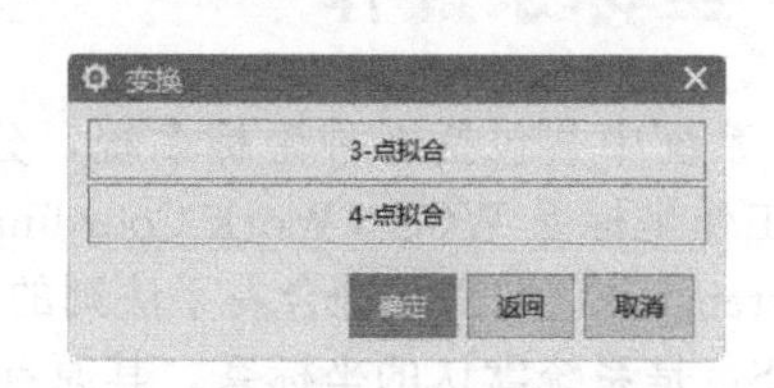

图 2-40 “点拟合”选项

其有两选项介绍如下：

3-点拟合：允许用户通过 3 个参考点和 3 个目标点来缩放和重定位对象。

4-点拟合：允许用户通过 4 个参考点和 4 个目标点来缩放和重定位对象。

2.2.6 移动对象

在下拉菜单中选择“编辑”→“移动对象”命令，打开图 2-41 所示的“移动对象”对话框。

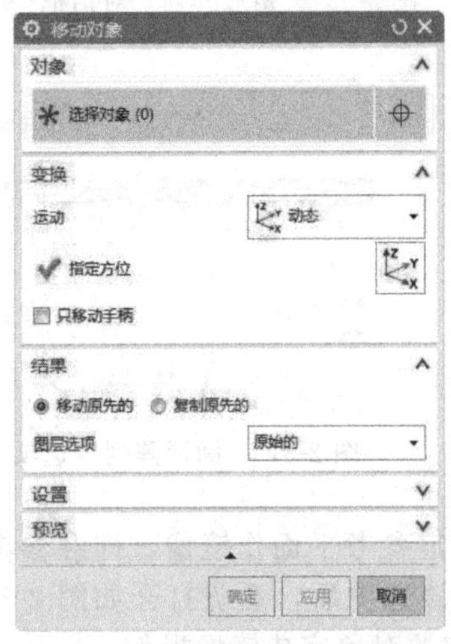

图 2-41 “移动对象”对话框

对话框中的选项说明如下：

(1) 运动

包括距离、角度、点之间的距离、径向距离、点到点、根据三点旋转、将轴与矢量对齐、坐标系到坐标系和动态等多个选项。

① 距离：是指将选择对象由原来的位置移动到新的位置。

② 点到点：用户可以选择参考点和目标点，则这两个点之间的距离和由参考点指向目标点的方向将决定对象的平移方向和距离。

③ 根据三点旋转：提供三个位于同一个平面内且垂直于矢量轴的参考点，让对象围绕旋转中心，按照这三个点同旋转中心连线形成的角度逆时针旋转。

④ 将轴与矢量对齐：将对象绕参考点从一个轴向另外一个轴旋转一定的角度。选择起始轴，然后确定终止轴，这两个轴决定了旋转角度的方向。此时用户可以清楚地看到两个矢量的箭头，而且这两个箭头首先出现在选择轴上，当单击“确定”按钮以后，该箭头就平移到参考点。

⑤ 动态：用于将选取的对象相对于参考坐标系中的位置和方位移动（或复制）到目标坐标系中，使建立的新对象的位置和方位相对于目标坐标系保持不变。

(2) 移动原先的

该选项用于移动对象，即变换后，将源对象从其原来的位置移动到由变换参数所指定的新位置。

(3) 复制原先的

用于复制对象，即变换后，将源对象从其原来的位置复制到由变换参数所指定的新位置。对于依赖其他父对象而建立的对象，复制后的新对象中数据关联信息将会丢失，即它不再依赖于任何对象而独立存在。

(4) 非关联副本数

用于复制多个对象，按指定的变换参数和拷贝个数在新位置复制源对象的多个拷贝。

2.3 坐标系操作

UG 系统中共包括 3 种坐标系统，分别是绝对坐标系 ACS（Absolute Coordinate System）、工作坐标系 WCS（Work Coordinate System）和机械坐标系 MCS（Machine Coordinate System），它们都是符合右手法则的。

ACS：是系统默认的坐标系，其原点位置永远不变，在用户新建文件时就产生了。

WCS：是 UG 系统提供给用户的坐标系，用户可以根据需要任意移动它的位置，也可以设置属于自己的 WCS 坐标系。

MCS：该坐标系一般用于模具设计、加工、配线等向导操作中。

UG 中关于坐标系统的操作功能如图 2-42 所示。

在一个 UG 文件中可以存在多个坐标系，但它们当中只可以有一个工作坐标系。UG 中还可以利用 WCS 下拉菜单中的“保存”命令来保存坐标系，从而记录下每次操作时的坐标系位置，以后再利用“原点”命令移动到相应的位置。

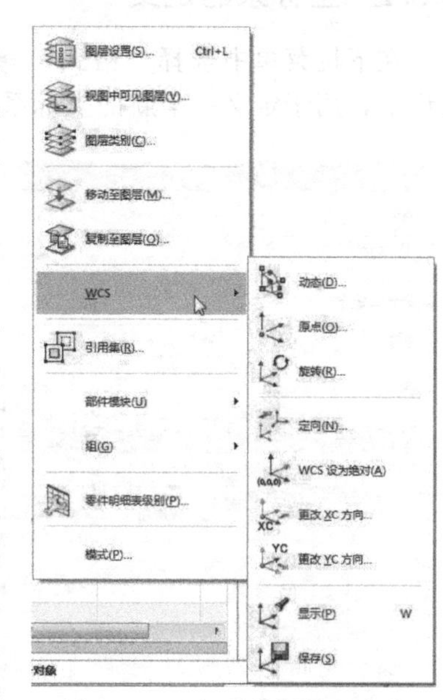

图 2-42　坐标系统操作子菜单

2.3.1　坐标系的变换

在下拉菜单中选择“格式”→“WCS”命令，打开图 2-42 所示子菜单命令，用于对坐标系进行变换以产生新的坐标。

① 动态：该命令能通过步进的方式移动或旋转当前的 WCS，用户可以在绘图工作区中移动坐标系到指定位置，也可以设置步进参数使坐标系逐步移动到指定的距离参数。如图 2-43 所示。

② 原点：该命令通过定义当前 WCS 的原点来移动坐标系的位置。但该命令仅仅移动坐标系的位置，而不会改变坐标轴的方向。

③ 旋转：该命令将会打开图 2-44 所示对话框，通过当前的 WCS 绕其某一坐标轴旋转一定角度，来定义一个新的 WCS。用户通过对话框可以选择坐标系绕哪个轴旋转，同时指定从一个轴转向另一个轴，在“角度”文本框中输入需要旋转的角度。角度可以为负值。

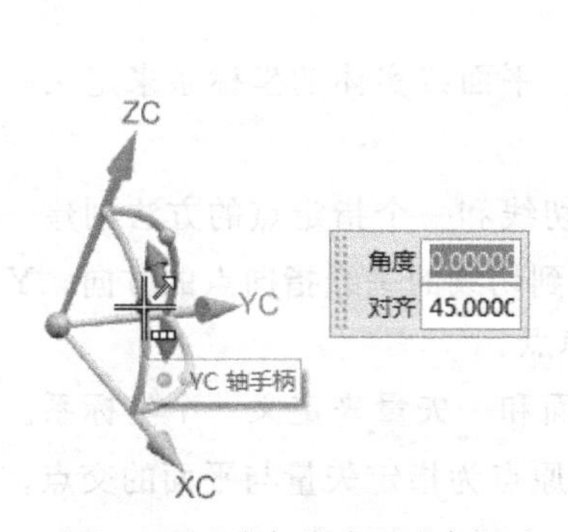

图 2-43 “动态移动”示意图

图 2-44 “旋转 WCS 绕…”对话框

提示：

可以直接双击坐标系使坐标系激活，且处于动态移动状态，用鼠标拖动原点处的方块，可以沿 X、Y、Z 方向任意移动，也可以绕任意坐标轴旋转。

④ 改变坐标轴方向：在下拉菜单中选择“格式”→“WCS”→“更改 XC 方向”命令，或者在下拉菜单中选择“格式”→“WCS”→“更改 YC 方向”命令，系统打开“点”对

话框，在该对话框中选择点，系统以原坐标系的原点和该点在 XC-YC 平面上的投影点的连线方向作为新坐标系的 XC 方向或 YC 方向，而原坐标系的 ZC 轴方向不变。

2.3.2 坐标系的定义

在下拉菜单中选择“格式”→“WCS”→“定向”命令，打开图 2-45 所示“坐标系”对话框，用于定义一个新的坐标系。以下对其相关功能作一介绍。

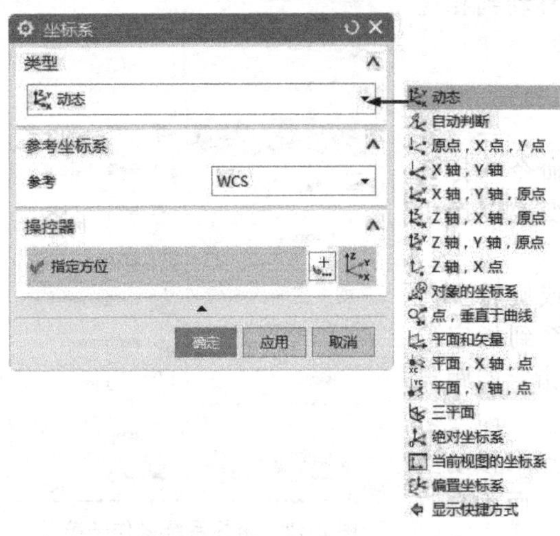

图 2-45 “坐标系”对话框

① 自动判断：该方式通过选择的对象或输入 X、Y、Z 坐标轴方向的偏置值来定义一个坐标系。

② 原点，X 点，Y 点：该方式利用点创建功能先后指定 3 个点来定义一个坐标系。这 3 点分别是原点、X 轴上的点和 Y 轴上的点，第一点为原点，第一和第二点的方向为 X 轴的正向，第一与第三点的方向为 Y 轴方向，再由 X 到 Y 按右手定则来定 Z 轴正向。

③ X 轴，Y 轴：该方式利用矢量创建的功能选择或定义两个矢量来创建坐标系。

④ X 轴，Y 轴，原点：该方式先利用点创建功能指定一个点为原点，然后利用矢量创建功能创建两矢量坐标，从而定义坐标系。

⑤ Z 轴，X 点：该方式先利用矢量创建功能选择或定义一个矢量，再利用点创建功能指定一个点来定义一个坐标系。其中，X 轴正向为沿点和定义矢量的垂线指向定义点的方向，Y 轴则由 Z、X 依据右手定则导出。

⑥ 对象的坐标系：该方式由选择的平面曲线、平面或实体的坐标系来定义一个新的坐标系，XOY 平面为选择对象所在的平面。

⑦ 点，垂直于曲线：该方式利用所选曲线的切线和一个指定点的方法创建一个坐标系。曲线的切线方向即为 Z 轴矢量，X 轴方向为沿点到切线的垂线指向点的方向，Y 轴正向由自 Z 轴至 X 轴矢量按右手定则来确定，切点即为原点。

⑧ 平面和矢量：该方式通过先后选择一个平面和一矢量来定义一个坐标系。其中 X 轴为平面的法矢，Y 轴为指定矢量在平面上的投影，原点为指定矢量与平面的交点。

⑨ 三平面：该方式通过先后选择三个平面来定义一个坐标系。三个平面的交点为原点，第一个平面的法向为 X 轴，Y、Z 以此类推。

⑩ 偏置坐标系：该方式通过输入 X、Y、Z 坐标轴方向相对于选择坐标系的偏距来定义一个新的坐标系。

⑪ 绝对坐标系：该方式在绝对坐标系的（0，0，0）点处定义一个新的坐标系。

⑫ 当前视图的坐标系：该方式用当前视图定义一个新的坐标系。XOY 平面为当前视图所在平面。

2.3.3　坐标系的保存、显示和隐藏

在下拉菜单中选择“格式”→“WCS”→“显示”命令，系统会显示或隐藏当前的工作坐标按钮。

在下拉菜单中选择“格式”→“WCS”→“保存”命令，系统会保存当前设置的工作坐标系，以便在以后的工作中调用。

2.4　视图与布局

本节主要介绍视图布局。分别介绍布局的新建与打开、删除、保存等，并详细介绍了布局的各种操作，如旋转、移动等。

2.4.1　视图

在下拉菜单中选择“视图”命令可得到如图 2-46 所示的“视图”子菜单，在 UG 建模模块中，沿着某个方向去观察模型，得到的一幅平行投影的平面图像称为视图。不同的视图用于显示在不同方位和观察方向上的图像。

视图的观察方向只和绝对坐标系有关，与工作坐标系无关。每一个视图都有一个名称，称为视图名，在工作区的左下角显示该名称。UG 系统默认定义好了的视图称为标准视图。

对视图变换的操作可以通过在下拉菜单中选择“视图”→“操作”命令调出操作子菜单或是通过在绘图工作区中单击鼠标右键打开的快捷菜单中快速操作（见图 2-47）。

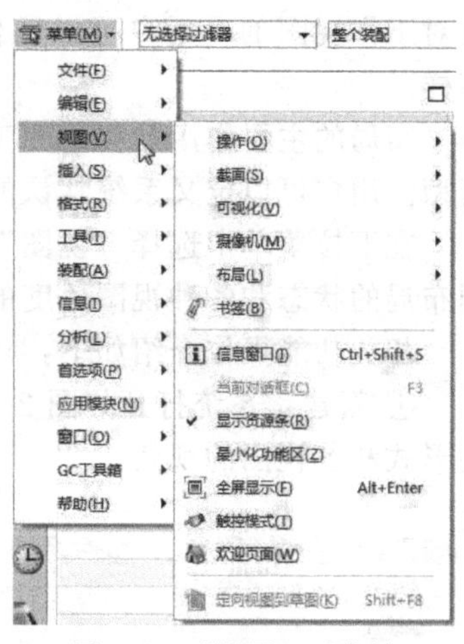

图 2-46　“视图”子菜单

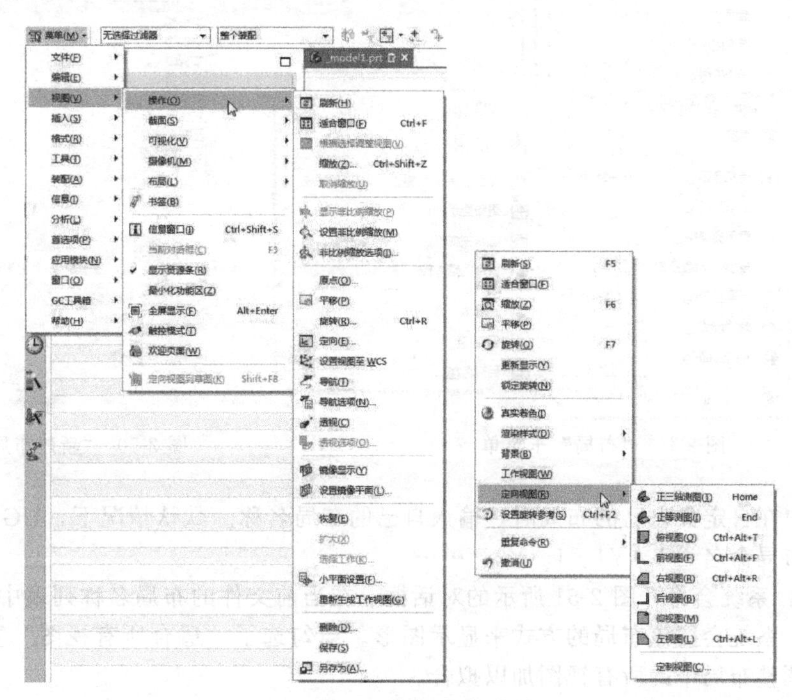

图 2-47　“视图”操作菜单

2.4.2 布局

在绘图工作区中，将多个视图按一定排列规则显示出来，就成为一个布局，每一个布局也有一个名称。UG预先定义了6种布局，称为标准布局，各种布局如图2-48所示。

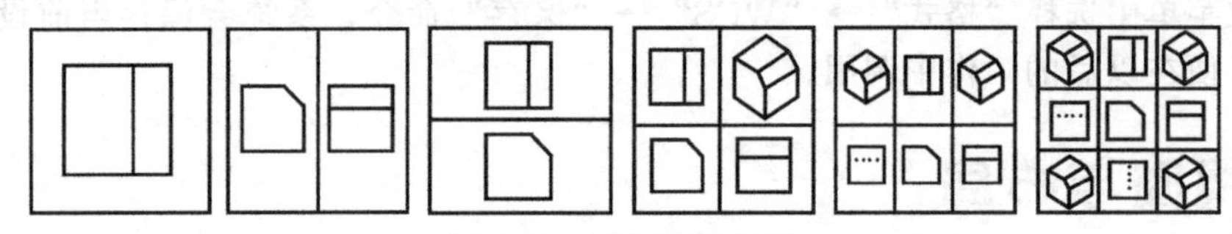

图2-48 系统标准布局

同一布局中，只有一个视图是工作视图，其他视图都是非工作视图。各种操作都默认为针对工作视图的，用户可以随便改变工作视图。工作视图在其视图中都会显示“WORK”字样。

布局的主要作用是在绘图工作区同时显示多个视角的视图，便于用户更好地观察和操作模型。用户可以定义系统默认的布局，也可以生成自定义的布局。

在下拉菜单中选择“视图”→“布局”命令，系统打开如图2-49所示子菜单，用于控制布局的状态和各种视图角度的显示。

相关功能操作介绍如下：

① 新建：系统打开如图2-50所示“新建布局”对话框，用户可以在其中设置视图布局的形式和各视图的视角。

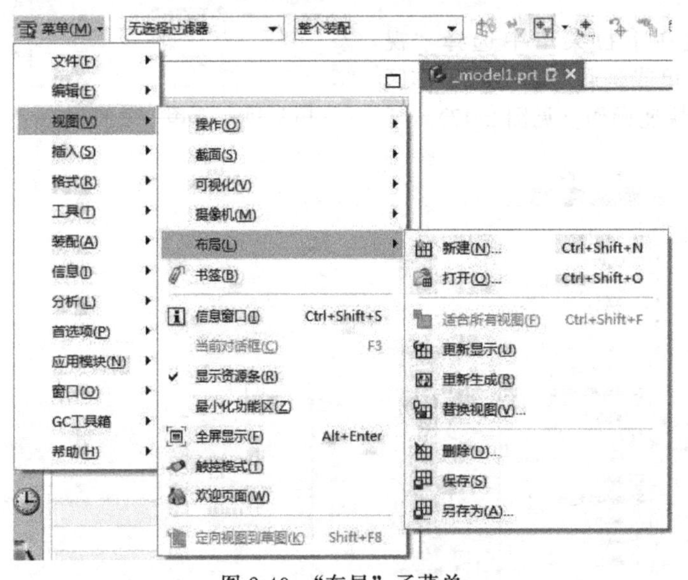

图2-49 “布局”子菜单

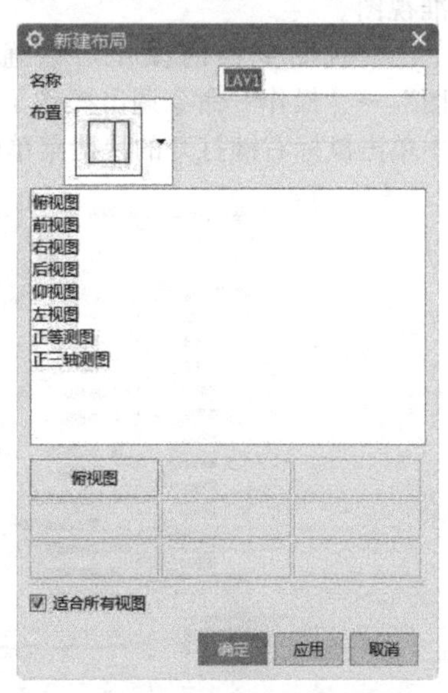

图2-50 “新建布局”对话框

建议用户在自定义自己的布局时，输入自己的布局名称。默认情况下，UG会按照先后顺序给每个布局命名为LAY1、LAY2、……

② 打开：系统会打开图2-51所示的对话框，在当前文件的布局名称列表中选择要打开的某个布局，系统会按该布局的方式来显示图形。当勾选了“适合所有视图”复选框之后，系统会自动调整布局中的所有视图加以拟合。

③ 适合所有视图：该功能用于调整当前布局中所有视图的中心和比例，使实体模型最

大程度地拟合在每个视图边界内。

④ 更新显示：当对实体进行修改后，使用了该命令就会对所有视图的模型进行实时更新显示。

⑤ 重新生成：该功能用于重新生成布局中的每一个视图。

⑥ 替换视图：打开图 2-52 所示的“视图替换为…”对话框，该对话框用于替换布局中的某个视图。

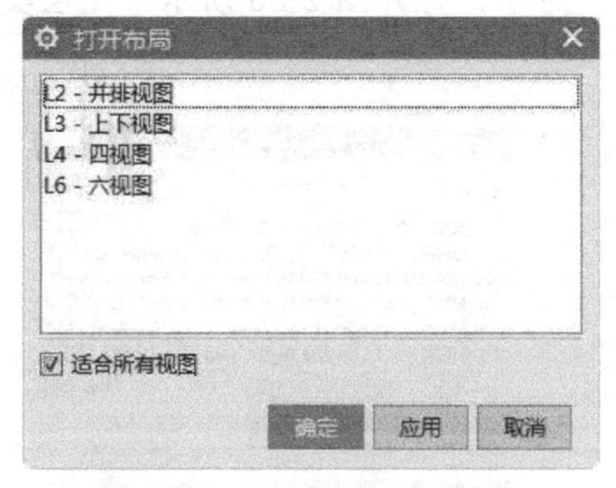

图 2-51　“打开布局”对话框

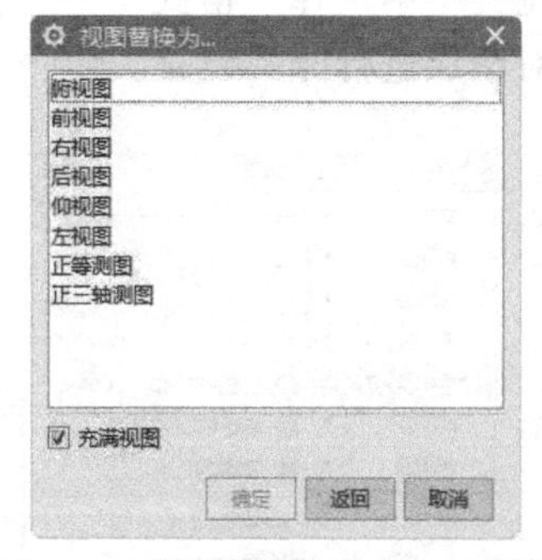

图 2-52　“视图替换为…”对话框

⑦ 保存：系统用当前的视图布局名称保存修改后的布局。

⑧ 另存为：打开图 2-53 所示的“另存布局”对话框，在列表框中选择要更换名称进行保存的布局，在“名称”文本框中输入一个新的布局名称，则系统会用新的名称保存修改过的布局。

⑨ 删除：当存在用户删除的布局时，打开图 2-54 所示的“删除布局”对话框，该对话框用于从列表框中选择要删除的视图布局后，系统就会删除该视图布局。

图 2-53　“另存布局”对话框

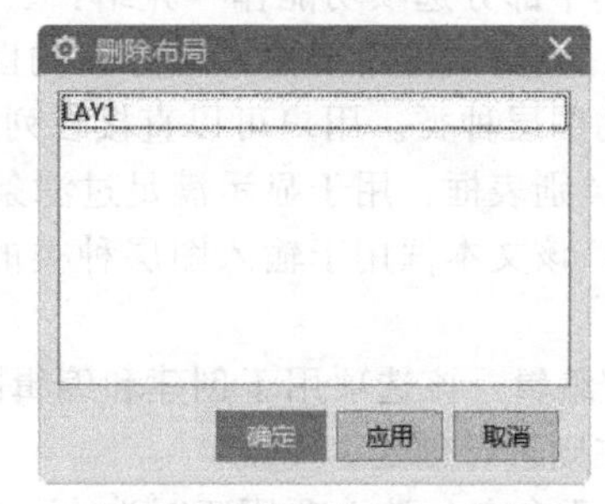

图 2-54　“删除布局”对话框

2.5　图层操作

所谓的图层，就是在空间中使用不同的层次来放置几何体。UG 中的图层功能类似于设计工程师在透明覆盖层上建立模型的方法，一个图层类似于一个透明的覆盖层。图层的最主要功能是在复杂建模的时候可以控制对象的显示、编辑、状态。

一个 UG 文件中最多可以有 256 个图层，每层可以含任意数量的对象。因此一个图层可以含有部件上的所有对象，一个对象上的部件也可以分布在很多层上，但需要注意的是，只有一个图层是当前工作图层，所有的操作只能在工作图层上进行，其他图层可以通过可见性、可选择性等的设置进行辅助工作。在下拉菜单中选择“格式”菜单命令（如图 2-55 所示)，可以调用有关图层的所有命令功能。

2.5.1 图层的分类

对相应图层进行分类管理，可以很方便地通过层类来实现对其中各层的操作，可以提高操作效率。例如可以设置 model、draft、sketch 等图层种类，model 包括 1～10 层，draft 包括 11～20 层，sketch 包括 21～30 层等等。用户可以根据自身需要来制定图层的类别。

在下拉菜单中选择“格式”→“图层类别”命令，打开图 2-56 所示“图层类别”对话框，可以对图层进行分类设置。

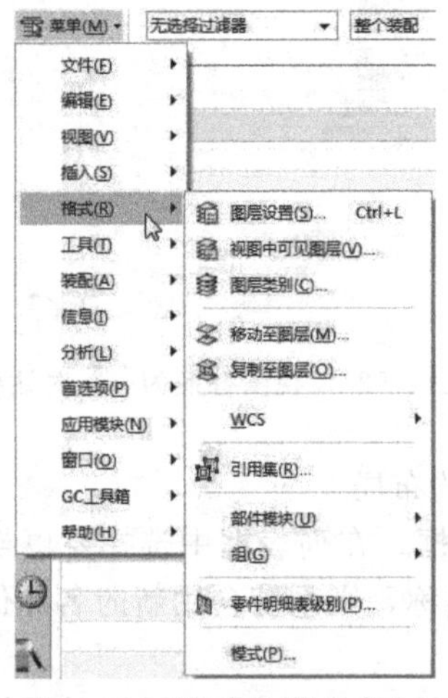

图 2-55 “格式”菜单命令

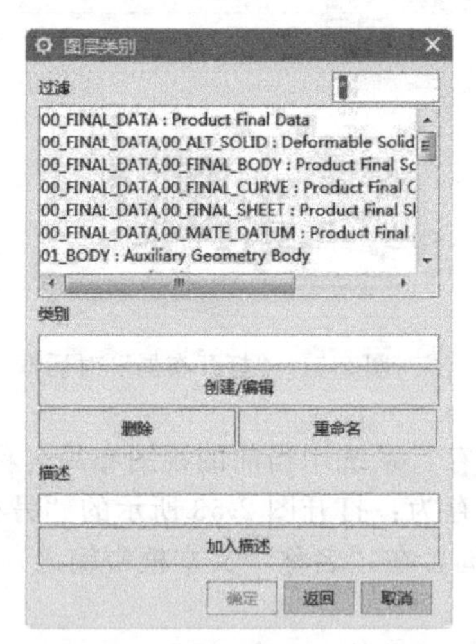

图 2-56 “图层类别”对话框

以下就其中部分选项功能作一介绍：

① 过滤：该文本框用于输入已存在的图层种类的名称来进行筛选，当输入“*”时则会显示所有的图层种类。用户可以直接在列表框中选取需要编辑的图层种类。

② 图层类别表框：用于显示满足过滤条件的所有图层类条目。

③ 类别：该文本框用于输入图层种类的名称，来新建图层或是对已存在图层种类进行编辑。

④ 创建/编辑：该选项用于创建和编辑图层，若“类别”中输入的名字已存在则进行编辑，若不存在则进行创建。

⑤ 删除/重命名：该选项用于对选中的图层种类进行删除或重命名操作。

⑥ 描述：该选项功能用于输入某类图层相应的描述文字，即用于解释该图层种类含义的文字，当输入的描述文字超出规定长度时，系统会自动进行长度匹配。

⑦ 加入描述：新建图层类时，若在“描述”下面的文本框中输入了该图层类的描述信息，在需单击该按钮才能使描述信息有效。

2.5.2 图层的设置

用户可以在任何一个或一群图层中设置该图层是否显示和是否变换工作图层等。在下拉菜单中选择“格式”→“图层设置”命令，打开如图 2-57 所示“图层设置”对话框，利用该对话框可以对组件中所有图层或任意一个图层进行工作层、可选取性、可见性等设置，并且可以查询层的信息，同时也可以对层所属种类进行编辑。

以下对相关功能用法作一介绍：

① 工作层：用于输入需要设置为当前工作层的图层号。当输入图层号后，系统会自动将其设置为工作图层。

② 按范围/类别选择图层：用于输入范围或图层种类的名称进行筛选操作，在文本框中输入种类名称并确定后，系统会自动将所有属于该种类的图层选取，并改变其状态。

③ 类别过滤器：在文本框中输入了“*”，表示接受所有图层种类。

④ 名称：图层信息对话框能够显示此零件文件所有图层和所属种类的相关信息。如图层编号、状态、图层种类等。显示图层的状态、所属图层的种类、对象数目等。可以利用“Ctrl＋Shift”组合键进行多项选择。此外，在列表框中双击需要更改状态的图层，系统会自动切换其显示状态。

⑤ 仅可见：该选项用于将指定的图层设置为仅可见状态。当图层处于仅可见状态时，该图层的所有对象仅可见但不能被选取和编辑。

⑥ 显示：该选项用于控制在图层状态列表框中图层的显示情况。该下拉列表中含有“所有图层”“含有对象的图层”“所有可选图层”和“所有可见图层”4 个选项。

⑦ 显示前全部适合：该选项用于在更新显示前吻合所有的视图，使对象充满显示区域，或在工作区域利用“Ctrl＋F”键实现该功能。

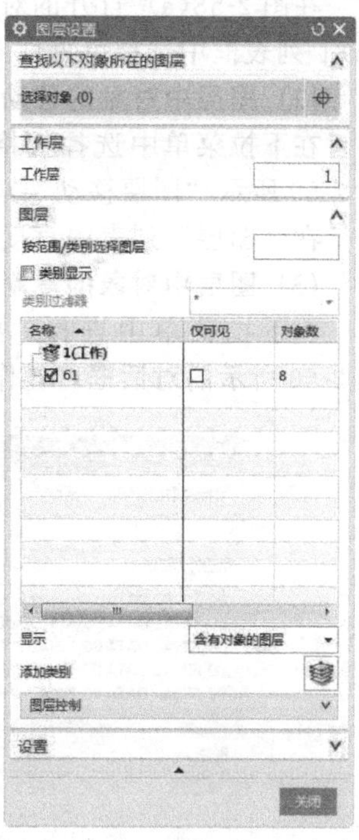

图 2-57　“图层设置”对话框

2.5.3　图层的其他操作

(1) 图层的可见性设置

在下拉菜单中选择“格式”→“视图中可见图层”命令，系统会打开图 2-58 所示的“视图中可见图层”对话框。

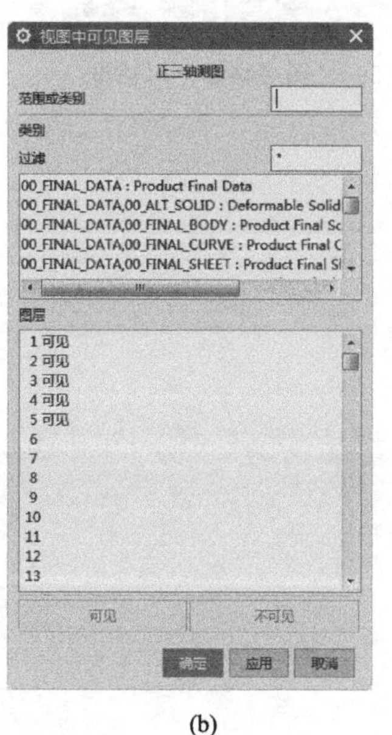

(a)　　　　(b)

图 2-58　“视图中可见图层”对话框

在图 2-58(a) 打开的对话框中选择要操作的视图，之后在打开的对话框的［见图 2-58(b)］列表框中选择可见性图层，然后设置可见/不可见选项。

(2) 图层中对象的移动

在下拉菜单中选择“格式”→“移动至图层”命令，选择要移动的对象后，打开如图 2-59 所示“图层移动”对话框。

在“图层”列表中直接选中目标层，系统就会将所选对象放置在目的层中。

(3) 图层中对象的复制

在下拉菜单中选择“格式”→“复制至图层”命令，选择要复制的对象后，打开图 2-60 所示的对话框，操作过程基本相同，在此不再详述了。

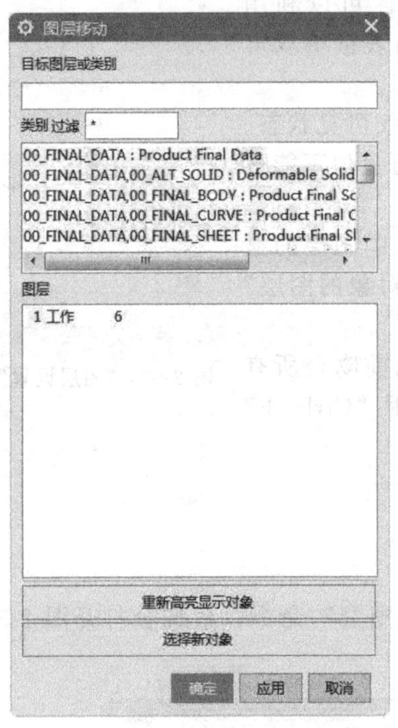

图 2-59 “图层移动”对话框

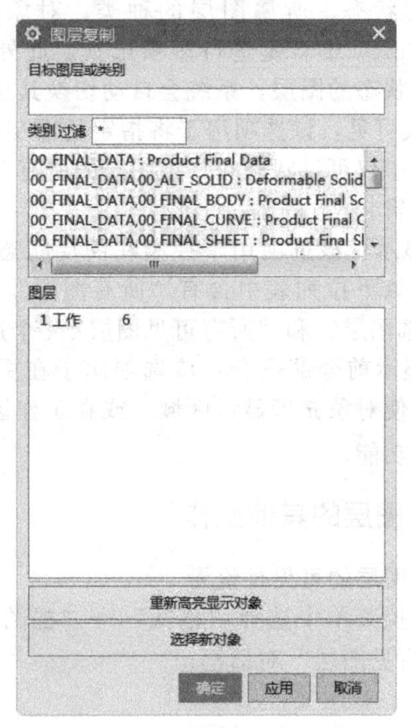

图 2-60 “图层复制”对话框

第3章　建模基础

本章导读

在建模过程中，不同的设计者会有不同的绘图习惯，比如图层的颜色、线框设置、基准平面的建立等。在 UG NX 12.0 中，设计者可以修改相关的系统参数来改变工作环境，可以通过各种方式来建立基准平面、基准点、基准轴等。

内容要点

- UG 参数设置
- 基准建模
- 表达式
- 布尔运算

3.1　UG 参数设置

UG 参数设置主要用于设置 UG 系统默认的一些控制参数。所有的参数设置命令均在主菜单“首选项”下面，当进入相应的命令中时每个命令还会具体地设置。

其中也可以通过修改 UG 安装目录下的 UGII 文件夹中的 ugii _ env. dat 和 ugii _ metric. def 或相关模块的 def 文件来修改 UG 的默认设置。

3.1.1　对象首选项

在下拉菜单中选择“首选项”→“对象”命令，系统打开图 3-1 所示“对象首选项”对话框，该功能主要用于设置产生新对象的属性，例如“线型”“宽度”“颜色”等，通过编辑用户可以进行个性化的设置。

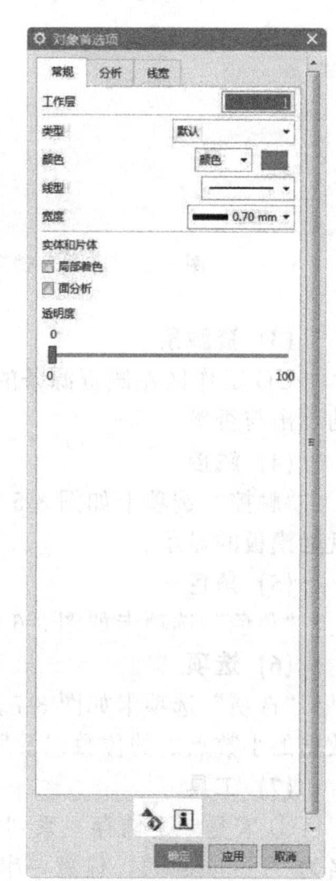

图 3-1 “对象首选项”对话框

以下就相关选项进行说明：

① 工作层：用于设置新对象的存储图层。在文本框中输入图层号后系统会自动将新建对象储存在该图层中。

② 类型、颜色、线型、宽度：在其下拉列表中设置了系统默认的多种选项，例如有 7 种线型选项和 3 种线宽选项等。

③ 面分析：该选项功能用于确定是否在面上显示该面的分析效果。

④ 透明度：该选项用来使对象显示处于透明状态，用户可

以通过滑块来改变透明度。

⑤ 继承：用于继承某个对象的属性设置并以此来设置新创对象的预设置。单击此按钮，选择要继承的对象，这样以后新建的对象就会和刚选取的对象具有同样的属性。

⑥ 信：用于显示并列出对象属性设置的信息对话框。

3.1.2 用户界面首选项

在下拉菜单中选择“首选项”→“用户界面”命令，系统打开如图 3-2 所示“用户界面首选项”对话框。此对话框中包含了“布局”“主题”“资源条”“触控”“角色”“选项”和“工具”7 个选项，以下就对话框部分选项介绍其用法：

(1) 布局

该选项用于设置用户界面、功能区选项、提示行/状态行的位置等，如图 3-2 所示。

(2) 主题

该选项用于设置 NX 的主题界面，包括浅色（推荐）、浅灰色、经典、使用系统字体、系统 5 种主题，如图 3-3 所示。

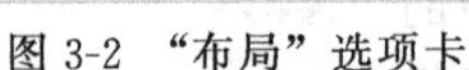
图 3-2 “布局”选项卡

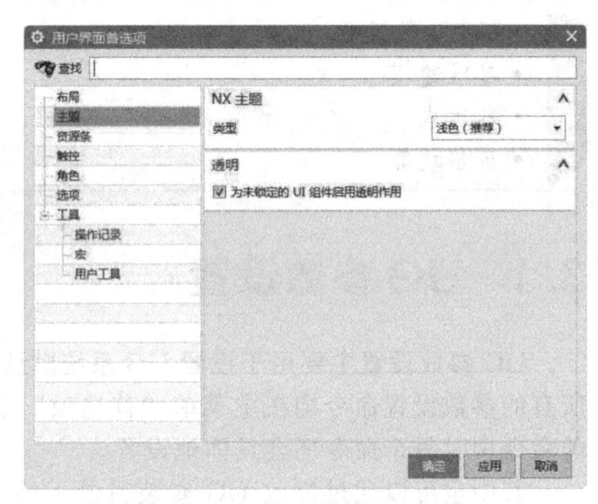

图 3-3 “主题”选项卡

(3) 资源条

UG 工作区左侧资源条的状态如图 3-4 所示，其中可以设置资源条主页、停靠位置、自动飞出与否等。

(4) 触控

“触控”选项卡如图 3-5 所示。针对触摸屏操作进行优化，还可以调节数字触摸板和圆盘触摸板的显示。

(5) 角色

“角色”选项卡如图 3-6 所示。可以新建和加载角色，也可以重置当前应用模块的布局。

(6) 选项

“选项”选项卡如图 3-7 所示。设置对话框内容显示的多少，设置对话框中的文本框中数据的小数点后的位数以及用户的反馈信息。

(7) 工具

① 宏是一个储存一系列描述用户键盘和鼠标在 UG 交互过程中操作语句的文件（扩展名为“. macro”），任意一串交互输入操作都可以记录到宏文件中，然后可以通过简单的播放功能来重放记录的操作，如图 3-8 所示。宏对于执行重复、复杂或时间较长的任务十分有

用，而且可以使用户工作环境个性化。

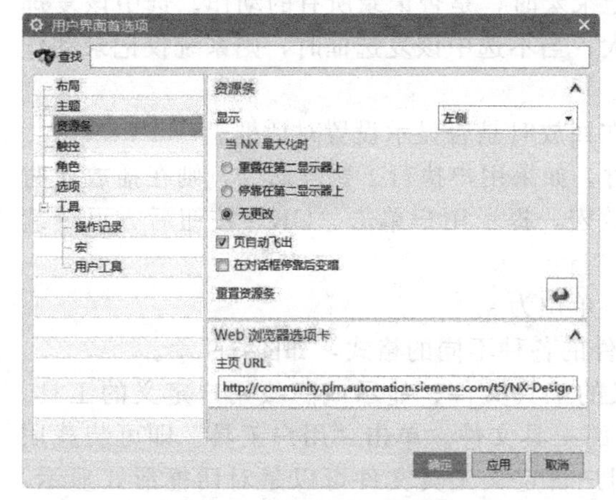

图 3-4　“资源条”选项卡

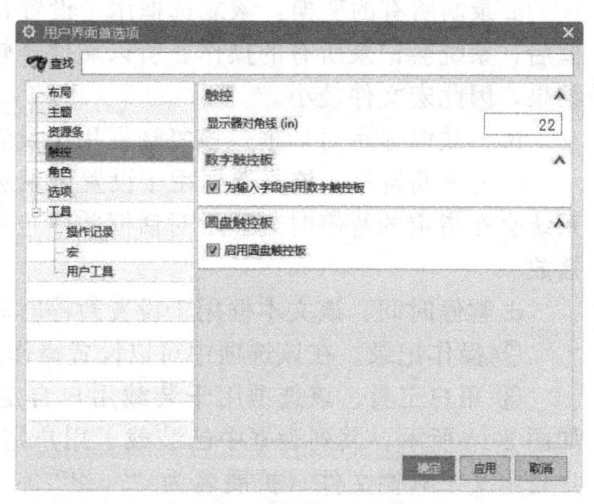

图 3-5　“触控”选项卡

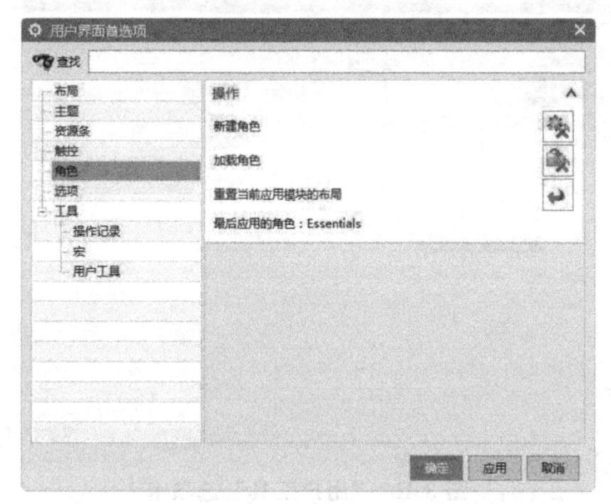

图 3-6　“角色”选项卡

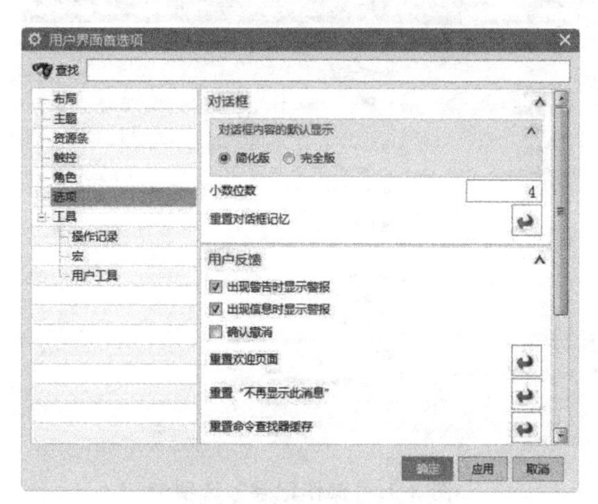

图 3-7　“选项”选项卡

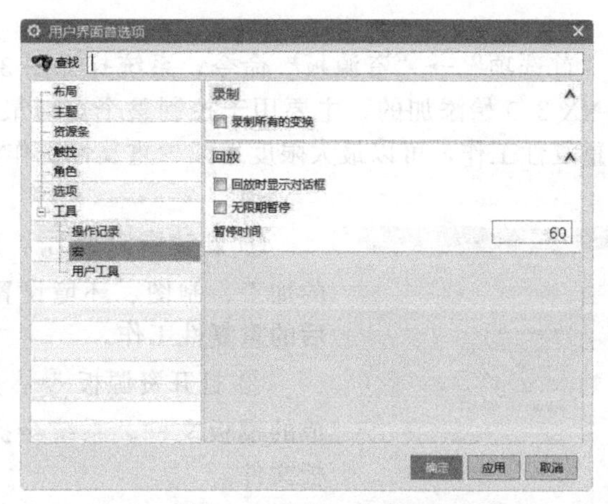

图 3-8　“宏”选项卡

对于宏记录的内容，用户可以以记事本的方式打开保存了的宏文件，查看系统记录的全过程。

a. 录制所有的变换：该复选框用于设置在记录宏时，是否记录所有的动作。选中该复选框后，系统会记录所有的操作，所以文件会较大；当不选中该复选框时，则系统仅记录动作结果，因此宏文件较小。

b. 回放时显示对话框：该复选框用于设置在回放时是否显示设置对话框。

c. 无限期暂停：该复选框用于设置记录宏时，如果用户执行了暂停命令，则在播放宏时系统会在指定的暂停时刻显示对话框并停止播放宏，提示用户单击“OK”按钮后方可继续播放。

d. 暂停时间：该文本框用于设置暂停时间，单位为 s。

② 操作记录。在该选项中可以设置操作文件的各种不同的格式，如图 3-9 示。

③ 用户工具。该选项用于装载用户自定义的工具文件、显示或隐藏用户定义的工具。如图 3-10 所示，其列表框中已装载了用户定义的工具文件。单击“用户工具”即可装载用户自定义工具栏文件（扩展名为“.utd”），用户自定义工具文件可以是对话框形式显示，也可以是工具图标形式。

图 3-9 “操作记录”选项卡

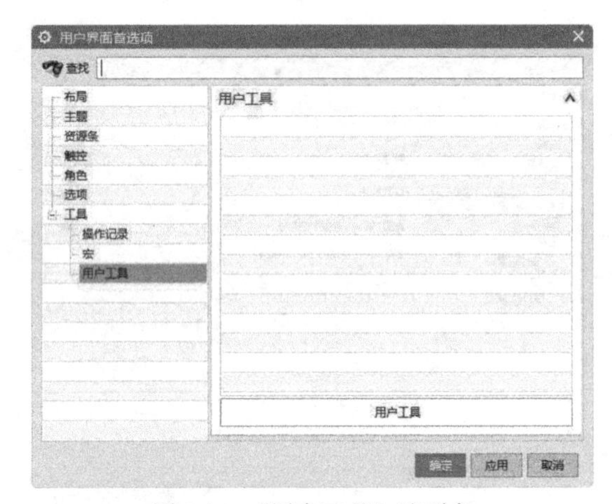

图 3-10 “用户工具”选项卡

3.1.3 资源板

在下拉菜单中选择“首选项”→“资源板”命令，系统打开图 3-11 所示“资源板”对话框，该功能是自 UG NX 2.0 始添加的，主要用于控制整个窗口最右边的资源条的显示。模板资源用于处理大量重复性工作，可以最大限度地减少重复性工作。以下就其选项功能作一介绍：

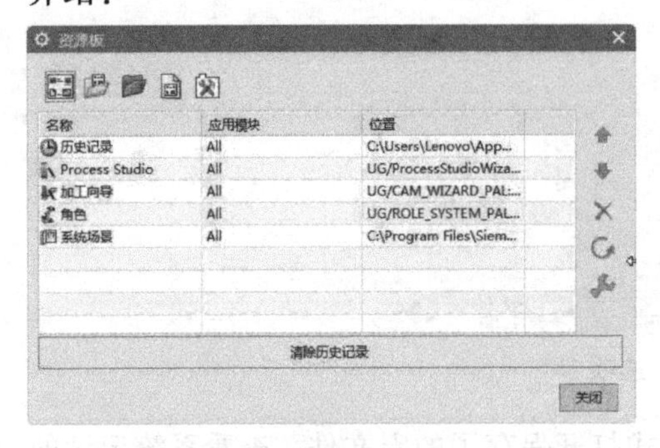

图 3-11 “资源板”对话框

① 新建资源板：用户可以设置一个自己的加工、制图、环境设置的模板，用于完成以后的重复性工作。

② 打开资源板：用于打开一些系统已完成的模板文件。系统会提示选择“*.pax”模板文件。

③ 打开目录作为资源板：用户可以选择一个文件夹作为模板。

④ 打开目录作为模板资源板 ：选择一文件路径作为模板。

⑤ 打开目录作为角色资源板 ：用于打开一些角色作为模板。

3.1.4　选择首选项

在下拉菜单中选择“首选项”→“选择”命令，系统打开图 3-12 所示“选择首选项”对话框，以下介绍相关用法：

① 鼠标手势：该选项用于设置选择方式，包括矩形、套索和圆方式。

② 选择规则：该选项用于设置选择规则，包括内侧、外侧、交叉、内侧/交叉、外侧/交叉 5 种选项。

③ 着色视图：该选项用于设置系统着色时对象的显示方式，包括高亮显示面和高亮显示边两个选项。

④ 面分析视图：该选项用于设置面分析时的视图显示方式，包括高亮显示面和高亮显示边两个选项。

⑤ 选择半径：该选项用于设置选择球的大小，包含小、中、大三个选项。

⑥ 延迟时快速拾取：选择该复选框之后，可以设置预显示的参数。该选项用于控制预选对象是否高亮显示。预选框下的延迟时间滑块用于当预选对象时控制高亮显示对象的时间。

⑦ 公差：该文本框用于设置连接曲线时彼此相邻的曲线端点间允许的最大间隙。连接公差值设置得越小，连接选取就越精确，值越大就越不精确。

⑧ 方法：有四种，包括简单、WCS、WCS 左侧和 WCS 右侧。

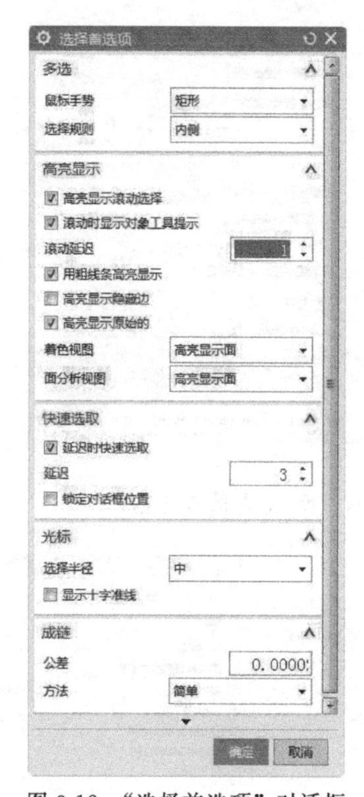

图 3-12　“选择首选项”对话框

a. 简单：该方式用于选择彼此首尾相连的曲线串。

b. WCS：该方式用于在当前 XC-YC 坐标平面上选择彼此首尾相连的曲线串。

c. WCS 左侧：该方式用于在当前 XC-YC 坐标平面上，从连接开始点至结束点沿左侧路线选择彼此首尾相连的曲线串。

d. WCS 右侧：该方式用于在当前 XC-YC 坐标平面上，从连接开始点至结束点沿右侧路线选择彼此首尾相连的曲线串。

简单方法由系统自动识别，它最为常用。当需要连接的对象含有两条连接路径时，一般选用后两种方式选项，用于指定是沿左连接还是沿右连接。

3.1.5　装配首选项

在下拉菜单中选择“首选项”→“装配”命令，系统打开图 3-13 所示的“装配首选项”对话框。该对话框用于设置装配的相关参数。

以下介绍部分选项功能用法：

① 显示为整个部件：更改工作部件时，此选项会临时将新工作部件的引用集改为整个部件引用集。如果系统操作引起工作部件发生变化，引用集并不发生变化。

② 自动更改时警告：当工作部件被自动更改时显示通知。

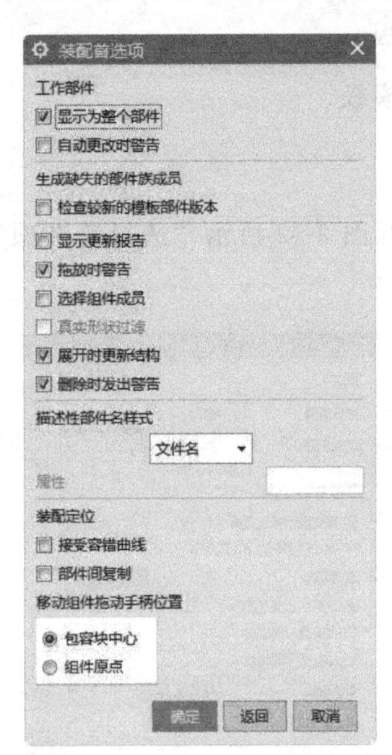

图 3-13 “装配首选项”对话框

③ 选择组件成员：用于设置是否首先选择组件。勾选该复选框，则在选择属于某个子装配的组件时，首先选择的是子装配中的组件，而不是子装配。

④ 描述性部件名样式：该选项用于设置部件名称的显示类型。其中包括文件名、描述、指定的属性 3 种方式。

3.1.6 草图首选项

该选项用于改变草图的默认值并且控制某些草图对象的显示。要设定这些设置值，在下拉菜单中选择“首选项”→“草图”命令，系统打开图 3-14 所示“草图首选项”对话框。

对话框中的选项功能介绍如下：

① 对齐角：此选项可以为竖直和水平直线指定默认的捕捉角公差值。如果有一条用端点指定的直线，它相对于水平参考或竖直参考的夹角小于或等于捕捉角的值，那么这条直线会自动地捕捉至竖直或水平的位置。

对齐角的默认值是 3°。可以指定的最大值是 20°。如果不想让直线自动地捕捉至水平或竖直的位置，可将捕捉角设定为 0°。

② 文本高度：此选项可以指定在尺寸中显示的文本的大小（默认值是 0.125）。

图 3-14 “草图首选项”对话框

③ 尺寸标签：此选项可以控制如何显示草图尺寸中的表达式。下列选择有效：

a. 表达式：显示整个表达式，例如 P2＝P3＊4。

b. 名称：仅显示表达式的名称，例如 P2。

c. 值：显示表达式的数值。

④ 更改视图方向：如果此选项为“关闭”，则当草图被激活时，显示激活草图的视图就不会返回其原先的方向。如果此选项为“打开”，则当草图被激活时，视图方向将会改变。

⑤ 保持图层状态：当激活草图时，草图所在的层自动地变为工作层。当该选项为“打开”并且使草图不激活时，草图所在的层将返回其先前的状态（即它不再是工作层）。草图激活之前的工作层将重新变为工作层。如果此选项为“关闭”（默认值），则当使草图不激活时，此草图的层保持为工作层。

⑥ 显示自由度箭头：此选项控制自由度箭头的显示。默认状态为“打开”。当此选项为“关闭”时，箭头的显示置为“关闭”。然而，这并不意味着约束了草图。

⑦ 动态草图显示：该复选框用于控制约束是否动态显示。

⑧ 名称前缀：这个选项可以为草图几何体的名称指定前缀。

3.1.7 制图首选项

在下拉菜单中选择“首选项”→“制图”命令，系统打开图 3-15 所示的“制图首选项”对话框。

图 3-15 “制图首选项”对话框

对话框中包含了 11 个选项卡，用户选取相应的选项卡，对话框中就会出现相应的选项。下面介绍常用的几种参数的设置方法。

(1) 尺寸

设置尺寸相关的参数的时候，根据标注尺寸的需要，用户可以利用对话框中上部的尺寸和直线/箭头工具条进行设置。在尺寸设置中主要有以下几个设置选项：

① 尺寸线：根据标注的尺寸的需要，勾选箭头之间是否有线，或者修剪尺寸线。

② 方向和位置：在方位下拉列表中可以选择 5 种文本的放置位置，如图 3-16 所示。

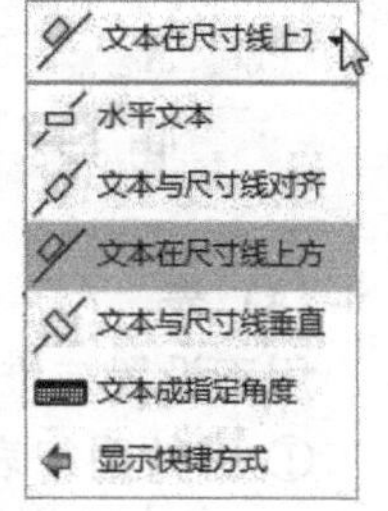

图 3-16 尺寸值的放置位置

③ 公差：可以设置最高 6 位的精度和 11 种类型的公差，图 3-17 显示了可以设置的 11 种类型的公差的形式。

④ 倒斜角：系统提供了 4 种类型的倒斜角样式，可以设置分割线样式和间隔，也可以设置指引线的格式。

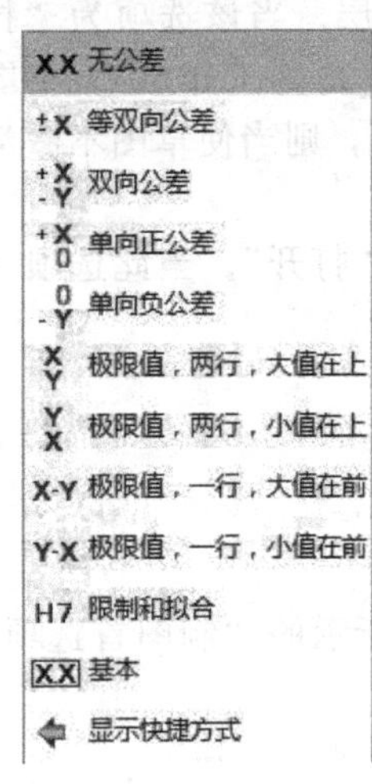

图 3-17　11 种公差形式

(2) 公共

①“直线/箭头”：选项卡如图 3-18 所示。

a. 箭头：用于设置剖视图中的截面线箭头的参数，可以改变箭头的大小、长度以及角度。

b. 箭头线：用于设置截面的延长线的参数。用户可以修改剖面延长线长度以及图形框之间的距离。

直线和箭头相关参数的设置可以设置尺寸线箭头的类型和箭头的形状参数，同时还可以设置尺寸线、延长线和箭头的显示颜色、线型和线宽。在设置参数时，用户根据要设置的尺寸和箭头的形式，在对话框中选择箭头的类型，并且输入箭头的参数值。如果需要，还可以在下部的选项中改变尺寸线和箭头的颜色。

② 文字：设置文字相关的参数时，先选择文字对齐位置和文字对正方式，再选择要设置的文本颜色和宽度，最后在“高度”“NX 字体间隙因子”“文本宽高比”和“行间距因子”等文本框中输入设置参数，这时用户可在预览窗口中看到文字的显示效果。

③ 符号：符号参数选项可以设置符号的颜色、线型和线宽等参数。

(3) 注释

设置各种标注的颜色、线型和线宽。

剖面线/区域填充：用于设置各种填充线/剖面线样式和类型，并且可以设置角度和线型。在此选项卡中设置了区域内应该填充的图形以及比例和角度等，如图 3-19 所示。

图 3-18　“直线/箭头”选项卡

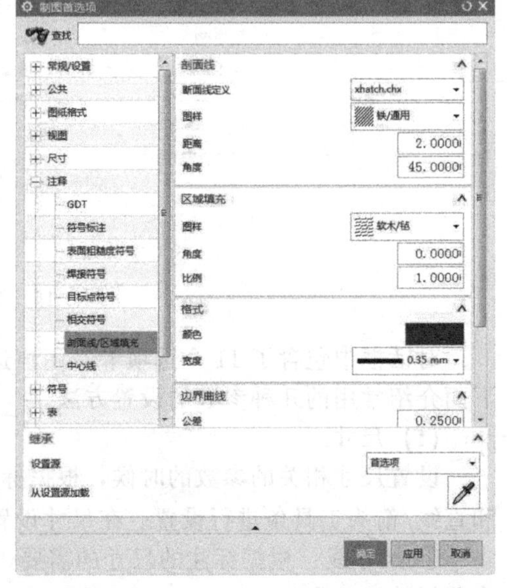

图 3-19　“剖面线/区域填充”选项卡

(4) 表

用于设置二维工程图表格的格式、文字标注等参数。

① 零件明细表：用于指定生成明细表时默认的符号、标号顺序、排列顺序和更新控制等。

② 单元格：用来控制表格中每个单元格的格式、内容和边界线设置等。

3.1.8　建模首选项

该选项用于设定建模参数和特性，如距离、角度公差、密度、密度单位和曲面网格。一旦定义了一组参数，所有随后生成的对象都符合那些特殊设置。要设定这些参数，打开“建模预设置”对话框，在下拉菜单中选择“首选项”→“建模”命令，系统打开如图 3-20 所示“建模首选项”对话框。所有选项功能介绍如下：

(1) 常规

在“建模首选项”对话框中选中 常规 选项卡，显示相应的参数设置内容.

① 体类型：用于控制在利用曲线创建三维特征时是生成实体还是片体。

② 密度：用于设置实体的密度，该密度值只对以后创建的实体起作用。其下方的密度单位下拉列表用于设置密度的默认单位。

③ 用于新面：用于设置新的面显示属性是继承体还是部件默认。

④ 用于布尔操作面：用于设置在布尔运算中生成的面显示属性是继承于目标体还是工具体。

⑤ 网格线：用于设置实体或片体表面在 U 和 V 方向上栅格线的数目。如果其下方 U 向计数和 V 向计数的参数值大于 0，则当创建表面时，表面上就会显示网格曲线。网格曲线只是一个显示特征，其显示数目并不影响实际表面的精度。

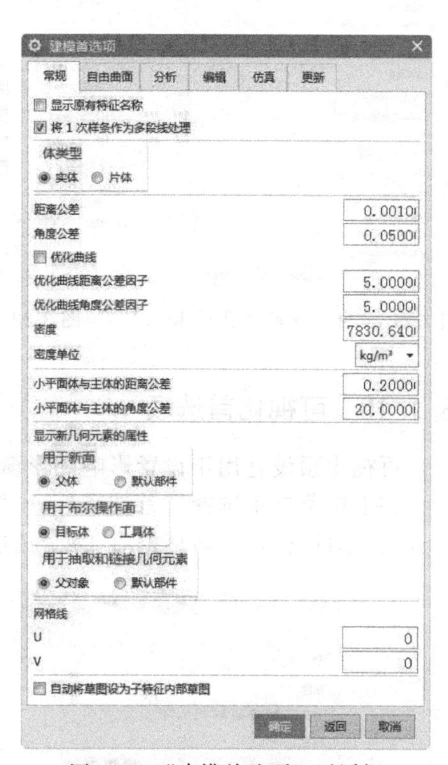

图 3-20　“建模首选项”对话框

(2) 自由曲面

在“建模首选项”对话框中选中 自由曲面 选项卡，显示相应的参数设置内容，如图 3-21 所示。

① 曲线拟合方法：用于选择生成曲线时的拟合方式，包括“三次”“五次”和“高阶”三种拟合方式。

② 构造结果：用于选择构造自由曲面的结果，包括“平面”和“B 曲面”两种方式。

(3) 分析

在“建模首选项”对话框中选中 分析 选项卡，显示相应的参数设置内容，如图 3-22 所示。

(4) 编辑

在“建模首选项”对话框中选中 编辑 选项卡，显示相应的参数设置内容，如图 3-23 所示。

① 双击操作（特征）：用于双击操作时的状态，包括可回滚编辑和编辑参数两种方式。

② 双击操作（草图）：用于双击操作时的状态，包括可回滚编辑和编辑两种方式。

③ 编辑草图操作：用于草图编辑，包括直接编辑和任务环境两种方式。

3.1.9　调色板

在下拉菜单中选择“首选项”→“调色板”命令，系统打开图 3-24 所示的“颜色”对话框，用于修改视图区背景颜色和当前颜色设置。

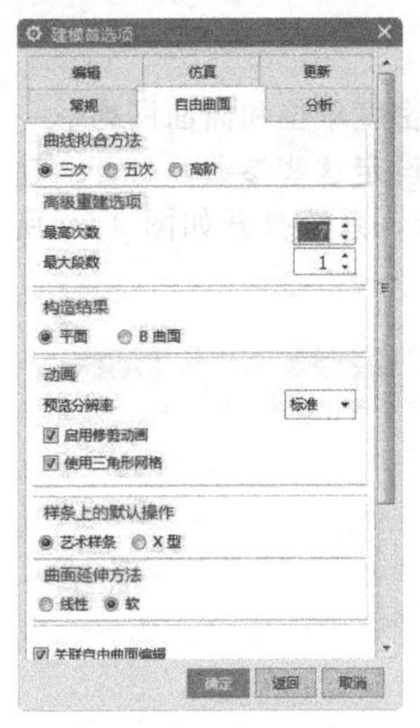

图 3-21 “自由曲面”选项卡

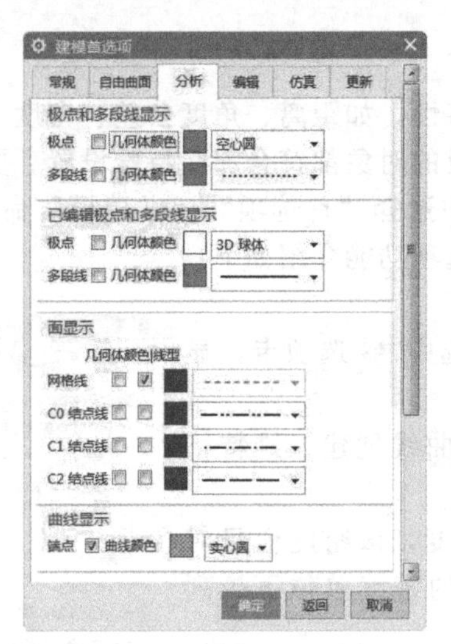

图 3-22 “分析”选项卡

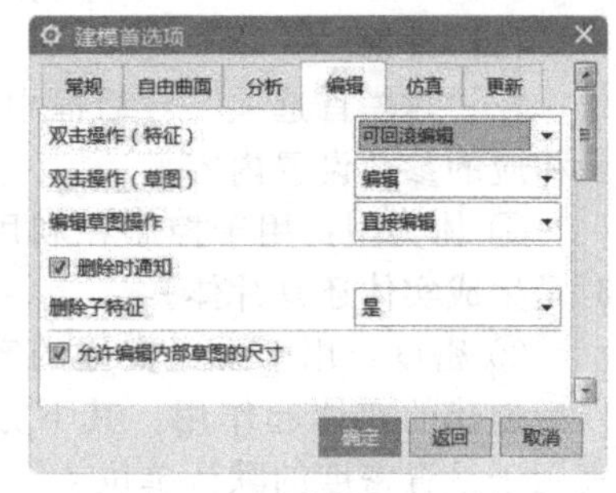

图 3-23 “编辑”选项卡

3.1.10 可视化首选项

可视化预设置用于设置影响图形窗口的显示属性。

在下拉菜单中选择“首选项”→“可视化”命令，系统会打开图 3-25 所示的“可视化首选项”对话框，该对话框有 10 个选项卡。

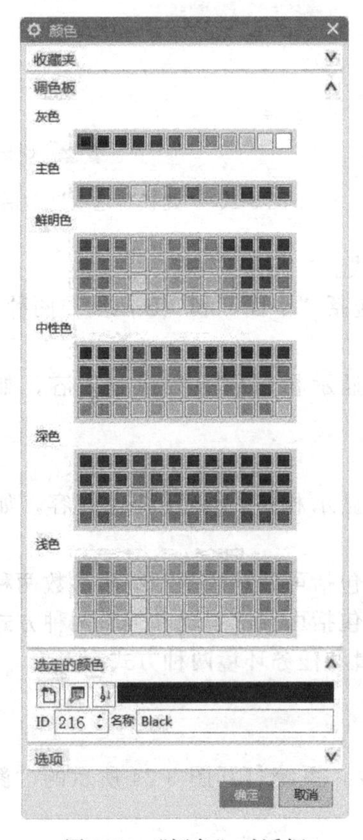

图 3-24 “颜色”对话框

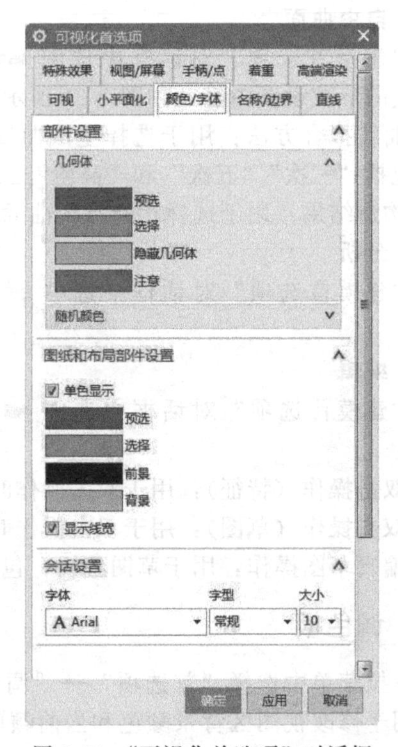

图 3-25 “可视化首选项”对话框

(1) 颜色/字体

选中“颜色/字体”选项卡，显示相应的参数设置内容，如图 3-25 所示。该对话框用于设置“预选”“选择”“前景”“背景”等对象的颜色。

(2) 小平面化

选中“小平面化”选项卡，显示相应的参数设置内容，如图 3-26 所示。该对话框用于设置利用小平面进行着色时的参数。

(3) 可视

选中“可视”选项卡，显示相应的参数设置内容，如图 3-27 所示。该对话框用于设置实体在视图中的显示特性，其部件设置中各参数的改变只影响所选择的视图，但“透明度”“线条反锯齿”“着重边”等会影响所有视图。

图 3-26　“小平面化”选项卡

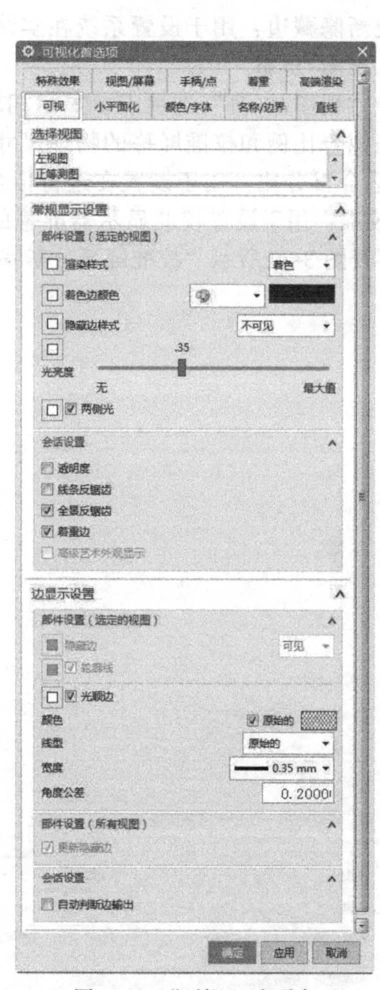

图 3-27　“可视”选项卡

① 常规显示设置。

a. 渲染样式：用于为所选的视图设置着色模式。

b. 着色边颜色：用于为所选的视图设置着色边的颜色。

c. 隐藏边样式：用于为所选的视图设置隐藏边的显示方式。

d. 光亮度：用于设置着色表面上的光亮强度。

e. 透明度：用于设置处在着色或部分着色模式中的着色对象是否透明显示。

f. 线条反锯齿：用于设置是否对直线、曲线和边的显示进行处理使线显示更光滑、更真实。

g. 全景反锯齿：用于设置是否对视图中所有的显示进行处理使其显示更光滑、更真实。

h. 着重边：用于设置着色对象是否突出边缘显示。

② 边显示设置。用于设置着色对象的边缘显示参数。当渲染模式为“静态线框”“面分析”和“局部着色”时，该选项卡中的参数被激活，如图 3-28 所示。

a. 隐藏边：用于为所选的视图设置消隐边的显示方式。

b. 轮廓线：用于设置是否显示圆锥、圆柱体、球体和圆环轮廓。

c. 光顺边：用于设置是否显示光滑面之间的边。该选项还包括用于设置光顺边的颜色、字体和线宽。

d. 更新隐藏边：用于设置系统在实体编辑过程中是否随时更新隐藏边缘。

(4) 视图/屏幕

选中“视图/屏幕”选项卡，显示相应的参数设置内容，如图 3-29 所示。该对话框用于设置视图拟合比例和校准屏幕的物理尺寸。

① 适合百分比：用于设置在进行拟合操作后模型在视图中的显示范围。

② 校准：用于设置校准显示器屏幕的物理尺寸。在图 3-29 所示对话框中，单击“校准”按钮，打开图 3-30 所示“校准屏幕分辨率”对话框，该对话框用于设置准确的屏幕尺寸。

图 3-28 “可视”选项卡中的“边显示设置”选项卡

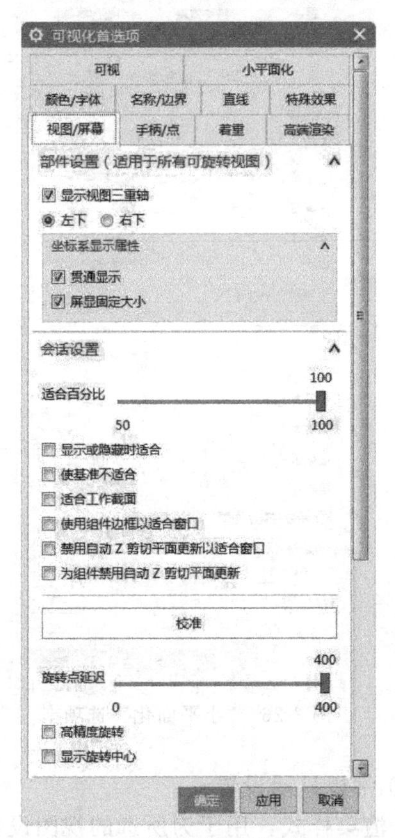

图 3-29 “视图/屏幕”选项卡

(5) 特殊效果

选中“特殊效果”选项卡，显示相应的参数设置内容，如图 3-31 所示，该对话框用于设置使用特殊效果来显示对象。勾选“雾”复选框，单击“雾设置”按钮，打开图 3-32 所示的“雾”对话框，该对话框用于设置使着色状态下较近的对象与较远的对象不一样的显示。

在图 3-32 所示对话框中可以设置“雾”的类型为“线性”“浅色”和“深色”的三种类型，“雾”的颜色可以勾选“用背景色”复选框来使用系统背景色，也可以选择定义颜色方式 RGB、HSV 和 HLS，再利用其右侧的滑尺来定义雾的颜色。

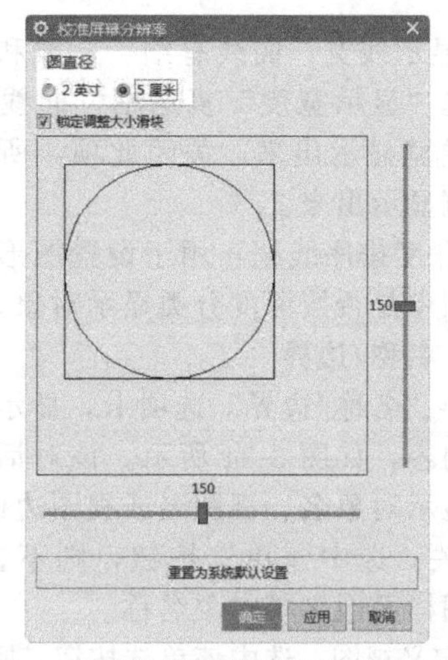

图 3-30　“校准屏幕分辨率”对话框

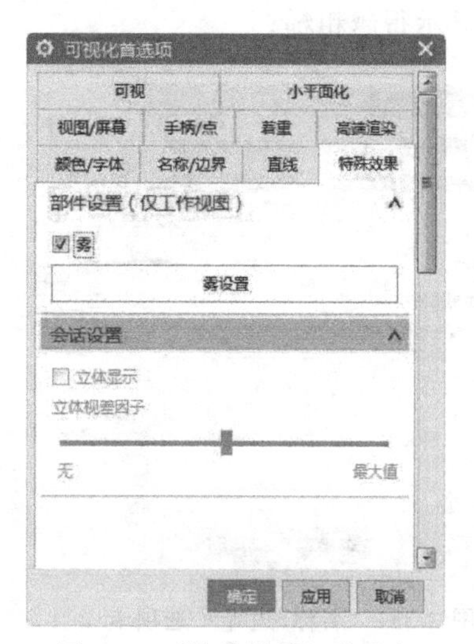

图 3-31　“特殊效果”选项卡

（6）直线

选中“直线”选项卡，显示相应的参数设置内容，如图 3-33 所示。该对话框用于设置在显示对象时，其中的非实线线型各组成部分的尺寸、曲线的显示公差以及是否按线型宽度显示对象等参数。

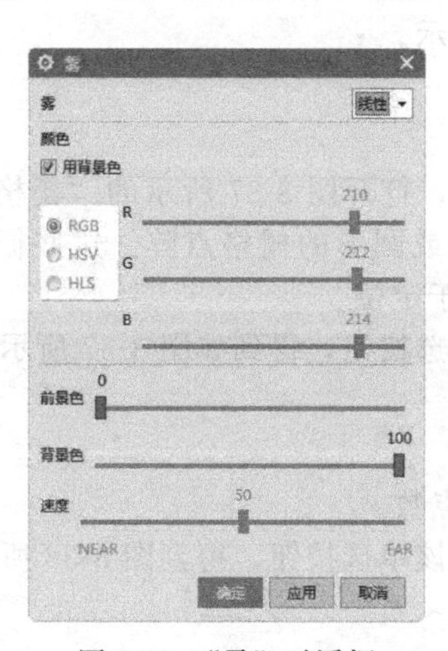

图 3-32　“雾”对话框

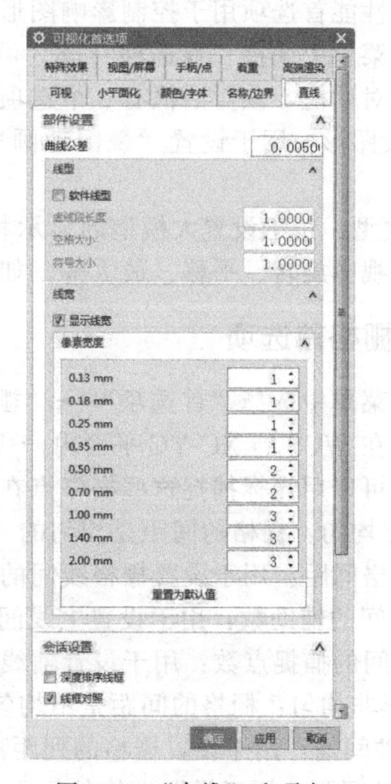

图 3-33 “直线”选项卡

① 虚线段长度：用于设置虚线每段的长度。

② 空格大小：用于设置虚线两段之间的长度。

③ 符号大小：用于设置用在线型中的符号显示尺寸。

④ 曲线公差：用于设置曲线与近似它的直线段之间的公差，决定当前所选择的显示模式的细节表现度。大的公差产生较少的直线段，导致更快的视图显示速度。然而曲线公差越大，曲线显示得越粗糙。

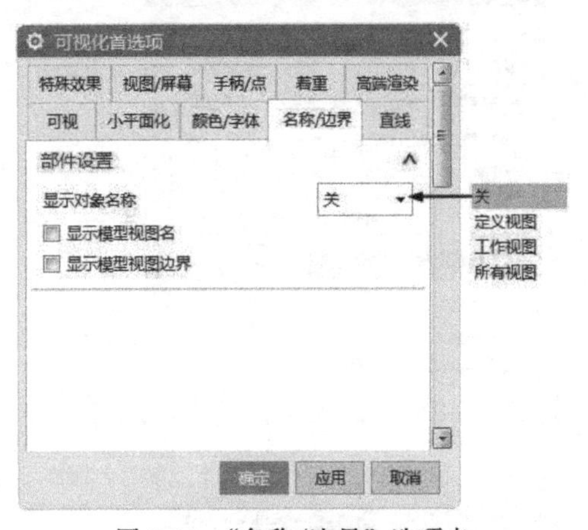

图 3-34 “名称/边界”选项卡

⑤ 显示线宽：曲线有细、一般和宽三种宽度。勾选“显示宽度”复选框，曲线以各自所设定的线宽显示出来，关闭此项，所有曲线都以细线宽显示出来。

⑥ 深度排序线框：用于设置图形显示卡在线框视图中是否按深度分类显示对象。

(7) 名称/边界

选中“名称/边界”选项卡，显示相应的参数设置内容，如图 3-34 所示。该对话框用于设置是否显示对象名、视图名或视图边框。

① 关：选中该单选按钮，则不显示对象、属性、图样及组名等对象名称。

② 定义视图：选中该单选按钮，则在定义对象、属性、图样以及组名的视图中显示其名称。

③ 工作视图：选中该单选按钮，则在当前视图中显示对象、属性、图样以及组名等对象名称。

3.1.11 可视化性能首选项

可视化性能首选项用于控制影响图形的显示性能。

在下拉菜单中选择“首选项”→“可视化性能”命令，打开图 3-35 所示的“可视化性能首选项”对话框，该对话框有 2 个选项卡。

① 一般图形：用于设置“视图动画速度”“禁用透明度”“忽略背面”等图形的显示性能。

② 大模型：用于设置大模型的显示特性，目的是改善大模型的动态显示能力，动态显示能力包括视图旋转、平移、放大等，如图 3-36 所示。

3.1.12 栅格首选项

在下拉菜单中选择“首选项”→“栅格”命令，打开图 3-37 所示的“栅格首选项”对话框，用于在 WCS 的 XC-YC 平面内产生一个方形或圆形的栅格点阵。这些栅格点只是显示上存在。可以用光标捕捉这些栅格点在建模时用于定位。

① 矩形均匀：栅格的间距是均匀的，选中该单选按钮，得到如图 3-37 所示对话框。

a. 主栅格间距：用于设置栅格线间的间隔距离。

b. 主线间的辅助数：用于设置主线间的线数。

c. 辅线间的捕捉点数：用于设置辅线间的捕捉点数。

② 矩形非均匀：栅格的间距是不均匀的，选中该单选按钮，得到图 3-38 所示对话框。

a. XC 轴间隔：用于设置栅格的列距离。

b. YC 轴间隔：用于设置栅格的行距离。

③ 极坐标：也就是圆形栅格，选中该单选按钮，得到图 3-39 所示对话框。

a. 径向间距：用于设置栅格的径向间的距离。

b. 角度间距：用于设置栅格的角度。

图 3-35　“可视化性能首选项”对话框

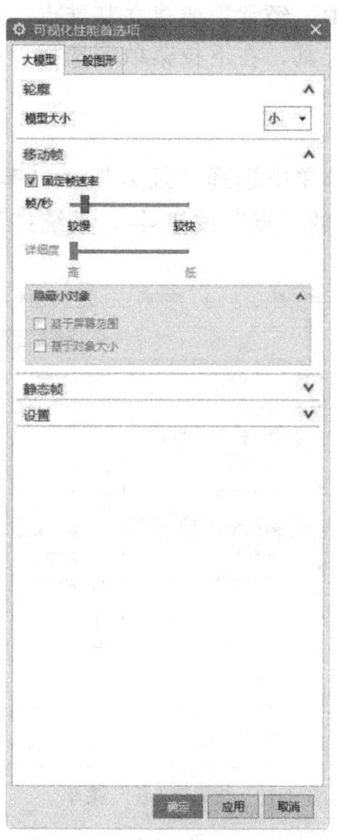

图 3-36　“大模型”选项卡

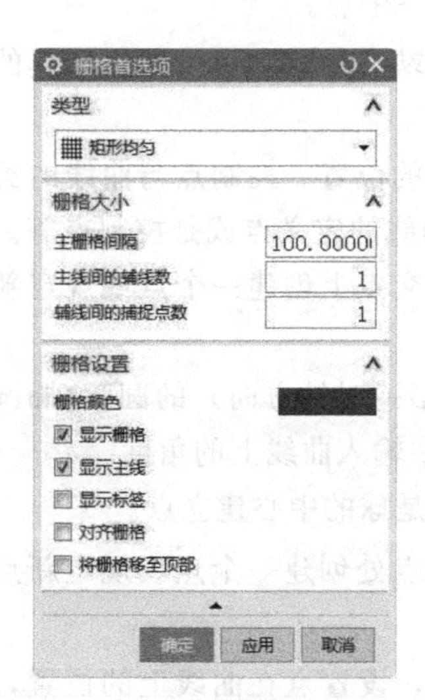

图 3-37　“栅格首选项”对话框

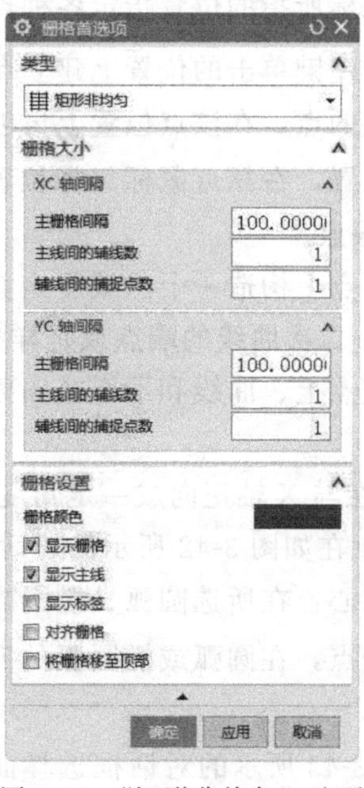

图 3-38　“矩形非均匀”选项

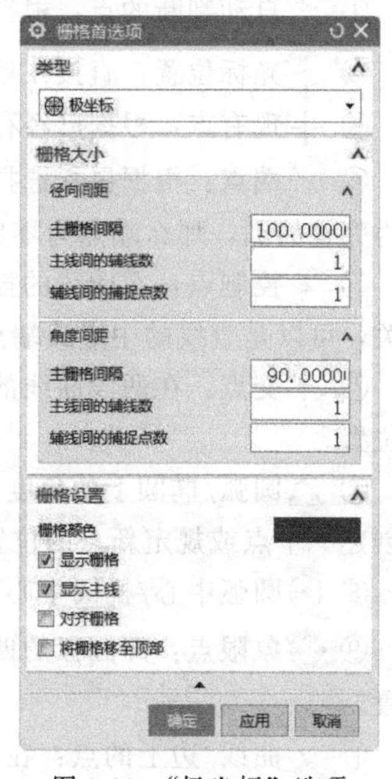

图 3-39　“极坐标”选项

3.2 基准建模

在建模中，经常需要建立基准点、基准平面、基准轴和基准坐标系。UG NX12.0 提供了基准建模工具，在下拉菜单中选择“插入”→“基准/点”菜单来实现，如图 3-40 所示。

3.2.1 点

在下拉菜单中选择“插入”→“基准/点”→“点”命令，或者单击“主页”功能区“特征”组中的“点”按钮＋，系统打开图 3-41 所示的“点”对话框。

图 3-40 “基准/点”菜单

图 3-41 “点”对话框

下面介绍基准点的创建方法：

① 自动判断的点：根据鼠标所指的位置指定各种点之中离光标最近的点。

② 光标位置：直接在鼠标左键单击的位置上建立点。

③ 现有点：根据已经存在的点，在该点位置上再创建一个点。

④ 端点：根据鼠标选择位置，在靠近鼠标选择位置的端点处建立点。如果选择的特征为完整的圆，那么端点为零象限点。

⑤ 控制点：在曲线的控制点上构造一个点或规定新点的位置。控制点与曲线的类型有关，可以是直线的中点或端点、二次曲线的端点或是样条曲线的定义点或是控制点等。

⑥ 交点：在两段曲线的交点上、曲线和平面或曲面的交点上创建一个点或规定新点的位置。

⑦ 圆弧/椭圆上的角度：在与 X 轴正向成一定角度（沿逆时针方向）的圆弧/椭圆弧上创建一个点或规定新点的位置，在如图 3-42 所示的对话框中输入曲线上的角度。

⑧ 圆弧中心/椭圆中心/球心：在所选圆弧、椭圆或者是球的中心建立点。

⑨ 象限点：即圆弧的四分点，在圆弧或椭圆弧的四分点处创建一个点或规定新点的位置。

⑩ 曲线/边上的点：在图 3-43 所示的对话框选择曲线，设置点在曲线上的位置，即可建立点。

⑪ 面上的点：在图 3-44 所示的对话框中设置“U 向参数”和“V 向参数”的值，即可在面上建立点。

⑫ 两点之间：在图 3-45 所示的对话框中设置“点之间的位置”的值，即可在两点之间建立点。

图 3-42　圆弧/椭圆上的角度

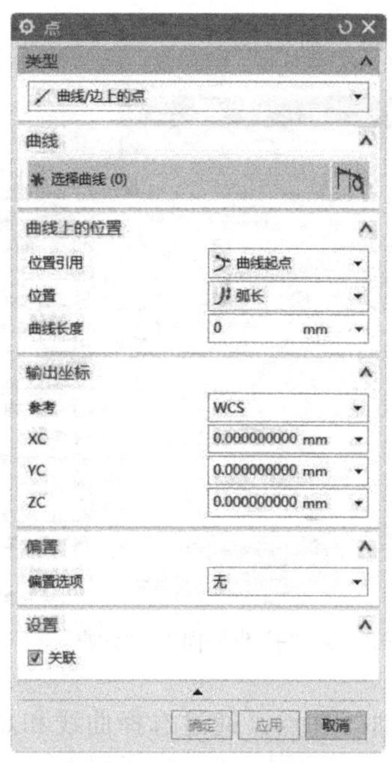

图 3-43　设置 U 参数

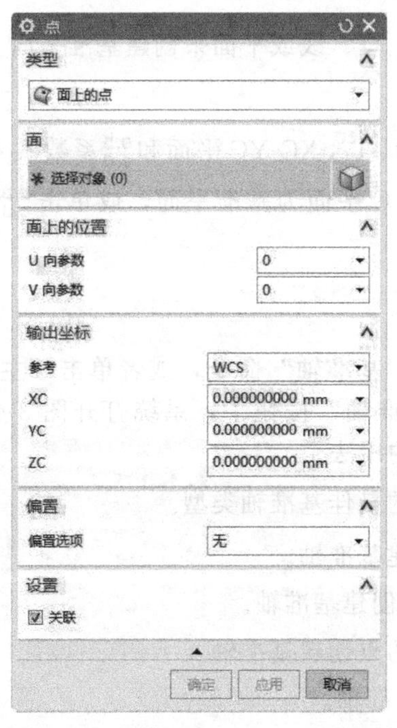

图 3-44　设置 U 向参数和 V 向参数

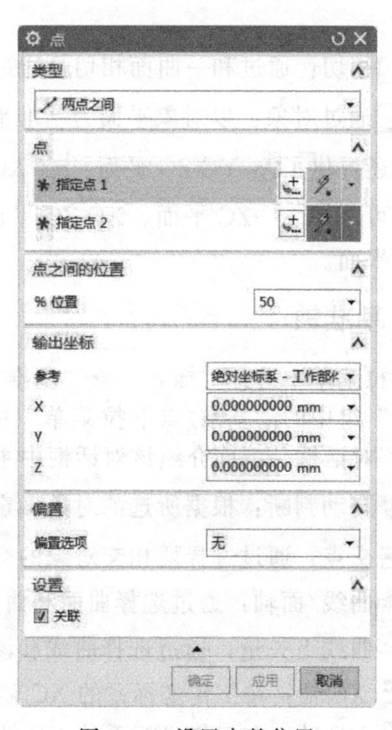

图 3-45　设置点的位置

⑬ 输出坐标：在 XC、YC、ZC 文本框中设置点的坐标值，单击“确定”即可。

3.2.2 基准平面

在下拉菜单中选择“插入”→“基准/点”→“基准平面”命令，或者单击“主页”功能区“特征”组中的“基准/点下拉菜单”中的“基准平面”按钮，系统打开图 3-46 所示的“基准平面”对话框。

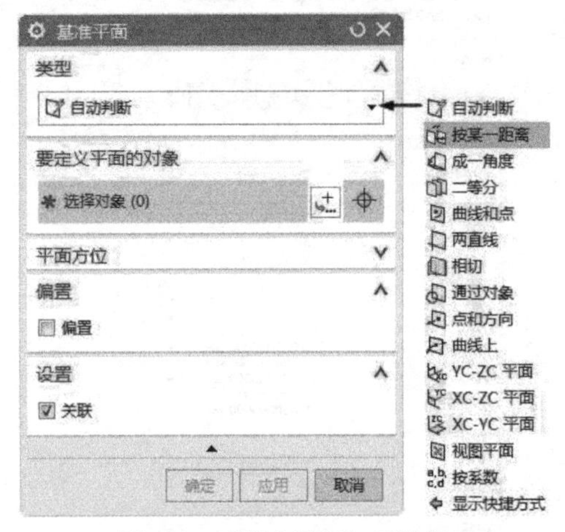

图 3-46 “基准平面”对话框

下面介绍基准平面的创建方法：

① 自动判断：系统根据所选对象创建基准平面。

② 点和方向：通过选择一个参考点和一个参考矢量来创建基准平面。

③ 曲线上：通过已存在的曲线，创建在该曲线某点处和该曲线垂直的基准平面。

④ 按某一距离：通过和已存在的参考平面或基准面进行偏置得到新的基准平面。

⑤ 成一角度：通过与一个平面或基准面成指定角度来创建基本平面。

⑥ 二等分：在两个相互平行的平面或基准平面的对称中心处创建基准平面。

⑦ 曲线和点：通过选择曲线和点来创建基准平面。

⑧ 两直线：通过选择两条直线，若两条直线在同一平面内，则以这两条直线所在平面为基准平面；若两条直线不在同一平面内，那么基准平面通过一条直线且和另一条直线平行。

⑨ 相切：通过和一曲面相切且通过该曲面上点、线或平面来创建基准平面。

⑩ 通过对象：以对象平面为基准平面。

系统还提供了 YC-ZC 平面、XC-ZC 平面、XC-YC 平面和系数共 4 种方法。也就是说可选择 YC-ZC 平面、XC-ZC 平面、XC-YC 平面为基准平面，或单击按钮，自定义基准平面。

3.2.3 基准轴

在下拉菜单中选择“插入”→“基准/点”→“基准轴”命令，或者单击“主页”功能区“特征”组中的“基准/点下拉菜单”中的“基准轴”按钮↑，系统打开图 3-47 所示的“基准轴”对话框。下面介绍该对话框中主要参数的用法。

① 自动判断：根据所选的对象确定要使用的最佳基准轴类型。

② 交点：通过选择两相交对象的交点来创建基准轴。

③ 曲线/面轴：通过选择曲面和曲面上的轴创建基准轴。

④ 曲线上矢量：通过选择曲线和该曲线上的点创建基准轴。

⑤ XC 轴：在工作坐标系的 XC 轴上创建基准轴。

⑥ YC 轴：在工作坐标系的 YC 轴上创建基准轴。

⑦ ZC 轴：在工作坐标系的 ZC 轴上创建基准轴。

⑧ 点和方向：通过选择一个点和方向矢量创建基准轴。

⑨ 两点：通过选择两个点来创建基准轴。

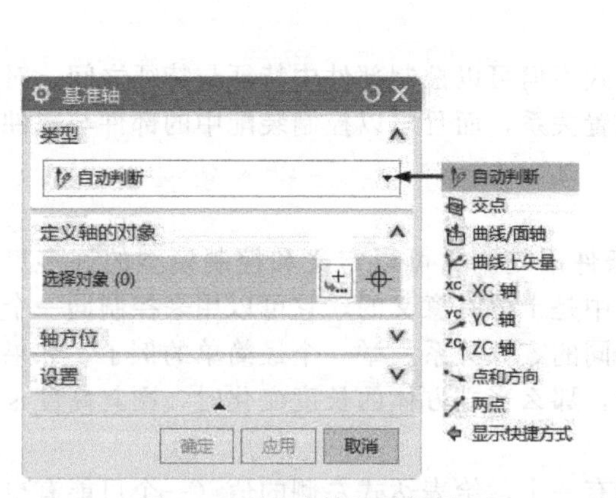

图 3-47 “基准轴”对话框

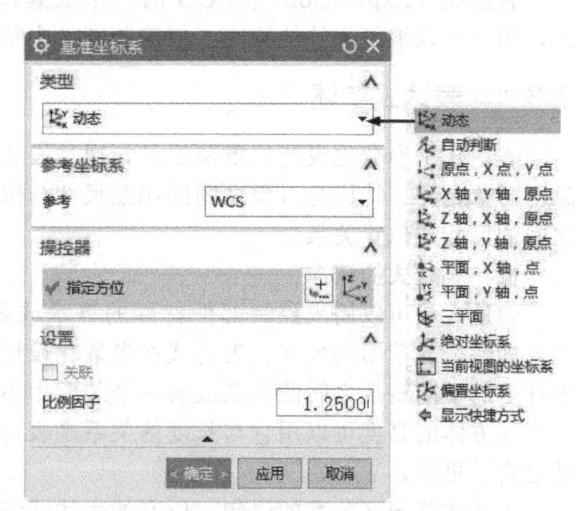

图 3-48 “基准坐标系”对话框

3.2.4　基准坐标系

在下拉菜单中选择“插入”→“基准/点”→“基准坐标系”命令，或者单击“主页”功能区“特征”组中的“基准/点下拉菜单”中的“基准坐标系”按钮，打开图 3-48 所示的“基准坐标系”对话框，该对话框用于创建基准坐标系，和坐标系不同的是，基准坐标系一次建立 3 个基准面（XY、YZ 和 ZX 面）和 3 个基准轴（X、Y 和 Z 轴）。

① 自动判断：通过选择的对象或输入沿 X、Y 和 Z 坐标轴方向的偏置值来定义一个坐标系。

② 原点，X 点，Y 点：该方法利用点创建功能先后指定 3 个点来定义一个坐标系。这 3 点应分别是原点、X 轴上的点和 Y 轴上的点。定义的第一点为原点，第一点指向第二点的方向为 X 轴的正向，从第二点至第三点按右手定则来确定 Z 轴正向。

③ 三平面：该方法通过先后选择 3 个平面来定义一个坐标系。3 个平面的交点为坐标系的原点，第一个面的法向为 X 轴，第一个面与第二个面的交线方向为 Z 轴。

④ X 轴，Y 轴，原点：该方法先利用点创建功能指定一个点作为坐标系原点，在利用矢量创建功能先后选择或定义两个矢量，这样就创建基准坐标系。坐标系 X 轴的正向平行于第一矢量的方向，XOY 平面平行于第一矢量及第二矢量所在的平面，Z 轴正向由从第一矢量在 XOY 平面上的投影矢量至第二矢量在 XOY 平面上的投影矢量按右手定则确定。

⑤ 绝对坐标系：该方法在绝对坐标系的（0，0，0）点处定义一个新的坐标系。

⑥ 当前视图的坐标系：该方法用当前视图定义一个新的坐标系。XOY 平面为当前视图的所在平面。

⑦ 偏置坐标系：该方法通过输入沿 X、Y 和 Z 坐标轴方向相对于选择坐标系的偏距来定义一个新的坐标系。

3.3 表达式

表达式（Expression）是 UG 的一个工具，可用在多个模块中。通过算术和条件表达式，用户可以控制部件的特性，如控制部件中特征或对象的尺寸。

3.3.1 表达式综述

表达式是参数化设计的重要工具，通过表达式不但可以控制部件中特征与特征之间、对象与对象之间、特征与对象之间的相互尺寸与位置关系，而且可以控制装配中的部件与部件之间的尺寸与位置关系。

（1）表达式的概念

表达式是可以用来控制部件特性的算术或条件语句。它可以定义和控制模型的许多尺寸，如特征或草图的尺寸。表达式在参数化设计中是十分有意义的，它可以用来控制同一个零件上的不同特征之间的关系或者一个装配中不同的零件关系。举一个最简单的例子，如果一个立方体的高度可以用它与长度的关系来表达，那么当立方体的长度变化时，则其高度也随之自动更新。

表达式是定义关系的语句。所有的表达式都有一个赋给表达式左侧的值（一个可能有也可能没有小数部分的数）。表达式关系式包括表达式等式的左侧和右侧部分（即 a＝b＋c 形式）。要得出该值，系统就计算表达式的右侧，它可以是算术语句或条件语句。表达式的左侧必须是一个单个的变量。

在表达式关系式的左侧，“a”是 a＝b＋c 中的表达式变量。表达式的左侧也是此表达式的名称。在表达式的右侧，“b＋c”是 a＝b＋c 中的表达式字符串，如图 3-49 所示。

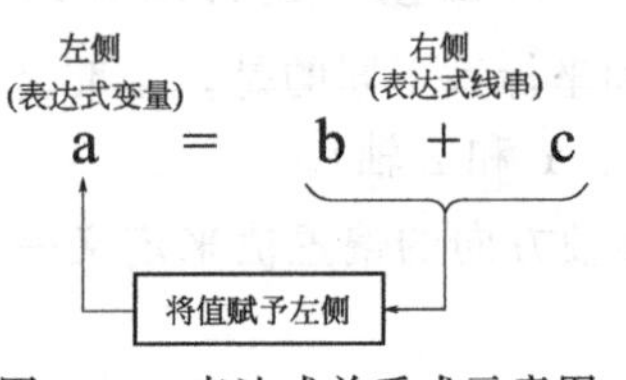

图 3-49 表达式关系式示意图

在创建表达式时必须注意以下几点：

① 表达式左侧必须是一个简单变量，等式右侧是一个数学语句或条件语句。

② 所有表达式均有一个值（实数或整数），该值被赋给表达式的左侧变量。

③ 表达式等式的右侧可以是含有变量、数字、运算符和符号的组合或常数。

（2）表达式的建立方式

表达式可以自动建立或手工建立。

系统自动生成开头用“p”限定符（即 p0、p1、p2）表示的表达式关系式。

以下情况将自动建立表达式：

① 创建草图时，用两个表达式定义草图基准 XC 和 YC 坐标。

② 定义草图尺寸约束时，每个定位尺寸用一个表达式表示。

③ 特征或草图定位时，每个定位尺寸用一个表达式表示。

④ 建立特征时，某些特征参数将用相应的表达式表示。

⑤ 建立装配配对条件时，用户可以通过下列任意一种方式手工生成表达式：

a. 从草图生成表达式。

b. 将已有的表达式更名。在菜单栏中选择“工具”→“表达式”命令来选择旧的表达式，并选择更名。

c. 在文本文件中输入表达式，然后将它们导入表达式变量表中。

3.3.2 表达式语言

(1) 变量名

变量名是字母数字型的字符串，但这些字符串必须以一个字母开头。变量名中也可以使用下画线“_”。

请记住表达式是区分大小写的，因此变量名“X1”不同于“x1”。

所有的表达式名（表达式的左侧）也是变量，必须遵循变量名的所有约定。所有变量在用于其他表达式之前，必须以表达式名的形式出现。

(2) 运算符

在表达式语言中可能会用到几种运算符。UG 表达式运算符分为算术运算符、关系及逻辑运算符，与其他计算机书中介绍的内容相同。

(3) 内置函数

当建立表达式时，可以使用任一 UG 的内置函数，表 3-1 和表 3-2 列出了部分 UG 的内置函数，它可以分为两类：一类是数学函数，另一类是单位转换函数。

表 3-1　数学函数

函数名	函数表示	函数意义	备注
abs	abs(x)=$\lvert x \rvert$	绝对值函数	结果为正数
arcsin	arcsin(x)	反正弦函数	结果为弧度
arccos	arccos(x)	反余弦函数	结果为弧度
arctan(x)	arctan(x)	反正切函数	结果为弧度
arctan2	arctan2(x,y)	反正切函数	atan2(x/y)，结果为弧度
sin	sin(x)	正弦函数	x 为角度度数
cos	cos(x)	余弦函数	x 为角度度数
tan	tan(x)	正切函数	x 为角度度数
sinh	sinh(x)	双曲正弦函数	x 为角度度数
cosh	cosh(x)	双曲余弦函数	x 为角度度数
tanh	tanh(x)	双曲正切函数	x 为角度度数
rad	rad(x)	将弧度转换为角度	x 为弧度
deg	deg(x)	将角度转换为弧度	x 为角度
Radians	Radians(x)	将以度数为单位的角度转换为弧度	x 为以度数为单位的角度
Angle2Vectors	Angle2Vectors(<v1>,<v2>,<v3>)	返回 v3 向量视图中 v1 和 v2 向量的夹角	v1 为指定的基向量 v2 为指定的一个测量向量 v3 为向量指定的一个视图
log	log(x)	自然对数	log(x)=ln(x)=loge(x)
log10	log10(x)	常用对数	log10(x)=lg(x)
exp	exp(x)	指数	e^x
fact	fact(x)	阶乘	x!
ceiling	ceiling(x)	大于或等于 x 的最小整数	

续表

函数名	函数表示	函数意义	备注
floor	floor(x)	小于或等于 x 的最大整数	
max	max(x)	从给定数字和其他数字中返回最大数	
min	min(x)	从给定数字和其他数字中返回最小数	
pi	pi()	圆周率 π	返回 3.14159265358979
mod	mod(x,y)	返回给定分子除以指定分母时(按整数除法)的余数(模数)	
Equal	Equal(x,y)	比较函数	如果两个给定输入相等,返回 true
xor		异或	
dist	dist(<P1>,<P2>)	返回两个给定的点之间的距离	P1,P2 是给定的点
round	round(x)	返回给定数字最接近的整数,如果给定的数字以.5结尾,则返回偶数	
ug_excel_read	ug_excel_read("<SPREADSHEET_NAME>",<CELL>)	从电子表格中读取数据,返回单元格的值	SPREADSHEET_NAME 是电子表格名称,CELL 是指定的单元格

表 3-2　单位转换函数

函数名	函数表示	函数意义
cm	cm(x)	将厘米转换成部件文件的默认单位
ft	ft(x)	将英尺转换成部件文件的默认单位
In	In(x)	将英寸转换成部件文件的默认单位
km	km(x)	将千米转换成部件文件的默认单位
mc	mc(x)	将微米转换成部件文件的默认单位
min	min(x)	将角度分转换成度数
ml	ml(x)	将千分之一英寸转换成部件文件的默认单位
mm	mm(x)	将毫米转换成部件文件的默认单位
mtr	mtr(x)	将米转换成部件文件的默认单位
sec	sec(x)	将角度秒转换成度数
yd	yd(x)	将码转换成部件文件的默认单位

(4) 条件表达式

表达式可分为三类：数学表达式，条件表达式，几何表达式。数学表达式很简单，也就是我们平常用数学的方法，利用上面提到的运算符和内置函数等，对表达式等式左端进行定义。如：我们对 p2 进行赋值，其数学表达式可以表达为：p2＝p5＋p3。

条件表达式可以通过使用以下语法的 if/else 结构生成：

```
VAR＝if(expr1)(expr2)else(expr3)
```

表示的含义是：如果表达式 expr1 成立，则变量取 expr2 的值，否则表达式 expr1 不成立，则变量取 expr3 的值。

```
例如:width=if(length< 10)(5)else(8)
```

即如果长度小于 10，宽度将是 5；如果长度大于或等于 10，宽度将是 8。

(5) 表达式中的注释

在实际注释前使用双正斜线“//”可以在表达式中生成注释。双正斜线表示让系统忽略它后面的内容。注释一直持续到该行的末端。如果注释与表达式在同一行，则需先写表达式内容。例如：

```
length=2* width//comment          有效
//comment//width'0=5              无效
```

(6) 几何表达式

UG 中几何表达式是一类特殊的表达式，引用某些几何特性为定义特征参数的约束，一般用于定义曲线（或实体边）的长度，两点（或两个对象）之间的最小距离或者两条直线（或圆弧）之间的角度。

通常，几何表达式是被引用在其他表达式中参与表达式的计算，从而建立其他非几何表达式与被引用的几何表达式之间的相关关系。当几何表达式所代表的长度、距离或角度等变化时，引用该几何表达式的非几何表达式的值也会改变。

几何表达式的类型有：

① 距离表达式：一个基于在两个对象，一个点和一个对象，或两个点间最小距离的表达式。

② 长度表达式：一个基于曲线或边缘长度的表达式。

③ 角度表达式：一个基于在两条直线，一个弧和一条线，或两个圆弧间的角度的表达式。

几何表达式如下例：

```
p2=length(20)
p3=distance(22)
p4=angle(25)
```

3.3.3 表达式对话框

要在部件文件中编辑表达式，在下拉菜单中选择“工具”→“表达式”命令，系统会打开如图 3-50 所示“表达式”对话框。对话框提供一个当前部件中表达式的列表、编辑表达式的各种选项和控制与其他部件中表达式连接的选项。

(1) 显示

“显示”选项定义了在表达式对话框中的表达式。用户可以从下拉式菜单中选择一种方式列出表达式，如图 3-51 所示有下列可以选择的方式：

① 用户定义的表达式：列出了用户通过对话框创建的表达式。

② 命名的表达式：列出用户创建和那些没有创建只是重命名的表达式。包括了系统自动生成的名字如 p0 或 p5。

③ 未用的表达式：没有被任何特征或其他表达式引用的表达式。

④ 特征表达式：列出在图形窗口或部件导航中选定的某一特征的表达式。

⑤ 测量表达式：列出部件文件中的所有测量表达式。

⑥ 属性表达式：列出部件文件中存在的所有部件和对象属性表达式。

⑦ 部件间表达式：列出部件文件之间存在的表达式。

⑧ 所有表达式：列出部件文件中的所有表达式。

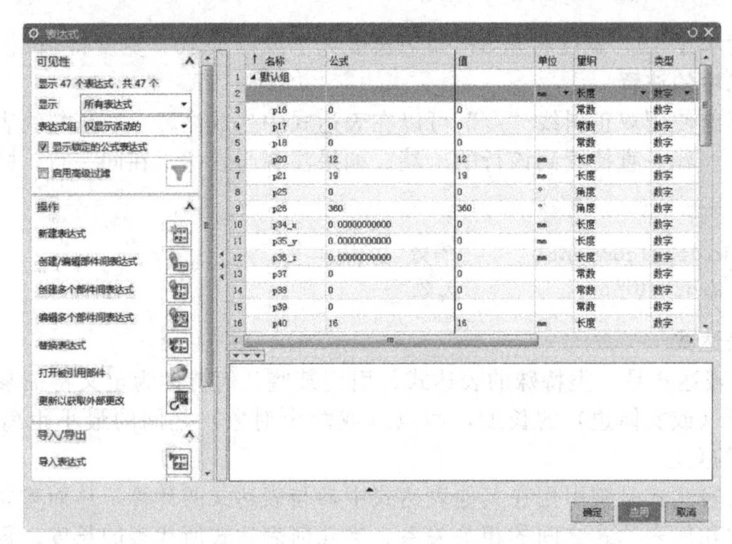

图 3-50 “表达式”对话框

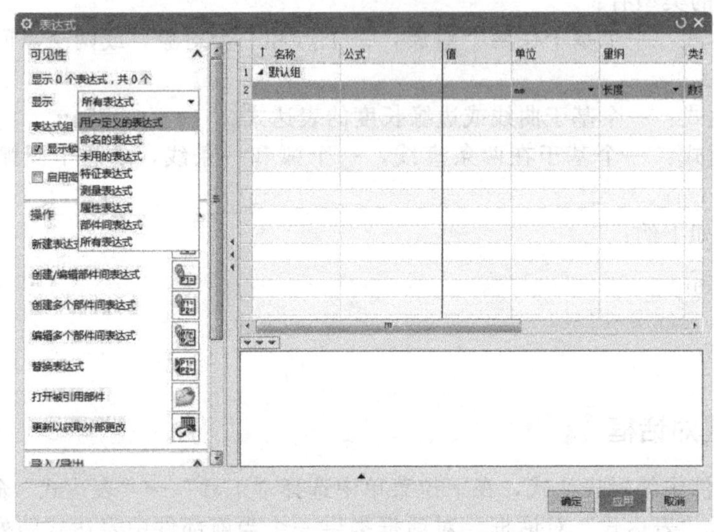

图 3-51 “显示”选项

（2）操作

① 新建表达式：新建一个表达式。

② 创建/编辑部件间表达式：列出作业中可用的单个部件。一旦选择了部件以后，便列出了该部件中的所有表达式。

③ 创建多个部件间表达式：列出作业中可用的多个部件。

④ 编辑多个部件间表达式：控制从一个部件文件到其他部件中的表达式的外部参考。选择该选项将显示包含所有部件列表的对话框，这些部件包含工作部件涉及的表达式。

⑤ 替换表达式：允许使用另一个字符串替换当前工作部件中某个表达式的公式字符串的所有实例。

⑥ 打开被引用部件：单击该按钮，可以打开任何作业中部分载入的部件，常用于进行大规模加工操作。

⑦ 更新以获取外部更改：更新可能在外部电子表格中的表达式值。

(3) 表达式列表框

根据设置的表达式列出方式，显示部件文件中的表达式。

① 名称：在该文本框中，可以给一个新的表达式命名，也可以重新命名一个已经存在的表达式。表达式命名要符合一定的规则。

② 公式：可以编辑一个在表达式列表框中选中的表达式，也可给新的表达式输入公式，还可给部件间的表达式创建引用。

③ 值：显示从公式或测量数据派生的值。

④ 量纲：通过该下拉列表框，可以指定一个新表达式的量纲，但不可以改变已经存在的表达式的量纲，如图 3-52 所示。

⑤ 单位：对于选定的量纲，指定相应的单位，如图 3-53 所示。

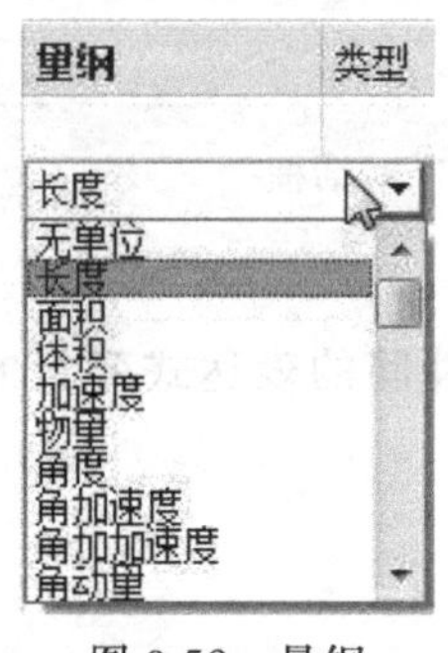

图 3-52　量纲

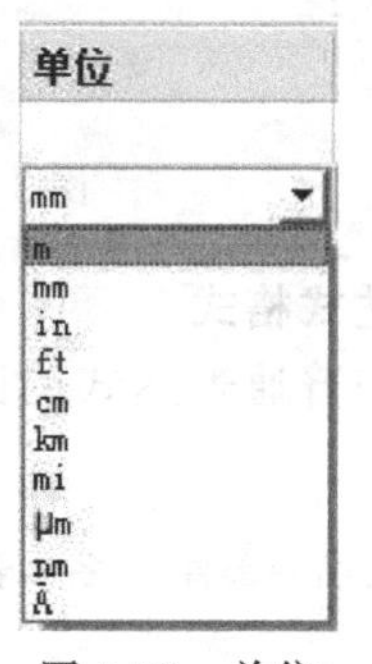

图 3-53　单位

⑥ 类型：指定表达式数据类型，包括数字、字符串、布尔运算、整数、点、矢量和列表等类型。

⑦ 源：对于软件表达式，附加参数文本显示在源列中，该列描述关联的特征和参数选项。

⑧ 附注：添加了表达式附注，则会显示该附注。

⑨ 检查：显示任意检查需求。

⑩ 组：选择或编辑特定表达式所属的组。

3.3.4　部件间表达式

(1) 部件间表达式设置

部件间的表达式用于装配和组件零件中。使用部件间表达式（IPEs），可以建立组件间的关系，这样一个部件的表达式可以根据另一个部件的表达式进行定义。为配合另一组件的孔而设计的一个组件中的销，可以使用与该孔参数相关联的参数，当编辑孔时，该组件中的销也能自动更新。

要使用部件间的表达式，还要进行如下设置。

① 在下拉菜单中选择“文件”→“实用工具”→“用户默认设置”命令，打开“用户默认设置”对话框。

② 在左边的栏目内，选择“装配”→“部件间建模”，单选“允许关联的部件间建模”中的“是”按钮，勾选“允许提升体”复选框，如图 3-54 所示。单击“确定”完成设置。

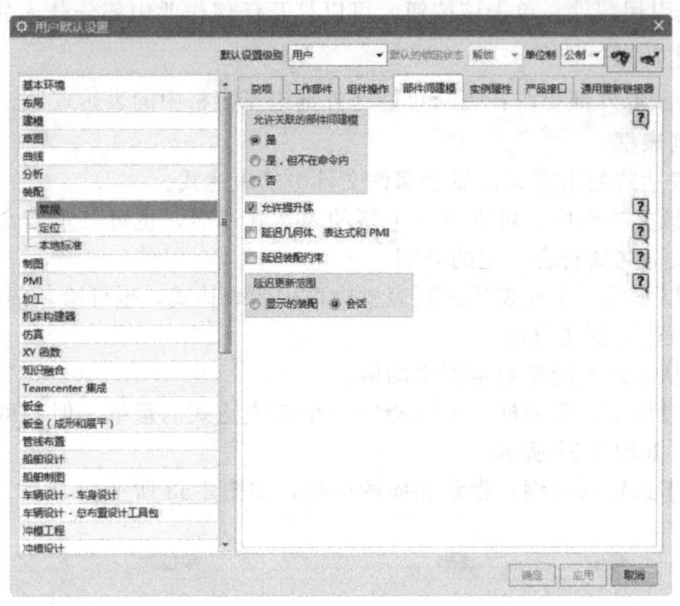

图 3-54 “用户默认设置”对话框

(2) 部件间表达式格式

部件间表达式与普通表达式的区别，就是在部件间的表达式变量的前面添加了部件名称。格式为：

部件 1_名::表达式名=部件 2_名::表达式名

例如表达式：

```
hole_dia=pin::diameter+ tolerance
```

将局部表达式 hole _ dia 与部件 pin 中的表达式 diameter 联系起来。

3.4 布尔运算

零件模型通常由单个实体组成，但在建模过程中，实体通常是由多个实体或特征组合而成，于是要求把多个实体或特征组合成一个实体，这个操作称为布尔运算（或布尔操作）。

布尔运算在实际建模过程中用得比较多，但一般情况下是系统自动完成或自动提示用户选择合适的布尔运算。布尔运算也可独立操作。

图 3-55 “合并”对话框

3.4.1 合并

在下拉菜单中选择“插入”→“组合”→“合并”命令，或者单击“主页”功能区“特征”组中的“合并”按钮，系统打开图 3-55 所示的“合并”对话框。该对话框用于将两个或多个实体的体积组合在一起构成单个实体，其公共部分完全合并到一起，如图 3-56 所示。

对话框中的选项说明如下：

① 目标：进行布尔“合并”时第一个选择的体对象，运算的结果将加在目标体上，并修改目标体。同一次布尔

运算中，目标体只能有一个。布尔运算的结果体类型与目标体的类型一致。

② 工具：进行布尔运算时第二个以后选择的体对象，这些对象将加在目标体上，并构成目标体的一部分。同一次布尔运算中，工具体可有多个。

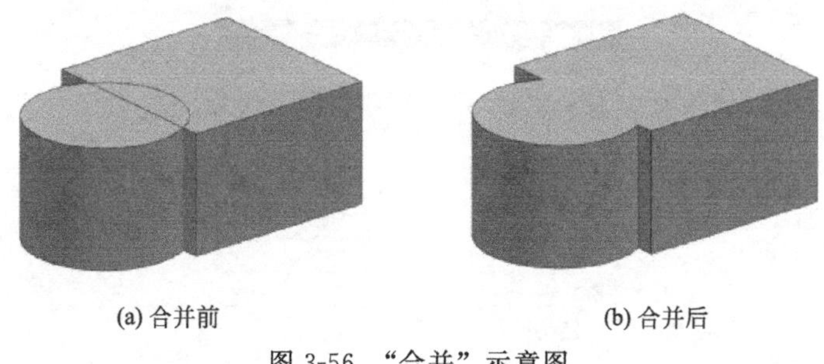

(a) 合并前　　(b) 合并后

图 3-56 “合并”示意图

需要注意的是：可以将实体和实体进行合并运算，也可以将片体和片体进行合并运算(具有近似公共边缘线)，但不能将片体和实体、实体和片体进行合并运算。

3.4.2 求差

在下拉菜单中选择“插入”→“组合”→“减去”命令，或者单击“主页”功能区“特征”组中的“减去”按钮，系统打开图 3-57 所示的“求差”对话框。该对话框用于从目标体中减去一个或多个工具体的体积，即将目标体中与工具体公共的部分去掉，如图 3-58 所示。

图 3-57 “求差”对话框

需要注意的是：

① 若目标体和工具体不相交或相接，在运算结果保持为目标体不变。

② 实体与实体、片体与实体、实体与片体之间都可进行求差运算，但片体与片体之间不能进行求差运算。实体与片体的差，其结果为非参数化实体。

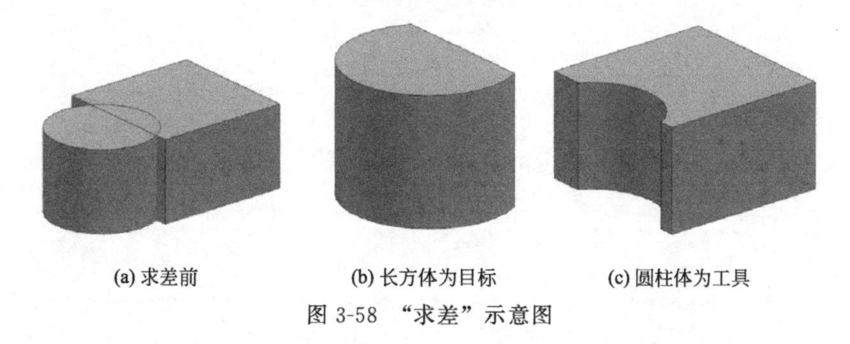

(a) 求差前　　(b) 长方体为目标　　(c) 圆柱体为工具

图 3-58 “求差”示意图

③ 布尔“求差”运算时，若目标体进行求差运算后的结果为两个或多个实体，则目标体将丢失数据。也不能将一个片体变成两个或多个片体。

④ 求差运算的结果不允许产生 0 厚度，即不允许目标实体和工具体的表面刚好相切。

3.4.3 相交

在下拉菜单中选择“插入”→“组合”→“相交”命令，或者单击“主页”功能区“特征”组中的“相交”按钮，系统打开如图 3-59 所示的“相交”对话框。该对话框用于将两个或多个实体合并成单个实体，运算结果取其公共部分体积构成单个实体，如图 3-60 所示。

图 3-59 “相交”对话框

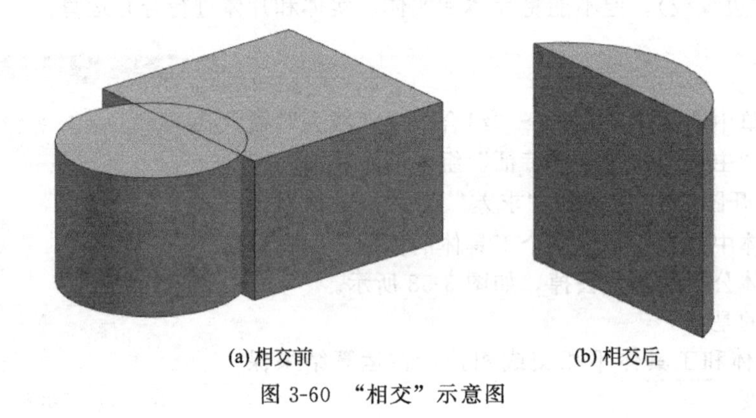

图 3-60 “相交”示意图

第4章　草图设计

本章导读

草图（Sketch）是UG建模中建立参数化模型的一个重要工具。通常情况下，用户的三维设计应该从草图设计开始，通过UG中提供的草图功能建立各种基本曲线，对曲线进行几何约束和尺寸约束，然后对二维草图进行拉伸、旋转或者扫描就可以很方便地生成三维实体。此后模型的编辑修改，主要在相应的草图中完成后即可更新模型。

本章节主要介绍草图的基本知识、操作和编辑等。

内容要点

- 草图建立
- 草图约束
- 草图操作
- 综合实例——曲柄

4.1 草图建立

草图是位于指定平面上的曲线和点所组成的一个特征，其默认特征名为：SKETCH。草图由草图平面、草图坐标系、草图曲线和草图约束等组成；草图平面是草图曲线所在的平面，草图坐标系的XY平面即为草图平面，草图坐标系由用户在建立草图时确定。一个模型中可以包含多个草图，每一个草图都有一个名称，系统通过草图名称对草图及其对象进行引用。

4.1.1 进入草图环境

在“建模”模块中在下拉菜单中选择“插入”→“在任务环境中绘制草图”命令，打开图4-1所示“创建草图”对话框。

选择现有平面或创建新平面，单击“确定”按钮，进入草图环境，如图4-2所示。

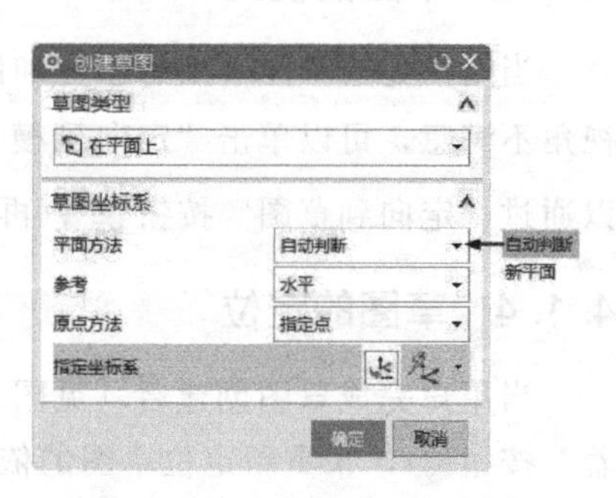

图4-1 “创建草图”对话框

4.1.2 草图创建的一般步骤

① 进入草图创建环境后，“主页”功能区“草图”组如图4-3所示，系统按照先后顺序给用户的草图取名为SKETCH_000、SKETCH_001、SKETCH_002、……，名称显示在“草图名”的文本框中。

② 要创建草图，在“创建草图”对话框中指定草图

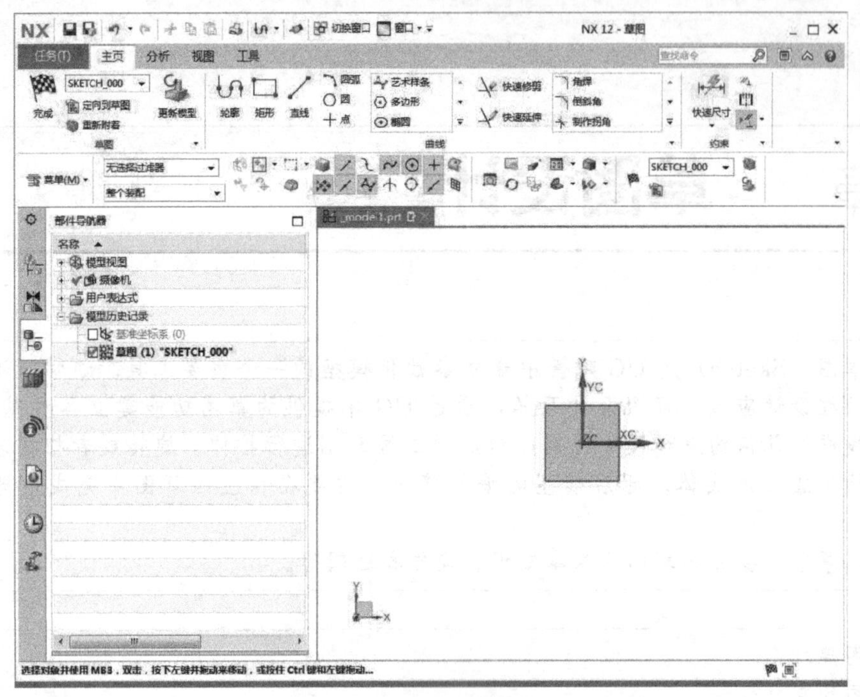

图 4-2 “草图”工作环境

的放置平面，有以下几种情况：

图 4-3 “草图”组

a. 如果要将某一工作坐标系平面指定为草图平面：在“草图坐标系”选项“平面方法”下拉列表中选择“新平面”，在指定平面下拉列表中选择XC-YC、XC-ZC、YC-ZC或创建其他的基准平面，将草图方向和草图原点进行设置，然后单击“确定”按钮。

b. 如果要为草图平面选择现有平面或已有的基准平面，在“草图坐标系”选项“平面方法”下拉列表中选择“自动判断”，然后选择所需的面或基准平面，然后“确定”按钮。

c. 如果要将基准坐标系用于草图平面，在“草图坐标系”选项单击“坐标系对话框”按钮，将会创建新的基准坐标系，并将其X-Y平面用于草图平面，在打开的“坐标系”对话框生成基准坐标系。生成的新草图与新生成的基准坐标系的X-Y平面重合。

③ 当草图创建工作全部完成，单击“完成”按钮，退出草图工作环境。

4.1.3 草图的视角

当用户完成草图平面的创建和修改后，系统会自动转换到草图平面视角。如果用户对该视角不满意，可以单击“定向到模型”，使草图视角恢复到原来基本建模的视角。还可以通过“定向到草图”按钮，再次回到草图平面的视角。

4.1.4 草图的定位

当用户完成草图创建后（见图 4-4），需要更改草图所依附的平面，可以通过“重新附着”按钮，来重新定位草图的依附平面（见图 4-5）。

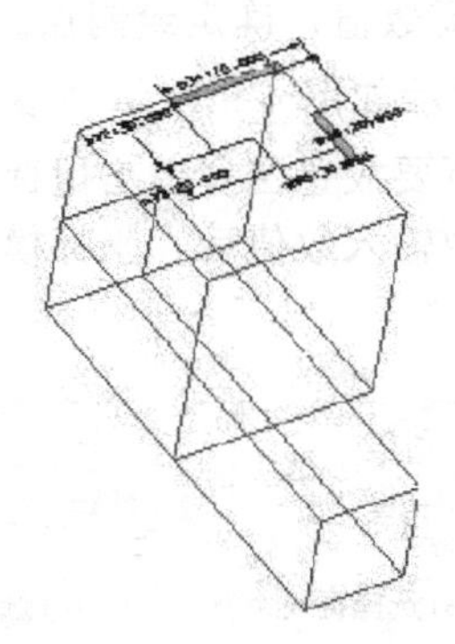

图 4-4　原草图平面

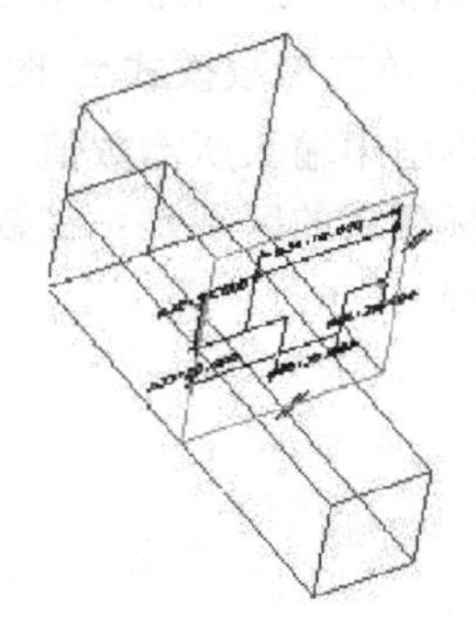

图 4-5　“重新附着”后草图平面

4.1.5　草图的绘制

进入草图工作环境后，在“主页”功能区上会出现如图 4-6(a) 所示图标，其相关命令也可以在下拉菜单中选择“插入”→“曲线”子菜单中找到，如图 4-6(b) 所示，以下就常用的绘图命令作一介绍：

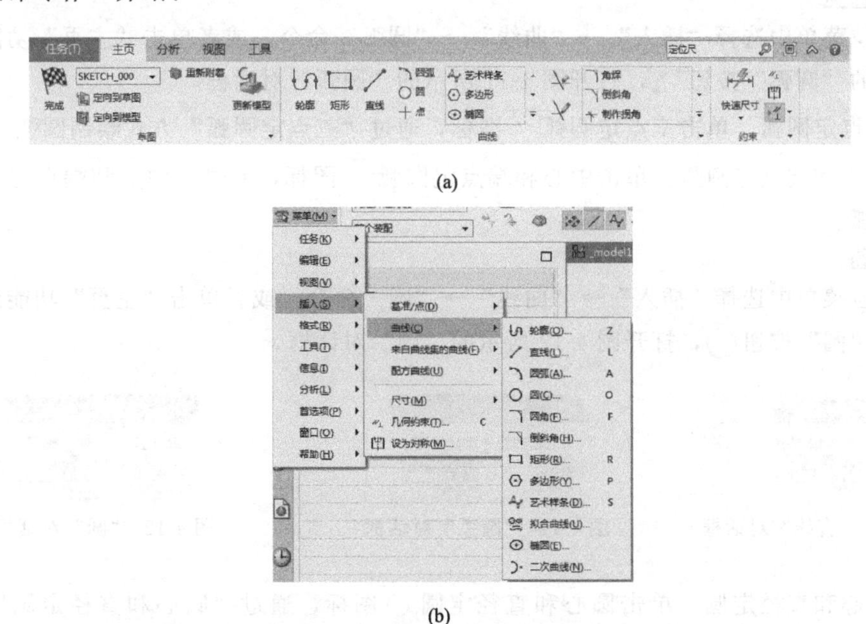

(a)

(b)

图 4-6　草图环境下的“主页”功能区和“曲线”子菜单

(1) 轮廓

绘制单一或者连续的直线和圆弧。

在下拉菜单中选择“插入”→“曲线”→“轮廓”命令，或者单击“主页”功能区“曲线”组中的“轮廓”按钮，打开图 4-7 所示的“轮廓”对话框。

① 直线。单击直线图标，在视图区选择两点绘制直线。

② 圆弧。单击圆弧图标，在视图区选择一点，输入半径，再在视图区选择另一点，或者根据相应约束和扫描角度绘制圆弧。

③ 坐标模式。单击坐标模式 XY 图标，在视图区显示如图 4-8 所示

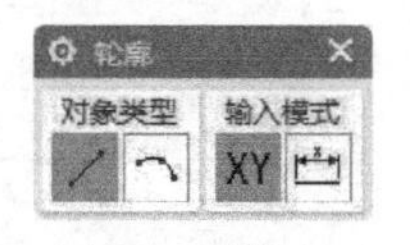

图 4-7　“轮廓”对话框

“XC”和“YC”数值输入文本框，在文本框中输入所需数值，确定绘制点。

④ 参数模式。单击参数模式图标，在视图区显示如图 4-9 所示“参数模式”数值输入文本框，在文本框中输入所需数值，拖动鼠标，在所要放置位置单击鼠标左键，绘制直线或者圆弧。和坐标模式的区别是：在数值输入文本框中输入数值后，坐标模式是确定的，而参数模式是浮动的。

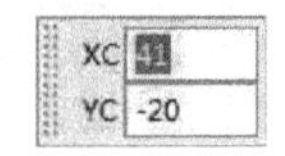

图 4-8 “坐标模式”数值输入文本框

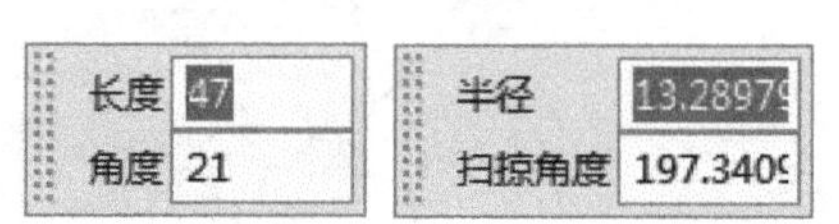

(a) 选择直线绘制　(b) 选择圆弧绘制

图 4-9 “参数模式”数值输入文本框

(2) 直线

在下拉菜单中选择“插入”→“曲线”→“直线”命令，或者单击“主页”功能区“曲线”组中的“直线”按钮，打开图 4-10 所示的“直线”对话框，其各个参数含义和“配置文件”对话框中对应的参数含义相同。

(3) 圆弧

在下拉菜单中选择“插入”→“曲线”→“圆弧”命令，或者单击“主页”功能区“曲线”组中的“圆弧”按钮，打开图 4-11 所示的“圆弧”对话框。

① 三点定圆弧。单击三点定圆弧图标，通过“三点定圆弧”方式绘制圆弧。

② 中心和端点定圆弧。单击中心和端点定圆弧图标，通过“中心和端点定圆弧”方式绘制圆弧。

(4) 圆

在下拉菜单中选择“插入”→“曲线”→“圆”命令，或者单击“主页”功能区中“曲线”组的“圆”按钮，打开图 4-12 所示的“圆”对话框。

图 4-10 “直线”对话框

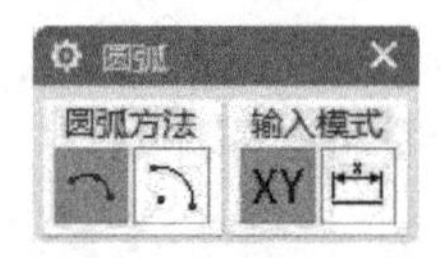

图 4-11 “圆弧”对话框

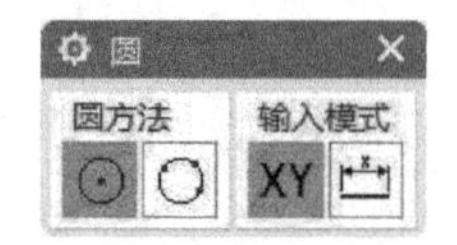

图 4-12 “圆”对话框

① 圆心和直径定圆。单击圆心和直径定圆图标，通过“圆心和直径定圆”方式绘制圆。

图 4-13 “多边形”对话框

② 三点定圆。单击三点定圆图标，选择“三点定圆”方式绘制圆。

(5) 多边形

在下拉菜单中选择“插入”→“曲线”→“多边形”命令，或者单击“主页”功能区“曲线”组中的“多边形”按钮，打开图 4-13 所示的“多边形”对话框。

① 中心点：在适当的位置单击或通过点对话框确定中心点。

② 边：输入多边形的边数。

③ 大小。

a. 指定点：选择点或者通过点对话框定义多边形的半径。

b. 大小。

• 内切圆半径：指定从中心点到多边形中心的距离。

• 外接圆半径：指定从中心点到多边形拐角的距离。

• 边长：指定多边形的长度。

c. 半径：设置多边形内切圆和外接圆半径的大小。

d. 旋转：设置从草图水平轴开始测量的旋转角度。

e. 长度：设置多边形边长的长度。

（6）派生直线

选择一条或几条直线后，系统自动生成其平行线、中线或角平分线。

在下拉菜单中选择“插入”→“来自曲线集的曲线”→“派生曲线”命令，或者单击“主页”功能区“曲线”组中的“派生直线”按钮，选择“派生线条”方式绘制直线。“派生线条”方式绘制草图示意图如图 4-14 所示。

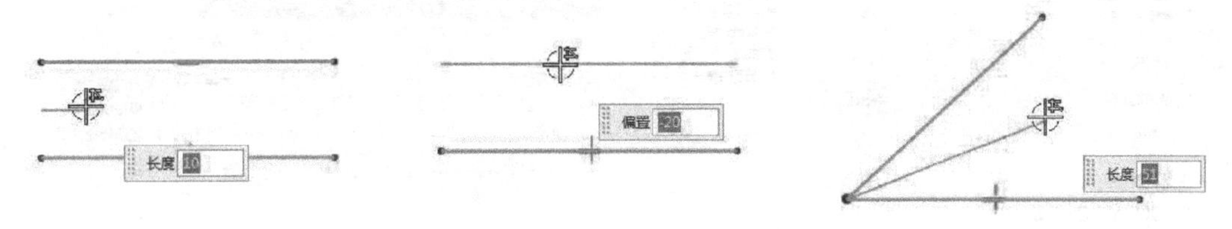

图 4-14　“派生直线”方式绘制草图

（7）矩形

在下拉菜单中选择“插入”→“曲线”→“矩形”命令，或者单击“主页”功能区“曲线”组中的“矩形”按钮，系统会打开图 4-15 所示“矩形”对话框。

① 按 2 点。单击“按 2 点”图标，根据对角点上的两点创建矩形。

② 按 3 点。单击“按 3 点”图标，根据起点和决定宽度、宽度和角度的两点来创建矩形。

图 4-15　“矩形”对话框

③ 从中心。单击“从中心”图标，从中心点、决定角度和宽度的第二点以及决定高度的第三点来创建矩形。

（8）拟合曲线

在下拉菜单中选择“插入”→“曲线”→“拟合曲线”命令，或者单击“主页”功能区“曲线”组中的“拟合曲线”按钮，打开如图 4-16 所示的“拟合曲线”对话框。拟合曲线类型分为拟合样条、拟合直线、拟合圆和拟合椭圆四种类型。

其中拟合直线、拟合圆和拟合椭圆创建类型下的各个操作选项基本相同，如选择点的方式有自动判断、指定的点和成链的点三种，创建出来的曲线也可以通过“结果”来查看误差。与其他三种不同的是拟合样条，其可选的操作对象有自动判断、指定的点、成链的点、曲线四种。

① 次数和段数：用于根据拟合样条曲线次数和分段数生成拟合样条曲线。在“次数”“段数”数值输入文本框中输入用户所需的数值，若要均匀分段，则勾选“均匀段”复选框，创建拟合样条曲线。

② 次数和公差：用于根据拟合样条曲线次数和公差生成拟合样条曲线。在“次数”“公差”数值输入文本框输入用户所需的数值，创建拟合样条曲线。

③ 模板曲线：根据模板样条曲线，生成曲线次数及结点顺序均与模板曲线相同的拟合样条曲线。“保持模板曲线为选定”复选框被激活，勾选该复选框表示保留所选择的模板曲线，否则移除。

(9) 艺术样条

用于在工作窗口定义样条曲线的各定义点来生成样条曲线。

在下拉菜单中选择“插入”→“曲线”→“艺术样条”命令，或者单击“主页”功能区“曲线”组中的“艺术样条”按钮，打开如图 4-17 所示的“艺术样条”对话框。

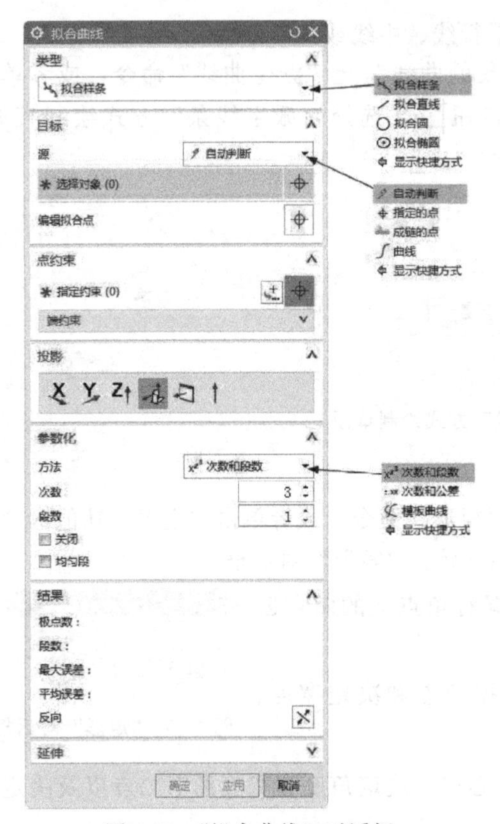

图 4-16 “拟合曲线”对话框

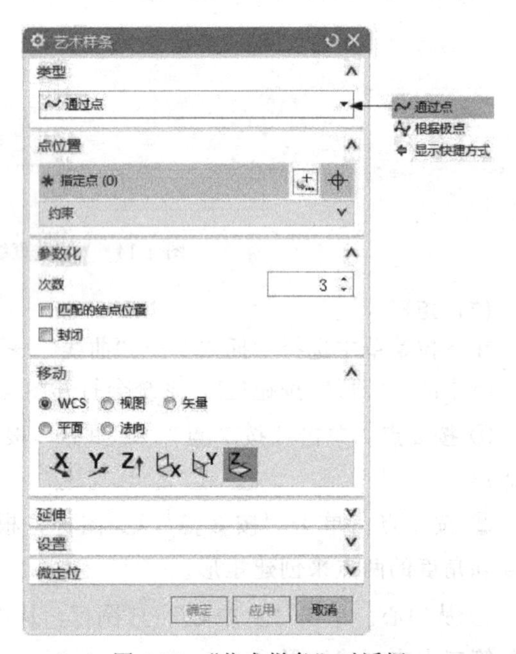

图 4-17 “艺术样条”对话框

在“艺术样条”对话框中的“类型”列表框中包括“通过点”和“根据极点”两种方法创建艺术样条曲线。还可采用“根据极点”方法对已创建的样条曲线各个定义点进行编辑。

(10) 椭圆

在下拉菜单中选择“插入”→“曲线”→“椭圆”命令，或者单击“主页”功能区“曲线”组中的“椭圆”按钮，打开“椭圆”对话框。在该对话框中输入各项参数值，单击“确定”按钮，创建椭圆。创建“椭圆”示意图如图 4-18 所示。

(11) 二次曲线

在下拉菜单中选择“插入”→“曲线”→“二次曲线”命令，或者单击“主页”功能区“曲线”组中的“二次曲线”按钮，打开如图 4-19 所示的“二次曲线”对话框，定义三个点，输入用户所需的“Rho”值。单击“确定”按钮，创建二次曲线。

图 4-18 “椭圆”示意图

图 4-19 “二次曲线”对话框

4.2 草图约束

约束能够用于精确地控制草图中的对象。草图约束有两种类型：尺寸约束（也称之为草图尺寸）和几何约束。

尺寸约束建立起草图对象的大小（如直线的长度、圆弧的半径等等）或是两个对象之间的关系（如两点之间的距离）。尺寸约束看上去更像是图纸上的尺寸。

几何约束建立起草图对象的几何特性（如要求某一直线具有固定长度）或是两个或更多草图对象的关系类型（如要求两条直线垂直或平行，或是几个弧具有相同的半径）。在图形区无法看到几何约束，但是用户可以使用“显示/删除约束”显示有关信息，并显示代表这些约束的直观标记。

4.2.1 建立尺寸约束

建立草图尺寸约束是限制草图几何对象的大小和形状，也就是在草图上标注草图尺寸，并设置尺寸标注线，与此同时再建立相应的表达式，以便在后续的编辑工作中实现尺寸的参数化驱动。进入草图工作环境后，在草图环境下的“插入”→“尺寸”子菜单中找到（见图 4-20）。

① 在生成尺寸约束时，用户可以选择草图曲线、边、基准平面或基准轴上的点，以生成水平、竖直、平行、垂直和角度尺寸。

② 生成尺寸约束时，系统会生成一个表达式，其名称和值显示在一打开的对话框文本区域中（见图 4-21），用户可以接着编辑该表达式的名和值。

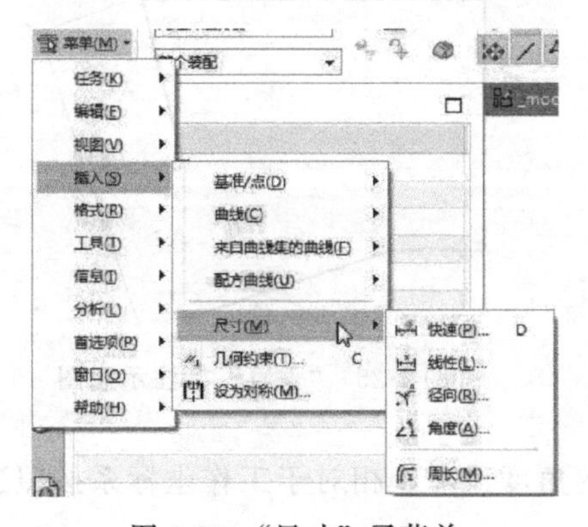

图 4-20 “尺寸”子菜单

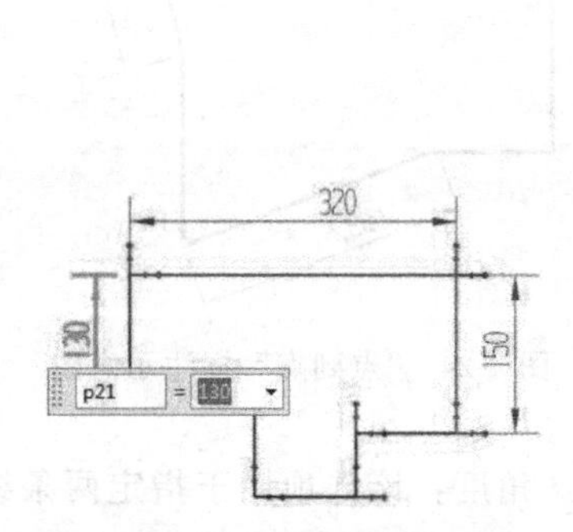

图 4-21 “尺寸约束编辑”示意图

③ 生成尺寸约束时，只要选中了几何体，其尺寸及其延伸线和箭头就会全部显示出来。将尺寸拖动到位，然后按下鼠标左键。完成尺寸约束后，用户还可以随时更改尺寸约束。只需在图形区选中该值双击，然后可以使用生成过程所采用的同一方式，编辑其名称、值或位置。同时用户还可以使用“动画模拟”功能，在一个指定的范围中，显示动态地改变表达式之值的效果。

以下对主要尺寸约束选项功能作一介绍：

① 自动判断：使用该选项，在选择几何体后，由系统自动根据所选择的对象搜寻合适尺寸类型进行匹配。

② 水平：该选项用于指定与约束两点间距离的与 XC 轴平行的尺寸（也就是草图的水平参考），示意图如图 4-22 所示。

③ 竖直：该选项用于指定与约束两点间距离的与 YC 轴平行的尺寸（也就是草图的竖直参考），示意图如图 4-23 所示。

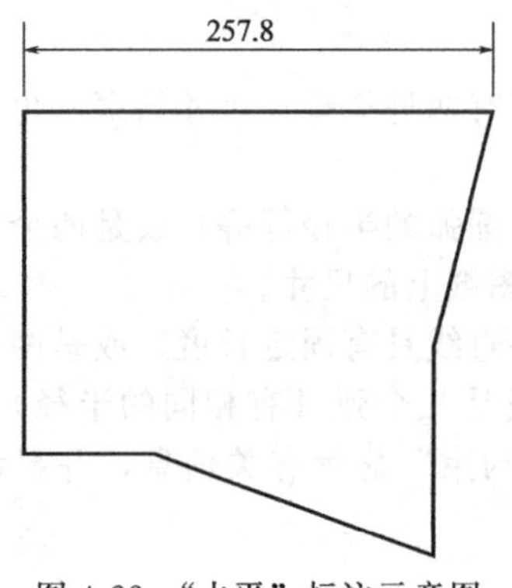

图 4-22 “水平”标注示意图

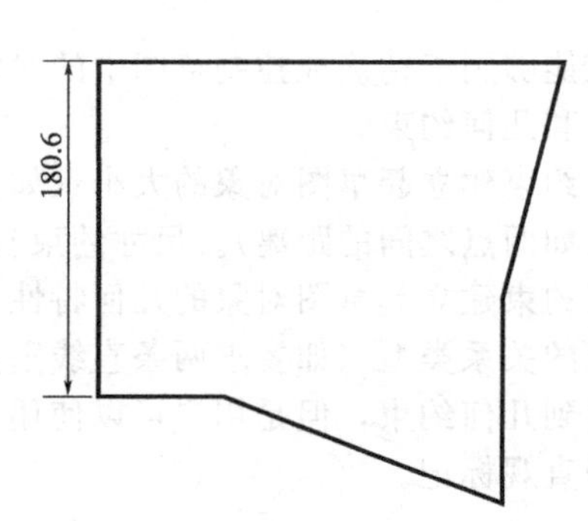

图 4-23 “竖直”标注示意图

④ 点到点：该选项用于指定平行于两个端点的尺寸。平行尺寸限制两点之间的最短距离，平行标注示意图如图 4-24 所示。

⑤ 垂直：该选项用于指定直线和所选草图对象端点之间的垂直尺寸，测量到该直线的垂直距离，垂直标注示意图如图 4-25 所示。

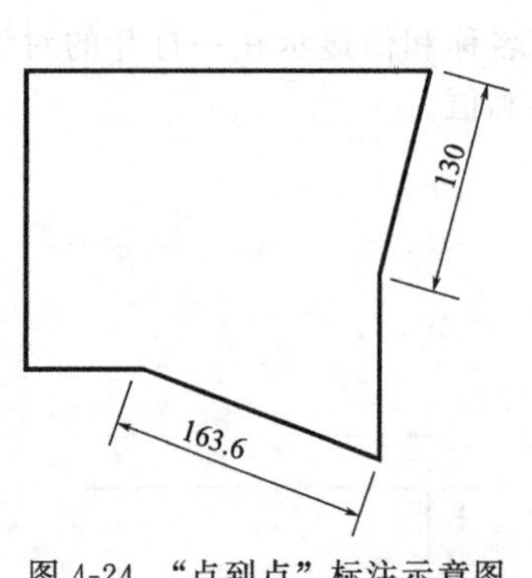

图 4-24 “点到点”标注示意图

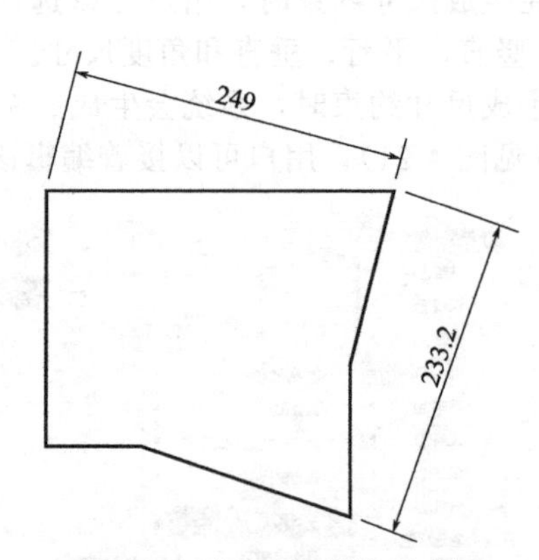

图 4-25 “垂直”标注示意图

⑥ 角度：该选项用于指定两条线之间的角度尺寸。相对于工作坐标系按照逆时针方向测量角度，角度标注示意图如图 4-26 所示。

⑦ 直径：该选项用于为草图的弧/圆指定直径尺寸，直径标注示意图如图 4-27 所示。

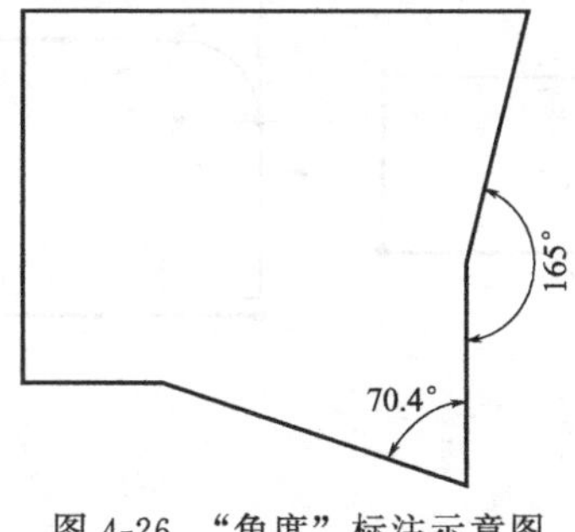

图 4-26 “角度”标注示意图

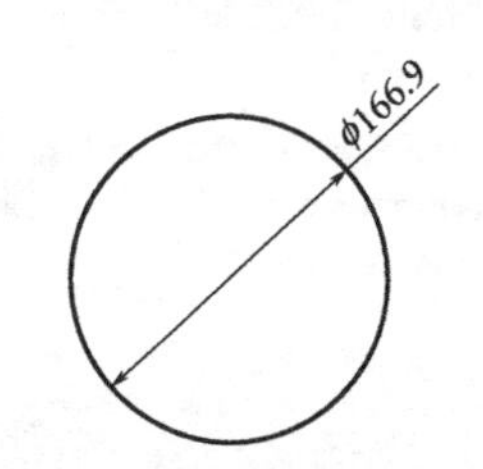

图 4-27 “直径”标注示意图

⑧ 径向：该选项用于为草图的弧/圆指定半径尺寸。如图 4-28 所示。

⑨ 周长尺寸：该选项用于将所选的草图轮廓曲线的总长度限制为一个需要的值。可以选择周长约束的曲线是直线和弧，选中该选项后，打开图 4-29 所示的“周长尺寸”对话框，选择曲线后，该曲线的尺寸显示在距离文本框中。

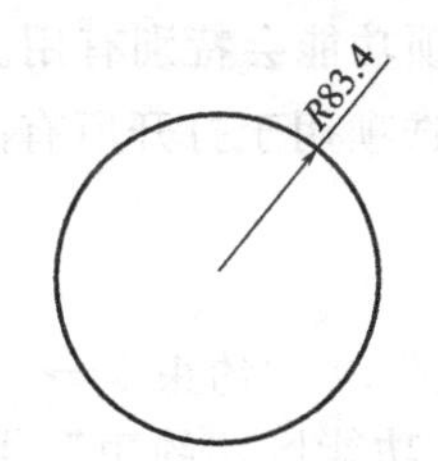

图 4-28 “径向”标注示意图

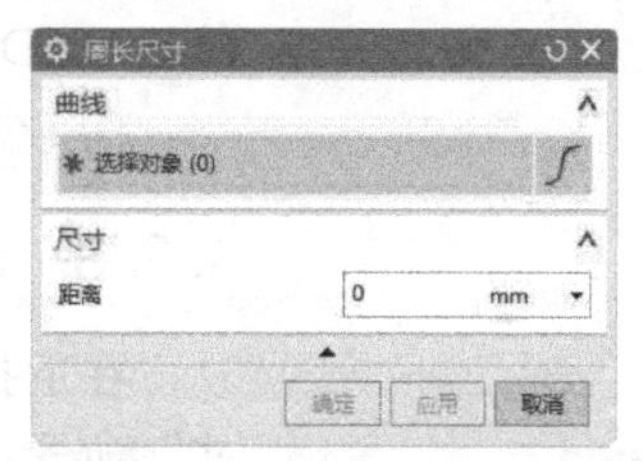

图 4-29 “周长尺寸”对话框

4.2.2 建立几何约束

使用几何约束，可以指定草图对象必须遵守的条件，或是草图对象之间必须维持的关系。“约束”组如图 4-30 所示，其主要几何约束选项功能如下：

① 几何约束：在下拉菜单中选择“插入”→“几何约束”命令，或者单击“主页”功能区“约束”组中的“几何约束”按钮，打开图 4-31 所示的“几何约束”对话框，在约束栏中选择要添加的约束，在视图中分别选择要约束的对象和要约束到的对象，可以在设置栏中勾选约束添加到约束栏中。选择“垂直”约束示意图如图 4-31 所示。

② 自动约束：选中该选项后系统会打开图 4-32 所示对话框，用于设置系统自动要添加的约束。该选项能够在可行的地方自动应用到草图的几何约束的类型（水平、竖直、平行、垂直、相切、点在曲线上、等长、等半径、重合、同心等）。对话框相关选项功能如下：

a. 全部设置：选中所有约束类型。

b. 全部清除：清除所有约束类型。

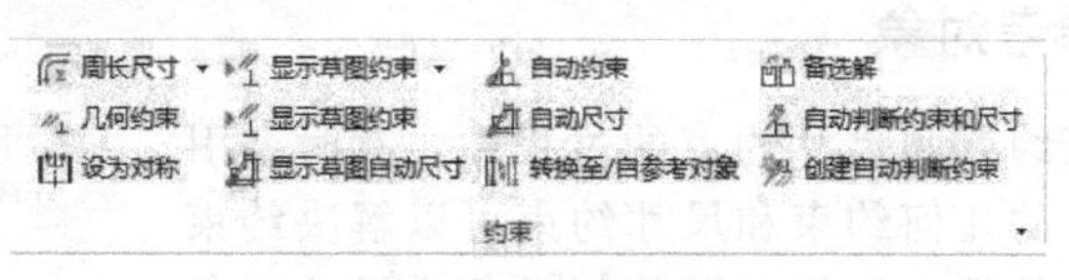

图 4-30 “约束”组

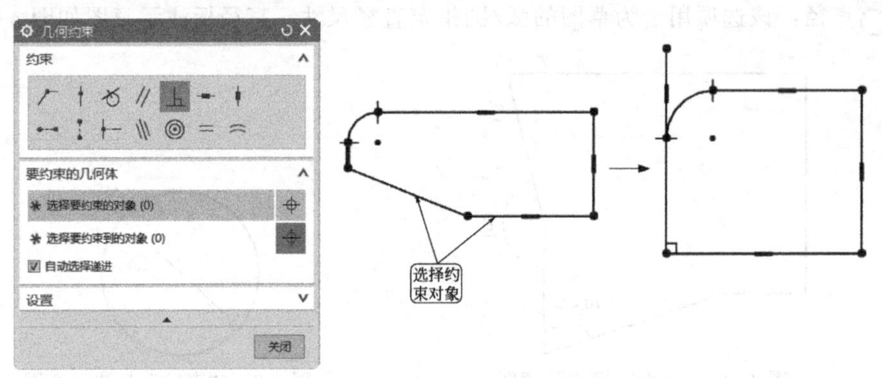

图 4-31 “几何约束”对话框

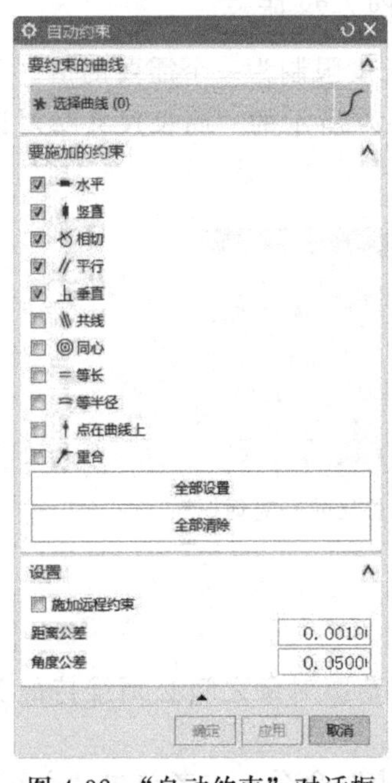

图 4-32 “自动约束”对话框

c. 距离公差：用于控制对象端点的距离必须达到的接近程度才能重合。

d. 角度公差：用于控制系统要应用水平、竖直、平行或垂直约束，直线必须达到的接近程度。

当将几何体添加到激活的草图时，尤其是当几何体是由其他 CAD 系统导入时，该选项功能会特别有用。

③ 显示草图约束：该选项用于打开所有的约束类型。

4.2.3 动画演示尺寸

在下拉菜单中选择“工具”→“约束”→“动画演示尺寸”命令，或者单击“主页”功能区“约束”组中的“动画演示尺寸”按钮，打开图 4-33 所示“动画演示尺寸”对话框，用于在一个指定的范围中动态显示使给定尺寸发生变化的效果。受这一选定尺寸影响的任一几何体也将同时被模拟。“动画尺寸”不会更改草图尺寸。动画模拟完成之后，草图会恢复到原先的状态。

相关选项功能如下：

① 尺寸列表窗：列出可以模拟的尺寸。

② 值：当前所选尺寸的值（动画模拟过程中不会发生变化）。

③ 下限：动画模拟过程中该尺寸的最小值。

④ 上限：动画模拟过程中该尺寸的最大值。

⑤ 步数/循环：当尺寸值由上限移动到下限（反之亦然）时所变化（等于大小/增量）的次数。

⑥ 显示尺寸：在动画模拟过程中显示原先的草图尺寸（该选项可选）。

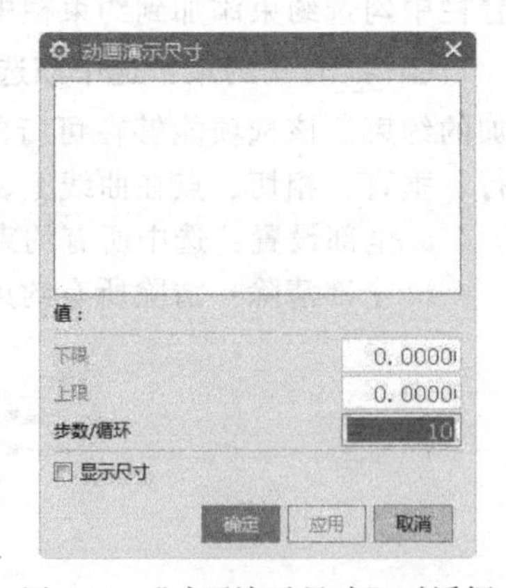

图 4-33 “动画演示尺寸”对话框

4.2.4 转换至/自参考对象

在给草图添加几何约束和尺寸约束的过程中，有时会引起约束冲突，删除多余的几何约束和尺寸约束可以解决约束冲突，另外的一种办法就是通过将草图几何对象或尺寸对象转换为参考对象可以解决约束冲突。

该选项能够将草图曲线（但不是点）或草图尺寸由激活转换为参考，或由参考转换回激活。参考尺寸显示在用户的草图中，虽然其值被更新，但是它不能控制草图几何体。显示参考曲线，但它的显示已变灰，并且采用双点画线线型。在拉伸或回转草图时，没有用到它的参考曲线。

在下拉菜单中选择“工具”→“约束”→“转换至/自参考对象”命令，或者单击“主页”功能区“约束”组中的“转换至/自参考对象”按钮，打开图4-34所示的“转换至/自动参考对象”对话框。

相关选项功能如下：

① 参考曲线或尺寸：该选项用于将激活对象转换为参考状态。

② 活动曲线或驱动尺寸：该选项用于将参考对象转换为激活状态。

图4-34 “转换至/自参考对象”对话框

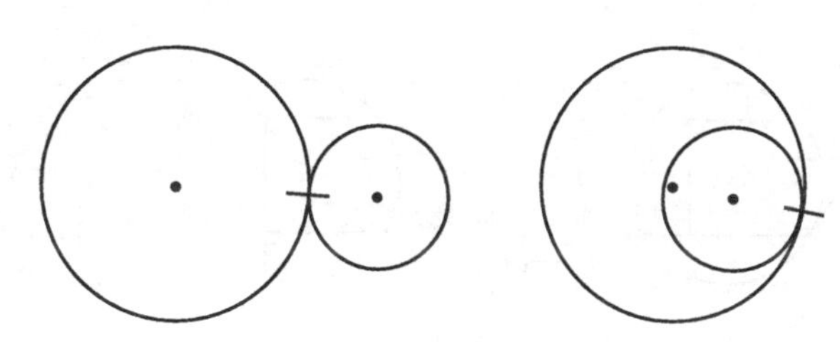

图4-35 “备选解”示意图

4.2.5 备选解

在下拉菜单中选择“工具”→“约束”→“备选解”命令，或者单击“主页”功能区“约束”组中的“备选解”按钮，当约束一个草图对象时，同一约束可能存在多种求解结果，采用备选解则可以由一个解更换到另一个。

图4-35显示了当将两个圆约束为相切时，同一选择如何产生两个不同的解。两个解都是合法的，而“备选解”可以用于指定正确的解。

4.3 草图操作

建立草图之后，可以对草图进行很多操作，包括镜像、拖动等命令，以下将进一步介绍。

4.3.1 快速修剪

该命令可以将曲线修剪至任何方向最近的实际交点或虚拟交点。

在下拉菜单中选择“编辑”→“曲线”→“快速修剪”命令，或者单击“主页”功能区“曲线”组中的“快速修剪”按钮，打开图4-36所示“快速修剪”对话框。

修剪草图中不需要的线素有以下3种方式。

① 修剪单一对象：直接选择不需要的线素，修剪边界指定为离对象最近的曲线，如图4-37所示。

图 4-36 “快速修剪”对话框

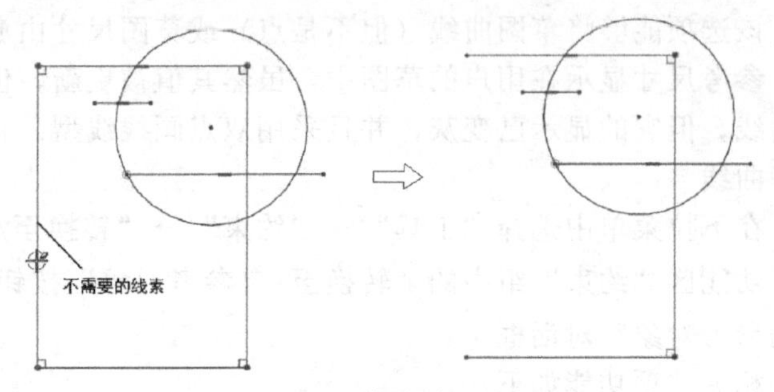

图 4-37 修剪单一对象

② 修剪多个对象：按住鼠标左键并拖动，这时光标变成画笔，与画笔画出的曲线相交的线素都被裁剪掉，如图 4-38 所示。

③ 修剪至边界：按住“Ctrl”键，用光标选择剪切边界，然后单击多余的线素，被选中的线素即以边界线为边界被修剪掉，如图 4-39 所示。

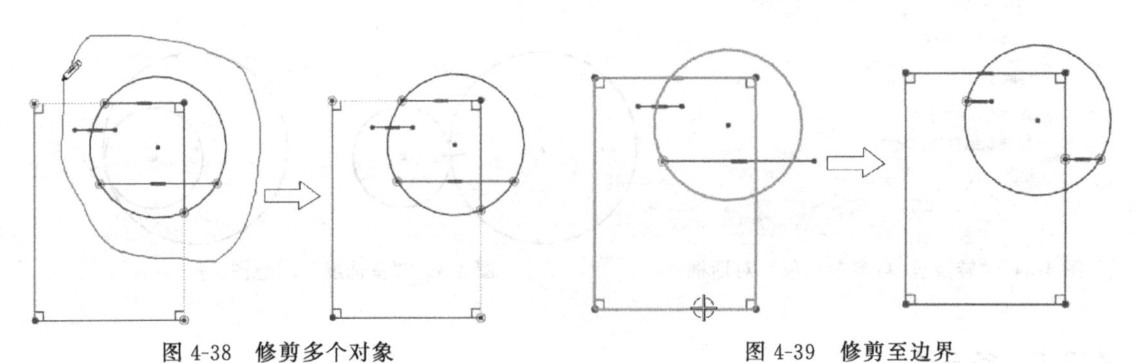
图 4-38 修剪多个对象　　　图 4-39 修剪至边界

4.3.2 快速延伸

该命令可以将曲线延伸至它与另一条曲线的实际交点或虚拟交点。

图 4-40 “快速延伸”对话框

在下拉菜单中选择“编辑”→“曲线”→“快速延伸”命令，或者单击“主页”功能区“曲线”组中的“快速延伸”按钮，打开图 4-40 所示“快速延伸”对话框。延伸指定的线素有以下 3 种方式。

① 延伸单一对象：直接选择要延伸的线素并单击确定，线素自动延伸到下一个边界，如图 4-41 所示。

② 延伸多个对象：按住鼠标左键并拖动，这时光标变成画

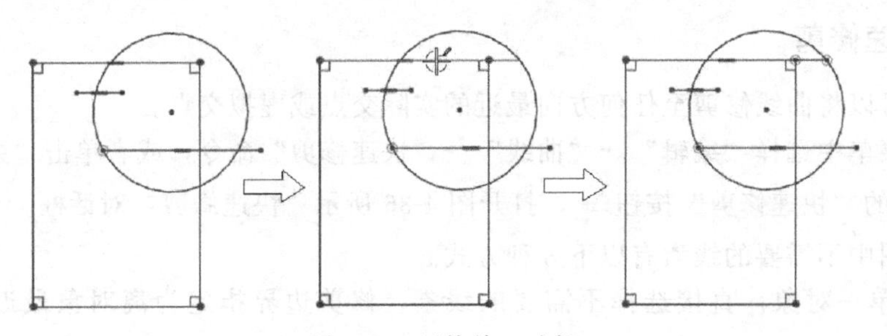
图 4-41 延伸单一对象

笔，与画笔画出的曲线相交的线素都会被延伸，如图 4-42 所示。

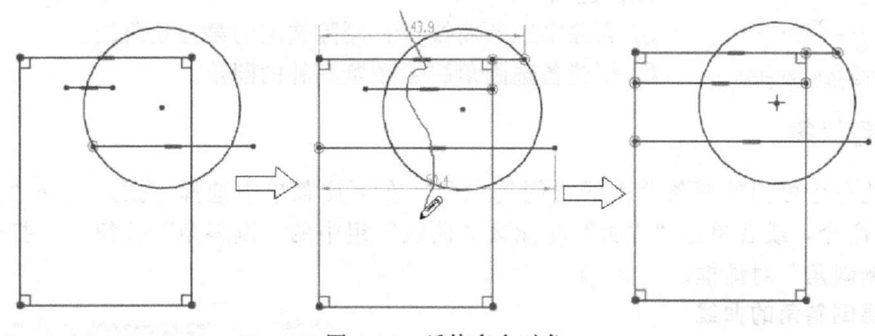

图 4-42　延伸多个对象

③ 延伸至边界：按住“Ctrl”键，用光标选择延伸的边界线，然后单击要延伸的对象，被选中对象延伸至边界线，如图 4-43 所示。

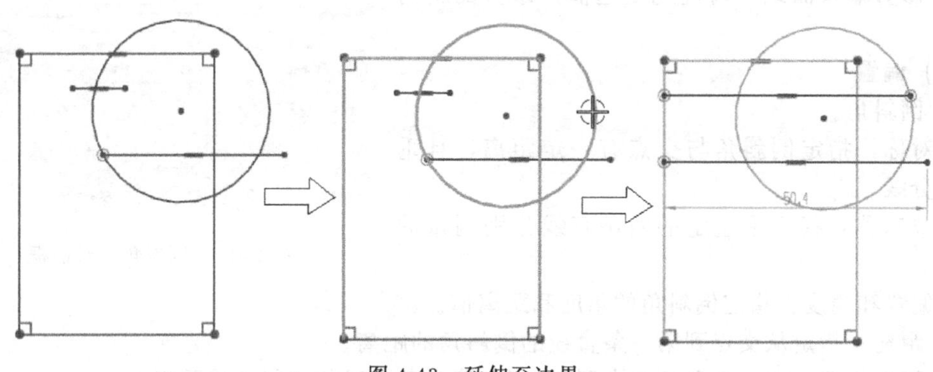

图 4-43　延伸至边界

4.3.3　阵列曲线

利用此命令可将草图曲线进行阵列。

在下拉菜单中选择“插入”→“来自曲线集的曲线”→“阵列曲线”命令，或者单击“主页”功能区“曲线”组中的“阵列曲线”按钮，打开图 4-44 所示“阵列曲线”对话框。

① 线性：使用一个或两个方向定义布局。

② 圆形：使用旋转点和可选径向间距参数定义布局。

③ 常规：使用一个或多个目标点或坐标系定义的位置来定义布局。

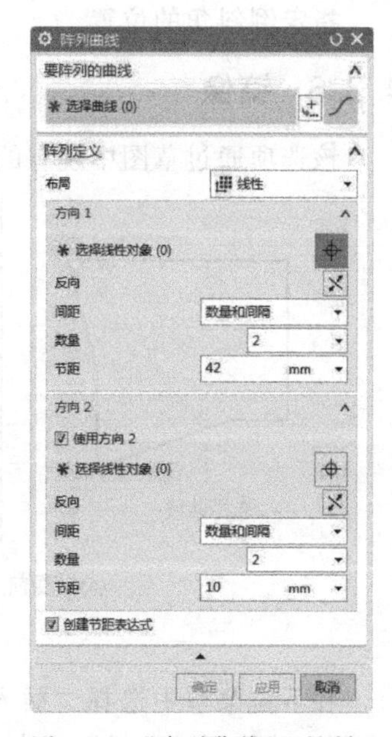

图 4-44　“阵列曲线”对话框

4.3.4　圆角

使用此命令可以在两条或三条曲线之间创建一个圆角。

在下拉菜单中选择“插入”→“曲线”→“圆角”命令，或者单击“主页”功能区“曲线”组中的“圆角”按钮，打开图 4-45 所示的“圆角”对话框。

(1) 圆角方法

① 修剪：修剪输入曲线。

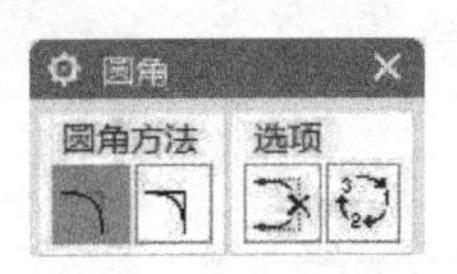

图 4-45 “圆角”对话框

② 取消修剪：使输入曲线保持取消修剪状态。

(2) 选项

① 删除第三条曲线：删除选定的第三条曲线。

② 创建备选圆角：预览互补的圆角。

4.3.5 倒斜角

使用此命令可斜接两条草图线之间的尖角。在下拉菜单中选择“插入”→“曲线”→“倒斜角”命令，或者单击“主页”功能区“曲线”组中的“倒斜角”按钮，打开图 4-46 所示的“倒斜角”对话框。

(1) 要倒斜角的曲线

① 选择直线：通过在相交直线上方拖动光标以选择多条直线，或按照一次选择一条直线的方法选择多条直线。

② 修剪输入曲线：勾选此复选框，修剪倒斜角的曲线。

(2) 偏置

① 倒斜角。

a. 对称：指定倒斜角与交点有一定距离，且垂直于等分线。

b. 非对称：指定沿选定的两条直线分别测量的距离值。

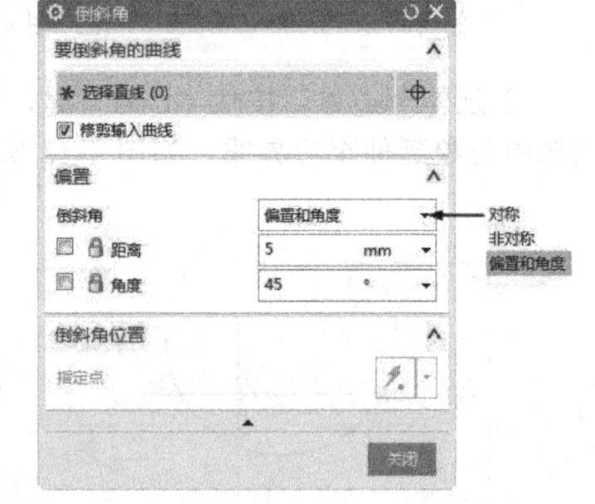

图 4-46 “倒斜角”对话框

c. 偏置和角度：指定倒斜角的角度和距离值。

② 距离：指定从交点到第一条直线的倒斜角的距离。

③ 距离 1/距离 2：设置从交点到第一条/第二条直线的倒斜角的距离。

④ 角度：设置从第一条直线到倒斜角的角度。

(3) 指定点

指定倒斜角的位置。

4.3.6 镜像

该选项通过草图中现有的任一条直线来镜像草图几何体，示意图如图 4-47 所示。

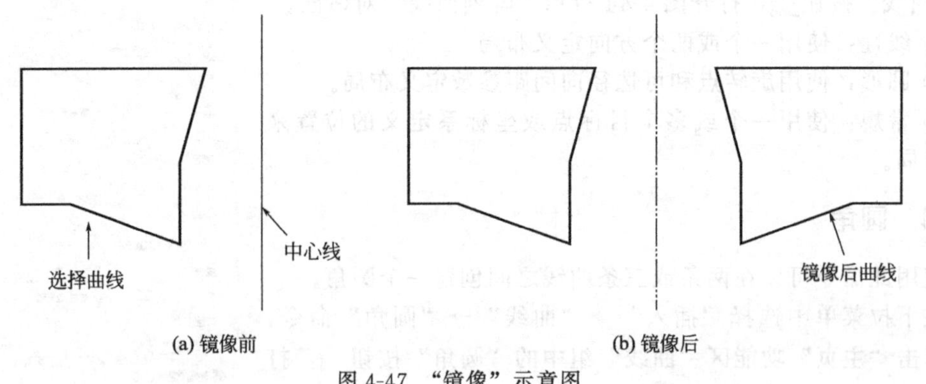

图 4-47 “镜像”示意图

在下拉菜单中选择“插入”→“来自曲线集的曲线”→“镜像曲线”命令，或者单击“主页”功能区“曲线”组中的“镜像曲线”按钮，打开图 4-48 所示“镜像曲线”对话框。其部分选项功能介绍如下：

① 中心线：该选项用于选择一条已有直线作为镜像操作的中心线（在镜像操作过程中，该直线将成为参考直线）。

② 要镜像的曲线：用于选择将被镜像的曲线。

图 4-48 “镜像曲线”对话框

4.3.7 拖动

当用户在草图中选择了尺寸或曲线后，待鼠标变成╬后，即可以在图形区域中拖动它们，可以更改草图。在欠约束的草图中，可以拖动尺寸和欠约束对象。在完全约束的草图中，可以拖动尺寸，但不能拖动对象。用户可以一次选中并拖动多个对象，但必须单独选中每个尺寸并加以拖动。

在进行拖动操作时，与顶点相连的对象是不被分开的。

4.3.8 偏置曲线

该选项可以在草图中关联性地偏置抽取的曲线，生成偏置约束，修改原先的曲线，将会更新抽取的曲线和偏置曲线，示意图如图 4-49 所示。

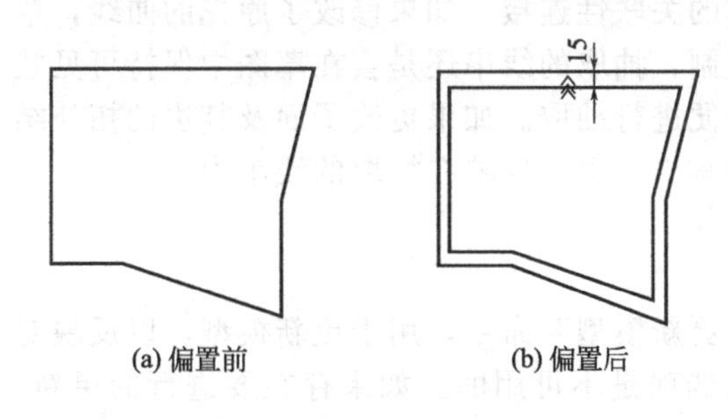

图 4-49　偏置曲线示意图

在下拉菜单中选择“插入”→“来自曲线集的曲线”→“偏置曲线”命令，或者单击“主页”功能区“曲线”组中的“偏置曲线”按钮，打开图 4-50 所示“偏置曲线”对话框。

该选项可以在草图中关联性地偏置抽取的曲线。关联性地偏置曲线指的是：如果修改了原先的曲线，将会相应地更新抽取的曲线和偏置曲线。被偏置的曲线都是单个样条，并且是几何约束。

该对话框中大部分选项的功能与基本建模中“偏置曲线”对话框中部分选项的功能类似。

4.3.9 添加现有曲线

在下拉菜单中选择“插入”→“来自曲线集的曲线”→“现有曲线”命令，单击“主页”功能区“曲线”组中的“添加现有曲线”按钮，用于将绝大多数已有的曲线和点，以及椭圆、抛物线和双曲线等二次曲线添加到当前草图。该选项只是简单地将曲线添加到草图，而不会将约束应用于添加的曲线，几何体之间的间隙没有闭合。要使系统应用某些几何约束，可使用“自动约束”功能。

> 提示：
> 不能将已被拉伸的曲线添加到在拉伸后生成的草图中。

4.3.10 投影曲线

在下拉菜单中选择“插入”→“配方曲线”→“投影曲线”命令，或者单击“主页”功能区“曲线”组中的“投影曲线”按钮，打开图 4-51 所示的“投影曲线”对话框。

图 4-50 “偏置曲线”对话框

图 4-51 “投影曲线”对话框

该选项用于将选中的对象沿草图平面的法向投影到草图的平面上。通过选择草图外部的对象，可以生成抽取的曲线或线串。能够抽取的对象包括：曲线（关联或非关联的）、边、面、其他草图或草图内的曲线、点。

由关联曲线抽取的线串将维持与原先几何体的关联性连接。如果修改了原先的曲线，草图中抽取的线串也将更新；如果原先的曲线被抑制，抽取的线串还是会在草图中保持可见状态；如果选中了面，则它的边会自动被选中，以便进行抽取。如果更改了面及其边的拓扑结构，抽取的线串也将更新。对边的数目的增加或减少，也会反映在抽取的线串中。

4.3.11 草图更新

在下拉菜单中选择“工具”→“更新”→“更新模型”命令，用于更新模型，以反映对草图所作的更改。如果没有要进行的更新，则此选项是不可用的。如果存在要进行的更新，而且用户退出了“草图工具”对话框，则系统会自动更新模型。

4.3.12 删除与抑制草图

在 UG 中草图是实体造型的特征，删除草图的方法可有以下几种：

在下拉菜单中选择“编辑”→“删除”命令或是在“部件导航器”中右击鼠标在打开的菜单中“删除”，此方法删除草图时，如果草图在部件导航器特征树中有子特征，则只会删除与其相关的特征，不会删除草图。

4.4 综合实例——曲柄

扫一扫，看视频

本例绘制曲柄，如图 4-52 所示。首先绘制中心线，然后进行尺寸约束，完成其他草图的绘制，并做几何约束和标注尺寸。

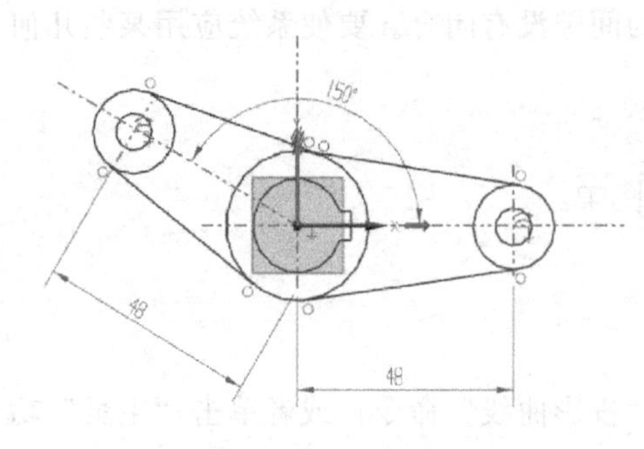

图 4-52 曲柄草图

绘制步骤

(1) 新建文件

在下拉菜单中选择“文件”→“新建”命令，或者单击“主页”功能区“标准”组中的“新建”按钮，打开“新建”对话框，在模型选项卡中选择适当的模板，文件名为“qubing”，单击“确定”按钮，进入建模环境。

(2) 进入草图环境

在下拉菜单中选择“插入”→“在任务环境中绘制草图”命令，或者单击“曲线”功能区中的“在任务环境中绘制草图”按钮，打开图 4-53 所示的“创建草图”对话框，选择 XC-YC 平面为基准平面，单击“确定”按钮，进入到绘制草图界面。

(3) 设置草图首选项

在下拉菜单中选择“首选项”→“草图”命令，系统打开图 4-54 所示的“草图首选项”对话框。在“尺寸标签”下拉列表中选择“值”，单击“确定”按钮，完成草图设置。

图 4-53　“创建草图”对话框

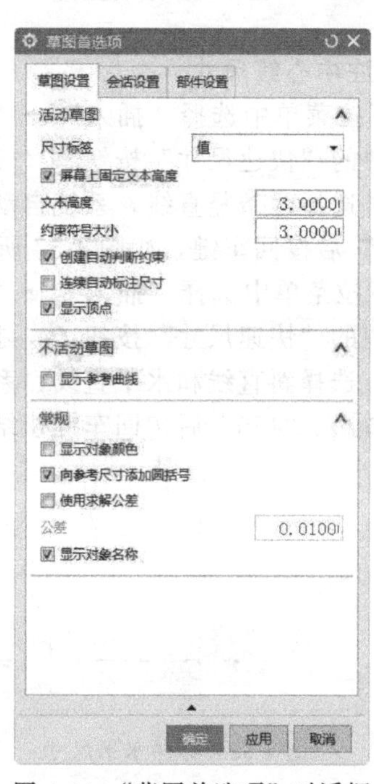

图 4-54　“草图首选项”对话框

(4) 绘制中心线

① 在下拉菜单中选择“插入”→“曲线”→“直线”命令，或者单击“主页”功能区“曲线”组中的“直线”按钮，系统打开“直线”对话框，在视图中绘制如图 4-55 所示的图形。

② 在下拉菜单中选择“插入”→“几何约束”命令，或者单击“主页”功能区“约束”组中的“几何约束”按钮，打开“几何约束”对话框对草图添加几何约束。在“约束”选项卡单击“共线”按钮，选择图中水平线，然后选择图中 XC 轴，使它们具有共线约束。

③ 在“约束”选项卡单击“共线”按钮，选择图中垂直线，然后选择图中 YC 轴，使它们具有共线约束。

④ 在“约束”选项卡单击“共线”按钮，单击“平行”按钮，选择图中两条垂直线，使它们具有平行约束。

⑤ 在下拉菜单中选择“插入”→“曲线”→“直线”命令，或者单击“主页”功能区“曲线”组中的“直线”按钮，系统打开“直线”对话框，在视图中绘制如图 4-56 所示

的图形，绘制的两直线相互垂直。

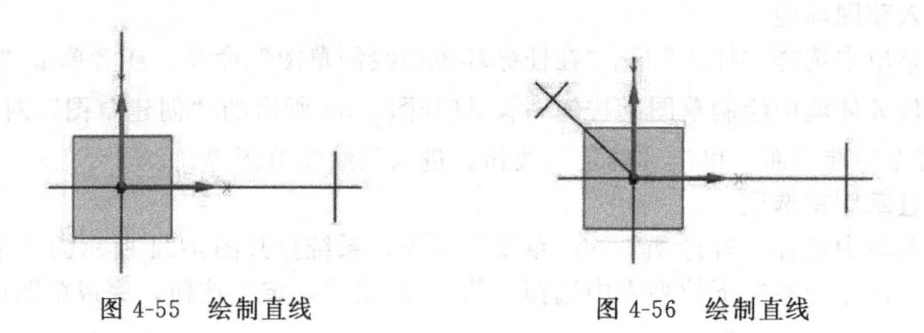

图 4-55　绘制直线　　　　图 4-56　绘制直线

（5）标注中心线尺寸

① 在下拉菜单中选择“插入”→“尺寸”→“快速”命令，或者单击“主页”功能区“约束”组中的“快速尺寸”按钮，打开“快速尺寸”对话框，在“方法”下拉列表中选择“水平”，选择两条竖直线，系统自动标注尺寸，单击左键确定尺寸的位置后，在文本框中输入“48”后按回车键，如图 4-57 所示。

② 在下拉菜单中选择“插入”→“尺寸”→“快速”命令，或者单击“主页”功能区“约束”组中的“快速尺寸”按钮，打开“快速尺寸”对话框，在“方法”下拉列表中选择“斜角”，选择斜直线和水平直线，系统自动标注角度尺寸，单击左键确定尺寸的位置后，在文本框中输入“150”后按回车键，结果如图 4-58 所示。

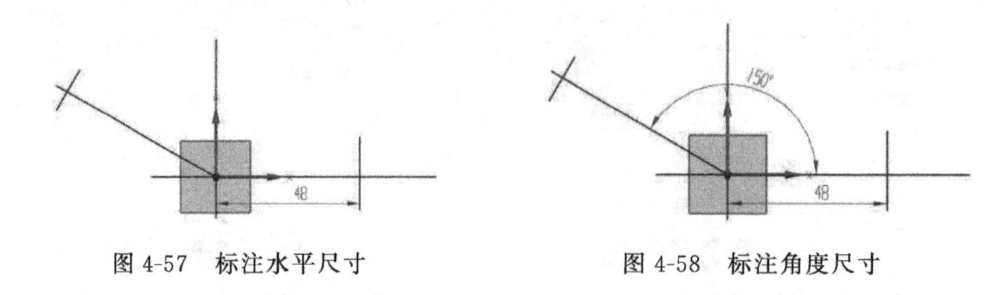

图 4-57　标注水平尺寸　　　　图 4-58　标注角度尺寸

③ 在下拉菜单中选择“插入”→“尺寸”→“快速”命令，或者单击“主页”功能区“约束”组中的“快速尺寸”按钮，打开“快速尺寸”对话框，在“方法”下拉列表中选择“垂直”，选择斜直线和水平直线，系统自动标注角度尺寸，单击左键确定尺寸的位置后，在文本框中输入“48”后按回车键，结果如图 4-59 所示。

④ 在下拉菜单中选择“工具”→“约束”→“转换至/自参考对象”命令，或者单击“主页”功能区“约束”组中的“转换至/自参考对象”按钮，打开“转换至/自参考对象”对话框，在视图中拾取所有的图元，单击“确定”按钮，所有的图元都转换为中心线，如图 4-60 所示。

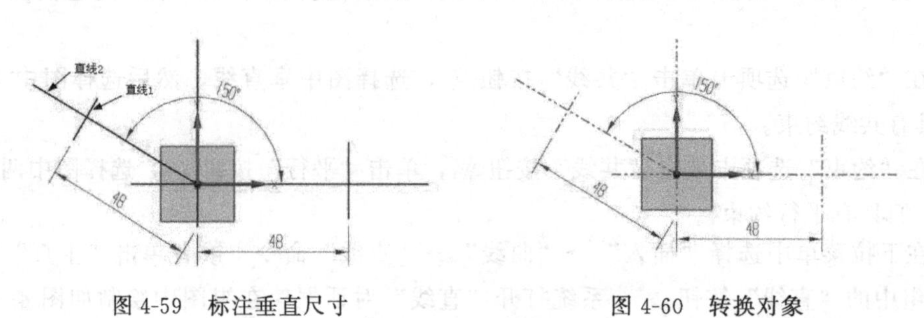

图 4-59　标注垂直尺寸　　　　图 4-60　转换对象

(6) 绘制曲柄轮廓

① 在下拉菜单中选择“插入”→“曲线”→“直线”命令，或者单击“主页”功能区“曲线”组中的“直线”按钮；选择“菜单”→“插入”→“曲线”→“圆”命令或单击“主页”功能区中“曲线”组的“圆”按钮，在视图中绘制图 4-61 所示的图形。

② 在下拉菜单中选择“插入”→“几何约束”命令，或者单击“主页”功能区“约束”组中的“几何约束”按钮，打开“几何约束”对话框，对草图添加几何约束。单击“约束”选项卡中的“等半径”按钮，分别选择图中左右两边的圆，使它们具有等半径约束。

③ 在下拉菜单中选择“插入”→“几何约束”命令，或者单击“主页”功能区“约束”组中的“几何约束”按钮，打开“几何约束”对话框，对草图添加几何约束。单击“约束”选项卡中的“相切”按钮，分别选择图中的圆和直线，使它们具有相切约束，结果如图 4-62 所示。

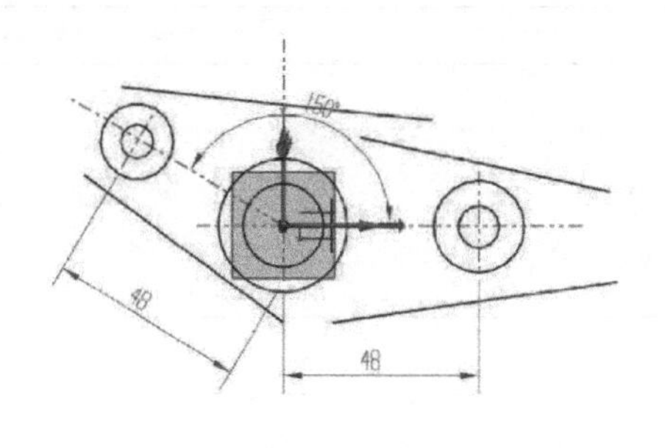

图 4-61　绘制草图

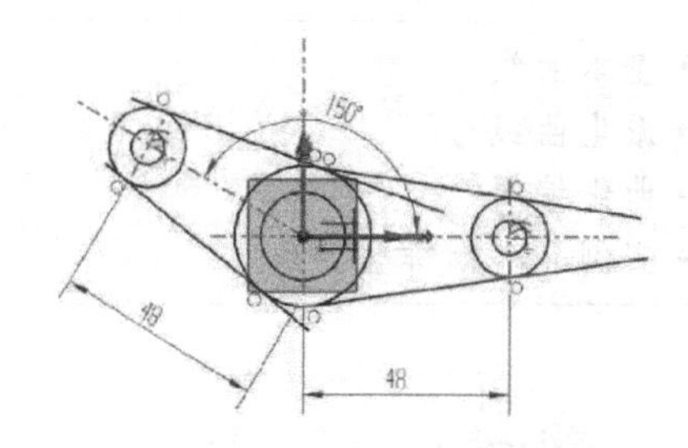

图 4-62　约束草图

④ 在下拉菜单中选择“编辑”→“曲线”→“快速修剪”命令，或者单击“主页”功能区“曲线”组中的“快速修剪”按钮，打开“快速修剪”对话框，修剪图中多余的线段，结果如图 4-63 所示。

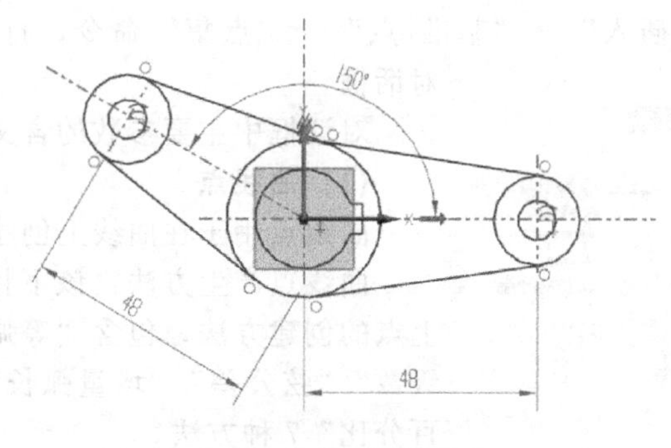

图 4-63　修剪草图

(7) 标注轮廓尺寸

在下拉菜单中选择“插入”→“尺寸”→“快速”命令，或者单击“主页”功能区“约束”组中的“快速尺寸”按钮，打开“快速尺寸”对话框，标注水平和直径尺寸，结果如图 4-52 所示。

第5章 曲线功能

本章导读

本章主要介绍曲线的建立、操作以及编辑的方法。UG中重新改进了曲线的各种操作风格，以前版本中一些复杂难用的操作方式被抛弃了，采用了新的方法，在本章中将会详述。

内容要点

- 基本曲线
- 派生曲线
- 曲线编辑
- 实例——咖啡壶曲线

5.1 曲线

在所有的三维建模中，曲线是构建模型的基础。只有曲线构造的质量良好才能保证以后的面或实体质量好。曲线功能主要包括曲线的生成、编辑和操作方法。

5.1.1 点集

在下拉菜单中选择“插入”→“基准/点”→“点集”命令，打开图5-1所示“点集”对话框。

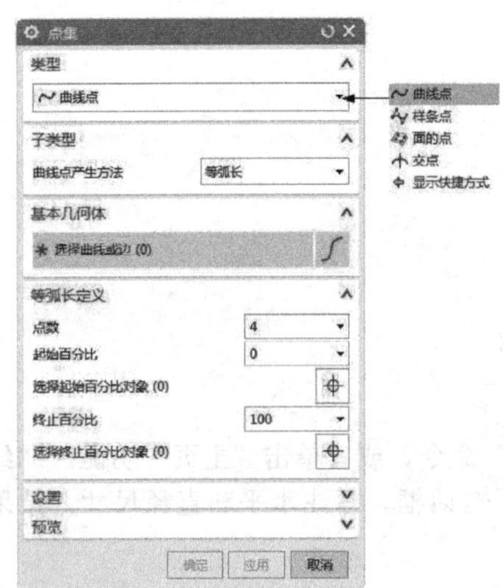

图5-1 “点集”对话框

对话框中主要参数的含义如下：

(1) 曲线点

曲线点用于在曲线上创建点集。

曲线点产生方法：该下拉列表框用于选择曲线上点的创建方法，包含“等弧长”“等参数”“几何级数”“弦公差”“增量弧长”“投影点”和“曲线百分比”7种方法。

① 等弧长：用于在点集的起始点和结束点之间按点间等弧长的方法来创建指定数目的点集。例如，在绘图窗口选择要创建点集的曲线，分别在如图5-2所示对话框的“点数”“起始百分比”和“终止百分比”文本框中输入“8”“0”和“100”，以“等弧长”方式创建的点集如图5-3所示。

② 等参数：用于以曲线曲率的大小来确定点集

的位置。曲率越大，产生点的距离越大，反之则越小。例如，在如图 5-2 所示对话框的“曲线点产生方法”下拉列表框中选择“等参数”，分别在“点数”“起始百分比”和“终止百分比”文本框中输入“8”“0”和“100”，以等参数方式创建的点集如图 5-4 所示。

③ 几何级数：在如图 5-2 所示对话框的“曲线点产生方法”下拉列表框中选择“几何级进”，则在该对话框中会多出一个“比率”文本框。在设置完其他参数后，还需要指定一个比率值，用来确定点集中彼此相邻的后两点之间距离与前两点之间距离的比率。例如，分别在“点数”“起始百分比”“终止百分比”和“比率”文本框中输入“8”“0”“100”和“2”，以“几何级数”方式创建的点集如图 5-5 所示。

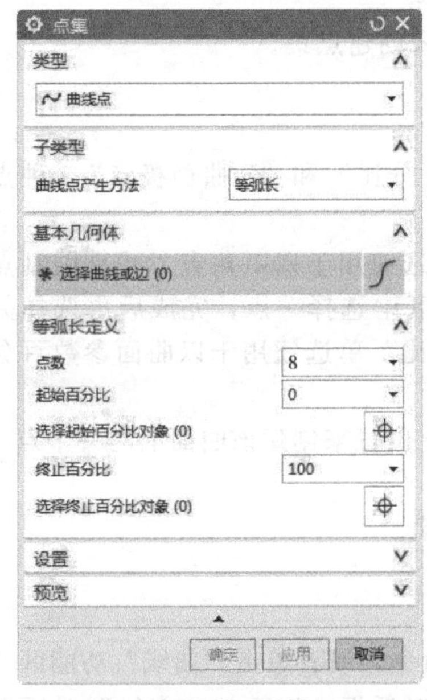

图 5-2 “点集”对话框

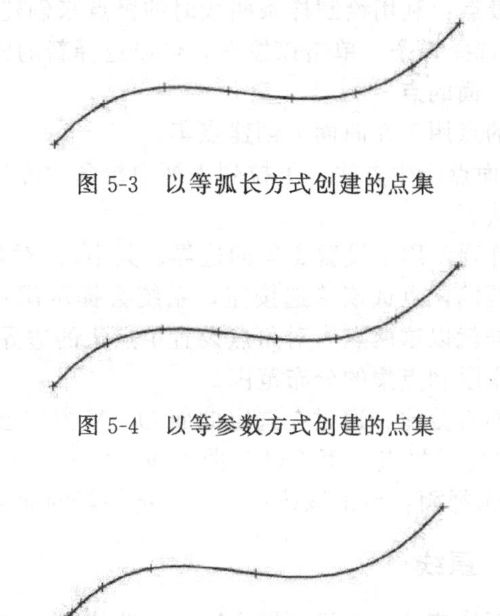

图 5-3　以等弧长方式创建的点集

图 5-4　以等参数方式创建的点集

图 5-5　以几何级数方式创建的点集

④ 弦公差：在如图 5-2 所示对话框的“曲线点产生方法”下拉列表框中选择“弦公差”，根据所给弦公差的大小来确定点集的位置。弦公差值越小，产生的点数越多，反之则越少。例如，弦公差值为 1 时，以“弦公差”方式创建的点集如图 5-6 所示。

⑤ 增量弧长：在如图 5-2 所示对话框的“曲线点产生方法”下拉列表框中选择“增量弧长”，根据弧长的大小确定点集的位置，而点数的多少则取决于曲线总长及两点间的弧长，按照顺时针方向生成各点。例如，弧长值为 1 时，以“增量弧长”方式创建的点集如图 5-7 所示。

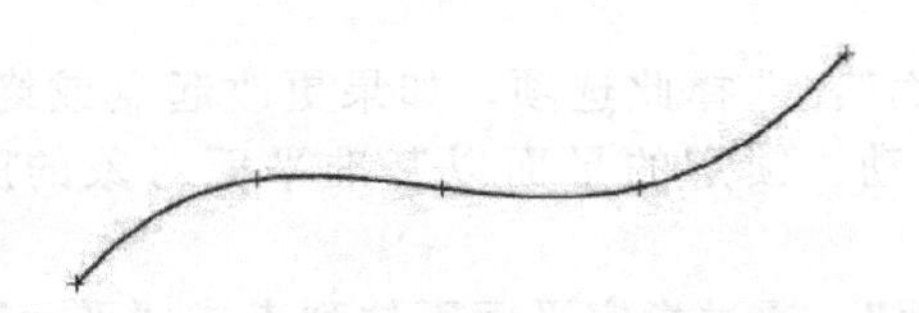

图 5-6　以“弦公差”方式创建点集

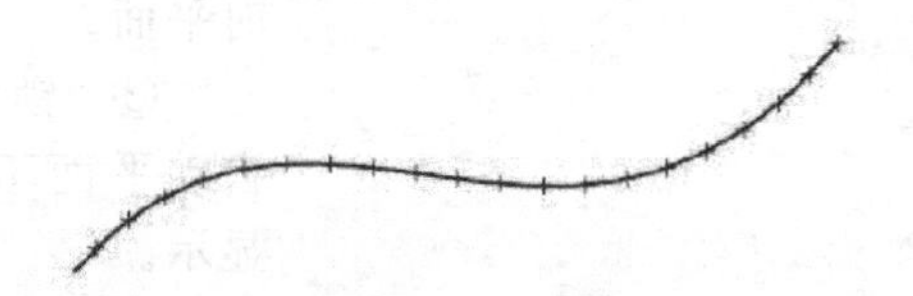

图 5-7　以“增量弧长”方式创建的点集

⑥ 投影点：通过指定点来确定点集。

⑦ 曲线百分比：通过曲线上的百分比位置来确定一个点。

a. 点数：用于设置要添加点的数量。

b. 起始百分比：用于设置所要创建的点集在曲线上的起始位置。

c. 终止百分比：用于设置所要创建的点集在曲线上的结束位置。

d. 选择曲线或边：单击该按钮，可以选择新的曲线来创建点集。

(2) 样条点

样条点用于在样条上创建点集。

① 样条点类型：下拉列表框包含“定义点”“结点”和“极点”3 种样条点类型。

a. 定义点：利用绘制样条曲线时的定义点来创建点集。

b. 结点：利用绘制样条曲线时的结点来创建点集。

c. 极点：利用绘制样条曲线时的极点来创建点集。

② 选择样条：单击该按钮，可以选择新的样条曲线来创建点集。

(3) 面的点

面的点用于在曲面上创建点集。

① 面点产生方法：下拉列表框中包含“阵列”“面百分比”和“B 曲面极点”3 种点的生成方式。

a. 阵列：用于设置点集的边界。其中，“对角点”单选钮用于以对角点方式来限制点集的分布范围，点选该单选按钮，系统会提示用户在绘图区中选择一点，完成后再选择另一点，这样就以这两点为对角点设置了点集的边界；“百分比”单选钮用于以曲面参数百分比的形式来限制点集的分布范围。

b. 面百分比：通过在选定曲面 U、V 方向上的百分比位置来创建该曲面上的一个点。

c. B 曲面极点：用于以 B 曲面极点的方式创建点集。

② 选择面：单击该按钮，可以选择新的面来创建点集。

5.1.2 直线

在下拉菜单中选择“插入”→“曲线”→“直线”命令，或者单击“曲线”功能区“曲线”组中的“直线”按钮，打开图 5-8 所示“直线”对话框。以下就“直线”对话框中部分选项功能作一介绍：

图 5-8 “直线”对话框

(1) 起点/终点选项

①“自动判断”：根据选择的对象来确定要使用的起点和终点选项。

②“点”：通过一个或多个点来创建直线。

③“相切”：用于创建与弯曲对象相切的直线。

(2) 平面选项

①“自动平面”：根据指定的起点和终点来自动判断临时平面。

②“锁定平面”：选择此选项，如果更改起点或终点，自动平面不可移动。锁定的平面以基准平面对象的颜色显示。

③“选择平面”：通过指定平面下拉列表或“平面”对话框来创建平面。

(3) 起始/终止限制

①“值”：用于为直线的起始或终止限制指定数值。

②“在点上”：通过“捕捉点”选项为直线的起始或终止限制指定点。

③“直至选定”：用于在所选对象的限制处开始或结束直线。

5.1.3　圆和圆弧

在下拉菜单中选择“插入”→“曲线”→“圆弧/圆”命令，或者单击“曲线”功能区“曲线”组中的“圆弧/圆”按钮，打开图 5-9 所示“圆弧/圆”对话框。该选项用于创建关联的圆弧和圆曲线。以下就“圆弧/圆”对话框中部分选项功能作一介绍：

（1）类型

①“三点画圆弧”：通过指定的三个点或指定两个点和半径来创建圆弧。

②“从中心开始的圆弧/圆”：通过圆弧中心及第二点或半径来创建圆弧。

（2）起点/终点/中点选项

①“自动判断”：根据选择的对象来确定要使用的起点/终点/中点选项。

②“点”：用于指定圆弧的起点/终点/中点。

③“相切”：用于选择曲线对象，以从其派生与所选对象相切的起点/终点/中点。

图 5-9　“圆弧/圆”对话框

（3）平面选项

①“自动平面”：根据圆弧或圆的起点和终点来自动判断临时平面。

②“锁定平面”：选择此选项，如果更改起点或终点，自动平面不可移动。可以双击解锁或锁定自动平面。

③“选择平面”：用于选择现有平面或新建平面。

（4）限制

①“起始/终止限制”。

a.“值”：用于为圆弧的起始或终止限制指定数值。

b.“在点上”：通过“捕捉点”选项为圆弧的起始或终止限制指定点。

c.“直至选定”：用于在所选对象的限制处开始或结束圆弧。

②“整圆”：用于将圆弧指定为完整的圆。

③“补弧”：用于创建圆弧的补弧。

5.1.4　抛物线

在下拉菜单中选择“插入”→“曲线”→“抛物线”命令，打开“点”对话框，输入抛物线顶点，单击“确定”按钮，打开图 5-10 所示“抛物线”对话框，在该对话框中输入用户所需的数值，单击“确定”按钮，抛物线示意图如图 5-11 所示。

5.1.5　双曲线

在下拉菜单中选择“插入”→“曲线”→“双曲线”命令，打开“点”对话框，输入双曲线中心点，打开图 5-12 所示的“双曲线”对话框，在该对话框中输入用户所需的数值，单击“确定”按钮，双曲线示意图如图 5-13 所示。

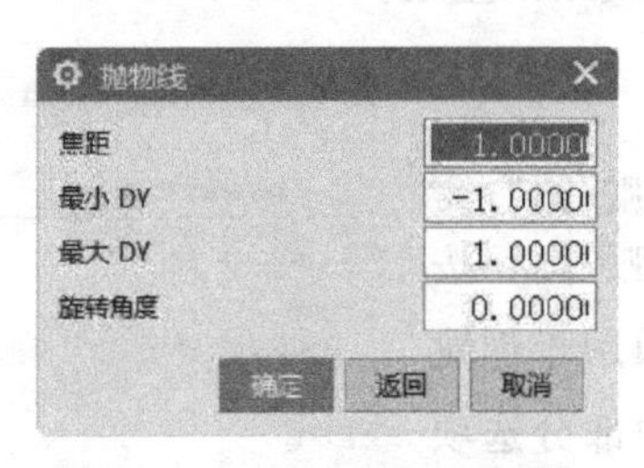

图 5-10 “抛物线”对话框

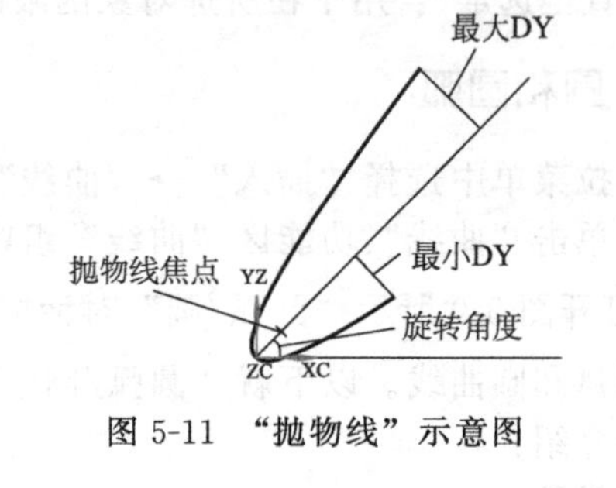

图 5-11 “抛物线”示意图

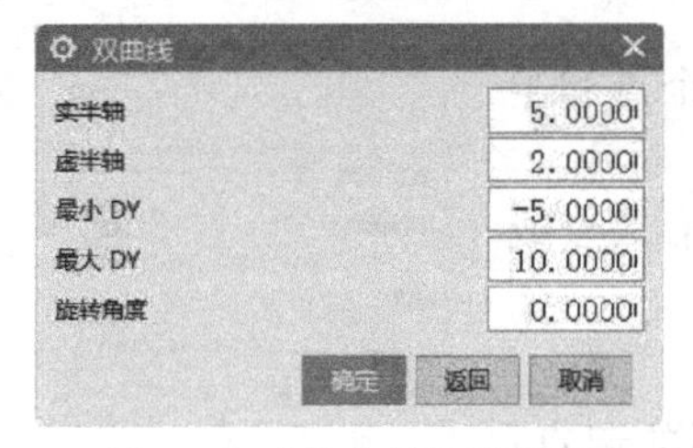

图 5-12 “双曲线”对话框

图 5-13 “双曲线”示意图

5.1.6 艺术样条

在下拉菜单中选择“插入”→“曲线”→“艺术样条”命令，打开图 5-14 所示“艺术样条”对话框。

UG 中生成的所有样条都是非均匀有理 B 样条。系统提供了 2 种生成方式生成 B 样条，以下作一介绍：

① 类型：系统提供了“通过点”和“根据极点”两种方法来创建艺术样条曲线。

a. 根据极点：该选项中所给定的数据点称为曲线的极点或控制点。样条曲线靠近它的各个极点，但通常不通过任何极点（端点除外）。使用极点可以对曲线的总体形状和特征进行更好地控制。该选项还有助于避免曲线中多余的波动（曲率反向），如图 5-14 所示。

b. 通过点：该选项生成的样条将通过一组数据点，如图 5-15 所示。

② 点/极点位置：定义样条点或极点位置。

③ 参数化：该项可调节曲线类型和次数以改变样条。

a. 单段：样条可以生成为“单段”，每段限制为 25 个点。“单段”样条为 Bezier 曲线；

b. 封闭：通常，样条是非闭合的，它们开始于一点，而结束于另一点。通过选择“封闭”选项可以生成开始和结束于同一点的封闭样条。该选项仅可用于多段样条。当生成封闭样条时，不必将第一个点指定为最后一个点，样条会自动封闭。

c. 次数：这是一个代表定义曲线的多项式次数的数学概念。次数通常比样条线段中的点数小 1。因此，样条的点数不得少于次数。UG 样条的次数必须介于 1～24 之间。但是建议用户在生成样条时使用三次曲线（次数为 3）。

④ 制图平面：该项可以选择和创建艺术样条所在平面，可以绘制指定平面的艺术样条。

⑤ 移动：在指定的方向上或沿指定的平面移动样条点和极点。

a. WCS：在工作坐标系的指定 X、Y 或 Z 方向上或沿 WCS 的一个主平面移动点或极点。

b. 视图：相对于视图平面移动极点或点。

c. 矢量：用于定义所选极点或多段线的移动方向。

图 5-14 “艺术样条”对话框（根据极点）

图 5-15 “艺术样条”对话框（通过点）

d. 平面：选择一个基准平面、基准 CSYS 或使用指定平面来定义一个平面，以在其中移动选定的极点或多段线。

e. 法向：沿曲线的法向移动点或极点。

⑥ 延伸：

a. 对称：勾选此复选框，在所选样条的指定开始和结束位置上展开对称延伸。

b. 起点/终点：

• 无：不创建延伸；

• 按值：用于指定延伸的值；

• 按点：用于定义延伸的延展位置。

⑦ 设置：

a. 自动判断的类型：

• 等参数：将约束限制为曲面的 U 和 V 向；

• 截面：允许约束同任何方向对齐；

• 法向：根据曲线或曲面的正常法向自动判断约束；

• 垂直于曲线或边：从点附着对象的父级自动判断 G1、G2 或 G3 约束。

b. 固定相切方位：勾选此复选框，与邻近点相对的约束点的移动就不会影响方位，并且方向保留为静态。

提示：

应尽可能使用较低阶次的曲线（3、4、5）。应使用默认阶次 3。单段曲线的阶次取决于其指定点的数量。

若要生成“通过点”的样条，有以下的常规过程：

① 设置“通过点”选项中的参数，然后在 YC-ZC 平面内选择 3 个数据点，绘制艺术样条曲线，如图 5-16 所示。

② 在“制图平面”选项中选择“常规”→“平面”对话框，在“平面”对话框中选择 XC-ZC 面，距离为原点到第 3 个数据点的 Y 向距离，如图 5-17 所示。

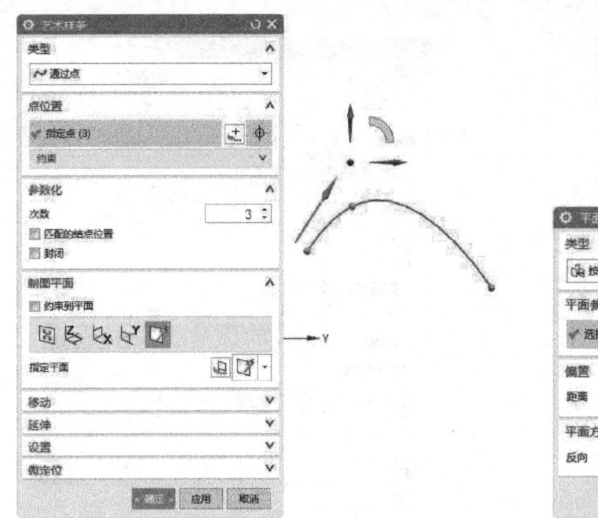

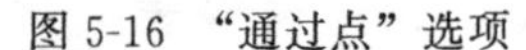
图 5-16 “通过点”选项

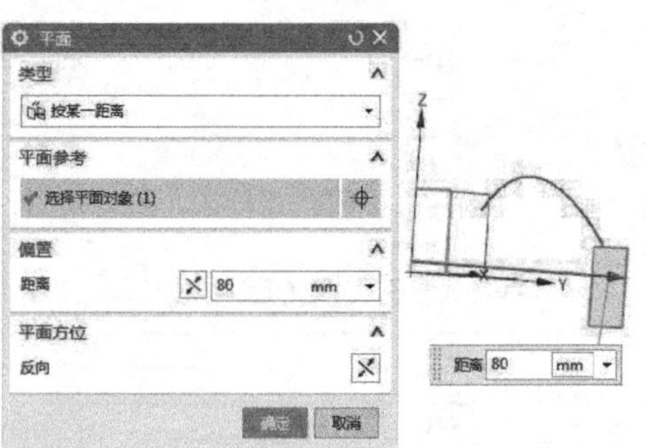

图 5-17 “平面”对话框

③ 平面创建完成后再选择 3 个数据点，绘制艺术样条曲线，绘制结果如图 5-18 所示。

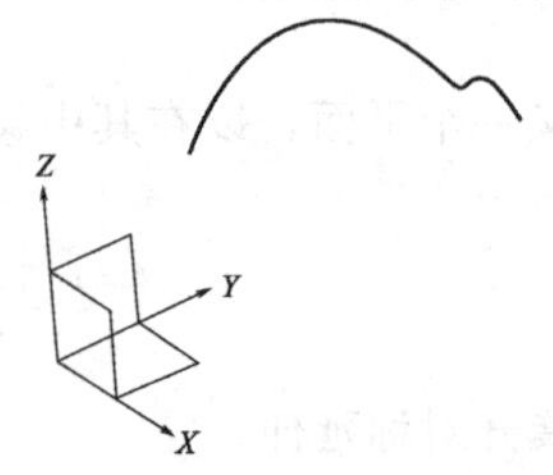

图 5-18 绘制结果

5.1.7 规律曲线

在下拉菜单中选择“插入”→“曲线”→“规律曲线”命令，打开图 5-19 所示“规律曲线”对话框。

以下对上述对话框中各选项功能作一说明：

① 恒定：该选项能够给整个规律功能定义一个常数值。系统提示用户只输入一个规律值（即该常数）。

② 线性：该选项能够定义从起始点到终止点的线性变化率。

③ 三次：该选项能够定义从起始点到终止点的三次变化率。

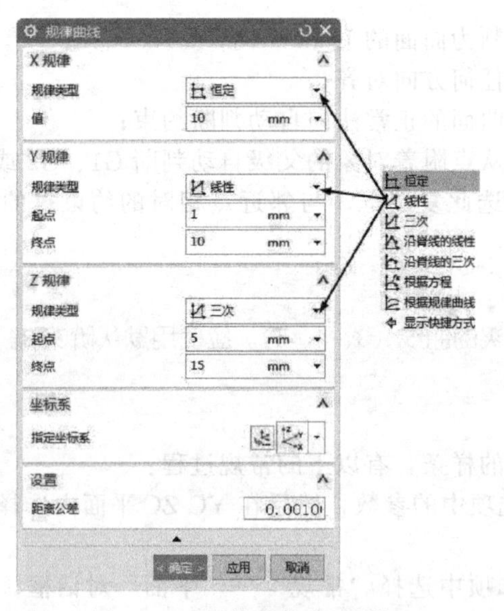

图 5-19 “规律曲线”对话框

④ 沿脊线的线性：该选项能够使用两个或多个沿着脊线的点定义线性规律功能。选择一条脊线曲线后，可以沿该曲线指出多个点。系统会提示用户在每个点处输入一个值。

⑤ 沿脊线的三次：该选项能够使用两个或多个沿着脊线的点定义三次规律功能。选择一条脊线曲线后，可以沿该脊线指出多个点。系统会提示用户在每个点处输入一个值。

⑥ 根据方程：该选项可以用表达式和“参数表达式变量”来定义规律。必须事先定义所有变量（变量定义可以使用“工具”→“表达式”来定义），并且公式必须使用参数表达式变量“t”。

⑦ 根据规律曲线：该选项利用已存在的规律曲线来控制坐标或参数的变化。选择该选项后，按照系统在提示栏给出的提示，先选择一条存在的规律曲线，再选择一条基线来辅助选定曲线的方向。如果没有定义基准线，默认的基准线方向就是绝对坐标系的 X 轴方向。

5.1.8　实例——抛物线

扫一扫，看视频

绘制图 5-20 所示的抛物线。

绘制步骤

例如，在标准数学表格中考虑下面的抛物线公式：

$$Y=2-0.25x^2$$

可以在表达式编辑器中使用 t、xt、yt 和 zt 来确定这个公式的参数，如下所示：

t=0
xt=-sqrt(8) * (1-t)+sqrt(8) * t
yt=2-0.25 * xt^2
zt=0

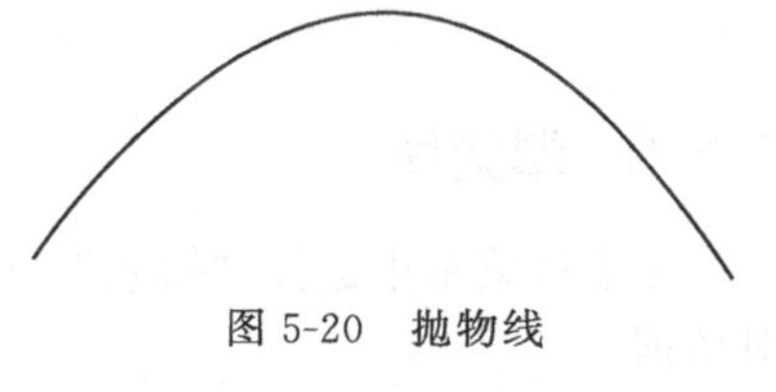
图 5-20　抛物线

使用 t、xt、yt 和 zt 是因为在“根据公式”选项中使用了默认变量名。

(1) 创建表达式

在下拉菜单中选择“工具”→“表达式”命令，打开图 5-21 所示的“表达式”对话框，输入每个确定了参数值的表达式。使用上面所示的例子：

t=0
xt=-sqrt(8) * (1-t)+sqrt(8) * t
yt=2-0.25 * xt^2
zt=0

输入第一个表达式 t=0，然后按“应用”键。继续输入每个表达式直到将它们全部输入完为止。选择“确定”或“应用”。

(2) 绘制抛物线

在下拉菜单中选择“插入”→“曲线”→“规律曲线”命令，打开图 5-22 所示“规律曲线”对话框，分别选择 X、Y、Z 规律类型为“根据方程”，其他采用默认设置，单击“确定”按钮，系统使用工作坐标系方向来创建曲线，结果如图 5-20 所示。

提示：

规律样条是根据建模首选项对话框中的距离公差和角度公差设置而近似生成的。另外可以使用信息→对象来显示关于规律样条的非参数信息或特征信息。

任何大于 360°的规律曲线都必须使用螺旋线选项或根据公式规律子功能来构建。

图 5-21 “表达式”对话框

5.1.9 螺旋线

在下拉菜单中选择“插入”→“曲线”→“螺旋”命令，系统打开图 5-23 所示“螺旋”对话框。

该对话框能够通过定义圈数、螺距、半径方式（规律或恒定）、旋转方向和适当的方向生成螺旋线。其结果是一个样条，如图 5-24 所示。

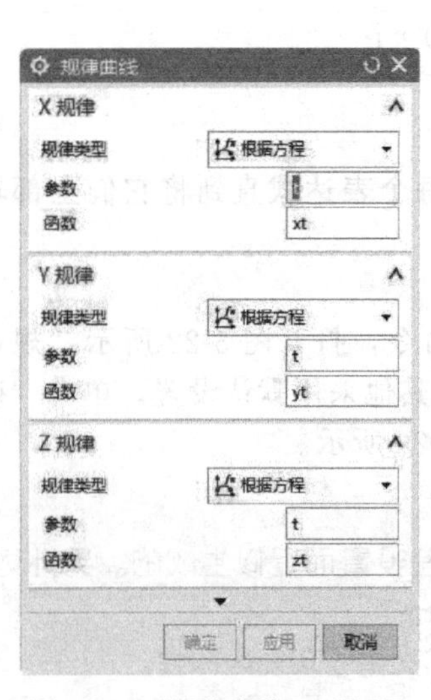

图 5-22 “规律曲线”对话框

图 5-23 “螺旋”对话框

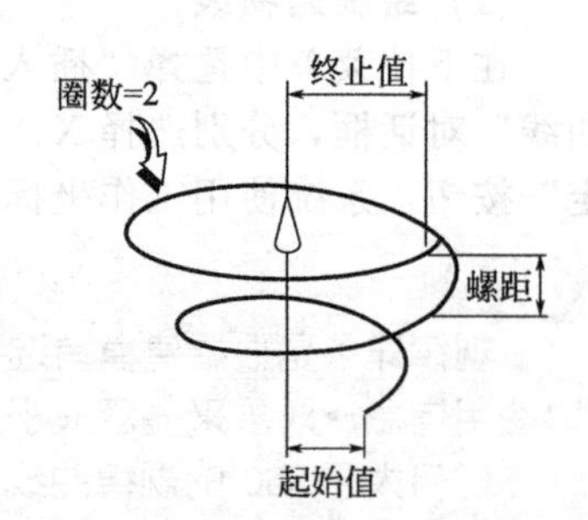

图 5-24 “螺旋”创建示意图

以下就螺旋线功能对话框中各功能作一介绍：

① 圈数：必须大于 0。可以接受小于 1 的值（比如 0.5 可生成半圈螺旋线）。

② 螺距：相邻的圈之间沿螺旋轴方向的距离。“螺距”必须大于或等于 0。

③ 大小：指定螺旋的定义方式，可通过使用“规律类型”或“输入半径/直径”来定义半径/直径。

a. 规律类型：能够使用规律函数来控制螺旋线的半径/直径变化。在下拉列表中选择一种规律来控制螺旋线的半径/直径。

b. 值：该选项为默认值，输入螺旋线的半径/直径值，该值在整个螺旋线上都是常数。

④ 旋转方向：该选项用于控制旋转的方向。如图 5-25 所示。

a. 右手：螺旋线起始于基点向右卷曲（逆时针方向）。

b. 左手：螺旋线起始于基点向左卷曲（顺时针方向）。

⑤ 方位：该选项能够使用坐标系工具的 Z 轴、X 点选项来定义螺旋线方向。可以使用“坐标系”对话框或通过指出光标位置来定义基点。

如果不定义方向，则使用当前的工作坐标系。

如果不定义基点，则使用当前的 XC=0、YC=0 和 ZC=0 作为默认基点。

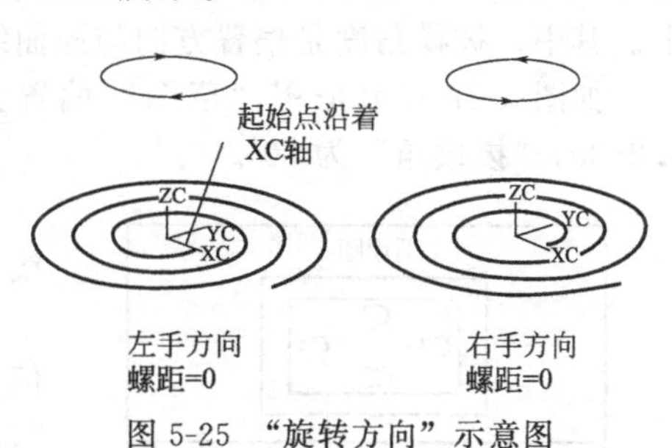

图 5-25　“旋转方向”示意图

⑥ 坐标系：能够使用点构造器来定义方向定义中的基点。

5.2　派生曲线

一般情况下，曲线创建完成后并不能满足用户需求，还需要进一步的处理工作，本小节中将进一步介绍曲线的操作功能，如简化曲线、偏置曲线、桥接曲线、相交曲线和截面曲线等。

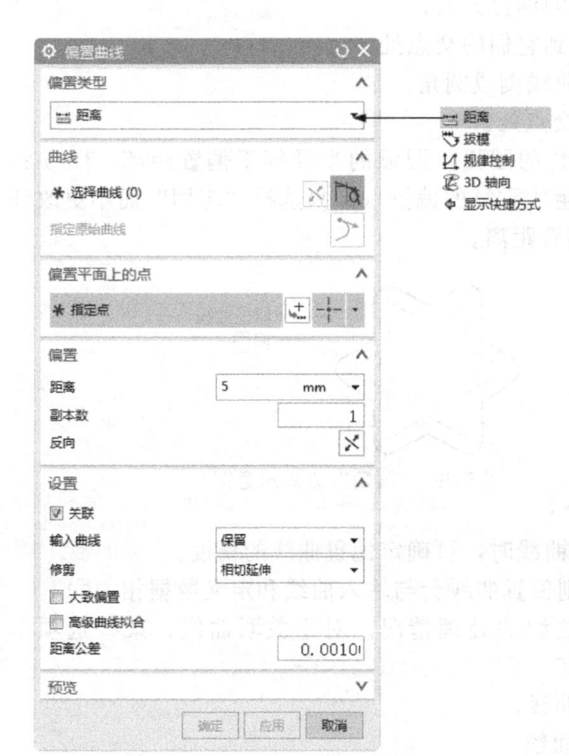

图 5-26　“偏置曲线”对话框

5.2.1　偏置曲线

在下拉菜单中选择“插入”→“派生曲线”→“偏置”命令，或者单击“曲线”功能区“派生曲线”组中的“偏置曲线”按钮，系统打开如图 5-26 所示“偏置曲线”对话框。

该选项能够通过从原先对象偏置的方法，生成直线、圆弧、二次曲线、样条和边。偏置曲线是通过垂直于选中基曲线上的点来构造的。可以选择是否使偏置曲线与其输入数据相关联。

曲线可以在选中几何体所确定的平面内偏置，也可以使用拔模角和拔模高度选项偏置到一个平行的平面上。只有当多条曲线共面且为连续的线串（即端端相连）时，才能对其进行偏置。结果曲线的对象类型与它们的输入曲线相同（除了二次曲线，它偏置为样条）。

以下对“偏置曲线”对话框中各部分选项功能作一介绍：

① 偏置类型。

a. 距离：此方式在选取曲线的平面上偏置曲线。并在其下方的“距离”和“副本数”中设置偏置距离和产生的数量。

b. 拔模：此方式在平行于选取曲线平面，并与其相距指定距离的平面上偏置曲线。一个平面符号标记出偏置曲线所在的平面，并在其下方的“高度”和“角度”中设置其数值。该方式的基本思想是将曲线按照指定的“角度”偏置到与曲线所在平面相距“高度”的平面上。其中，拔模角度是偏置方向与原曲线所在平面的法向的夹角。

如图 5-27 所示是用“草图”偏置方式生成偏置曲线的一个示例。“拔模高度”为 0.2500，“拔模角”为 30°。

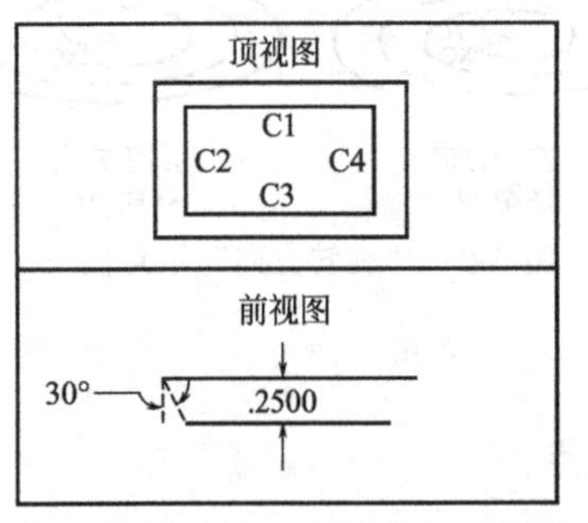

图 5-27 “草图”偏置方式示意图

c. 规律控制：此方式在规律定义的距离上偏置曲线，该规律是用规律子功能选项对话框指定的。

d. 3D 轴向：此方式在三维空间内指定矢量方向和偏置距离来偏置曲线。并在其下方的“3D 偏置值”和“轴矢量”中设置数值。

② 距离：在箭头矢量指示的方向上与选中曲线之间的偏置距离。负的距离值将在反方向上偏置曲线。

③ 副本数：该选项能够构造多组偏置曲线，如图 5-28 所示。每组都从前一组偏置一个指定（使用“偏置方式”选项）的距离。

④ 反向：该选项用于反转箭头矢量标记的偏置方向。

⑤ 修剪：该选项将偏置曲线修剪或延伸到它们的交点处。

a. 无：既不修剪偏置曲线，也不将偏置曲线倒成圆角。

b. 相切延伸：将偏置曲线延伸到它们的交点处。

c. 圆角：构造与每条偏置曲线的终点相切的圆弧。圆弧的半径等于偏置距离。图 5-29 显示了一个用该“圆角”生成的偏置。如果生成重复的偏置（即只选择“应用”而不更改任何输入），则圆弧的半径每次都会增加一个偏置距离。

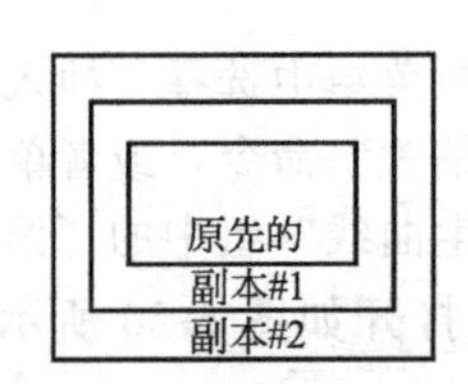

图 5-28 “副本数”示意图

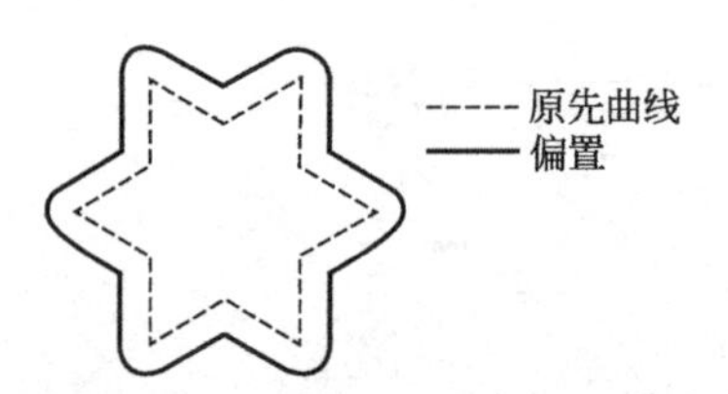

图 5-29 “圆角”方式示意图

⑥ 距离公差：当输入曲线为样条或二次曲线时，可确定偏置曲线的精度。

⑦ 关联：如果该选项切换为“打开”，则偏置曲线会与输入曲线和定义数据相关联。

⑧ 输入曲线：该选项能够指定对原先曲线的处理情况。对于关联曲线，某些选项不可用。

a. 保留：在生成偏置曲线时，保留输入曲线。

b. 隐藏：在生成偏置曲线时，隐藏输入曲线。

c. 删除：在生成偏置曲线时，删除输入曲线。如果“关联输出”切换为“打开”，则该选项会变灰。

d. 替换：该操作类似于移动操作，输入曲线被移至偏置曲线的位置。如果“关联输出”切换为“打开”，则该选项会变灰。

5.2.2　在面上偏置曲线

在下拉菜单中选择“插入”→“派生曲线”→“在面上偏置”命令，或者单击“曲线”功能区“派生曲线”组中的“在面上偏置曲线”按钮，系统打开如图 5-30 所示“在面上偏置曲线”对话框。

该选项功能用于在一表面上由一存在曲线按指定的距离生成一条沿面的偏置曲线。

以下对部分功能作一介绍：

(1) 偏置方法

① 弦：沿曲线弦长偏置。

② 弧长：沿曲线弧长偏置。

③ 测地线：沿曲面最小距离创建。

④ 相切：沿曲面的切线方向创建。

⑤ 投影距离：用于按指定的法向矢量在虚拟平面上指定偏置距离。

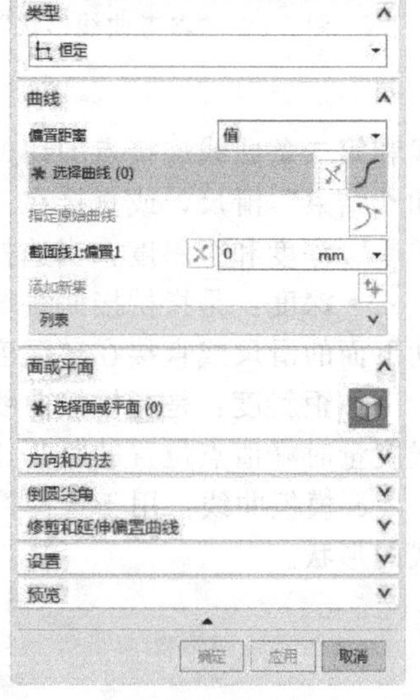

图 5-30　“在面上偏置曲线”对话框

(2) 公差

该选项用于设置偏置曲线公差，其默认值是在建模预设置对话框中设置的。公差值决定了偏置曲线与被偏置曲线的相似程度，选用默认值即可。

5.2.3　桥接曲线

在下拉菜单中选择“插入”→“派生曲线”→“桥接”命令，或者单击“曲线”功能区“派生曲线”组中的“桥接曲线”按钮，系统打开如图 5-31 所示“桥接曲线”对话框。

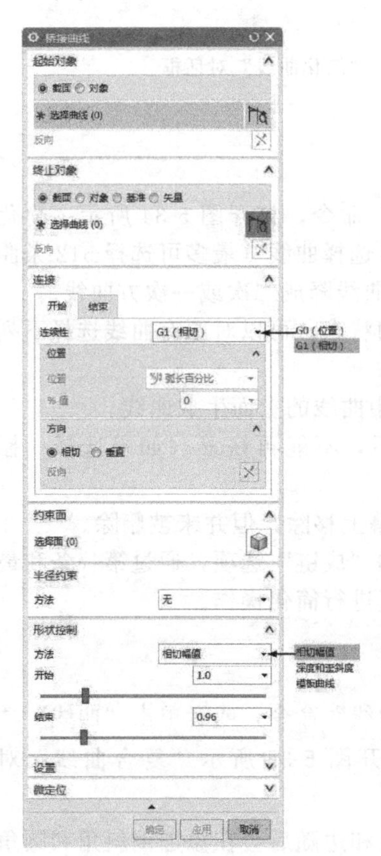

图 5-31　“桥接曲线”对话框

该选项可以用来桥接两条不同位置的曲线，边也可以作为曲线来选择。这是用户在曲线连接中最常用的方法。

以下对桥接对话框部分选项功能作一介绍：

① 起始对象：用于确定桥接曲线操作的第一个对象。

② 终止对象：用于确定桥接曲线操作的第二个对象。参考曲线形状操作创建示意图如图 5-32 所示。

③ 连接。

a. 连续性。

- 相切：表示桥接曲线与第一条曲线、第二条曲线在连接点处相切连续，且为三阶样条曲线。
- 曲率：表示桥接曲线与第一条曲线、第二条曲线在连接点处曲率连续，且为五阶或七阶样条曲线。

b. 位置：移动滑尺上的滑块，确定点在曲线的百分比位置。

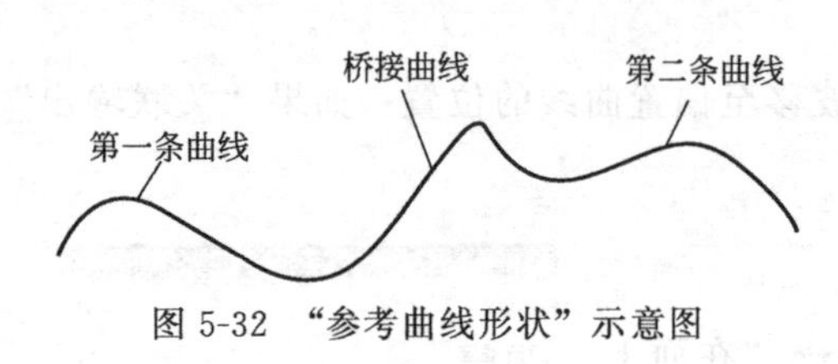

图 5-32 “参考曲线形状”示意图

c. 方向：通过“点构造器”来确定点在曲线的位置。

④ 约束面：用于限制桥接曲线所在面。

⑤ 半径约束：用于限制桥接曲线的半径的类型和大小。

⑥ 形状控制。

a. 相切幅值：通过改变桥接曲线与第一条曲线和第二条曲线连接点的切矢量值来控制桥接曲线的形状。切矢量值的改变是通过“开始”和“结束”滑尺，或直接在“第一曲线”和“第二根曲线”文本框中输入切矢量来实现的

b. 深度和歪斜度：当选择该控制方式时，“桥接曲线”对话框的变化如图 5-33 所示。

• 深度：是指桥接曲线峰值点的深度，即影响桥接曲线形状的曲率的百分比，其值可拖动下面的滑尺或直接在“深度”文本框中输入百分比实现。

• 歪斜度：是指桥接曲线峰值点的倾斜度，即设定沿桥接曲线从第一条曲线向第二条曲线度量时峰值点位置的百分比。

c. 模板曲线：用于选择控制桥接曲线形状的参考样条曲线，是桥接曲线继承选定参考曲线的形状。

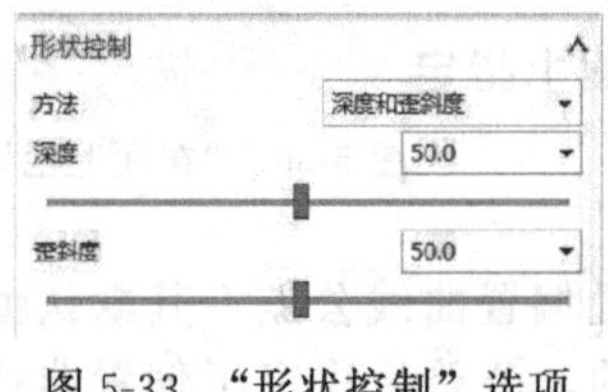

图 5-33 “形状控制”选项

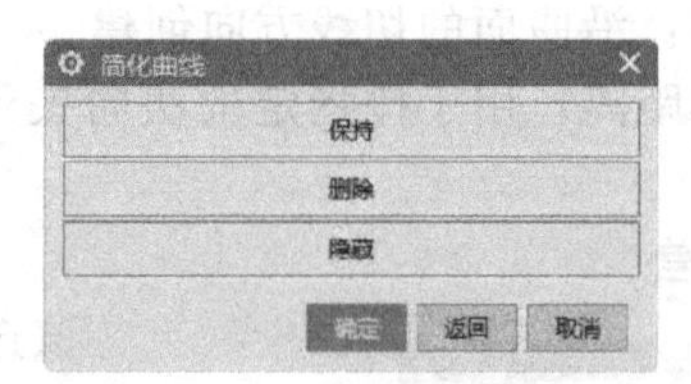

图 5-34 “简化曲线”对话框

5.2.4 简化曲线

在下拉菜单中选择“插入”→“派生曲线”→“简化”命令，打开图 5-34 所示“简化曲线”对话框。该选项以一条最合适的逼近曲线来简化一组选择曲线（最多可选择 512 条曲线），它将这组曲线简化为圆弧或直线的组合，即将高次方曲线降成二次或一次方曲线。

在简化选中曲线之前，可以指定原有曲线在转换之后的状态。可以对原有曲线选择下列选项之一：

① 保持：在生成直线和圆弧之后保留原有曲线。在选中曲线的上面生成曲线。

② 删除：简化之后删除选中曲线。删除选中曲线之后，不能再恢复（如果选择“撤销”，可以恢复原有曲线但不再被简化）。

③ 隐藏：生成简化曲线之后，将选中的原有曲线从屏幕上移除，但并未被删除。

若要选择的多组曲线彼此首尾相连，则可以通过其中的“成链”选项，通过第一条和最后一条曲线来选择期间彼此连接的一组曲线，之后系统对其进行简化操作。

5.2.5 复合曲线

在下拉菜单中选择“插入”→“派生曲线”→“复合曲线”命令，或者单击“曲线”功能区“派生曲线”组中的“复合曲线”按钮，系统打开图 5-35 所示“复合曲线”对话框。

该选项功能可从工作部件中抽取曲线和边。抽取的曲线和边随后会在添加倒斜角和圆角等详细特征后保留。

以下就其中的各选项功能作一介绍：

（1）曲线

①“选择曲线”：用于选择要复制的曲线。

②“指定原始曲线”：用于从该曲线环中指定原始曲线。

（2）设置

①“关联”：创建关联复合曲线特征。

②“隐藏原先的”：创建复合特征时，隐藏原始曲线。如果原始几何体是整个对象，则不能隐藏实体边。

③“允许自相交”：用于选择自相交曲线作为输入曲线。

④“高级曲线拟合”：用于指定方法、次数和段数。

a.“方法”：控制输出曲线的参数设置。可用选项有：

• 次数和段数：显式控制输出曲线的参数设置。

• 次数和公差：使用指定的次数及所需数量的非均匀段达到指定的公差值。

• 保留参数化：使用此选项可继承输入曲线的次数、段数、极点结构和结点结构，然后将其应用于输出曲线。

• 自动拟合：可以指定最低次数、最高次数、最大段数和公差值，以控制输出曲线的参数设置。此选项替换了之前版本中可用的高级选项。

b.“次数”：当方法为次数和段数或次数和公差时可用。用于指定曲线的次数。

c.“段数”：当方法为次数和段数时可用。用于指定曲线的段数。

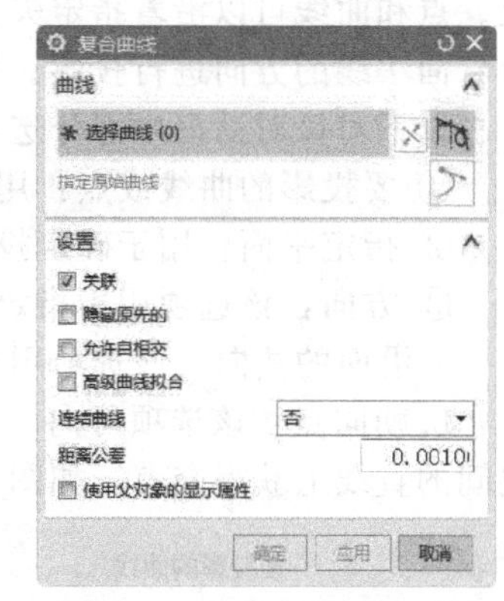

图 5-35 “复合曲线”对话框

d.“最低次数”：当方法为自动拟合时可用。用于指定曲线的最低次数。

e.“最高次数”：当方法为自动拟合时可用。用于指定曲线的最高次数。

f.“最大段数”：当方法为自动拟合时可用。用于指定曲线的最大段数。

⑤“连接曲线”：用于指定是否要将复合曲线的线段连接成单条曲线。

a.“否”：不连接复合曲线段。

b.“三次”：连接输出曲线以形成 3 次多项式样条曲线。使用此选项可最小化结点数。

c.“常规”：连接输出曲线以形成常规样条曲线。创建可精确表示输入曲线的样条。此选项可以创建次数高于三次或五次类型的曲线。

d.“五次”：连接输出曲线以形成 5 次多项式样条曲线。

⑥“使用父对象的显示属性”：将对复合对象的显示属性所做的更改反映给通过 WAVE 几何链接器与其链接的任何子对象。

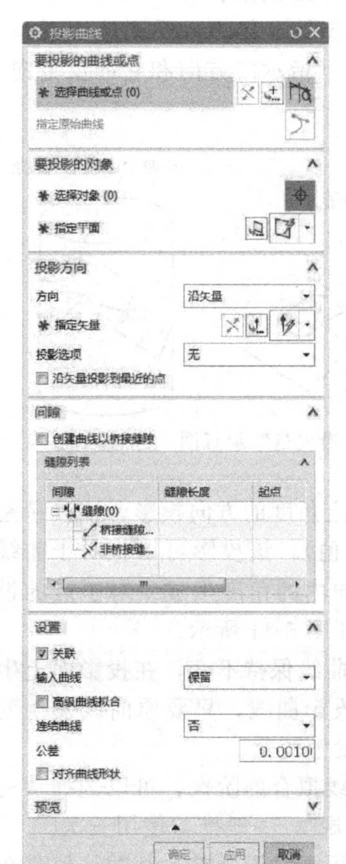

图 5-36 “投影曲线”对话框

5.2.6 投影曲线

在下拉菜单中选择“插入”→“派生曲线”→“投影”命令，或者单击“曲线”功能区“派生曲线”组中的“投影曲线”按钮，系统打开图 5-36 所示“投影曲线”对话框。该选项能够将曲线和点投影到片体、面、平面和基准面上。点和曲线可以沿着指定矢量方向、与指定矢量成某一角度的方向、指向特定点的方向或沿着面法线的方向进行投影。所有投影曲线在孔或面边界处都要进行修剪。

以下对该对话框中部分选项功能作一介绍：

① 要投影的曲线或点：用于确定要投影的曲线和点。

② 指定平面：用于确定投影所在的表面或平面。

③ 方向：该选项用于指定如何定义将对象投影到片体、面和平面上时所使用的方向。

a. 沿面的法向：该选项用于沿着面和平面的法向投影对象，如图 5-37 所示。

b. 朝向点：该选项可向一个指定点投影对象。对于投影的点，可以在选中点与投影点之间的直线上获得交点，如图 5-38 所示：

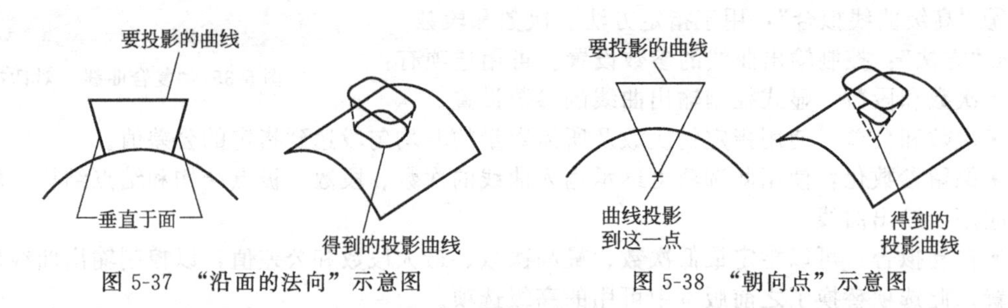

图 5-37 “沿面的法向”示意图　　图 5-38 “朝向点”示意图

c. 朝向直线：该选项可沿垂直于一指定直线或基准轴的矢量投影对象。对于投影的点，可以在通过选中点垂直于与指定直线的直线上获得交点。如图 5-39 所示：

d. 沿矢量：该选项可沿指定矢量（该矢量是通过矢量构造器定义的）投影选中对象。可以在该矢量指示的单个方向上投影曲线，或者在两个方向上（指示的方向和它的反方向）投影，如图 5-40 所示。

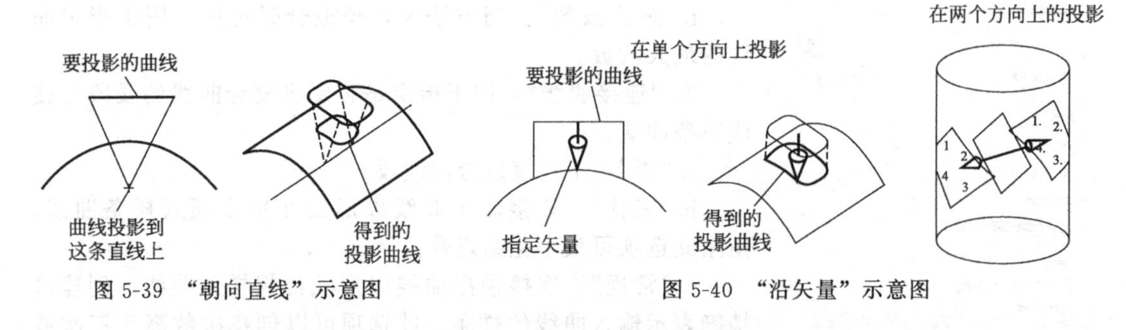

图 5-39 “朝向直线”示意图　　图 5-40 “沿矢量”示意图

e. 与矢量成角度：该选项可将选中曲线按与指定矢量成指定角度的方向投影，该矢量是使用矢量构造器定义的。根据选择的角度值（向内的角度为负值），该投影可以相对于曲线的近似形心按向外或向内的角度生成。对于点的投影，该选项不可用。如图 5-41 所示。

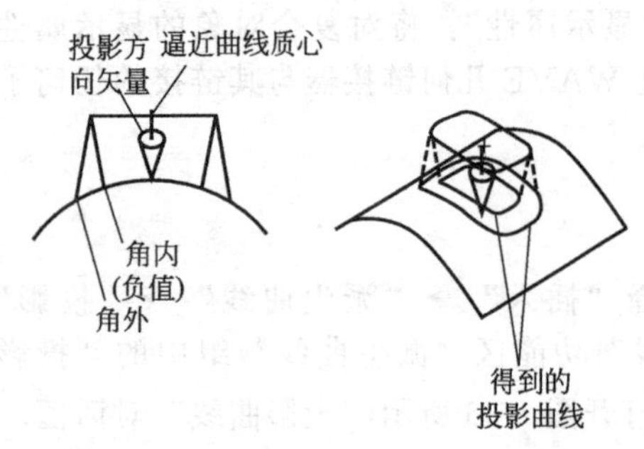

图 5-41 “与矢量成角度”示意图

④ 关联：表示原曲线保持不变，在投影面上生成与原曲线相关联的投影曲线，只要原曲线发生变化，随之投影曲线也发生变化。

⑤ 连接曲线：曲线拟合的阶次，可以选择“三次”“五次”或者“常规”，一般推荐使用三次。

⑥ 公差：该选项用于设置公差，其默认值是在建模预设置对话框中设置的。该公差值决定所投影

的曲线与被投影曲线在投影面上的投影的相似程度。

5.2.7　组合投影

在下拉菜单中选择“插入”→“派生曲线”→“组合投影”命令，或者单击“曲线”功能区“派生曲线”组中的“组合投影”按钮，系统打开如图5-42所示“组合投影”对话框。

该选项可组合两个已有曲线的投影，生成一条新的曲线。需要注意的是，这两个曲线投影必须相交。可以指定新曲线是否与输入曲线关联，以及将对输入曲线作哪些处理。如图5-43所示。

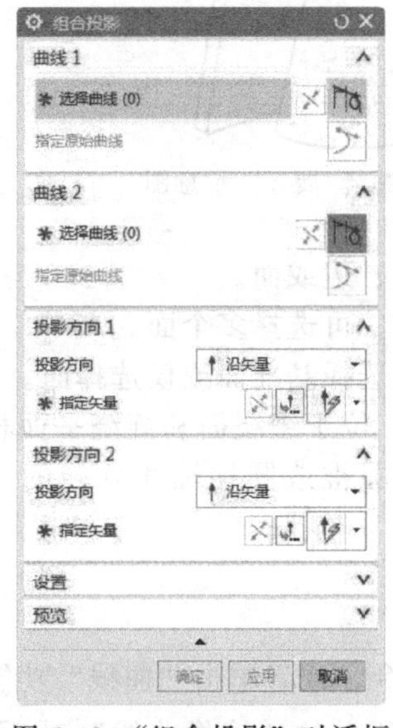

图5-42　“组合投影”对话框

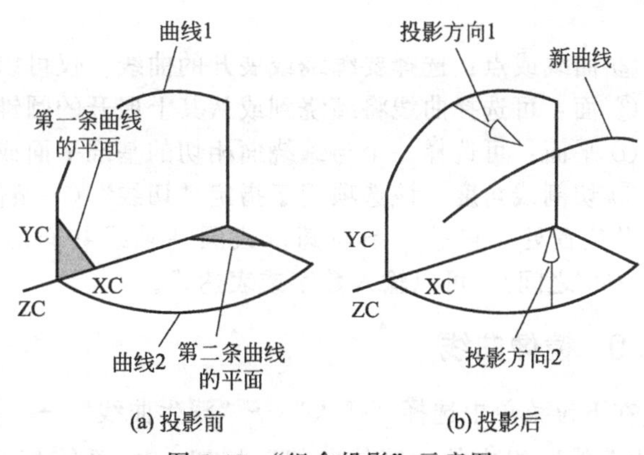

图5-43　“组合投影”示意图

以下对上述对话框选项功能作一介绍：

① 曲线1：可以选择第一组曲线。可用“过滤器”选项帮助选择曲线。

② 曲线2：可以选择第二组曲线。默认的投影矢量垂直于该线串。

③ 投影方向1：能够使用投影矢量选项定义“第一个曲线串”的投影矢量。

④ 投影方向2：能够使用投影矢量选项定义第二组曲线的投影矢量。

5.2.8　缠绕/展开曲线

在下拉菜单中选择“插入”→“派生曲线”→“缠绕/展开”命令，或者单击“曲线”功能区“派生曲线”组中的“缠绕/展开曲线”按钮，系统打开图5-44所示“缠绕/展开曲线”对话框。

该选项可以将曲线从平面缠绕到圆锥或圆柱面上，或者将曲线从圆锥或圆柱面展开到平面上。输出曲线是3次B样条，并且与其输入曲线、定义面和定义平面相关。如图5-45所示为将一样条曲线缠绕到锥面上。

对话框选项功能如下：

① 类型。

a. 缠绕：指定要缠绕曲线。

b. 展开：指定要展开曲线。

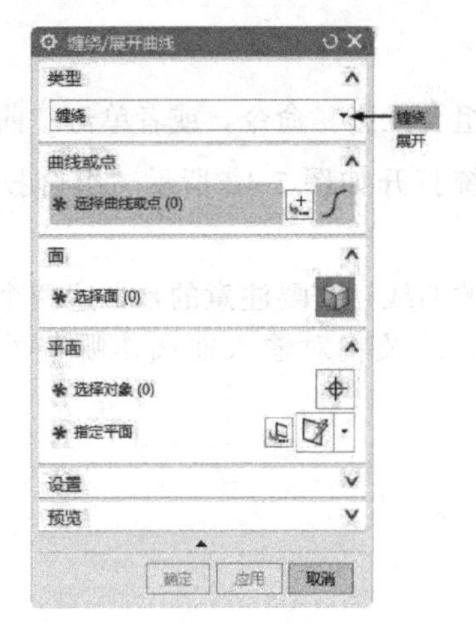

图 5-44 “缠绕/展开曲线”对话框

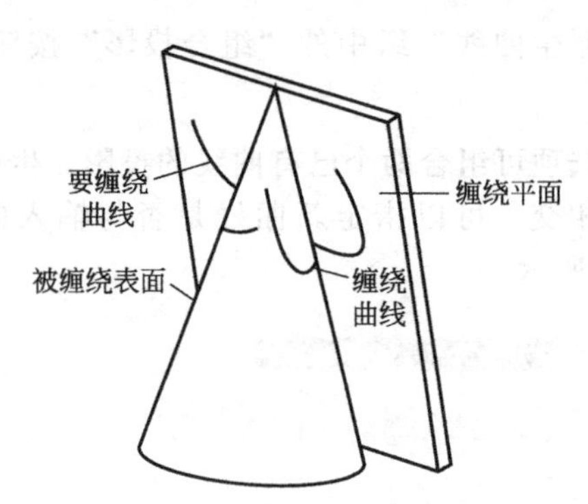

图 5-45 “缠绕/展开”示意图

② 曲线或点：选择要缠绕或展开的曲线。仅可以选择曲线、边或面。

③ 面：可选择曲线将缠绕到或从其上展开的圆锥或圆柱面。可选择多个面。

④ 平面：可选择一个与缠绕面相切的基准平面或平面。仅选择基准面或仅选择面。

⑤ 切割线角度：该选项用于指定“切线”（一条假想直线，位于缠绕面和缠绕平面相遇的公共位置处。它是一条与圆锥或圆柱轴线共面的直线）绕圆锥或圆柱轴线旋转的角度（0°～360°之间）。可以输入数字或表达式。

5.2.9 镜像曲线

在下拉菜单中选择“插入”→“派生曲线”→“镜像”命令，或者单击“曲线”功能区“派生曲线”组中的“镜像曲线”按钮，系统打开图 5-46 所示的“镜像曲线”对话框。其示意图如图 5-47 所示。

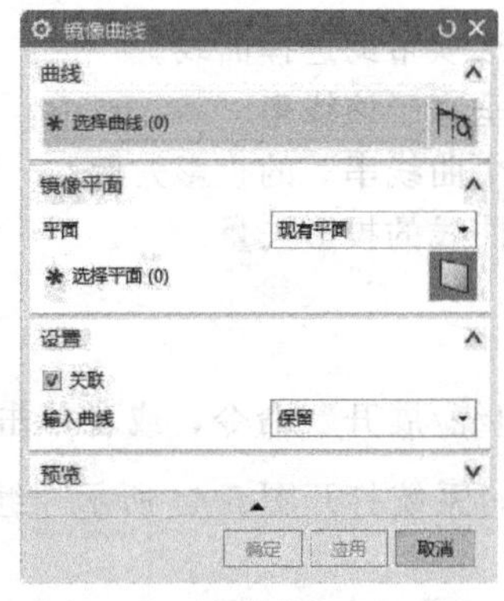

图 5-46 “镜像曲线”对话框

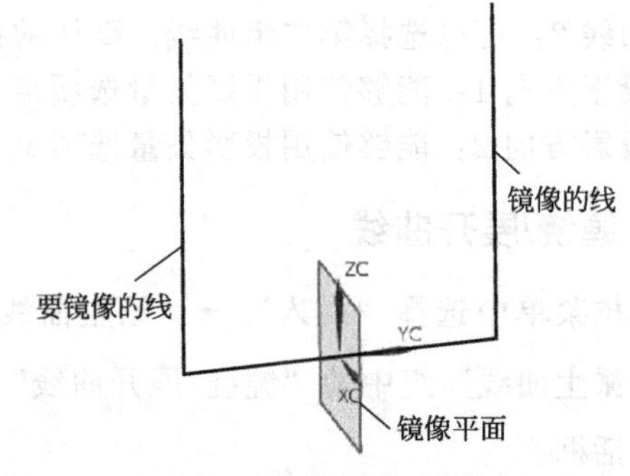

图 5-47 “镜像曲线”示意图

① 曲线：用于确定要镜像的曲线。进入“镜像曲线”对话框后，自动被激活。

② 镜像平面：用于确定镜像的面和基准平面。选择镜像曲线后，单击图标或鼠标中键，选择镜像平面。

③ 关联：表示原曲线保持不变，在投影面上生成与原曲线相关联的投影曲线，只要原

曲线发生变化，随之投影曲线也发生变化。

5.2.10 相交曲线

在下拉菜单中选择“插入”→“派生曲线”→“相交”命令，或者单击“曲线”功能区“派生曲线”组中的“相交曲线”按钮，系统打开图5-48所示“相交曲线”对话框。

该选项功能用于在两组对象之间生成相交曲线。相交曲线是关联的，会根据其定义对象的更改而更新。图5-49所示为相交曲线的一个示例，其中相交曲线是由片体与包含腔体的长方体相交而得到的，对话框各选项功能如下：

① 第一组：激活该选项时可选择第一组对象。

② 第二组：激活该选项时可选择第二组对象。

③ 保持选定：选中该复选框之后，在右侧的选项栏中选择“第一组”或“第二组”，单击“应用”按钮，自动选择已选择的“第一组”或“第二组”对象。

④ 高级曲线拟合：用于设置曲线拟合的方式，包括“次数和段数”“次数和公差”和“自动拟合”3种拟合方式。

⑤ 关联：能够指定相交曲线是否关联。当对源对象进行更改时，关联的相交曲线会自动更新。

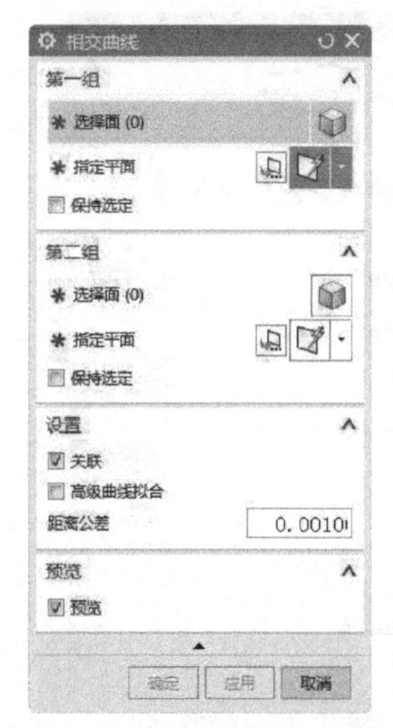

图5-48 “相交曲线”对话框

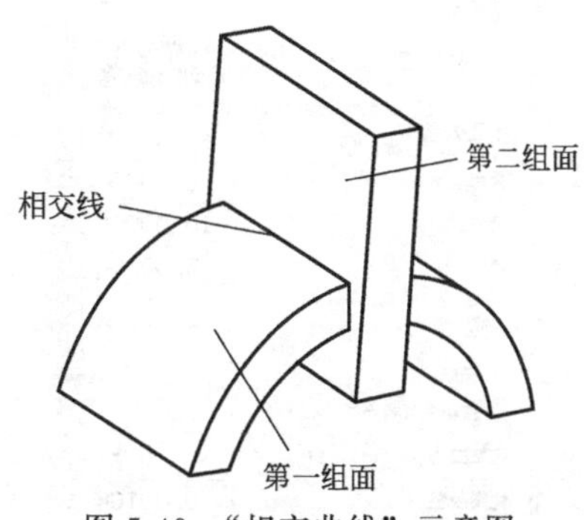

图5-49 “相交曲线”示意图

5.2.11 截面曲线

在下拉菜单中选择“插入”→“派生曲线”→“截面”命令，或者单击“曲线”功能区“派生曲线”组中的“截面曲线”按钮，系统打开图5-50所示“截面曲线”对话框。该选项在指定平面与体、面、平面和/或曲线之间生成相交几何体。平面与曲线之间相交生成一个或多个点。几何体输出可以是相关的。

以下对对话框部分选项功能作一介绍：

① 选定的平面：该选项用于指定单独平面或基准平面来作为截面。

a. 要剖切的对象：该选择步骤用来选择将被截取的对象。需要时，可以使用“过滤器”选项辅助选择所需对象。可以将过滤器选项设置为任意、体、面、曲线、平面或基准平面。

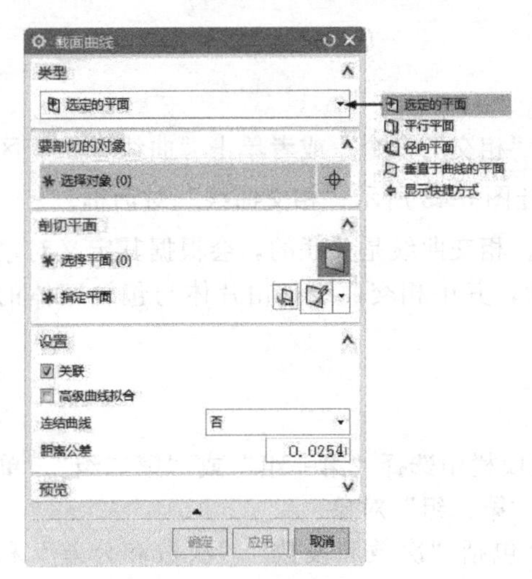

图 5-50 “截面曲线”对话框

b. 剖切平面：该选择步骤用来选择已有平面或基准平面，或者使用平面子功能定义临时平面。需要注意的是，如果打开“关联输出”，则平面子功能不可用，此时必须选择已有平面。

② 平行平面：该选项用于设置一组等间距的平行平面作为截面。选择该类型，对话框在可变窗口区会变换成为如图 5-51 所示。

a. 步进：指定每个临时平行平面之间的相互距离。

b. 起点和终点：是从基本平面测量的，正距离为显示的矢量方向。系统将生成适合指定限制的平面数。这些输入的距离值不必恰好是步长距离的偶数倍。

③ 径向平面：该选项从一条普通轴开始以扇形展开生成按等角度间隔的平面，以用于选中体、面和曲线的截取。选择该类型，对话框在可变窗口区会变更为如图 5-52 所示。

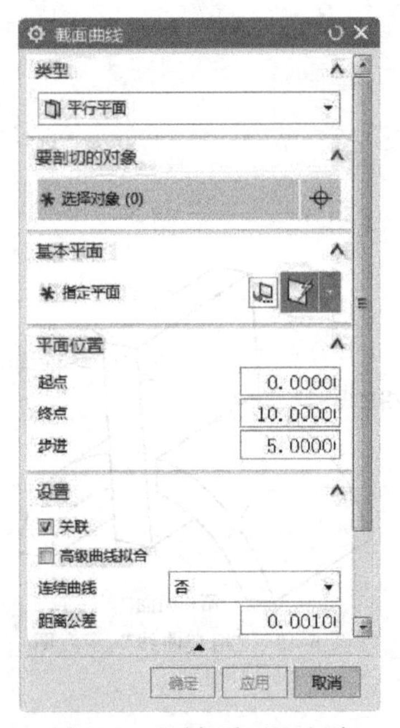

图 5-51 “平行平面”选项

图 5-52 “径向平面”选项

a. 径向轴：该选择步骤用来定义径向平面绕其旋转的轴矢量。若要指定轴矢量，可使用“矢量方式”或矢量构造器工具。

b. 参考平面上的点：该选择步骤通过使用点方式或点构造器工具，指定径向参考平面上的点。径向参考平面是包含该轴线和点的唯一平面。

c. 起点：表示相对于基平面的角度，径向面由此角度开始，按右手法则确定正方向，限制角不必是步长角度的偶数倍。

d. 终点：表示相对于基础平面的角度，径向面在此角度处结束。

e. 步进：表示径向平面之间所需的夹角。

④ 垂直于曲线的平面：该选项用于设定一个或一组与所选定曲线垂直的平面作为截面。选择该类型，对话框在可变窗口区会变更如图 5-53 所示。

a. 曲线或边：该选择步骤用来选择沿其生成垂直平面的曲线或边。使用“过滤器”选项来辅助对象的选择。可以将过滤器设置为曲线或边。

b. 间距。

• 等弧长：沿曲线路径以等弧长方式间隔平面。必须在“数目”字段中输入截面平面的数目，以及平面相对于曲线全弧长的起始和终止位置的百分比值。

• 等参数：根据曲线的参数化法来间隔平面。必须在“数目”字段中输入截面平面的数目，以及平面相对于曲线参数长度的起始和终止位置的百分比值。

• 几何级数：根据几何级数比间隔平面。必须在“数目”字段中输入截面平面的数目，还须在“比例”字段中输入数值，以确定起始和终止点之间的平面间隔。

• 弦公差：根据弦公差间隔平面。选择曲线或边后，定义曲线段使线段上的点距线段端点连线的最大弦距离等于在“弦公差”字段中输入的弦公差值。

• 增量弧长：以沿曲线路径递增的方式间隔平面。在“弧长”字段中输入值，在曲线上以递增弧长方式定义平面。

图 5-53 “垂直于曲线的平面”选项

5.3 曲线编辑

当曲线创建之后，经常还需要对曲线进行修改和编辑，需要调整曲线的很多细节，本节主要介绍曲线编辑的操作。其操作包括：编辑曲线参数、修剪曲线、分割曲线、缩放曲线、曲线长度、光顺样条等操作，其命令功能集中在菜单“编辑”→“曲线”的子菜单及相应的组中，如图 5-54 所示。

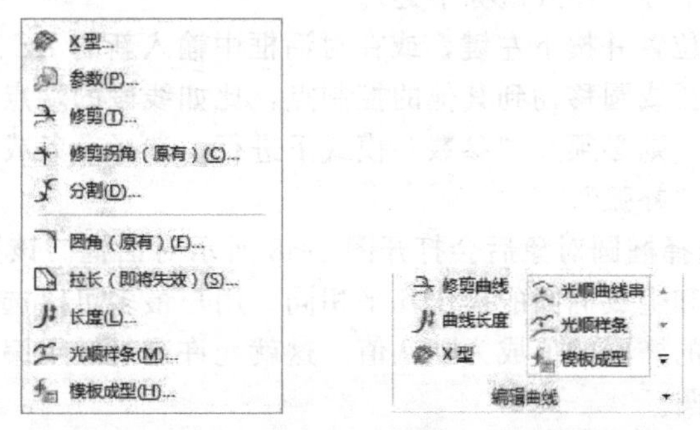

图 5-54 “曲线编辑”子菜单及“编辑曲线”

5.3.1 编辑曲线参数

在下拉菜单中选择“编辑”→“曲线”→“参数”命令，或者单击“曲线”功能区“更多库”中的“编辑曲线参数”按钮，系统打开图 5-55 所示“编辑曲线参数”对话框。

该选项可编辑大多数类型的曲线。在编辑对话框中设置了相关项后，当选择了不同的对象类型时系统会给出相应的提示对话框。

① 编辑直线：当选择直线对象后会打开图 5-56 所示对话框。过该对话框设置改变直线的端点或它的参数（长度和角度）编辑它。

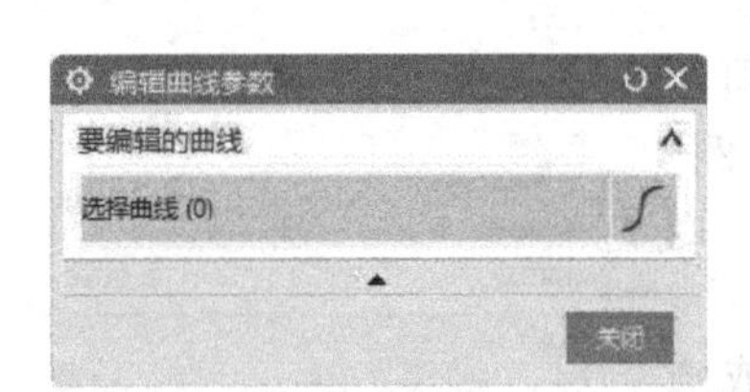

图 5-55 “编辑曲线参数”对话框

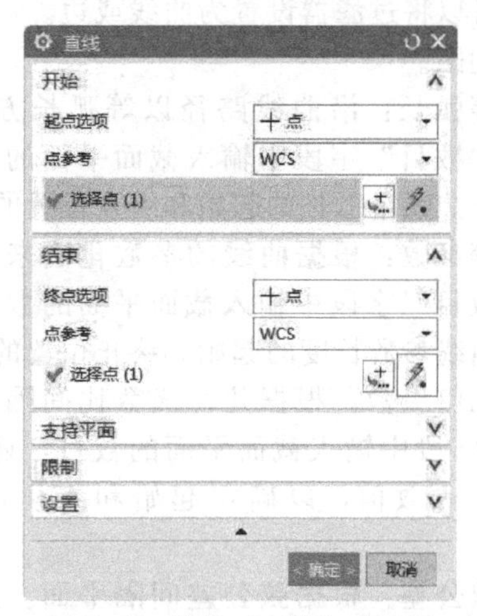

图 5-56 编辑“直线”对话框

如要改变直线的端点：

a. 选择要修改的直线端点。现在可以从固定的端点像拉橡皮筋一样改变该直线了。

b. 用在对话框上任意的“点方式”选项指定新的位置。

如要改变直线的参数：

a. 选择该直线，避免选到它的控制点上。

b. 在对话条中键入长度和/或角度的新值，然后按“Enter”键。

② 编辑圆弧或圆：当选择圆弧或圆对象后会打开图 5-57 所示对话框。

通过在对话框中输入新值或拖动滑尺改变圆弧或圆的参数。还可以把圆弧变成它的补弧。不管激活的编辑模式是什么，都可以将圆弧或圆移动到新的位置，如下所示：

a. 选择圆弧或圆的中心（释放鼠标中键）。

b. 光标移动到新的位置并按下左键，或在对话框中输入新的 XC、YC 和 ZC 的位置。

用此方法可以把圆弧或圆移动到其他的控制点，比如线段的端点或其他圆的圆心。

要生成圆弧的补弧，则必须在“参数”模式下进行。选择一条或多条圆弧并在“编辑曲线参数”对话框中选择“补弧”。

③ 编辑椭圆：当选择椭圆对象后会打开图 5-58 所示对话框。该选项用于编辑一个或多个已有的椭圆。该选项和生成椭圆的操作几乎相同。用户最多可以选择 128 个椭圆。当选择多个椭圆时，最后选中的椭圆的值成为默认值。这就允许通过继承编辑椭圆：

a. 选择要编辑的椭圆。

b. 选择含有需要值的椭圆。

c. 单击“应用”按钮。

所有选择的椭圆都变成相同的。

绝对值用于长半轴和短半轴的值。例如，如果输入－5 作为长半轴的值，则被解释为＋5。起始角、终止角或旋转角都可被接受。新的旋转角用于椭圆的初始位置。新的角不加到当前旋转角的值上。

图 5-57　编辑“圆弧/圆”对话框

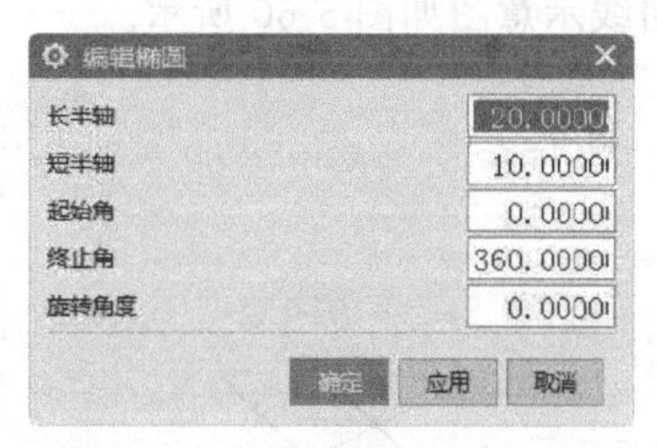

图 5-58　“编辑椭圆”对话框

提示：

当改变椭圆的任何值时，所有相关联的制图对象都会自动更新。选择“应用”后，选择列表变空并且数值重设为零。“撤销”操作会把椭圆重设回它们的初始状态。

5.3.2　修剪曲线

在下拉菜单中选择“编辑”→“曲线”→“修剪”命令，或者单击“曲线”功能区“编辑曲线”组中的“修剪曲线”按钮，系统打开如图 5-59 所示“修剪曲线”对话框。该选项可以根据边界实体和选中进行修剪的曲线的分段来调整曲线的端点。可以修剪或延伸直线、圆弧、二次曲线或样条。

以下就“修剪曲线”对话框中部分选项功能作一介绍：

① 要修剪的曲线：此选项用于选择要修剪的一条或多条曲线（此步骤是必需的）。

② 边界对象：此选项让用户从工作区窗口中选择一串对象作为边界，沿着它修剪曲线。

③ 曲线延伸：如果正修剪一个要延伸到它的边界对象的样条，则可以选择延伸的形状。这些选项是：

a. 自然：从样条的端点沿它的自然路径延伸它。

b. 线性：把样条从它的任一端点延伸到边界对象，样条的延伸部分是直线的。

c. 圆形：把样条从它的端点延伸到边界对象，样条的延伸部分是圆弧形的。

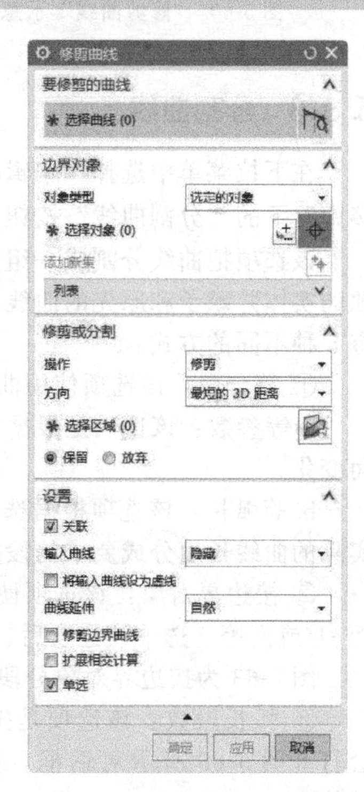

图 5-59　“修剪曲线”对话框

d. 无：对任何类型的曲线都不执行延伸。

④ 关联：该选项让用户指定输出的已被修剪的曲线是相关联的。关联的修剪导致生成一个 TRIM _ CURVE 特征，它是原始曲线的复制的、关联的、被修剪的副本。

原始曲线的线型改为虚线，这样它们对照于被修剪的、关联的副本更容易看得到。如果输入参数改变，则关联的修剪的曲线会自动更新。

⑤ 输入曲线：该选项让用户指定想让输入曲线的被修剪的部分处于何种状态。

a. 隐藏：意味着输入曲线被渲染成不可见。

b. 保留：意味着输入曲线不受修剪曲线操作的影响，被“保持”在它们的初始状态。

c. 删除：意味着通过修剪曲线操作把输入曲线从模型中删除。

d. 替换：意味着输入曲线被已修剪的曲线替换或“交换”。当使用“替换”时，原始曲线的子特征成为已修剪曲线的子特征。

修剪曲线示意图如图 5-60 所示。

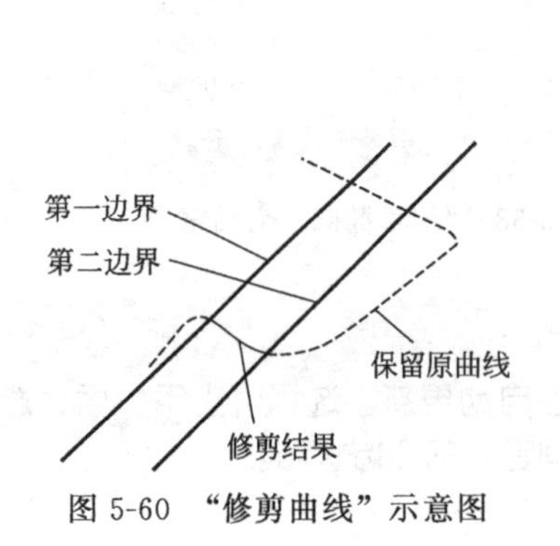

图 5-60 “修剪曲线”示意图

图 5-61 “分割曲线”对话框

5.3.3 分割曲线

在下拉菜单中选择“编辑”→“曲线”→“分割”命令，或者单击“曲线”功能区“更多库”下的“分割曲线”按钮，系统打开图 5-61 所示“分割曲线”对话框。

该选项把曲线分割成一组同样的段（即直线到直线、圆弧到圆弧）。每个生成的段是单独的实体并赋予和原先的曲线相同的线型。新的对象和原先的曲线放在同一层上。分割曲线有 5 种不同的方式：

① 等分段：该选项使用曲线长度或特定的曲线参数把曲线分成相等的段。

a. 等参数：该选项是根据曲线参数特征把曲线等分。曲线的参数随各种不同的曲线类型而变化。

b. 等弧长：该选项根据选中的曲线被分割成等长度的单独曲线，各段的长度是通过把实际的曲线长度分成要求的段数计算出来的。

② 按边界对象：该选项使用边界实体把曲线分成几段，边界实体可以是点、曲线、平面和/或面等。选中该选项后，会打开图 5-62 所示对话框。

图 5-63 为按边界对象分段示意图。

③ 弧长段数：该选项是按照各段定义的弧长分割曲线（见图 5-64）。选中该选项后，会打开图 5-65 所示对话框，要求输入分段弧长值，其后会显示分段数目和剩余部分弧长值。

图 5-62　“按边界对象”选项

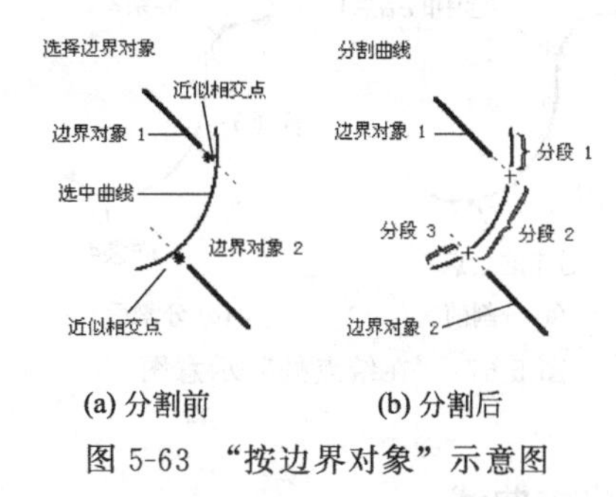

图 5-63　“按边界对象”示意图

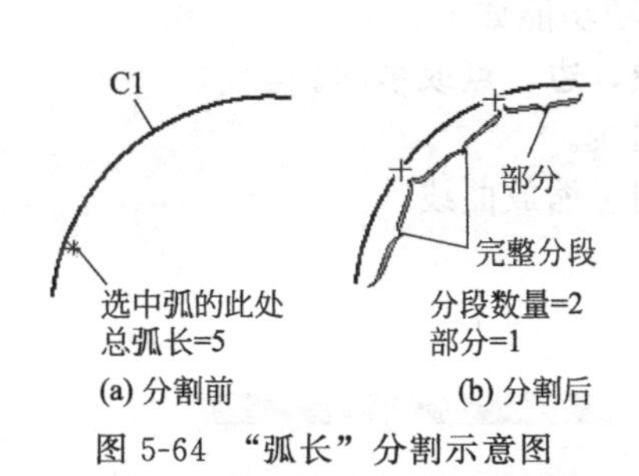

图 5-64　“弧长”分割示意图

图 5-65　“弧长段数”选项

具体操作时，在靠近要开始分段的端点处选择该曲线。从选择的端点开始，系统沿着曲线测量输入的长度，并生成一段。从分段处的端点开始，系统再次测量长度并生成下一段。此过程不断重复直到到达曲线的另一个端点。生成的完整分段数目会在对话框中显示出来，此数目取决于曲线的总长和输入的各段的长度。曲线剩余部分的长度显示出来，作为部分段。

④ 在结点处：该选项使用选中的结点分割曲线，其中结点是指样条段的端点。选中该选项后会打开如图 5-66 所示对话框，其各选项功能如下：

a. 按结点号：通过输入特定的结点号码分割样条。

b. 选择结点：通过用图形光标在结点附近指定一个位置来选择分割结点。当选择样条时会显示结点。

c. 所有结点：自动选择样条上的所有结点来分割曲线。

图 5-67 给出一个“在结点处”示意图。

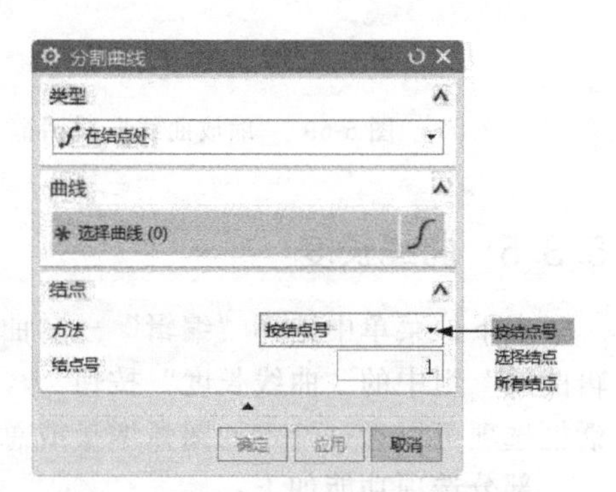

图 5-66　“在结点处”选项

⑤ 在拐角上：该选项在角上分割样条，其中角是指样条折弯处（即某样条段的终止方向不同于下一段的起始方向）的结点，如图 5-68 所示。

要在角上分割曲线，首先要选择该样条。所有的角上都显示有星号。用和“在结点处”相同的方式选择角点。如果在选择的曲线上未找到角，则会显示如下错误信息：不能分割——没有角。

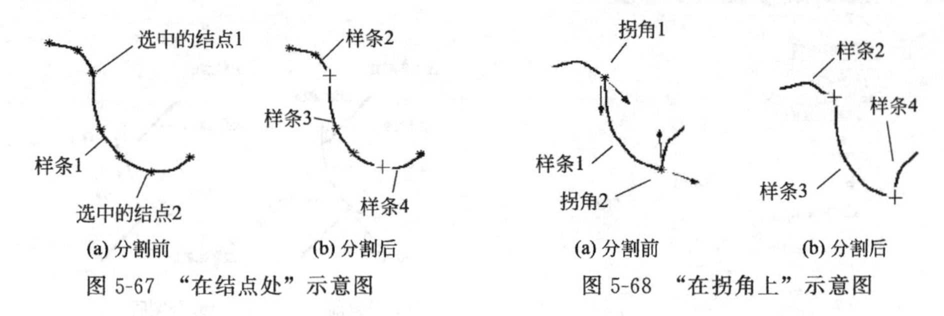

(a) 分割前　(b) 分割后　(a) 分割前　(b) 分割后

图 5-67 “在结点处”示意图　图 5-68 “在拐角上”示意图

5.3.4 缩放曲线

在下拉菜单中选择“插入”→“派生曲线”→“缩放”命令，或者单击“曲线”功能区“派生曲线”组中的“缩放曲线”按钮，打开图 5-69 所示“缩放曲线”对话框，

该选项用于缩放曲线、边或点。对话框各选项功能如下：

①“选择曲线或点”：用于选择要缩放的曲线、边、点或草图。

②“均匀”：在所有方向上按比例因子缩放曲线。

③“不均匀”：基于指定的坐标系在三个方向上缩放曲线。

④“指定点”：用于选择缩放的原点。

⑤“比例因子”：用于指定比例大小。其初始大小为 1。

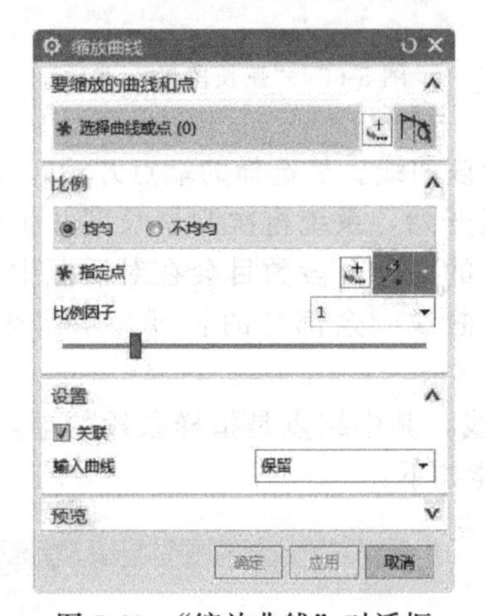

图 5-69 “缩放曲线”对话框

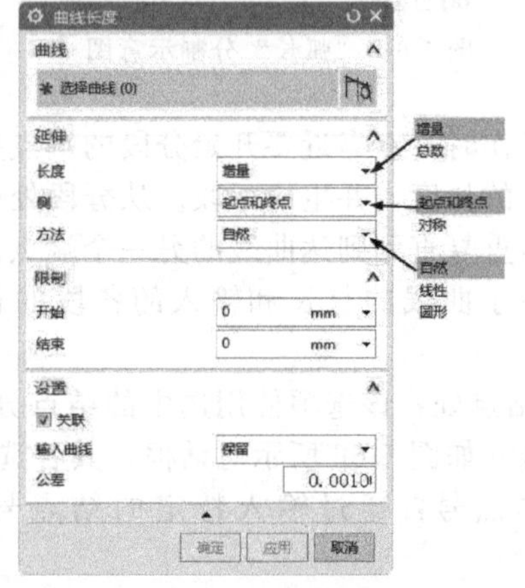

图 5-70 “曲线长度”对话框

5.3.5 曲线长度

在下拉菜单中选择“编辑”→“曲线”→“长度”命令，或者单击“曲线”功能区“编辑曲线”组中的“曲线长度”按钮，系统打开如图 5-70 所示“曲线长度”对话框，该对话框选项可以通过给定的圆弧增量或总弧长来修剪曲线。

部分选项功能如下：

(1) 延伸

① 侧。

a. 起点和终点：从圆弧的起始点和终点修剪或延伸它。

b. 对称：从圆弧的起点和终点修剪和延伸它。

② 长度。

a. 总数：此方式为利用曲线的总弧长来修剪它。总弧长是指沿着曲线的精确路径，从曲线的起点到终点的距离。

b. 增量：此方式为利用给定的弧长增量来修剪曲线。弧长增量是指从初始曲线上修剪的长度。

③ 方法：该选项用于确定所选样条延伸的形状。选项有：

a. 自然：从样条的端点沿它的自然路径延伸它。

b. 线性：从任意一个端点延伸样条，它的延伸部分是线性的。

c. 圆形：从样条的端点延伸它，它的延伸部分是圆弧的。

(2) 限制

该选项用于输入一个值作为修剪掉的或延伸的圆弧的长度。

① 开始：起始端修建或延伸的圆弧的长度。

② 结束：终端修建或延伸的圆弧的长度。

用户既可以输入正值也可以输入负值作为弧长。输入正值时延伸曲线，输入负值则截断曲线，示意图如图 5-71 所示。

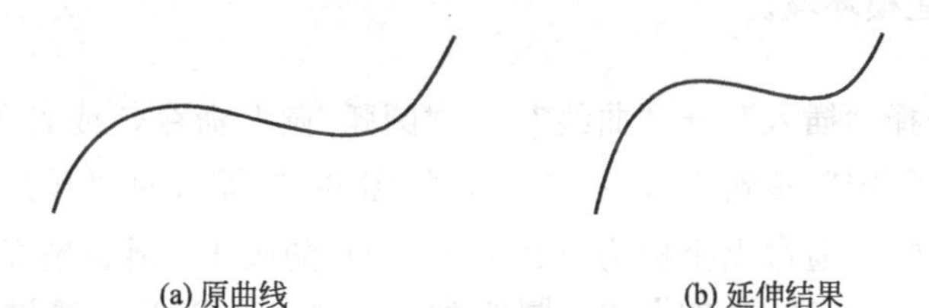

(a) 原曲线　　(b) 延伸结果

图 5-71 “编辑曲线长度”实例示意图

5.3.6 光顺样条

在下拉菜单中选择“编辑”→“曲线”→“光顺”命令，或者单击“曲线”功能区“编辑曲线”组中的“光顺样条”按钮，打开图 5-72 所示“光顺样条”对话框，该对话框选项用来光顺曲线的斜率，使得 B 样条曲线更加光顺，“G1、G2、G3”连续示意图如图 5-73 所示。

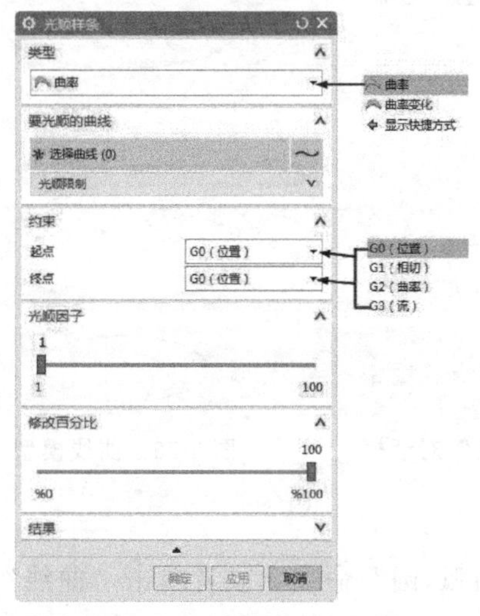

图 5-72 “光顺样条”对话框

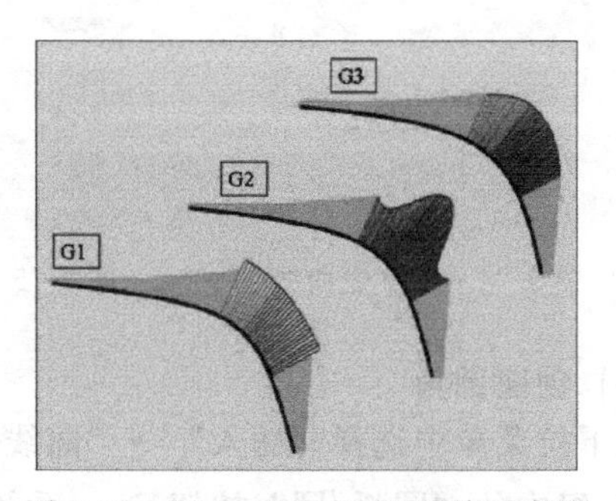

图 5-73 “G1、G2、G3”连续示意图

部分选项功能如下：

① 类型。

a. 曲率：通过最小化曲率值的大小来光顺曲线。

b. 曲率变化：通过最小化整条曲线的曲率变化来光顺曲线。

② 要光顺的曲线：选择要光顺的曲线。

③ 约束：用于选项在光顺样条的时候，对于线条起点和终点的约束。

5.4 实例——咖啡壶曲线

扫一扫，看视频

咖啡壶曲线如图 5-74 所示。首先利用圆命令绘制各个圆，然后倒圆角创建壶嘴曲线，最后利用样条曲线创建两侧引导线。

绘制步骤

(1) 新建文件

在下拉菜单中选择“文件”→“新建”命令，或者单击“标准”工具栏中的“新建”按钮，打开“新建”对话框，在模型选项卡中选择适当的模板，文件名为 kafeihu，单击“确定”按钮，进入建模环境。

(2) 创建圆

在下拉菜单中选择“插入”→“曲线”→“圆弧/圆”命令，或者单击“曲线”功能区“曲线”组中的“圆弧/圆”按钮，系统打开如图 5-75 所示的“圆弧/圆”对话框。创建圆心坐标为（0，0，0），通过点坐标为（100，0，0）的圆 1；圆心坐标为（0，0，－100），通过点坐标为（70，0，－100）的圆 2；圆心为（0，0，－200），通过点坐标为（100，0，－200）的圆 3；圆心坐标为（0，0，－300），通过点坐标为（70，0，－300）的圆 4；圆心坐标为（115，0，0），通过点坐标为（120，0，0）的圆 5。生成的曲线模型如图 5-76 所示。

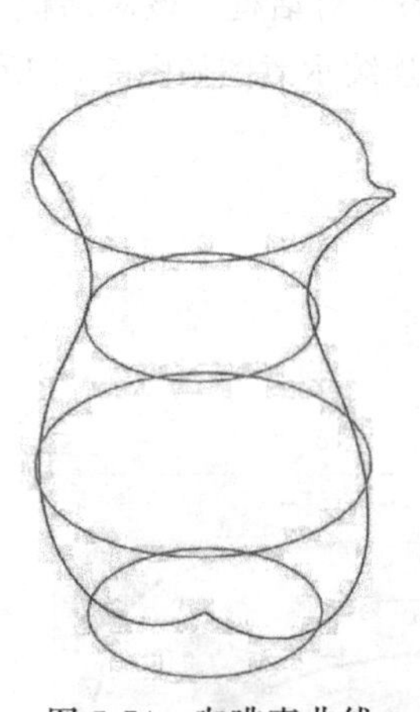

图 5-74 咖啡壶曲线

图 5-75 “圆弧/圆”对话框

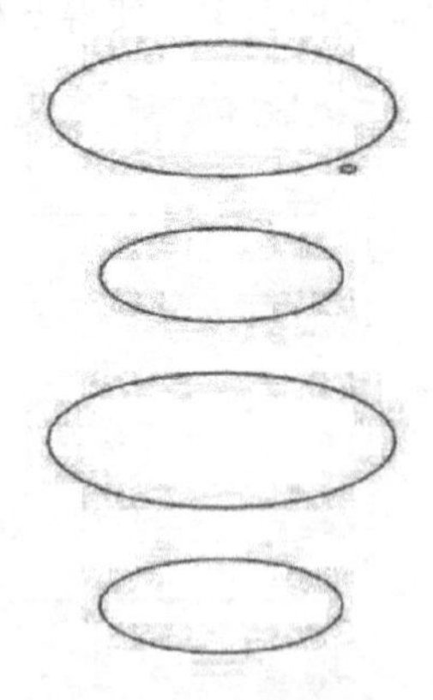

图 5-76 曲线模型

(3) 创建圆角

在下拉菜单中选择“插入”→“曲线”→“圆弧/圆”命令，或者单击“曲线”功能区“曲线”组中的“圆弧/圆”按钮，系统打开图 5-77 所示的“圆弧/圆”对话框。创建半径为 15，跟圆 1 和圆 5 相切的 2 条圆弧，生成的曲线模型如图 5-78 所示。

图 5-77　“圆弧/圆”对话框

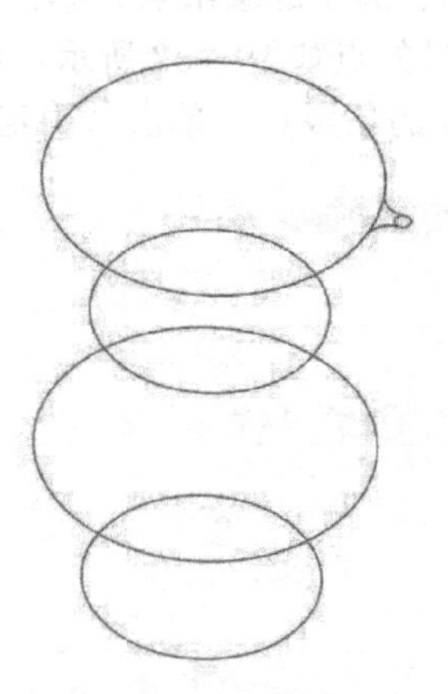

图 5-78　曲线模型

(4) 修剪曲线

在下拉菜单中选择“编辑”→“曲线”→“修剪”命令，或者单击“曲线”功能区“编辑曲线”组中“修剪曲线”按钮，系统打开“修剪曲线”对话框如图 5-79 所示。选择要修剪的曲线为圆 5，边界对象分别为圆角 1 和圆角 2，要放弃的区域为线段 1，单击“确定”完成对圆 5 的修剪。

按照上面的步骤，选择要修剪的曲线为圆 1，边界对象分别为圆角 1 和圆角 2，要放弃的区域为线段 2，单击“确定”完成对圆 1 的修剪。生成的曲线模型如图 5-80 所示。

图 5-79　“修剪曲线”对话框

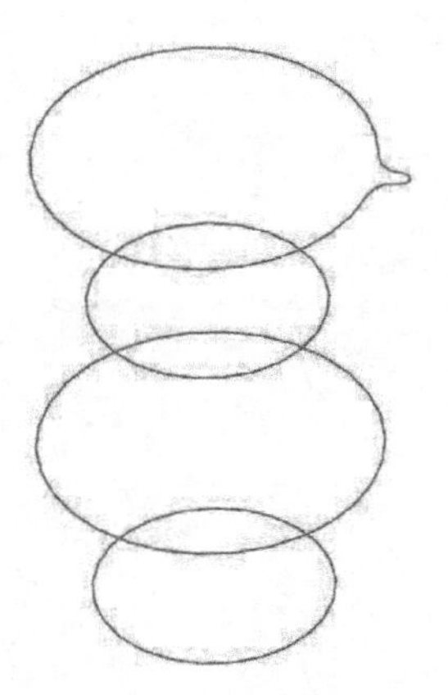

图 5-80　曲线模型

(5) 创建艺术样条

在下拉菜单中选择“插入”→“曲线”→“艺术样条”命令，或者单击“曲线”功能区“曲线”组中“艺术样条”按钮，系统打开如图 5-81 所示的“艺术样条”对话框。选择“通过点”类型，阶次为 5，选择通过的点，第 1 点为圆 4 的圆心。第 2、3、4、5 点分别为圆 4、圆 3、圆 2、圆 1 的象限点。单击“确定”按钮生成样条 1。采用上面相同的方法构建样条 2，选择通过的点如图 5-82 所示，第 1 点为圆 4 的圆心。第 2、3、4、5 点分别为圆 4、圆 3、圆 2、圆 5 的象限点。单击“确定”按钮生成样条 2。生成的曲线模型如图 5-83 所示。

图 5-81 “艺术样条”对话框

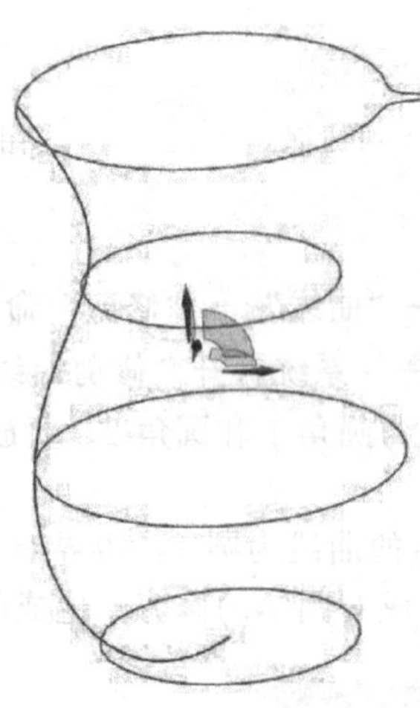

图 5-82 创建样条 1

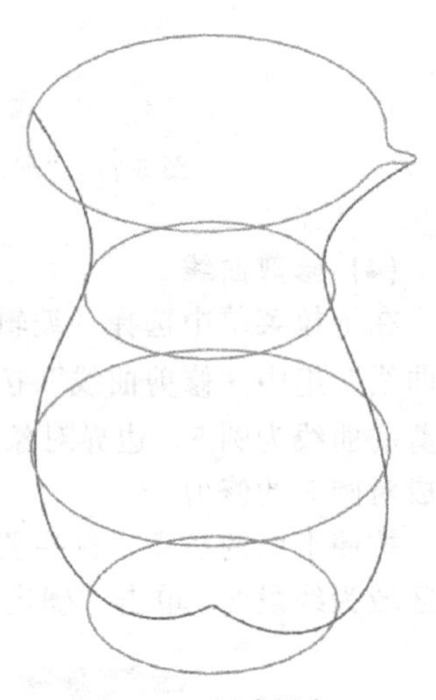

图 5-83 创建样条 2

第6章　特征建模

本章导读

相对于单纯的实体建模和参数化建模，UG 采用的是复合建模方法。该方法是基于特征的实体建模方法，是在参数化建模方法的基础上采用了一种所谓“变量化技术”的设计建模方法，对参数化建模技术进行了改进。

本章主要介绍 UG NX 12.0 中基础三维建模工具的用法。

内容要点

- 创建体特征
- 创建扫描特征
- 创建设计特征
- 综合实例——阀体

6.1 创建体特征

本章主要介绍简单特征，如长方体、圆柱体、圆锥体以及球体的创建。

6.1.1 长方体

在下拉菜单中选择“插入”→“设计特征”→“长方体”命令，或者单击“主页”功能区“特征”组中的“长方体”按钮，打开图 6-1 所示“长方体”对话框。

图 6-1 “长方体”对话框

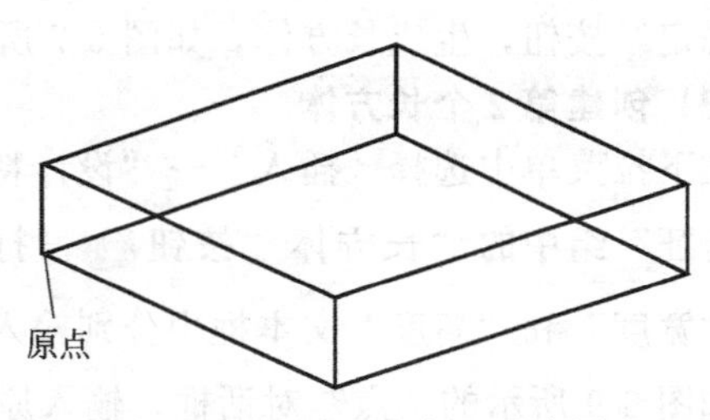

图 6-2 “原点和边长”示意图

以下对其 3 种不同类型的创建方式作一介绍：

① 原点和边长：该方式允许用户通过原点和 3 边长度来创建长方体，示意图如图 6-2 所示。

② 两点和高度：该方式允许用户通过高度和底面的两对角点来创建长方体，示意图如图 6-3 所示。

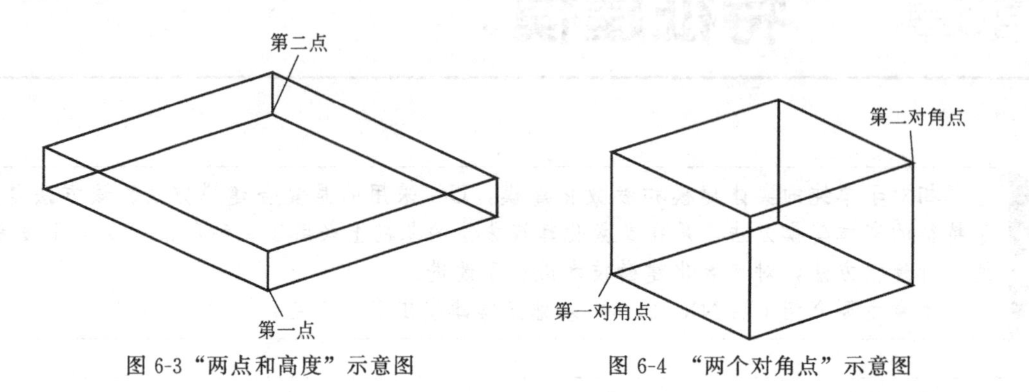

图 6-3“两点和高度”示意图　　图 6-4 “两个对角点”示意图

③ 两个对角点：该方式允许用户通过两个对角顶点来创建长方体，示意图如图 6-4 所示。

6.1.2 实例——压板

本例主要介绍采用实体建模方式建立长方体和挖孔，生成如图 6-5 所示压板。

扫一扫，看视频

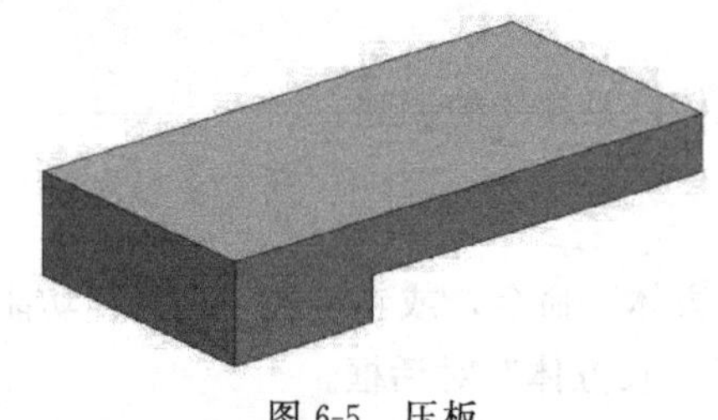

图 6-5 压板

绘制步骤

(1) 新建文件

在下拉菜单中选择“文件”→“新建”命令，或者单击“主页”功能区“标准”组中的“新建”按钮，打开“新建”对话框，在模型选项卡中选择适当的模板，在“名称”文本框中输入“yaban”，单击“确定”按钮，进入建模环境。

(2) 创建第 1 个长方体

在下拉菜单中选择“插入”→“设计特征”→“长方体”命令，或者单击“主页”功能区“特征”组中的“长方体”按钮，打开如图 6-6 所示的“长方体”对话框，在“长度”“宽度”和“高度”文本框中分别输入 50、100、10，单击“点对话框”按钮，打开“点”对话框，输入坐标为 (0，0，0)，单击“确定”按钮，返回到“长方体”对话框，单击“确定”按钮，生成长方体，如图 6-7 所示。

(3) 创建第 2 个长方体

在下拉菜单中选择“插入”→“设计特征”→“长方体”命令，或者单击“主页”功能区“特征”组中的“长方体”按钮，打开如图 6-8 所示的“长方体”对话框，在“长度”，“宽度”和“高度”文本框中分别输入“50”，“30”，“8”，单击“点对话框”按钮，打开如图 6-9 所示的“点”对话框，输入原点坐标为 (0，0，−8)，单击“确定”按钮，返回到“长方体”对话框，在“布尔”下拉列表中选择“合并”，系统自动选择上步创建的长方体合并，单击“确定”按钮，生成长方体，如图 6-5 所示。

图 6-6　“长方体”对话框

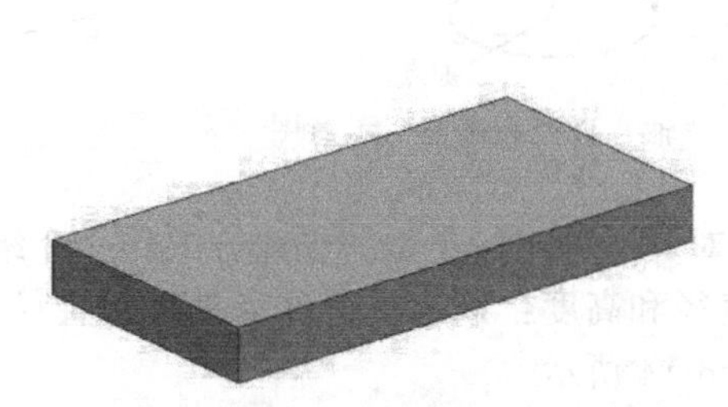

图 6-7　创建长方体

6.1.3　圆柱

在下拉菜单中选择“插入”→“设计特征”→“圆柱”命令，或者单击“主页”功能区“特征”组中的“圆柱”按钮，打开图 6-10 所示“圆柱”对话框。

图 6-8　“长方体”对话框

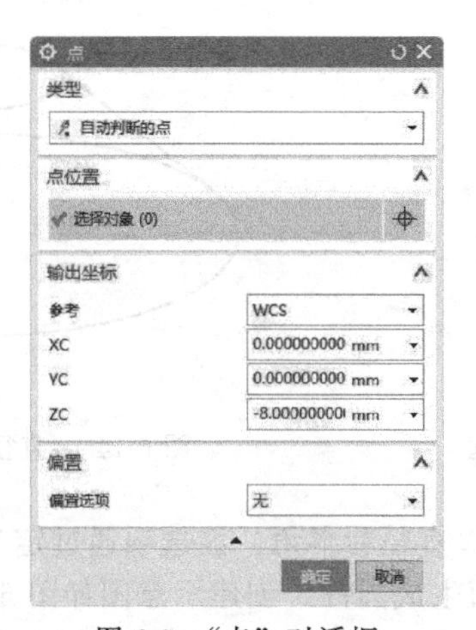

图 6-9　“点”对话框

图 6-10　“圆柱”对话框

以下对其 2 种不同类型的创建方式作一介绍：

① 轴、直径和高度：该方式允许用户通过定义直径和圆柱高度值以及底面圆心来创建圆柱体，创建示意图如图 6-11 所示。

② 圆弧和高度：该方式允许用户通过定义圆柱高度值，选择一段已有的圆弧并定义创建方向来创建圆柱体。用户选取的圆弧不一定需要是完整的圆，且生成圆柱与弧不关联，圆柱方向可以选择是否反向，示意图如图 6-12 所示。

6.1.4　圆锥

在下拉菜单中选择“插入”→“设计特征”→“圆锥”命令，或者单击“主页”功能区“特征”组中的“圆锥”按钮，打开图 6-13 所示“圆锥”对话框。

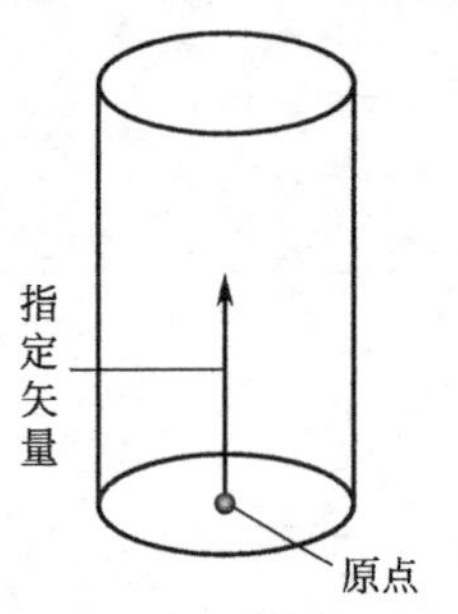

图 6-11 “轴、直径和高度”示意图

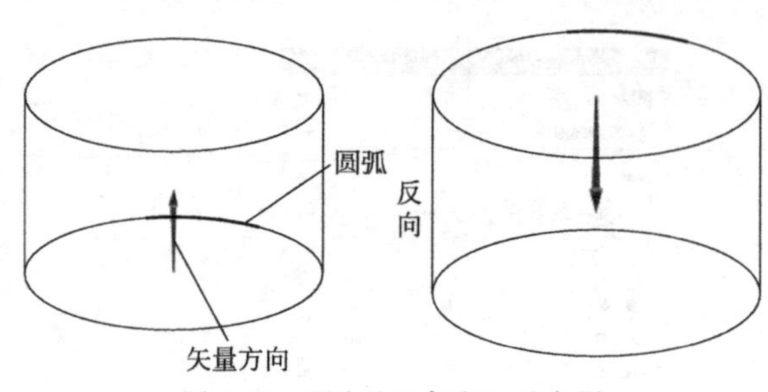

图 6-12 “圆弧和高度”示意图

以下对其 5 种不同类型的创建方式作一介绍：

① 直径和高度：该选项通过定义底部直径、顶部直径和高度值生成实体圆锥，创建示意图如图 6-14 所示。

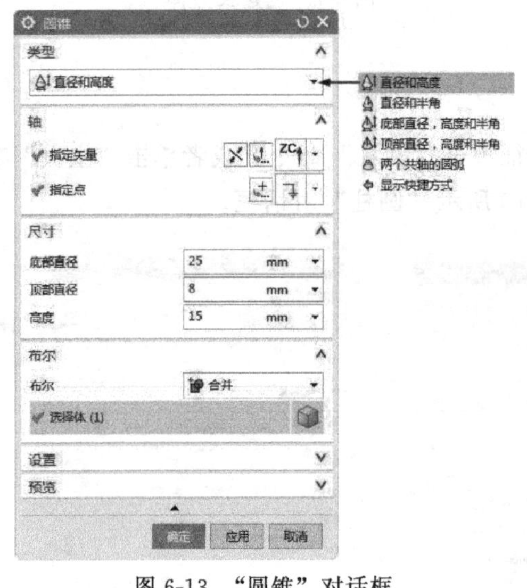

图 6-13 “圆锥”对话框

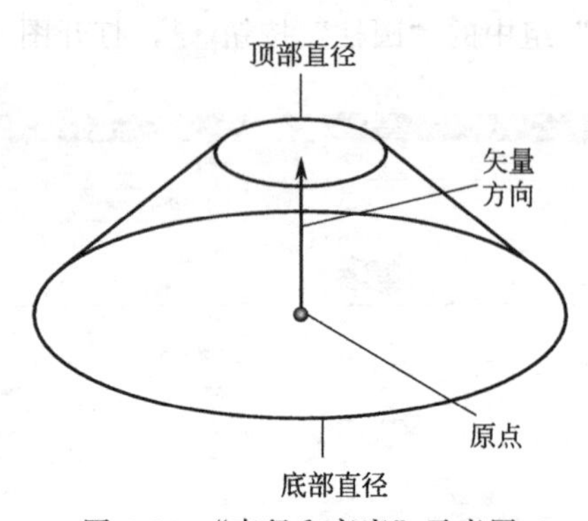

图 6-14 “直径和高度”示意图

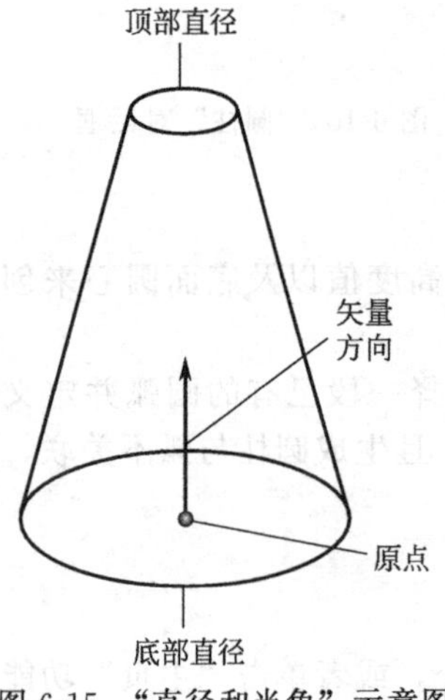

图 6-15 “直径和半角”示意图

② 直径和半角：该选项通过定义底部直径、顶部直径和半角值生成圆锥，创建示意图如图 6-15 所示。

半顶角定义了圆锥的轴与侧面形成的角度。半顶角值的有效范围是 1°～89°。图 6-16 说明了不同的半顶角值对圆锥形状的影响。每种情况下轴的点直径和顶部直径都是相同的。半顶角影响顶点的“锐度”以及圆锥的高度。

③ 底部直径、高度和半角：该选项通过定义底部直径、高度和半顶角值生成圆锥。半角值的有效范围是 1°～89°。在生成圆锥的过程中，有一个经过原点的圆形平表面，其直径由底部直径值给出。顶部直径值必须小于底部直径值，创建示意图如图 6-17 所示。

④ 顶部直径、高度和半角：该选项通过定义顶部直径、高度和半顶角值生成圆锥。在生成圆锥的过程中，有一个经过原点的圆形平表面，其直径由顶部直径值给出。底部直径

值必须大于顶部直径值，创建示意图如图 6-18 所示。

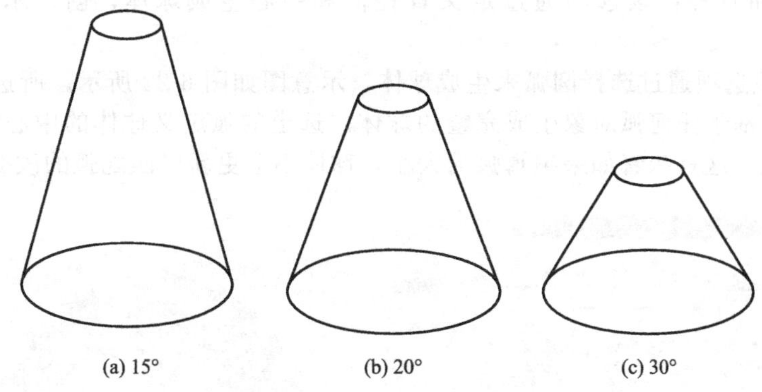

图 6-16　不同半顶角值对圆锥的影响

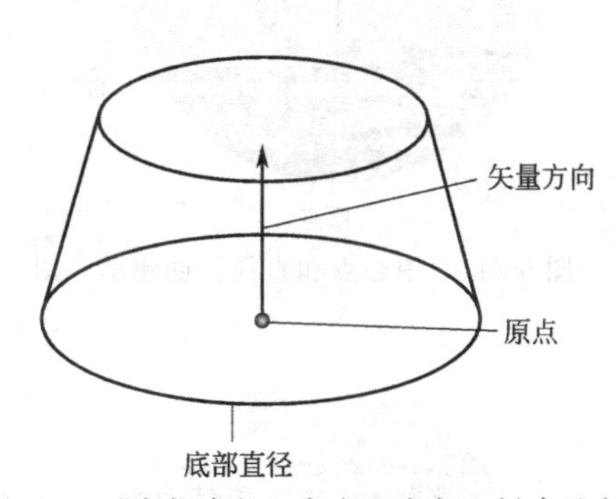

图 6-17　“底部直径、高度和半角”创建示意图

顶部直径
矢量
方向
原点

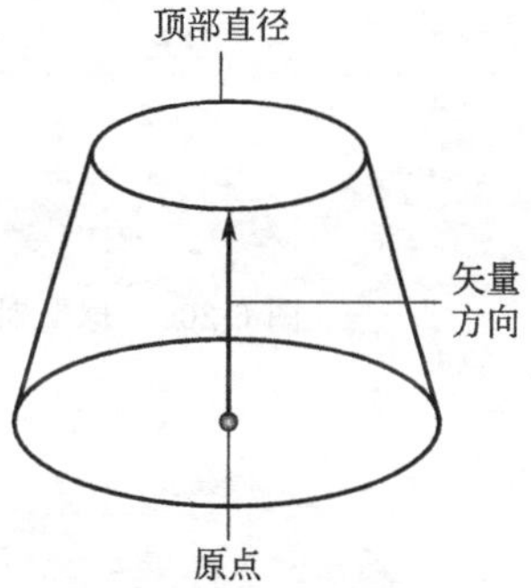

图 6-18　“顶部直径、高度和半角”创建示意图

⑤ 两个共轴的圆弧：该选项通过选择两条弧生成圆锥特征。两条弧不一定是平行的（如图 6-19 所示）。

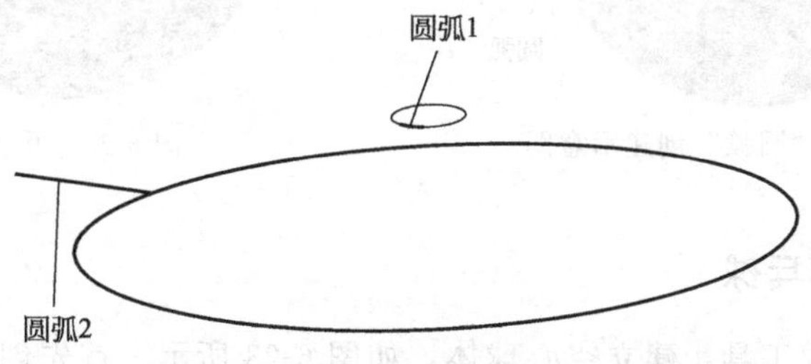

图 6-19　“两个共轴的圆弧”示意图

选择了基弧和顶弧之后，就会生成完整的圆锥。所定义的圆锥轴位于弧的中心，并且处于基弧的法向上。圆锥的底部直径和顶部直径取自两个弧。圆锥的高度是顶弧的中心与基弧的平面之间的距离。

如果选中的弧不是共轴的，系统会将第二条选中的弧（顶弧）平行投影到由基弧形成的平面上，直到两个弧共轴为止。另外，圆锥不与弧相关联。

6.1.5　球

在下拉菜单中选择“插入”→“设计特征”→“球”命令，或者单击“主页”选项卡“特征”组中的“球”按钮，打开如图 6-20 所示“球”对话框。

以下对其 2 种不同类型的创建方式作一介绍：

① 中心点和直径：该选项通过定义直径值和中心生成球体，创建示意图如图 6-21 所示。

② 圆弧：该选项通过选择圆弧来生成球体，示意图如图 6-22 所示，所选的弧不必为完整的圆弧。系统基于任何弧对象生成完整的球体。选定的弧定义球体的中心和直径。另外，球体不与弧相关；这意味着如果编辑弧的大小，球体不会更新以匹配弧的改变。

图 6-20 “球”对话框

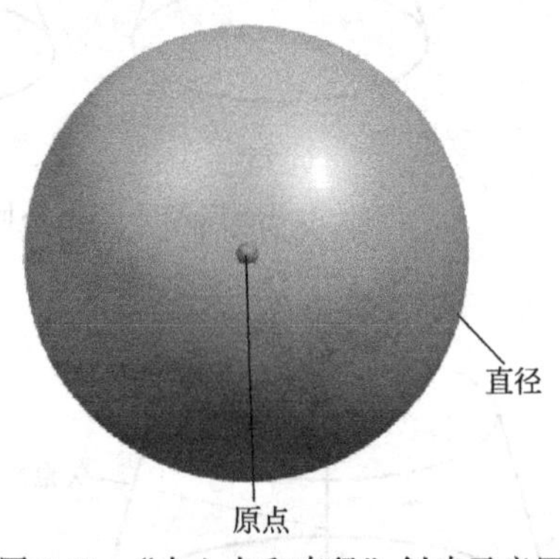

图 6-21 “中心点和直径”创建示意图

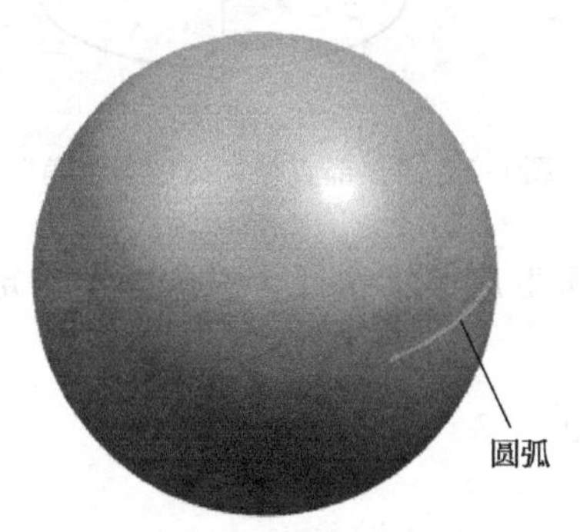

图 6-22 “圆弧”创建示意图

图 6-23 乒乓球

6.1.6 实例——乒乓球

扫一扫，看视频

本例采用基本建模工具，建立空心球体，如图 6-23 所示。首先创建一个大的球体，然后创建小球体，并对两模型进行布尔求差操作，生成一空心球体。

绘制步骤

(1) 新建文件

在下拉菜单中选择“文件”→“新建”命令，或者单击“标准”工具栏中的“新建”按钮，打开“新建”对话框，在模型选项卡中选择适当的模板，文件名为“pingpangqiu”，单击“确定”按钮，进入建模环境。

(2) 建立第 1 个球体

在下拉菜单中选择“插入”→“设计特征”→“球”命令，或者单击“主页”选项卡

“特征”组中的“球”按钮，打开如图 6-24 所示“球”对话框。在“类型”下拉列表中选择“中心点和直径”，在“直径”文本框中输入 38，单击“点对话框”按钮，打开“点”对话框，输入坐标点为（0，0，0），单击“确定”按钮，返回到“球”对话框，单击“确定”按钮，生成的球置于坐标原点上，如图 6-25 所示。

（3）建立第 2 个球体

在下拉菜单中选择“插入”→“设计特征”→“球”命令，打开图 6-26 所示“球”对话框。在“类型”下拉列表中选择“中心点和直径”，在“直径”文本框中输入 37，单击“点对话框”按钮，打开“点”对话框，输入坐标点为（0，0，0），单击“确定”按钮，返回到“球”对话框，在“布尔”下拉列表中选择“减去”，系统自动选择上步创建的球体，单击“确定”按钮，生成图 6-23 所示球体。

图 6-24 “球”对话框

图 6-25 球

图 6-26 “球”对话框

6.2 创建扫描特征

本节介绍先绘制截面，然后通过拉伸、旋转、沿引导线扫掠等创建特征。

6.2.1 拉伸

在下拉菜单中选择“插入”→“设计特征”→“拉伸”命令，或者单击“主页”功能区“特征”组中的“拉伸”按钮，打开图 6-27 所示“拉伸”对话框，通过在指定方向上将截面曲线扫掠一个线性距离来生成体（见图 6-28）。

以下介绍其中各选项功能：

① 曲线：用于选择被拉伸的曲线，如果选择一个面，则自动进入到草绘模式。

② 绘制截面：用户可以通过该选项首先绘制拉伸的轮廓，然后进行拉伸。

③ 指定矢量：用户通过该按钮选择拉伸的矢量方向，可以点击旁边的下拉菜单选择矢量选择列表。

④ 反向：如果在生成拉伸体之后更改了作为方向轴的几何体，拉伸也会相应地更新，以实现匹配。显示的默认方向矢量指向选中几何体平面的法向。如果选择了面或片体，默认方向是沿着选中面端点的面法向。如果选中曲线构成了封闭环，在选中曲线的质心处显示方向矢量。如果选中曲线没有构成封闭环，开放环的端点将以系统颜色显示为星号。

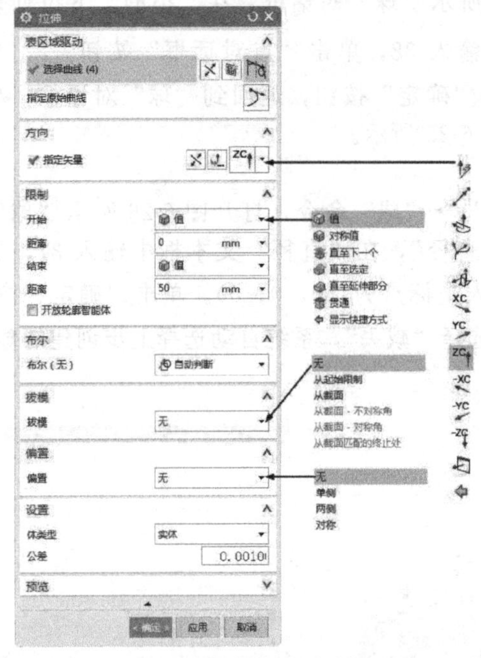

图 6-27 “拉伸”对话框

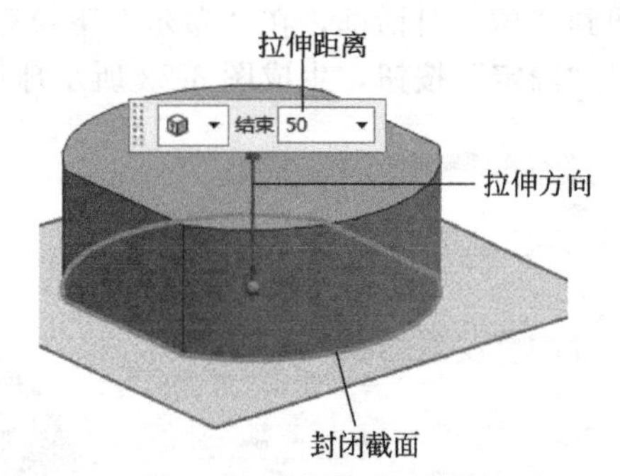

图 6-28 “拉伸”示意图

⑤ 限制：该选项组中有如下选项：

开始/结束：用于沿着方向矢量输入生成几何体的起始位置和结束位置，可以通过动态箭头来调整。其下有 6 个选项：

a. 值：由用户输入拉伸的起始和结束距离的数值，示意图如图 6-29(a) 所示。

b. 对称值：用于约束生成的几何体关于选取的对象对称，示意图如图 6-29(b) 所示。

c. 直至下一个：沿矢量方向拉伸至下一对象，示意图如图 6-29(c) 所示。

d. 直至选定：拉伸至选定的表面、基准面或实体，示意图如图 6-29(d) 所示。

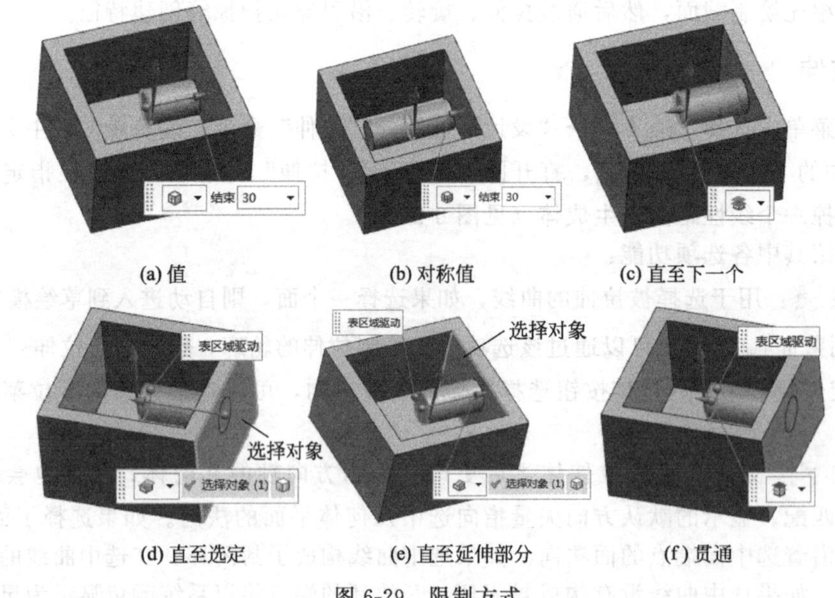

图 6-29 限制方式

e. 直至延伸部分：允许用户裁剪扫掠体至一选中表面，示意图如图 6-29(e) 所示

f. 贯通：允许用户沿拉伸矢量完全通过所有可选实体生成拉伸体，示意图如图 6-29(f) 所示。

⑥ 布尔：该选项用于指定生成的几何体与其他对象的布尔运算，包括无、合并、减去、相交等几种方式。配合起始点位置的选取可以实现多种拉伸效果。

⑦ 拔模：该选项用于对面进行拔模。正角使得特征的侧面向内拔模（朝向选中曲线的中心）。负角使得特征的侧面向外拔模（背离选中曲线的中心）。零拔模角则不会应用拔模。有如下选各项：

a. 从起始限制：允许用户从起始点至结束点创建拔模，如图 6-30(a) 所示。

b. 从截面：允许用户从起始点至结束点创建的锥角与截面对齐，如图 6-30(b) 所示。

c. 从截面-不对称角：允许用户沿截面至起始点和结束点创建的不对称锥角，如图 6-30(c) 所示。

d. 从截面-对称角：允许用户沿截面至起始点和结束点创建的对称锥角，如图 6-30(d) 所示。

e. 从截面匹配的终止处：允许用户沿轮廓线至起始点和结束点创建的锥角，与梁端面处的锥面保持一致，如图 6-30(e) 所示。

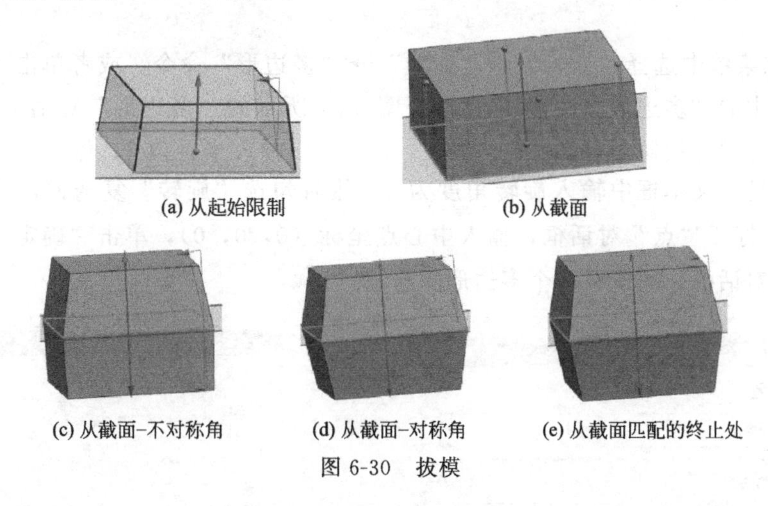

(a) 从起始限制　(b) 从截面

(c) 从截面-不对称角　(d) 从截面-对称角　(e) 从截面匹配的终止处

图 6-30　拔模

⑧ 偏置：该选项组可以生成特征，该特征由曲线或边的基本设置偏置一个常数值。有以下选项：

a. 单侧：用于生成以单侧偏置实体，如图 6-31(a) 所示。

b. 两侧：用于生成以双侧偏置实体，如图 6-31(b) 所示。

c. 对称：用于生成以对称偏置实体，如图 6-31(c) 所示。

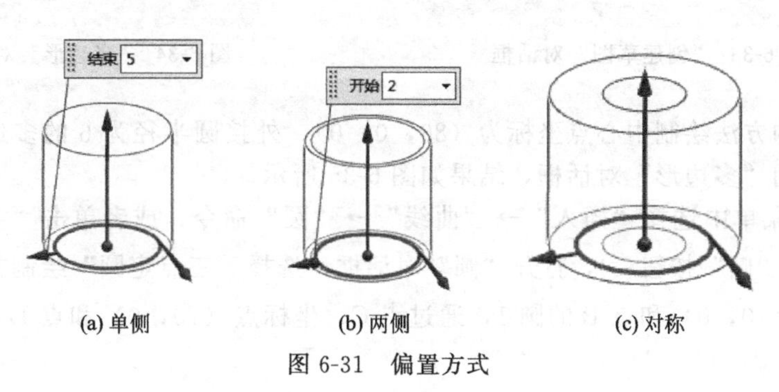

(a) 单侧　(b) 两侧　(c) 对称

图 6-31　偏置方式

⑨ 预览：选中该复选框后用于预览绘图工作区的临时实体的生成状态，以便于用户及时修改和调整。

6.2.2 实例——扳手

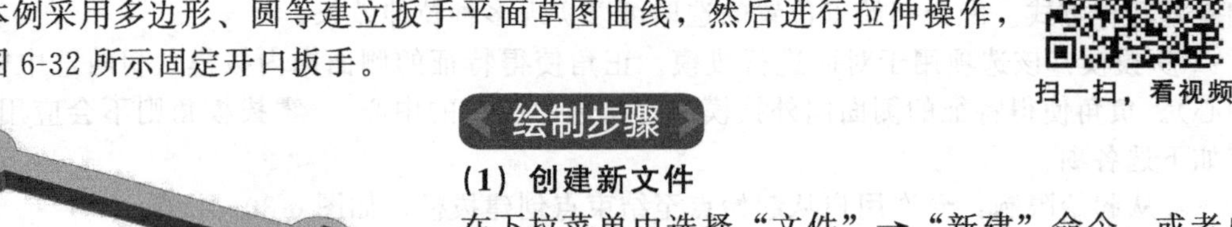

本例采用多边形、圆等建立扳手平面草图曲线，然后进行拉伸操作，生成图 6-32 所示固定开口扳手。

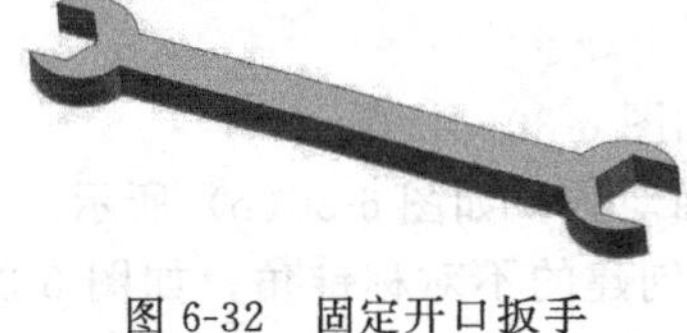

图 6-32　固定开口扳手

绘制步骤

(1) 创建新文件

在下拉菜单中选择“文件”→“新建”命令，或者单击“主页”功能区“标准”组中的“新建”按钮，打开“新建”对话框。在模板列表中选择“模型”，输入名称为“banshou”，单击“确定”按钮，进入建模环境。

(2) 创建草图

① 在下拉菜单中选择“插入”→“在任务环境中绘制草图”命令，打开图 6-33 所示“创建草图”对话框，选择 XC-YC 平面为草图绘制面，单击“确定”按钮，进入草图绘制阶段。

② 在下拉菜单中选择“插入”→“曲线”→“多边形”命令，或者单击“主页”功能区“曲线”组中的“多边形”按钮，打开图 6-34 所示的“多边形”对话框，在“大小”下拉列表中选择“外接圆半径”，在“半径”文本框中输入半径值 5，然后勾选“半径”复选框，在“旋转”文本框中输入旋转角度为 0，然后勾选“旋转”复选框，单击“点对话框”按钮，打开“点”对话框，输入中心点坐标（0，0，0），单击“确定”按钮，返回到“多边形”对话框，完成了一个多边形的绘制。

图 6-33　“创建草图”对话框

图 6-34　“多边形”对话框

按照同样的方法绘制中心点坐标为（80，0，0），外接圆半径为 6 的多边形，单击“关闭”按钮，关闭“多边形”对话框，结果如图 6-35 所示。

③ 在下拉菜单中选择“插入”→“曲线”→“圆”命令，或者单击“主页”功能区中“曲线”组中的“圆”按钮，打开“圆”对话框，选择“三点定圆”绘制方法，绘制通过点 A、坐标点（10，0）和点 B 的圆 1，通过点 C、坐标点（70，0）和点 D 的圆 2，结果如图 6-36 所示。

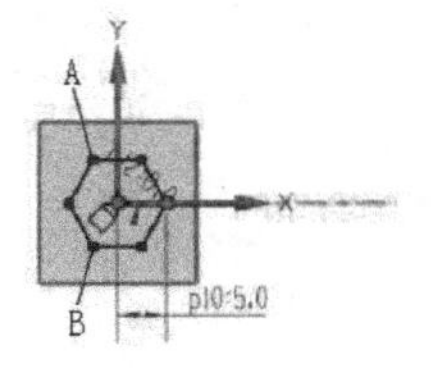

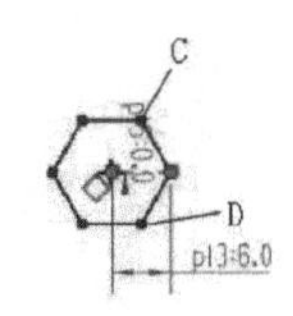

图 6-35　绘制多边形

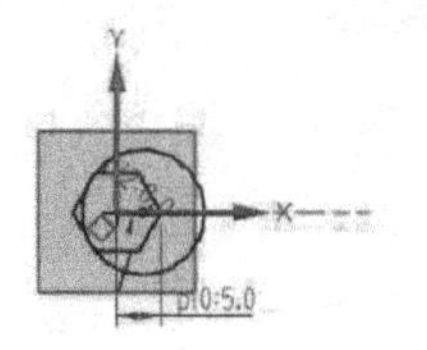

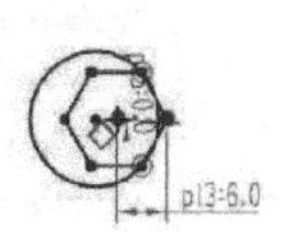

图 6-36　创建圆

④ 在下拉菜单中选择“插入”→“曲线”→“直线”命令，或者单击“主页”功能区“曲线”组中的“直线”按钮，打开“直线”对话框，绘制两端点坐标为（5，3）和（75，3）的直线 1，绘制两端点坐标为（5，−3）和（75，−3）的直线 2，结果如图 6-37 所示。

⑤ 在下拉菜单中选择“编辑”→“曲线”→“快速修剪”命令，或者单击“主页”功能区“曲线”组中的“快速修剪”按钮，打开“快速修剪”对话框，将草图进行修剪，结果如图 6-38 所示。单击“主页”功能区“草图”组中的“完成”按钮，完成草图的绘制。

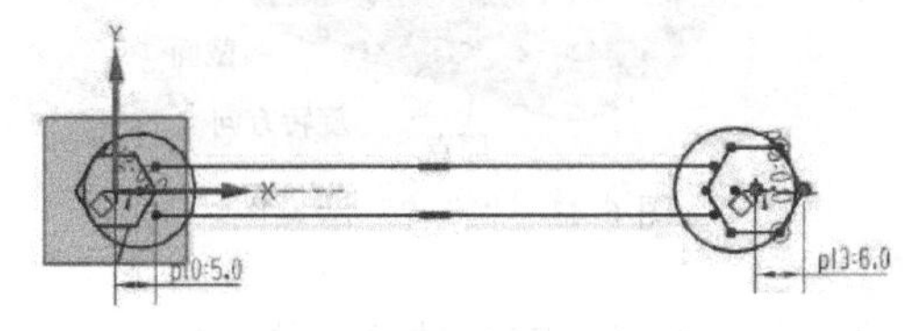

图 6-37　绘制直线

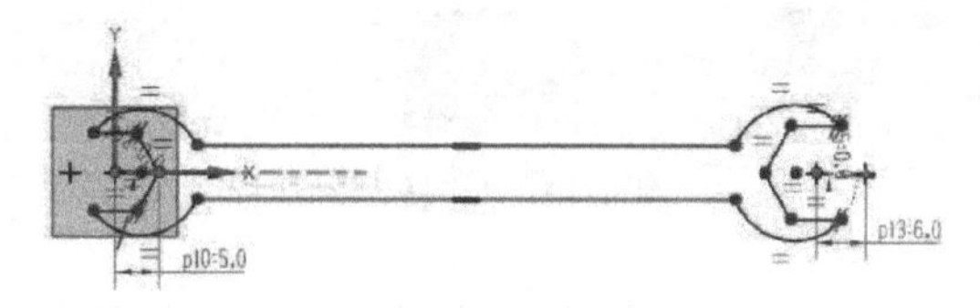

图 6-38　修剪草图

（3）创建拉伸

在下拉菜单中选择“插入”→“设计特征”→“拉伸”命令，或者单击“主页”功能区“特征”组中的“拉伸”按钮，打开如图 6-39 所示“拉伸”对话框。选择视图中所有的曲线为拉伸曲线，在“指定矢量”下拉列表中选择“ZC 轴”为拉伸方向，输入“开始距离”和“结束距离”为 0 和 5，单击“确定”按钮，生成图 6-32 所示扳手。

图 6-39　“拉伸”对话框

6.2.3　旋转

在下拉菜单中选择“插入”→“设计特征”→“旋转”命令，或者单击“主页”功能区“特征”组中的“旋转”按钮，打开图 6-40 所示“旋转”对话框，通过绕给定的轴以非零角度旋转截面曲线来生成一个特征（“旋转”示意图如图 6-41 所示）。可以从基本横截面开始并生成圆或部分圆的特征。

“旋转”对话框中的部分选项说明。

① 曲线：用于选择旋转的曲线，如果选择一个面，则自动进入到草绘模式。

② 绘制截面：用户可以通过该选项首先绘制回转的轮廓，然后进行回转。

③ 指定矢量：该选项让用户指定旋转轴的矢量方向，也可以通过下拉菜单调出矢量构成选项。

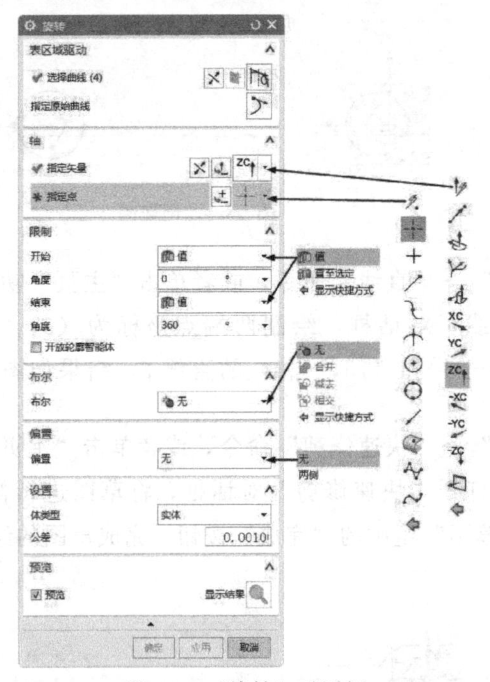

图 6-40 “旋转”对话框

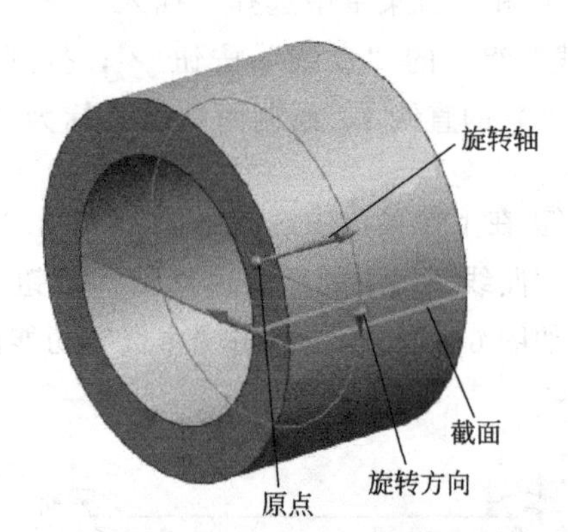

图 6-41 “旋转”示意图

④ 指定点：该选项让用户通过指定旋转轴上的一点，来确定旋转轴的具体位置。

⑤ 反向：与拉伸中的方向选项类似，其默认方向是生成实体的法线方向。

⑥ 限制：该选项方式让用户指定旋转的角度。其功能如下：

a. 开始/结束：指定旋转的开始/结束角度。总数量不能超过360°。结束角度大于起始角旋转方向为正方向，否则为反方向，如图 6-42(a) 所示。

b. 直至选定：该选项让用户把截面集合体旋转到目标实体上的选定面或基准平面，如图 6-42(b) 所示。

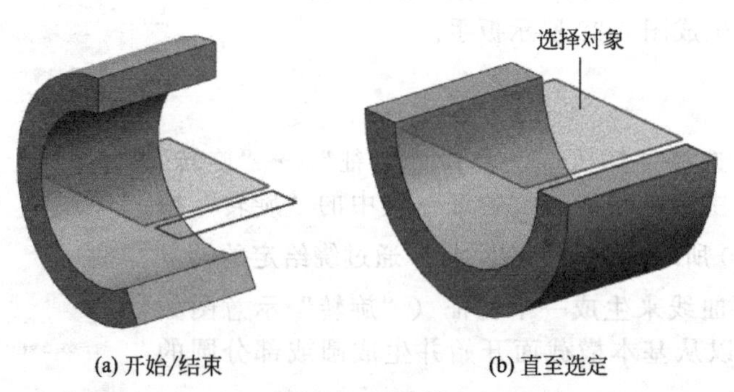

(a) 开始/结束　　(b) 直至选定

图 6-42 限制

⑦ 布尔：该选项用于指定生成的几何体与其他对象的布尔运算，包括无、合并、减去、相交几种方式。配合起始点位置的选取可以实现多种拉伸效果。

⑧ 偏置：该选项方式让用户指定偏置形式，分为无和两侧。

a. 无：直接以截面曲线生成旋转特征，如图 6-43(a) 所示。

b. 两侧：指在截面曲线两侧生成选转特征，以结束值和起始值之差为实体的厚度，如图 6-43(b) 所示。

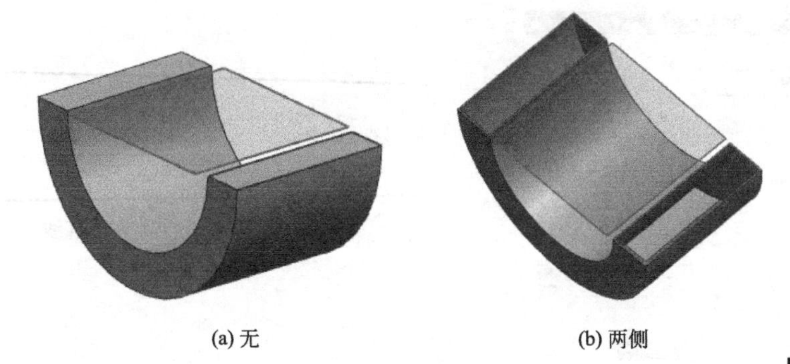

(a) 无　　(b) 两侧

图 6-43 偏置

扫一扫，看视频

6.2.4 实例——圆锥销

本例采用基本曲线建立圆锥销截面轮廓曲线，进行回转操作，生成图 6-44 所示圆锥销。

绘制步骤

(1) 新建文件

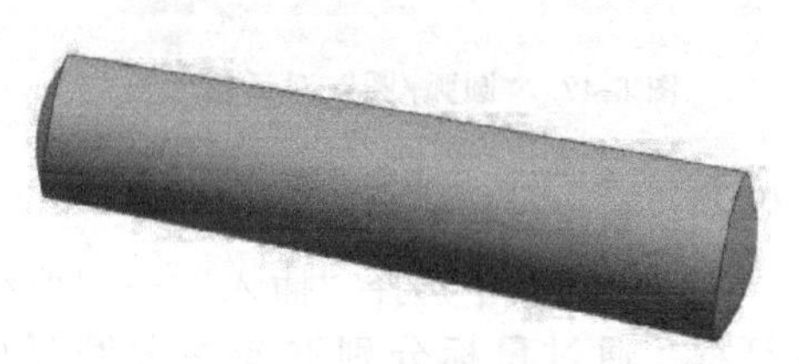

图 6-44 圆锥销

在下拉菜单中选择“文件”→“新建”命令，或者单击“主页”功能区“标准”组中的“新建”按钮，打开“新建”对话框，在模型选项卡中选择适当的模板，在“名称”文本框中输入“yuanzhuixiao”，单击“确定”按钮，进入建模环境。

(2) 创建圆锥销轮廓截面线

在下拉菜单中选择“插入”→“曲线”→“直线”命令，或者单击“曲线”功能区“曲线”组中的“直线”按钮，打开图 6-45 所示“直线”对话框。在“开始”选项中单击“点对话框”按钮，打开“点”对话框，输入起点坐标（0，10，0），单击“确定”按钮，返回到“直线”对话框，在“结束”选项中单击“点对话框”按钮，打开“点”对话框，输入终点坐标（50，11，0），单击“确定”按钮，返回到“直线”对话框，单击“确定”按钮，完成直线的创建。

图 6-45 “直线”对话框

按照同样的方法绘制起点坐标为（0，0，0），终点坐标为（50，−1，0）的直线，完成截面直线建立，如图 6-46 所示。

(3) 创建圆锥销两端截面弧线

在下拉菜单中选择“插入”→“曲线”→“圆弧/圆”命令，打开如图 6-47 所示“圆弧/圆”对话框。分别选中上下两条直线的左端点，输入半径为 10，并确定圆弧相外凸，单击鼠标中键，并单击“应用”按钮生成两端点分别为两直线左端点的圆弧。

同上述方法建立圆锥销另一端半径 12 的圆弧截面线。如图 6-48 所示。

图 6-47 “圆弧/圆”对话框

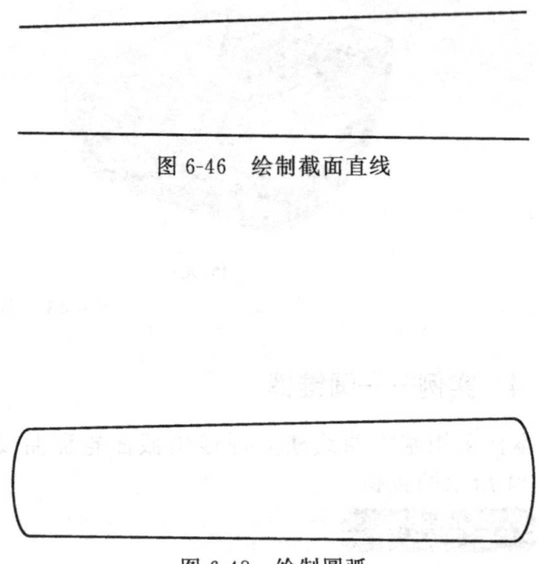

图 6-46 绘制截面直线

图 6-48 绘制圆弧

(4) 创建旋转截面线

在下拉菜单中选择“插入”→“曲线”→“直线”命令，打开如图 6-49 所示“直线”对话框。通过鼠标分别选择两段圆弧中点，单击“确定”按钮，生成旋转轴直线，如图 6-50 所示。

图 6-49 “直线”对话框

图 6-50 绘制旋转轴直线

(5) 修剪曲线

在下拉菜单中选择“编辑”→“曲线”→“修剪”命令，或者单击“曲线”功能区“编辑曲线”组中的“修剪曲线”按钮，打开“修剪曲线”对话框如图 6-51 所示，在“曲线延伸”下拉列表中选择“无”，在“输入曲线”下拉列表中选择“隐藏”。分别选择回转轴直线为第一边界线，上端直线为第二边界线，选择两段圆弧线的下半部分为裁剪曲线，生成图 6-52 所示回转曲线。

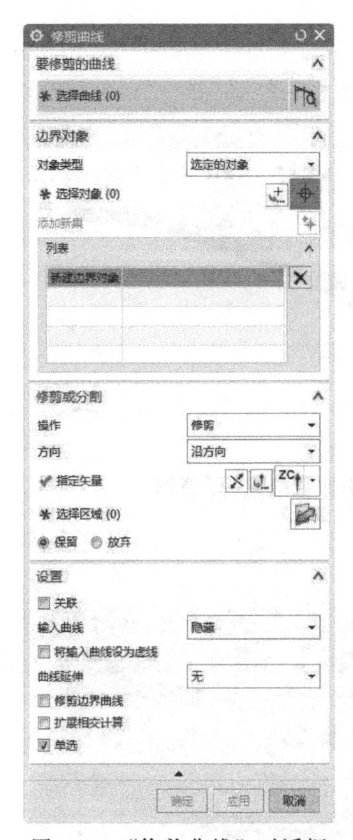

图 6-51　“修剪曲线”对话框

图 6-52　截面轮廓曲线

(6) 创建旋转体

在下拉菜单中选择“插入”→“设计特征”→“旋转”命令，或者单击“主页”功能区“特征”组中的“旋转”按钮，打开如图 6-53 所示“旋转”对话框。选择上端的圆弧和直线为旋转截面，在“指定矢量”下拉列表中选择“XC 轴”，捕捉水平直线的端点为回转点，单击“确定”按钮，生成如图 6-44 所示的模型。

6.2.5　沿引导线扫掠

在下拉菜单中选择“插入”→“扫掠”→“沿引导线扫掠”命令，或者单击“曲面”功能区“曲面”组中的“沿引导线扫掠”按钮，打开图 6-54 所示“沿引导线扫掠”对话框，通过沿着由一个或一系列曲线、边或面构成的引导线串（路径）拉伸开放的或封闭的边界草图、曲线、边或面来生成单个体，示意图如图 6-55 所示。

需要注意的是：

① 如果截面对象有多个环，如图 6-56 所示，则引导线串必须由线/圆弧构成。

② 如果沿着具有封闭的、尖锐拐角的引导线串扫掠，建议把截面线串放置到远离尖锐拐角的位置。

③ 如果引导路径上两条相邻的线以锐角相交，或者如果引导路径中的圆弧半径对于截面曲线来说太小，则不会发生扫掠面操作。换言之，路径必须是光顺的、切向连续的。

图 6-53　“旋转”对话框

6.2.6　实例——活动钳口

扫一扫，看视频

本例采用草图拉伸的方式创建钳口主体，然后绘制截面线和引导线，创建引导线实体，生成如图 6-57 所示活动钳口。

(1) 新建文件

在下拉菜单中选择“文件”→“新建”命令，或者单击“主页”功能区“标准”组中的“新建”按钮，打开“新建”对话框，在模型选项卡中选择适当的模板，在“名称”文本框中输入“huodongqiankou”，单击“确定”按钮，进入建模环境。

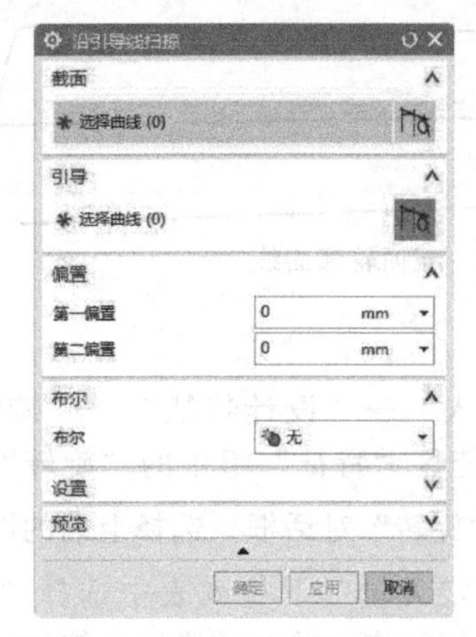

图 6-54 “沿引导线扫掠”对话框

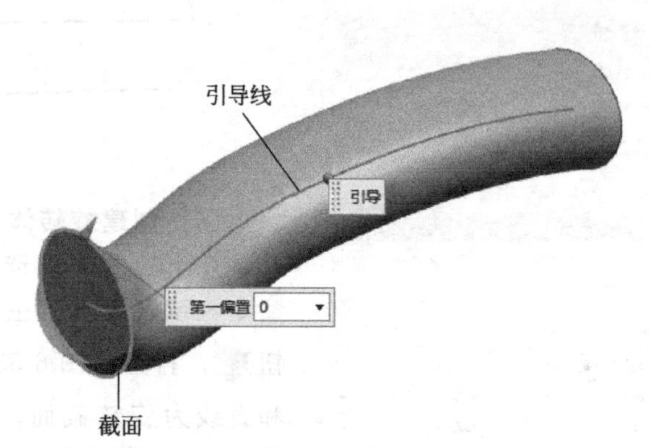

图 6-55 “沿引导线扫掠”示意图

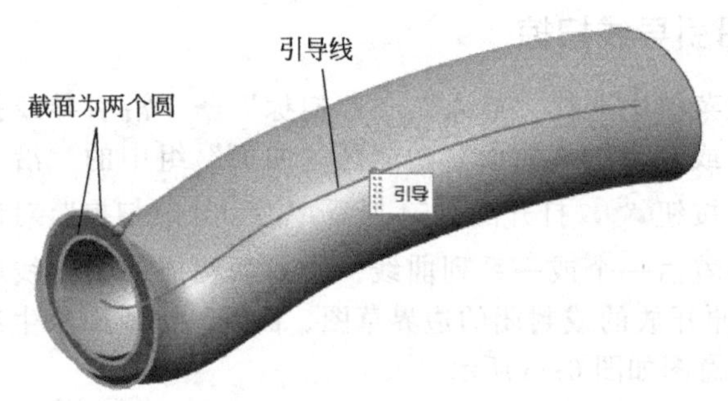

图 6-56 当截面有多个环时

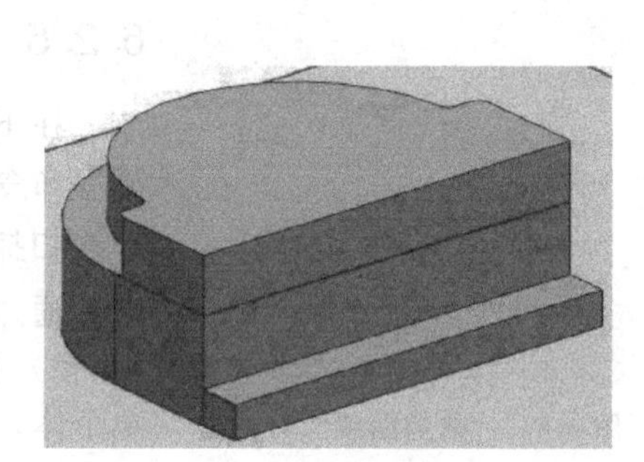

图 6-57 活动钳口

(2) 绘制草图 1

在下拉菜单中选择“插入”→“在任务环境中绘制草图”命令，或者单击“曲线”功能区中的“在任务环境中绘制草图”按钮，选择 XC-YC 平面作为草图绘制平面，单击“确定”按钮，进入草图绘制环境，绘制后的草图如图 6-58 所示。单击“主页”功能区“草图”组中的“完成”按钮，草图绘制完毕。

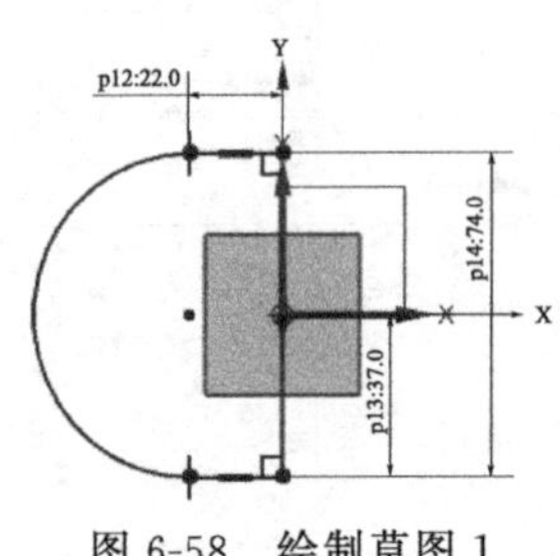

图 6-58 绘制草图 1

(3) 创建拉伸特征 1

在下拉菜单中选择“插入”→“设计特征”→“拉伸”命令，或者单击“主页”功能区“特征”组中的“拉伸”按钮，打开图 6-59 所示的“拉伸”对话框，选择上步绘制的草图为拉伸截面。在“指定矢量”下拉列表中选择“ZC”轴为拉伸方向，在开始和结束距离文本框中分别输入“0”“18”，其他默认。单击“确定”按钮，创建拉伸特征 1，如图 6-60 所示。

(4) 绘制草图 2

在下拉菜单中选择“插入”→“在任务环境中绘制草图”命令，或者单击“曲线”功能区中的“在任务环境中绘制草图”按钮，进入草图绘制界面，选择图 6-60 所示的面 1 为工作平面绘制草图，绘制后的草图如图 6-61 所示。单击“主页”功能区“草图”组中的“完成”按钮，草图绘制完毕。

图 6-59　“拉伸”对话框

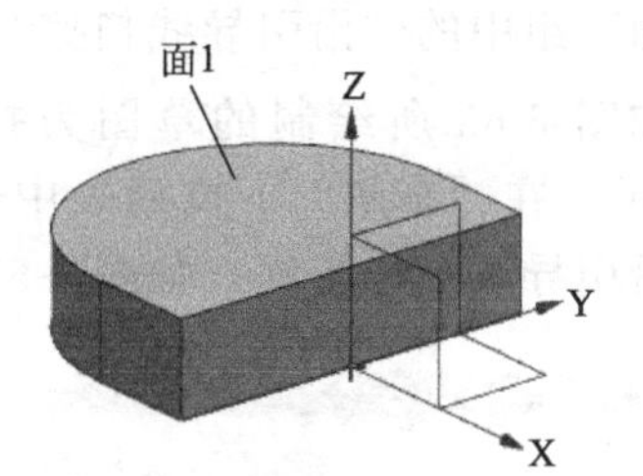

图 6-60　创建拉伸特征 1

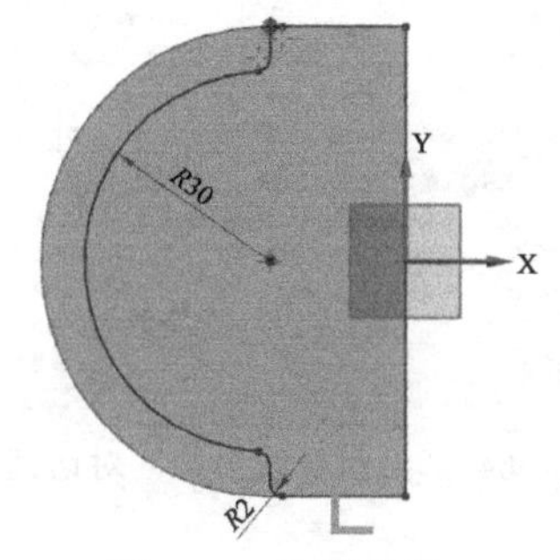

图 6-61　绘制草图 2

（5）创建拉伸特征 2

在下拉菜单中选择“插入”→“设计特征”→“拉伸”命令，或者单击“主页”功能区“特征”组中的“拉伸”按钮，打开如图 6-59 所示的“拉伸”对话框，选择图 6-61 所示的草图。在“指定矢量”下拉列表中选择“ZC 轴”，在“布尔”下拉列表中选择“合并”。输入开始距离和结束距离为 0、10，其他默认。单击“确定”按钮，创建拉伸特征 2，如图 6-62 所示。

（6）绘制截面

在下拉菜单中选择“插入”→“在任务环境中绘制草图”命令，或者单击“曲线”功能区中的“在任务环境中绘制草图”按钮，选择图 6-62 所示的平面为工作平面绘制草图，绘制图 6-63 所示的草图。单击“主页”功能区“草图”组中的“完成”按钮，草图绘制完毕。

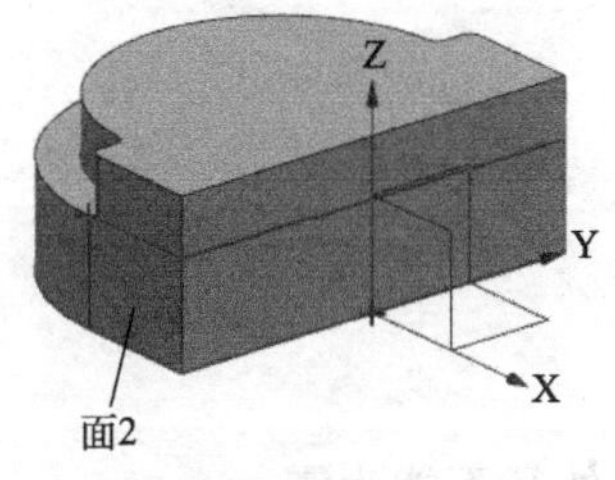

图 6-62　创建拉伸特征 2

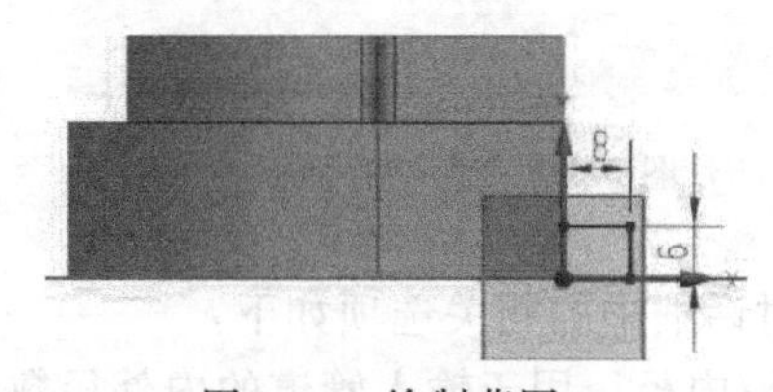

图 6-63　绘制草图 3

（7）沿引导线扫掠实体

在下拉菜单中选择“插入”→“扫掠”→“沿引导线扫掠”命令，或者单击“曲面”功能区“曲面”组中的“沿引导线扫掠”按钮，打开图6-64所示的“沿引导线扫掠”对话框。选择如图6-63所绘制的草图为扫掠截面，选择拉伸体1的沿Y轴边为引导线，如图6-65所示。在“布尔”下拉列表中选择“合并”，其他采用默认设置，单击“确定”按钮，创建沿引导线扫描特征，如图6-57所示。

图6-64 “沿引导线扫掠”对话框

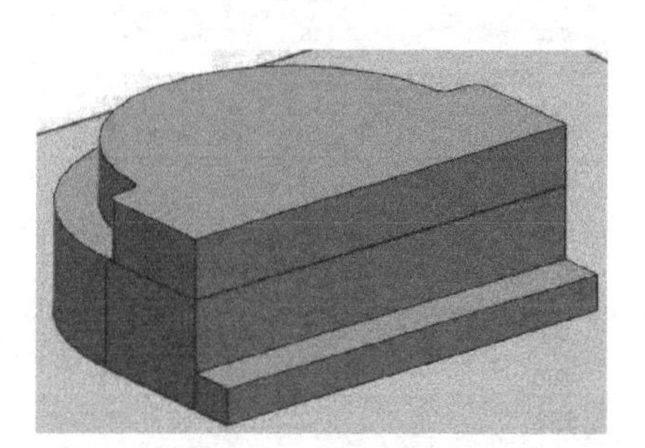

图6-65 创建扫掠体

6.2.7 管

在下拉菜单中选择“插入”→“扫掠”→“管”命令，打开图6-66所示“管”对话框，沿着由一个或一系列曲线构成的引导线串（路径）扫掠出简单的管道对象，示意图如图6-67所示。

图6-66 “管”对话框

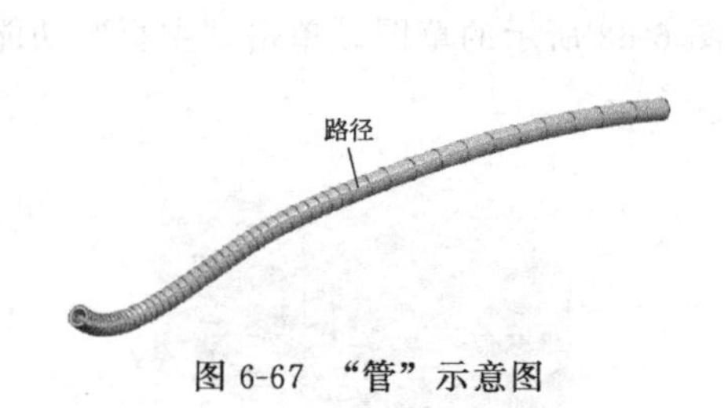

图6-67 “管”示意图

“管”对话框中的相关选项如下：

① 外径/内径：用于输入管道的内外径数值，其中外径不能为零。

② 输出。

a. 单段：只具有一个或两个侧面，此侧面为B曲面。如果内直径是零，那么管具有一个侧面，如图6-68(a) 所示。

b. 多段：沿着引导线串扫成一系列侧面，这些侧面可以是柱面或环面，如图 6-68(b)所示。

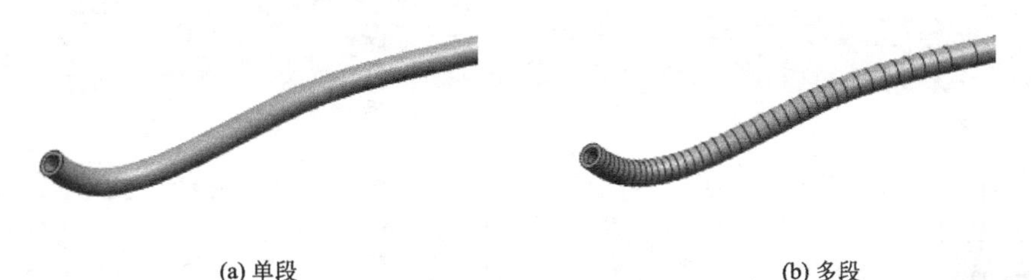

(a) 单段　　　　(b) 多段

图 6-68　“输出”示意图

6.2.8　实例——手镯

扫一扫，看视频

本例采用样条曲线建立一段光滑的导线，然后采用软管操作沿导线生成模型如图 6-69 所示。

绘制步骤

（1）新建文件

在下拉菜单中选择“文件”→“新建”命令，或者单击“主页”功能区“标准”组中的“新建”按钮，打开“新建”对话框，在模型选项卡中选择适当的模板，在“名称”文本框中输入“shouzhuo”，单击“确定”按钮，进入建模环境。

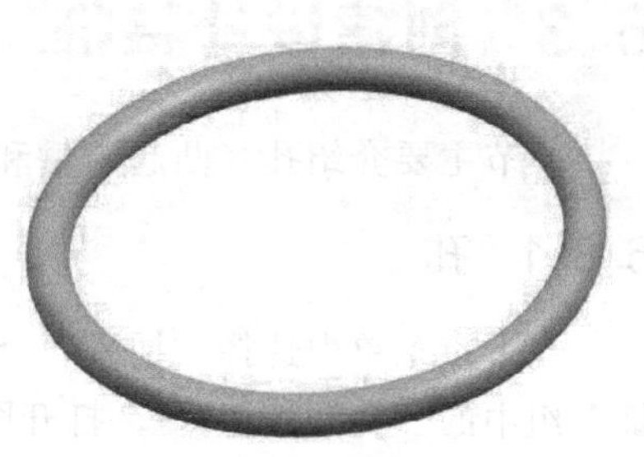

图 6-69　手镯

（2）创建圆

在下拉菜单中选择“插入”→“曲线”→“圆弧/圆”命令，或者单击“曲线”功能区“曲线”组中的“圆弧/圆”按钮，打开“圆弧/圆”对话框，如图 6-70 所示。在“类型”下拉列表中选择“从中心开始的圆弧/圆”，在“限制”选项勾选“整圆”复选框，在“中心点”选项单击“点对话框”按钮，打开“点”对话框，输入中心点坐标（0，0，0），单击“确定”按钮，返回到“圆弧/圆”对话框，在“通过点”选项单击“点对话框”按钮，打开“点”对话框，输入通过点的坐标（50，0，0），单击“确定”按钮，返回到“圆弧/圆”对话框，单击“确定”按钮，完成圆的创建，如图 6-71 所示。

图 6-70　“圆弧/圆”对话框

（3）创建手镯

在下拉菜单中选择“插入”→“扫掠”→“管”命令，或者单击“曲面”功能区“曲面”组中的“管”按钮，打开图 6-72 所示“管”对话框。选择上步创建的圆为路径，在“外径”和“内径”文本框中分别输入“8”“6”，在“输出”下拉列表中选择“单段”，单击“确定”按钮。生成图 6-69 所示软管。

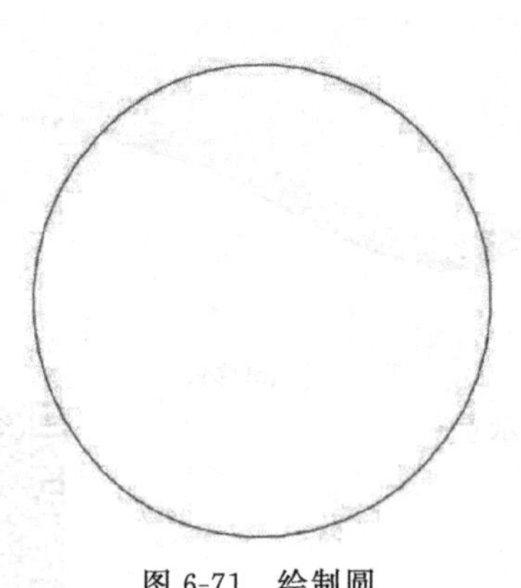

图 6-71　绘制圆

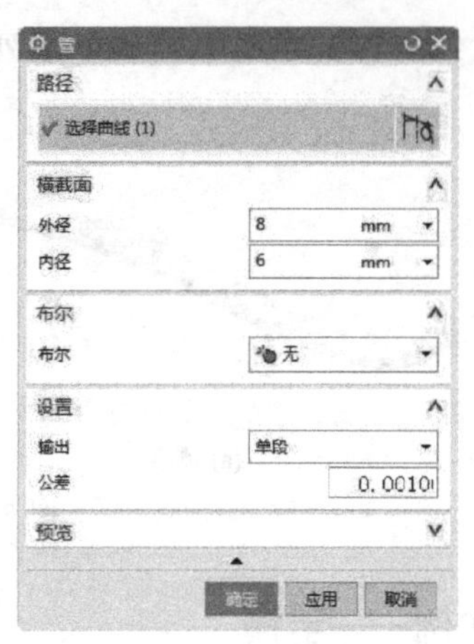

图 6-72　“管”对话框

6.3　创建设计特征

本节主要介绍孔、凸起、槽和螺纹等设计特征。

6.3.1　孔

在下拉菜单中选择“插入”→“设计特征”→“孔”命令，或者击“主页”功能区“特征”组中的“孔”按钮，打开图 6-73 所示“孔”对话框。

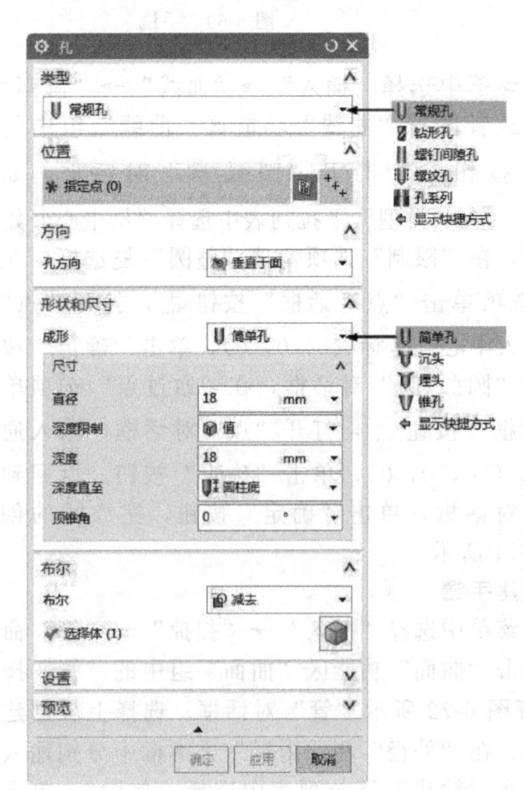

图 6-73　“孔”对话框

“孔”对话框选项介绍如下：

① 常规孔。

a. 简单孔：选中该选项后，让用户以指定的直径、深度和顶锥角生成一个简单的孔，如图 6-74 所示。

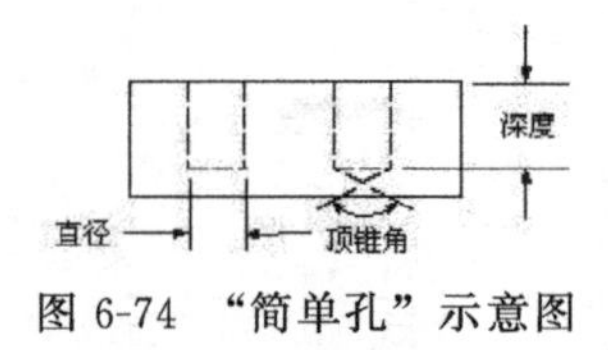

图 6-74　“简单孔”示意图

b. 沉头孔：选中该选项后，可变窗口区变换为图 6-75 所示，让用户以指定的孔直径、孔深度、顶锥角、沉头直径和沉头深度生成沉头孔，如图 6-76 所示。

c. 埋头孔：选中该选项后，可变窗口区变换为如图 6-77 所示，让用户以指定的孔直径、孔深度、顶锥角、埋头直径和埋头角度生成埋头孔，如图 6-78 所示。

d. 锥形孔：选中该选项后，可变窗口区变换为如图 6-79 所示，让用户以指定的孔直径、锥角和深度生成锥形孔。

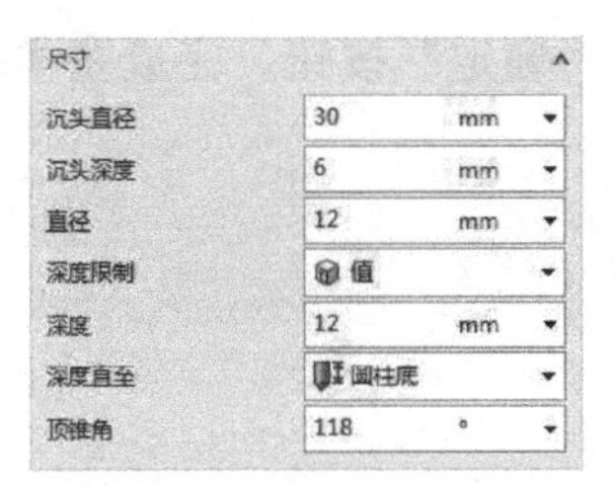

图 6-75 “沉头”窗口

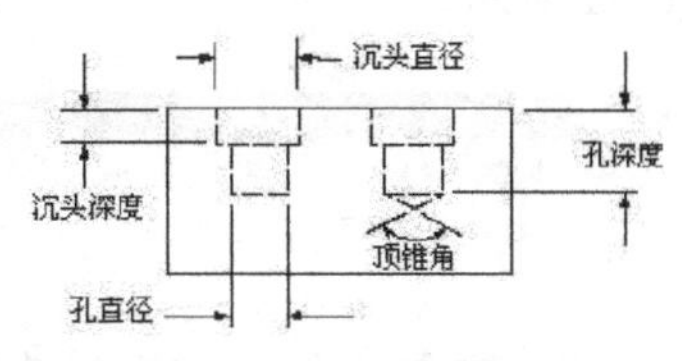

图 6-76 “沉头”示意图

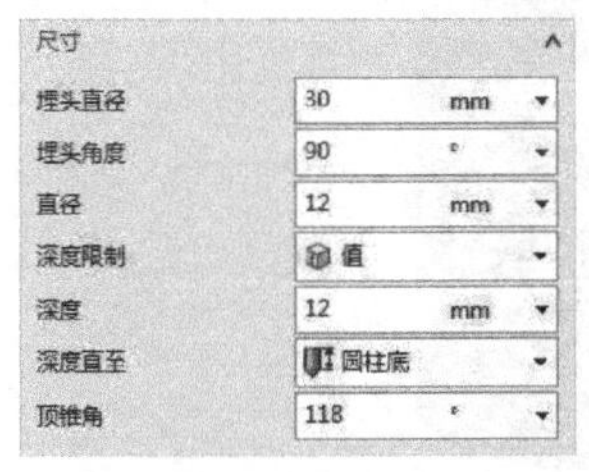

图 6-77 “埋头”窗口

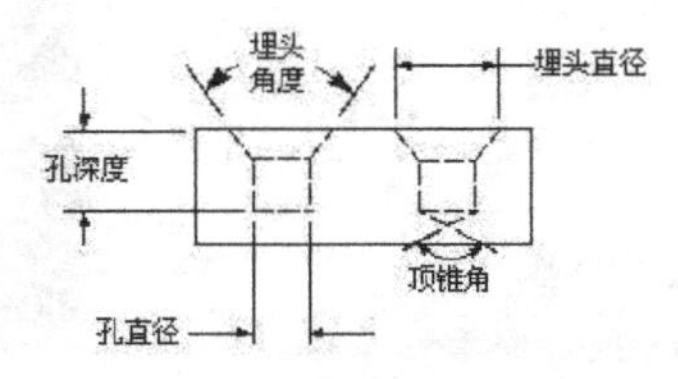

图 6-78 “埋头”示意图

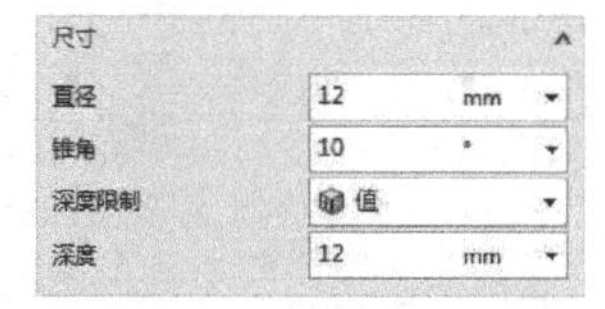

图 6-79 “锥孔”窗口

② 螺钉间隙孔：创建简单孔、沉头或埋头通孔，为具体应用而设计。

③ 螺纹孔：创建螺纹孔，其尺寸标注由标准、螺纹尺寸和径向进刀定义。

④ 孔系列：创建起始、中间和结束孔尺寸一致的多形状、多目标体的对齐孔。

6.3.2 实例——轴承座

扫一扫，看视频

轴承座由三部分组成：轴套、轴承座支撑部分和底座部分。轴套由圆柱体上创建简单孔生成，支撑部分由草图曲线拉伸生成，底座部分由面拉伸生成，模型如图 6-80 所示。

绘制步骤

(1) 新建文件

在下拉菜单中选择“文件”→“新建”命令，或者单击“标准”工具栏中的“新建”按钮，打开“新建”对话框，在模型选项卡中选择适当的模板，文件名为“zhouchengzuo”，单击“确定”按钮，进入建模环境。

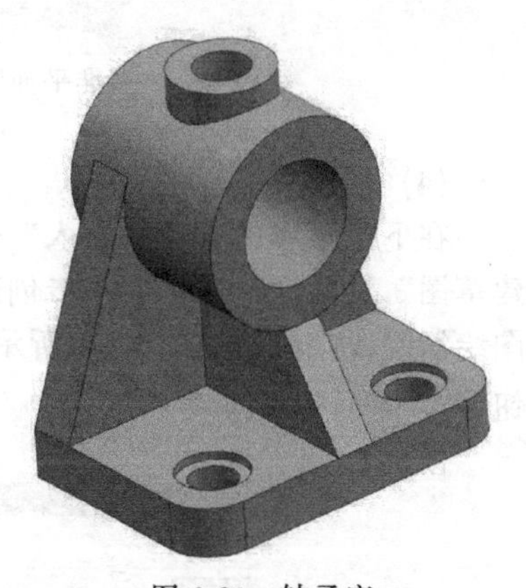

图 6-80 轴承座

(2) 创建圆柱体

在下拉菜单中选择“插入”→“设计特征”→“圆柱”命令，打开如图 6-81 所示的“圆柱”对话框。在“类型”下拉列表中选择“轴、直径和高度”，在“指定矢量”下拉列表中选择“ZC 轴”按钮，单击“点对话框”按钮，在打开的“点”对话框中输入坐标点为（0，0，0），单击“确定”按钮，返回到“圆柱”对话框，在“直径”和“高度”文本框中分别输入 50 和 50，单击“确定”按钮，以原点为中心生成圆柱体。如图 6-82 所示。

(3) 创建基准平面 1

在下拉菜单中选择“插入”→“基准/点”→“基准平面”命令，或者单击“主页”功能区“特征”组中的“基准平面”按钮，打开“基准平面”对话框，如图 6-83 所示。在

“类型”下拉列表中选择“XC ZC平面”类型，单击“确定”按钮，完成基本基准面1的创建。结果如图6-84所示。

图6-81 “圆柱”对话框

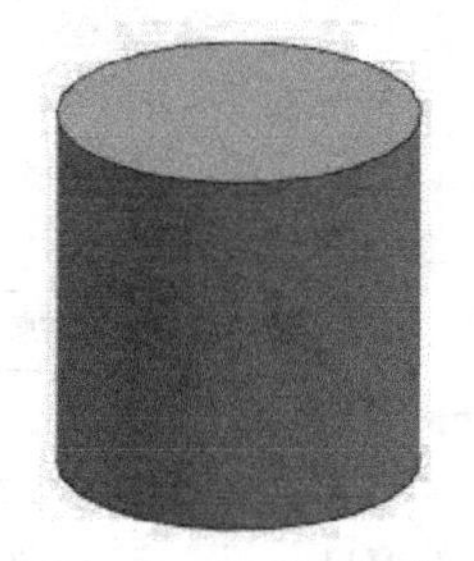
图6-82 创建圆柱体

图6-83 “基准平面”对话框

图6-84 创建基准平面1

(4) 创建草图

在下拉菜单中选择“插入”→“在任务环境中绘制草图”命令，打开图6-85所示“创建草图”对话框，选择上一步创建的基准平面1为草图绘制面，单击“确定”按钮，进入草图绘制阶段，绘制如图6-86所示的草图，单击“主页”功能区“草图”组中的“完成”按钮，返回建模模块。

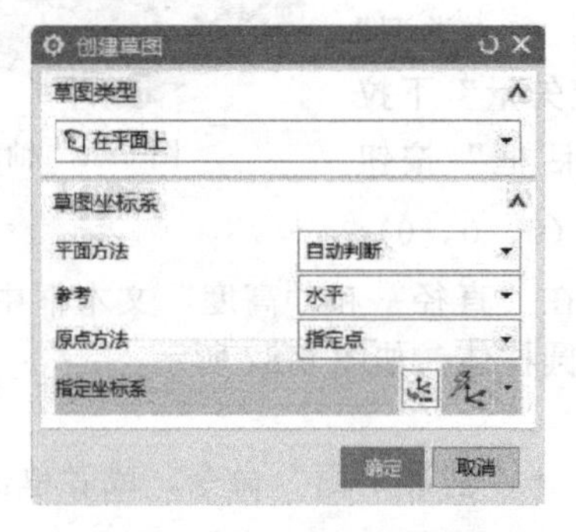
图6-85 “创建草图”对话框

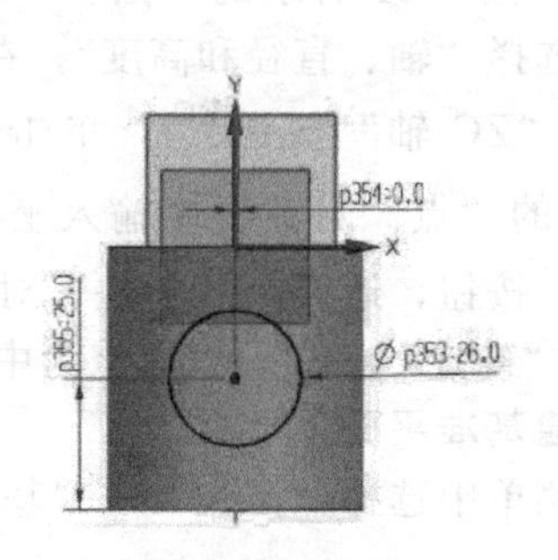

图6-86 创建草图

(5) 创建拉伸

在下拉菜单中选择“插入”→“设计特征”→“拉伸”命令，或者单击“主页”功能区“特征”组中的“拉伸”按钮，打开如图 6-87 所示“拉伸”对话框。选择上步创建的草图为拉伸曲线，在“指定矢量”下拉列表中选择“YC 轴”，在“开始距离”和“结束距离”文本框中分别输入 0 和 30，在“布尔”下拉列表中选择“合并”，系统自动选择圆柱体，单击“确定”按钮，完成拉伸特征的创建，如图 6-88 所示。

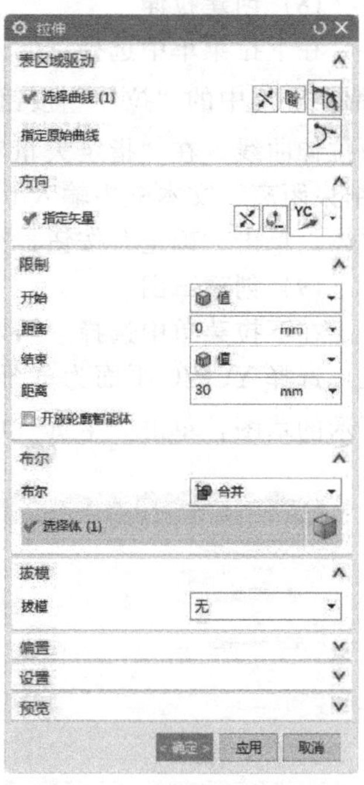

图 6-87 “拉伸”对话框

(6) 创建基准平面 2

在下拉菜单中选择“插入”→“基准/点”→“基准平面”命令，或单击“主页”功能区“特征”组中的“基准平面”按钮，打开“基准平面”对话框如图 6-89 所示，在“类型”下拉列表中选择“XC-YC 平面”类型，在“距离”文本框中输入距离为 7，单击“确定”按钮，完成基准平面 2 的创建，如图 6-90 所示。

(7) 创建草图

在下拉菜单中选择“插入”→“在任务环境中绘制草图”命令，打开图 6-91 所示“创建草图”对话框，选择基准平面 4 为草图绘制面，单击“确定”按钮，进入草图绘制阶段，绘制图 6-92 所示的草图，单击“主页”功能区“草图”组中的“完成”按钮，返回建模模块。

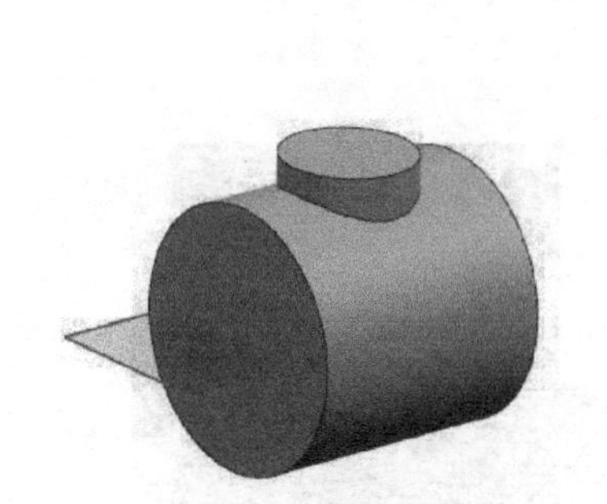

图 6-88　创建拉伸

图 6-89 “基准平面”对话框

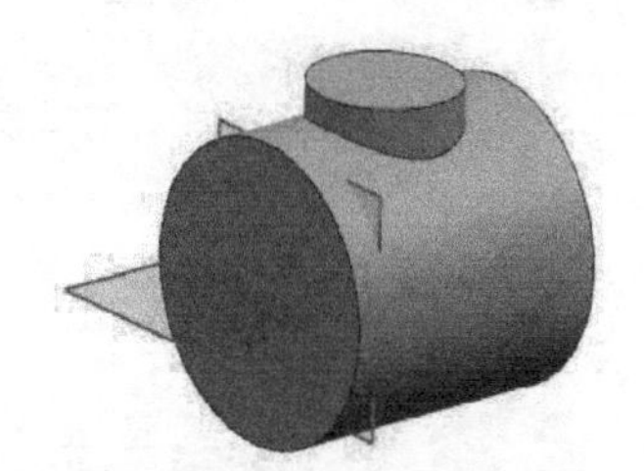

图 6-90　创建基准平面 2

图 6-91 “创建草图”对话框

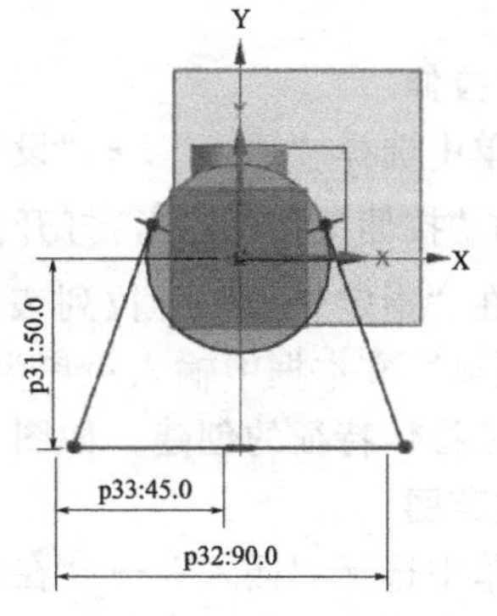

图 6-92　绘制草图

(8) 创建拉伸

在下拉菜单中选择“插入”→“设计特征”→“拉伸”命令，或者单击“主页”功能区“特征”组中的“拉伸”按钮，打开图 6-93 所示“拉伸”对话框。选择上步创建的草图为拉伸曲线，在“指定矢量”下拉列表中选择“ZC 轴”为拉伸方向，在“开始距离”和“结束距离”文本框中输入 0 和 12，在“布尔”下拉列表中选择“合并”，系统自动选择圆柱体，单击“确定”按钮，完成拉伸特征的创建，如图 6-94 所示。

(9) 创建草图

在下拉菜单中选择“插入”→“在任务环境中绘制草图”命令，打开“创建草图”对话框，选择 YC-ZC 平面为草图绘制面，单击“确定”按钮，进入草图绘制阶段，绘制图 6-95 所示的草图，单击“主页”功能区“草图”组中的“完成”按钮，返回建模模块。

图 6-93 “拉伸”对话框

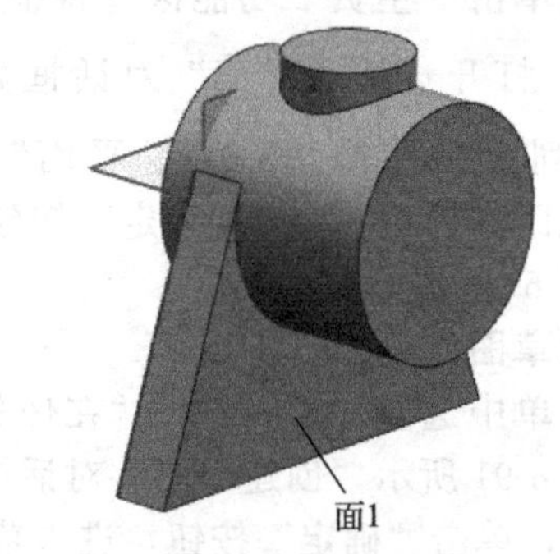

图 6-94 创建拉伸

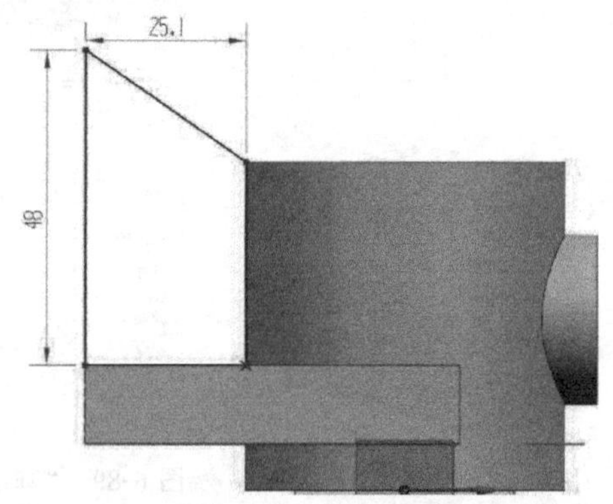

图 6-95 绘制草图

(10) 创建拉伸

在下拉菜单中选择“插入”→“设计特征”→“拉伸”命令，或者单击“主页”功能区“特征”组中的“拉伸”按钮，打开图 6-96 所示“拉伸”对话框。选择上步创建的草图为拉伸曲线，在“指定矢量”下拉列表中选择“XC 轴”，在“结束”下拉列表中选择“对称值”，在“距离”文本框中输入距离为 5，在“布尔”下拉列表中选择“合并”，单击“确定”按钮，完成拉伸特征的创建，如图 6-97 所示。

(11) 创建草图

在下拉菜单中选择“插入”→“在任务环境中绘制草图”命令，打开“创建草图”对话框，选择图 6-97 所示面 2 为草图绘制面，单击“确定”按钮，进入草图绘制阶段，绘制

图 6-98 所示的草图，单击“主页”功能区“草图”组中的“完成”按钮，返回建模模块。

图 6-96 “拉伸”对话框

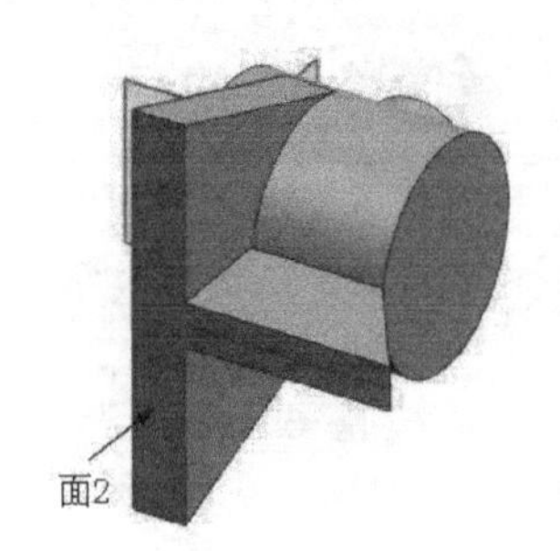

图 6-97　创建拉伸体

（12）创建拉伸

在下拉菜单中选择“插入”→“设计特征”→“拉伸”命令，或者单击“主页”功能区“特征”组中的“拉伸”按钮，打开“拉伸”对话框。选择上步创建的草图为拉伸曲线，在“指定矢量”下拉列表中选择“－YC 轴”，在“开始距离”和“结束距离”中输入 0 和 12，在“布尔”下拉列表中选择“合并”，系统自动选择圆柱体，单击“确定”按钮，完成拉伸特征的创建，如图 6-99 所示。

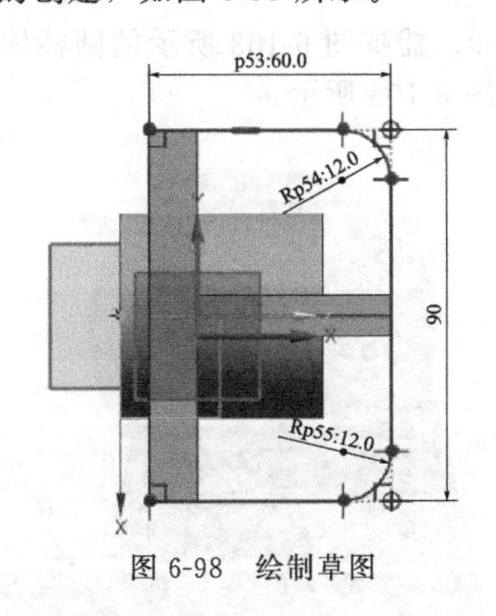

图 6-98　绘制草图

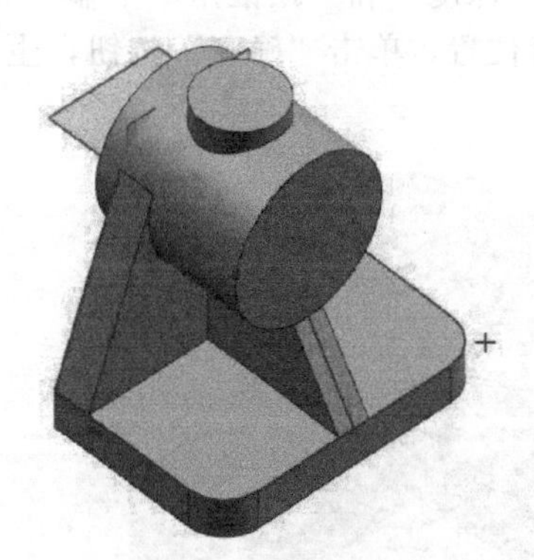

图 6-99　创建拉伸体

（13）创建圆孔

在下拉菜单中选择“插入”→“设计特征”→“孔”命令，或者单击“主页”功能区“特征”组中的“孔”按钮，打开如图 6-100 所示“孔”对话框，在“成形”下拉列表中选择“简单孔”，在“直径”“深度”和“顶锥角”文本框中分别输入14、30和0。捕捉图6-101所示的拉伸体的上表面圆心为孔放置位置，单击“确定”按钮，生成模型如图6-102所示。

图6-100 “孔”对话框

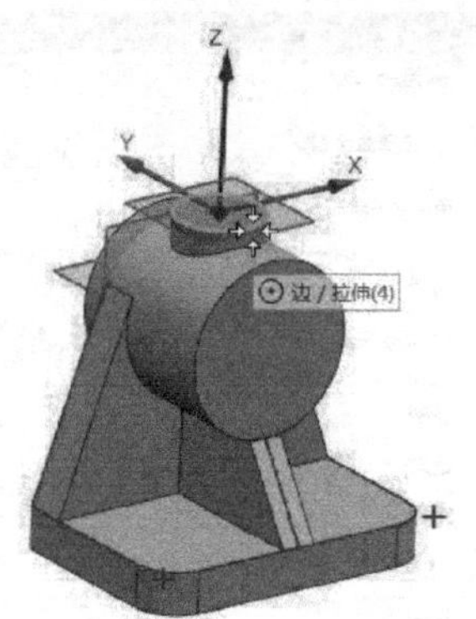

图6-101 捕捉圆心

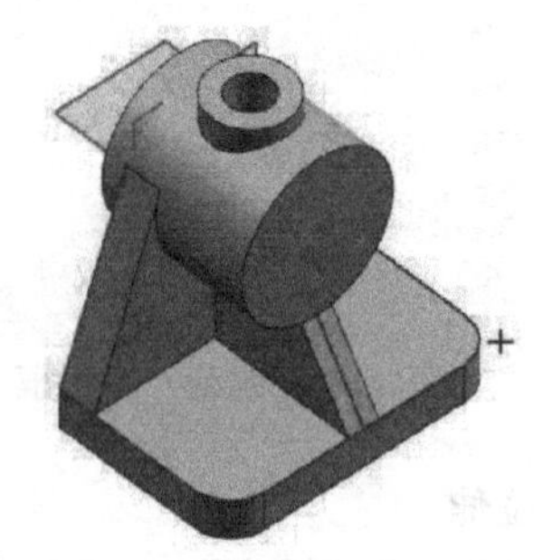

图6-102 创建孔

(14) 创建圆孔

在下拉菜单中选择“插入”→“设计特征”→“孔”命令，或者单击“主页”功能区“特征”组中的“孔”按钮，打开“孔”对话框，在“成形”下拉列表中选择“简单孔”，在“直径”“深度”和“顶锥角”中输入30、50和0。捕捉图6-103所示的圆柱体的表面圆心为孔放置位置，单击“确定”按钮，生成模型如图6-104所示。

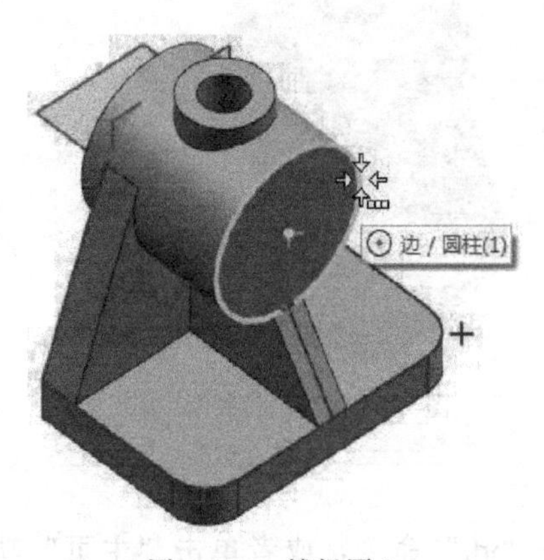

图6-103 捕捉圆心

图6-104 创建孔

（15）创建圆孔

在下拉菜单中选择“插入”→“设计特征”→“孔”命令，或者单击“主页”功能区“特征”组中的“孔”按钮，打开图 6-105 所示“孔”对话框，在“成形”下拉列表中选择“沉头”，在“沉头直径”“沉头深度”“直径”和“深度”文本框中分别输入 18、2、12、20。单击“绘制截面”按钮，打开“创建草图”对话框，选择面 3 为草图绘制平面，绘制图 6-106 所示的草图，单击“主页”功能区“草图”组中的“完成”按钮，单击“确定”按钮，完成孔的创建，如图 6-107 所示。

图 6-105　“孔”对话框

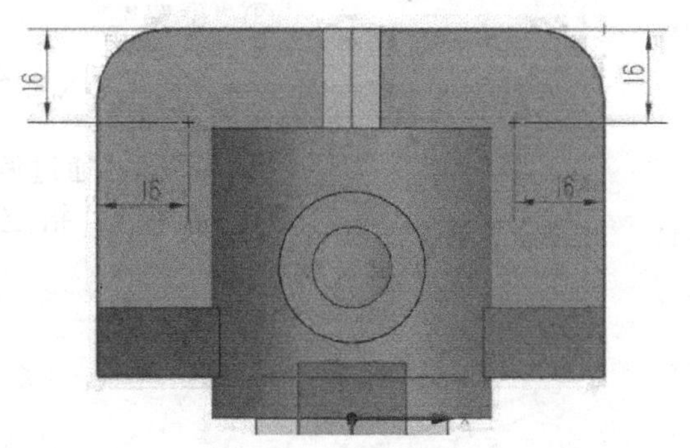

图 6-106　绘制草图

（16）隐藏草图和基准

在下拉菜单中选择“编辑”→“显示和隐藏”→“隐藏”命令，打开“类选择”对话框。单击“类型过滤器”按钮，系统打开图 6-108 所示的“按类型选择”对话框，选择“草图”和“基准”选项，单击“确定”按钮，返回到“类选择”对话框，单击“全选”按钮，选择视图中所有的草图和基准。单击“确定”按钮，草图和基准被隐藏，如图 6-109 所示。

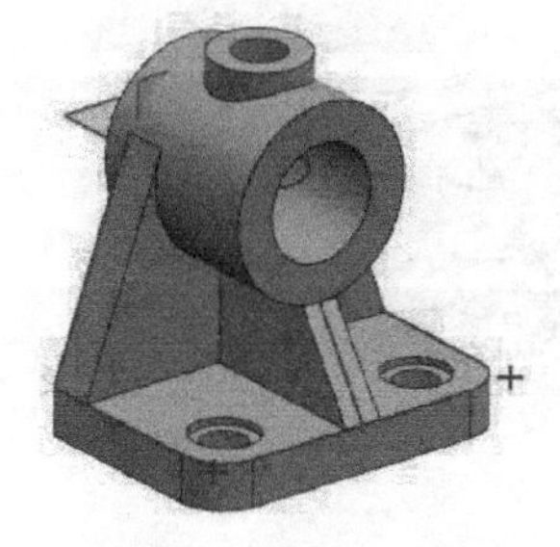

图 6-107　创建沉头孔

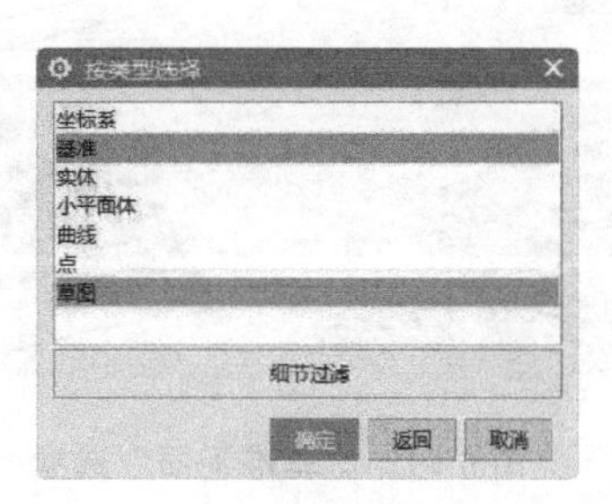

图 6-108　“按类型选择”对话框

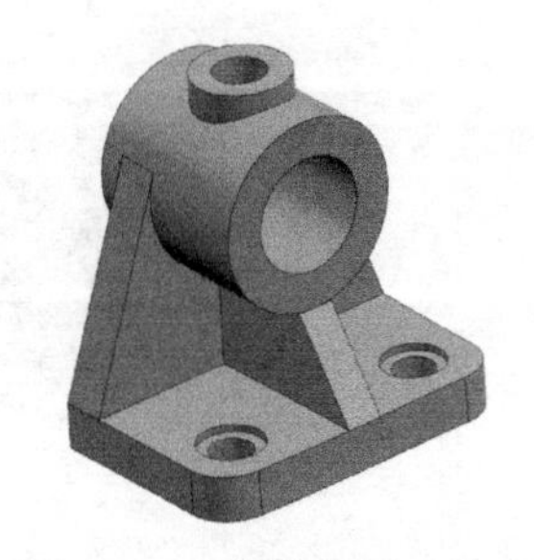

图 6-109　隐藏草图和基准

6.3.3 凸起

在下拉菜单中选择“插入”→“设计特征”→“凸起”命令，或者单击“主页”功能区“特征”组中的“设计特征”库中的“凸起”按钮，打开图6-110所示“凸起”对话框，通过沿矢量投影截面形成的面来修改体。凸起特征对于刚性对象和定位对象很有用。

图6-110 “凸起”对话框

各选项功能如下：

①“选择面”：用于选择一个或多个面以在其上创建凸起。

②“端盖”：端盖定义凸起特征的限制地板或天花板，用于使用以下方法之一为端盖选择源几何体。

a.“凸起的面”：从选定用于凸起的面创建端盖，示意图如图6-111所示。

b.“基准平面”：从选择的基准平面创建端盖，示意图如图6-112所示。

c.“截面平面”：在选定的截面处创建端盖，示意图如图6-113所示。

d.“选定的面”：从选择的面创建端盖，示意图如图6-114所示。

③“位置”。

a.“平移”：通过按凸起方向指定的方向平移源几何体来创建端盖几何体。

b.“偏置”：通过偏置源几何体来创建端盖几何体。

④“拔模”：指定在拔模操作过程中保持固定的侧壁位置。

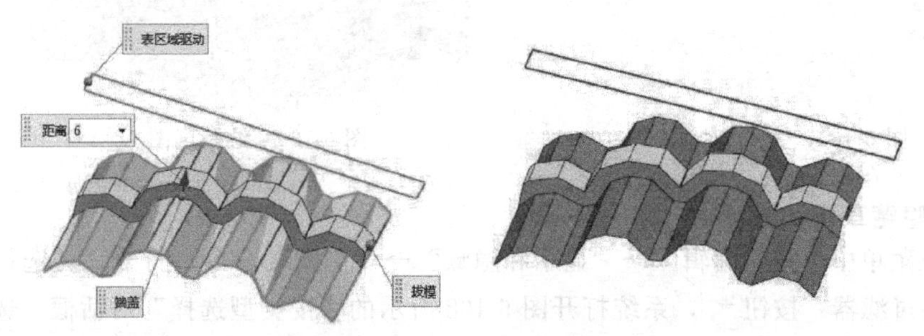

图6-111 “凸起的面”选项

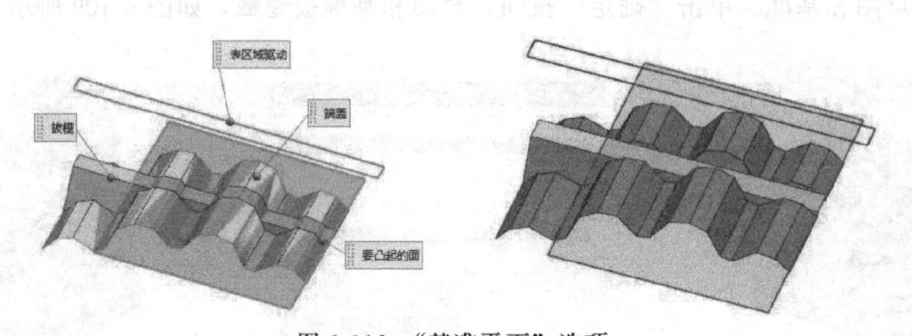

图6-112 “基准平面”选项

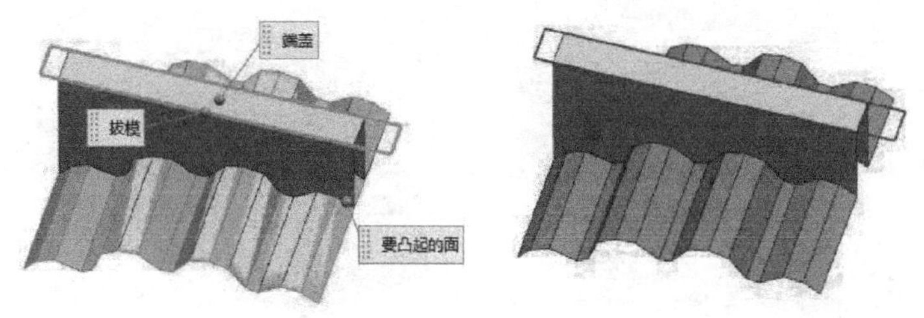

图 6-113　“截面平面”选项

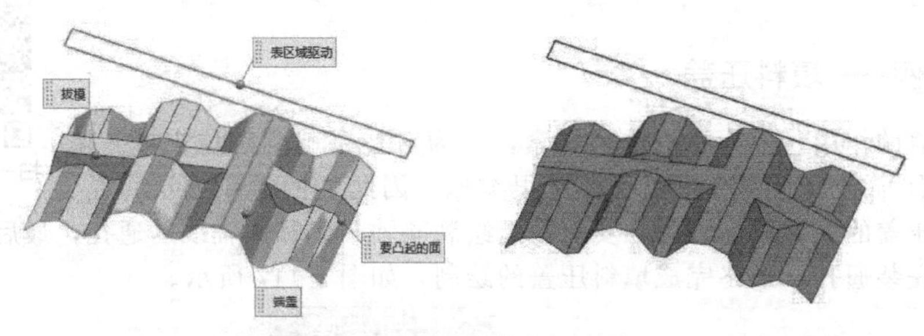

图 6-114　“选定的面”选项

a.“从端盖”：使用端盖作为固定边的边界。

b.“从凸起的面”：使用投影截面和凸起面的交线作为固定曲线。

c.“从选定的面”：使用投影截面和所选的面的交线作为固定曲线。

d.“从选定的基准”：使用投影截面和所选的基准平面的交线作为固定曲线。

e.“从截面”：使用截面作为固定曲线。

f.“无”：指定不为侧壁添加拔模。

⑤“自由边修剪”：用于定义当凸起的投影截面跨过一条自由边（要凸起的面中不包括的边）时修剪凸起的矢量。

a.“脱模方向”：使用脱模方向矢量来修剪自由边。

b.“垂直于曲面”：使用与自由边相接的凸起面的曲面法向执行修剪。

c.“用户定义”：用于定义一个矢量来修剪与自由边相接的凸起。

⑥“凸度”：当端盖与要凸起的面相交时，可以创建带有凸垫、凹腔和混合类型凸度的凸起。

a.“凸垫”：如果矢量先碰到目标曲面，后碰到端盖曲面，则认为它是垫块。如图 6-115 所示。

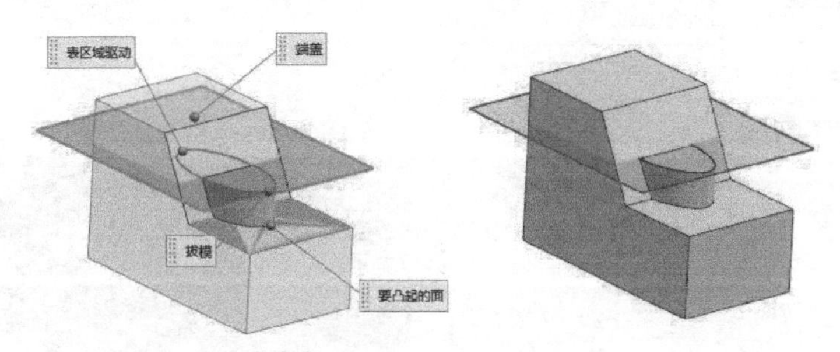

图 6-115　“凸垫”选项

b.“凹腔”：如果矢量先碰到端盖曲面，后碰到目标，则认为它是腔。如图 6-116 所示。

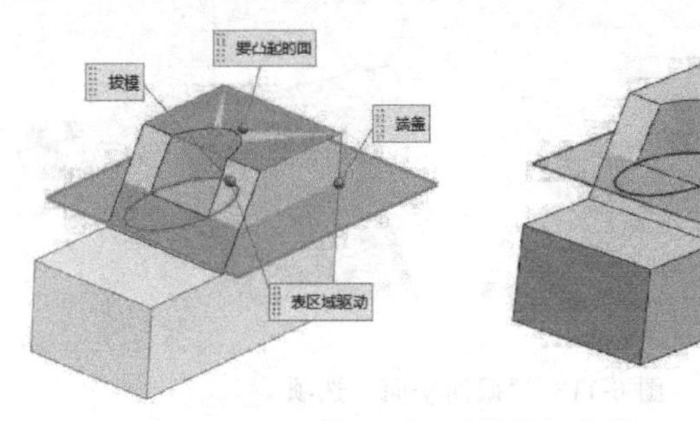

图 6-116 “凹腔”选项

扫一扫，看视频

6.3.4 实例——填料压盖

填料压盖的作用，一为将挡油环压紧，一为对柱塞起到定位支撑。填料压盖的外形与泵体中的安装板和膛孔很类似，因此它的绘制方法将是：先绘制填料压盖的安装板，然后在安装板上绘制同轴凸起和同轴线的通孔，最后用于安装螺栓的凸起和安装通孔，最终完成填料压盖的绘制，如图 6-117 所示。

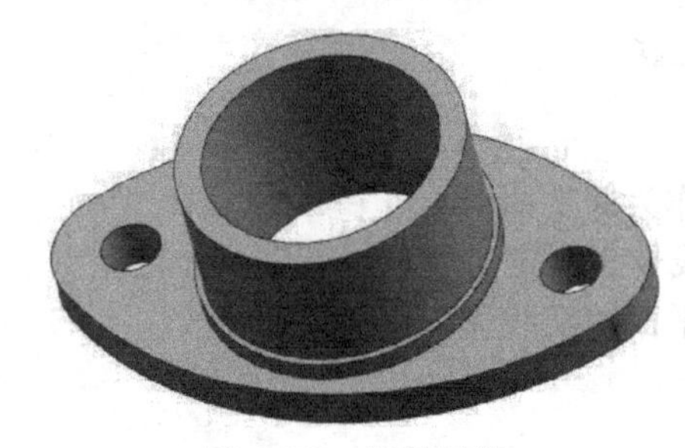

图 6-117 填料压盖

绘制步骤

(1) 新建文件

在下拉菜单中选择“文件”→“新建”命令，或者单击“标准”工具栏中的“新建”按钮，打开“新部件文件”对话框，在模型选项卡中选择适当的模板，文件名为“tianliaoyagai”，单击“确定”按钮，进入建模环境。

(2) 创建圆柱

在下拉菜单中选择“插入”→“设计特征”→“圆柱”命令，打开图 6-118 所示的“圆柱”对话框，在“类型”下拉列表中选择“轴、直径和高度”，在“指定矢量”下拉列表中选择“ZC 轴”，单击“点对话框”按钮，打开“点”对话框，输入圆柱的坐标点为（0，－34，0），单击“确定”按钮，返回到“圆柱”对话框，在“圆柱”对话框输入直径为 120 和高度为 6，如图 6-118 所示，单击“确定”按钮，完成圆柱体的创建，结果如图 6-119 所示。

图 6-118 “圆柱”对话框

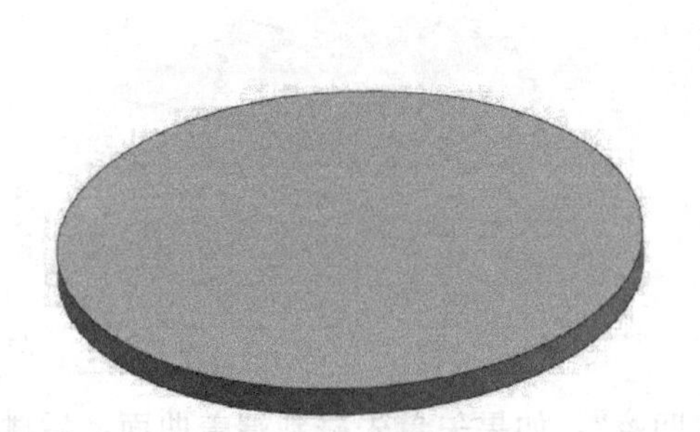

图 6-119 创建圆柱

(3) 创建另一圆柱

在下拉菜单中选择“插入”→“设计特征”→“圆柱”命令，打开图6-120所示的“圆柱”对话框，在“类型”下拉列表中选择“轴、直径和高度”，在“指定矢量”下拉列表中选择“ZC轴”，在“直径”文本框中输入直径为120，在“高度”文本框中输入高度为6，在“布尔”下拉列表中选择“相交”，输入圆柱底面的圆心点坐标为（0，34，0），使新建的圆柱体与前一个圆柱体相交，单击“确定”按钮，完成圆柱体的创建，结果如图6-121所示。

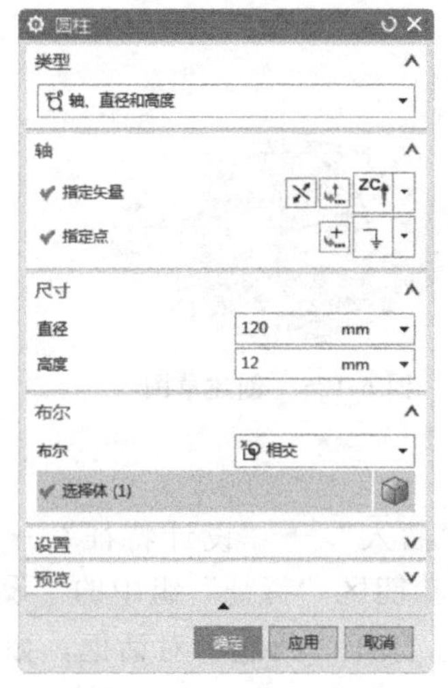

图6-120 “圆柱”对话框

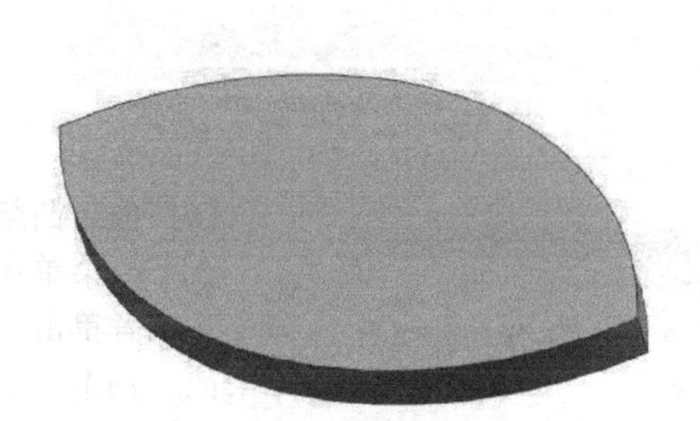

图6-121 绘制相交圆柱体

(4) 实体边倒圆

在下拉菜单中选择“插入”→“细节特征”→“边倒圆”命令，或者单击“主页”功能区“特征”组中的“边倒圆”按钮，打开“边倒圆”对话框，如图6-122所示。选择相交圆柱的尖角棱边，在“半径1”文本框中输入半径为12，如图6-123所示，结果如图6-124所示。

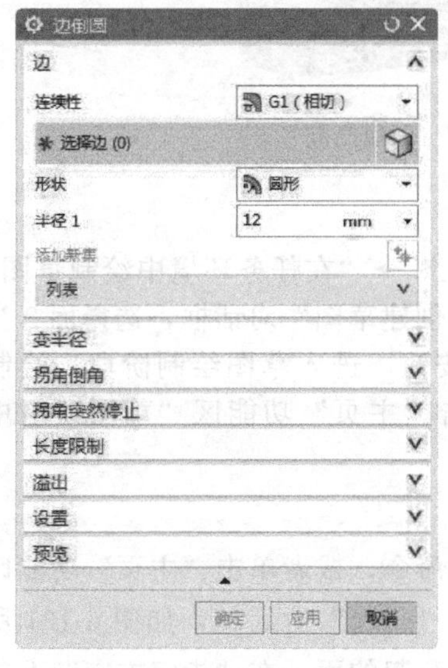

图6-122 “边倒圆”对话框

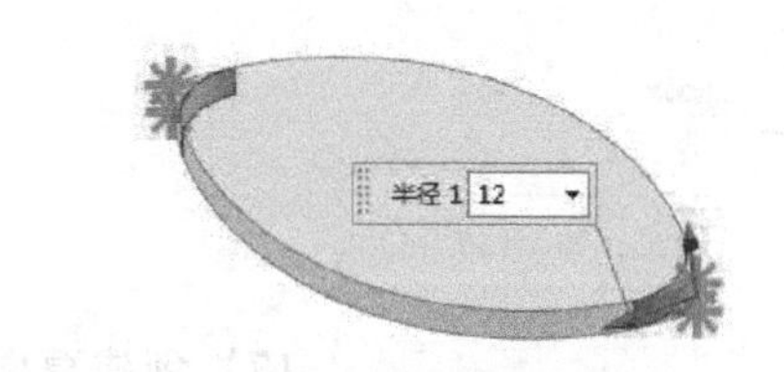

图6-123 选择圆角边

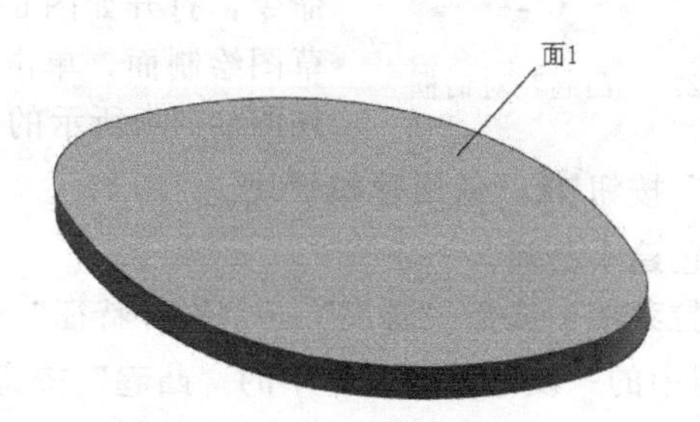

图6-124 实体边圆角

（5）创建草图

在下拉菜单中选择“插入”→“在任务环境中绘制草图”命令，打开图 6-125 所示“创建草图”对话框，选择面 1 为草图绘制面，单击“确定”按钮，进入草图绘制阶段，绘制图 6-126 所示的草图，单击“主页”功能区“草图”组中的“完成”按钮，返回建模模块。

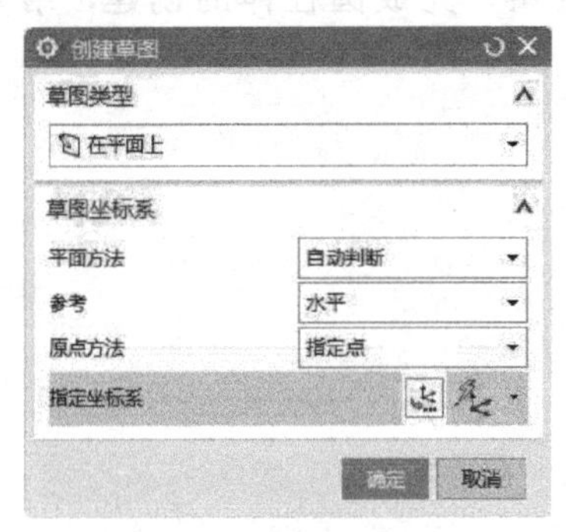

图 6-125 “创建草图”对话

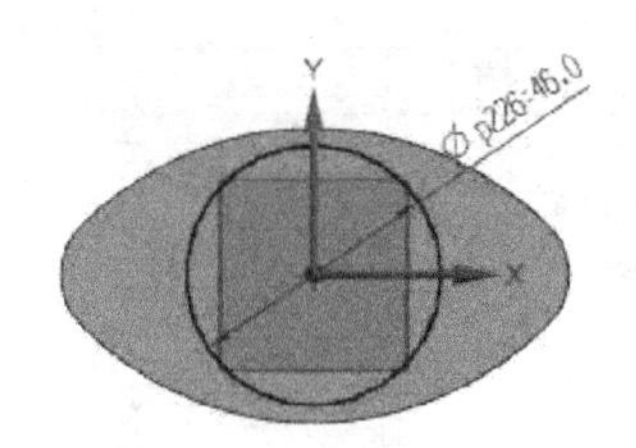

图 6-126 创建草图

（6）创建凸起

在下拉菜单中选择“插入”→“设计特征”→“凸起”命令，或者单击“主页”功能区“特征”组中的“设计特征”库中的“凸起”按钮，打开“凸起”对话框，如图 6-127 所示，选择上一步创建的草图为要凸起的曲线，选择面 1 为要凸起的面，在“指定方向”下拉列表中选择“ZC 轴”为凸起方向，在“距离”文本框中输入凸起的距离值 3，单击“确定”按钮，完成凸起的创建，结果如图 6-128 所示。

图 6-127 “凸起”对话框

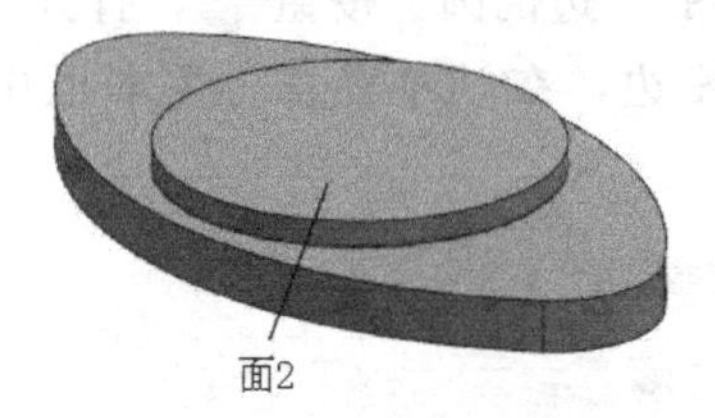

图 6-128 创建凸起

（7）创建草图

在下拉菜单中选择“插入”→“在任务环境中绘制草图”命令，打开如图 6-129 所示“创建草图”对话框，选择面 2 为草图绘制面，单击“确定”按钮，进入草图绘制阶段，绘制如图 6-130 所示的草图，单击“主页”功能区“草图”组中的“完成”按钮，返回建模模块。

（8）创建小凸起

在下拉菜单中选择“插入”→“设计特征”→“凸起”命令，或者单击“主页”功能区“特征”组中的“设计特征”库中的“凸起”按钮，打开“凸起”对话框，如图 6-131 所示，选择上一步创建的草图为要凸起的曲线，选择面 2 为要凸起的面，在“指定方向”下拉列表中选择“ZC 轴”为凸起方向，在“距离”文本框中输入凸起的距离值 20，单击“确定”按钮，完成小凸起的绘制，结果如图 6-132 所示。

图 6-129　“创建草图”对话

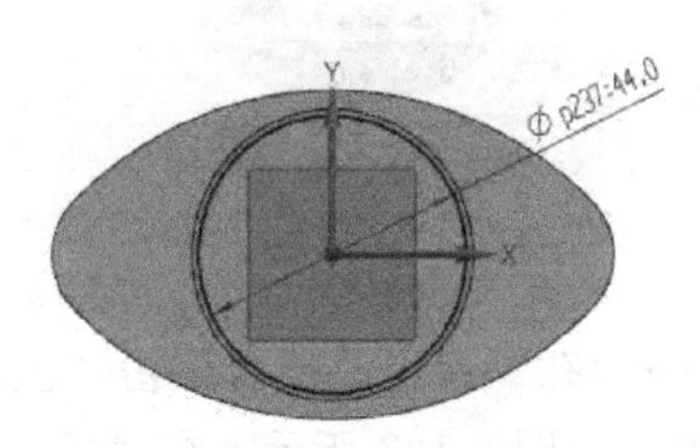

图 6-130　创建草图

图 6-131　“凸起”对话框

(9) 创建草图

在下拉菜单中选择“插入”→“在任务环境中绘制草图”命令，打开“创建草图”对话框，选择图 6-133 所示的平面为草图绘制面，单击“确定”按钮，进入草图绘制阶段，绘制如图 6-134 所示的草图，单击“主页”功能区“草图”组中的“完成”按钮，返回建模模块。

图 6-132　创建小凸起

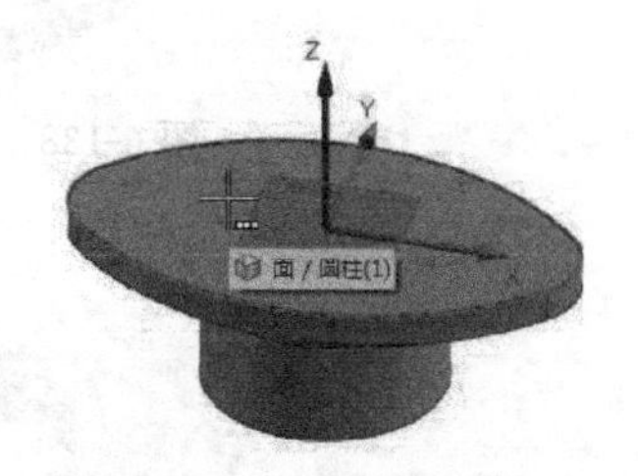

图 6-133　选择草图绘制面

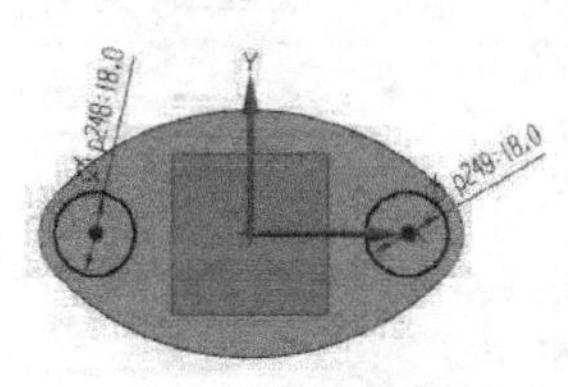

图 6-134　创建草图

(10) 创建拉伸

在下拉菜单中选择“插入”→“设计特征”→“拉伸”命令，或者单击“主页”功能区“特征”组中的“拉伸”按钮，打开图 6-135 所示“拉伸”对话框。选择上步创建的草图为拉伸曲线，在“指定矢量”下拉列表中选择“－ZC 轴”为拉伸方向，在“开始距离”和“结束距离”中分别输入 0 和 2，在“布尔”下拉列表中选择“合并”，系统自动选择圆柱体，单击“确定”按钮，完成拉伸特征的创建，如图 6-136 所示。

图 6-135 “拉伸”对话框

图 6-136 创建拉伸

(11) 创建柱塞通孔

在下拉菜单中选择“插入”→“设计特征”→“孔”命令，或者单击“主页”功能区“特征”组中的“孔”按钮，打开“孔”对话框，如图 6-137 所示。在“成形”下拉列表中选择“简单孔”，在“直径”“深度”和“顶锥角”文本框中分别输入 36、30 和 0。捕捉小凸起的圆心为孔放置位置，如图 6-138 所示。绘制结果如图 6-139 所示。

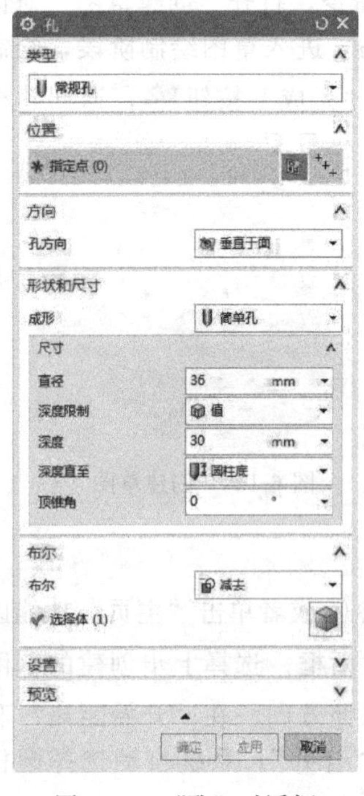

图 6-137 “孔”对话框

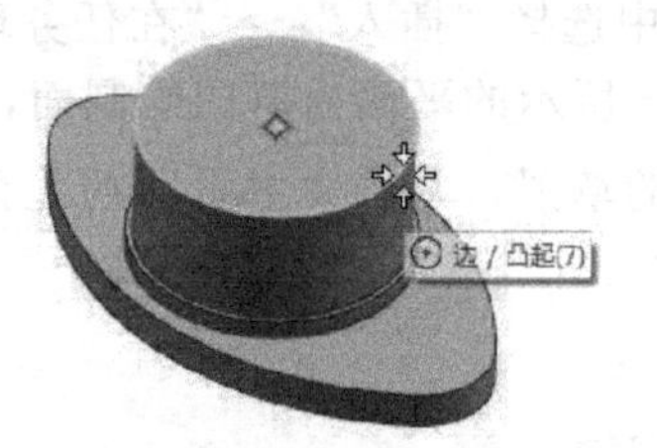

图 6-138 绘制简单孔

图 6-139 创建孔

(12) 创建螺栓安装孔

在下拉菜单中选择“插入”→“设计特征”→“孔”命令，或者单击“主页”功能区“特征”组中的“孔”按钮，打开“孔”对话框，在“成形”下拉列表中选择“简单孔”，在“直径”“深度”和“顶锥角”文本框中分别输入 9、20 和 0。分别捕捉填料压板背面的拉伸体圆心为孔位置，如图 6-140 所示。绘制结果如图 6-141 所示。

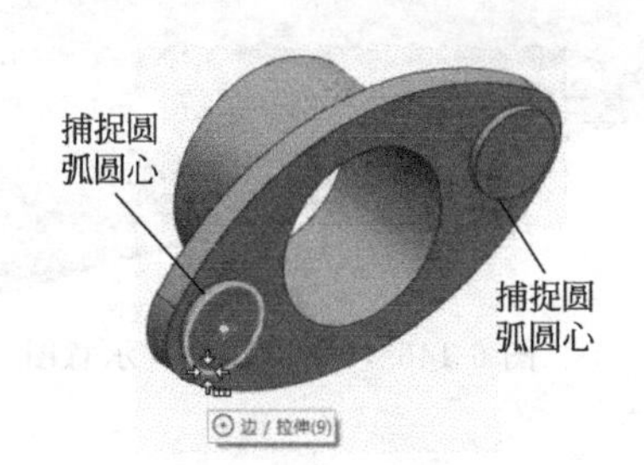

图 6-140　捕捉圆心

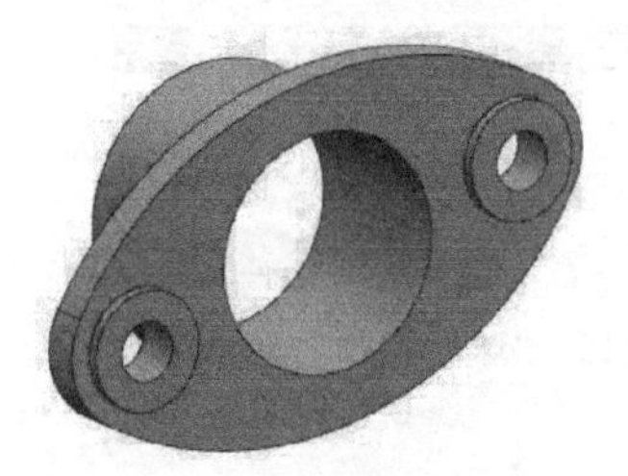

图 6-141　创建螺栓安装孔

6.3.5　槽

在下拉菜单中选择“插入”→“设计特征”→“槽”命令，或者单击“主页”功能区“特征”组中的“槽”按钮，打开图 6-142 所示的“槽”对话框。

该选项让用户在实体上生成一个槽，就好像一个成形刀具在旋转部件上向内（从外部定位面）或向外（从内部定位面）移动，如同车削操作。

该选项只在圆柱形或圆锥形的面上起作用。旋转轴是选中面的轴。槽在选择该面的位置（选择点）附近生成并自动连接到选中的面上。

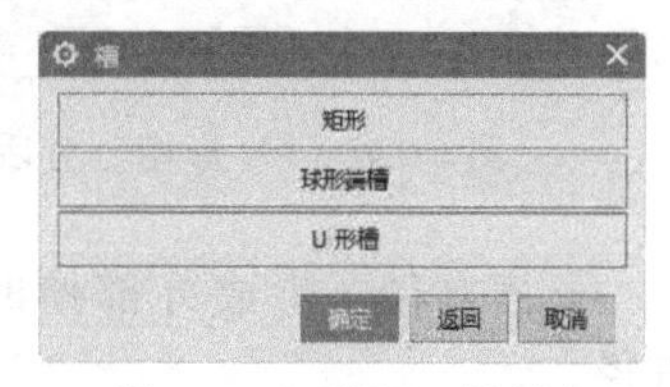

图 6-142　“槽”对话框

“槽”对话框各选项功能如下：

① 矩形：选中该选项，在选定放置平面后系统会打开图 6-143 所示的“矩形槽”对话框。该选项让用户生成一个周围为尖角的槽，示意图如图 6-144 所示。

a. 槽直径：生成外部槽时，指定槽的内径，而当生成内部槽时，指定槽的外径。

b. 宽度：槽的宽度，沿选定面的轴向测量。

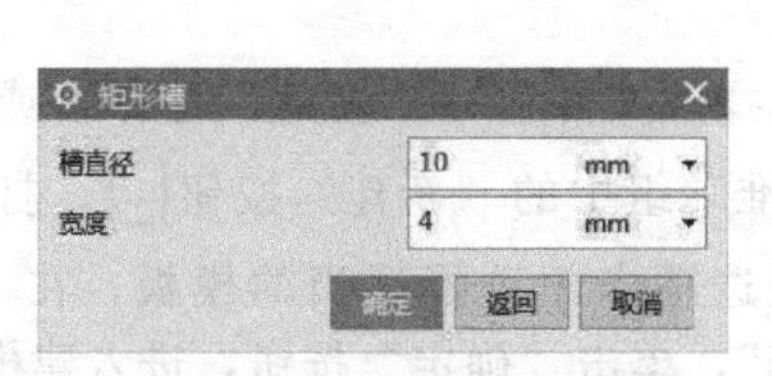

图 6-143　“矩形槽”对话框

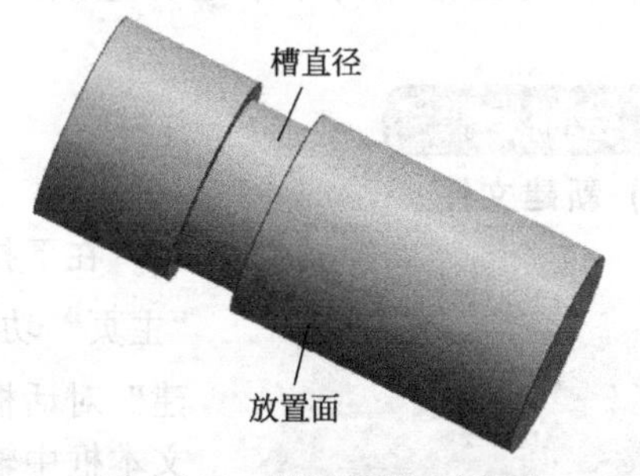

图 6-144　“矩形槽”示意图

② 球形端槽：选中该选项，在选定放置平面后系统会打开如图 6-145 所示的“球形端槽”对话框。该选项让用户生成底部有完整半径的槽，示意图如图 6-146 所示。

a. 槽直径：生成外部槽时，指定槽的内径，而当生成内部槽时，指定槽的外径。

b. 球直径：槽的宽度。

③ U 形槽：选中该选项，在选定放置平面后系统会打开如图 6-147 所示的“U 形槽”对话框。该选项让用户生成在拐角有半径的槽，示意图如图 6-148 所示。

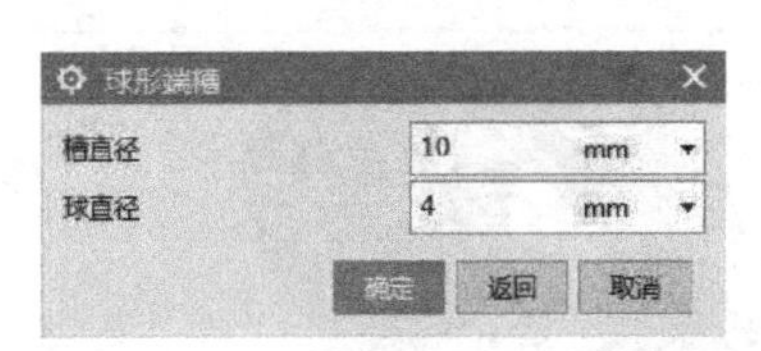

图 6-145 “球形端槽”对话框

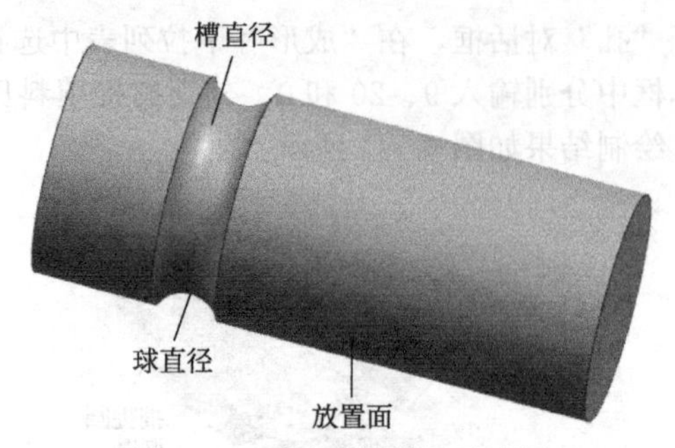

图 6-146 “球形端槽”示意图

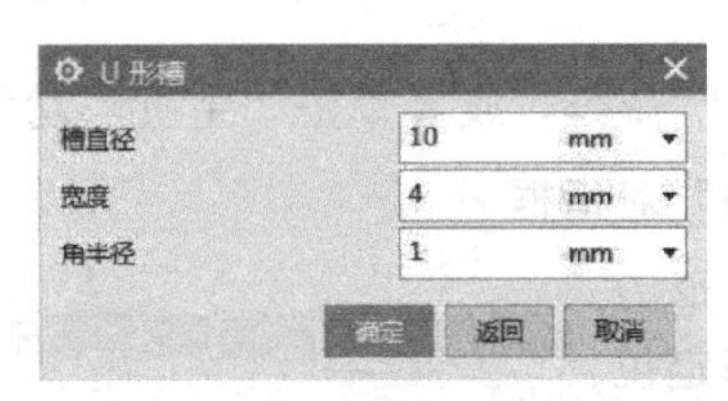

图 6-147 “U 形槽”对话框

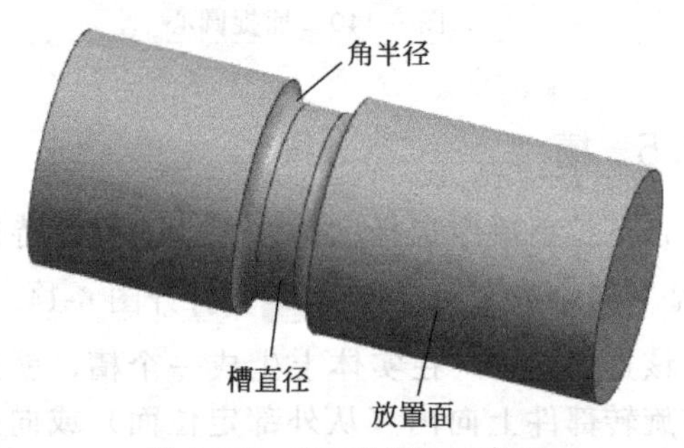

图 6-148 “U 形槽”示意图

a. 槽直径：生成外部槽时，指定槽的内部直径，而当生成内部槽时，指定槽的外部直径。

b. 宽度：槽的宽度，沿选择面的轴向测量。

c. 角半径：槽的内部圆角半径。

扫一扫，看视频

6.3.6 实例——阀盖 1

阀盖类似螺母，六角螺栓头由凸起、螺纹构成。六角螺栓头采用正六边形拉伸体与圆锥体的布尔运算生成，利用拉伸、凸起生成其他特征，结果如图 6-149 所示。

绘制步骤

(1) 新建文件

图 6-149 阀盖

在下拉菜单中选择“文件”→“新建”命令，或者单击“主页”功能区“标准”组中的“新建”按钮，打开“新建”对话框，在模型选项卡中选择适当的模板，在“名称”文本框中输入“fagai”，单击“确定”按钮，进入建模环境。

(2) 创建草图

在下拉菜单中选择“插入”→“在任务环境中绘制草图”命令，打开“创建草图”对话框，选择 XC-YC 平面为草图绘制面，单击“确定”按钮，进入草图绘制阶段，在下拉菜单中选择“插入”→“曲线”→“多边形”命令，或者单击“主页”功能区“曲线”组中的“多边形”按钮，打开图 6-150 所示的“多边形”对话框，绘制中心点在原点，外接圆半径为 16 的正六边形，结果如图 6-151 所示，单击“主页”功能区“草图”组中的“完成”按钮，返回建模模块。

图 6-150　“多边形”对话框

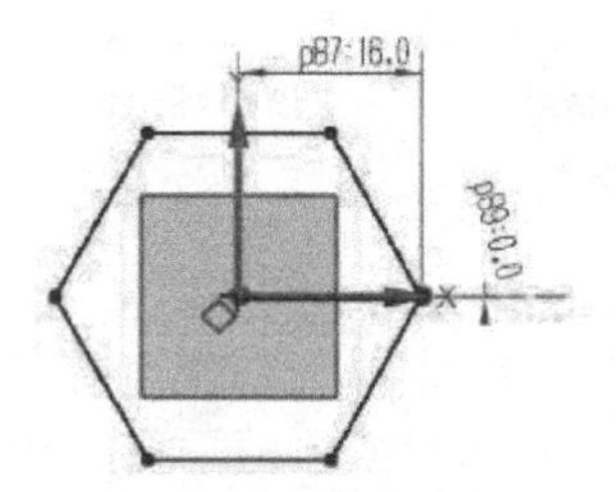

图 6-151　创建草图

(3) 创建拉伸实体

在下拉菜单中选择“插入”→“设计特征”→“拉伸”命令，或者单击“主页”功能区“特征”组中的“拉伸”按钮，打开“拉伸”对话框，如图 6-152 所示。选择上步创建的正六边形草图为拉伸曲线，在“指定矢量”下拉列表中选择“ZC 轴”，在“开始距离”和“结束距离”文本框中输入 0 和 5，单击“确定”按钮，完成拉伸实体的创建，绘制结果如图 6-153 所示。

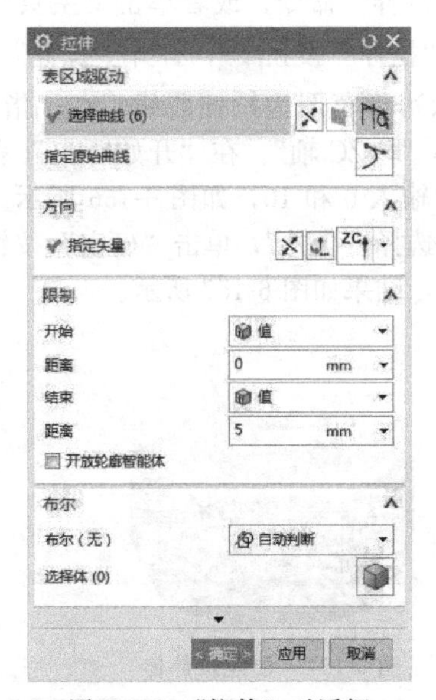

图 6-152　“拉伸”对话框

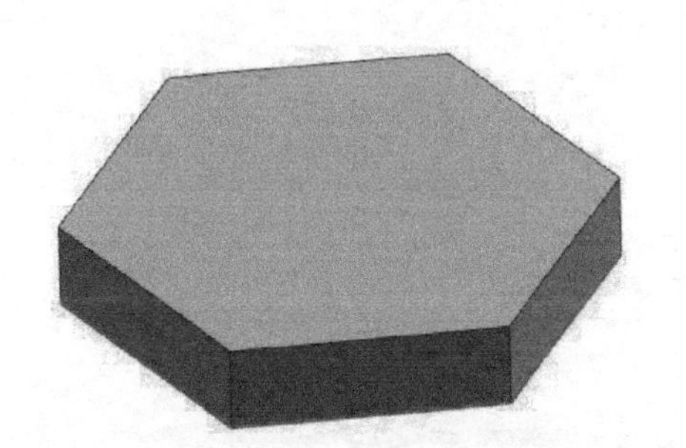

图 6-153　创建拉伸体

(4) 创建圆锥体

在下拉菜单中选择“插入”→“设计特征”→“圆锥”命令，或者单击“主页”功能区“特征”组中的“圆锥”按钮，打开“圆锥”对话框，如图 6-154 所示。在“类型”下拉列表中选择“直径和高度”，在“指定矢量”下拉列表中选择“ZC 轴”，在“底部直径”“顶部直径”和“高度”文本框中分别输入 32、0 和 30。单击“点对话框”按钮，打开“点”

对话框，设置圆锥体底面圆心点坐标为（0，0，0），单击“确定”按钮，返回到“圆锥”对话框，在“布尔”下拉列表中选择“相交”选项，使圆锥体与刚绘制的六棱柱体相交，单击“确定”按钮，完成圆锥体的创建，结果如图 6-155 所示。

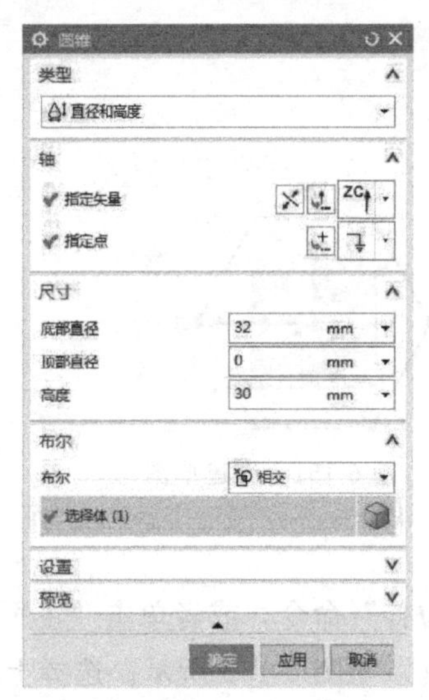

图 6-154 “圆锥”对话框

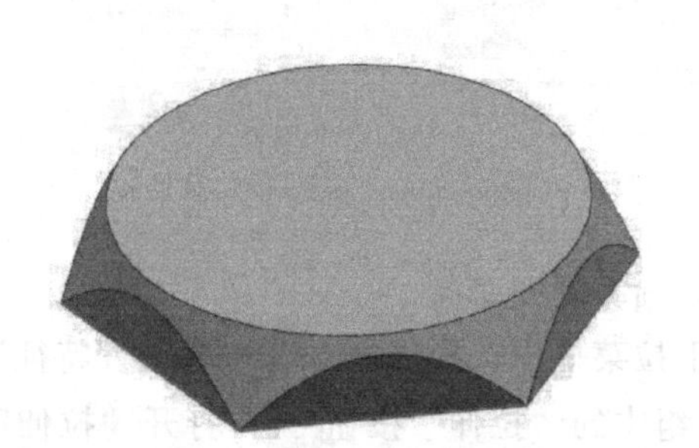

图 6-155 创建六角螺母

(5) 创建拉伸实体

在下拉菜单中选择“插入”→“设计特征”→“拉伸”命令，或者单击“主页”功能区“特征”组中的“拉伸”按钮，打开“拉伸”对话框，选择创建的正六边形草图为拉伸曲线，在“指定矢量”下拉列表中选择“－ZC 轴”。在“开始距离”和“结束距离”文本框中输入 0 和 10，如图 6-156 所示。在“布尔”下拉列表中选择“合并”，单击“确定”按钮，完成拉伸实体的创建，结果如图 6-157 所示。

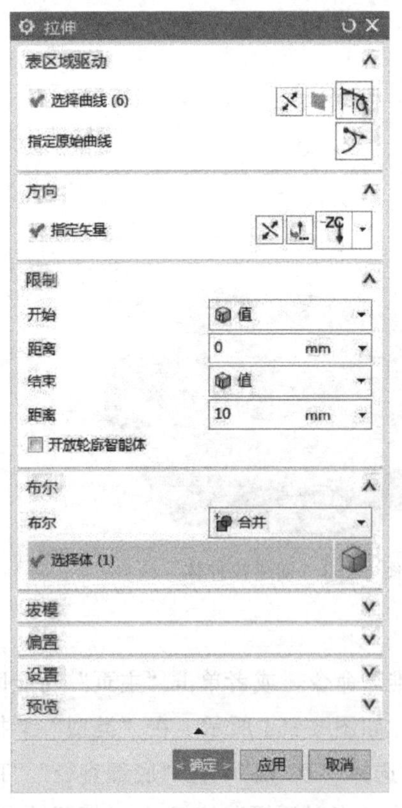

图 6-156 设定拉伸尺寸

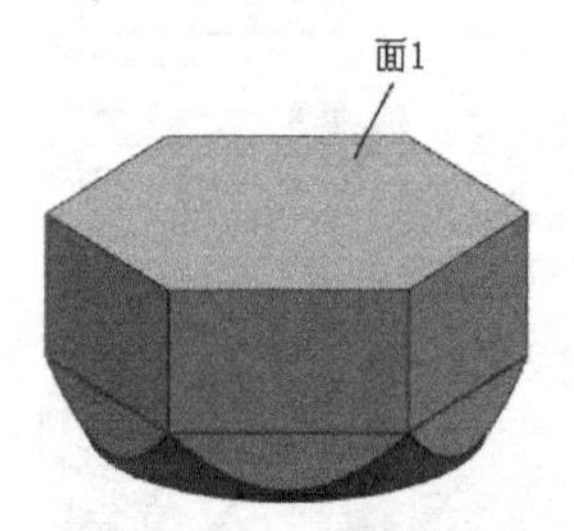

图 6-157 创建拉伸体

(6) 创建草图

在下拉菜单中选择“插入”→“在任务环境中绘制草图”命令，打开“创建草图”对话框，选择面 1 为草图绘制面，单击“确定”按钮，进入草图绘制阶段，绘制图 6-158 所示的草图，单击“主页”功能区“草图”组中的“完成”按钮，返回建模模块。

（7）创建拉伸

在下拉菜单中选择“插入”→“设计特征”→“拉伸”命令，或者单击“主页”功能区“特征”组中的“拉伸”按钮，打开图6-159所示“拉伸”对话框。选择上步创建的草图为拉伸曲线，在“指定矢量”下拉列表中选择“－ZC轴”，在“开始距离”和“结束距离”中输入0和5，在“布尔”下拉列表中选择“合并”，系统自动选择圆柱体，单击“确定”按钮，完成拉伸体的创建，如图6-160所示。

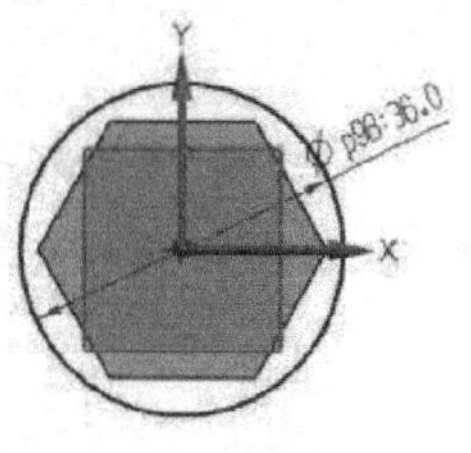

图6-158　绘制草图

图6-159　“拉伸”对话框

（8）创建草图

在下拉菜单中选择“插入”→“在任务环境中绘制草图”命令，打开图6-161所示“创建草图”对话框，选择面2为草图绘制面，单击“确定”按钮，进入草图绘制阶段，绘制如图6-162所示的草图，单击“主页”功能区“草图”组中的“完成”按钮，返回建模模块。

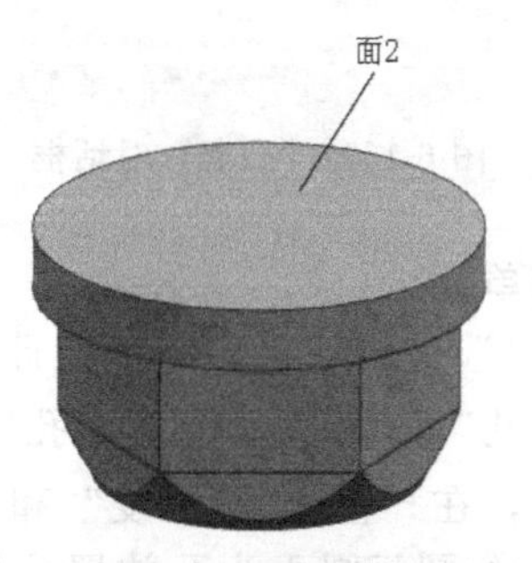

图6-160　创建拉伸

（9）创建凸起

在下拉菜单中选择“插入”→“设计特征”→“凸起”命令，或者单击“主页”功能区“特征”组中的“设计特征”库中的“凸起”按钮，打开“凸起”对话框，如图6-163所示，选择上一步创建的草图为要凸起的曲线，选择面2为要凸起的面，在“指定方向”下拉列表中选择“ZC轴”为凸起方向，在“距离”文本框中输入凸起的距离值12，单击“确定”按钮，完成凸起的创建，结果如图6-164所示。

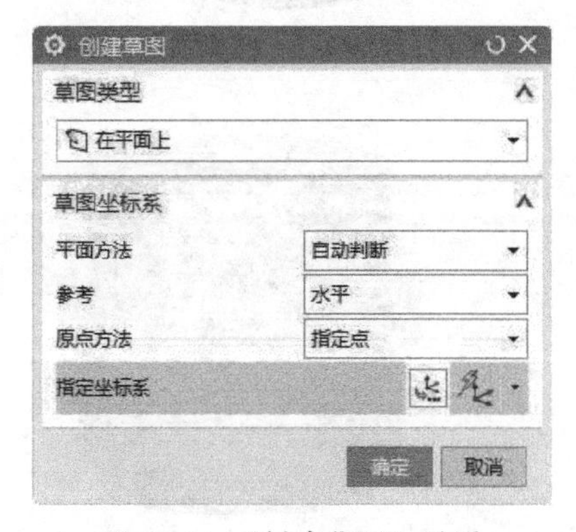

图6-161　“创建草图”对话

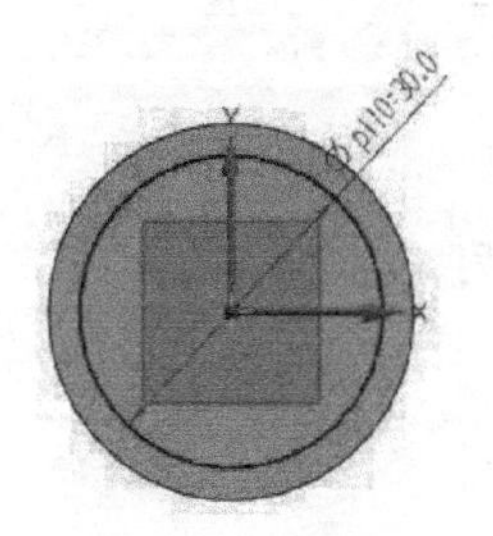

图6-162　创建草图

图 6-163 “凸起”对话框

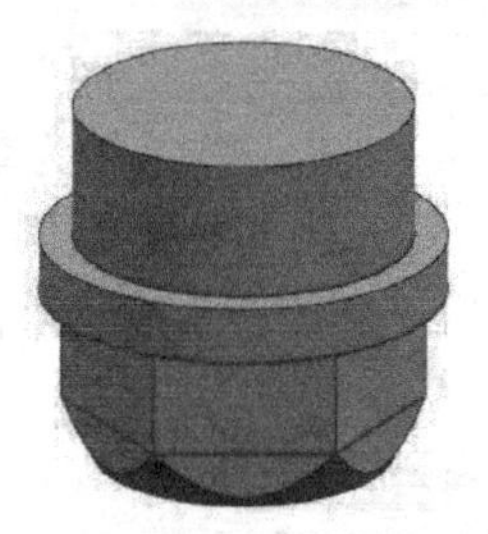

图 6-164 创建凸起

(10) 创建简单孔

在下拉菜单中选择“插入”→“设计特征”→“孔”命令，或者单击“主页”功能区“特征”组中的“孔”按钮，打开“孔”对话框，如图 6-165 所示。在“成形”下拉列表中选择“简单孔”，在“直径”“深度”和“顶锥角”文本框中分别输入 12、30 和 118。捕捉如图 6-166 所示的圆弧圆心为孔放置位置。单击“确定”按钮，完成孔的创建，结果如图 6-167 所示。

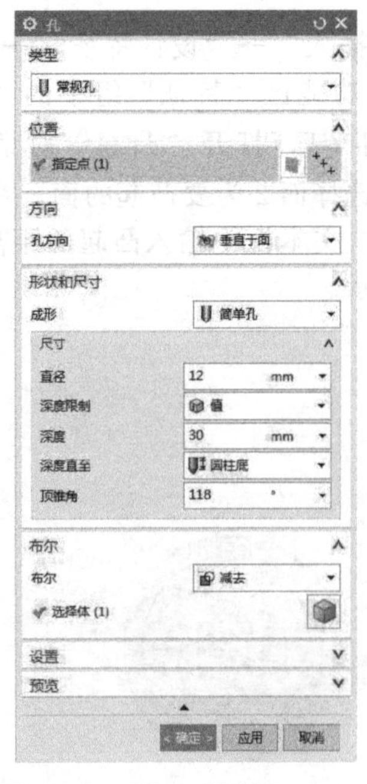

图 6-165 “孔”对话框

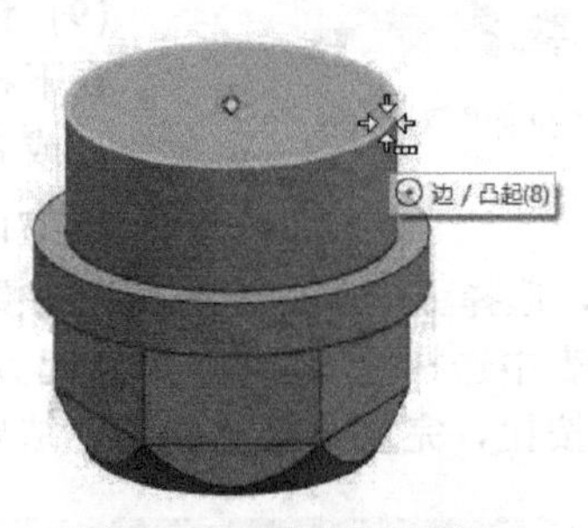

图 6-166 捕捉圆弧圆心

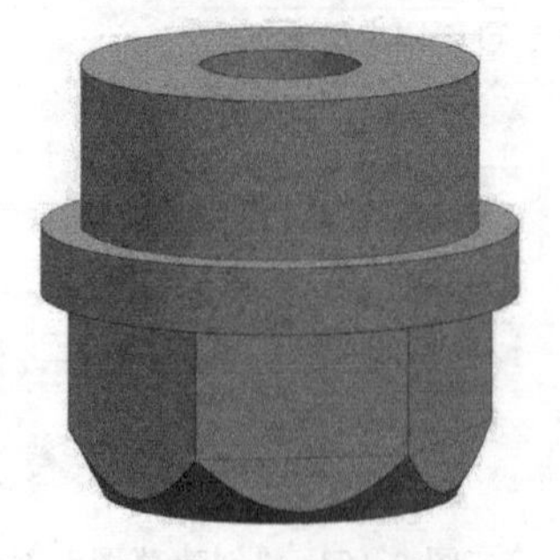

图 6-167 创建简单孔

(11) 创建槽

在下拉菜单中选择“插入”→“设计特征”→“槽”命令，或者单击“主页”功能区“特征”组中的“槽”按钮，打开“槽”对话框，如图 6-168 所示。单击“矩形”按钮，打开“矩形槽”对话框，选择创建的凸起的外环面为沟槽安装面。打开“矩形槽”对话框设定沟槽尺寸参数：槽直径为 26，宽度为 2，如图 6-169 所示。单击“确定”按钮，选择凸起的上端面边线，再选择槽的上侧端面边线，打开“创建表达式”对话框，设定定位距离为 10，如图 6-170 所示，单击“确定”按钮，完成槽的创建，结果如图 6-171 所示。

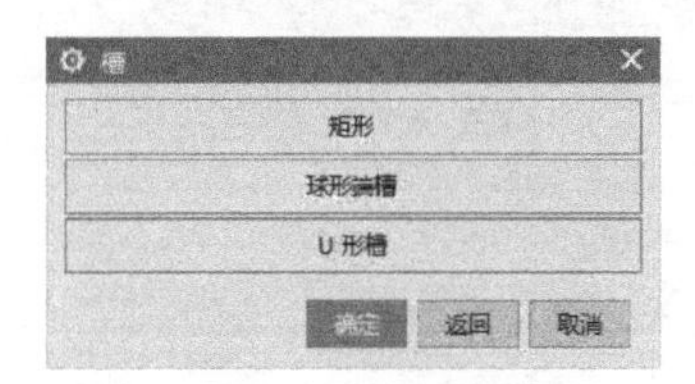

图 6-168　“槽”对话框

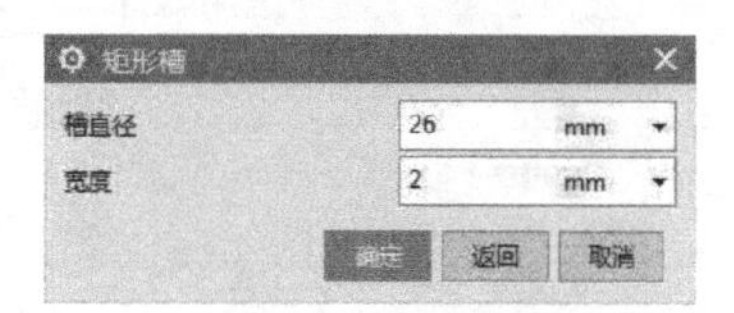

图 6-169　设定槽尺寸

图 6-170　设定定位距离

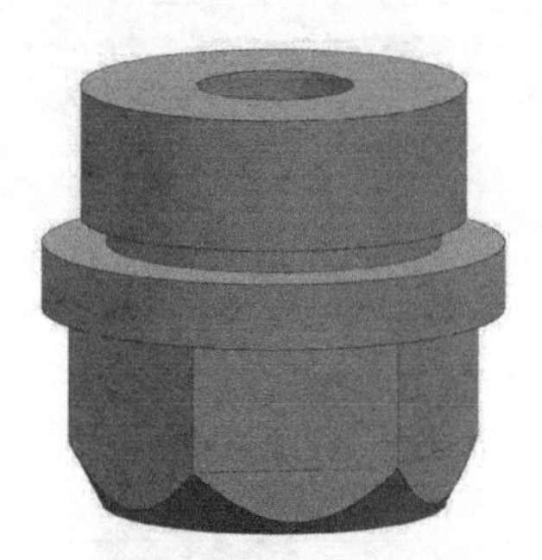

图 6-171　创建槽

6.3.7　螺纹

在下拉菜单栏中的选择“插入”→“设计特征”→“螺纹”命令，或者单击“主页”功能区“特征”组中的“设计特征”下拉菜单中的“螺纹”按钮，打开如图 6-172 所示“螺纹切削”对话框。该选项能在具有圆柱面的特征上生成符号螺纹或详细螺纹。这些特征包括孔、圆柱、凸起以及圆周曲线扫掠产生的减去或增添部分。

① 螺纹类型。

a. 符号：该类型螺纹以虚线圆的形式显示在要攻螺纹的一个或几个面上。符号螺纹使用外部螺纹表文件（可以根据特殊螺纹要求来定制这些文件），以确定默认参数。符号螺纹一旦生成就不能复制或阵列，但在生成时可以生成多个复制和可阵列复制。如图 6-173 所示。

b. 详细：该类型螺纹看起来更实际，如图 6-174 所示，但由于其几何形状及显示的复杂性，生成和更新都需要长得多的时间。详细螺纹使用内嵌的默认参数表，可以在生成后复制或引用。详细螺纹是完全关联的，如果特征被修改，螺纹也相应更新。

② 大径：为螺纹的最大直径。对于符号螺纹，提供默认值的是查找表。对于符号螺纹，这个直径必须大于圆柱面直径。只有当“手工输入”选项打开时才能在这个字段中为符号螺纹输入值。

③ 小径：螺纹的最小直径。

④ 螺距：从螺纹上某一点到下一螺纹的相应点之间的距离，平行于轴测量。

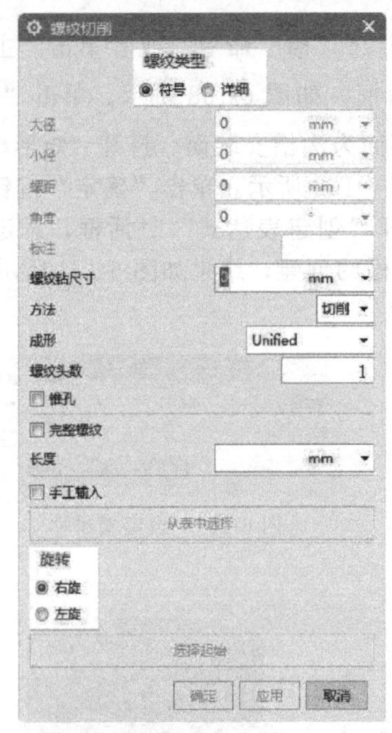

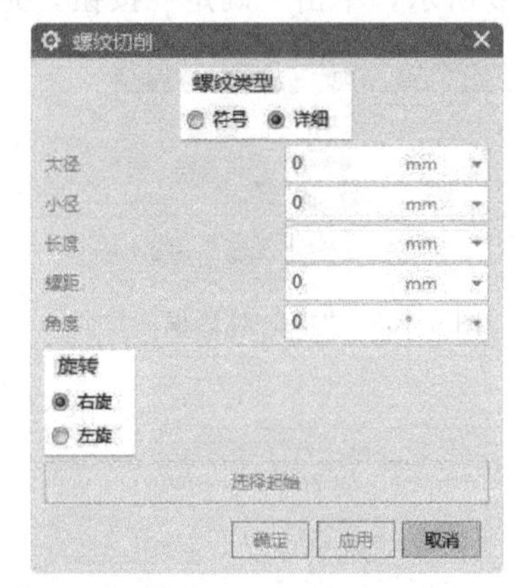

图 6-172 “螺纹切削”对话框

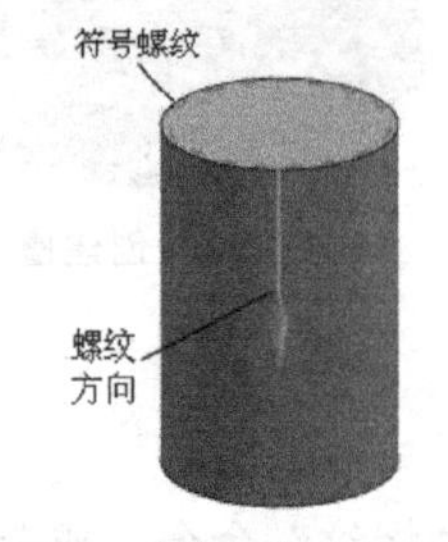

图 6-173 “符号螺纹”示意图

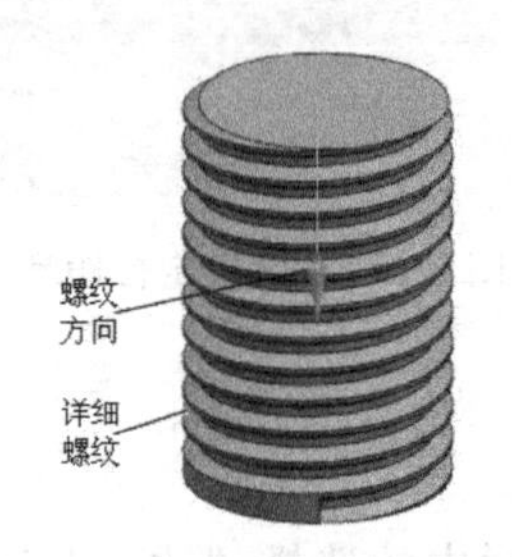

图 6-174 “详细螺纹”示意图

⑤ 角度：螺纹的两个面之间的夹角，在通过螺纹轴的平面内测量。

⑥ 标注：引用为符号螺纹提供默认值的螺纹表条目。当“螺纹类型”是“详细”，或者对于符号螺纹而言“手工输入”选项可选时，该选项不出现。

⑦ 螺纹钻尺寸：轴尺寸出现于外部符号螺纹；丝锥尺寸出现于内部符号螺纹。

⑧ 方法：该选项用于定义螺纹加工方法，如切削、轧制、研磨和铣削。选择可以由用户在用户默认值中定义，也可以不同于这些例子。该选项只出现于“符号”螺纹类型。

⑨ 螺纹头数：该选项用于指定是要生成单头螺纹还是多头螺纹。

⑩ 锥孔：勾选此复选框，则符号螺纹带锥度。

⑪ 完整螺纹：勾选此复选框，则当圆柱面的长度改变时符号螺纹将更新。

⑫ 长度：从选中的起始面到螺纹终端的距离，平行于轴测量。对于符号螺纹，提供默认值的是查找表。

⑬ 手工输入：该选项为某些选项输入值，否则这些值要由查找表提供。勾选此复选框，“从表格中选择”选项不能用。

⑭ 从表中选择：对于符号螺纹，该选项可以从查找表中选择标准螺纹表条目。

⑮ 旋转：用于指定螺纹应该是“右旋”的（顺时针）还是“左旋”的（反时针），示意图如图 6-175 所示。

⑯ 选择起始：该选项通过选择实体上的一个平面或基准面来为符号螺纹或详细螺纹指定新的起始位置，示意图如图 6-176 所示。单击此按钮，打开如图 6-177 所示“螺纹切削”对话框，在视图中选择起始面，打开如图 6-178 所示的“螺纹切削”对话框。

图 6-175　“旋转”示意图

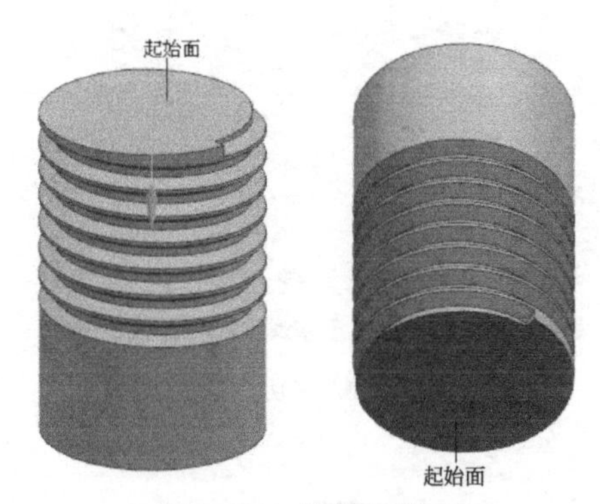

图 6-176　选择起始面

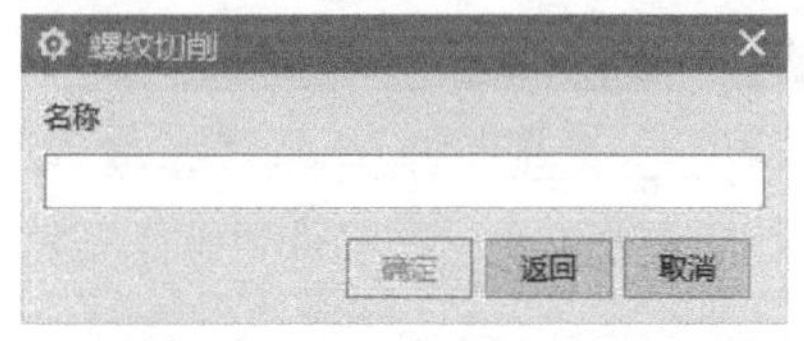

图 6-177　“螺纹切削”对话框

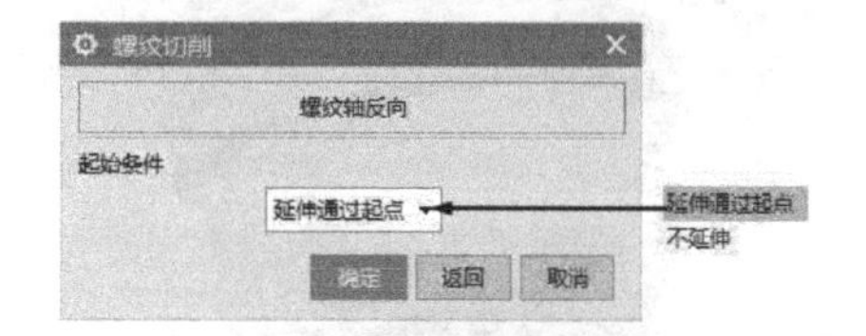

图 6-178　“螺纹切削”对话框

a. 螺纹轴反向：能指定相对于起始面攻螺纹的方向。
b. 延伸通过起点：使系统生成详细螺纹直至起始面以外。
c. 不延伸：使系统从起始面起生成螺纹。

扫一扫，看视频

6.3.8　实例——阀盖 2

在 6.3.6 节的基础上加上螺纹，完成阀盖的创建，如图 6-179 所示。

绘制步骤

（1）打开文件

在下拉菜单中选择“文件”→“打开”命令，或者单击“标准”工具栏中的“打开”按钮，打开“打开”对话框，打开 6.3.6 节绘制的阀盖文件。

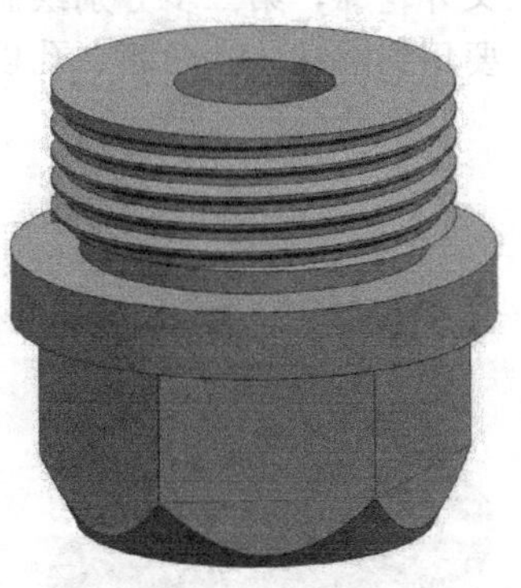

图 6-179　阀盖

（2）绘制外螺纹

在下拉菜单中选择“插入”→“设计特征”→“螺纹”命令，或者单击“主页”功能区“特征”组中的“螺纹刀”按钮，打开“螺纹切削”对话框，如图 6-180 所示。选择“详细”类型，选择凸起的外表面，更改外螺纹的尺寸参数：大径为 30，小径为 28，长度为 12，螺距 2，角度 60。单击“选择起始”按钮，打开图 6-181 所示的“螺纹切削”对话框，选择如图 6-182 所示的面为起始面，打开图 6-183 所示的“螺纹切削”对话框。单击“确定”按钮，完成外螺纹的创建，结果如图 6-179 所示。

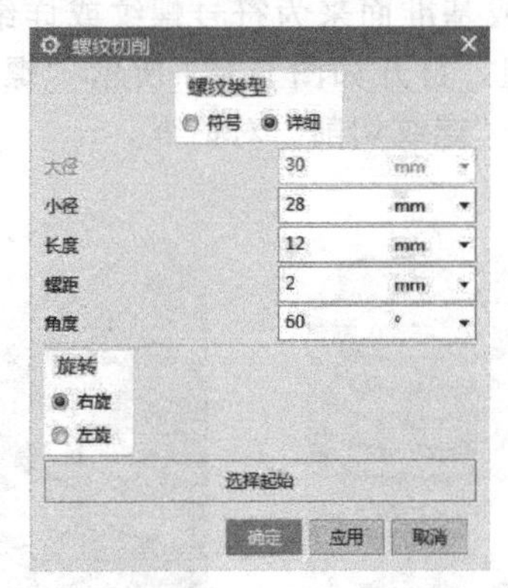

图 6-180 “螺纹切削”对话框

图 6-181 “螺纹切削”对话框

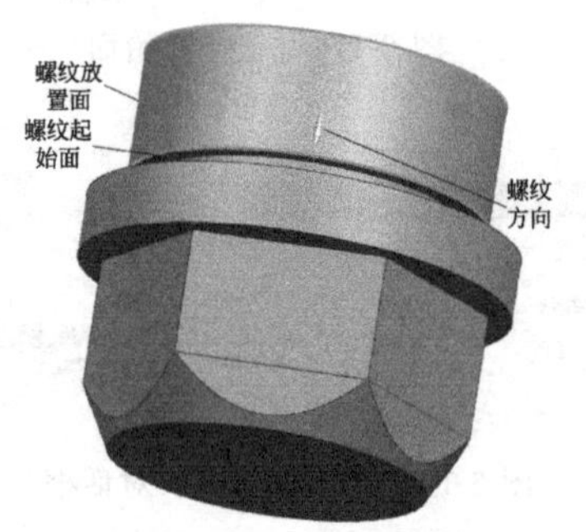

图 6-182 选择起始面

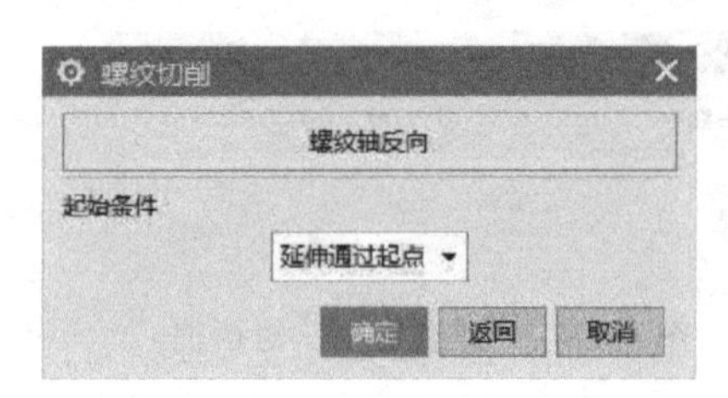

图 6-183 “螺纹切削”对话框

6.4 综合实例——阀体

扫一扫，看视频

阀体类似三叉导管，由一个主管和侧面垂直两个连接管构成，如图 6-184 所示。对阀体的绘制将分别按以下三步讲解：第一步绘制阀体的三叉外轮廓，第二步分别绘制三叉实体上的孔系，最后一步绘制两个连接外螺纹。因此本节主要用到圆柱体、凸起、孔以及螺纹等操作命令。

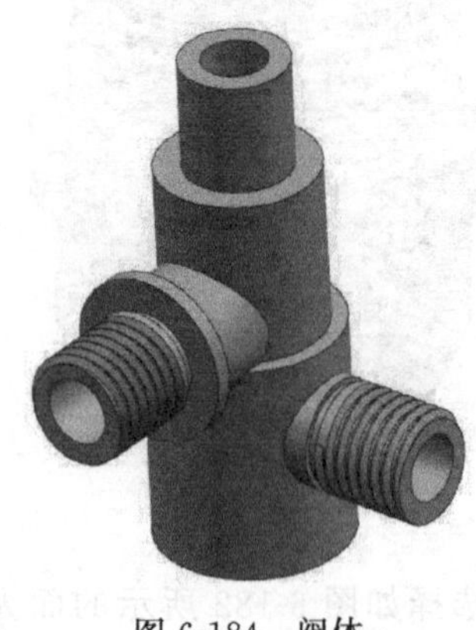

图 6-184 阀体

绘制步骤

(1) 新建文件

在下拉菜单中选择“文件”→“新建”命令，或者单击“主页”功能区“标准”组中的“新建”按钮，打开“新建”对话框，在模型选项卡中选择适当的模板，在“名称”文本框中输入“fati”，单击“确定”按钮，进入建模环境。

(2) 创建圆柱体

在下拉菜单中选择“插入”→“设计特征”→“圆柱”命令，或者单击“主页”功能区“特征”组中的“圆柱”按钮，打开“圆柱”对话框，如图 6-185 所示。在“类型”下拉列表中选择“轴、直径和高度”，在“直径”和“高度”文本框中分别输入 36 和 40。单击“确定”按钮，完成圆柱体的创建，结果如图 6-186 所示。

图 6-185　“圆柱”对话框

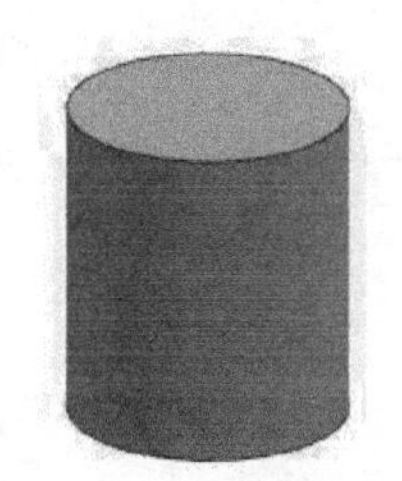

图 6-186　创建圆柱体

(3) 创建草图

在下拉菜单中选择“插入”→“在任务环境中绘制草图”命令，打开图 6-187 所示“创建草图”对话框，选择圆柱顶面为草图绘制面，单击“确定”按钮，进入草图绘制阶段，绘制如图 6-188 所示的草图，单击“主页”功能区“草图”组中的“完成”按钮，返回建模模块。

图 6-187　“创建草图”对话框

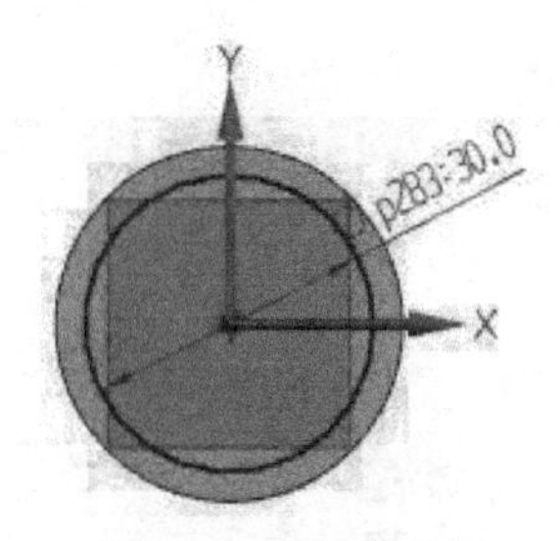

图 6-188　创建草图

(4) 创建凸起 1

在下拉菜单中选择“插入”→“设计特征”→“凸起”命令，或者单击“主页”功能区“特征”组中的“设计特征”库中的“凸起”按钮，打开“凸起”对话框，如图 6-189 所示，选择上一步创建的草图为要凸起的曲线，选择圆柱体的上端面为要凸起的面，在“指定方向”下拉列表中选择“ZC 轴”，在“距离”文本框中输入凸起的距离值 30，单击“确定”按钮，完成凸起 1 的创建，结果如图 6-190 所示。

(5) 创建凸起 2

按照上边创建的凸起的方法，在绘制的凸起的顶端面上创建直径为 20、高度为 20 的凸起 2，结果如图 6-191 所示。

(6) 创建基准平面 1

在下拉菜单中选择“插入”→“基准/点”→“基准平面”命令，或者单击“主页”功能区“特征”组中的“基准/点下拉菜单”中的“基准平面”按钮，打开图 6-192 所示的“基准平面”对话框，在“类型”下拉列表中选择“YC-ZC 平面”，单击“确定”按钮，完成基准平面的创建，如图 6-193 所示。

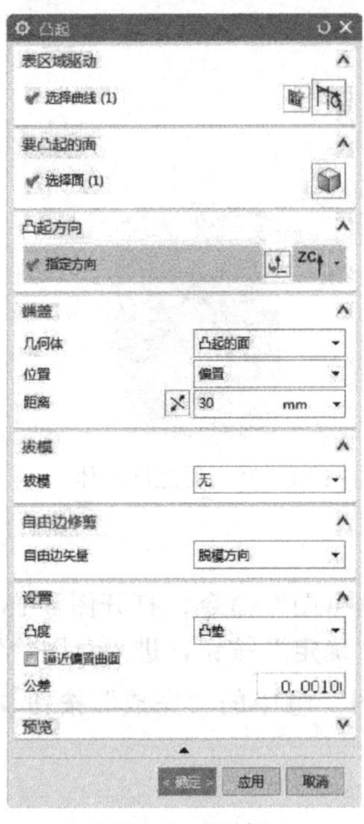

图 6-189 “凸起”对话框

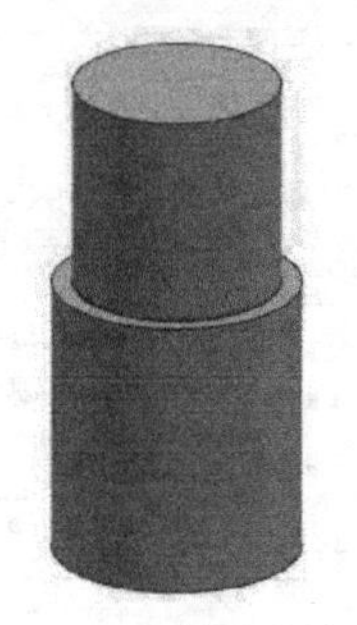

图 6-190 创建凸起 1

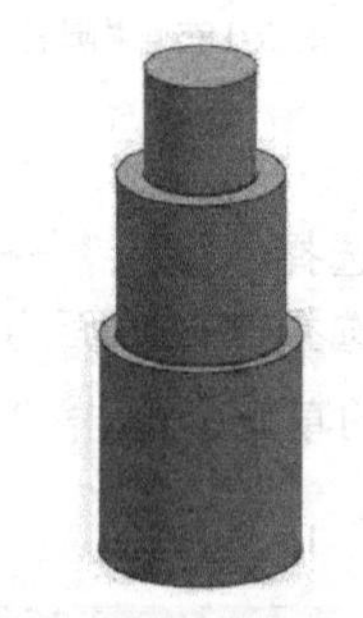

图 6-191 创建凸起 2

图 6-192 “基准平面”对话框

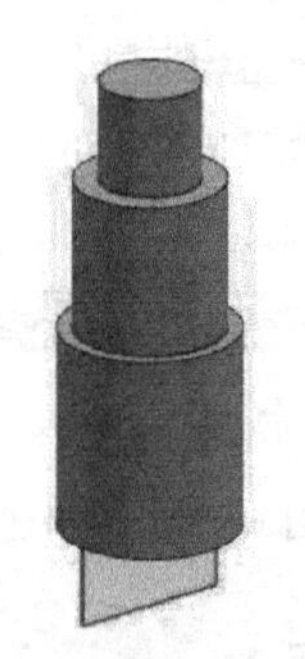

图 6-193 创建基准平面 1

(7) 创建草图

在下拉菜单中选择“插入”→“在任务环境中绘制草图”命令，打开图 6-194 所示“创建草图”对话框，选择基准平面 1 为草图绘制面，单击“确定”按钮，进入草图绘制阶段，绘制如图 6-195 所示的草图，单击“主页”功能区“草图”组中的“完成”按钮，返回建模模块。

(8) 创建拉伸特征 1

在下拉菜单中选择“插入”→“设计特征”→“拉伸”命令，或者单击“主页”功能区“特征”组中的“拉伸”按钮，打开如图 6-196 所示“拉伸”对话框。选择上步创建的草图为拉伸曲线，在“指定矢量”下拉列表中选择“XC 轴”，在“开始距离”和“结束距离”中分别输入 0 和 40，在“布尔”下拉列表中选择“合并”，系统自动选择圆柱体，单击“确定”按钮，完成拉伸特征 1 的创建，如图 6-197 所示。

图 6-194　“创建草图”对话框

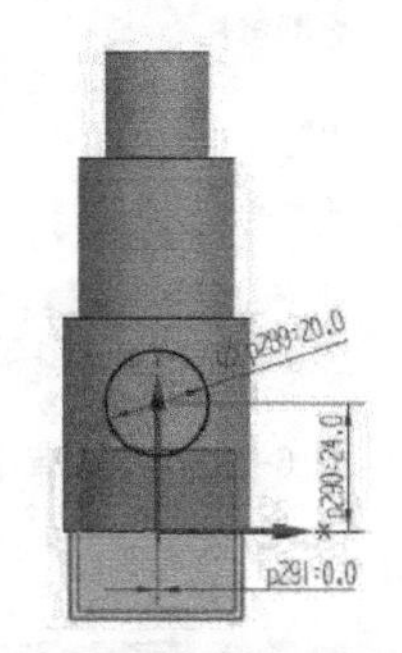

图 6-195　创建草图

图 6-196　“拉伸”对话框

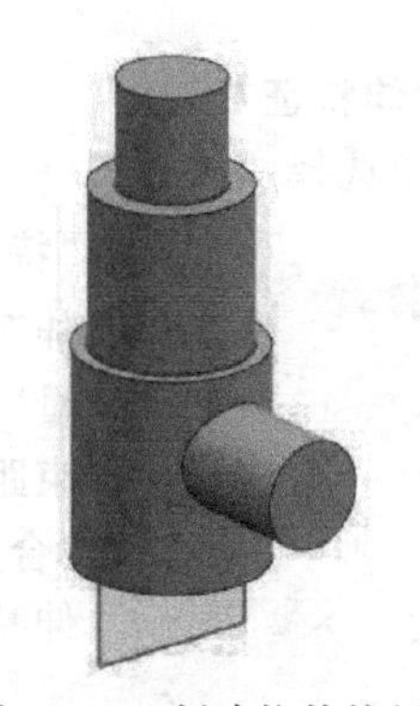

图 6-197　创建拉伸特征 1

（9）创建基准平面 2

在下拉菜单中选择“插入”→“基准/点”→“基准平面”命令，或者单击“主页”功能区“特征”组中的“基准/点下拉菜单”中的“基准平面”按钮，打开图 6-198 所示的“基准平面”对话框，在“类型”下拉列表中选择“XC-ZC 平面”，单击“确定”按钮，完成基准平面 2 的创建，如图 6-199 所示。

（10）创建草图

在下拉菜单中选择“插入”→“在任务环境中绘制草图”命令，打开图 6-200 所示“创建草图”对话框，选择基准平面 2 为草图绘制面，单击“确定”按钮，进入草图绘制阶段，绘制如图 6-201 所示的草图，单击“主页”功能区“草图”组中的“完成”按钮，返回建模模块。

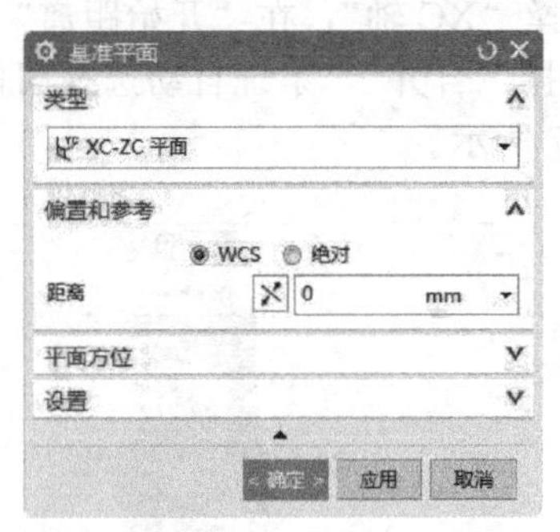

图 6-198 “基准平面”对话框

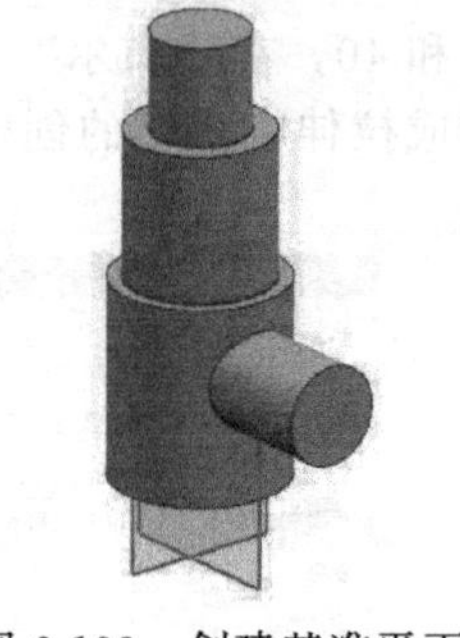

图 6-199 创建基准平面 2

图 6-200 “创建草图”对话框

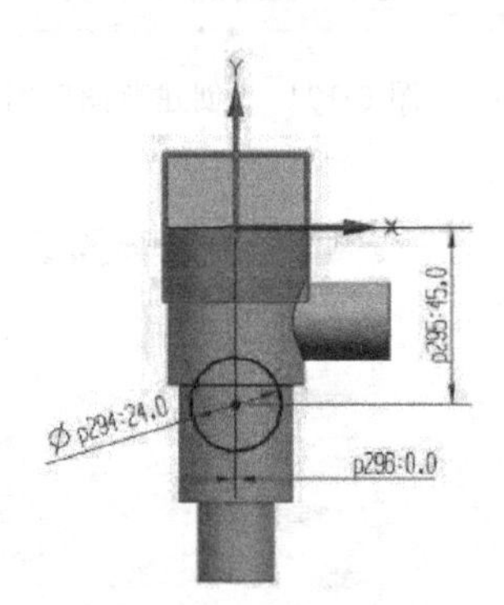

图 6-201 绘制草图

(11) 创建拉伸特征 2

在下拉菜单中选择“插入”→“设计特征”→“拉伸”命令，或者单击“主页”功能区“特征”组中的“拉伸”按钮，打开图 6-202 所示“拉伸”对话框。选择上步创建的草图为拉伸曲线，在“指定矢量”下拉列表中选择“－YC 轴”，在“开始距离”和“结束距离”中分别输入 0 和 24，在“布尔”下拉列表中选择“合并”，系统自动选择圆柱体，单击“确定”按钮，完成拉伸特征 2 的创建，如图 6-203 所示。

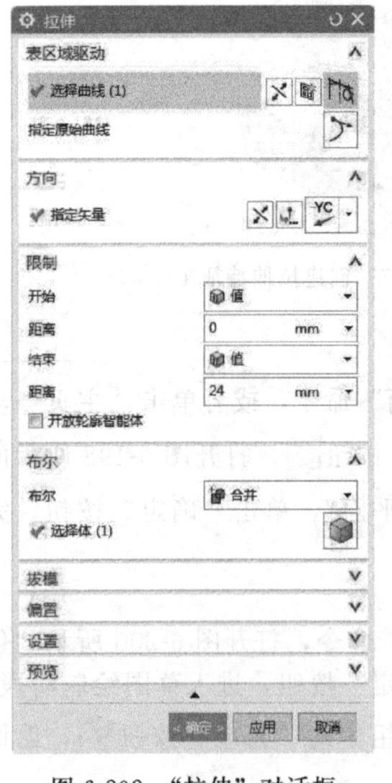

图 6-202 “拉伸”对话框

(12) 创建拉伸特征 3 和拉伸特征 4

按照上边创建拉伸特征 2 的方法在拉伸特征 2 上端面上创建直径为 30、结束距离为 3 的同轴的拉伸特征 3。在拉伸特征 3 上端面上创建直径为 20、结束距离为 20 的同轴的拉伸特征 4，结果如图 6-204 所示。

(13) 创建阀体下方沉头孔

在下拉菜单中选择“插入”→“设计特征”→“孔”命令，或者单击“主页”功能区“特征”组中的“孔”按钮，打开“孔”对话框，如图 6-205 所示。在“成形”下拉列表者选择“沉头”，在“沉头直径”“沉头深度”“直径”“深度”和“顶锥角”文本框中分别输入 28、35、18、65 和 0。捕捉如图 6-206 所示的圆心为孔放置位置，单击“确定”按钮，完成沉头孔的创建，结果如图 6-207 所示。

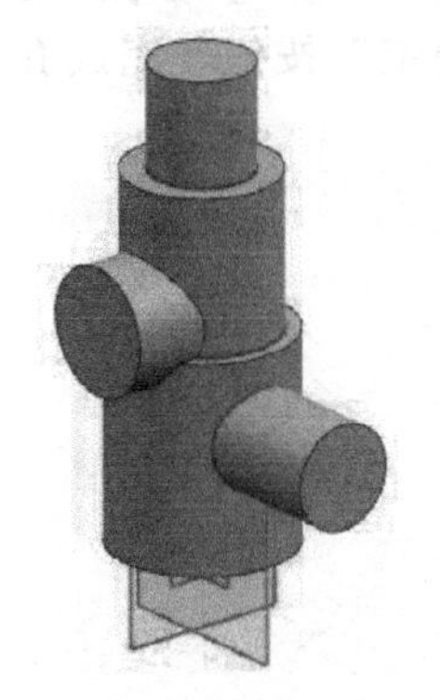

图 6-203　创建拉伸特征 2

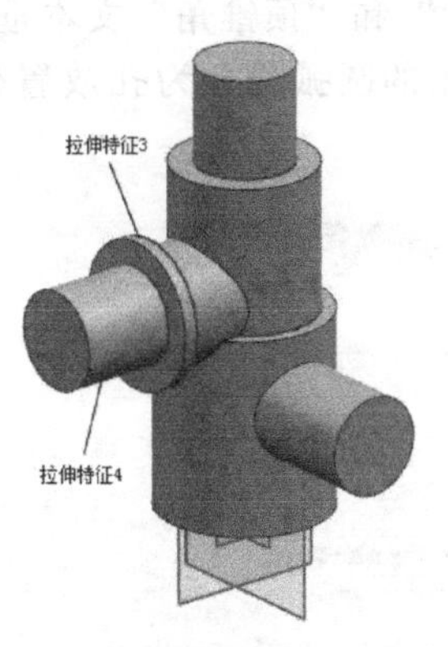

图 6-204　创建拉伸特征 3 和拉伸特征 4

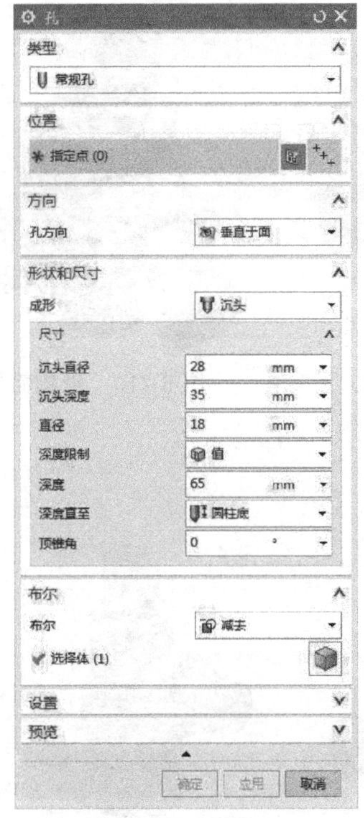

图 6-205　“孔”对话框

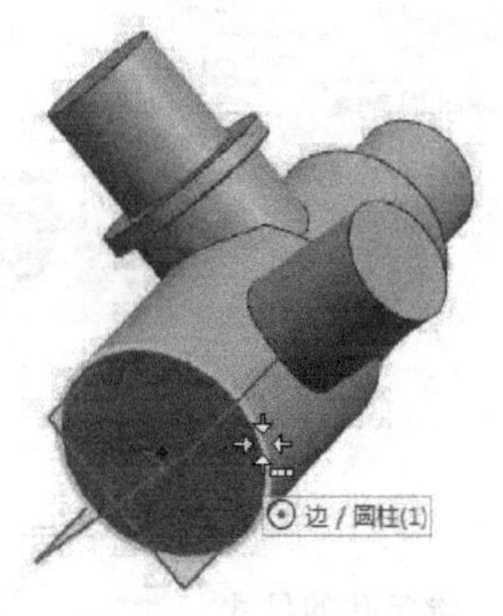

图 6-206　捕捉圆心

图 6-207　创建沉头孔

(14) 创建阀体上方通孔

在下拉菜单中选择“插入”→“设计特征”→“孔”命令，或者单击“主页”功能区“特征”组中的“孔”按钮，打开“孔”对话框，在“成形”下拉列表中选择“简单孔”，在“直径”“深度”和“顶锥角”文本框中分别输入 12、30 和 0，如图 6-208 所示。捕捉如图 6-209 所示的圆弧圆心为孔放置位置，单击“确定”按钮，完成孔的创建，结果如图 6-210 所示。

(15) 创建阀体侧面拉伸体的通孔

在下拉菜单中选择“插入”→“设计特征”→“孔”命令，或者单击“主页”功能区“特征”组中的“孔”按钮，打开“孔”对话框，在“成形”下拉列表中选择“简单孔”，在“直径”“深度”和“顶锥角”文本框中分别输入12、50和0，如图6-211所示。分别捕捉如图6-212所示的圆弧圆心为孔放置位置，单击“确定”按钮，完成孔的创建，结果如图6-213所示。

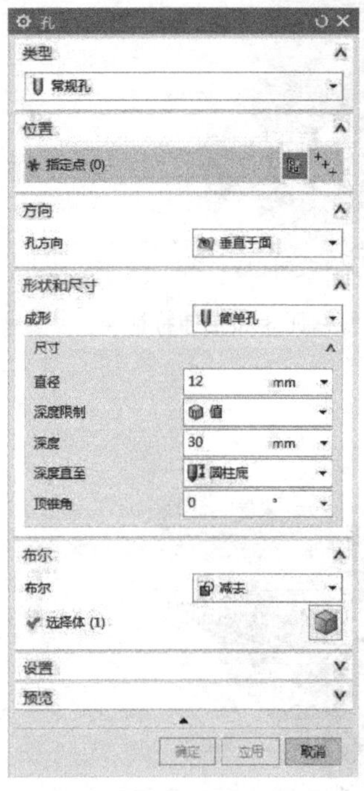

图6-208　设定孔的尺寸

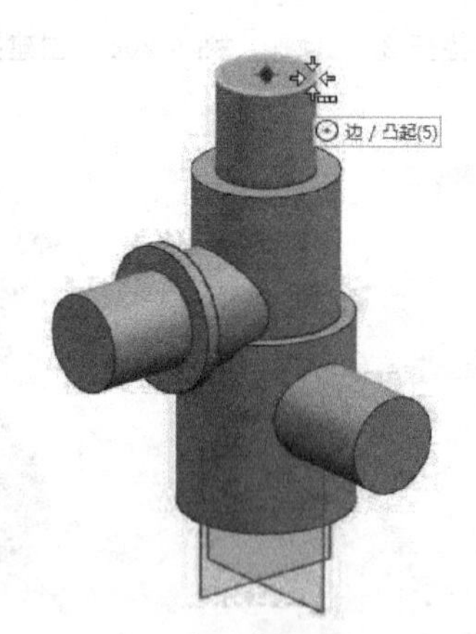

图6-209　捕捉圆心

图6-210　创建简单孔

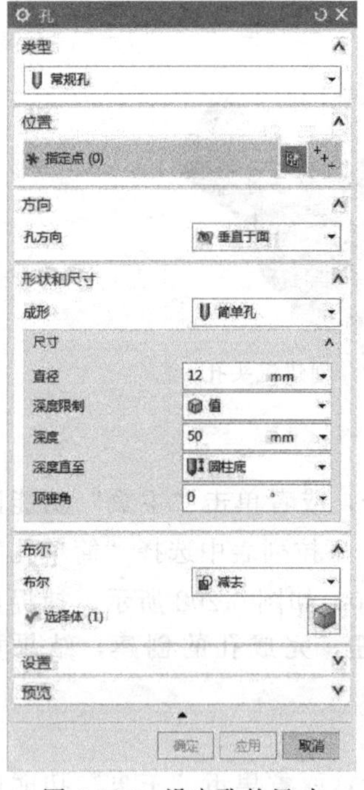

图6-211　设定孔的尺寸

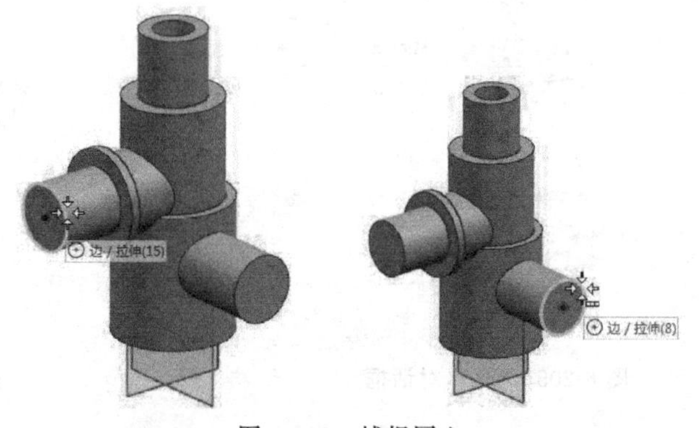

图6-212　捕捉圆心

(16) 创建内螺纹

在下拉菜单中选择“插入”→“设计特征”→“螺纹”命令，或者单击“主页”功能区“特征”组中的“螺纹”按钮，打开“螺纹切削”对话框，如图6-214所示。选择“详细”类型，单击阀体下方沉头孔的内壁，如图6-215所示，系统会自动匹配内螺纹的尺寸参数：大径为30，长度为15，螺距2，角度60。单击“确定”按钮，完成内螺纹的绘制，结果如图6-216所示。

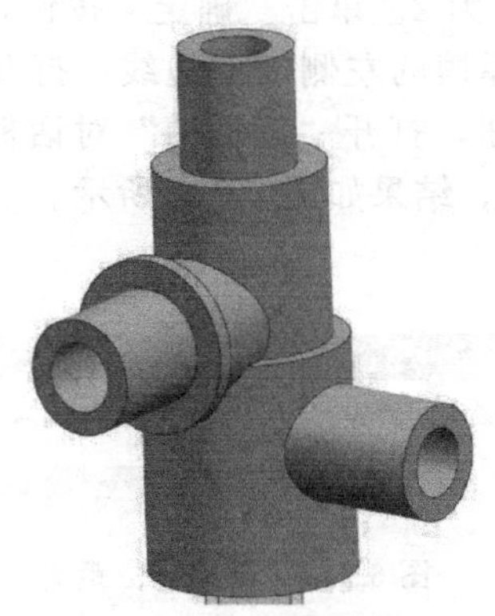

图 6-213 创建简单孔

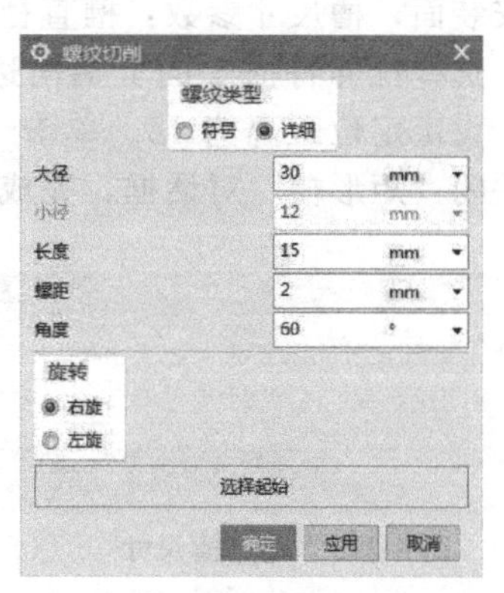

图 6-214 “螺纹切削”对话框

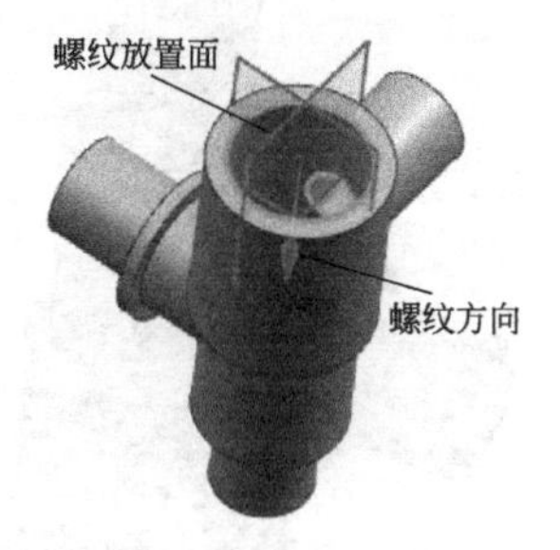

图 6-215 选择螺纹放置面

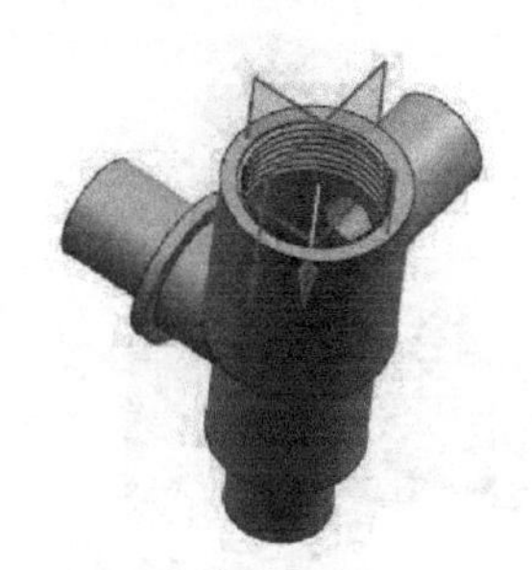

图 6-216 创建螺纹

(17) 创建槽 1

在下拉菜单中选择“插入”→“设计特征”→“槽”命令，或者单击“主页”功能区“特征”组中的“槽”按钮，打开“槽”对话框，如图 6-217 所示。单击“矩形”按钮，打开“矩形槽”对话框，如图 6-218 所示。选择拉伸特征 4 的外环面为槽安装面。打开“矩形槽”对话框设定沟槽尺寸参数：槽直径为 18，宽度为 2，如图 6-219 所示。单击“确定”按钮，打开“定位槽”对话框，选择拉伸特征 4 的上端面边线，再选择槽的右侧端面边线，打开“创建表达式”对话框，设定定位距离为 18，如图 6-220 所示。单击“确定”按钮，打开“矩形槽”对话框，单击“取消”按钮，关闭“矩形槽”对话框，完成槽 1 的绘制，结果如图 6-221 所示。

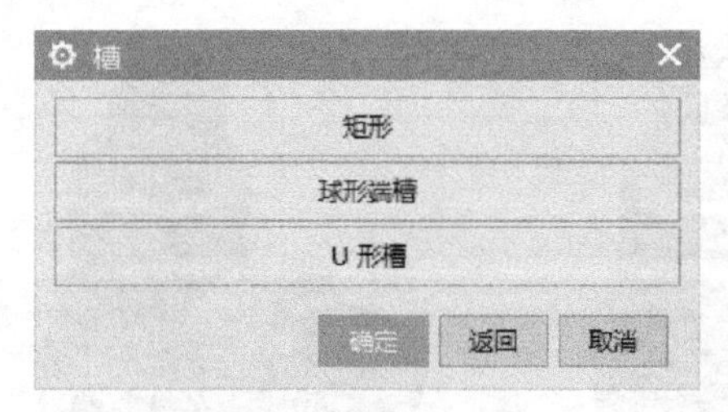

图 6-217 “槽”对话框

图 6-218 “矩形槽”对话框

(18) 创建槽 2

在下拉菜单中选择“插入”→“设计特征”→“槽”命令，或者单击“主页”功能区“特征”组中的“槽”按钮，打开“槽”对话框，采用“矩形”模式，选择拉伸特征 1 的外表面为槽安装面，槽尺寸参数：槽直径为 18，宽度为 2。单击“确定”按钮，打开“定位槽”对话框，选择拉伸特征 1 的上端面边线，再选择槽的左侧端面边线，打开“创建表达式”对话框，设定定位距离为 18。单击“确定”按钮，打开“矩形槽”对话框，单击“取消”按钮，关闭“矩形槽”对话框，完成槽 2 的绘制，结果如图 6-222 所示。

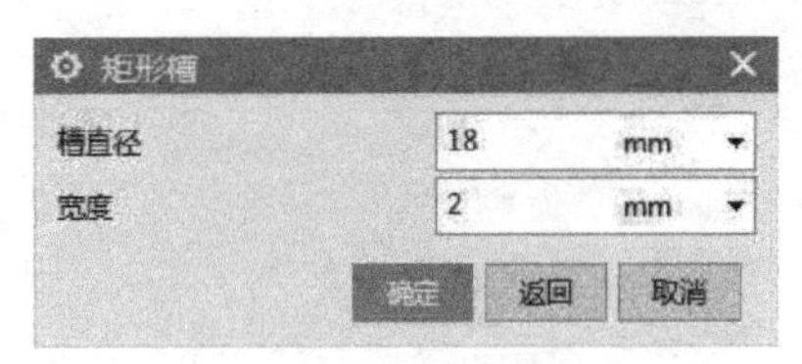

图 6-219　设定槽尺寸

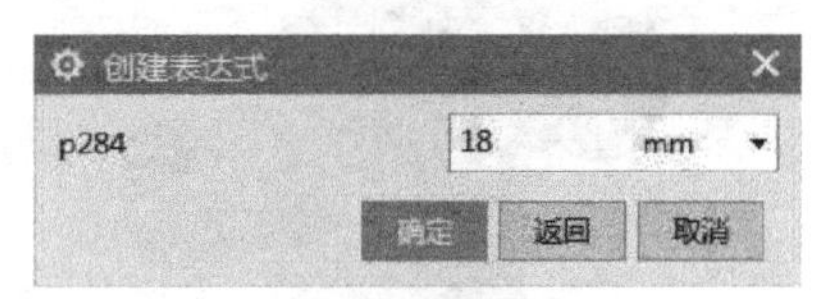

图 6-220　设定定位距离

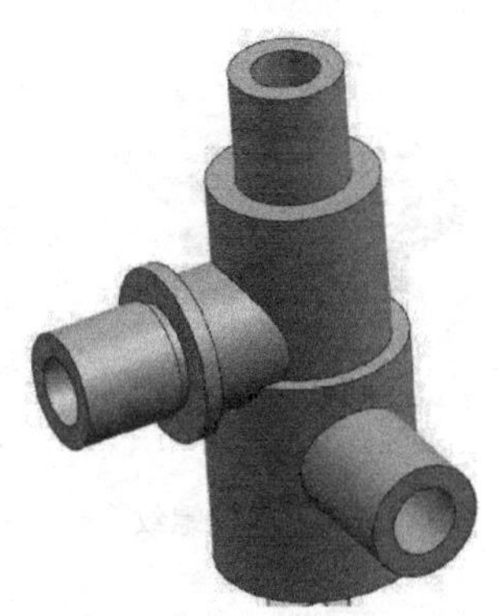
图 6-221　创建槽 1

图 6-222　创建槽 2

(19) 创建外螺纹 1

在下拉菜单中选择“插入”→“设计特征”→“螺纹”命令，或者单击“主页”功能区“特征”组中的“螺纹”按钮，打开“螺纹切削”对话框，如图 6-223 所示。选择“详细”选项，选择如图 6-224 所示的拉伸特征 4 的外壁为螺纹放置面，系统会自动匹配外螺纹的尺寸参数：小径为 17.5，长度为 18，螺距 2.5，角度 60。单击“确定”按钮，完成外螺纹 1 的绘制，结果如图 6-225 所示。

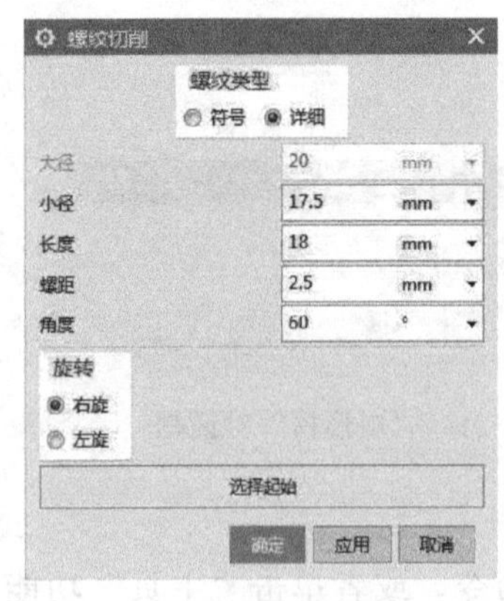

图 6-223　“螺纹切削”对话框

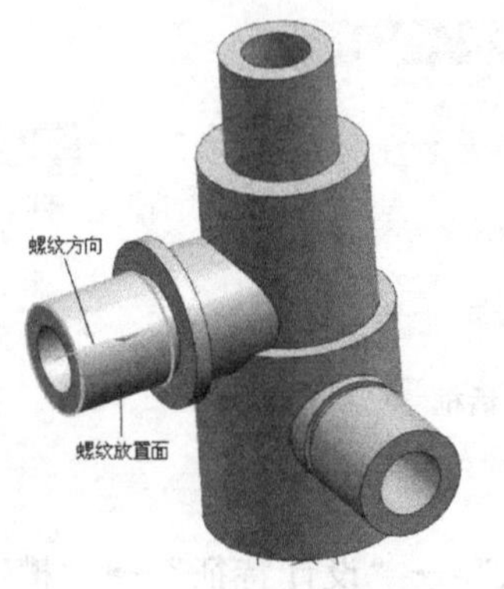

图 6-224　选择螺纹放置面

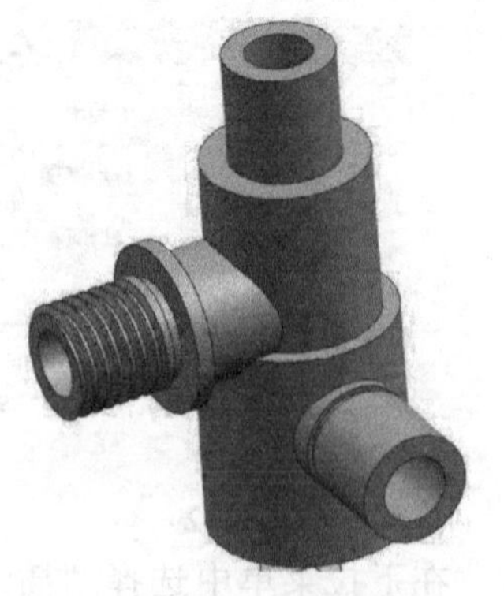
图 6-225　创建外螺纹 1

(20) 创建外螺纹 2

在下拉菜单中选择“插入”→“设计特征”→“螺纹”命令，或者单击“主页”功能区“特征”组中的“螺纹”按钮，打开图 6-226 所示的“螺纹切削”对话框，选择如图 6-227 所示的拉伸特征 1 的外圆面为螺纹放置面，尺寸参数：小径为 17.5，长度为 18，螺距 2.5，角度 60，如图 6-226 所示。单击“确定”按钮，完成外螺纹 2 的绘制，结果如图 6-184 所示。

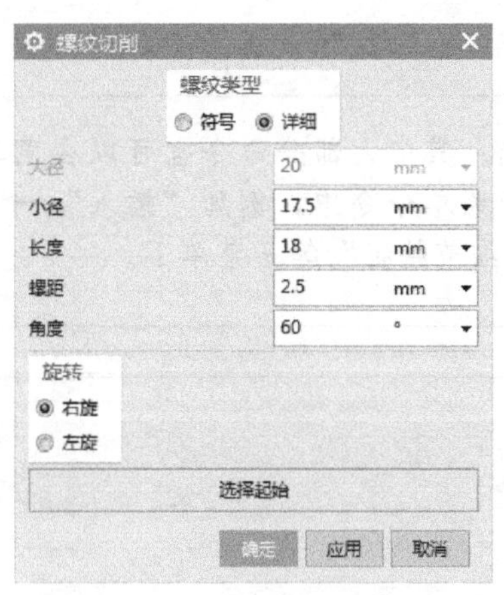

图 6-226 “螺纹切削”对话框

图 6-227 选择螺纹放置面

第7章　特征操作

本章导读

特征操作是在特征建模基础上的进一步细化。其中大部分命令也可以在菜单栏中找到，只是 UG NX 12.0 中已将其分散在很多子菜单命令中，例如“插入”→“关联复制”和“插入”→“修剪”以及“插入”→“细节特征”等子菜单下。

内容要点

- 细节特征
- 关联复制特征
- 偏置/缩放特征
- 修剪
- 综合实例——泵体

7.1　细节特征

本节主要介绍细节特征子菜单中的特征。

7.1.1　边倒圆

在下拉菜单中选择“插入”→“细节特征”→“边倒圆”命令，或者单击“主页”功能区“特征”组中的“边倒圆”按钮，打开图 7-1 所示的“边倒圆”对话框。该选项能通过对选定的边进行倒圆来修改一个实体，示意图如图 7-2 所示。

图 7-1　“边倒圆”对话框

对话框各选项功能如下：

① 边：选择要倒圆角的边，在打开的浮动对话栏中输入想要的半径值（它必须是正值）即可。圆角沿着选定的边生成。

② 变半径：通过沿着选中的边缘指定多个点并输入每一个点上的半径，可以生成一个可变半径圆角，对话框如图 7-3 所示，从而生成了一个半径沿着其边缘变化的圆角，示意图如图 7-4 所示。

选择倒角的边，可以通过弧长取点，如图 7-5 所示。每一处边倒角系统都设置了对应的表达式，用户可以通过它进行倒角半径的调整。当在可变窗口区选取某点进行编辑时（右击即可通过“移除”来删除点），在工作绘图区系统显示对应点，可以动态调整。

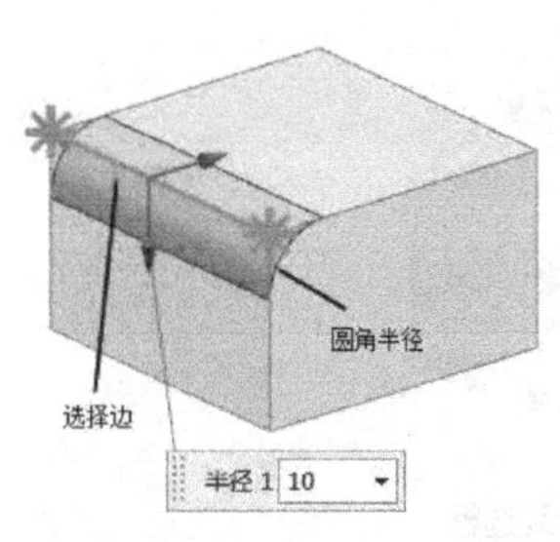

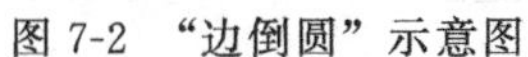

图 7-2 “边倒圆”示意图

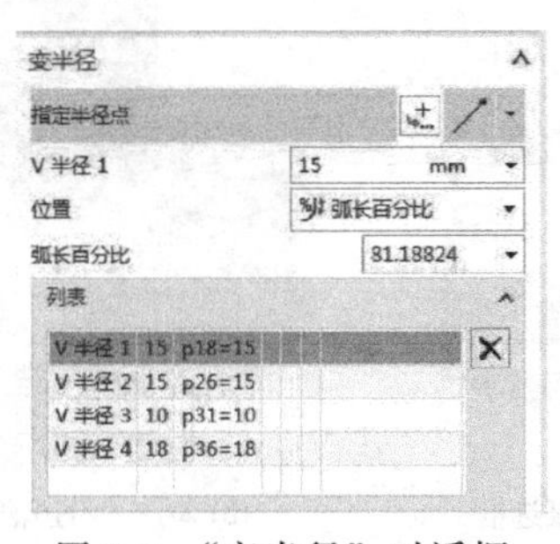

图 7-3 “变半径”对话框

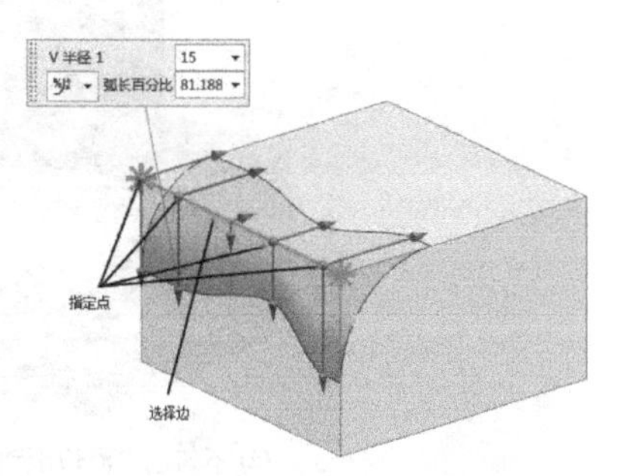

图 7-4 “变半径”示意图

③ 拐角倒角：该选项可以生成一个拐角圆角，业内称为球状圆角。该选项用于指定所有圆角的偏置值（这些圆角一起形成拐角），从而能控制拐角的形状。拐角的用意是作为非类型表面钣金冲压的一种辅助，并不意味着要用于生成曲率连续的面。

④ 拐角突然停止：该选项通过添加中止倒角点，来限制边上的倒角范围，示意图如图 7-6 所示。

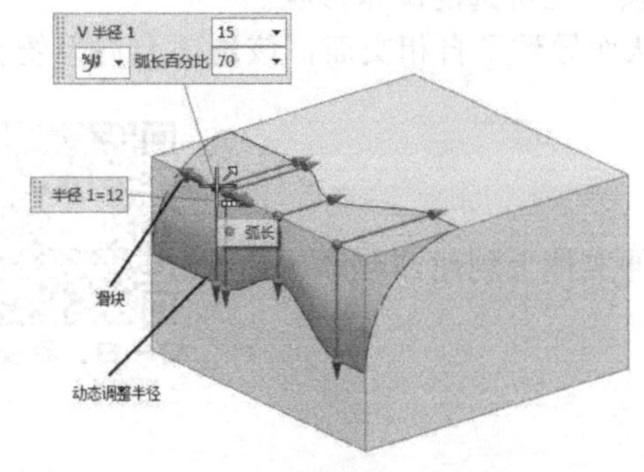

图 7-5 “调整点”示意图

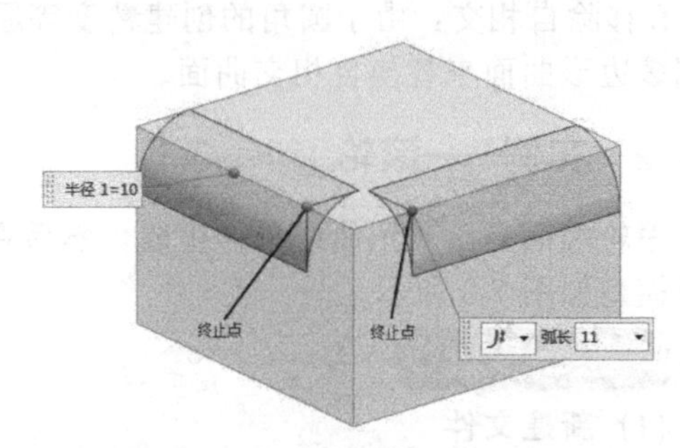

图 7-6 “拐角突然停止”示意图

⑤ 溢出：在生成边缘圆角时控制溢出的处理方法。

a. 跨光顺边滚边：该选项允许用户倒角遇到另一表面时，实现光滑倒角过渡。如图 7-7 所示。

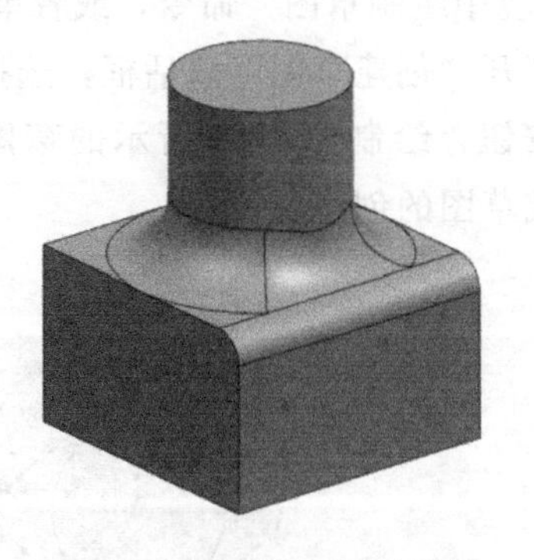

(a) 不勾选“跨光顺边滚边”复选框

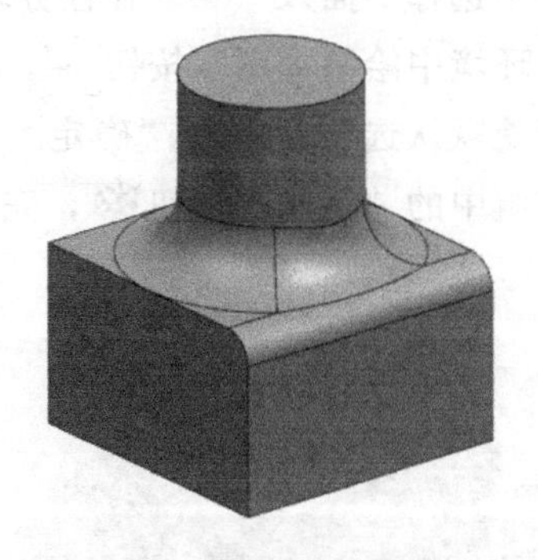

(b) 勾选“跨光顺边滚边”复选框

图 7-7 跨光顺边滚边

b. 沿边滚动：该选项即以前版本中的允许陡峭边缘溢出，在溢出区域保留尖锐的边缘。

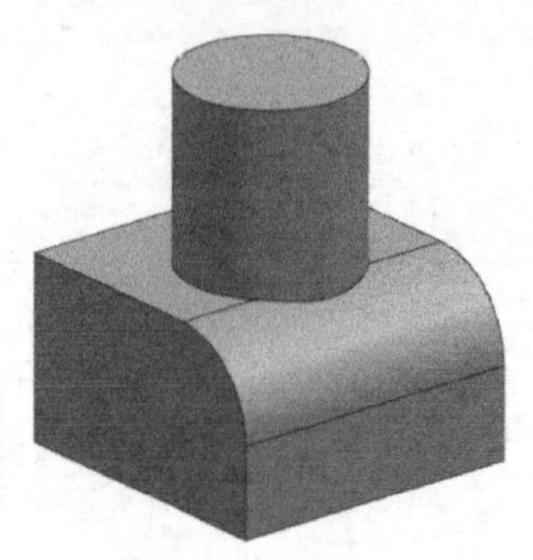

(a) 不勾选“沿边滚动”复选框

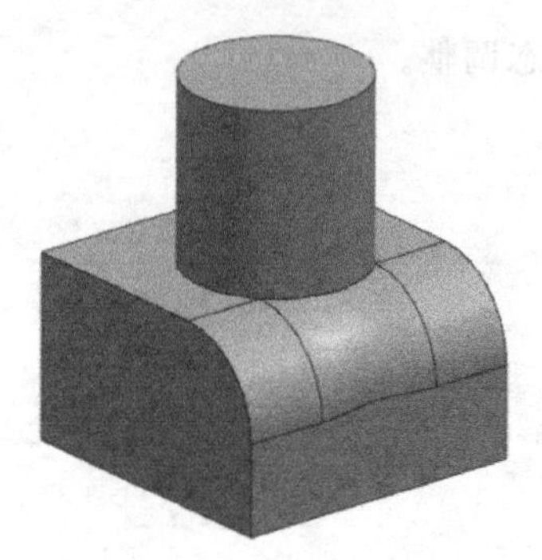

(b) 勾选“沿边滚动”复选框

图 7-8　沿边滚动

c. 修剪圆角：该选项允许用户在倒角过程中与定义倒角边的面保持相切，并移除阻碍的边。

d. 设置。

e. 修补混合凸度拐角：该选项即以前版本中的柔化圆角顶点选项，允许 Y 形圆角。当相对凸面的邻近边上的两个圆角相交三次或更多次时，边缘顶点和圆角的默认外形将从一个圆角滚动到另一个圆角上，Y 形顶点圆角提供在顶点处可选的圆角形状。

f. 移除自相交：由于圆角的创建精度等原因从而导致了自相交面，该选项允许系统自动利用多边形曲面来替换自相交曲面。

7.1.2　实例——滚轮

扫一扫，看视频

滚轮端面是由草图曲线拉伸生成，然后在拉伸实体上创建凸起和球体，生成模型如图 7-9 所示。

绘制步骤

（1）新建文件

在下拉菜单中选择“文件”→“新建”命令，或者单击“主页”功能区“标准”组中的“新建”按钮，打开“新建”对话框，在模型选项卡中选择适当的模板，在“名称”文本框中输入“gunlun”，单击“确定”按钮，进入建模环境。

（2）创建草图曲线

在下拉菜单中选择“插入”→“在任务环境中绘制草图”命令，或者单击“曲线”功能区中的“在任务环境中绘制草图”按钮，打开“创建草图”对话框，选择 XC-YC 平面为草图绘制面，接受默认选项，单击“确定”按钮，绘制图 7-10 所示的草图。单击“主页”功能区“草图”组中的“完成”按钮，完成草图的创建。

图 7-9　滚轮

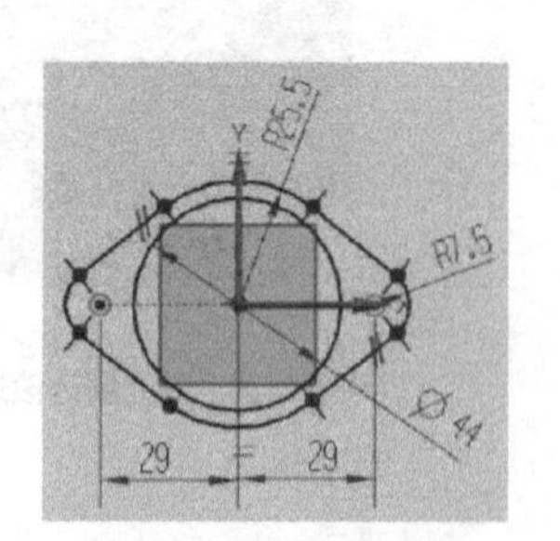

图 7-10　创建草图

(3) 创建拉伸

图 7-11 “拉伸”对话框

在下拉菜单中选择“插入”→“设计特征”→“拉伸”命令，或者单击“主页”功能区“特征”组中的“拉伸”按钮，打开图 7-11 所示的“拉伸”对话框。选择上步绘制的草图为拉伸截面，在“开始距离”中输入 0，“结束距离”中输入 2，在“指定矢量”下拉列表中的选择“ZC 轴”。单击“确定”按钮，完成拉伸的创建，生成如图 7-12 所示模型。

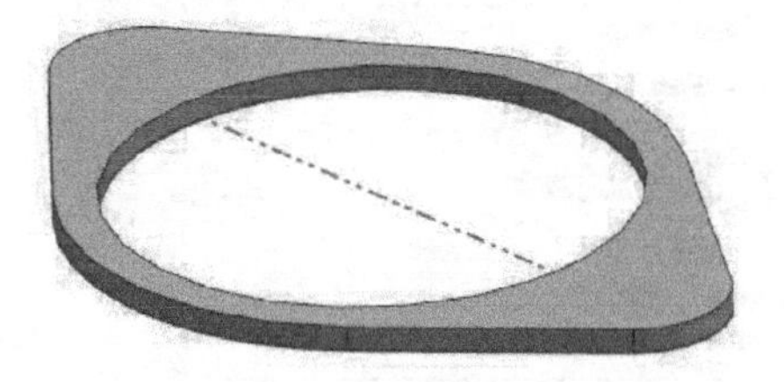

图 7-12 拉伸体

(4) 创建圆柱体

在下拉菜单中选择“插入”→“设计特征”→“圆柱”命令，或者单击“主页”功能区“特征”组中的“圆柱”按钮，打开图 7-13 所示“圆柱”对话框。在“类型”下拉列表中选择“轴、直径和高度”，在“指定矢量”下拉列表中选择“ZC 轴”，捕捉拉伸体的圆孔下端圆心为圆柱中心，在“直径”和“高度”文本框中分别输入 44、19，在“布尔”下拉列表中选择“合并”，单击“确定”按钮，完成圆柱体的创建，生成圆柱体如图 7-14 所示。

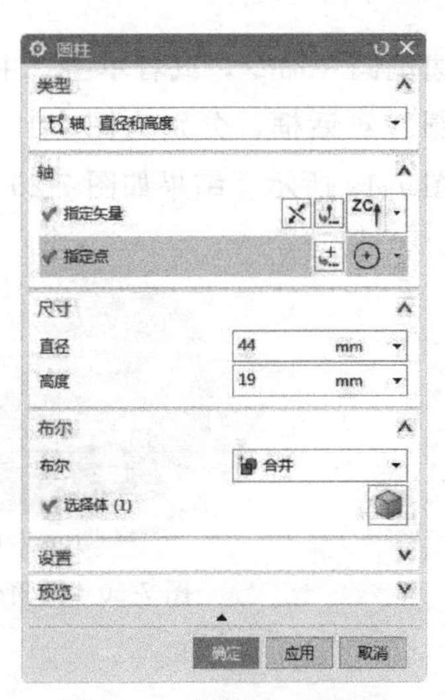

图 7-13 “圆柱”对话框

图 7-14 创建圆柱体

(5) 创建凸起

在下拉菜单栏中“插入”→“设计特征”→“凸起”命令，或者单击“主页”功能区“特征”组中的“凸起”按钮，打开图 7-15 所示“凸起”对话框。单击“绘制截面”按钮，打开“创建草图”对话框，选择上一步创建的圆柱的顶面为基准平面，绘制圆心在原点、直径为28的圆，如图7-16所示，单击“主页”功能区“草图”组中的“完成”按钮，退出草图绘制截面，返回到“凸起”对话框，选择绘制的圆为要创建凸起的曲线，选择选择上一步创建的圆柱的顶面为要凸起的面，在“距离”文本框输入6，单击“确定”按钮，创建的模型如图7-17所示。

图7-15 “凸起”对话框

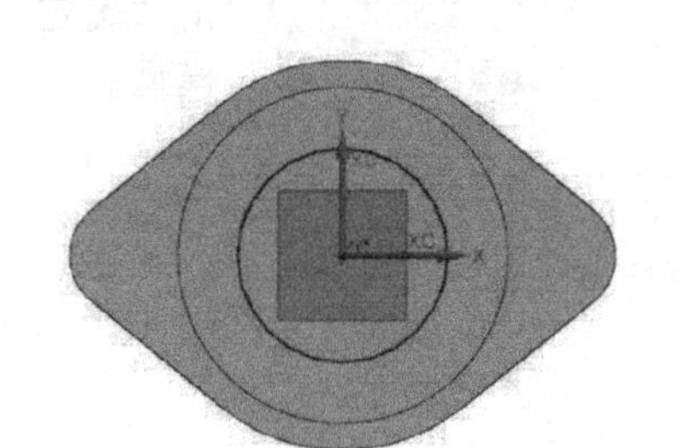

图7-16 绘制圆

图7-17 创建凸起

（6）边倒圆

在下拉菜单中选择“插入”→“细节特征”→“边倒圆”命令，或者单击“主页”功能区“特征”组中的“边倒圆”按钮，打开“边倒圆”对话框，分别为图7-18所示圆弧边，单击“应用”按钮，选择其他圆角边，半径值如图7-19所示。结果如图7-20所示。

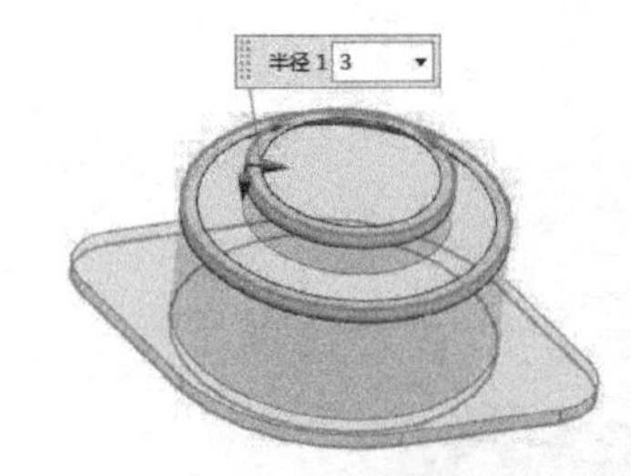

图7-18 选择边

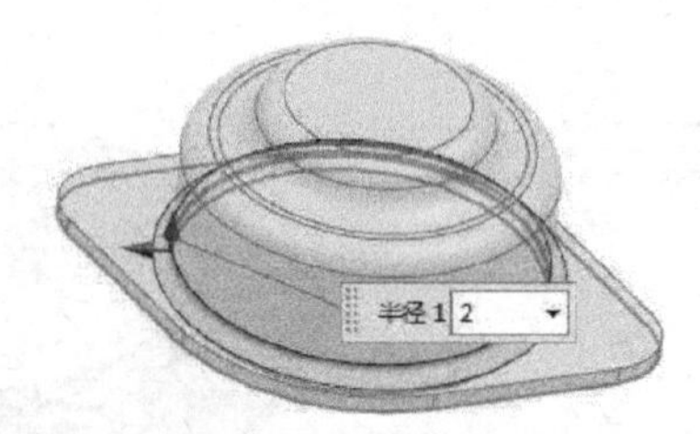

图7-19 选择圆角边

图7-20 圆角处理

（7）创建球体

在下拉菜单中选择“插入”→“设计特征”→“球”命令，或者单击“主页”功能区“特征”组中的“球”按钮，打开图7-21所示“球”对话框。在“类型”下拉列表中选择“中心点和直径”，在“直径”文本框中输入26，单击“点对话框”按钮，在打开的“点”对话框中输入中心点坐标（0，0，20），单击“确定”按钮，返回到“球”对话框，在

“布尔”下拉列表中的选择“合并”，单击“确定”按钮，完成球的创建，生成模型如图 7-22 所示。

图 7-21　“球”对话框

图 7-22　创建球体

图 7-23　“孔”对话框

（8）创建简单孔

在下拉菜单中选择“插入”→“设计特征”→“孔”命令，或者单击“主页”功能区“特征”组中的“孔”按钮，打开“孔”对话框，打开图 7-23 所示的“孔”对话框，在“成形”下拉列表中选择“简单孔”，在“直径”“深度”和“顶锥角”文本框中分别输入 5、2、0。捕捉图 7-24 所示的圆弧中心为孔放置位置，单击“确定”按钮，完成简单孔的创建。

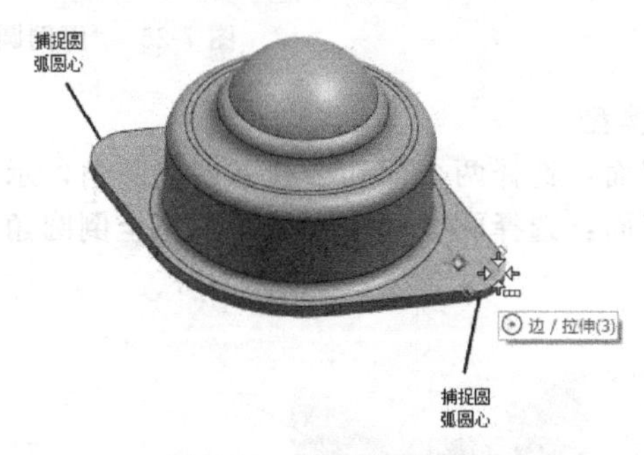

图 7-24　捕捉圆弧圆心

7.1.3　面倒圆

在下拉菜单中选择“插入”→“细节特征”→“面倒圆”命令，或者单击“主页”功能区“特征”组中的“面倒圆”按钮，打开图 7-25 示的“面倒圆”对话框。此选项让用户通过可选的圆角面的修剪生成一个相切于指定面组的圆角。

对话框部分选项功能如下：

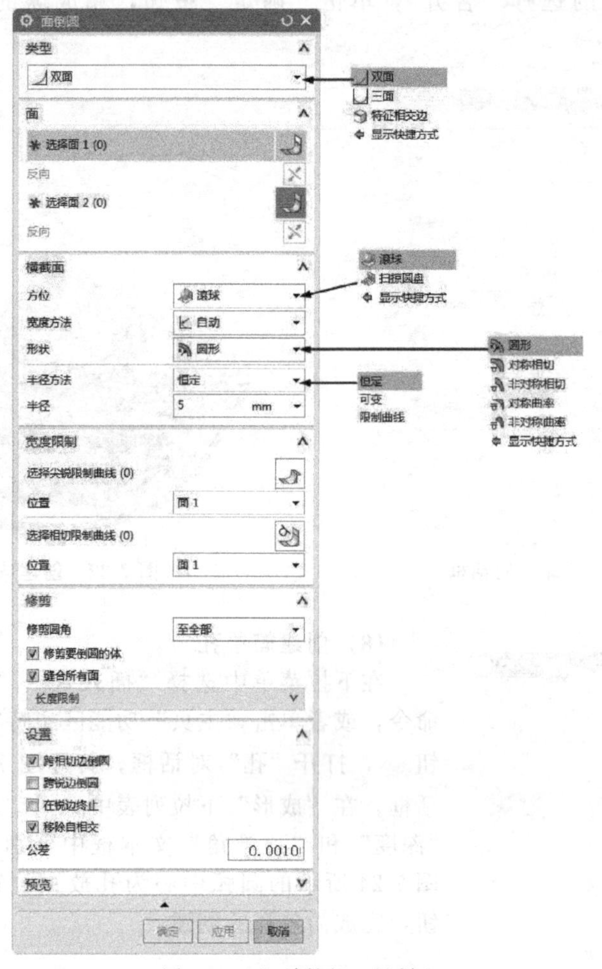

图 7-25 “面倒圆”对话框

(1) 类型

① 双面：选择两个面和半径来创建圆角，示意图如图 7-26 所示。

② 三面：选择两个面和中间面来完全倒圆角，示意图如图 7-27 所示。

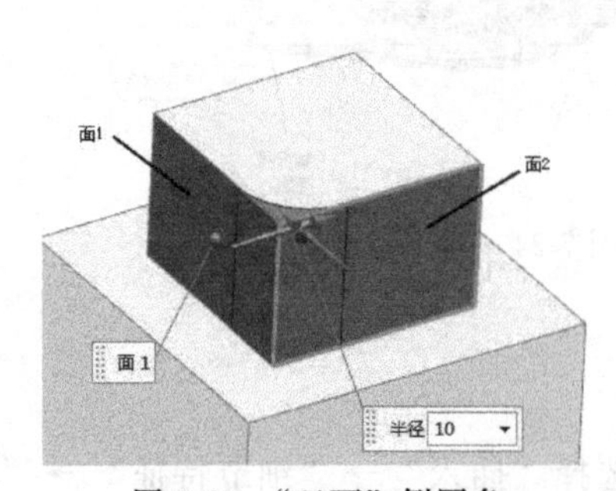

图 7-26 “双面”倒圆角

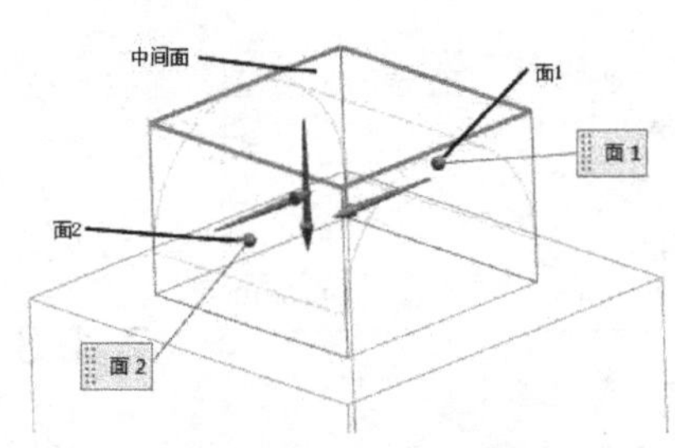

图 7-27 “三面”倒圆角

(2) 面

① 选择面 1：用于选择面倒圆的第一个面。

② 选择面 2：用于选择面倒圆的第二个面。

(3) 方位

① 滚球：它的横截面位于垂直于选定的两组面的平面上。

② 扫掠圆盘：和滚动球不同的是在倒圆横截面中多了脊曲线。

(4) 形状

① 圆形：用定义好的圆盘与倒角面相切来进行倒角。

② 对称曲率：二次曲线面圆角具有二次曲线横截面。

③ 非对称曲率：用两个偏置和一个 Rho 来控制横截面。还必须定义一个脊线线串来定义二次曲线截面的平面。

(5) 半径方法

① 恒定：对于恒定半径的圆角，只允许使用正值。

② 可变：根据规律类型和规律值，基于脊线上两个或多个个体点、改变圆角半径。

③ 限制曲线：半径由限制曲线定义，且该限制曲线始终与倒圆保持接触，并且始终与选定曲线或边相切。该曲线必须位于一个定义面链内。

7.1.4　倒斜角

在下拉菜单中选择“插入”→“细节特征”→“倒斜角”命令，或者单击“主页”功能区“特征”组中的“倒斜角”按钮，打开图 7-28 所示“倒斜角”对话框。该选项通过定义所需的倒角尺寸来在实体的边上形成斜角。倒角功能的操作与圆角功能非常相似。

对话框各选项功能如下：

① 对称：该选项让用户生成一个简单的倒角，它沿着两个面的偏置是相同的。必须输入一个正的偏置值，示意图如图 7-29 所示。

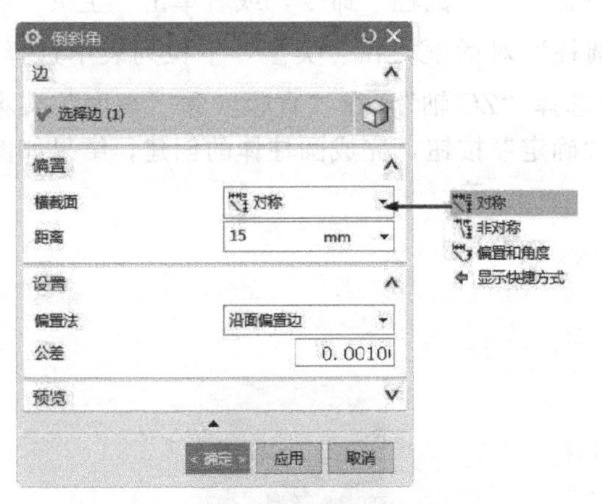

图 7-28　“倒斜角”对话框

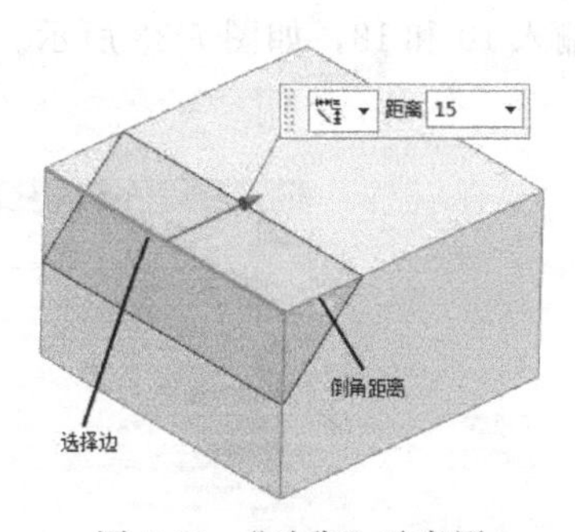

图 7-29　“对称”示意图

② 非对称：用于与倒角边邻接的两个面分别采用不同偏置值来创建倒角，必须输入“距离 1”值和“距离 2”值。这些偏置是从选择的边沿着面测量的。这两个值都必须是正的，如图 7-30 所示。在生成倒角以后，如果倒角的偏置和想要的方向相反，可以选择“反向”。

③ 偏置和角度：该选项可以用一个角度来定义简单的倒角。需要输入“距离”值和“角度”值（如图 7-31 所示）。

7.1.5　实例——绘制下阀瓣

下阀瓣如同上阀瓣一样，是一种轴对称实体，既可以使用平面曲线通

扫一扫，看视频

过旋转操作生成，也可以利用圆柱、拉伸、凸起以及倒角等实体操作来生成。在这一小节中，由于下阀瓣形体简单，采用后一种方法，即使用圆柱、拉伸、凸起以及倒角等命令完成绘制，如图 7-32 所示。

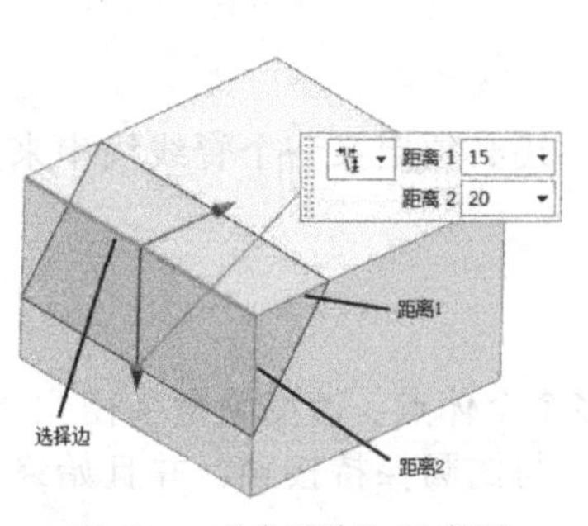

图 7-30 “非对称”示意图

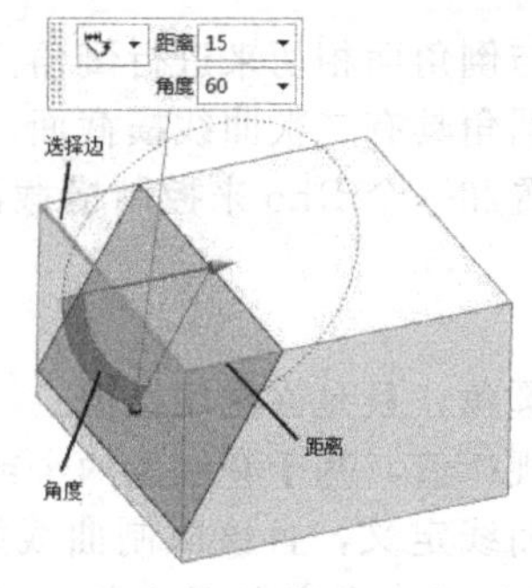

图 7-31 “偏置和角度”示意图

图 7-32 下阀瓣

绘制步骤

(1) 新建文件

在下拉菜单中选择“文件”→“新建”命令，或者单击“主页”功能区“标准”组中的“新建”按钮，打开“新建”对话框，在模型选项卡中选择适当的模板，文件名为“xia-faban”，单击“确定”按钮，进入建模环境。

(2) 创建圆柱体

在下拉菜单中选择“插入”→“设计特征”→“圆柱”命令，或者单击“主页”功能区“特征”组中的“圆柱”按钮，打开“圆柱”对话框，在“类型”下拉列表中选择“轴、直径和高度”，在“指定矢量”下拉列表中选择“ZC 轴”，在“直径”和“高度”文本框中分别输入 10 和 18，如图 7-33 所示。单击“确定”按钮，完成圆柱体的创建，结果如图 7-34 所示。

图 7-33 “圆柱”对话框

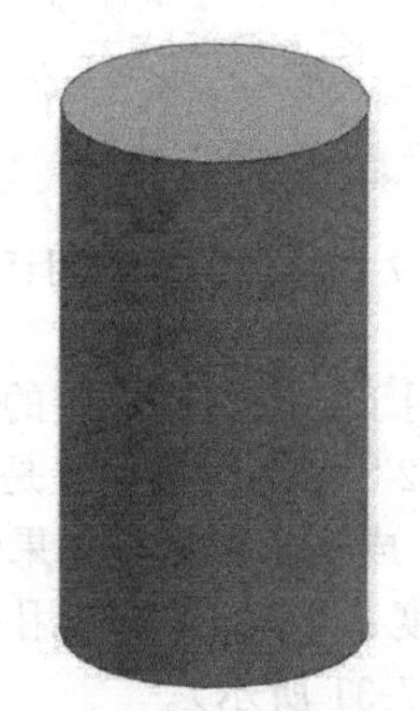
图 7-34 创建圆柱

(3) 创建草图

在下拉菜单中选择“插入”→“在任务环境中绘制草图”命令，打开如图 7-35 所示

“创建草图”对话框，选择圆柱顶面为草图绘制面，单击“确定”按钮，进入草图绘制阶段，绘制如图 7-36 所示的草图，单击“主页”功能区“草图”组中的“完成”按钮，返回建模模块。

图 7-35　“创建草图”对话框

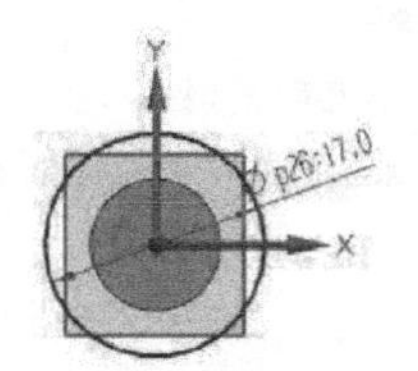

图 7-36　绘制草图

(4) 创建拉伸

在下拉菜单中选择“插入”→“设计特征”→“拉伸”命令，或者单击“主页”功能区“特征”组中的“拉伸”按钮，打开图 7-37 所示“拉伸”对话框。选择上步创建的草图为拉伸曲线，在“指定矢量”下拉列表中选择“ZC 轴”，在“开始距离”和“结束距离”中分别输入 0 和 4，在“布尔”下拉列表中选择“合并”，系统自动选择圆柱体，单击“确定”按钮，完成拉伸特征的创建，如图 7-38 所示。

图 7-37　“拉伸”对话框

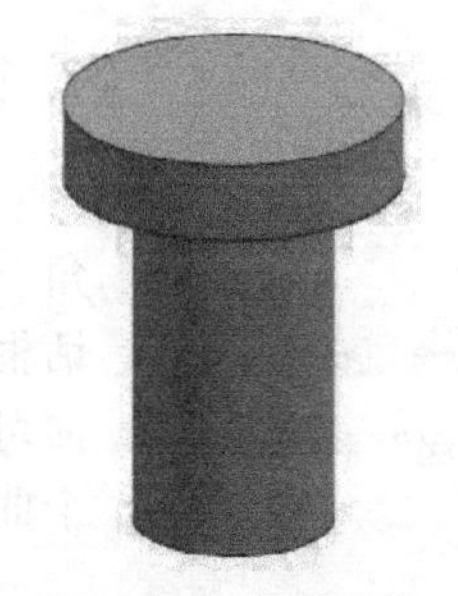

图 7-38　创建拉伸

(5) 创建草图

在下拉菜单中选择“插入”→“在任务环境中绘制草图”命令，打开图 7-39 所示“创建草图”对话框，选择上步创建的拉伸体的上端面为草图绘制面，单击“确定”按钮，进入草图绘制阶段，绘制如图 7-40 所示的草图，单击“主页”功能区“草图”组中的“完成”

按钮，返回建模模块。

图 7-39 “创建草图”对话框

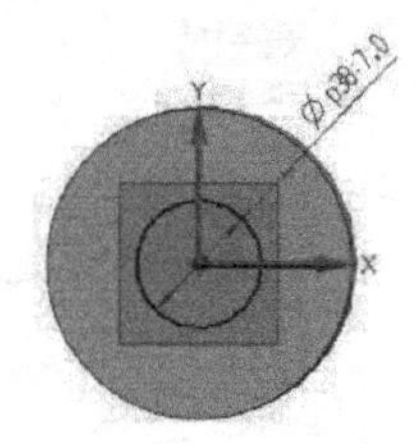

图 7-40 创建草图

(6) 创建凸起

在下拉菜单中选择“插入”→“设计特征”→“凸起”命令，或者单击“主页”功能区“特征”组中的“设计特征”库中的“凸起”按钮，打开“凸起”对话框，如图 7-41 所示，选择上一步创建的草图为要凸起的曲线，选择上步创建的拉伸体的上端面为要凸起的面，在“指定方向”下拉列表中选择“ZC 轴”为凸起方向，在“距离”文本框中输入凸起的距离值 18，单击“确定”按钮，完成凸起的创建，结果如图 7-42 所示。

图 7-41 “凸起”对话框

(7) 端面倒直角

在下拉菜单中选择“插入”→“细节特征”→“倒斜角”命令，或者单击“主页”功能区“特征”组中的“倒斜角”按钮，打开“倒斜角”对话框，在“横截面”下拉列表中选择“对称”，在“距离”文本框中输入距离值 1，如图 7-43 所示，单击“确定”按钮，完成端面倒直角，结果如图 7-44 所示。

7.1.6 球形拐角

在下拉菜单中选择“插入”→“细节特征”→“球形拐角”命令，打开图 7-45 所示的“球形拐角”对话框。该对话框用于通过选择三个面创建一个球形角落相切曲面。三个面可以是曲面，也可不需要相互接触，生成的曲面分别与三个曲面相切，示意图如图 7-46 所示。

① 壁面。

a. 选择面作为壁 1：用于设置球形拐角的第一个相切曲面。

b. 选择面作为壁 2：用于设置球形拐角的第二个相切曲面。

c. 选择面作为壁 3：用于设置球形拐角的第三个相切曲面。

② 半径：用于设置球形拐角的半径值。

③ 反向：使球形拐角曲面的法向反向。

图 7-42　创建凸起

图 7-43　“倒斜角”对话框

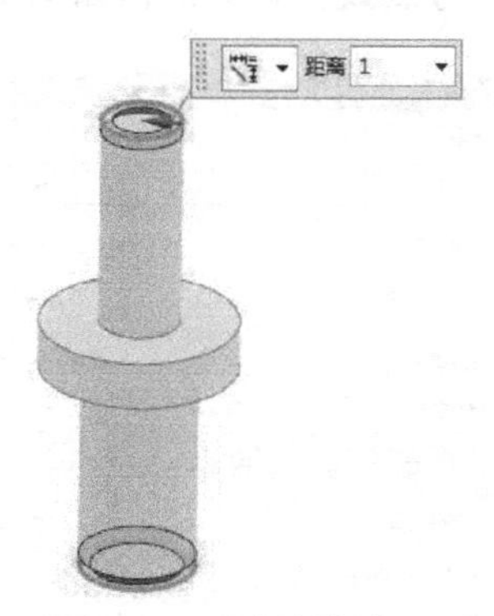

图 7-44　选择倒斜角边

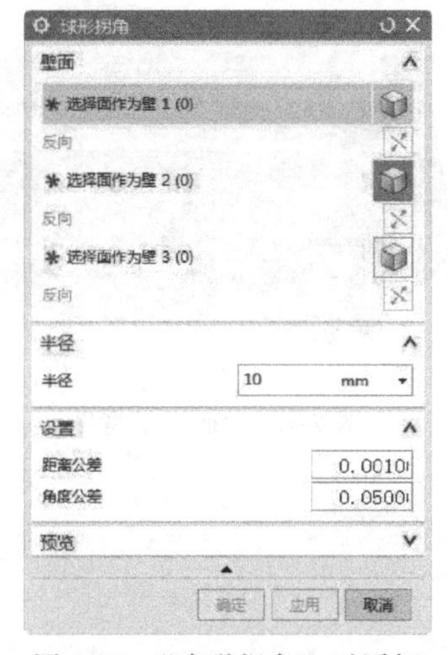

图 7-45　“球形拐角”对话框

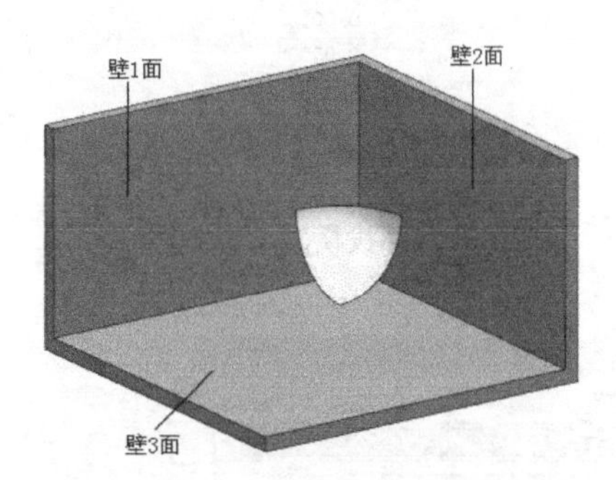

图 7-46　“球形拐角”示意图

7.1.7　拔模角

在下拉菜单中选择“插入”→“细节特征”→“拔模”命令，或者单击“主页”功能区“特征”组中的“拔模”按钮，打开图 7-47 所示“拔模”对话框。该选项让用户相对于指定矢量和可选的参考点将拔模应用于面或边。

对话框部分选项功能如下：

① 面：该选项能将选中的面倾斜，示意图如图 7-48 所示。

a. 脱模方向：定义拔模方向矢量。

b. 固定面：定义拔模时不改变的平面。

c. 要拔模的面：选择拔模操作所涉及的各个面。

d. 角度：定义拔模的角度。

e. 距离公差：更改拔模操作的“距离公差”。默认值从建模预设置中取得。

f. 角度公差：更改拔模操作的“角度公差”。默认值从建模预设置中取得。

需要注意的是：用同样的固定面和方向矢量来拔模内部面和外部面，则内部面拔模和外部面拔模是相反的。

② 边：能沿一组选中的边，按指定的角度拔模。该选项能沿选中的一组边按指定的角

度和参考点拔模，对话框如图 7-49 所示。示意图如图 7-50 所示。

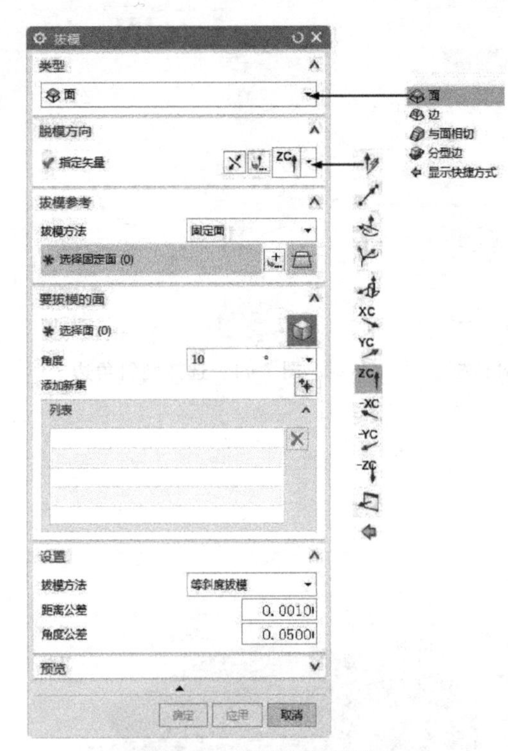

图 7-47 “拔模”对话框

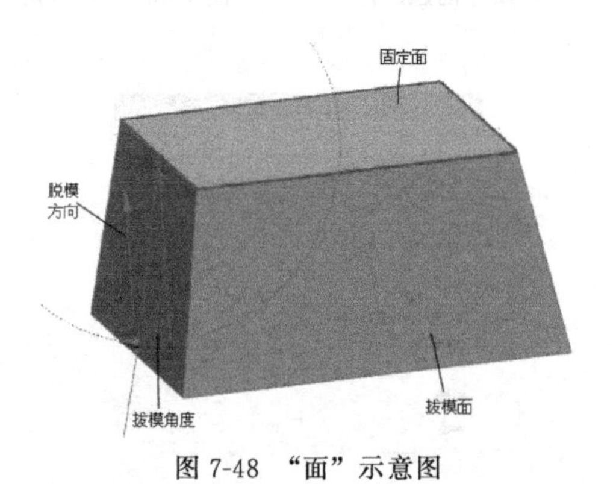

图 7-48 “面”示意图

图 7-49 “边”对话框

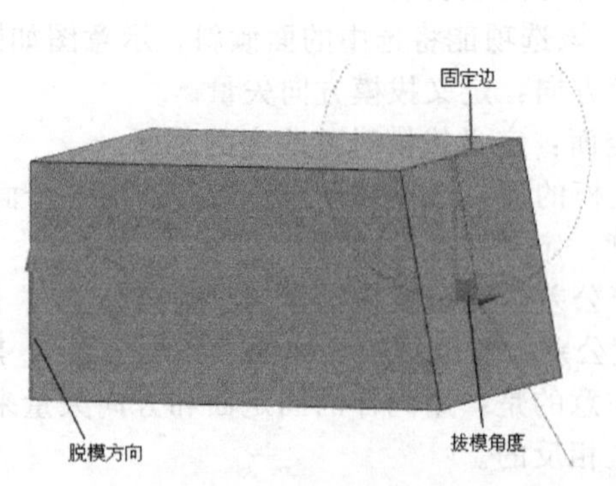

图 7-50 “边”示意图

如果选择的边是平滑的，则将被拔模的面是在拔模方向矢量所指一侧的面。

③ 与面相切：能以给定的拔模角拔模，开模方向与所选面相切。该选项按指定的拔模角进行拔模，拔模与选中的面相切，如图 7-51 所示。用此角度来决定用作参考对象的等斜度曲线。然后就在离开方向矢量的一侧生成拔模面，示意图如图 7-52 所示。

该拔模类型对于模铸件和浇注件特别有用，可以弥补任何可能的拔模不足。

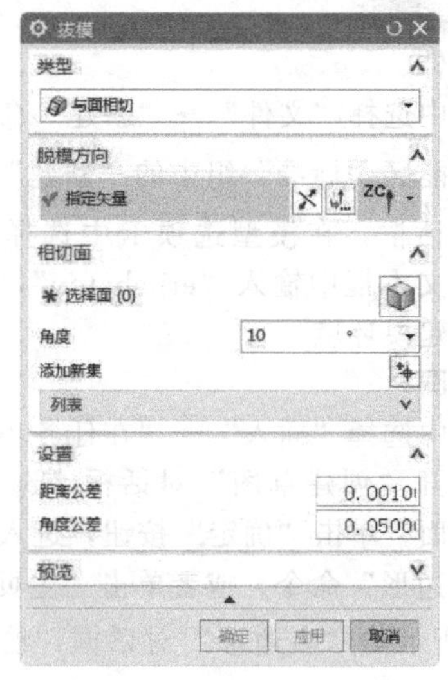

图 7-51　“与面相切”选项

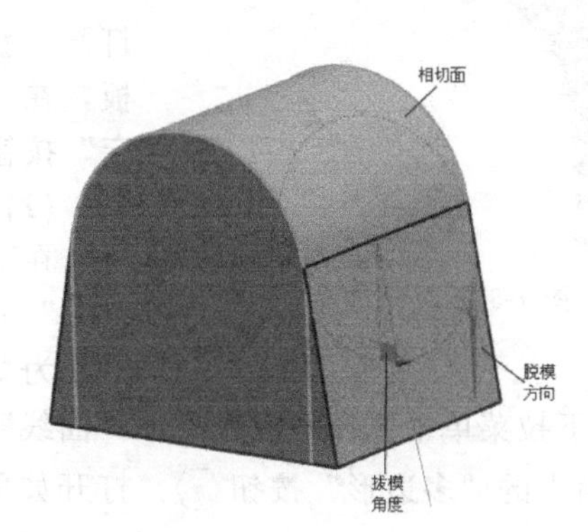

图 7-52　“与面相切”示意图

④ 分型边：能沿一组选中的边，用指定的多个角度和一个参考点拔模，如图 7-53 所示。该选项能沿选中的一组边用指定的角度和一个固定面生成拔模。分隔线拔模生成垂直于参考方向和边的扫掠面，如图 7-54 所示。在这种类型的拔模中，改变了面但不改变分隔线。当处理模铸塑料部件时这是一个常用的操作。

图 7-53　“分型边”选项

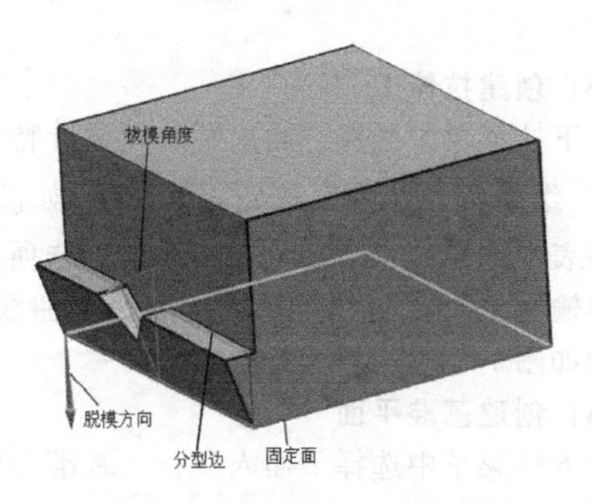

图 7-54　“分型边”示意图

7.1.8 实例——耳机插头

扫一扫，看视频

耳机插头形状较为复杂，各部分都是由不规则的形体组成的，本例综合应用各曲线并进行拉伸，然后对拉伸实体进行拔模和创建圆台等操作，如图 7-55 所示。

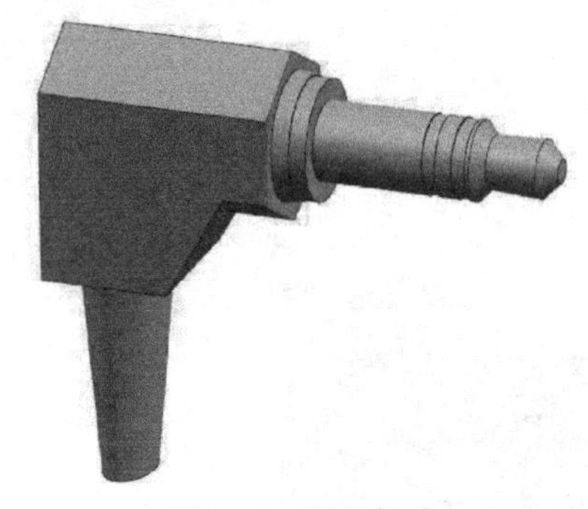
图 7-55 耳机插头

绘制步骤

(1) 新建文件

在下拉菜单中选择“文件”→“新建”命令，或者单击“主页”功能区“标准”组中的“新建”按钮，打开“新建”对话框，在模型选项卡中选择适当的模板，在“名称”文本框中输入“erjichatou”，单击“确定”按钮，进入建模环境。

(2) 创建草图

在下拉菜单中选择“插入”→“在任务环境中绘制草图”命令，打开“创建草图”对话框，选择 XC-YC 平面为草图绘制面，单击“确定”按钮，进入草图绘制阶段，在下拉菜单中选择“插入”→“曲线”→“多边形”命令，或者单击“主页”功能区“曲线”组中的“多边形”按钮，打开如图 7-56 所示的“多边形”对话框，绘制中心点在原点、内切圆半径为 4.25、旋转角度为 90 的正六边形，结果如图 7-57 所示，单击“主页”功能区“草图”组中的“完成”按钮，返回建模模块。

图 7-56 “多边形”对话框

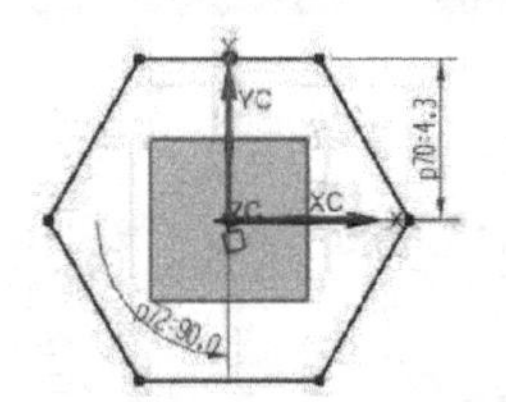

图 7-57 创建草图

(3) 创建拉伸 1

在下拉菜单中选择“插入”→“设计特征”→“拉伸”命令，或者单击“主页”功能区“特征”组中的“拉伸”按钮，打开如图 7-58 所示的“拉伸”对话框。在“指定矢量”下拉列表中选择“ZC 轴”，在“限制”选项“开始距离”文本框中输入 0，“结束距离”文本框中输入 13.5，选择屏幕中的六边形曲线，单击“确定”按钮，完成拉伸 1 的创建，生成模型如图 7-59 所示。

(4) 创建基准平面

在下拉菜单中选择“插入”→“基准/点”→“基准平面”命令，或者单击“主页”功能区“特征”组中的“基准平面”按钮，打开如图 7-60 所示“基准平面”对话框。选择

“曲线和点”类型，在“子类型”下拉列表中选择“三点”，分别选择图 7-61 所示三点，单击“确定”按钮，完成基准平面的创建，如图 7-62 所示。

图 7-58　“拉伸”对话框

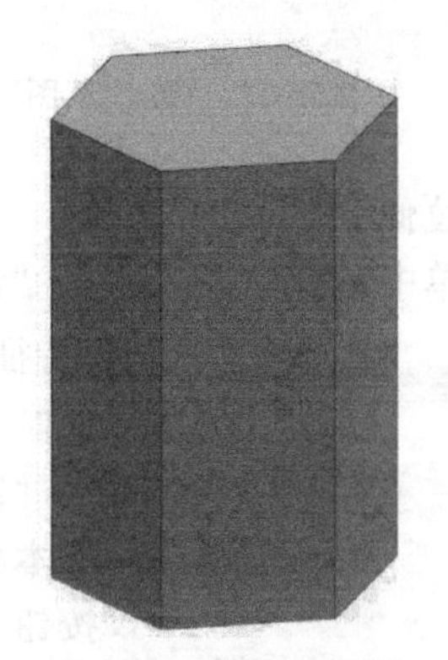

图 7-59　拉伸 1 模型

图 7-60　“基准平面”对话框

图 7-61　选择点

图 7-62　创建基准平面

(5) 创建草图

在下拉菜单中选择“插入”→“在任务环境中绘制草图”命令，打开如图 7-63 所示“创建草图”对话框，选择上一步创建的基准平面为草图绘制面，单击“确定”按钮，进入草图绘制阶段，绘制如图 7-64 所示的草图，单击“主页”功能区“草图”组中的“完成”按钮，返回建模模块。

图 7-63 “创建草图”对话

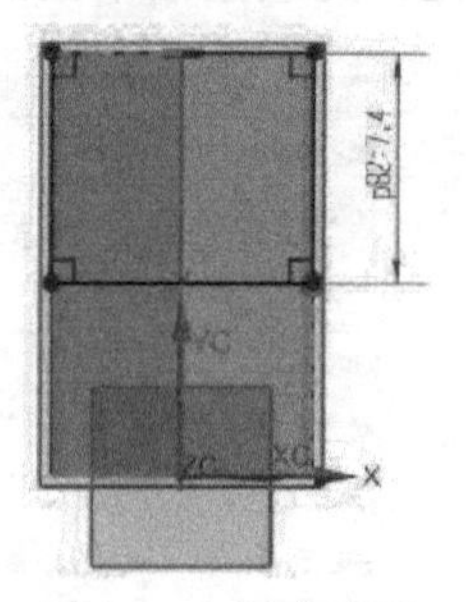
图 7-64 创建草图

(6) 创建拉伸 2

在下拉菜单中选择“插入”→“设计特征”→“拉伸”命令，或者单击“主页”功能区“特征”组中的“拉伸”按钮，打开图 7-65 所示的“拉伸”对话框。在“指定矢量”下拉列表中选择“XC 轴”，在“限制”选项“开始距离”文本框中输入 0，“结束距离”文本框中输入 6，选择屏幕中的六边形曲线，单击“确定”按钮，完成拉伸 2 的创建。生成模型如图 7-66 所示。

图 7-65 “拉伸”对话框

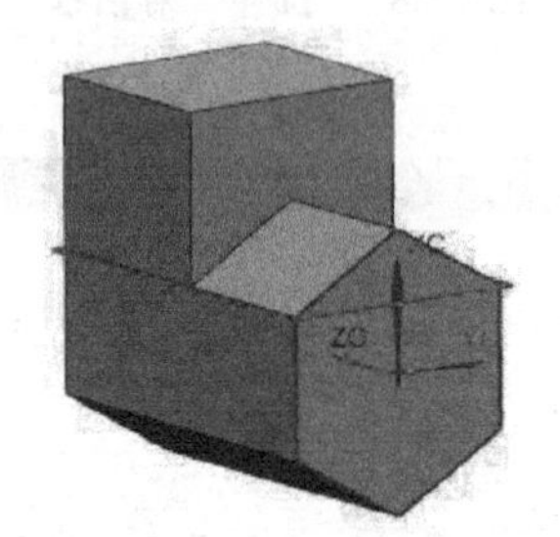
图 7-66 创建拉伸 2

(7) 创建拔模

在下拉菜单中选择“插入”→“细节特征”→“拔模”命令，或者单击“主页”功能区“特征”组中的“拔模”按钮，打开“拔模”对话框如图 7-67 所示，依次选择如图 7-68 所示的拔模面、拔模方向和固定面，在“角度 1”文本框中输入 30，单击“确定”按钮，完成拔模特征的创建，如图 7-69 所示。

(8) 创建草图

在下拉菜单中选择“插入”→“在任务环境中绘制草图”命令，打开图 7-70 所示“创建草图”对话框，选择面 1 为草图绘制面，单击“确定”按钮，进入草图绘制阶段，绘制图 7-71 所示的草图，单击“主页”功能区“草图”组中的“完成”按钮，返回建模模块。

(9) 创建凸起 1

在下拉菜单中选择“插入”→“设计特征”→“凸起”命令，或者单击“主页”功能区“特征”组中的“设计特征”库中的“凸起”按钮，打开“凸起”对话框，如图 7-72 所示，选择上一步创建的草图为要凸起的曲线，选择面 1 为要凸起的面，在“指定方向”下拉列表中选择“ZC 轴”，在“距离”文本框中输入凸起的距离值 1，在“拔模”选项中的“角度”文本框中输入 10，单击“确定”按钮，完成凸起的创建，结果如图 7-73 所示。

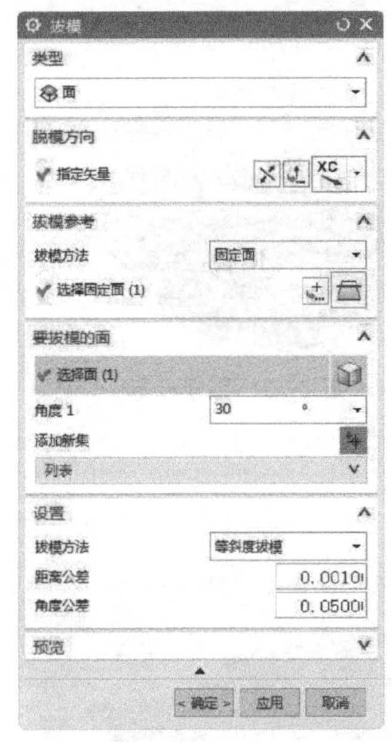

图 7-67　“拔模”对话框

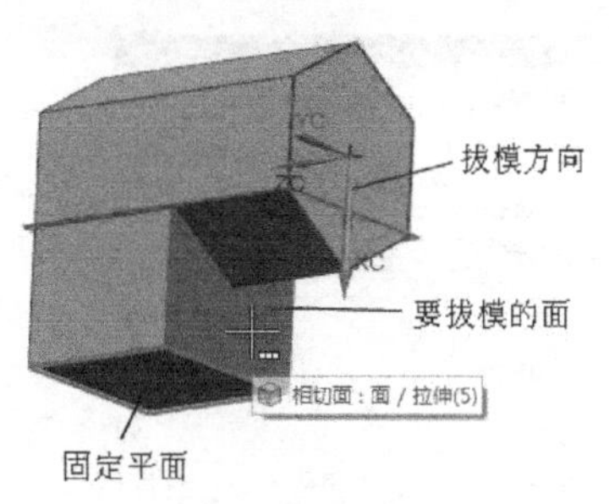

图 7-68　拔模示意图

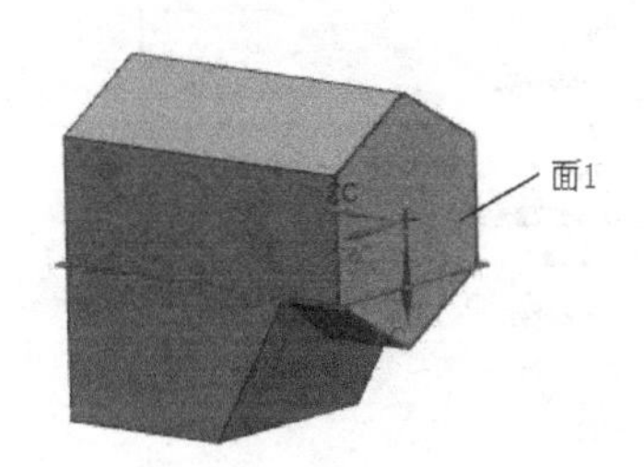

图 7-69　拔模操作

图 7-70　“创建草图”对话

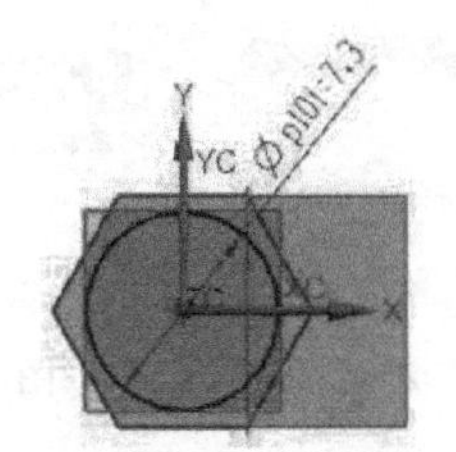

图 7-71　创建草图

(10) 创建凸起 2、3、4

按照步骤 8 和步骤 9，在凸起 1 的上端面创建直径和高度分别为 6.8、1，且中心位于凸起 1 上端面中心的凸起 2，在凸起 2 的上端面创建直径和高度分别为 4.5、10 的凸起 3，在凸起 3 的上端面创建直径、高度和拔模角分别为 3、4、−3 的凸起 4。生成模型如图 7-74 所示。

(11) 创建槽

在下拉菜单中选择“插入”→“设计特征”→“槽”命令，或者单击“主页”功能区“特征”组中的“槽”按钮，打开“槽”对话框如图 7-75 所示，单击“矩形”按钮，打开“矩形槽”对话框如图 7-76 所示，选择凸起 3 的侧面，打开“矩形”参数对话框如图 7-77 所示，在“槽直径”和“宽度”文本框中分别输入 4.35、0.8，单击“确定”按钮，打开“定位槽”对话框，选择凸起3的上端面边缘为基准，选择槽上端面边缘为刀具边，打开图7-78所示的“创建表达式”对话框，在对话框中输入1，单击“确定”按钮，完成槽1的创建。同上步骤创建参数相同，定位距离为3的槽2。生成模型如图7-79所示。

图7-72 “凸起”对话框

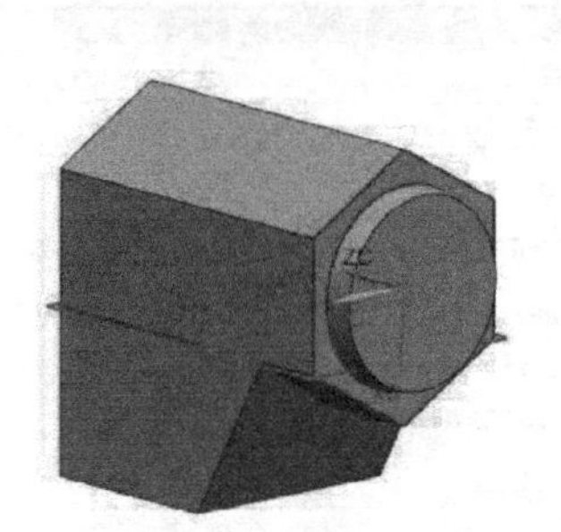

图7-73 创建凸起

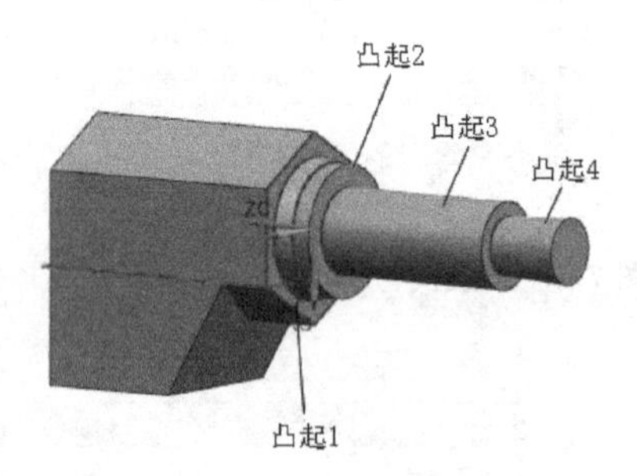

图7-74 创建凸起

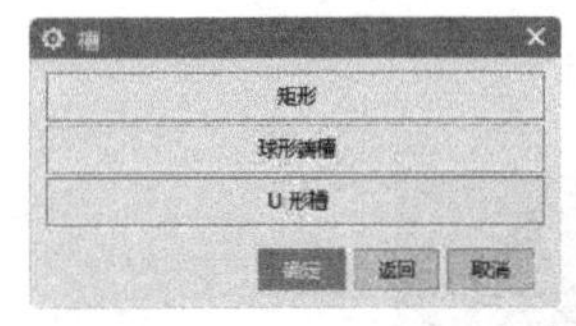

图7-75 “槽”对话框

图7-76 “矩形槽”对话框

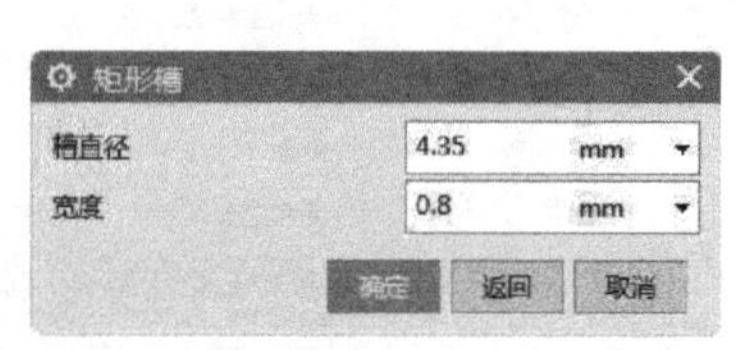

图7-77 “矩形槽”参数对话框

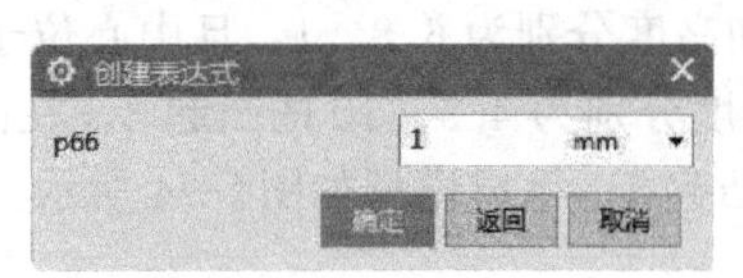

图7-78 “创建表达式”对话框

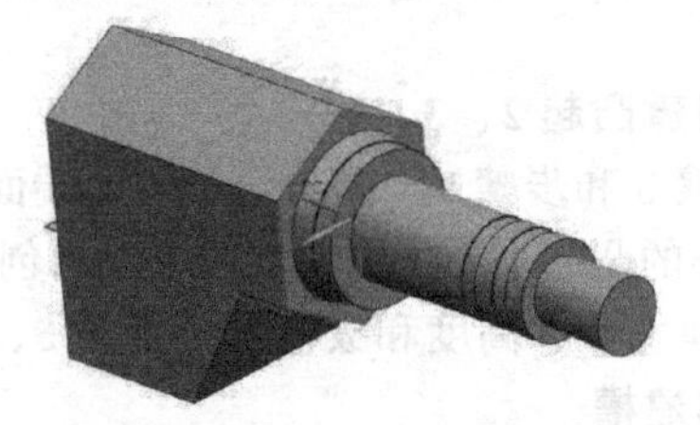

图7-79 模型

（12）边倒角

在下拉菜单中选择“插入”→“细节特征”→“倒斜角”命令，或者单击“主页”功能区“特征”组中的“倒斜角”按钮，打开“倒斜角”对话框如图7-80所示，选择凸起3

的边，设置倒角距离为 0.75，如图 7-81 所示。同理，选择凸起 4 的边，设置倒角距离为 1，如图 7-82 所示，结果如图 7-83 所示。

图 7-80　“倒斜角”对话框

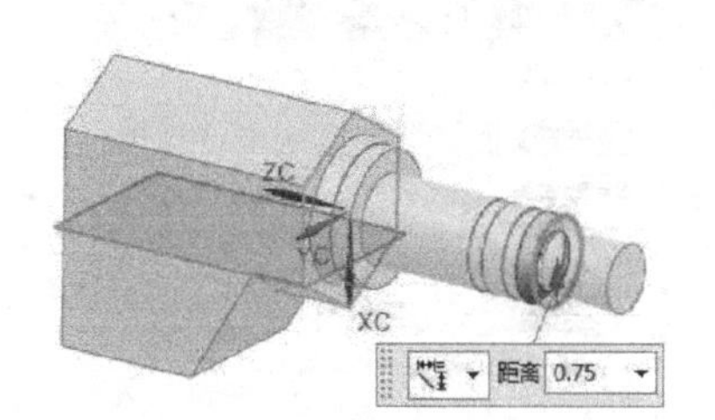

图 7-81　选择倒角边

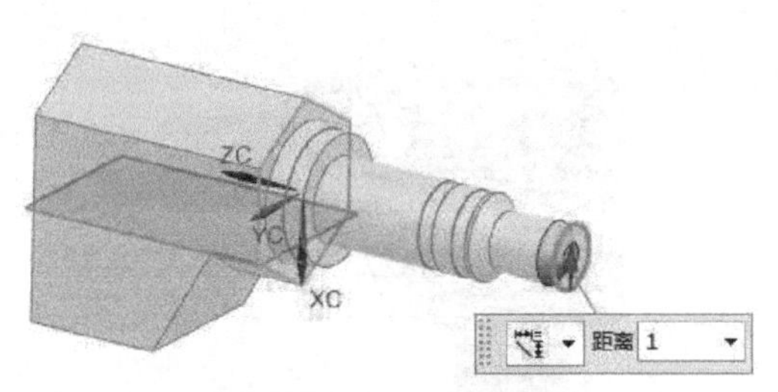

图 7-82　选择倒角边

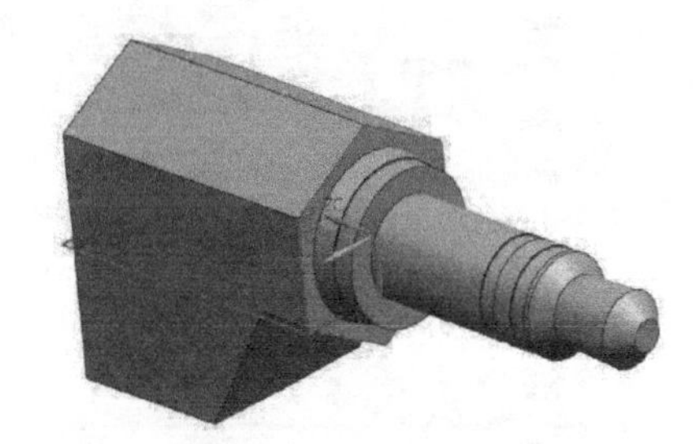

图 7-83　倒角处理

(13) 创建草图曲线

在下拉菜单中选择“插入”→“在任务环境中绘制草图”命令，或者单击“曲线”功能区中的“在任务环境中绘制草图”按钮，打开图 7-84 所示的草图，选择如图 7-84 所示的面 2 作为基准面，进入草图绘制过程。绘制如图 7-85 所示的椭圆，长半轴、短半轴和角度为 3.5、2.5、0，单击“主页”功能区“草图”组中的“完成”按钮，完成草图绘制。

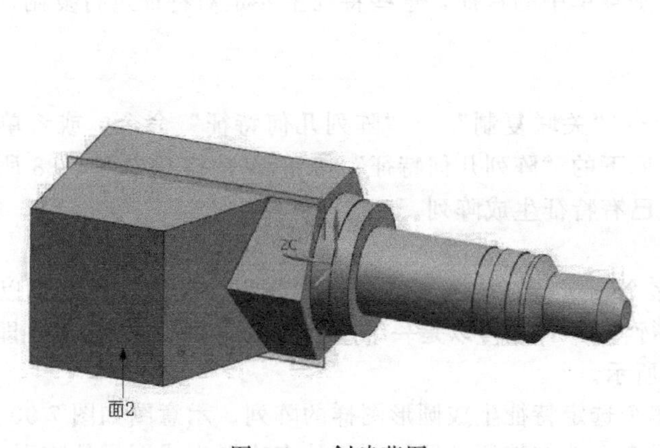

图 7-84　创建草图

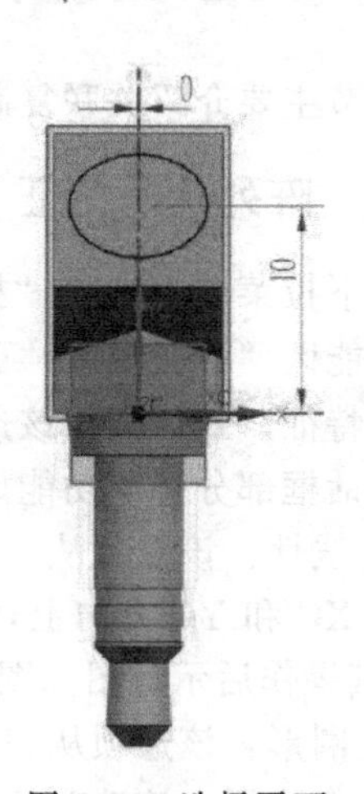

图 7-85　选择平面

(14) 创建拉伸

在下拉菜单中选择“插入”→“设计特征”→“拉伸”命令，或者单击“主页”功能区“特征”组中的“拉伸”按钮，打开图 7-86 所示的“拉伸”对话框。在“开始距离”文本框中输入 0，“结束距离”文本框中输入 12，选择屏幕中的椭圆曲线，在“指定矢量”下拉列表中选择“XC 轴”，在“拔模”下拉列表中选择“从起始限制”，在“角度”文本框中输入 5，单击“确定”按钮，完成拉伸特征的创建，生成模型如图 7-87 所示。

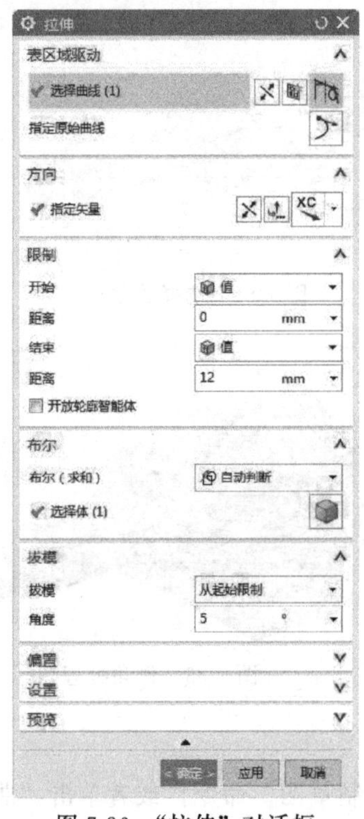

图 7-86 “拉伸”对话框

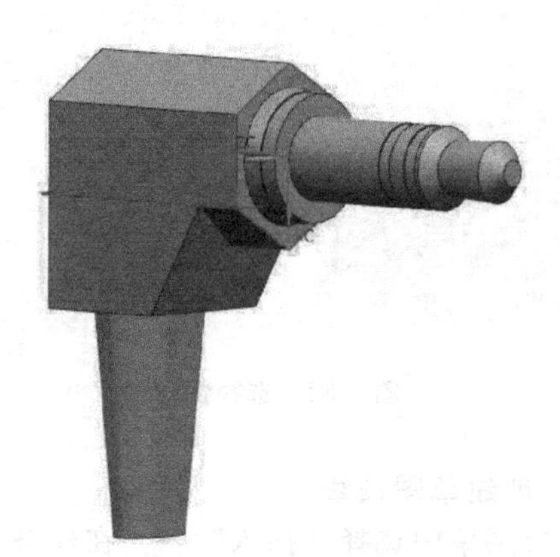

图 7-87 拉伸操作

7.2 关联复制特征

本节主要介绍关联复制特征子菜单中的特征，这些特征主要是对特征进行复制。

7.2.1 阵列几何特征

在下拉菜单中选择“插入”→“关联复制”→“阵列几何特征”命令，或者单击“主页”功能区“特征”组“更多”库下的“阵列几何特征”按钮，打开如图 7-88 所示“阵列几何特征”对话框。该选项从已有特征生成阵列。

对话框部分选项功能如下：

① 线性：该选项从一个或多个选定特征生成图样的线性阵列。线性阵列既可以是二维的（在 XC 和 YC 方向上，即几行特征），也可以是一维的（在 XC 或 YC 方向上，即一行特征）。其操作后示意图如图 7-89 所示。

② 圆形：该选项从一个或多个选定特征生成圆形图样的阵列。示意图如图 7-90 所示。

③ 多边形：该选项从一个或多个选定特征按照绘制好的多边形生成图样的阵列。

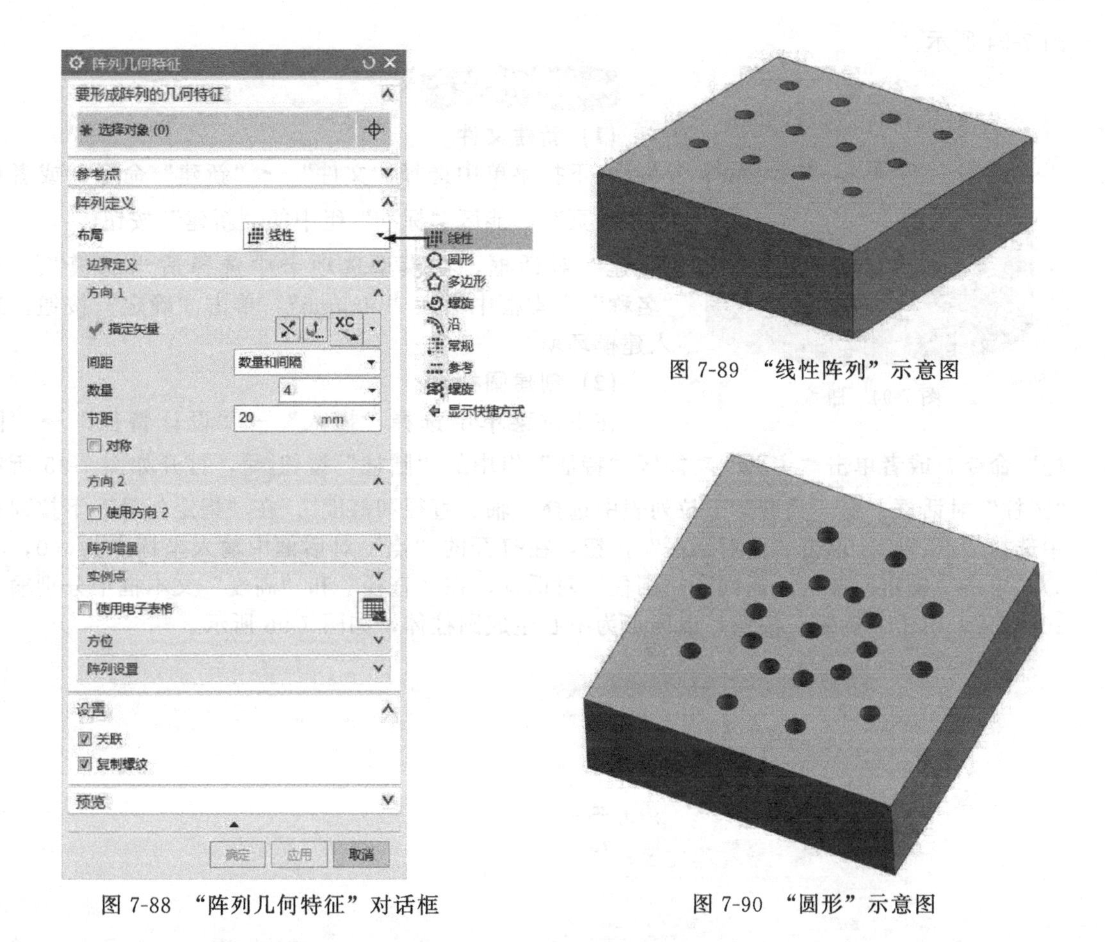

图 7-88　“阵列几何特征”对话框

图 7-89　“线性阵列”示意图

图 7-90　“圆形”示意图

④ 螺旋：该选项从一个或多个选定特征按照绘制好的螺旋线生成图样的阵列。示意图如图 7-91 所示。

⑤ 沿：该选项从一个或多个选定特征按照绘制好的曲线生成图样的阵列。示意图如图 7-92 所示。

⑥ 常规：该选项从一个或多个选定特征在指定点处生成图样。示意图如图 7-93 所示。

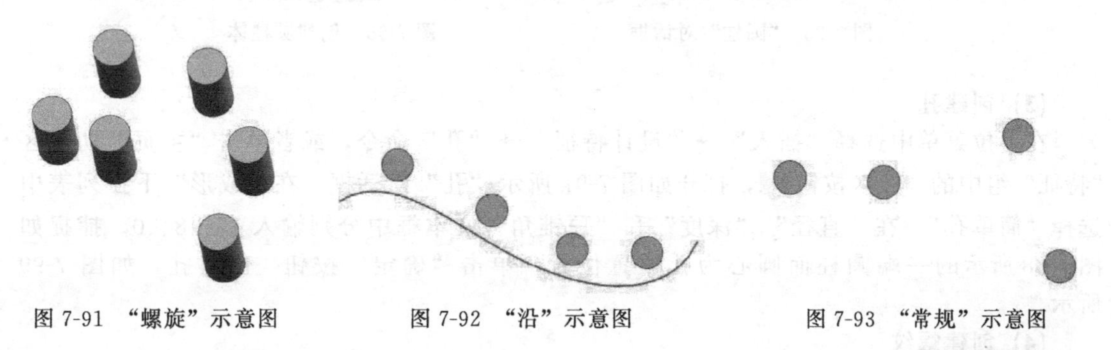

图 7-91　“螺旋”示意图　　图 7-92　“沿”示意图　　图 7-93　“常规”示意图

7.2.2　实例——瓶盖

本例采用实体建模和孔操作创建瓶盖轮廓，采用螺纹操作创建瓶盖的内螺纹，然后对瓶盖外表面进行变换编辑操作等生成防滑条，模型如

扫一扫，看视频

图 7-94 所示。

图 7-94　瓶盖

绘制步骤

(1) 新建文件

在下拉菜单中选择“文件”→“新建”命令，或者单击“主页”功能区“标准”组中的“新建”按钮，打开“新建”对话框，在模型选项卡中选择适当的模板，在“名称”文本框中输入“pinggai”，单击“确定”按钮，进入建模环境。

(2) 创建圆柱体

在下拉菜单中选择“插入”→“设计特征”→“圆柱”命令，或者单击“主页”功能区“特征”组中的“圆柱”按钮，打开如图 7-95 所示“圆柱”对话框。在“类型”下拉列表中选择“轴、直径和高度”，在“指定矢量”下拉列表中选择“ZC 轴”，单击“点对话框”按钮，在打开的“点”对话框中输入坐标点为（0，0，0），单击“确定”按钮，返回到“圆柱”对话框，在“直径”和“高度”文本框中分别输入 20 和 12，单击“确定”按钮，以原点为中心生成圆柱体，如图 7-96 所示。

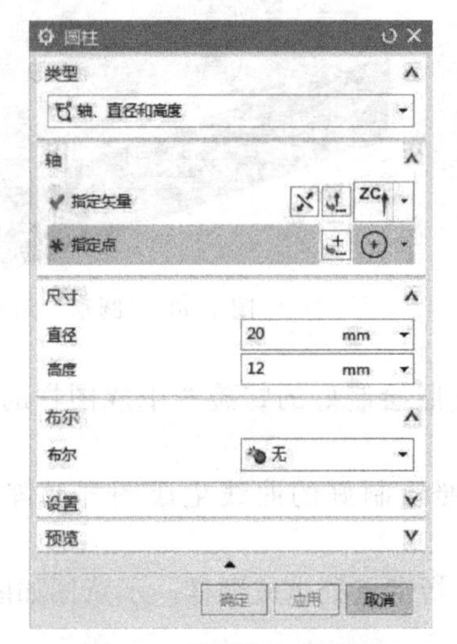

图 7-95 “圆柱”对话框

图 7-96　创建圆柱体

(3) 创建孔

在下拉菜单中选择“插入”→“设计特征”→“孔”命令，或者单击“主页”功能区“特征”组中的“孔”按钮，打开如图 7-97 所示“孔”对话框，在“成形”下拉列表中选择“简单孔”，在“直径”“深度”和“顶锥角”文本框中分别输入 17、8、0。捕捉如图 7-98 所示的一端圆柱面圆心为孔放置位置，单击“确定”按钮，创建孔，如图 7-99 所示。

(4) 创建螺纹

在下拉菜单中选择“插入”→“设计特征”→“螺纹”命令，或者单击“主页”功能区“特征”组中的“螺纹”按钮，打开“螺纹切削”对话框如图 7-100 所示。选择“详细”类型，选择如图 7-101 所示的圆柱体内孔表面为螺纹放置面，设置“长度”为 7，“螺距”为 1.5，“大径”为 18.5，其他采用默认设置，单击“确定”按钮，生成螺纹，如图 7-102 所示。

图 7-97　“孔”对话框

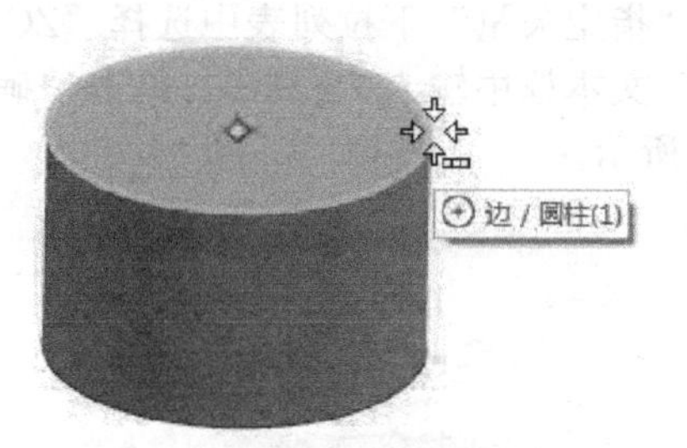

图 7-98　捕捉圆心

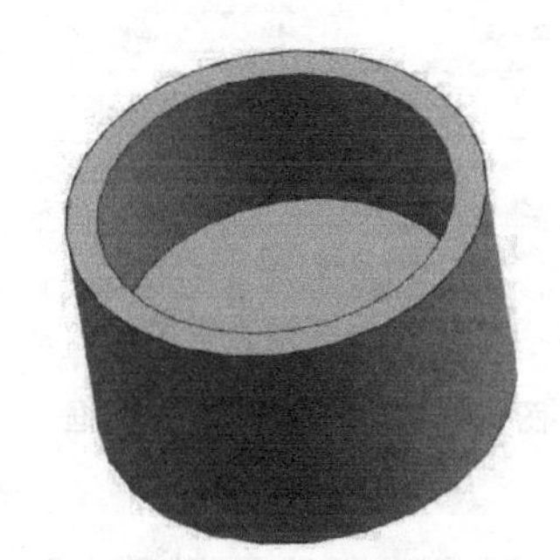

图 7-99　创建孔

图 7-100　“螺纹切削”对话框

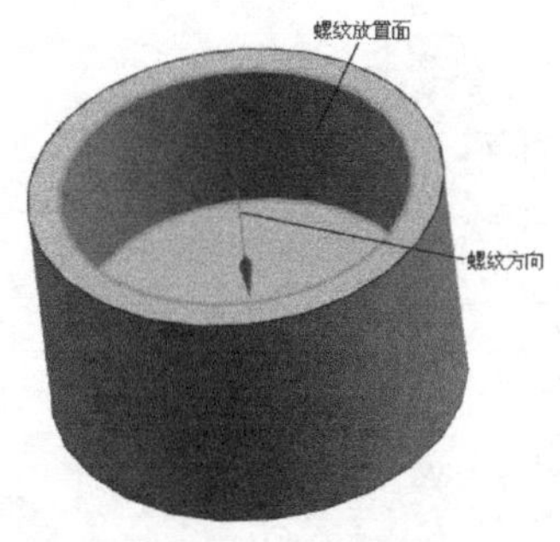

图 7-101　螺纹放置面

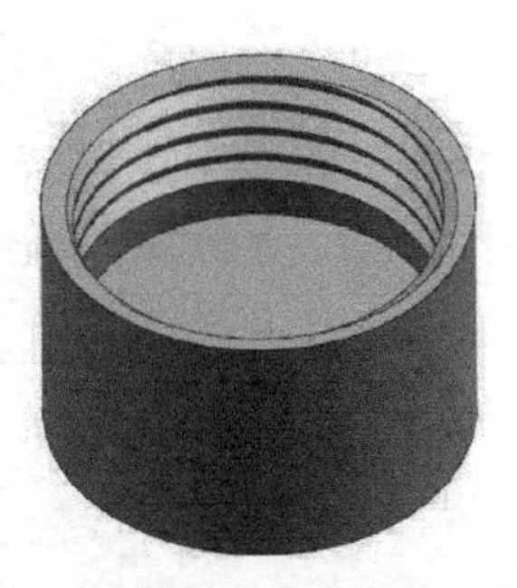

图 7-102　创建螺纹

(5) 生成长方体

在下拉菜单中选择“插入”→“设计特征”→“长方体”命令，或者单击“主页”功能区“特征”组中的“长方体”按钮，打开图 7-103 所示“长方体”对话框，单击“点对话框”按钮，打开“点”对话框，输入（7.5，0，2）为长方体生成原点，单击“确定”按钮，返回长方体对话框，在“长度”“宽度”和“高度”分别设置为 1、0.5、10，单击“确定”按钮，完成长方体的创建，如图 7-104 所示。

(6) 创建阵列几何特征

在下拉菜单中选择“插入”→“关联复制”→“阵列几何特征”命令，或者单击“主页”功能区“特征”组“更多”库下的“阵列几何特征”按钮，打开图 7-105 所示“阵列几何特征”对话框。选择长方体为要形成图样的特征，在“布局”下拉列表中选择“圆形”，在“指定矢量”下拉列表中选择“ZC 轴”，捕捉圆弧圆心为阵列中心，在“数量”和“节距角”文本框中输入 72 和 5，单击“确定”按钮，完成瓶盖外表面防滑纹的创建。如图 7-106 所示。

图 7-103 “长方体”对话框

图 7-104 创建长方体

图 7-105 “阵列几何特征”对话框

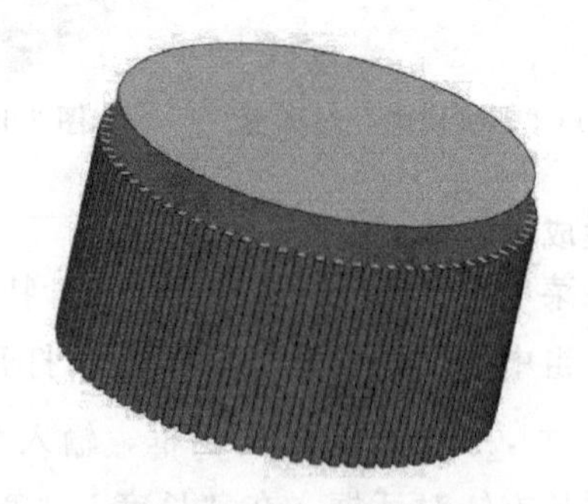

图 7-106 阵列长方体

(7) 创建合并运算

在下拉菜单中选择“插入”→“组合”→“合并”命令，或者单击“主页”功能区“特征”组中的“合并”按钮，打开图 7-107 所示“合并”对话框。选择圆柱体为目标体，框选 72 个长方体为工具体，单击“确定”按钮，将所有实体合并成一个实体。结果如

图 7-108 所示。

图 7-107　“合并”对话框

图 7-108　合并实体

(8) 边倒圆

在下拉菜单中选择“插入”→“细节特征”→“边倒圆”命令，或者单击“主页”功能区“特征”组中的“边倒圆”按钮，打开“边倒圆”对话框如图 7-109 所示。在“半径 1”文本框中输入“0.5”，选择图 7-110 所示的瓶盖顶端圆弧边为圆角边，单击“确定”按钮，生成如图 7-94 所示瓶盖。

图 7-109　“边倒圆”对话框

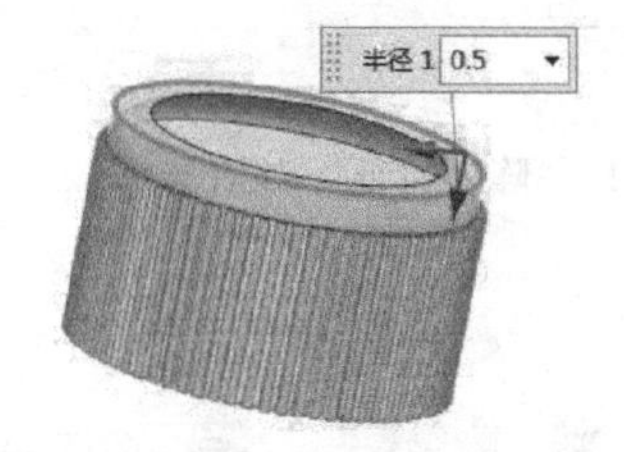

图 7-110　选择圆角边

7.2.3　阵列特征

在下拉菜单中选择“插入”→“关联复制”→“阵列特征”命令，或者单击“主页”功能区“特征”组中的“阵列特征”按钮，打开图 7-111 所示“阵列特征”对话框。该选项从已有特征生成阵列。

对话框部分选项功能如下：

① 线性：该选项从一个或多个选定特征生成图样的线性阵列。线性阵列既可以是二维的（在 XC 和 YC 方向上，即几行特征），也可以是一维的（在 XC 或 YC 方向上，即一行特征）。其操作后示意图如图 7-112 所示。

② 圆形：该选项从一个或多个选定特征生成圆形图样的阵列。示意图如图 7-113 所示。

③ 多边形：该选项从一个或多个选定特征按照绘制好的多边形生成图样的阵列。

④ 螺旋：该选项从一个或多个选定特征按照绘制好的螺旋线生成图样的阵列。示意图如图 7-114 所示。

⑤ 沿：该选项从一个或多个选定特征按照绘制好的曲线生成图样的阵列。示意图如图 7-115 所示。

⑥ 常规：该选项从一个或多个选定特征在指定点处生成图样。示意图如图 7-116 所示。

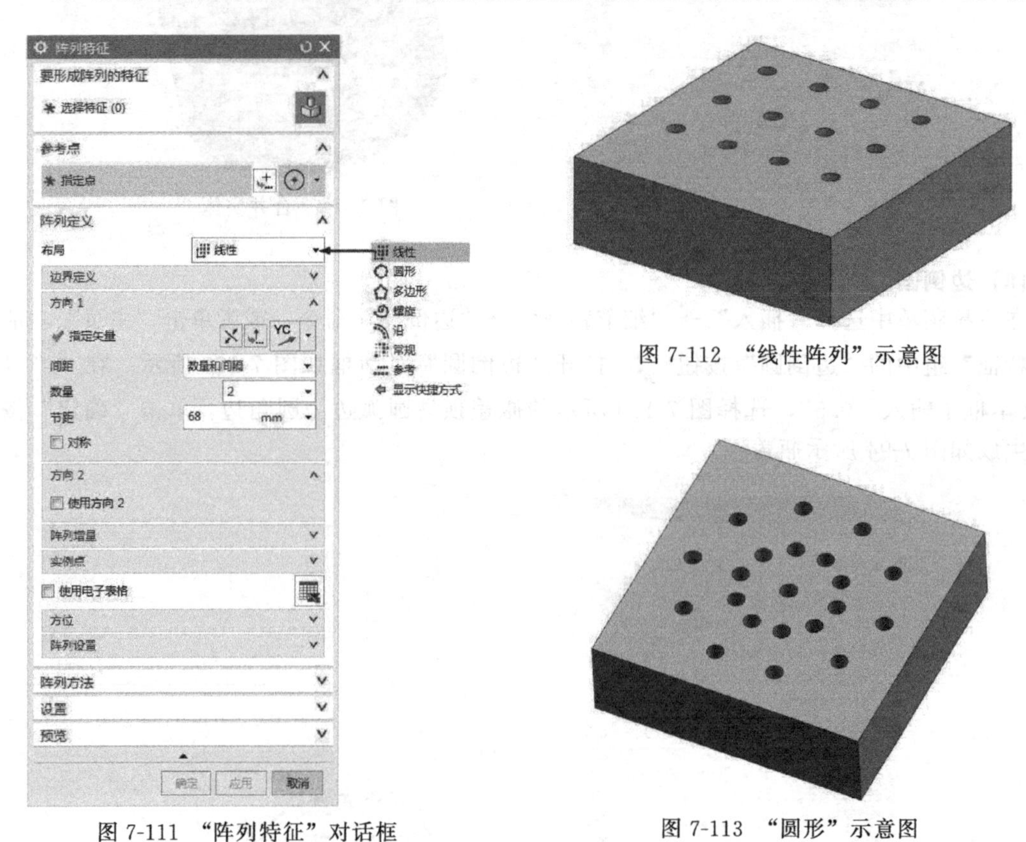

图 7-111 “阵列特征”对话框

图 7-112 “线性阵列”示意图

图 7-113 “圆形”示意图

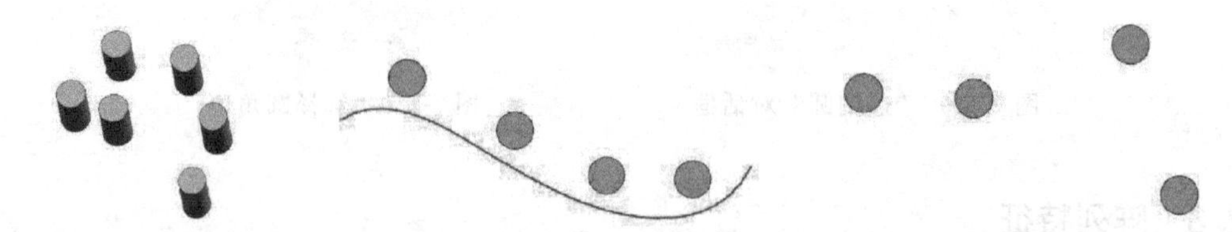

图 7-114 “螺旋”示意图　　图 7-115 “沿”示意图　　图 7-116 “常规”示意图

7.2.4 镜像特征

在下拉菜单中选择“插入”→“关联复制”→“镜像特征”命令，或者单击“主页”功能区“特征”组中“更多”库下“镜像特征”按钮，打开如图 7-117 所示的“镜像特征”对话框，通过基准平面或平面镜像选定特征的方法来生成对称的模型，可以在体内镜像特征，示意图如图 7-118 所示。

部分选项功能如下：

① 选择特征：该选项用于选择想要进行镜像的部件中的特征。要指定需要镜像的特征，它在列表中高亮显示。

② 镜像平面：该选项用于指定镜像选定特征所用的平面或基准平面。

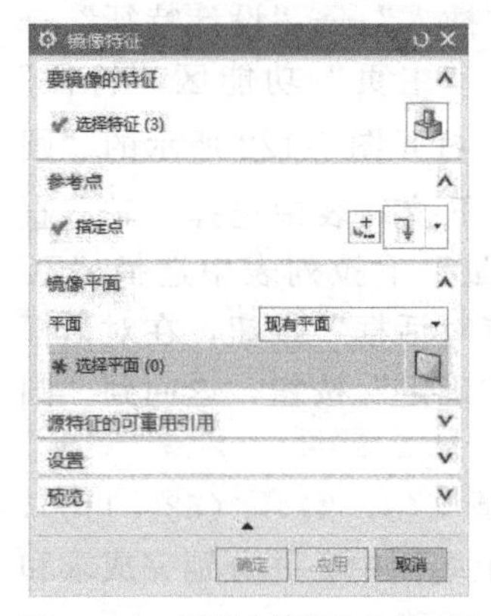

图 7-117　“镜像特征”对话框

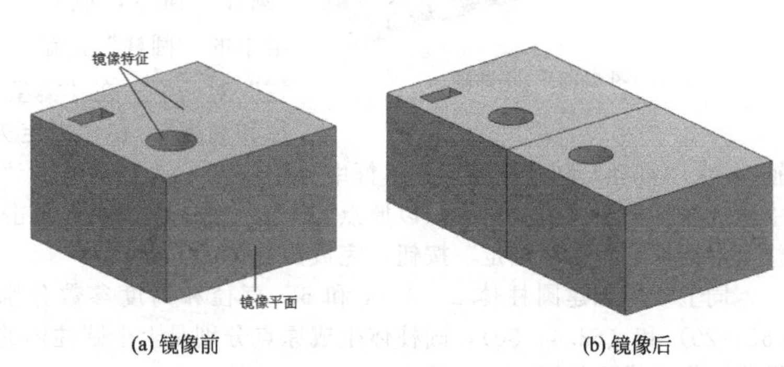

图 7-118　“镜像特征”示意图

7.2.5　镜像几何体

在下拉菜单中选择“插入”→“关联复制”→“镜像几何体”命令，或者单击“主页”功能区“特征”组中的“镜像几何体”按钮，打开图 7-119 所示的“镜像几何体”对话框。用于以基准平面来镜像所选的实体，镜像后的实体或片体和原实体或片体相关联，但本身没有可编辑的特征参数，示意图如图 7-120 所示。

图 7-119　“镜像几何体”对话框

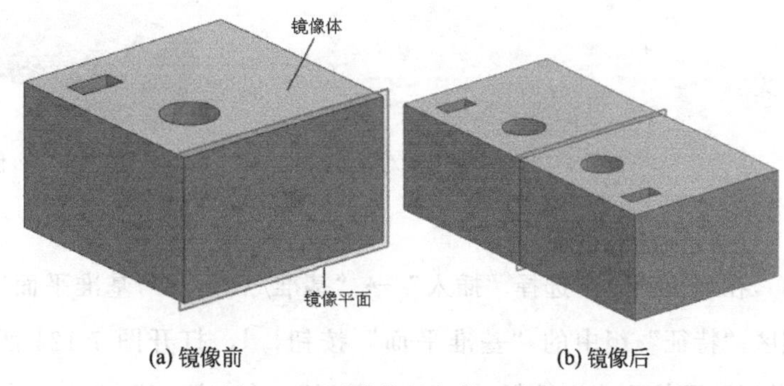

图 7-120　“镜像几何体”示意图

7.2.6　实例——花键轴

本例分三步创建，首先创建花键轴实体，然后通过基本曲线创建花键截面线并进行拉伸操作生成花键，最后使用键槽操作在花键轴上创建普通平键，生成模型如图 7-121 所示。

扫一扫，看视频

绘制步骤

(1) 新建文件

在下拉菜单中选择“文件”→“新建”命令，或者单击“主页”功能区“标准”组中的“新建”按钮，打开“新建”对话框，在模型选项卡中选择适当的模板，在“名称”文本

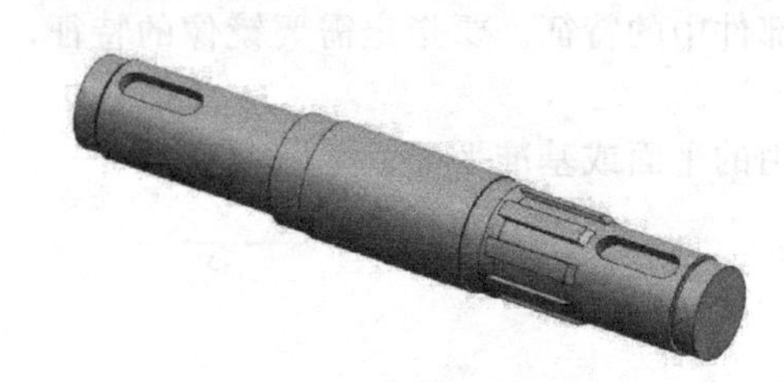

图 7-121　花键轴

框中输入“huajianzhou”，单击“确定”按钮，进入建模环境。

(2) 创建圆柱体

在下拉菜单中选择“插入”→“设计特征”→“圆柱”命令，或者单击“主页”功能区“特征”组中的“圆柱”按钮，打开图 7-122 所示的“圆柱”对话框。在“类型”下拉列表中选择“轴、直径和高度”，在“指定矢量”下拉列表中选择“ZC 轴”，在“直径”和“高度”文本框中分别输入 50、13，单击“点对话框”按钮，在对话框中输入坐标点为（0，0，0），以原点为中心生成圆柱体 1，单击“确定”按钮，返回到“圆柱”对话框，单击“确定”按钮，完成圆柱体的创建。

同上步骤创建圆柱体 2、3、4 和 5。直径和高度参数分别是（48，2），（53，110），（60，20）和（62.4，50），圆柱体生成原点分别是上个圆柱体的上端面中心并分别完成求和操作。生成模型如图 7-123 所示。

图 7-122　“圆柱”对话框

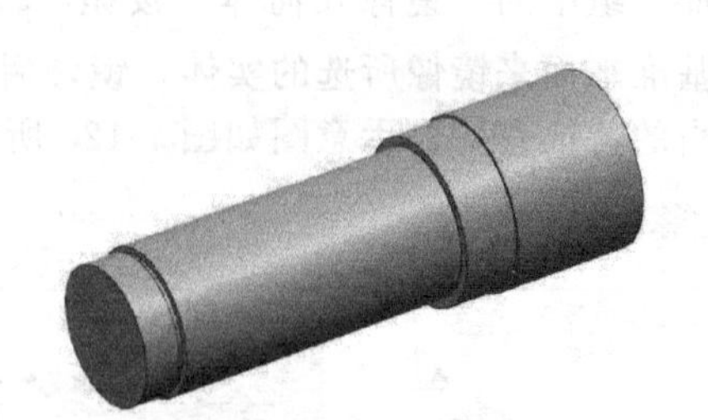

图 7-123　创建圆柱体

(3) 创建基准面

在下拉菜单中选择“插入”→“基准/点”→“基准平面”命令，或者单击“主页”功能区“特征”组中的“基准平面”按钮，打开图 7-124 所示“基准平面”对话框。在“类型”下拉列表中选择“XC-ZC 平面”，在“距离”文本框中输入距离为 18.74，单击“确定”按钮，完成基准平面的创建，结果如图 7-125 所示。

图 7-124　“基准平面”对话框

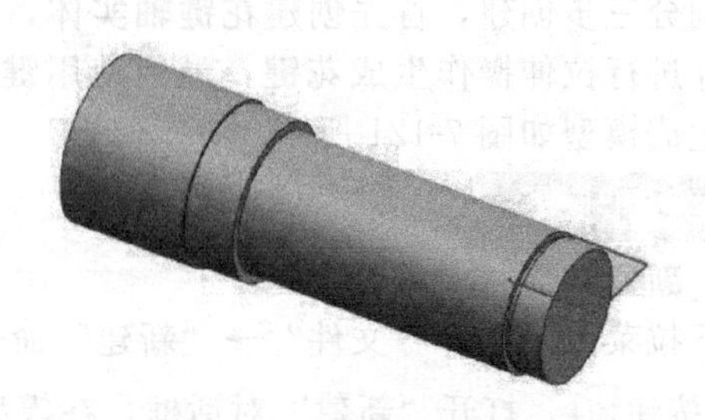

图 7-125　创建基准平面

(4) 创建草图

在下拉菜单中选择“插入”→“在任务环境中绘制草图”命令，打开图7-126所示“创建草图”对话框，选择上一步创建的基准平面为草图绘制面，单击“确定”按钮，进入草图绘制阶段，绘制如图7-127所示的草图，单击“主页”功能区“草图”组中的“完成”按钮，返回建模模块。

图7-126 “创建草图”对话框

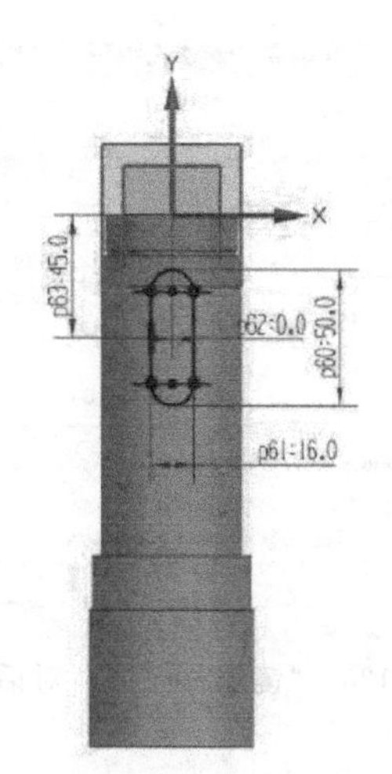

图7-127 创建草图

(5) 创建拉伸

在下拉菜单中选择“插入”→“设计特征”→“拉伸”命令，或者单击“主页”功能区“特征”组中的“拉伸”按钮，打开如图7-128所示“拉伸”对话框。选择上步创建的草图为拉伸曲线，在“指定矢量”下拉列表中选择“YC轴”，在“开始距离”和“结束距离”文本框中输入0和10，在“布尔”下拉列表中选择“减去”，系统自动选择圆柱体，单击“确定”按钮，完成拉伸体的创建，如图7-129所示。

图7-128 “拉伸”对话框

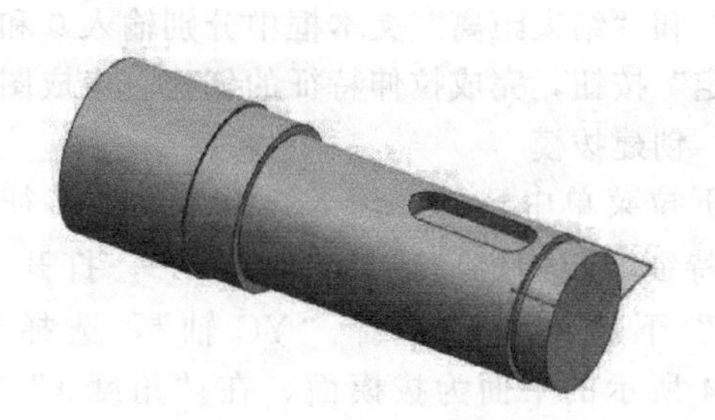

图7-129 创建拉伸

(6) 镜像操作

在下拉菜单中选择“插入”→“关联复制”→“镜像几何体”命令，或者单击“主页”功能区“特征”组中的“镜像几何体”按钮，打开图7-130所示的“镜像几何体”对话框，选择屏幕中的实体为要镜像的几何体，选择圆柱体1的底面为镜像平面，单击“确定”按钮，完成轴主体创建。如图7-131所示。

图7-130 “镜像几何体”对话框

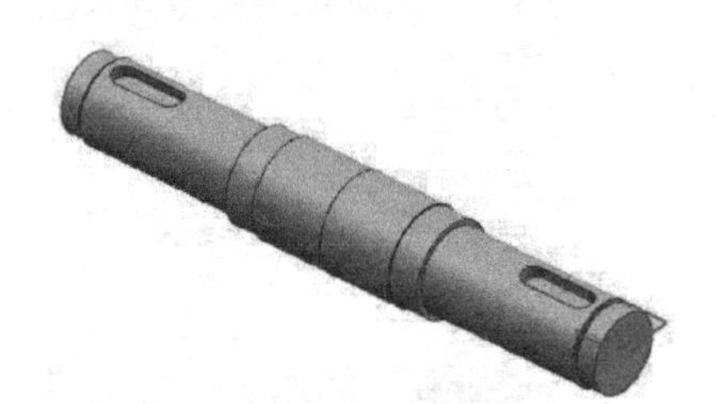

图7-131 镜像几何体

(7) 创建草图

在下拉菜单中选择“插入”→“在任务环境中绘制草图”命令，或者单击“曲线”功能区中的“在任务环境中绘制草图”按钮，打开“创建草图”对话框，在“平面方法”下拉列表中选择“新平面”，在“指定矢量”下拉列表中选择“XC-YC平面”，在绘图区中的“距离”文本框中输入75，在“参考”下拉列表中选择“水平”，在“指定矢量”下拉列表中选择“XC”轴，在“原点方法”下拉列表中选择“使用工作部件原点”，单击“确定”按钮，进入草图绘制环境，绘制图7-132所示的草图。单击“主页”功能区“草图”组中的“完成”按钮，返回建模模块。

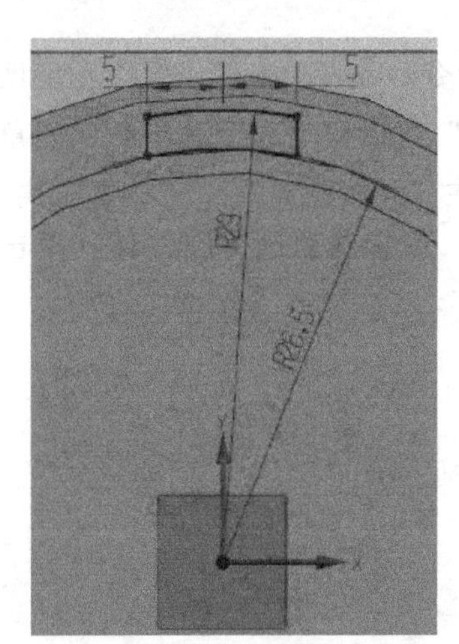

图7-132 草图模型

(8) 创建拉伸

在下拉菜单中选择“插入”→“设计特征”→“拉伸”命令，或者单击“主页”功能区“特征”组中的“拉伸”按钮，打开图7-133所示的“拉伸”对话框。选择草图为拉伸曲线，在“指定矢量”下拉列表中选择“ZC轴”，在“开始距离”和“结束距离”文本框中分别输入0和60，在“布尔”下拉列表中选择“无”，单击“确定”按钮，完成拉伸特征的创建。生成图7-134所示实体模型。

(9) 创建拔模

在下拉菜单中选择“插入”→“细节特征”→“拔模”命令，或者单击“主页”功能区“特征”组中的“拔模”按钮，打开“拔模”对话框如图7-135所示，在“指定矢量”下拉列表中选择“YC轴”，选择图7-134所示点为固定面，然后选择如图7-134所示的平面为拔模面，在“角度1”文本框中输入“60”，单击“确定”按钮，完成拔模特征的创建。

图 7-133　“拉伸”对话框

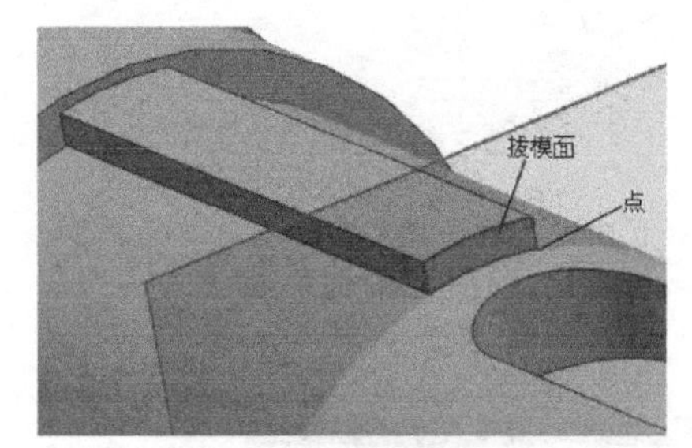

图 7-134　创建拉伸体

(10) 边倒角

在下拉菜单中选择“插入”→“细节特征”→“倒斜角”命令，或者单击“主页”功能区“特征”组中的“倒斜角”按钮，打开“倒斜角”对话如图 7-136 所示。在“横截面”下拉列表中选择“非对称”，选择图 7-137 所示边为倒角边，在“距离 1”和“距离 2”文本框中输入 8 和 4，单击“确定”按钮，完成倒角特征的创建，如图 7-138 所示。

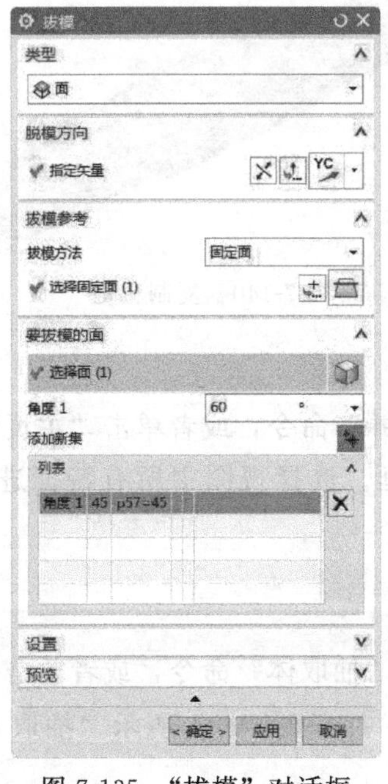

图 7-135　“拔模”对话框

图 7-136　“倒斜角”对话框

(11) 复制花键

在下拉菜单中选择“编辑”→“移动对象”命令，或者单击“工具”功能区“实用工具”组中的“移动对象”按钮，打开图 7-139 所示的“移动对象”对话框。选择矩形花键为移动对象，在“运动”下拉列表中选择“角度”，在“指定矢量”下拉列表中选择“ZC轴”，指定坐标原点为轴点，在“角度”文本框中输入角度值 45，选择“复制原先的”选项，在“非关联副本数”文本框中输入 7，单击“确定”按钮，生成如图 7-140 所示花键轴。

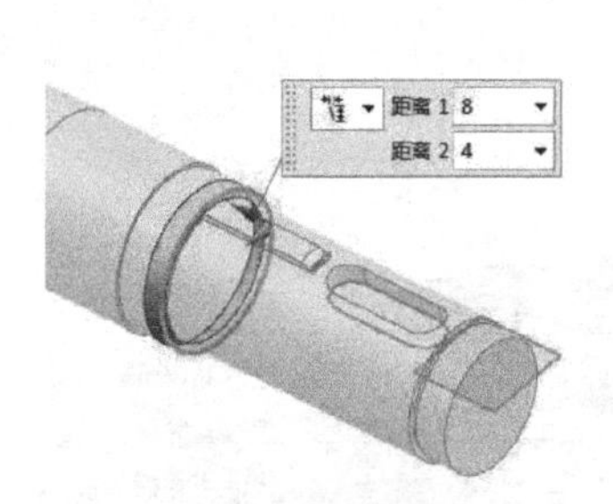

图 7-137　选择倒角边

图 7-138　创建倒角

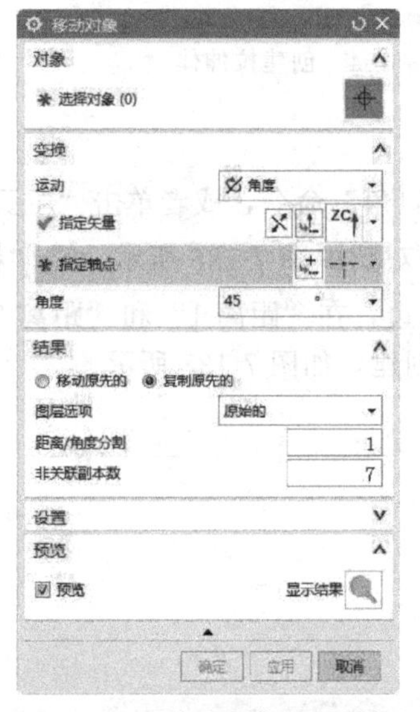

图 7-139　“移动对象”对话框

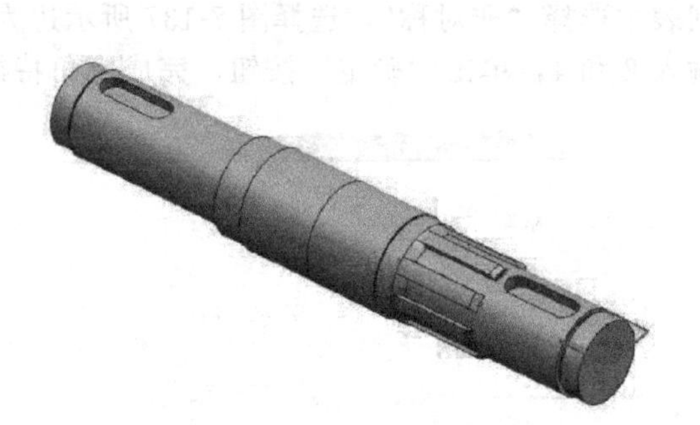
图 7-140　复制花键

(12) 合并操作

在下拉菜单中选择“插入”→“组合”→“合并”命令，或者单击“主页”功能区“特征”组中的“合并”按钮，打开“合并”对话框。选择视图中所有特征进行合并运算，生成如图 7-121 所示花键轴。

7.2.7　抽取体

在下拉菜单中选择“插入”→“关联复制”→“抽取体”命令，或者单击“曲面”功能区“曲面操作”组中的“抽取几何特征”按钮，打开图 7-141 所示“抽取几何特征”对话框。

使用该选项可以通过从另一个体中抽取对象来生成一个体。用户可以在 4 种类型的对象之间选择来进行抽取操作：如果抽取一个面或一个区域，则生成一个片体；如果抽取一个体，则新体的类型将与原先的体相同（实体或片体）；如果抽取一条曲线，则结果将是 EX-

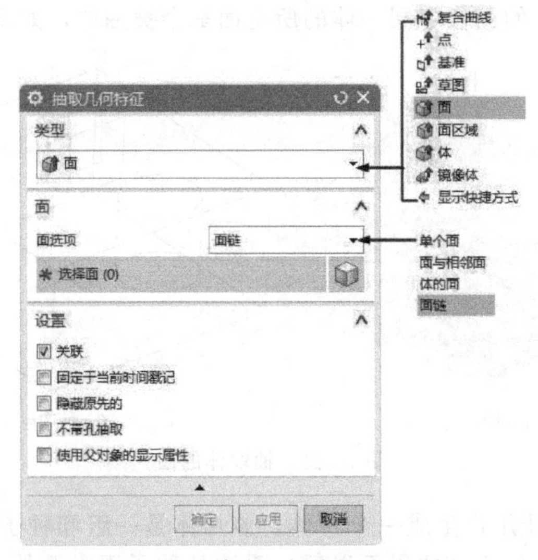

图 7-141　“抽取几何特征”对话框

TRACTED _ CURVE（抽取曲线）特征。

对话框部分选项功能如下：

① 面：该选项可用于将片体类型转换为 B 曲面类型，以便将它们的数据传递到 ICAD 或 PATRAN 等其他集成系统中和 IGES 等交换标准中。

a. 单个面：即只有选中的面才会被抽取，如图 7-142 所示。

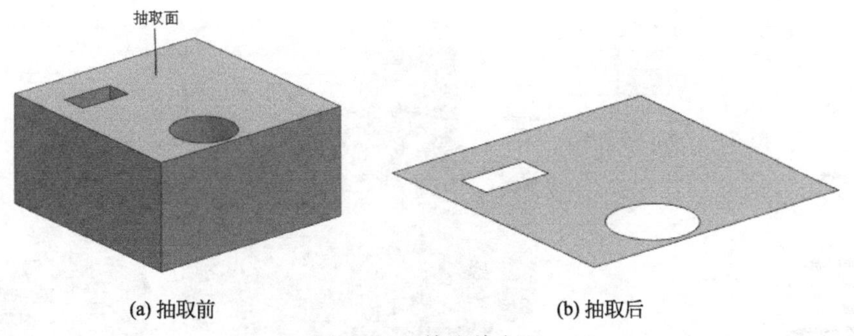

(a) 抽取前　　(b) 抽取后

图 7-142　抽取单个面

b. 面与相邻面：即只有与选中的面直接相邻的面才会被抽取，如图 7-143 所示。

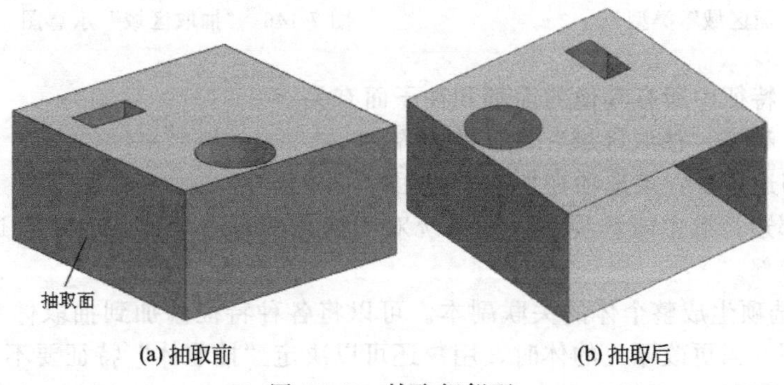

(a) 抽取前　　(b) 抽取后

图 7-143　抽取相邻面

c. 体的面：即与选中的面位于同一体的所有面都会被抽取，如图 7-144 所示。

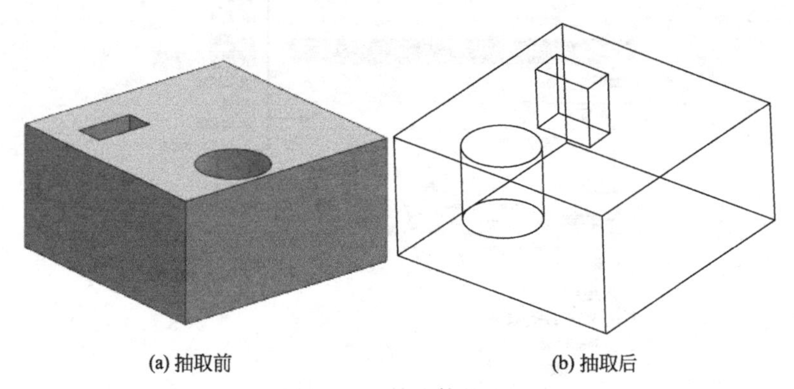

图 7-144　抽取体的面

② 面区域：该选项让用户生成一个片体，该片体是一组和种子面相关的且被边界面限制的面。在已经确定了种子面和边界面以后，系统从种子面上开始，在行进过程中收集面，直到它和任意的边界面相遇。一个片体（称为“抽取区域”特征）从这组面上生成。选择该选项后，对话框中的可变窗口区域如图 7-145 所示。示意图 7-146 所示。

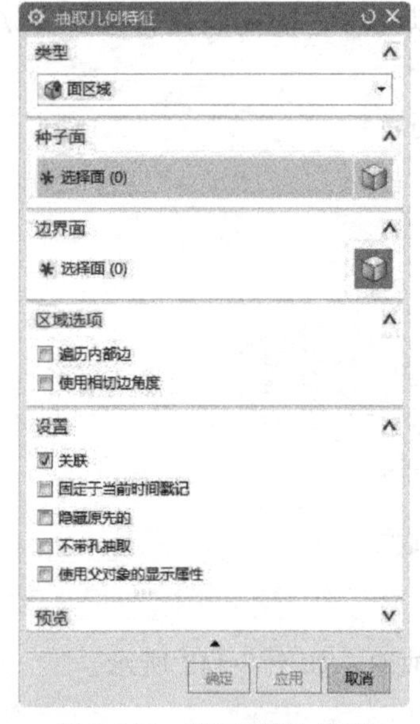

图 7-145　“面区域”类型

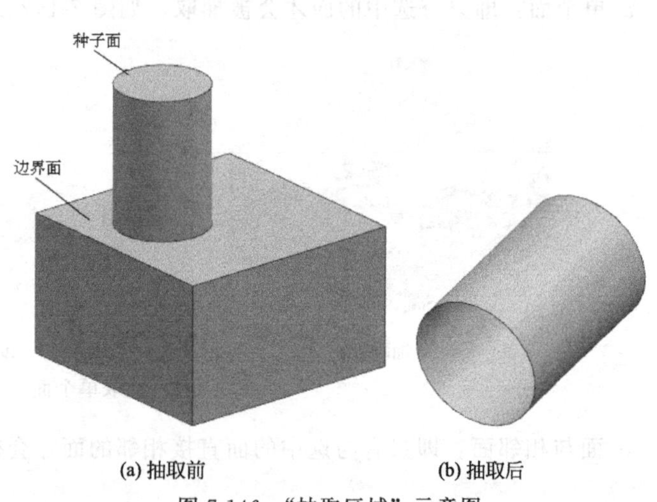

图 7-146　“抽取区域”示意图

a. 种子面：特征中所有其他的面都和种子面有关。

b. 边界面：确定“抽取区域”特征的边界。

c. 使用相切边角度：该选项在加工中应用。

d. 遍历内部边：选中该选项后，则系统对于遇到的每一个面，收集其边构成其任何内部环的部分或全部。

③ 体：该选项生成整个体的关联副本。可以将各种特征添加到抽取体特征上，而不在原先的体上出现。当更改原先的体时，用户还可以决定“抽取体”特征要不要更新。

“抽取体”特征的一个用途是在用户想同时能用一个原先的实体和一个简化形式的时候（例如，放置在不同的参考集里），选择该类型时，对话框如图 7-147 所示。

a. 固定于当前时间戳记：该选项可更改编辑操作过程中特性放置的时间标记，允许用户控制更新过程中对原先的几何体所作的更改是否反映在抽取的特征中。默认是将抽取的特征放置在所有的已有特征之后。

b. 隐藏原先的：该选项可以在生成抽取的特征时，如果原先的几何体是整个对象，或者如果生成“抽取区域”特征，则将隐藏原先的几何体。

图 7-147　“体”类型

7.3　偏置/缩放特征

本节主要介绍偏置/缩放特征子菜单中的特征。

7.3.1　抽壳

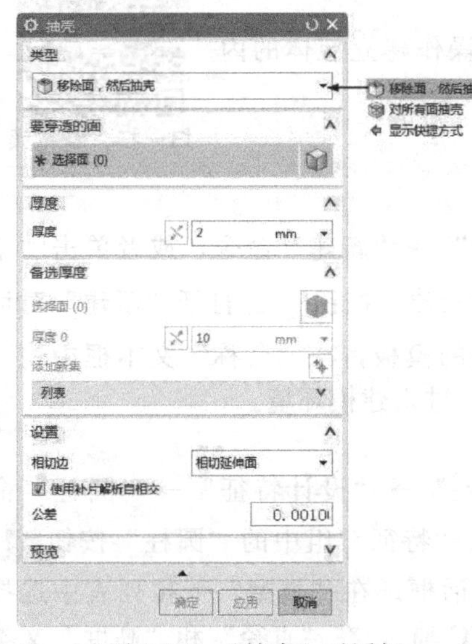

图 7-148　“抽壳”对话框

在下拉菜单中选择“插入”→“偏置/缩放”→“抽壳”命令，或者单击“主页”功能区“特征”组中的“抽壳”按钮，系统打开“抽壳”对话框，如图 7-148 所示。利用该对话框可以进行抽壳来挖空实体或在实体周围建立薄壳。

对话框选项说明如下：

① 移除面，然后抽壳：选择该方法后，所选目标面在抽壳操作后将被移除。

如果进行等厚度的抽壳，则在选好要抽壳的面和设置好默认厚度后，直接单击“确定”或“应用”按钮完成抽壳。

如果进行变厚度的抽壳，则在选好要抽壳的面后，在备选厚度栏中单击选择面，选择要设定的变厚度抽壳的表面并在“厚度 0”文本框中输入可变厚度值，则该表面抽壳后的厚度为新设定的可变厚度。示意图如图 7-149 所示。

② 对所有面抽壳：选择该方法后，需要选择一个实体，系统将按照设置的厚度进行抽壳，抽壳后原实体变成一个空心实体。

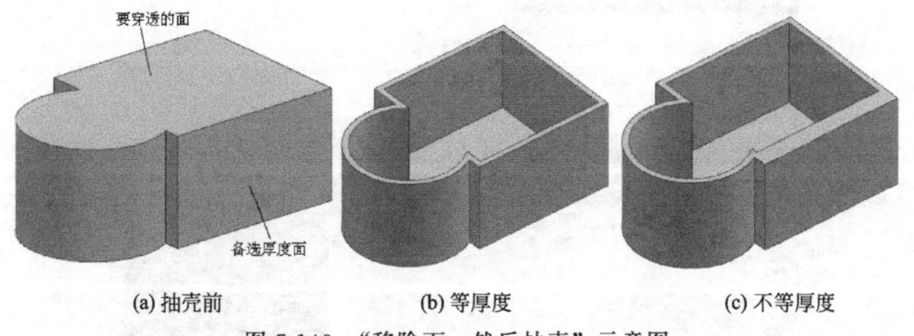

(a) 抽壳前　(b) 等厚度　(c) 不等厚度

图 7-149　“移除面，然后抽壳”示意图

如果厚度为正数，则空心实体的外表面为原实体的表面；如果厚度为负数，则空心实体的内表面为原实体的表面。

在备选厚度栏中单击选择面也可以设置变厚度，设置方法与面抽壳类型相同，如图 7-150 所示。

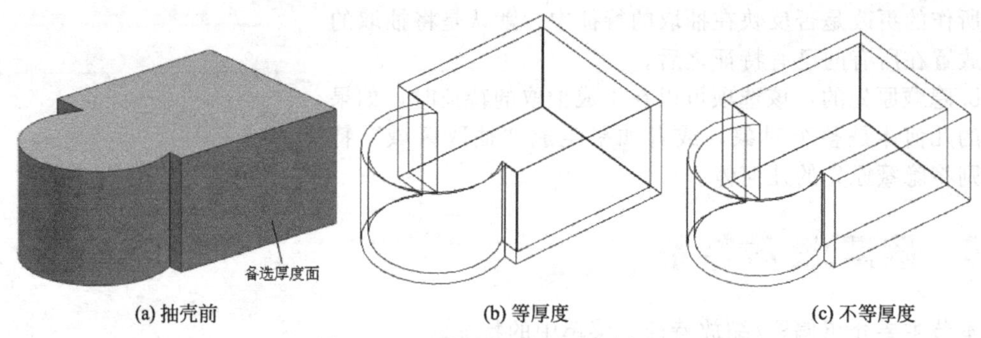

图 7-150 “对所有面抽壳”示意图

7.3.2 实例——瓶体

本例首先采用实体特征建立瓶体外轮廓，通过抽壳操作建立瓶体的内表面，然后进行螺纹操作建立瓶口等，创建图 7-151 所示瓶体。

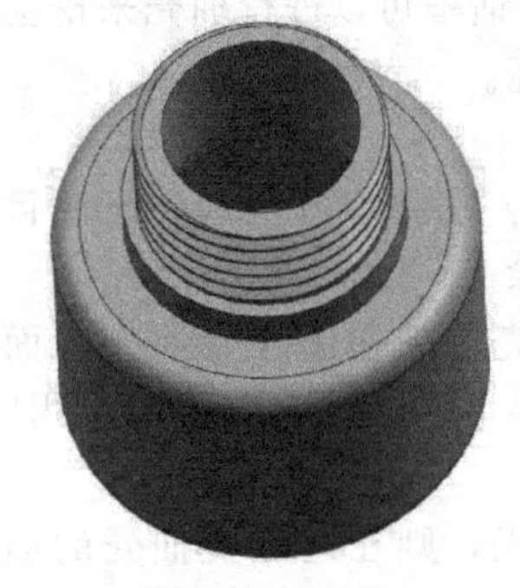

图 7-151 瓶体

绘制步骤

(1) 新建文件

在下拉菜单中选择“文件”→“新建”命令，或者单击“主页”功能区“标准”组中的“新建”按钮，打开“新建”对话框，在模型选项卡中选择适当的模板，在“名称”文本框中输入“pingti”，单击“确定”按钮，进入建模环境。

(2) 创建圆柱体

在下拉菜单中选择“插入”→“设计特征”→“圆柱”命令，或者单击“主页”功能区“特征”组中的“圆柱”按钮，打开图 7-152 所示“圆柱”对话框。在“类型”下拉列表中选择“轴、直径和高度”，在“指定矢量”下拉列表中选择“ZC 轴”，在“直径”和“高度”文本框中分别输入“30”“20”，单击“点对话框”按钮，打开“点”对话框，在“点”对话框中输入坐标点为（0，0，0），单击“确定”按钮，返回到“圆柱”对话框，单击“确定”按钮，完成圆柱体的创建，如图 7-153 所示。

图 7-152 “圆柱”对话框

图 7-153 圆柱体

(3) 创建草图

在下拉菜单中选择“插入”→“在任务环境中绘制草图”命令，打开图 7-154 所示“创建草图”对话框，选择上一步创建的圆柱体的顶面为草图绘制面，单击“确定”按钮，进入草图绘制阶段，绘制如图 7-155 所示的草图，单击“主页”功能区“草图”组中的“完成”按钮，返回建模模块。

图 7-154 “创建草图”对话框

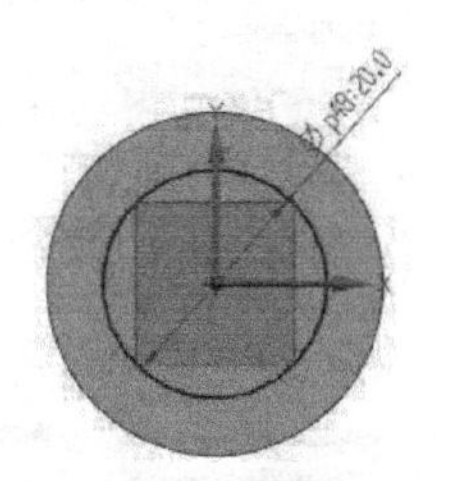

图 7-155 创建草图

(4) 创建凸起

在下拉菜单中选择“插入”→“设计特征”→“凸起”命令，或者单击“主页”功能区“特征”组中的“设计特征”库中的“凸起”按钮，打开“凸起”对话框，如图 7-156 所示，选择上一步创建的草图为要凸起的曲线，选择上步创建的圆柱体的顶面为要凸起的面，在“指定方向”下拉列表中选择“ZC 轴”，在“距离”文本框中输入凸起的距离值 3，单击“确定”按钮，完成凸起 1 的绘制，结果如图 7-157 所示。按照步骤（3）和步骤（4）在凸起 1 顶面上创建直径为 18、高度为 8 的凸起 2。结果如图 7-158 所示。

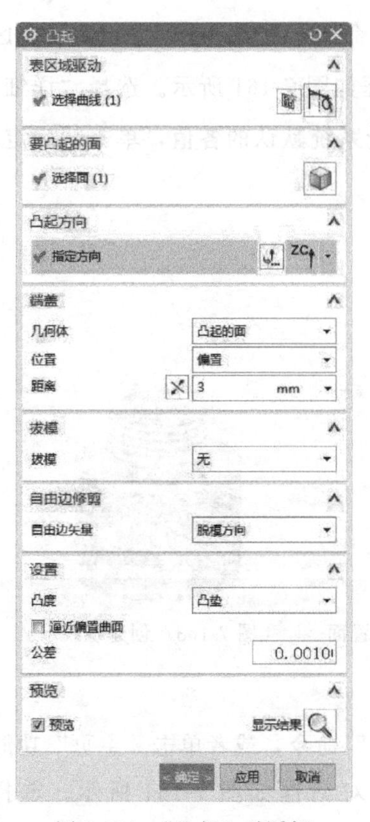

图 7-156 “凸起”对话框

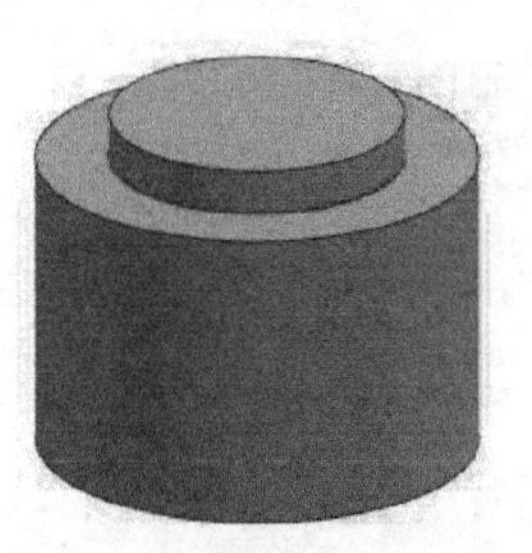

图 7-157 创建凸起 1

图 7-158 创建凸起 2

（5）创建抽壳特征

在下拉菜单中选择“插入”→“偏置/缩放”→“抽壳”命令，或者单击“主页”功能区“特征”组中的“抽壳”按钮，打开“抽壳”对话框如图 7-159 所示。在“类型”下拉列表中选择“移除面，然后抽壳”，选择最上面凸起的顶端面为要穿透的面，在“厚度”文本框中输入为 2，单击“确定”按钮，完成抽壳特征的创建，如图 7-160 所示。

图 7-159 “抽壳”对话框

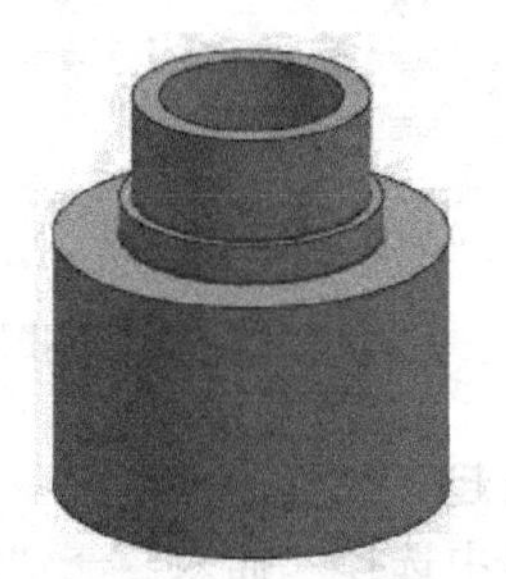

图 7-160 抽壳处理

（6）创建瓶口外螺纹

在下拉菜单中选择“插入”→“设计特征”→“螺纹”命令，或者单击“主页”功能区“特征”组中的“螺纹”按钮，打开“螺纹切削”对话框如图 7-161 所示。选择“详细”螺纹类型，选择图 7-162 所示的最上面凸起的外表面，接受系统默认的各值，单击“确定”按钮，完成螺纹的创建，如图 7-163 所示。

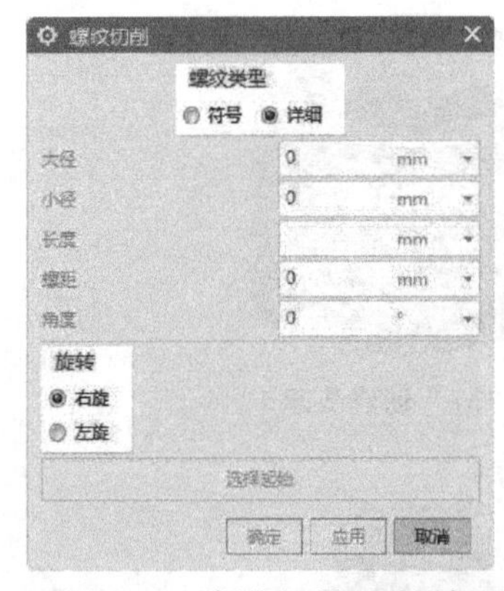

图 7-161 “螺纹切削”对话框

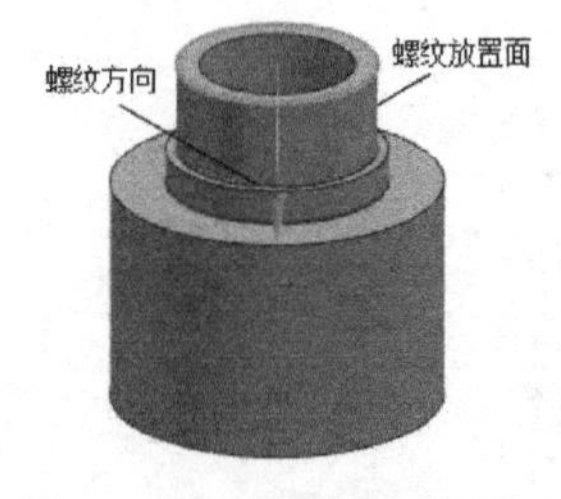

图 7-162 选择螺纹放置面

图 7-163 创建螺纹

（7）创建边倒圆

在下拉菜单中选择“插入”→“细节特征”→“边倒圆”命令，或者单击“主页”功能区“特征”组中的“边倒圆”按钮，打开“边倒圆”对话框如图 7-164 所示。选择图 7-165 所示的瓶体底端和中间圆弧边为圆角边，在“半径 1”文本框中输入 2，单击“确定”按钮，生成如图 7-151 所示瓶体。

图 7-164　“边倒圆”对话框

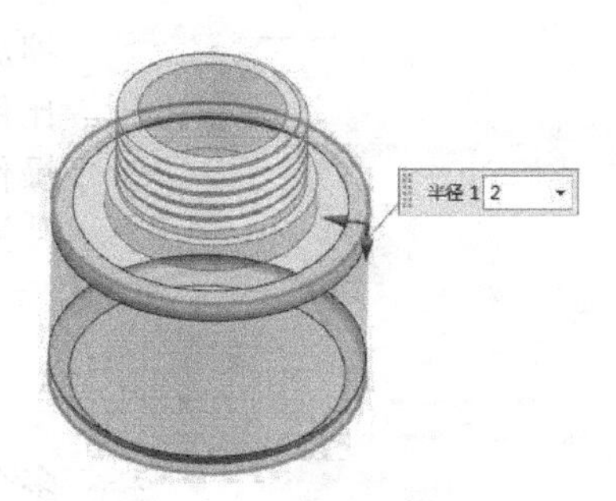

图 7-165　选择圆角边

7.3.3 偏置面

在下拉菜单中选择“插入”→“偏置/缩放”→“偏置面”命令，或者单击“主页”功能区“特征”组中的“偏置面”按钮，系统打开图 7-166 所示“偏置面”对话框。可以使用此选项沿面的法向偏置一个或多个面、体的特征或体。其操作后示意图如图 7-167 所示。

图 7-166　“偏置面”对话框

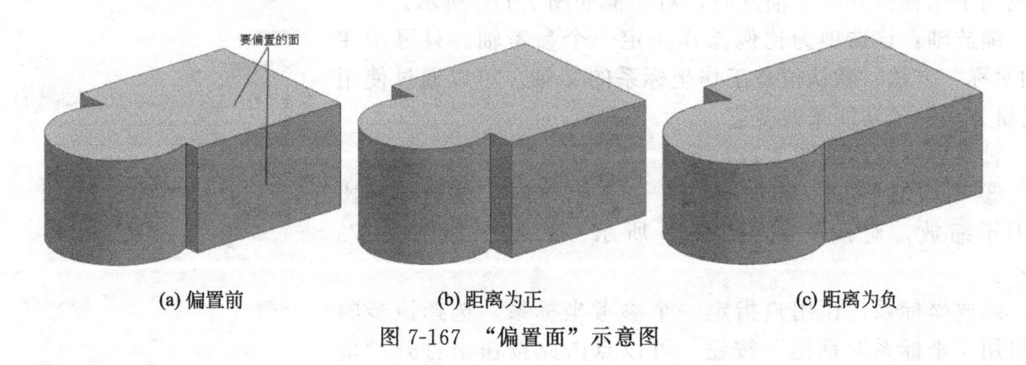

图 7-167　“偏置面”示意图

其偏置距离可以为正或为负，而体的拓扑不改变。正的偏置距离沿垂直于面而指向远离实体方向的矢量测量。

7.3.4 缩放体

在下拉菜单中选择“插入”→“偏置/比例”→“缩放体”命令，或者单击“主页”功能区“特征”组中的“缩放体”按钮，打开图 7-168 所示的“缩放体”对话框。该选项按比例缩放实体和片体。可以使用均匀、轴对称或通用的比例方式，此操作完全关联。需要注意的是：比例操作应用于几何体而不用于组成该体的独立特征。其操作后示意图如图 7-169 所示。

图 7-168 “缩放体”对话框

对话框部分选项功能如下：

① 均匀：在所有方向上均匀地按比例缩放。

a. 要缩放的体：该选项为比例操作选择一个或多个实体或片体。所有的三个“类型”方法都要求此步骤。

b. 缩放点：该选项指定一个参考点，比例操作以它为中心。默认的参考点是当前工作坐标系的原点，可以通过使用“点方式”子功能指定另一个参考点。该选项只在“均匀”和“轴对称”类型中可用。

c. 比例因子：让用户指定比例因子（乘数），通过它来改变当前的大小。

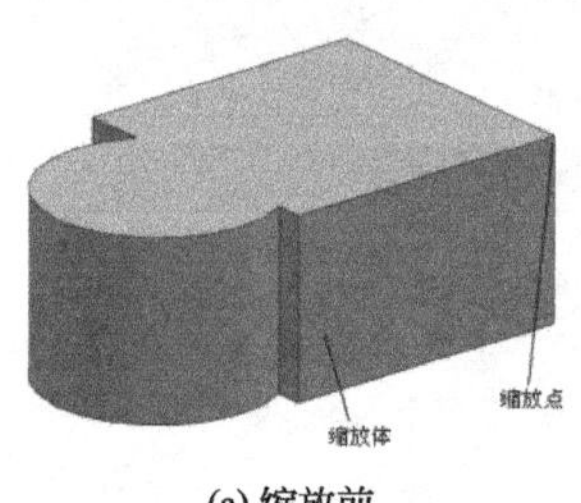

(a) 缩放前

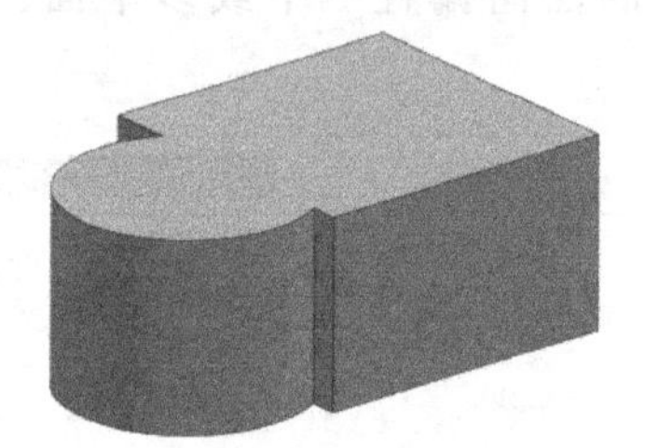

(b) 缩放1.5倍

图 7-169 均匀缩放示意图

② 轴对称：以指定的比例因子（或乘数）沿指定的轴对称缩放。这包括沿指定的轴指定一个比例因子并指定另一个比例因子用在另外两个轴方向，对话框如图 7-170 所示。

缩放轴：该选项为比例操作指定一个参考轴。只可用在“轴对称”方法。默认值是工作坐标系的 Z 轴。可以通过使用“矢量方法”子功能来改变它。

轴对称示意图如图 7-171 所示。

③ 不均匀：在所有的 X、Y、Z 三个方向上以不同的比例因子缩放，对话框如图 7-172 所示。示意图如图 7-173 所示。

缩放坐标系：让用户指定一个参考坐标系。选择该步骤会启用“坐标系对话框”按钮。可以点击此按钮来打开“坐标系”，可以用它来指定一个参考坐标系。

图 7-170 “轴对称”类型

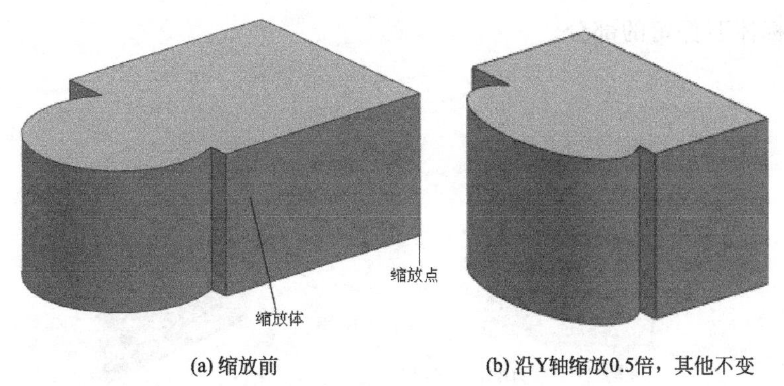

图 7-171　轴对称缩放示意图

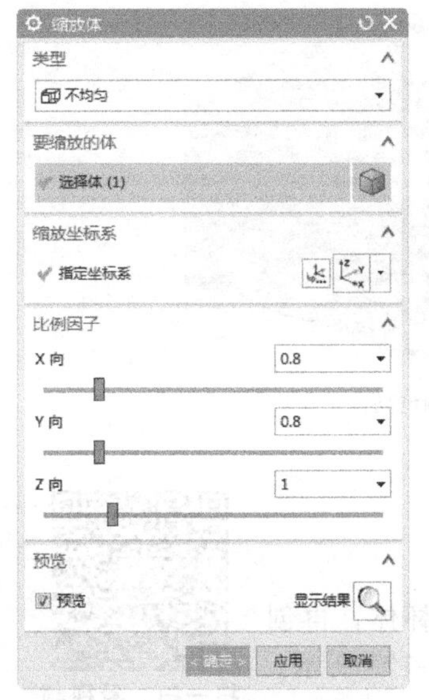

图 7-172　“缩放体”对话框

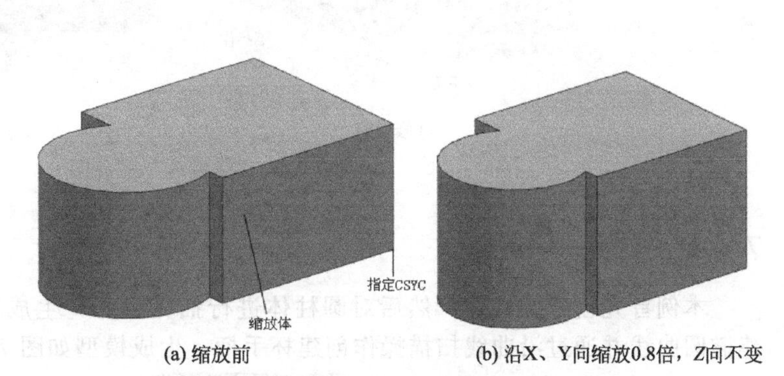

图 7-173　不均匀缩放示意图

7.4　修剪

本节主要介绍偏置/缩放特征子菜单中的特征。这些特征主要对实体或面进行修剪、拆分和分割。

7.4.1　修剪体

在下拉菜单中选择“插入”→“修剪”→“修剪体”命令，或者单击“主页”功能区“特征”组中的“修剪体”按钮，打开图 7-174 所示“修剪体”对话框。使用该选项可以使用一个面、基准平面或其他几何体修剪一个或多个目标体。选择要保留的体部分，并且修剪体将采用修剪几何体的形状。示意图如图 7-175 所示。

图 7-174　“修剪体”对话框

由法向矢量的方向确定目标体要保留的部分。矢量指向远离将保留的目标体部分。如图 7-175 显示了矢量方向将如何影响目标体要保留的部分。

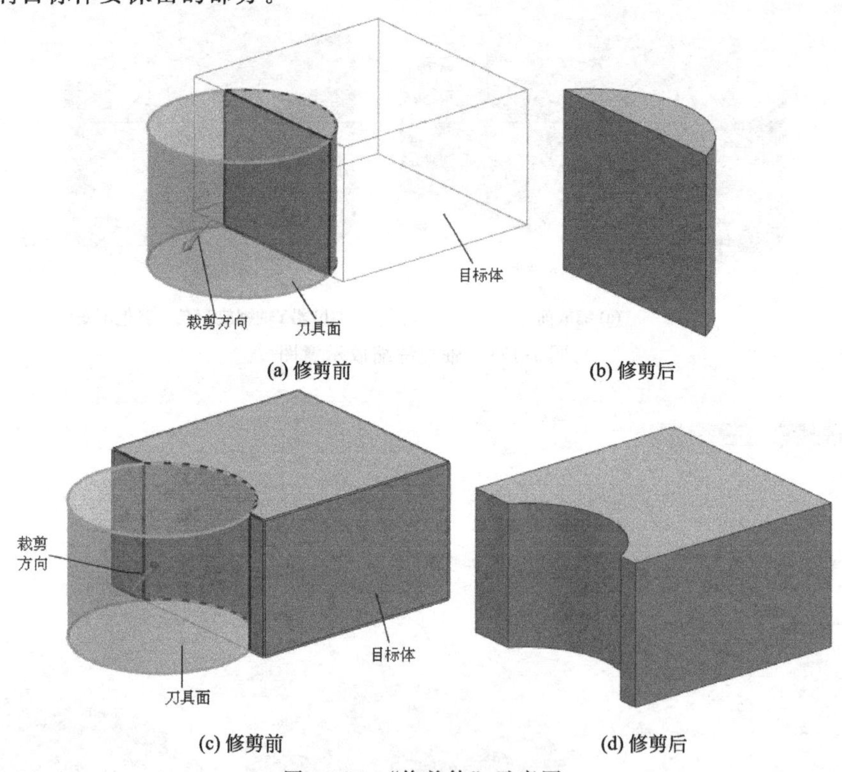

图 7-175 “修剪体”示意图

7.4.2 实例——茶杯

扫一扫，看视频

本例首先创建圆柱体，然后对圆柱体进行抽壳操作，生成杯体，再创建椭圆曲线并通过沿曲线扫描操作创建杯手柄，生成模型如图 7-176 所示。

图 7-176 茶杯

绘制步骤

(1) 新建文件

在下拉菜单中选择“文件”→“新建”命令，或者单击“主页”功能区“标准”组中的“新建”按钮，打开“新建”对话框，在模型选项卡中选择适当的模板，在“名称”文本框中输入“chabei”，单击“确定”按钮，进入建模环境。

(2) 创建圆柱体

在下拉菜单中选择“插入”→“设计特征”→“圆柱”命令，或者单击“主页”功能区“特征”组中的“圆柱”按钮，打开图 7-177 所示的“圆柱”对话框，在“类型”下拉列表中选择“轴、直径和高度”，在“指定矢量”下拉列表中选择“ZC 轴”，单击“点对话框”按钮，在点对话框中输入（0，0，0）为圆柱体原点，单击“确定”按钮，返回到“圆柱”对话框，在“直径”和“高度”中输入 80、75，单击“确定”按钮完成圆柱 1 的创建。

同上创建一个直径和高度分别是 60 和 5，位于（0，0，－5）的圆柱 2，如图 7-178 所示。

图 7-177　“圆柱”对话框

图 7-178　圆柱体

(3) 创建抽壳特征

在下拉菜单中选择“插入”→“偏置/缩放”→“抽壳”命令，或者单击“主页”功能区“特征”组中的“抽壳”按钮，打开“抽壳”对话框如图 7-179 所示。在“类型”下拉列表中选择“移除面，然后抽壳”，在“厚度”文本框中输入 5，选择如图 7-180 所示的最上面圆柱体的顶端面为移除面，单击“确定”按钮，完成抽壳特征的创建，如图 7-181 所示。

图 7-179　“抽壳”对话框

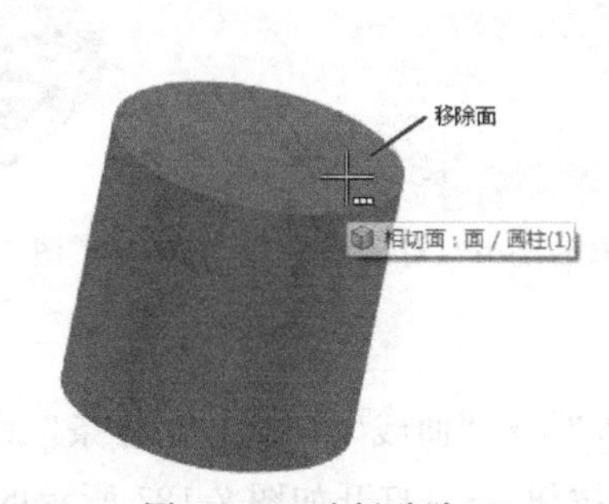

图 7-180　选择移除面

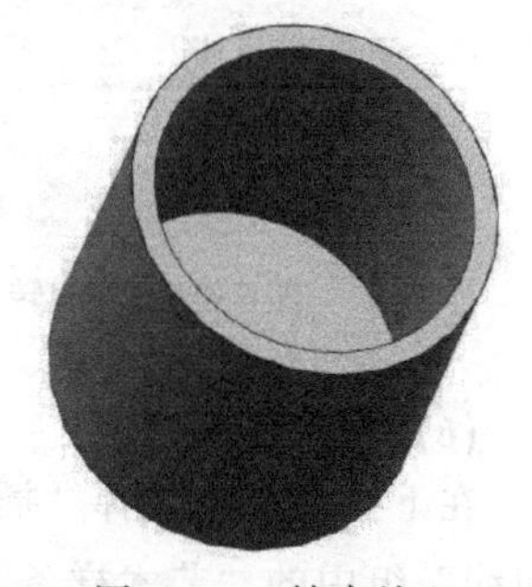

图 7-181　抽壳处理

(4) 创建孔

在下拉菜单中选择“插入”→“设计特征”→“孔”命令，或者单击“主页”功能区“特征”组中的“孔”按钮，打开图 7-182 所示“孔”对话框。在“直径”“深度”和“顶锥角”文本框中分别输入 50、5 和 0，捕捉图 7-183 所示的圆柱体底面圆弧圆心为孔放置位置，单击“确定”按钮，生成如图 7-184 所示模型。

(5) 设置工作坐标系

在下拉菜单中选择“格式”→“WCS”→“旋转”命令，打开如图 7-185 所示的“旋转 WCS 绕…”对话框，选择“+XC 轴：YC→ZC”选项，单击“确定”按钮，坐标绕 XC 轴旋转 90°。如图 7-186 所示。

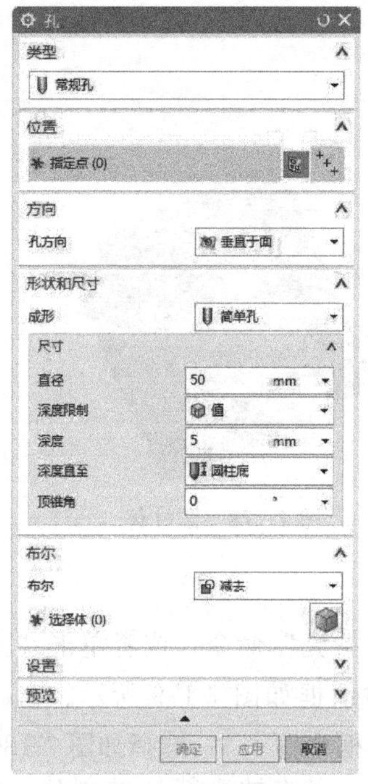

图 7-182 “孔”对话框

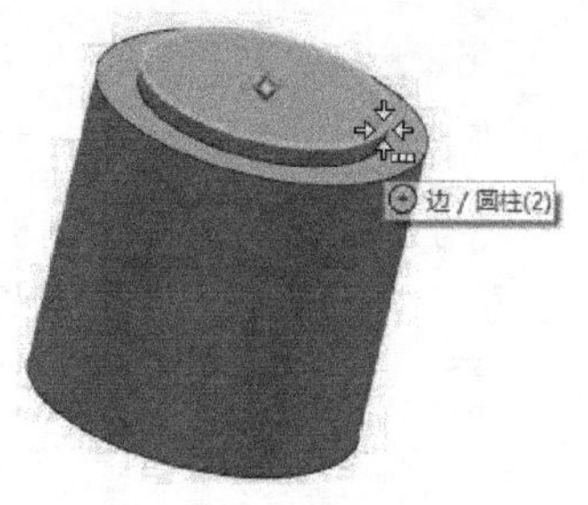

图 7-183 捕捉圆心

图 7-184 创建孔

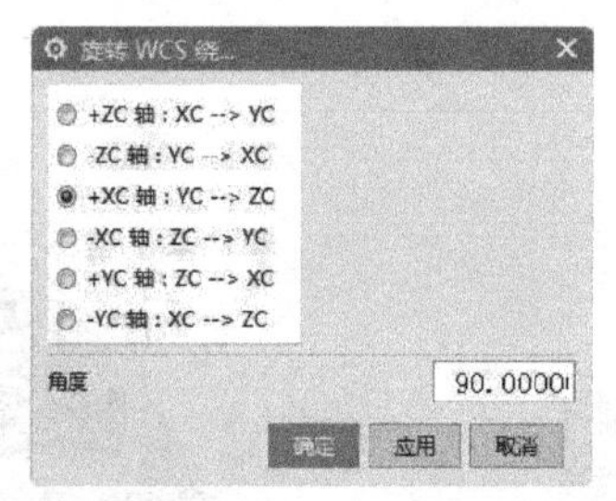

图 7-185 “旋转 WCS 绕…”对话框

图 7-186 杯身模型

(6) 创建样条曲线

在下拉菜单中选择“插入”→“曲线”→“艺术样条”命令，或者单击“曲线”功能区“曲线”组中的“艺术样条”按钮，打开如图 7-187 所示的“艺术样条”对话框，在“类型”下拉列表中选择“通过点”，将“前视图”切换到当前视图，捕捉原点为第一个点，在屏幕中适当位置捕捉其余 5 个点的位置，单击“确定”按钮，完成样条曲线的创建，结果如图 7-188 所示。

(7) 设置工作坐标系

在下拉菜单中选择“格式”→“WCS”→“原点”命令，选择样条曲线上端点；选择“菜单”→“格式”→“WCS”→“旋转”命令，调整坐标系绕 YC 轴旋转 90°。

(8) 创建草图

在下拉菜单中选择“插入”→“在任务环境中绘制草图”命令，打开图 7-189 所示“创建草图”对话框，在“平面方法”下拉列表中选择“新平面”，在“指定平面”下拉列表中选择“XC-YC 平面”，在“参考”下拉列表中选择“水平”，在“指定矢量”下拉列表中选择“XC 轴”，在“原点方法”下拉列表中选择“指定点”，单击“点对话框”按钮，打开图 7-189 所示的“点”对话框，输入原点坐标（0，0，0），单击“确定”按钮，返回到“创建草图”对话框，单击“确定”按钮，进入草图绘制阶段，绘制中心点在原点、大半径为 9、小半径为 4.5 的椭圆，单击“完成”按钮，完成草图的创建，如图 7-190 所示。

图 7-187　“艺术样条”对话框

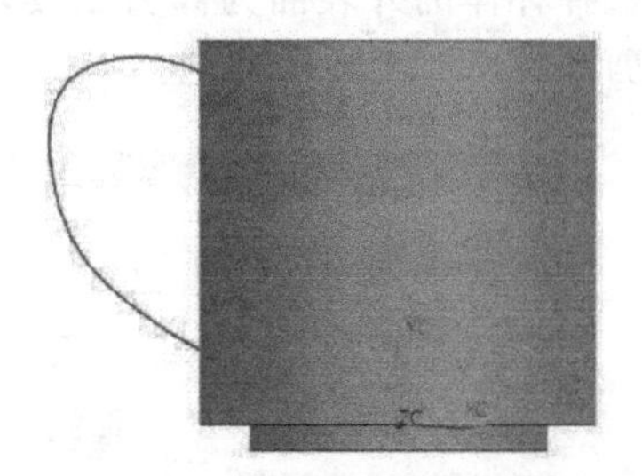

图 7-188　创建样条曲线

图 7-189　“创建草图”对话框

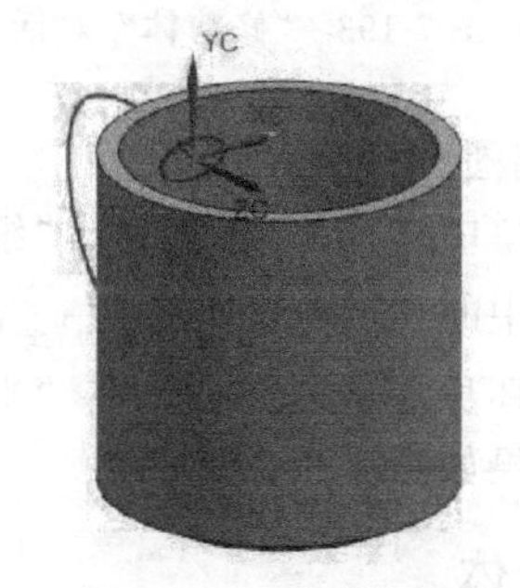

图 7-190　绘制草图

(9) 沿导引线扫掠

在下拉菜单中选择“插入”→“扫掠”→“沿引导线扫掠”命令，或者单击“曲面”功能区“曲面”组中的“沿引导线扫掠”按钮，打开图 7-191 所示“沿引导线扫掠”对话框，选择椭圆为截面，选择样条曲线为引导线，单击“确定”按钮生成如图 7-192 所示杯把。

图 7-191 “沿引导线扫掠”对话框

图 7-192 创建杯把

(10) 修剪手柄

在下拉菜单中选择“插入”→“修剪”→“修剪体”命令，或者单击“主页”功能区“特征”组中的“修剪体”按钮，打开图 7-193 所示的“修剪体”对话框，选择杯体内的手柄部分，选择杯体的外表面为修剪工具，并单击“反向”按钮，调整修剪方向，单击“确定”按钮修剪如图 7-194 所示杯把。

图 7-193 “修剪体”对话框

图 7-194 杯把

(11) 边倒圆

在下拉菜单中选择“插入”→“细节特征”→“边倒圆”命令，或者单击“主页”功能区“特征”组中的“边倒圆”按钮，打开图 7-195 所示的“边倒圆”对话框，为杯口边、杯底边和柄与杯身接触处倒圆，在“半径 1”文本框中输入 1，单击“确定”按钮，完成圆角的创建，结果如图 7-196 所示。

7.4.3 拆分体

在下拉菜单中选择“插入”→“修剪”→“拆分体”命令，或者单击“主页”功能区“特征”组中的“拆分体”按钮，打开图 7-197 所示的“拆分体”对话框。此选项使用面、基准平面或其他几何体分割一个或多个目标体。操作过程类似于“修剪体”。其操作后示意图如图 7-198 所示。

该操作从通过分割生成的体上删除所有参数。

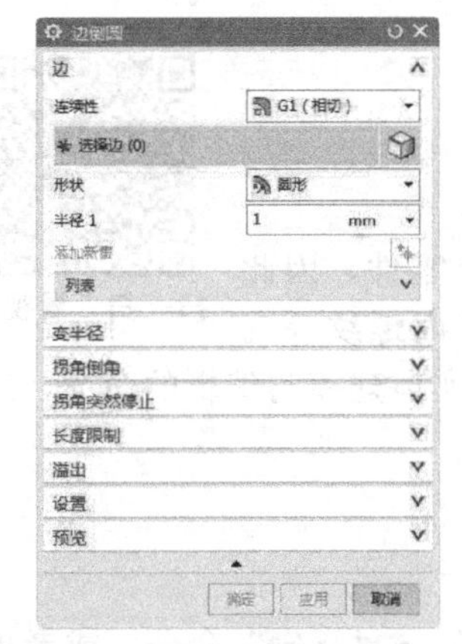

图 7-195　“边倒圆”对话框

图 7-196　边倒圆

图 7-197　“拆分体”对话框

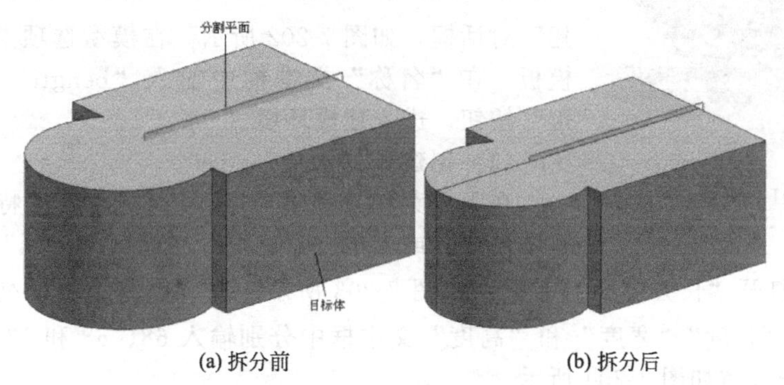

(a) 拆分前　　(b) 拆分后

图 7-198　“拆分体”示意图

7.4.4　分割面

在下拉菜单中选择“插入”→“修剪”→“分割面”命令，或者单击“曲面”功能区“曲面操作”组中的“分割面”按钮，打开图 7-199 所示的“分割面”对话框。此选项使用面、基准平面或其他几何体分割一个或多个面。其操作示意图如图 7-200 所示。

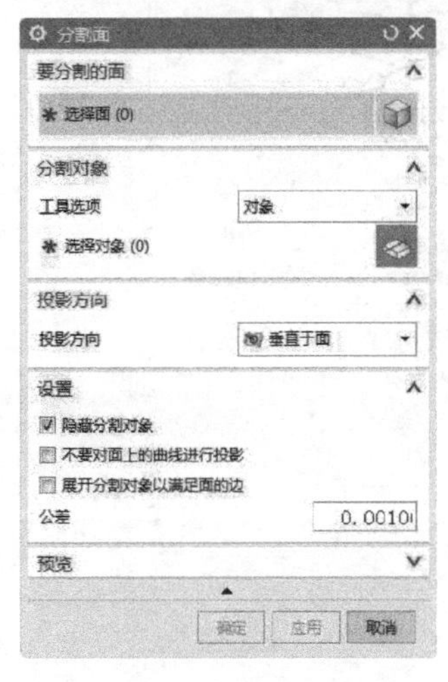

图 7-199　“分割面”对话框

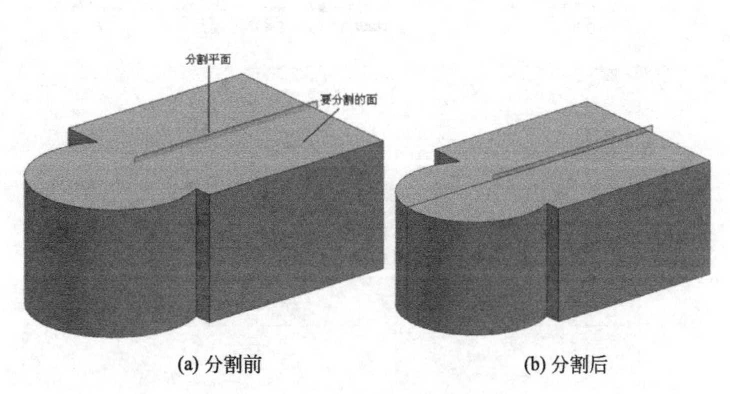

(a) 分割前　　(b) 分割后

图 7-200　“分割面”示意图

该操作从通过分割生成的体上删除所有参数。

7.5 综合实例——泵体

扫一扫，看视频

泵体是柱塞泵中最主要的零件，也是构型相对复杂的一个零件，因此将泵体再次分解，分为安装板、膛体、底座和肋板、孔系以及内螺纹等五个子部分来分别绘制，每一部分的绘制都用到一些特定的UG实体建模与编辑的命令，以及一些特殊的绘制技巧和注意事项。如图7-201所示。

图7-201　泵体

绘制步骤

（1）新建文件

在下拉菜单中选择“文件”→“新建”命令，或者单击“主页”功能区“标准”组中的“新建”按钮，打开“新建”对话框，如图7-202所示，在模型选项卡中选择适当的模板，在“名称”文本框中输入“bengti.prt”，单击“确定”按钮，进入建模环境。

（2）创建长方体

在下拉菜单中选择“插入”→“设计特征”→“长方体”命令，或者单击“主页”功能区“特征”组中的“长方体”按钮，打开“长方体”对话框，如图7-203所示。在“类型”下拉列表中选择“原点和边长”，在“长度”“宽度”和“高度”文本框中分别输入68、68和12，单击“确定”按钮，生成的长方体如图7-204所示。

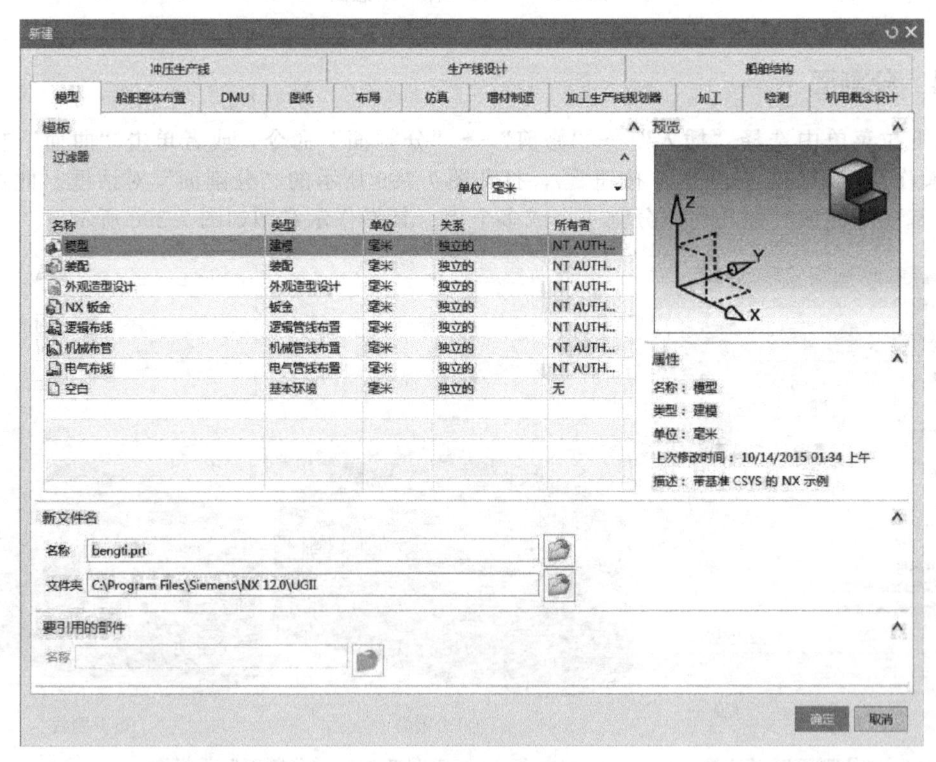

图7-202　“新建”对话框

图 7-203　“长方体”对话框

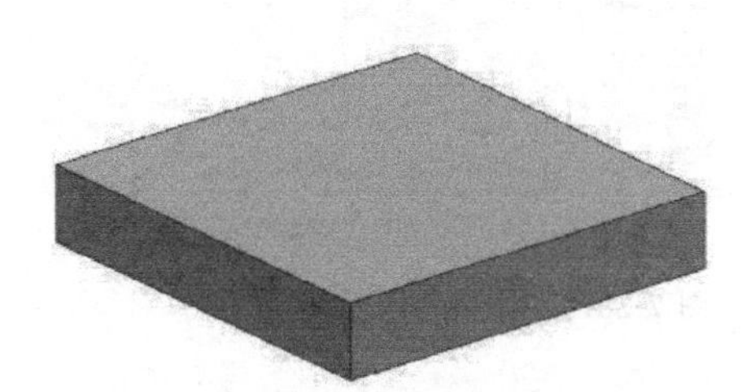

图 7-204　创建长方体

(3) 旋转长方体

在下拉菜单中选择“编辑”→“移动对象”命令，或者单击“工具”功能区“实用工具”组中的“移动对象”按钮，打开图 7-205 所示的“移动对象”对话框，选择长方体为要移动的对象，在“指定矢量”下拉列表中选择“ZC 轴”，选择坐标原点为旋转点，在“角度”文本框中输入变换角度为－135，选择“移动原先的”选项，单击“确定”按钮。选转后的长方体如图 7-206 所示。

图 7-205　“移动对象”对话框

图 7-206　旋转长方体

(4) 修剪长方体

在下拉菜单中选择“插入”→“修剪”→“修剪体”命令，或者单击“主页”功能区“特征”组中的“修剪体”按钮，打开“修剪体”对话框如图 7-207 所示。选择长方体，在“工具选项”下拉列表中选择“新建平面”，在“指定平面”下拉列表中选择“曲线和点”

按钮，依次选择图 7-208 中的 1、2、3 点。单击“反向”按钮，单击“确定”按钮，修剪后的长方体如图 7-209 所示。

图 7-207 “修剪体”对话框

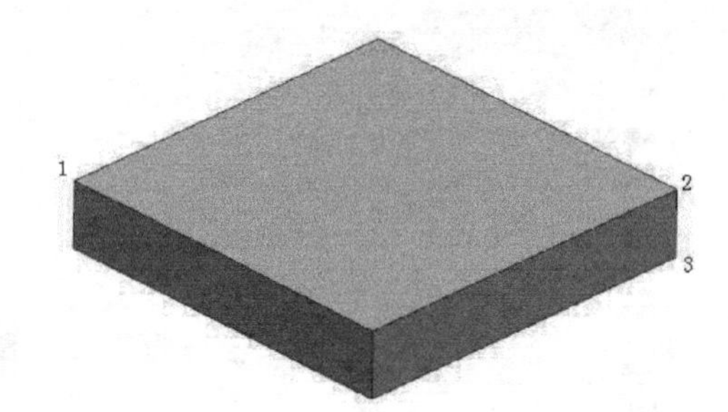

图 7-208 选择点

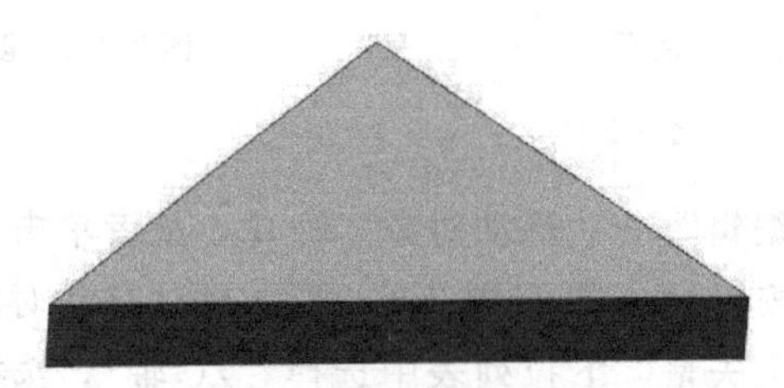

图 7-209 修剪后的长方体

(5) 创建第 1 个圆柱体

在下拉菜单中选择“插入”→“设计特征”→“圆柱”命令，或者单击“主页”功能区“特征”组中的“圆柱”按钮，打开“圆柱”对话框如图 7-210 所示。在“类型”下拉列表中选择“轴、直径和高度”，在“直径”和“高度”文本框中分别输入 120 和 12，在“指定矢量”下拉列表中选择“ZC 轴”，单击“点对话框”按钮，打开“点”对话框，输入点坐标为（0，−34，0），单击“确定”按钮，返回到“圆柱”对话框，单击“确定”按钮，完成圆柱体的创建，如图 7-211 所示。

图 7-210 “圆柱”对话框

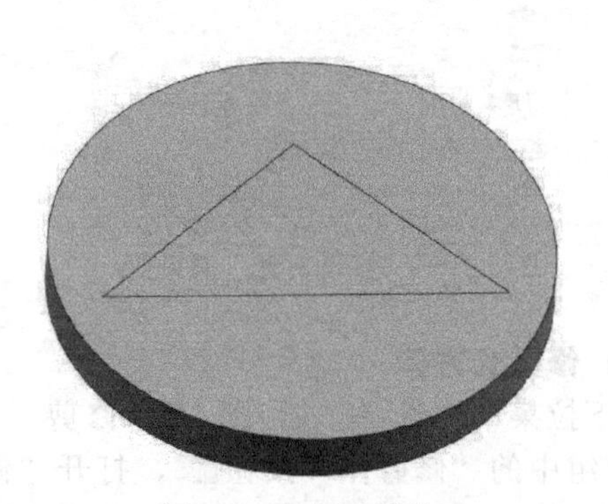

图 7-211 创建圆柱

（6）创建第 2 个圆柱体

在下拉菜单中选择“插入”→“设计特征”→“圆柱”命令，或者单击“主页”功能区“特征”组中的“圆柱”按钮，打开“圆柱”对话框。在“类型”下拉列表中选择“轴、直径和高度”，在“直径”和“高度”文本框中分别输入 120 和 12，在“指定矢量”下拉列表中选择“ZC 轴”，单击“点对话框”按钮，打开“点”对话框，输入点坐标为（0，34，0），单击“确定”按钮，返回到“圆柱”对话框，在“布尔”下拉列表中的选择“相交”，在绘图窗口中再选择第一个圆柱体，使两个圆柱体相交，单击“确定”按钮，完成圆柱体的创建，结果如图 7-212 所示。

（7）布尔合并运算

在下拉菜单中选择“插入”→“组合”→“合并”命令，或者单击“主页”功能区“特征”组中的“合并”按钮，打开“合并”对话框，如图 7-213 所示，分别选择相交圆柱体和长方体，单击“确定”按钮，完成两个实体的并集运算，结果如图 7-214 所示。

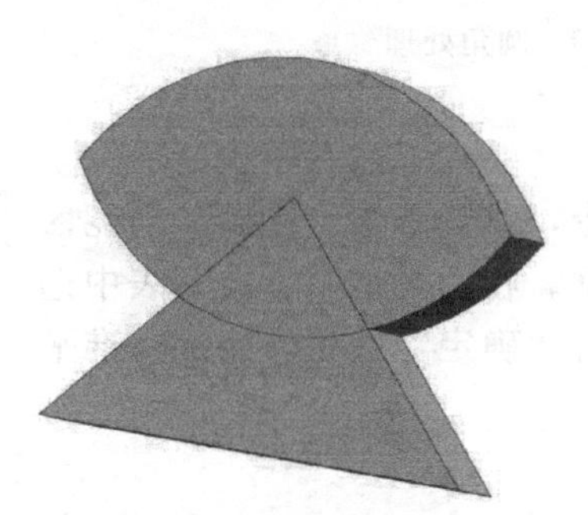

图 7-212　创建另一个圆柱

图 7-213　“合并”对话框

图 7-214　布尔合并运算

（8）实体边圆角

在下拉菜单中选择“插入”→“细节特征”→“边倒圆”命令，或者单击“主页”功能区“特征”组中的“边倒圆”按钮，打开“边倒圆”对话框如图 7-215 所示，在“半径 1”文本框中输入半径为 12，选择如图 7-216 所示的相交圆柱的尖角棱边，单击“确定”按钮，完成圆角的创建。

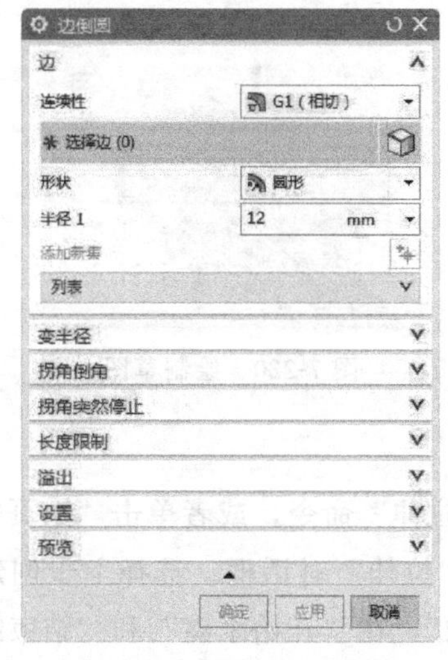

图 7-215　“边倒圆”对话框

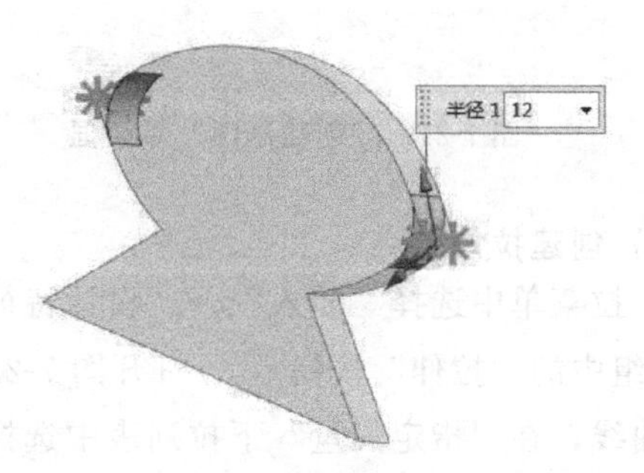

图 7-216　选择边圆角

（9）实体边圆角

在下拉菜单中选择“插入”→“细节特征”→“边倒圆”命令，或者单击“主页”功能区“特征”组中的“边倒圆”按钮，选择如图7-217所示的三棱柱体与圆柱体的相交棱边为圆角边，圆角半径为10，单击“确定”按钮，结果如图7-218所示。

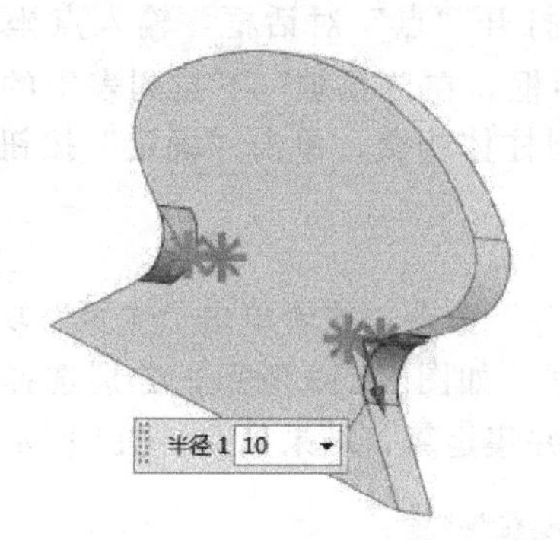

图7-217　选择圆角边

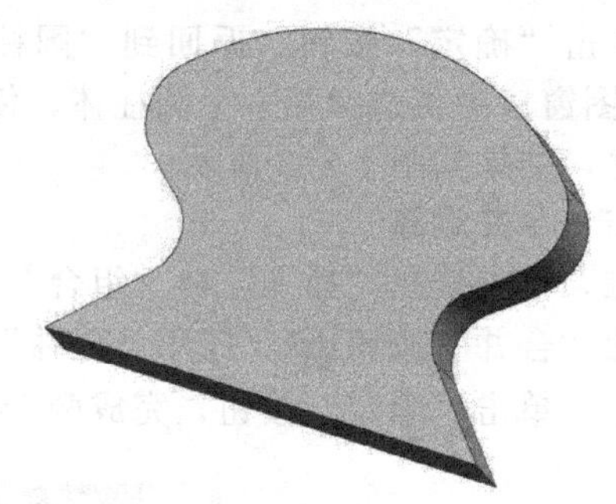

图7-218　圆角处理

（10）创建基准平面1

在下拉菜单中选择“插入”→“基准/点”→基准平面命令，或者单击“主页”功能区“特征”组中的“基准平面”按钮□，打开“基准平面”对话框。在“类型”下拉列表中选择“XC-YC平面”，在“距离”文本框中输入距离为12，单击“确定”按钮，完成基准平面1的创建。

（11）创建草图

在下拉菜单中选择“插入”→“在任务环境中绘制草图”命令，打开图7-219所示“创建草图”对话框，选择安装板的上表面为草图绘制面，单击“确定”按钮，进入草图绘制阶段，绘制如图7-220所示的草图，单击“主页”功能区“草图”组中的“完成”按钮，返回建模模块。

图7-219　“创建草图”对话框

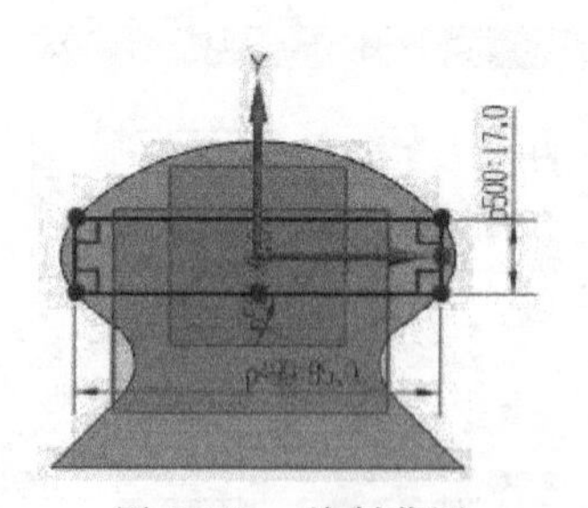

图7-220　绘制草图

（12）创建拉伸

在下拉菜单中选择“插入”→“设计特征”→“拉伸”命令，或者单击“主页”功能区“特征”组中的“拉伸”按钮，打开图7-221所示“拉伸”对话框。选择上步创建的草图为拉伸曲线，在“指定矢量”下拉列表中选择“ZC轴”，在“开始距离”和“结束距离”文本框中输入0和3，在“布尔”下拉列表中选择“合并”，系统自动选择圆柱体，单击“确定”按钮，完成拉伸特征的创建，如图 7-222 所示。

（13）实体边圆角

在下拉菜单中选择“插入”→“细节特征”→“边倒圆”命令，或者单击“主页”功能区“特征”组中的“边倒圆”按钮，打开“边倒圆”对话框，在“半径 1”文本框中输入半径为 8.5，选择图 7-223 所示上步创建的拉伸体的四条棱边，单击“确定”按钮，完成圆角的创建，结果如图 7-224 所示。

（14）创建草图

在下拉菜单中选择“插入”→“在任务环境中绘制草图”命令，打开图 7-225 所示“创建草图”对话框，选择创建的基准平面为草图绘制面，单击“确定”按钮，进入草图绘制阶段，绘制图 7-226 所示的草图，单击“主页”功能区“草图”组中的“完成”按钮，返回建模模块。

（15）创建拉伸

在下拉菜单中选择“插入”→“设计特征”→“拉伸”命令，或者单击“主页”功能区“特征”组中的“拉伸”按钮，打开图 7-227 所示“拉伸”对话框。选择上步创建的草图为拉伸曲线，在“指定矢量”下拉列表中选择“ZC 轴”，在“开始距离”和“结束距离”文本框中输入 0 和 60，在“布尔”下拉列表中选择“合并”，系统自动选择圆柱体，单击“确定”按钮，完成拉伸特征的创建，如图 7-228 所示。

图 7-221　“拉伸”对话框

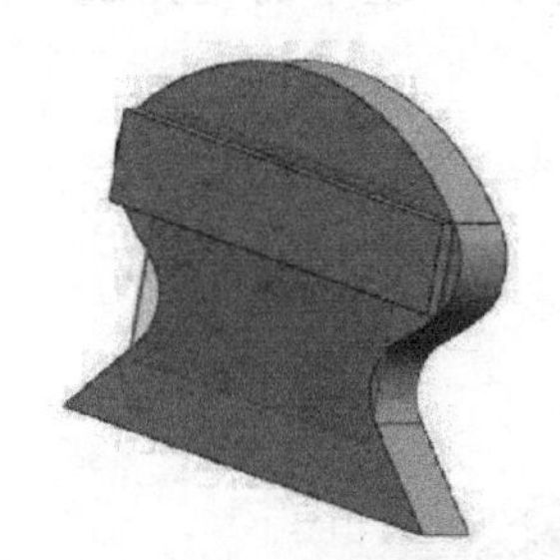

图 7-222　创建拉伸

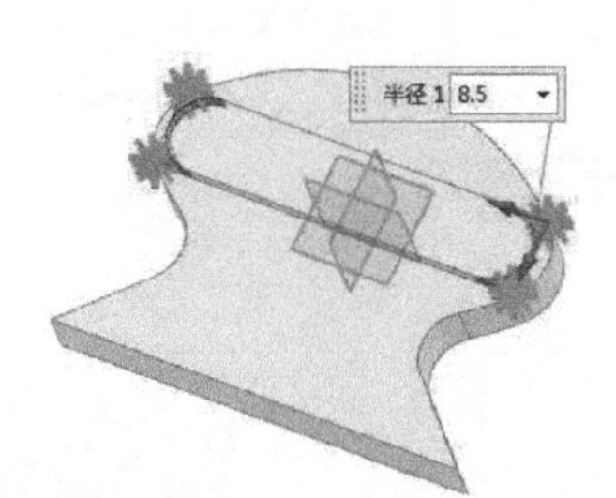

图 7-223　选择圆角边

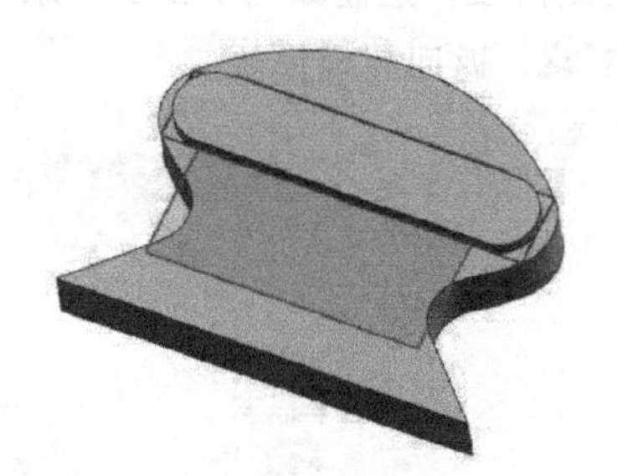

图 7-224　创建圆角

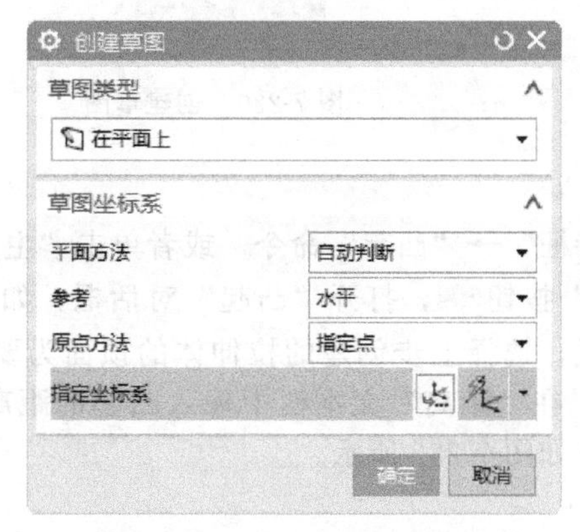

图 7-225　“创建草图”对话框

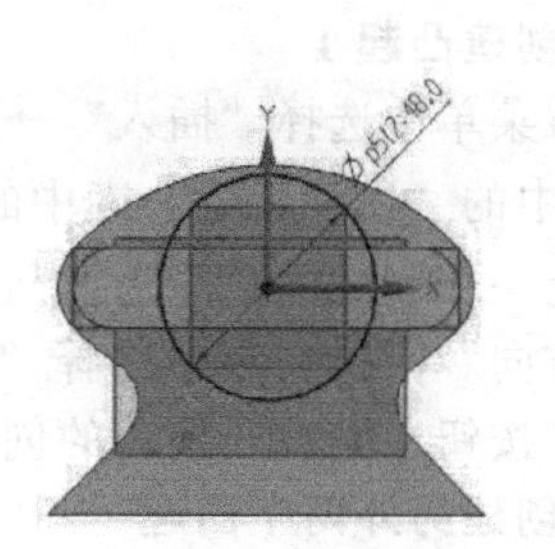

图 7-226　创建草图

图 7-227 “拉伸”对话框

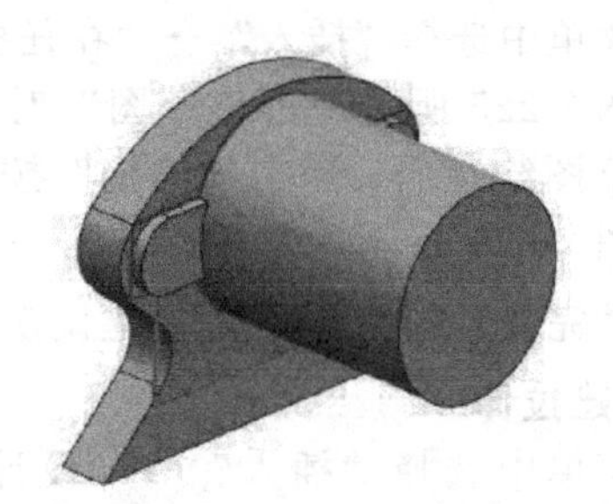

图 7-228 创建拉伸

(16) 创建草图

在下拉菜单中选择“插入”→“在任务环境中绘制草图”命令，打开图 7-229 所示“创建草图”对话框，选择上步创建的拉伸体顶面为草图绘制面，单击“确定”按钮，进入草图绘制阶段，绘制如图 7-230 所示的草图，单击“主页”功能区“草图”组中的“完成”按钮，返回建模模块。

图 7-229 “创建草图”对话框

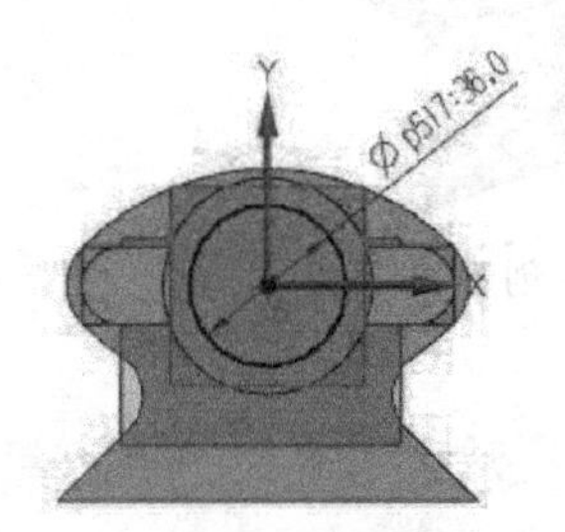

图 7-230 创建草图

(17) 创建凸起 1

在下拉菜单中选择“插入”→“设计特征”→“凸起”命令，或者单击“主页”功能区“特征”组中的“设计特征”库中的“凸起”按钮，打开“凸起”对话框，如图 7-231 所示，选择上一步创建的草图为要凸起的曲线，选择上步创建的拉伸体的顶面为要凸起的面，在“指定方向”下拉列表中选择“ZC 轴”，在“距离”文本框中输入凸起的距离值 10，单击“确定”按钮，完成凸起 1 的创建，结果如图 7-232 所示。

(18) 创建另外两个凸起

重复上面创建凸起的方法，在创建的凸起的上表面上创建与凸起 1 同轴的凸起 2，凸起

2 的直径值为 30，高度为 6。在安装板背面同样绘制与凸起 1 同轴的凸起 3，直径值为 48，高度为 3，结果如图 7-233 所示。

图 7-231　“凸起”对话框

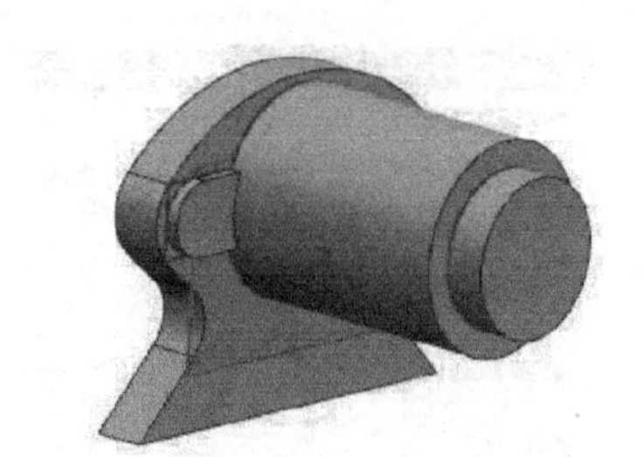

图 7-232　创建凸起 1

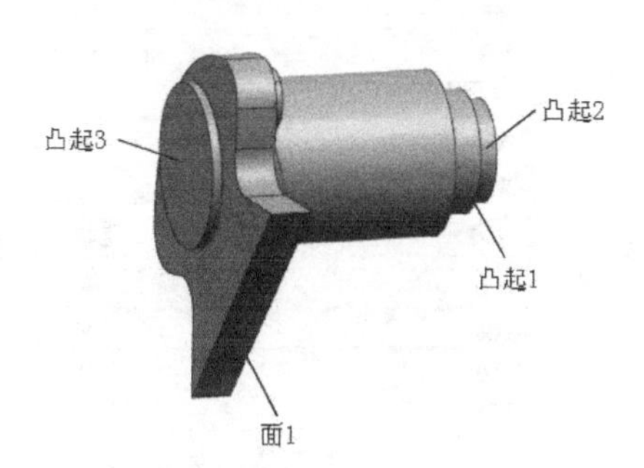

图 7-233　绘制凸起

(19) 创建草图

在下拉菜单中选择“插入”→“在任务环境中绘制草图”命令，打开图 7-234 所示“创建草图”对话框，选择面 1 为草图绘制面，单击“确定”按钮，进入草图绘制阶段，绘制图 7-235 所示的草图，单击“主页”功能区“草图”组中的“完成”按钮，返回建模模块。

图 7-234　“创建草图”对话框

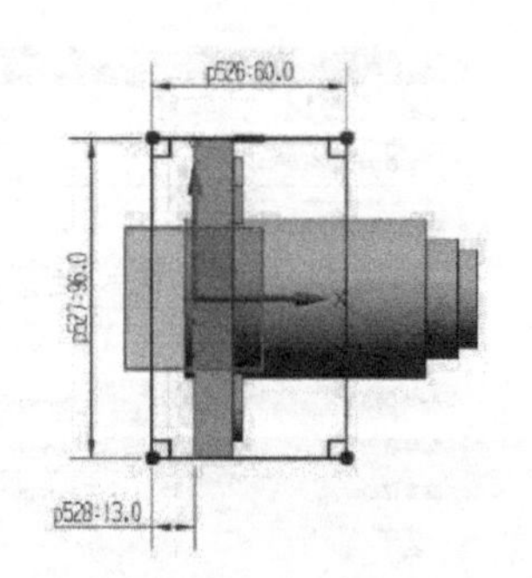

图 7-235　创建草图

(20) 创建拉伸

在下拉菜单中选择“插入”→“设计特征”→“拉伸”命令，或者单击“主页”功能区“特征”组中的“拉伸”按钮，打开图 7-236 所示“拉伸”对话框。选择上步创建的草图为拉伸曲线，在“指定矢量”下拉列表中选择“－YC 轴”，在“开始距离”和“结束距离”文本框中输入 0 和 8，在“布尔”下拉列表中选择“合并”，系统自动选择圆柱体，单击“确定”按钮，完成拉伸特征的创建，如图 7-237 所示。

图 7-236 “拉伸”对话框

图 7-237 创建拉伸

(21) 创建长方体

在下拉菜单中选择“插入”→“设计特征”→“长方体”命令，或者单击“主页”功能区“特征”组中的“长方体”按钮，打开“长方体”对话框，如图 7-238 所示。在“长度”“宽度”和“高度”文本框中分别输入 12、30 和 85。单击“点对话框”按钮，打开“点”对话框，输入原点坐标（－6，－50，－13），单击“确定”按钮，返回到“长方体”对话框，单击“确定”按钮，完成长方体的创建，结果如图 7-239 所示。

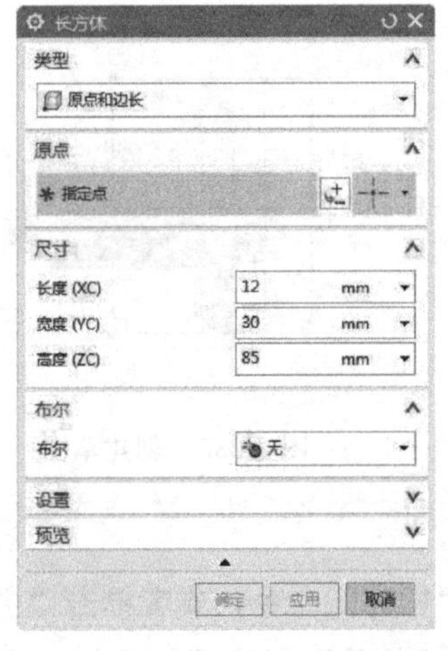

图 7-238 “长方体”对话框

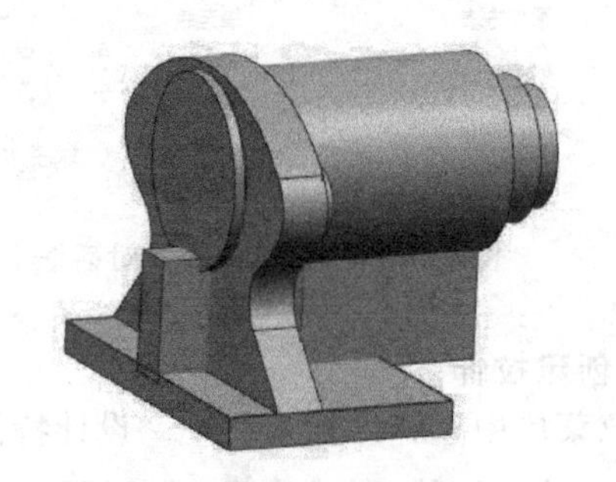

图 7-239 创建长方体

(22) 修剪长方体

在下拉菜单中选择“插入”→“修剪”→“修剪体”命令，或者单击“主页”功能区“特征”组中的“修剪体”按钮，打开“修剪体”对话框如图 7-240 所示，选择“新建平面”选项，单击“平面对话框”按钮，打开如图 7-241 所示“平面”对话框，依次选择长方体左表面底边两点，单击“点对话框”按钮，打开“点”对话框，第 3 点坐标为 (0，－24，－3)，确定工具平面，如图 7-242 所示，单击“确定”按钮，返回到“修剪体”对话框，选择上步创建的长方体为目标体，单击“确定”按钮，修剪长方体如图 7-243 所示。

图 7-240　“修剪体”对话框

图 7-241　“平面”对话框

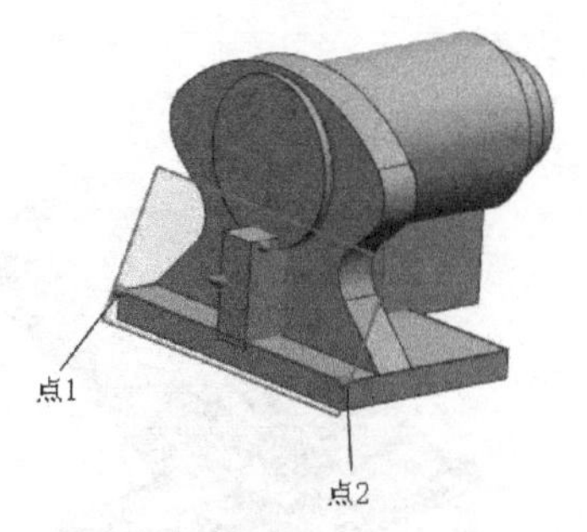

图 7-242　确定工具平面

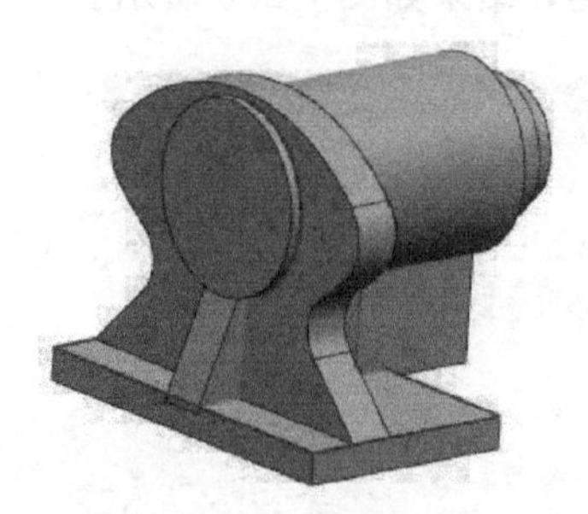

图 7-243　修剪长方体

同理选择长方体右表面底边上的两点，第 3 点坐标为 (0，－24，72)，确定工具平面，如图 7-244 所示。选择长方体为目标体，完成长方体的修剪操作，结果如图 7-245 所示。

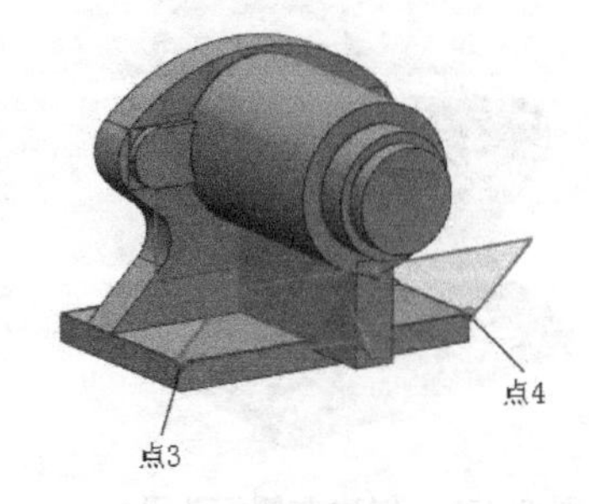

图 7-244　确定工具平面

图 7-245　修剪长方体

(23) 布尔合并运算

在下拉菜单中选择“插入”→“组合”→“合并”命令，或者单击“主页”功能区“特征”组中的“合并”按钮，打开“合并”对话框，如图 7-246 所示，选择所有实体，单击“确定”按钮完成布尔合并运算操作，使窗口中几个实体合并为一个实体。结果如图 7-247 所示。

图 7-246 “合并”对话框

图 7-247 合并

(24) 创建左侧膛孔

在下拉菜单中选择“插入”→“设计特征”→“孔”命令，或者单击“主页”功能区“特征”组中的“孔”按钮，打开“孔”对话框，如图 7-248 所示。在“成形”下拉列表中选择“沉头”，在“沉头直径”“沉头深度”“直径”“深度”和“顶锥角”文本框中分别输入 44、10、36、65 和 0，捕捉图 7-249 所示的圆弧圆心为孔位置。单击“确定”按钮，完成沉头孔的创建，结果如图 7-250 所示。

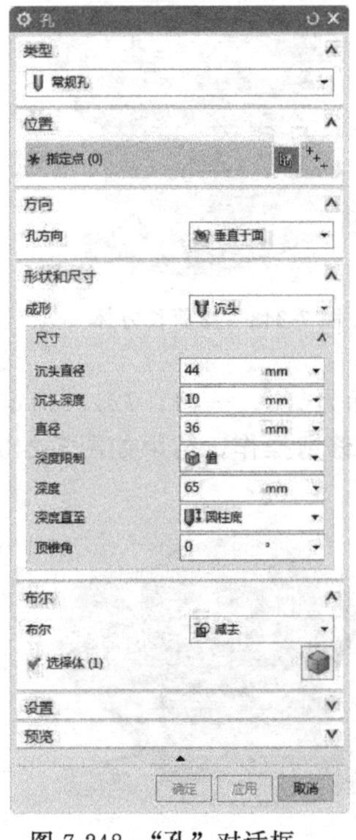

图 7-248 “孔”对话框

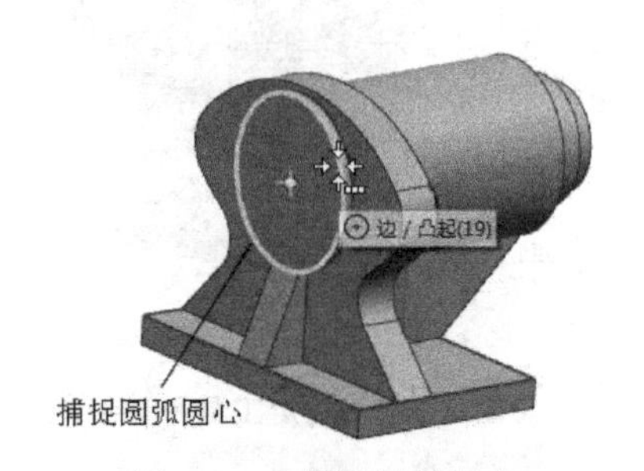

图 7-249 捕捉圆弧圆心

图 7-250 创建左侧沉头孔

（25）创建右侧膛孔

在下拉菜单中选择“插入”→“设计特征”→“孔”命令，或者单击“主页”功能区“特征”组中的“孔”按钮，打开“孔”对话框，在“成形”下拉列表中选择“简单孔”，在“直径”“深度”和“顶锥角”文本框中分别输入 18、50 和 0，如图 7-251 所示。捕捉图 7-252 所示的凸起 2 圆弧圆心为孔位置，单击“确定”按钮，完成简单孔的创建，结果如图 7-253 所示。

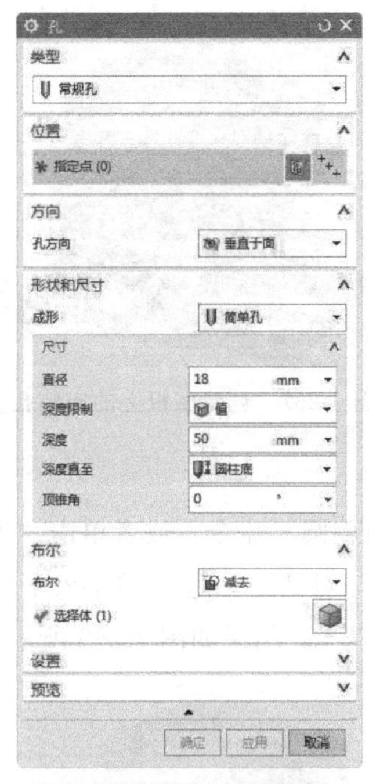

图 7-251　“孔”对话框

图 7-252　捕捉圆心位置

图 7-253　创建右侧简单孔

（26）创建安装板上的安装孔

在下拉菜单中选择“插入”→“设计特征”→“孔”命令，或者单击“主页”功能区“特征”组中的“孔”按钮，打开“孔”对话框，在“成形”下拉列表中选择“简单孔”，在“直径”“深度”和“顶锥角”文本框中分别输入 9、20 和 0。分别捕捉图 7-254 所示的安装板圆弧圆心，单击“确定”按钮，完成简单孔的创建，结果如图 7-255 所示。

图 7-254　捕捉圆心

图 7-255　创建孔

（27）创建底板上的安装孔

在下拉菜单中选择“插入”→“设计特征”→“孔”命令，或者单击“主页”功能区“特征”组中的“孔”按钮，打开“孔”对话框。在“成形”下拉列表中选择“沉头”，在“沉头直径”“沉头深度”“直径”“深度”和“顶锥角”文本框中分别输入18、2、11、10和0。单击“绘制截面”按钮，选择底板为放置面，绘制草图如图7-256所示，完成草图后退回到“孔”对话框，单击“确定”按钮，完成孔的创建，结果如图7-257所示。

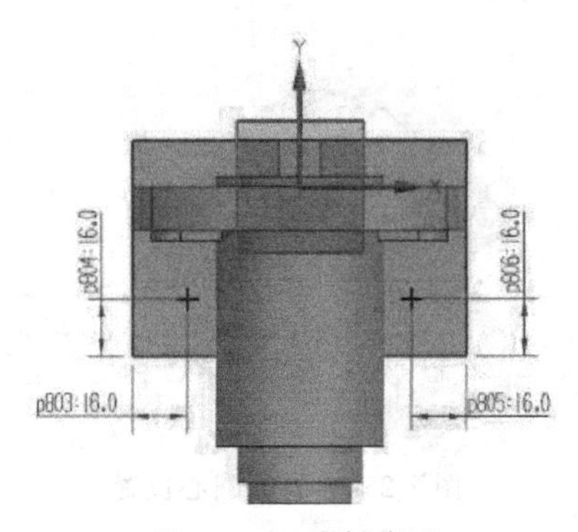

图7-256　绘制草图

图7-257　创建底板上的安装孔

(28) 底板倒圆角

在下拉菜单中选择“插入”→“细节特征”→“边倒圆”命令，或者单击“主页”功能区“特征”组中的“边倒圆”按钮，打开“边倒圆”对话框，选择图7-258所示底座的四条棱边为圆角边，在“半径1”文本框中输入半径值为5，结果如图7-259所示。

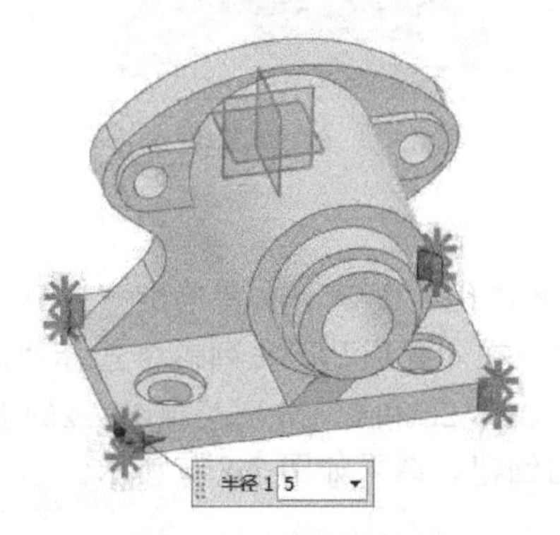

图7-258　选择圆角边

图7-259　底板倒圆角

(29) 阶梯轴倒圆角

在下拉菜单中选择“插入”→“细节特征”→“边倒圆”命令，或者单击“主页”功能区“特征”组中的“边倒圆”按钮，打开“边倒圆”对话框，选择图7-260所示的阶梯轴过渡面为圆角边，在“半径1”文本框中输入半径值为2，结果如图7-261所示。

(30) 创建草图

在下拉菜单中选择“插入”→“在任务环境中绘制草图”命令，打开图7-262所示“创建草图”对话框，选择底板的底面为草图绘制面，单击“确定”按钮，进入草图绘制阶段，绘制图7-263所示的草图，单击“主页”功能区“草图”组中的“完成”按钮，返回建模模块。

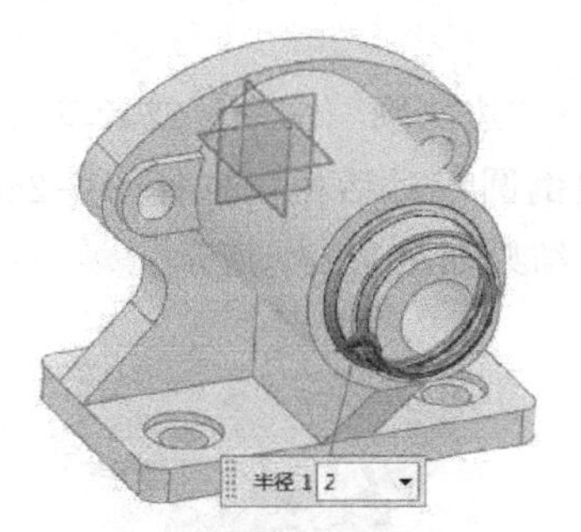

图 7-260　选择圆角边

图 7-261　阶梯轴倒圆角

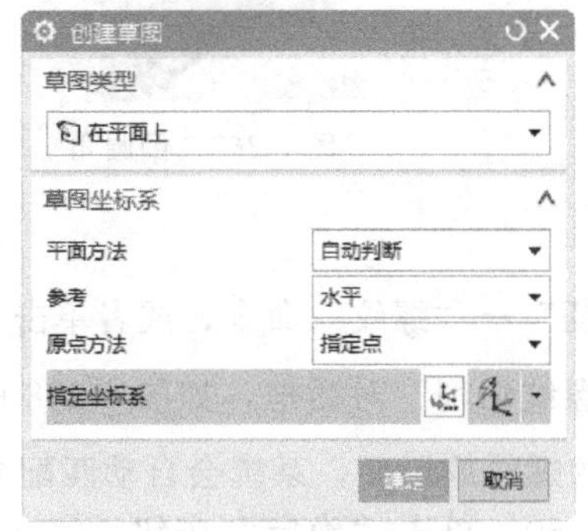

图 7-262　“创建草图”对话框

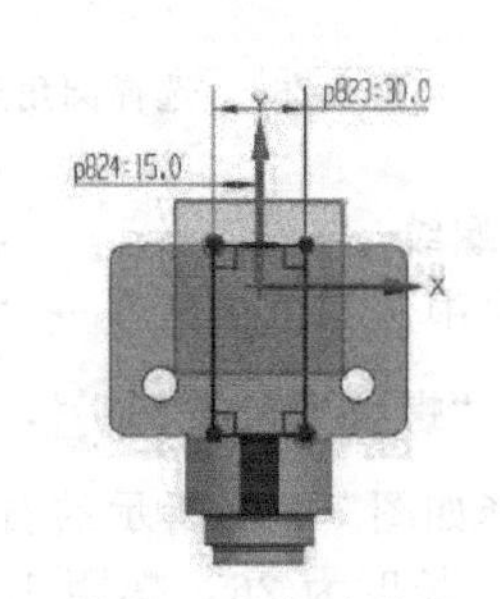

图 7-263　创建草图

(31) 创建拉伸

在下拉菜单中选择“插入”→“设计特征”→“拉伸”命令，或者单击“主页”功能区“特征”组中的“拉伸”按钮，打开图 7-264 所示“拉伸”对话框。选择上步创建的草图为拉伸曲线，在“指定矢量”下拉列表中选择“YC 轴”，在“开始距离”和“结束距离”文本框中分别输入 0 和 3，在“布尔”下拉列表中选择“减去”，系统自动选择圆柱体，单击“确定”按钮，完成拉伸特征的创建，如图 7-265 所示。

图 7-264　“拉伸”对话框

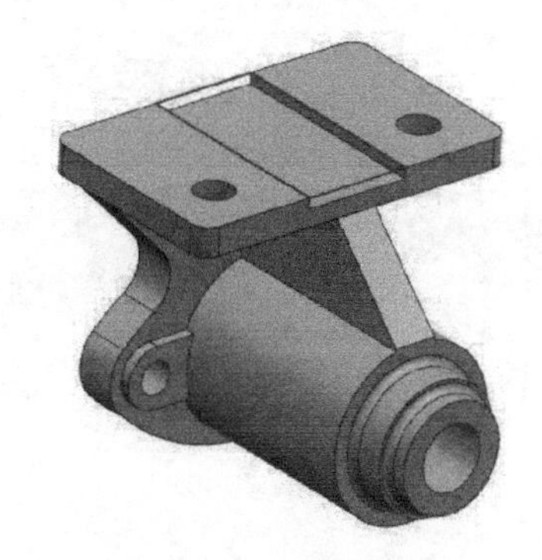

图 7-265　创建拉伸

（32）倒圆角

在下拉菜单中选择“插入”→“细节特征”→“边倒圆”命令，或者单击“主页”功能区“特征”组中的“边倒圆”按钮，打开“边倒圆”对话框，选择图 7-266 所示的边为圆角边，在“半径 1”文本框中输入半径值为 2，结果如图 7-267 所示。

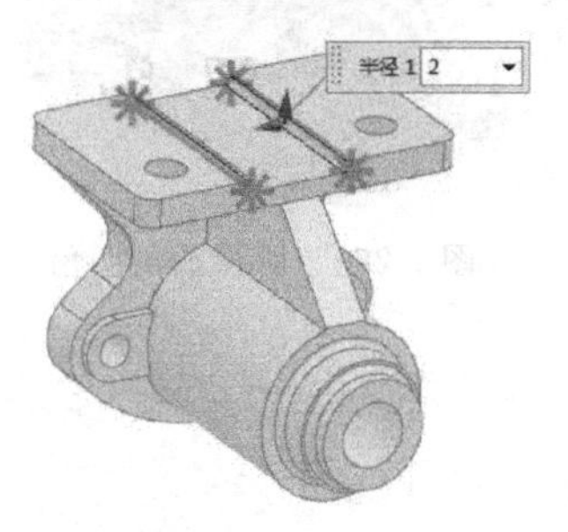

图 7-266　选择圆角边

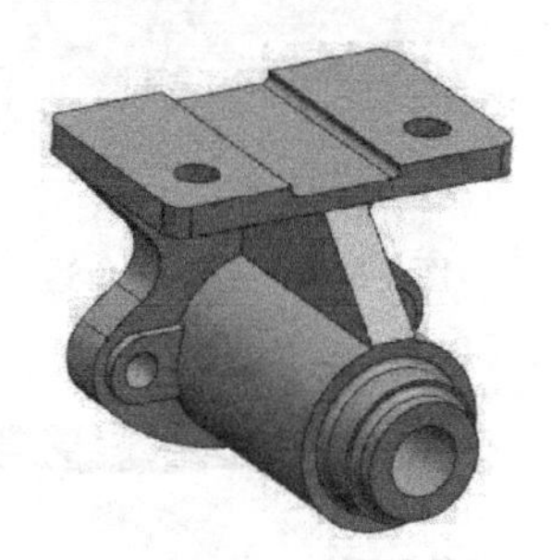
图 7-267　倒圆角

（33）创建螺纹

在下拉菜单中选择“插入”→“设计特征”→“螺纹”命令，或者单击“主页”功能区“特征”组中的“螺纹刀”按钮，打开“螺纹切削”对话框，如图 7-268 所示。选择“详细”选项，选择如图 7-269 所示的右侧通孔的螺纹放置面，系统会自动匹配内螺纹的尺寸参数：大径为 20，长度为 26，螺距 1.5，角度 60。单击“确定”按钮，完成内螺纹的绘制，结果如图 7-269 所示。

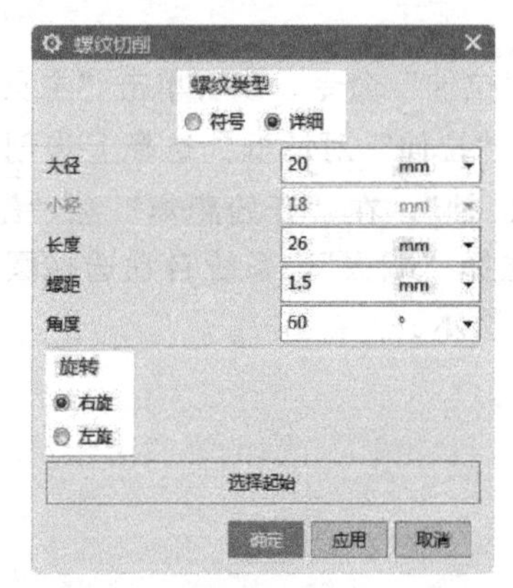

图 7-268　“螺纹切削”对话框

图 7-269　选择螺纹放置面

第8章　同步建模与GC工具箱

本章导读

同步建模功能可以在已有的模型基础上进行快速地模型穿点和编辑，大大加快建模和设计效率。

GC 工具箱是 Siemens PLM Software 为了更好地满足中国用户对于 GB 的要求，缩短 NX 导入周期，专为中国用户开发使用的标准件快速建模工具箱。本章主要讲解同步建模和 GC 工具箱相关内容。

内容要点

- 修改面
- 细节特征
- 重用
- GC 工具箱

8.1　修改面

8.1.1　拉出面

在下拉菜单中选择“插入”→“同步建模”→“拉出面”命令，或者单击“主页”功能区“同步建模”组中的“更多”库下的“拉出面”按钮，打开图 8-1 所示的“拉出面”对话框，该命令可从面区域中派出体积，接着使用此体积修改模型。

对话框各选项功能如下：

① 选择面：选择要拉出的并用于向实体添加新体积或从实体中减去原体积的一个或多个面。

② 运动：为选定要拉出的面提供线性和角度变换方法。

a. 距离：按方向矢量的距离来变换面。

b. 点之间的距离：按原点与沿某一轴的测量点之间的距离来定义运动。

c. 径向距离：按测量点与方向轴之间的距离来变换面。该距离是垂直于轴而测量的。

d. 点到点：将面从一点拉出到另一个点。

图 8-1　“拉出面”对话框

8.1.2　调整面的大小

在下拉菜单中选择“插入”→“同步建模”→“调整面大小”命令，或者单击“主页”

功能区“同步建模”组中的“更多”库下的“调整面大小”按钮，打开图 8-2 所示的“调整面大小”对话框，该命令可以改变圆柱面或球面的直径，以及锥面的半角，还能重新生成相邻圆角面，示意图如图 8-3 所示。

对话框各选项功能如下：

① 选择面：选择要调整大小的圆柱面、球面或圆锥面。

② 面查找器：用于根据面的几何形状与选定面的比较结果来选择面。

a. 结果：列出已找到的面。

b. 设置：列出用来选择相关面的几何条件。

c. 参考：列出可以参考的坐标系。

③ 大小。

a. 直径：显示或输入球或圆柱的直径值。

b. 角度：如果选择锥形，则显示或输入锥形的角度值。

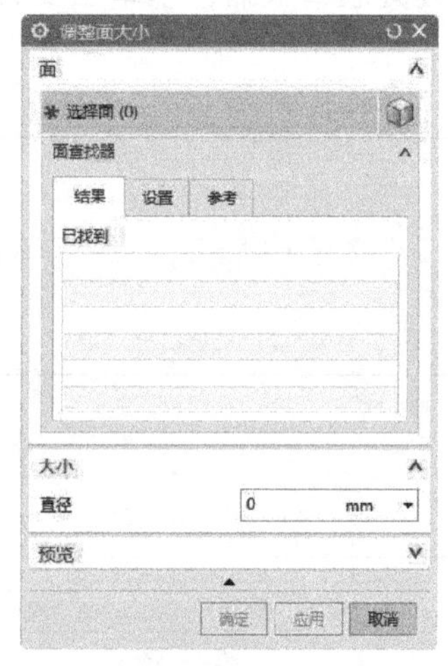

图 8-2 “调整面大小”对话框

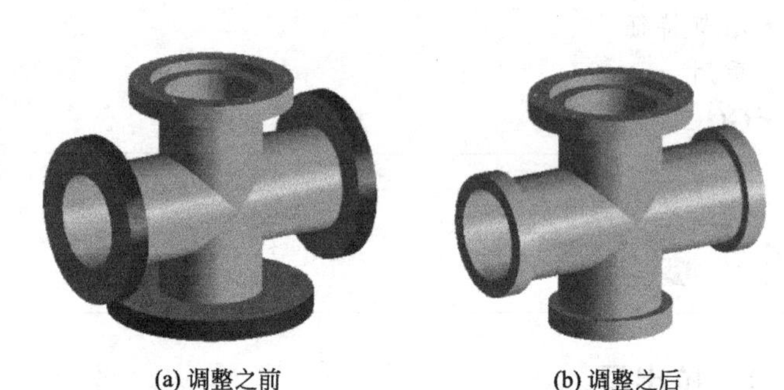

图 8-3 “调整面的大小”示意图

8.1.3 偏置区域

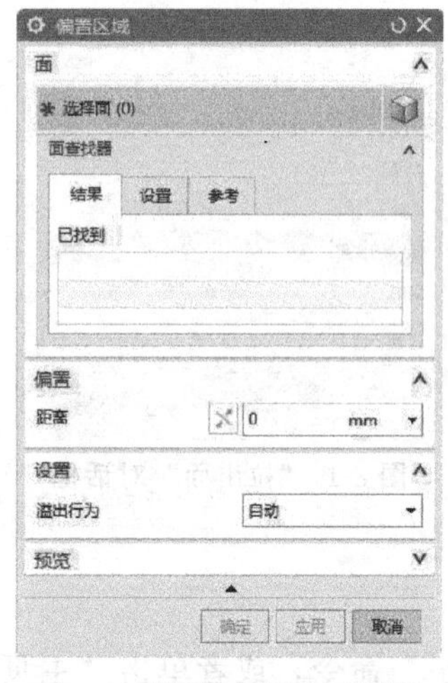

图 8-4 “偏置区域”对话框

在下拉菜单中选择“插入”→“同步建模”→“偏置区域”命令，或者单击“主页”功能区“同步建模”组中的“偏置区域”按钮，打开图 8-4 所示的“偏置区域”对话框。该命令可以在单个步骤中偏置一组面或一个整体。相邻的圆角面可以有选择地重新生成。偏置区域忽略模型的特征历史，是一种修改模型的快速而直接的方法。它的另一个好处是能重新生成圆角。模具和铸模设计有可能使用到此选项，如使用面来进行非参数化部件的铸造。

对话框各选项功能如下：

① 选择面：选择用来偏置的面。

② 面查找器：用于根据面的几何形状与选定面的比较结果来选择面。

a. 结果：列出找到的面。

b. 设置：列出可以用来选择相关面的几何条件。

c. 参考：列出可以参考的坐标系。

③ 溢出行为：用于控制移动的面的溢出特性，以及它们与其他面的交互方式。

a. 自动：拖动选定的面，使选定的面或入射面开始延伸，具体取决于哪种结果对体积和面积造成的更改最小。

b. 延伸更改面：将移动面延伸到它所遇到的其他面中，或是将它移到其他面之后。

c. 延伸固定面：延伸移动面直到遇到固定面。

d. 延伸端盖面：给移动面加上端盖即产生延展边。

8.1.4　替换面

在下拉菜单中选择“插入”→“同步建模”→“替换面”命令，或者单击“主页”功能区“同步建模”组中的“替换面”按钮，打开图 8-5 所示的“替换面”对话框。该命令能够用另一个面替换一组面，同时还能重新生成相邻的圆角面。当需要改变面的几何体时，比如需要简化它或用一个复杂的曲面替换它时，就可以使用该命令，示意图如图 8-6 所示。

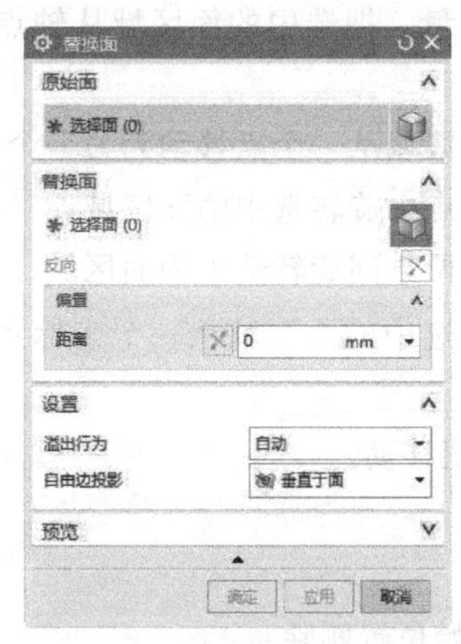

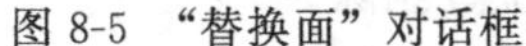
图 8-5 “替换面”对话框

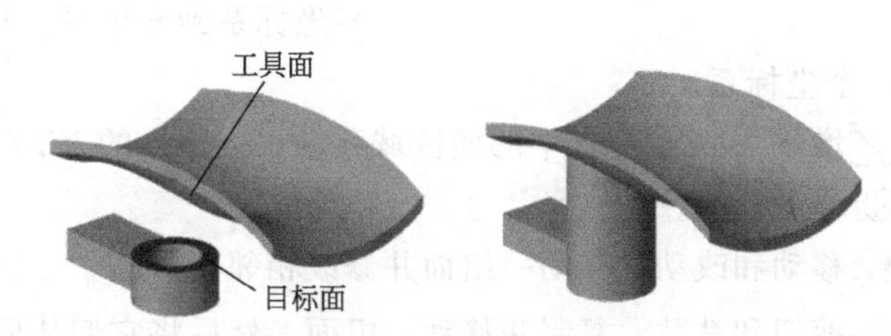

图 8-6 “替换面”示意图

对话框各选项功能如下：

① 原始面：选择一个或多个要替换的面。允许选择任意面类型。

② 替换面：选择一个面来替换目标面。只可以选择一个面，在某些情况下对于一个替换面操作会出现多种可能的结果，可以用“反向”按钮在这些可能之间进行切换。

③ 溢出行为：用于控制移动的面的溢出特性，以及它们与其他面的交互方式。

a. 自动：拖动选定的面，使选定的面或入射面开始延伸，具体取决于哪种结果对体积和面积造成的更改最小。

b. 延伸更改面：将移动面延伸到它所遇到的其他面中，或是将它移到其他面之后。

c. 延伸固定面：延伸移动面直到遇到固定面。

d. 延伸端盖面：给移动面加上端盖即产生延展边。

8.1.5　移动面

在下拉菜单中选择“插入”→“同步建模”→“移动面”命令，或者单击“主页”功能区“同步建模”组中的“移动面”按钮，打开图 8-7 所示的“移动面”对话框。该命令提供了在体上局部地移动面的简单方式。对于一个需要调整的原模型来说，此选项很有用，而且快速、使用方便。该工具提供圆角的识别和重新生成，而且不依附建模历史。甚至可以用它移动体上所有的面，示意图如图 8-8 所示。

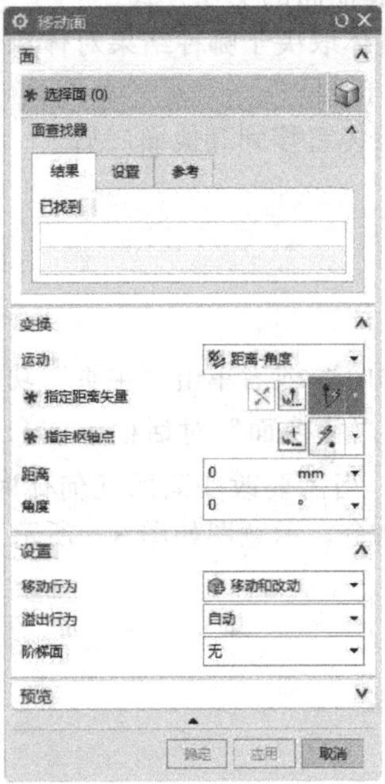

图 8-7 “移动面”对话框

对话框各选项功能如下：

① 选择面：选择要调整大小的圆柱面、球面或圆锥面。

② 面查找器：此选项在前面已经进行讲解，此处从略。

③ 变换：为要移动的面提供线性和角度变换方法。

距离-角度：按方向矢量，将选中的面区域移动一定的距离和角度。

距离：按方向矢量和位移距离，移动选中的面区域。

角度：按方向矢量和角度值，移动选中的面区域。

点之间的距离：按方向矢量，把选中的面区域从指定点移动到测量点。

径向距离：按方向矢量，把选中的面区域从轴点移动到测量点。

点到点：把选中的面区域从一个点移动到另一个点。

根据三点旋转：在三点中旋转选中的面区域。

将轴和矢量对齐：在两轴间旋转选中的面区域。

坐标系到坐标系：把选中的面区域从一个坐标系移动到另一个坐标系。

增量 XYZ：把选中的面区域移动根据输入的 XYZ 值移动。

④ 移动行为。

移动和改动：移动一组面并修改相邻面。

剪切和粘贴：复制并移动一组面，然后将它们从原始位置删除。

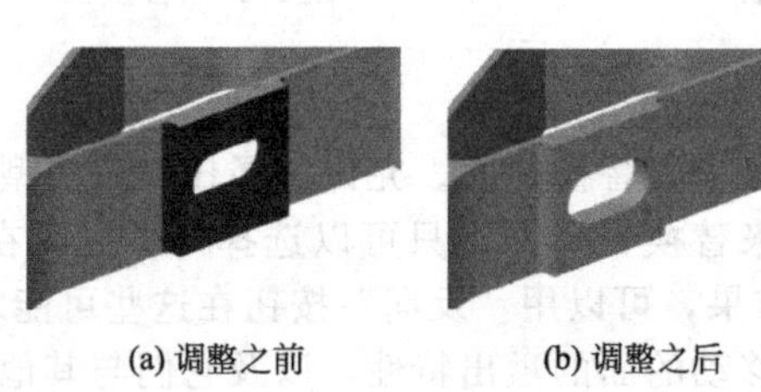
(a) 调整之前　　(b) 调整之后

图 8-8 “移动面”示意图

8.2 细节特征

8.2.1 调整圆角大小

在下拉菜单中选择“插入”→“同步建模”→“细节特征”→“调整圆角大小”命令，或者单击“主页”功能区“同步建模”组中的“更多”库下的“调整圆角大小”按钮，打开图 8-9 所示的“调整圆角大小”对话框。该选项允许用户编辑圆角面半径，而不用考虑特征的创建历史，可用于数据转换文件及非参数化的实体。可以在保留相切属性的同时创建参数化特征，该选项可以更为直接、更为高效地运用参数化设计。

对话框各选项功能如下：

① 选择圆角面：用于选择要编辑的圆角面。

② 半径：用于为所有选定的面指定新的圆角半径。

图 8-9　“调整圆角大小”对话框

图 8-10　“圆角重新排序”对话框

8.2.2　圆角重新排序

在下拉菜单中选择“插入”→“同步建模”→“细节特征”→“圆角重新排序”命令，或者单击“主页”功能区“同步建模”组中的“更多”库下的“圆角重新排序”按钮，打开图 8-10 所示的“圆角重新排序”对话框，使用此命令可更改凸度相反的两个相交圆角的顺序。

对话框各选项功能如下：

① 选择圆角面 1：用于选择要重新排序的圆角面 1。

② 选择圆角面 2：用于选择要重新排序的圆角面 2。

8.2.3　调整倒斜角大小

在下拉菜单中选择选择“插入”→“同步建模”→“细节特征”→“调整倒斜角大小”命令，或者单击“主页”功能区“同步建模”组中的“更多”库下的“调整倒斜角大小”按钮，打开图 8-11 所示的“调整倒斜角大小”对话框。使用此命令可更改倒斜角的大小、类型、对称、非对称以及偏置和角度。

对话框各选项功能如下：

① 选择面：选择要调整大小的成角度面。

② 横截面：指定横截面类型，包括对称、非对称、偏置和角度。

8.2.4　标记为倒斜角

在下拉菜单中选择“插入”→“同步建模”→“细节特征”→“标记为倒斜角”命令，或者单击“主页”功能区“同步建模”组中的“更多”库下的“标记为倒斜角”按钮，打开如图 8-12 所示的“标记为倒斜角”对话框。使用此命令可将成角度的面标记为倒斜角。

对话框各选项功能如下：

① 面倒斜角：选择希望识别为倒斜角的成角面。

② 构造面：指成角面不存在时的相邻面，这两个相邻面相交面后构成要倒斜角的边。

图 8-11 “调整倒斜角大小”对话框

图 8-12 “标记为倒斜角”对话框

8.3 重用

8.3.1 复制面

在下拉菜单中选择“插入”→“同步建模”→“重用”→“复制面”命令，或者单击“主页”功能区“同步建模”组中的“更多”库下的“复制面”按钮，打开如图 8-13 所示的“复制面”对话框。使用此命令可从实体中复制一组面。

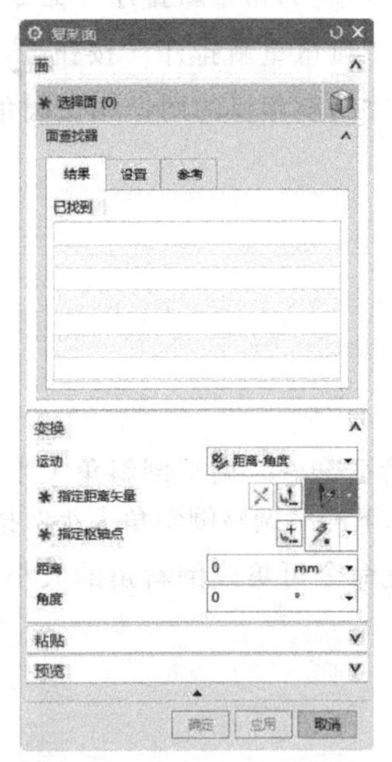

图 8-13 “复制面”对话框

对话框各选项功能如下：

① 选择面：选择要复制的面。

② 面查找器：此选项在前面已经进行讲解，此处从略。

③ 变换：为要复制的选定面提供线性或角度变换方法。其他选项在前面已经进行讲解，此处从略。

④ 粘贴：使用变换中的运动选项来粘贴复制的面。

8.3.2 剪切面

在下拉菜单中选择“插入”→“同步建模”→“重用”→“剪切面”命令，或者单击“主页”功能区“同步建模”组中的“更多”库下的“剪切面”按钮，打开图 8-14 所示的“剪切面”对话框。使用此命令可从体中复制一组面，然后从体中删除这些面。“剪切面”对话框中的选项类似于复制面，此处从略。

8.3.3 镜像面

在下拉菜单中选择“插入”→“同步建模”→“重用”→“镜像面”命令，或者单击“主页”功能区“同步建模”组中的“更多”库下的“镜像面”按钮，打开图 8-15 所示的“镜像面”对话框。使用此命令可复制面集，关于平面对其进行镜像，并将其粘贴到同一个实体或片体中。

对话框各选项功能如下：

① 选择面：选择要复制并关于平面镜像的面。

② 面查找器：此选项在前面已经进行讲解，此处从略。

③ 镜像平面。

a. 平面：选择镜像平面。镜像平面可以是平的面也可以是基准平面。

b. 现有平面：指定现有的基准平面或以平的曲面作为镜像平面。

c. 新平面：新建一个平面为镜像平面。

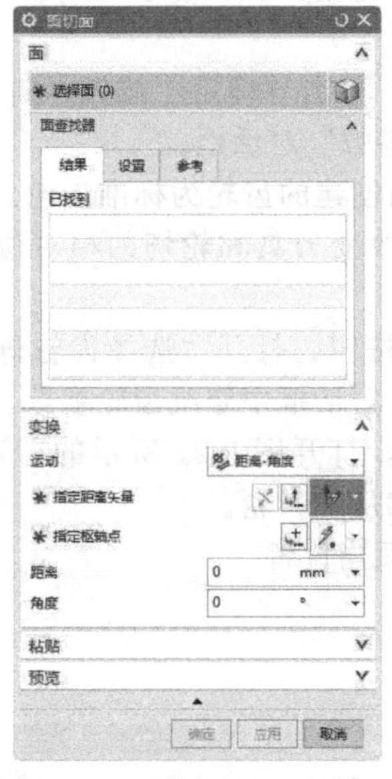

图 8-14　“剪切面”对话框

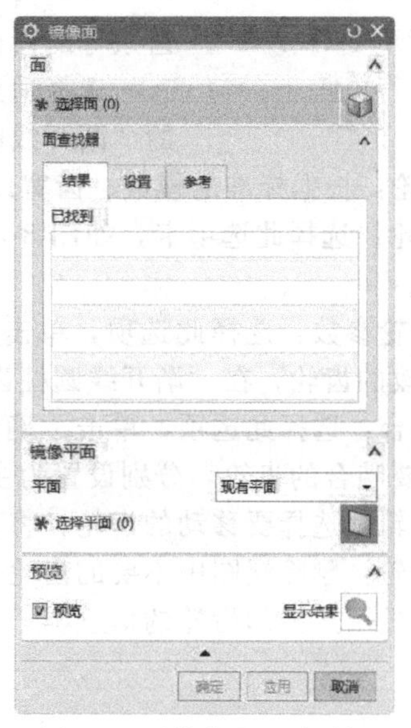

图 8-15　“镜像面”对话框

8.4　GC 工具箱

通过本节的学习可以更快速地创建齿轮和弹簧等符合中国国标的一些标准零件，包括齿轮、弹簧等。

8.4.1　齿轮建模

在下拉菜单中选择“GC 工具箱”→“齿轮建模”下拉菜单，如图 8-16 所示。选择“柱齿轮”打开“渐开线圆柱齿轮建模”对话框，如图 8-17 所示。

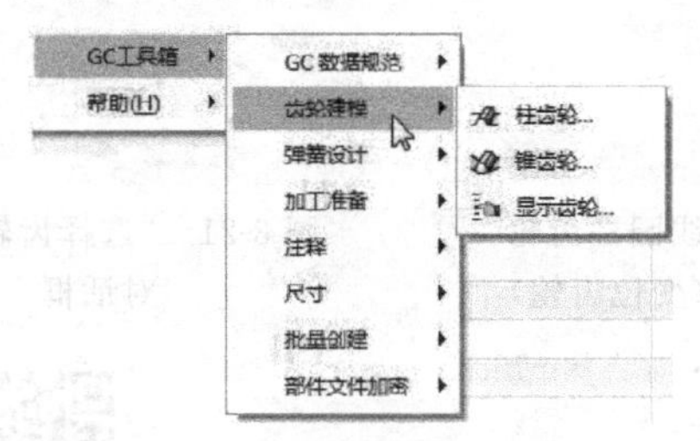

图 8-16　“齿轮建模”下拉菜单

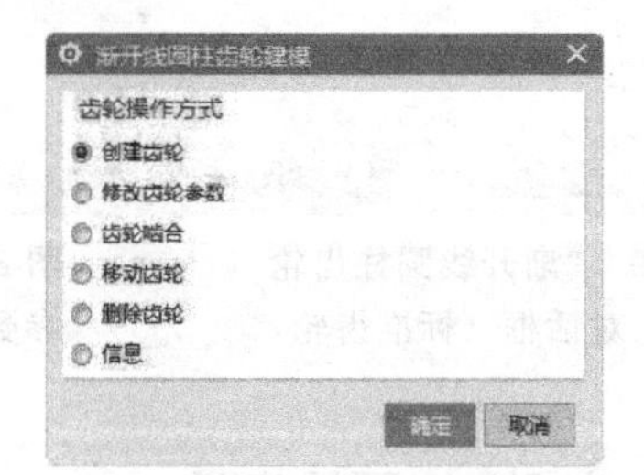

图 8-17　“渐开线圆柱齿轮建模”对话框

① 创建齿轮：创建新的齿轮。选择该选项，单击“确定”按钮，打开图 8-18 所示“渐开线圆柱齿轮类型”对话框。

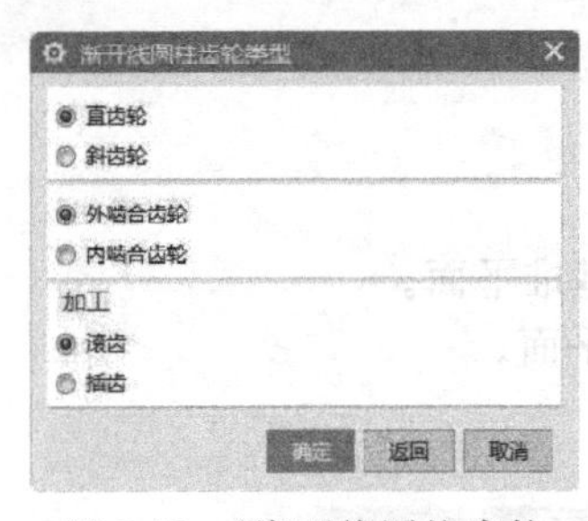

图 8-18 “渐开线圆柱齿轮类型”对话框

a. 直齿轮：指轮齿平行于齿轮轴线的齿轮。

b. 斜齿轮：指轮齿与轴线成一角度的齿轮。

c. 外啮合齿轮：指齿顶圆直径大于齿根圆直径的齿轮。

d. 内啮合齿轮：指齿顶圆直径小于齿根圆直径的齿轮。

e. 加工。

• 滚齿：用齿轮滚刀按展成法加工齿轮的齿面。

• 插齿：用插齿刀按展成法或成形法加工内、外齿轮或齿条等的齿面。

选择适当参数后，单击“确定”按钮，打开图 8-19 所示的“渐开线圆柱齿轮参数”对话框。

a. 标准齿轮：根据标准的模数、齿宽以及压力角创建的齿轮为标准齿轮。

b. 变位齿轮：选择此选项卡，如图 8-20 所示。改变刀具和轮坯的相对位置来切制的齿轮为变位齿轮。

② 修改齿轮参数：选择此选项，单击“确定”按钮，打开“选择齿轮进行操作”对话框，选择要修改的齿轮，在“渐开线圆柱齿轮参数”对话框中修改齿轮参数。

③ 齿轮啮合：选择此选项，单击“确定”按钮，打开图 8-21 所示的“选择齿轮啮合”对话框，选择要啮合的齿轮，分别设置为主动齿轮和从动齿轮。

④ 移动齿轮：选择要移动的齿轮，将其移动到适当位置。

⑤ 删除齿轮：删除视图中不要的齿轮。

⑥ 信息：显示选择的齿轮的信息。

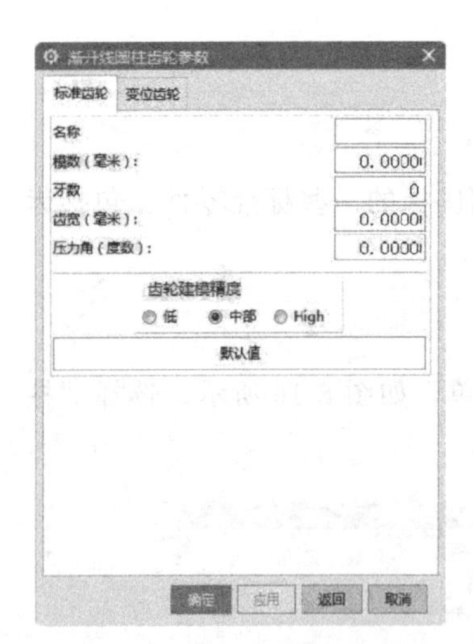

图 8-19 “渐开线圆柱齿轮参数”对话框（标准齿轮）

图 8-20 “渐开线圆柱齿轮参数”对话框（变位齿轮）

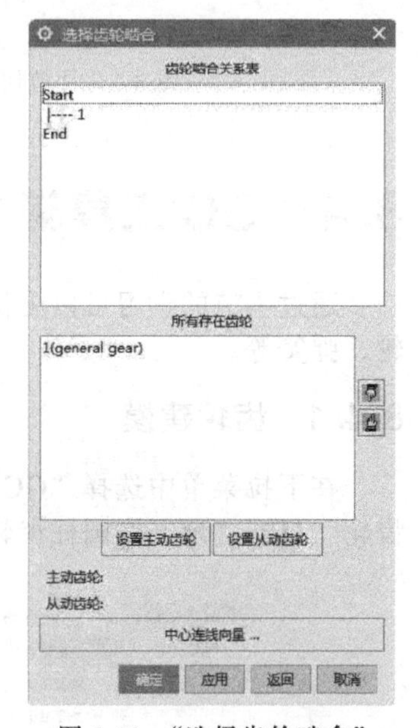

图 8-21 “选择齿轮啮合”对话框

8.4.2 实例——圆柱齿轮

扫一扫，看视频

首先利用 GC 工具箱中的圆柱齿轮命令创建圆柱齿轮的主体，然后绘制轴孔草图，利用拉伸命令来创建轴孔。如图 8-22 所示。

绘制步骤

图 8-22　圆柱齿轮

① 在下拉菜单中选择“文件”→“新建”命令，或者单击“主页”功能区“标准”组中的“新建”按钮，打开“新建”对话框，在模型选项卡中选择适当的模板，文件名为“yuanzhuchilun”，单击“确定”按钮，进入建模环境。

② 创建齿轮基体。

a. 在下拉菜单中选择“GC 工具箱”→“齿轮建模”→“柱齿轮”命令，打开图 8-23 所示的“渐开线圆柱齿轮建模”对话框。

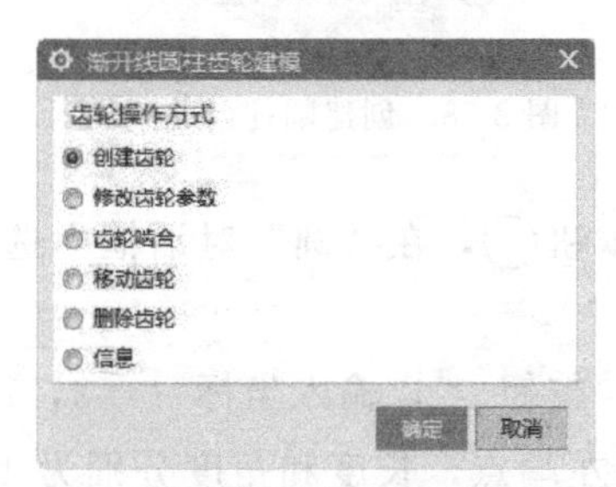

图 8-23　“渐开线圆柱齿轮建模”对话框

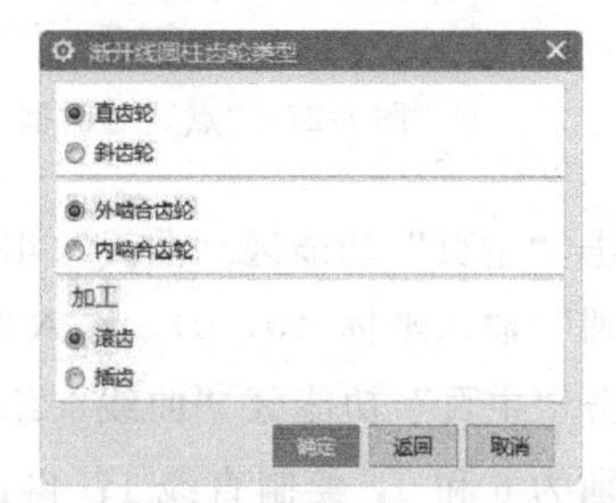

图 8-24　“渐开线圆柱齿轮类型”对话框

b. 选择“创建齿轮”单选按钮，单击“确定”按钮，打开图 8-24 所示的“渐开线圆柱齿轮类型”对话框。选择“直齿轮”“外啮合齿轮”和“滚齿”单选按钮，单击“确定”按钮。打开如图 8-25 所示的“渐开线圆柱齿轮参数”对话框。在“标准齿轮”选项卡中输入模数、牙数、齿宽和压力角为 3、21、24 和 20，单击“确定”按钮，打开图 8-26 所示的“矢量”对话框。在矢量类型下拉列表中选择“ZC 轴”，单击“确定”按钮，打开图 8-27 所示的“点”对话框。输入坐标点为（0，0，0），单击“确定”按钮，生成圆柱齿轮如图 8-28 所示。

图 8-25　“渐开线圆柱齿轮参数”对话框

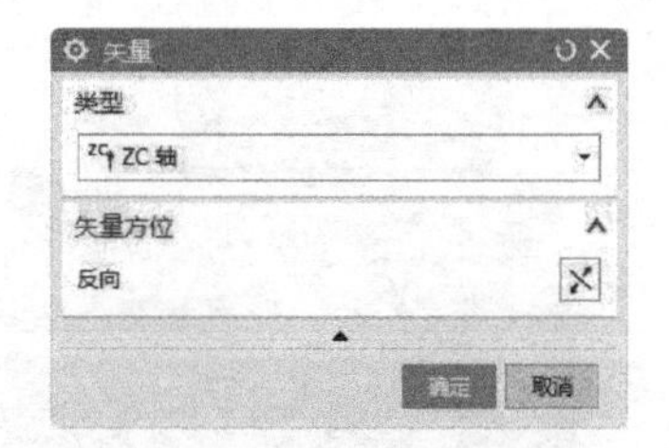

图 8-26　“矢量”对话框

③ 绘制草图。

a. 在下拉菜单中选择“插入”→“在任务环境中绘制草图”命令，或者单击“曲线”功能区“在任务环境中绘制草图”按钮，选择圆柱齿轮的外表面为工作平面绘制草图，进入草图绘制界面。

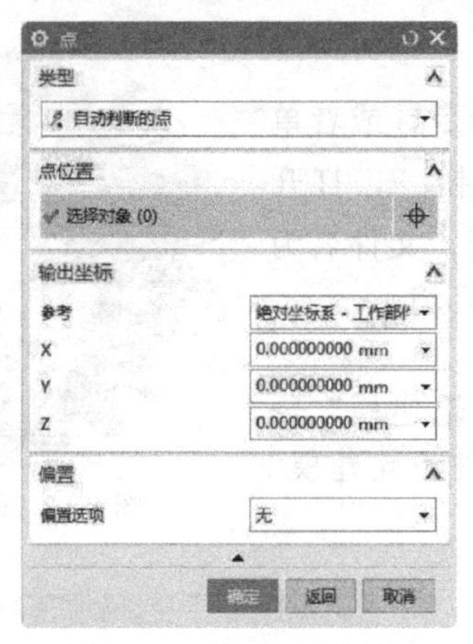

图 8-27 “点”对话框

图 8-28 创建圆柱齿轮

b. 单击“主页”功能区“曲线”组中的“圆”按钮，在“圆”对话框中选择“圆心和直径定圆”输入坐标（0，0），输入直径 24。

c. 单击“主页”功能区“曲线”组中的“直线”按钮，输入坐标（－3，14），长度和角度分别为 6 和 0，绘制直线 1；再选择直线 1 的左端点，长度和角度分别为 10 和 270；另一条直线选择直线 1 的右端点，长度和角度分别为 10 和 270。

d. 单击“主页”功能区“曲线”组中的“快速修剪”按钮，去除边后绘制的草图如图 8-29 所示。单击“主页”功能区“草图”组中的“完成”按钮，草图绘制完毕。

④ 在下拉菜单中选择“插入”→“设计特征”→“拉伸”命令，或者单击“主页”功能区“特征”组中的“设计特征”下拉菜单中的“拉伸”按钮，打开图 8-30 所示“拉伸”对话框。选择上步绘制的草图为拉伸曲线，在指定矢量下拉列表中选择“－ZC 轴”为拉伸方向，“结束”选择“贯通”，在“布尔”下拉列表中选择“减去”，单击“确定”按钮，生成图 8-22 所示圆柱齿轮。

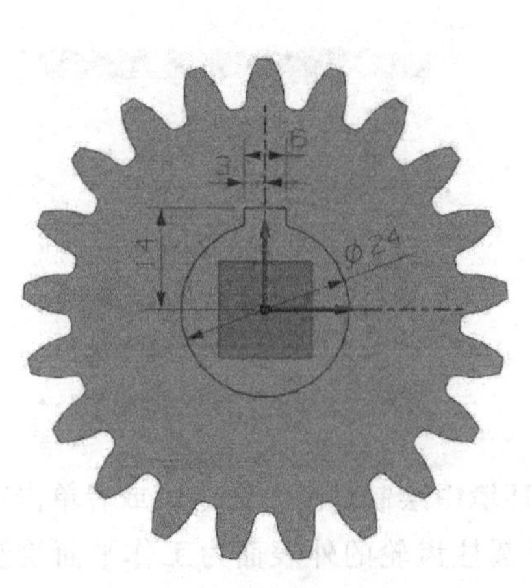

图 8-29 绘制草图

图 8-30 “拉伸”对话框

8.4.3　弹簧设计

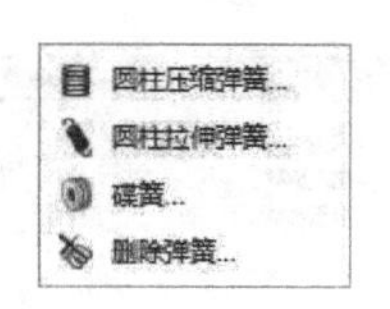

图 8-31　“弹簧设计”下拉菜单

在下拉菜单中选择“GC 工具箱”→“弹簧设计”下拉菜单，如图 8-31 所示。选择一种创建方式打开弹簧的创建步骤对话框，如图 8-32 所示。

① 类型：在对话框中选择类型、创建方式和轴的位置。

② 输入参数：输入弹簧的各个参数，如图 8-33 所示。

③ 显示结果：显示设计好的弹簧各个参数。

图 8-32　“圆柱压缩弹簧”对话框

图 8-33　输入参数

8.4.4　实例——圆柱拉伸弹簧

扫一扫，看视频

利用 GC 工具箱中的“圆柱拉伸弹簧”命令，在相应的对话框中输入弹簧参数，直接创建弹簧，如图 8-34 所示。

绘制步骤

① 在下拉菜单中选择“文件”→“新建”命令，或者单击“主页”功能区“标准”组中的“新建”按钮，打开“新建”对话框，在模型选项卡中选择适当的模板，文件名为“tanhuang”，单击“确定”按钮，进入建模环境。

② 在下拉菜单中选择“GC 工具箱”→“弹簧设计”→“圆柱拉伸弹簧”命令，打开图 8-35 所示的“圆柱拉伸弹簧”对话框。

③ 选择“选择类型”为“输入参数”，选择“创建方式”为“在工作部件中”，其余默认，单击“下一步”按钮。

④ 打开“输入参数”选项卡，如图 8-36 所示。在对话框选择“旋向”为“右旋”，选择“端部结构”为“圆钩环”，输入“中间直径”为 30，“材料直径”为 4，“有效圈数”为 12.5。单击“下一步”按钮。

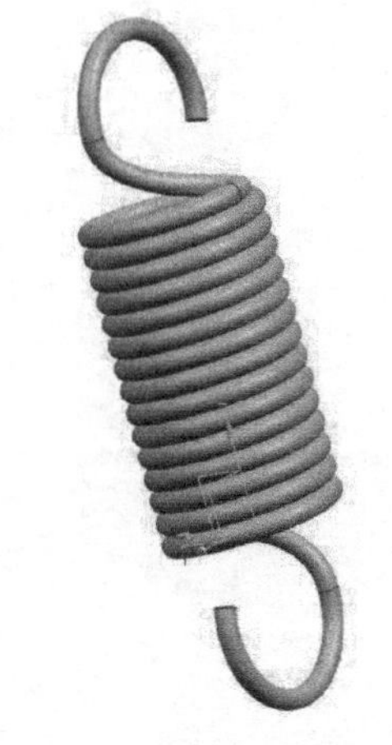

图 8-34　圆柱拉伸弹簧

⑤ 打开“显示结果”选项卡，如图 8-37 所示。显示弹簧的各个参数，单击“完成”按

钮，完成弹簧的创建，如图 8-34 所示。

图 8-35 “圆柱拉伸弹簧”对话框

图 8-36 “输入参数”选项卡

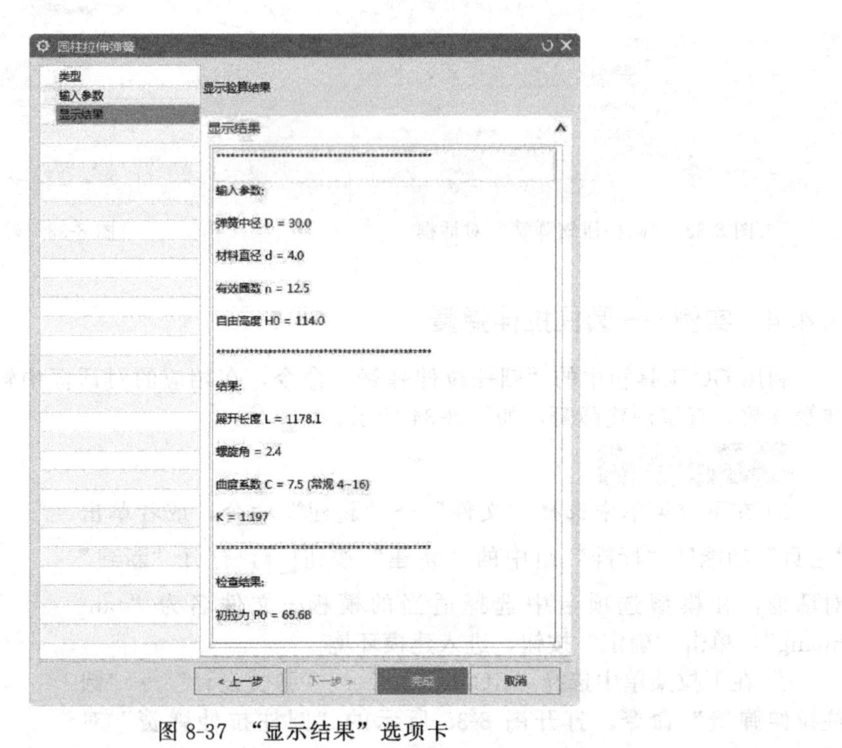

图 8-37 “显示结果”选项卡

第9章　曲面功能

本章导读

UG中不仅提供了基本的特征建模模块，同时提供了强大的自由曲面特征建模及相应的编辑和操作功能。UG中提供了20多种自由曲面造型的创建方式，用户可以利用它们完成各种复杂曲面及非规则实体的创建，以及相关的编辑工作。强大的自由曲面功能是UG众多模块功能中的亮点之一。

内容要点

- 自由曲面创建
- 网格曲面
- 弯曲曲面
- 其他曲面

9.1　自由曲面创建

本节中主要介绍最基本的曲面命令，即通过点和曲线构建曲面。再进一步介绍由曲面创建曲面的命令功能，掌握最基本的曲面造型方法。

9.1.1　通过点生成曲面

由点生成的曲面是非参数化的，即生成的曲面与原始构造点不关联，当构造点编辑后，曲面不会发生更新变化，但绝大多数命令所构造的曲面都具有参数化的特征。通过点构建的曲面通过全部用来构建曲面的点。

在下拉菜单中选择“插入”→“曲面”→“通过点”命令，或者单击“曲面”功能区“曲面”组中的“通过点”按钮，系统打开图9-1所示的“通过点”对话框。

对话框各选项功能如下：

(1) 补片类型

样条曲线可以由单段或者多段曲线构成，片体也可以由单个补片或者多个补片构成。

① 单个：所建立的片体只包含单一的补片。单个补片的片体是由一个曲面参数方程来表达的。

② 多个：所建立的片体是一系列单补片的阵列。多个补片的片体是由两个以上的曲面参数方程来表达的。一般构建较精密片体采用多个补片的方法。

(2) 沿以下方向封闭

设置单个或多个补片片体是否封闭及它的封闭方式。4个选项如下：

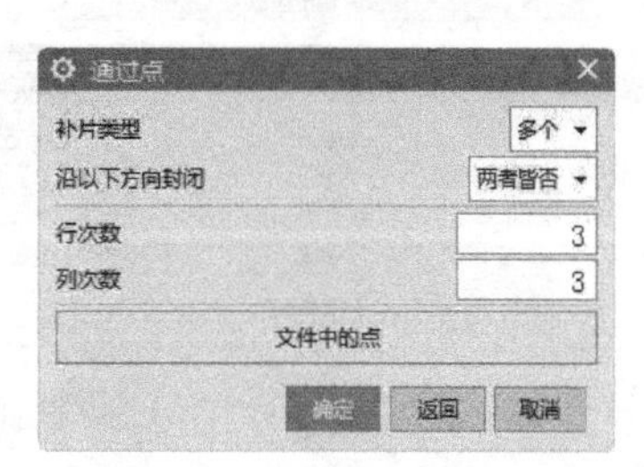

图9-1　“通过点”对话框

① 两者皆否：片体以指定的点开始和结束，列方向与行方向都不封闭。

② 行：点的第一列变成最后一列。

③ 列：点的第一行变成最后一行。

④ 两者皆是：指的是在行方向和列方向上都封闭。如果选择在两个方向上都封闭，生成的将是实体。

（3）行次数和列次数

① 行次数：定义了片体 U 方向阶数。

② 列次数：大致垂直于片体行的纵向曲线方向 V 方向的阶数。

（4）文件中的点

可以通过选择包含点的文件来定义这些点。

完成“通过点”对话设置后，系统会打开选取点信息的对话框，如图 9-2 所示的“过点”对话框，用户可利用该对话框选取定义点。

对话框各选项功能如下：

① 全部成链：全部成链用于链接窗口中已存在的定义点，单击后会打开图 9-3 所示的对话框，它用来定义起点和终点，自动快速获取起点与终点之间链接的点。

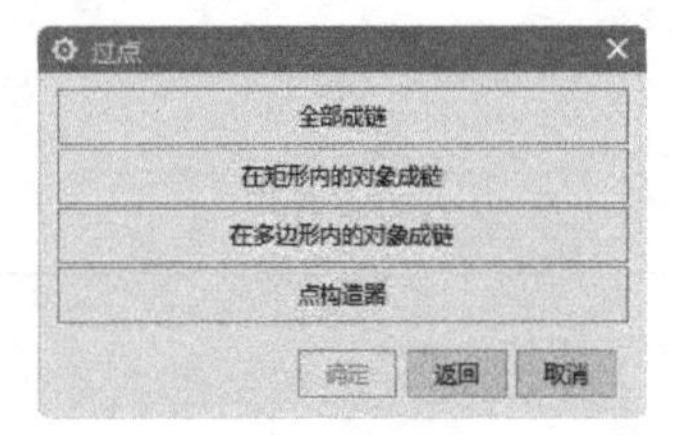

图 9-2 “过点”对话框

图 9-3 “指定点”对话框

② 在矩形内的对象成链：通过拖动鼠标形成矩形方框来选取所要定义的点，矩形方框内所包含的所有点将被链接。

③ 在多边形内的对象成链：通过鼠标定义多边形框来选取定义点，多边形框内的所有点将被链接。

④ 点构造器：通过点构造器来选取定义点的位置会打开图 9-4 所示的对话框，需要一点一点地选取，所要选取的点都要点击到。每指定一列点后，系统都会打开图 9-5 所示的对话框，提示是否确定当前所定义的点。

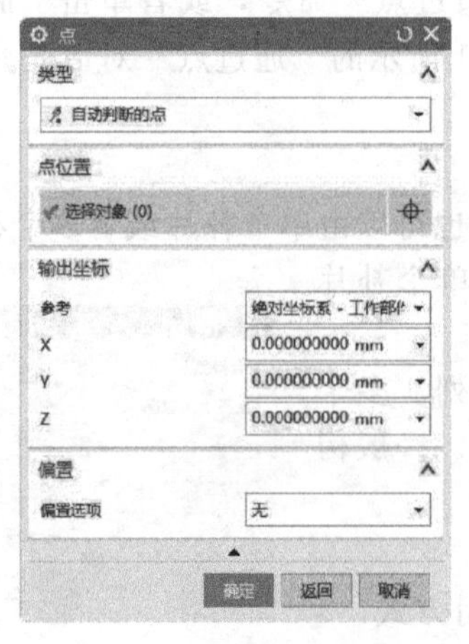

图 9-4 “点构造器”对话框

图 9-5 “点确定”对话框

如想创建包括图 9-6 中的定义点，通过“通过点”对话框设置为默认值，选取“全部成链”的选点方式。选点只需选取起点和终点，选好的第一行如图 9-7 所示。

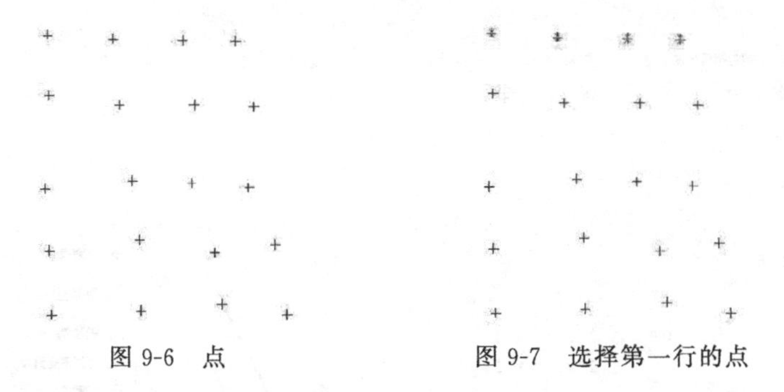

图 9-6　点　　　　图 9-7　选择第一行的点

当第四行选好时（见图 9-8），系统会打开“过点”对话框，点选“指定另一行”，然后定第五行的起点和终点后（见图 9-9），再次打开“过点”对话框，这时选取“所有指定的点”，多补片片体如图 9-10 所示。

图 9-8　选择第四行点　　　　图 9-9　选取第五行点　　　　图 9-10　多补片片体

9.1.2　拟合曲面

在下拉菜单中选择“插入”→“曲面”→“拟合曲面”命令，或者单击“曲面”功能区“曲面”组中的“拟合曲面”按钮，系统会打开图 9-11 所示“拟合曲面”对话框。

首先需要创建一些数据点，接着选取点再按鼠标右键将这些数据点组成一个组才能进行对象的选取（注意组的名称只支持英文），如图 9-12 所示，然后调节各个参数，最后生成所需要的曲面或平面。

对话框相关选项功能如下：

(1) 类型

用户可根据需求拟合自由曲面、拟合平面、拟合球、拟合圆柱和拟合圆锥共 5 种类型。

(2) 目标

目标是指创建曲面的点。

① 对象：当此按钮激活时，让用户选择对象。

② 颜色编码区域：当此按钮激活时，让用户选择颜色编码区域，可以选择所有同色对象。

(3) 拟合方向

拟合方向指定投影方向与方位。有 4 种用于指定拟合方向的方法。

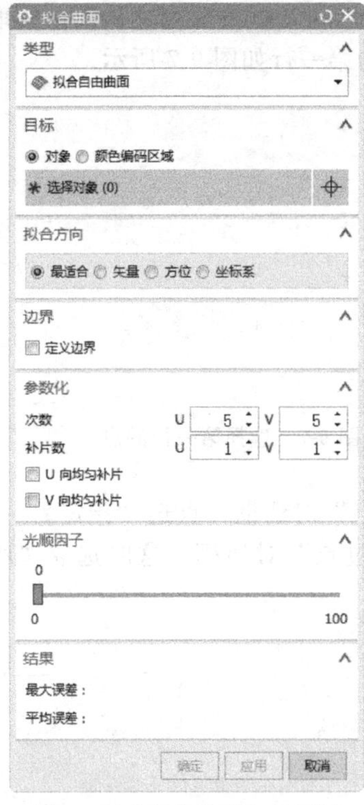

图 9-11 “拟合曲面”对话框

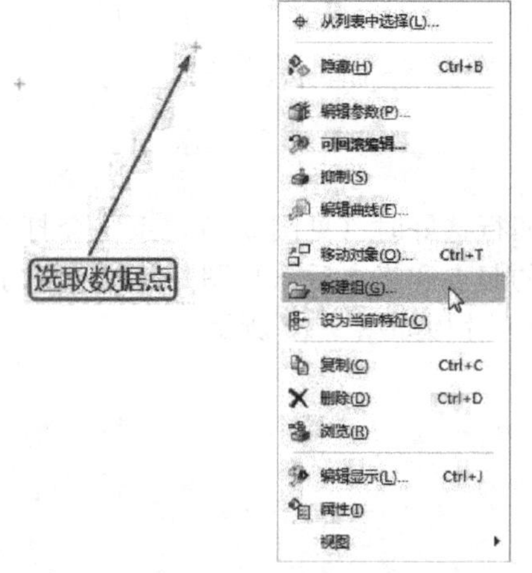

图 9-12 “新建组”示意图

① 最适合：如果目标基本上是矩形，具有可识别的长度和宽度方向以及或多或少的平面性，请选择此项。拟合方向和 U/Y 方位会自动确定。

② 矢量：如果目标基本上是矩形，具有可识别的长度和宽度方向，但曲率很大，请选择此项。

③ 方位：如果目标具有复杂的形状或为旋转对称，请选择此选项。使用方位操控器和矢量对话框指定拟合方向和大致的 U/V 方位。

④ 坐标系：如果目标具有复杂的形状或为旋转对称，并且需要使方位与现有几何体关联，请选择此选项。使用坐标系选项和坐标系对话框指定拟合方向和大致的 U/V 方位。

(4) 边界

通过指定四个新边界点来延长或限制拟合曲面的边界。

(5) 参数化

改变 U/V 向的次数和补片数从而调节曲面。

① 次数：指定拟合曲面在 U 向和 V 向的次数。

② 补片数：指定 U 及 V 向的曲面补片数。

(6) 光顺因子

拖动滑块可直接影响曲面的平滑度。曲面越平滑，与目标的偏差越大。

(7) 结果

UG 根据用户所生成的曲面计算的最大误差和平均误差。

9.2 网格曲面

本节主要介绍网格曲面子菜单中的命令。

9.2.1　直纹

在下拉菜单中选择“插入”→“网格曲面”→“直纹”命令，或者单击“曲面”功能区“曲面”组中的“直纹”按钮，系统打开图 9-13 所示“直纹”对话框。

截面线串可以由单个或多个对象组成。每个对象可以是曲线、实边或实面。也可以选择曲线的点或端点作为两个截面线串中的第一个。

① 截面线串 1：单击选择第一组截面曲线。

② 截面线串 2：单击选择第二组截面曲线。

要注意的是在选取截面线串 1 和截面线串 2 时两组的方向要一致，如果两组截面线串的方向相反，生成的曲面是扭曲的。

图 9-13　“直纹”对话框

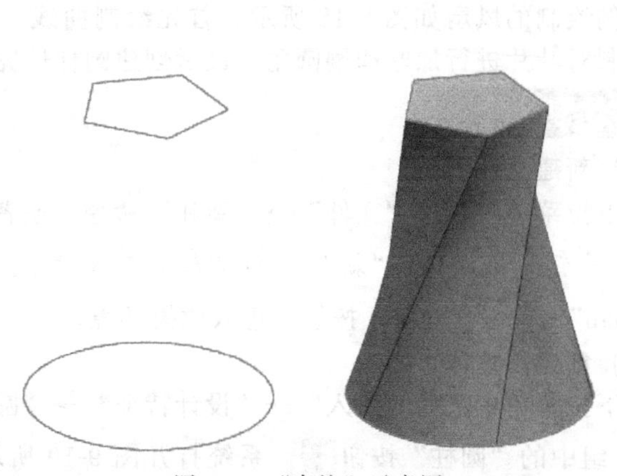

图 9-14　“直纹”示意图

③ 对齐：通过直纹面来构建片体需要在两组截面线上确定对应点后用直线将对应点连接起来，这样一个曲面就形成了。因此调整方式选取的不同改变了截面线串上对应点分布的情况，从而调整了构建的片体。在选取线串后可以进行调整方式的设置。调整方式包括参数和根据点两种方式。

a. 参数：在构建曲面特征时，两条截面曲线上所对应的点是根据截面曲线的参数方程进行计算的。所以两组截面曲线对应的直线部分，是根据等距离来划分连接点的；两组截面曲线对应的曲线部分，是根据等角度来划分连接点的。

选用“参数”方式并选取图 9-15 中所显示的截面曲线来构建曲面，首先设置栅格线，栅格线主要用于曲面的显示，栅格线也称为等参数曲线，执行菜单栏中的“首选项”→“建模”命令，系统打开“建模首选项”对话框，把栅格线中的“U 向计数”和“V 向计数”设置为 6，这样构建的曲面将会显示出网格线。选取线串后，调整方式设置为“参数”，单击“确定”或“应用”按钮，生成的片体如图 9-16 所示，直线部分是根据等弧长来划分连接点的，而曲线部分是根据等角度来划分连接点的。

如果选取的截面对象都为封闭曲线，生成的结果是实体，如图 9-17 所示。

b. 根据点：在两组截面线串上选取对应的点（同一点允许重复选取）作为强制的对应点，选取的顺序决定着片体的路径走向。一般在截面线串中含有角点时选择应用“根据点”方式。

④ 设置："GO（位置）"选项指距离公差，可用来设置选取的截面曲线与生成的片体之间的误差值。设置值为零时，将会完全沿着所选取的截面曲线构建片体。

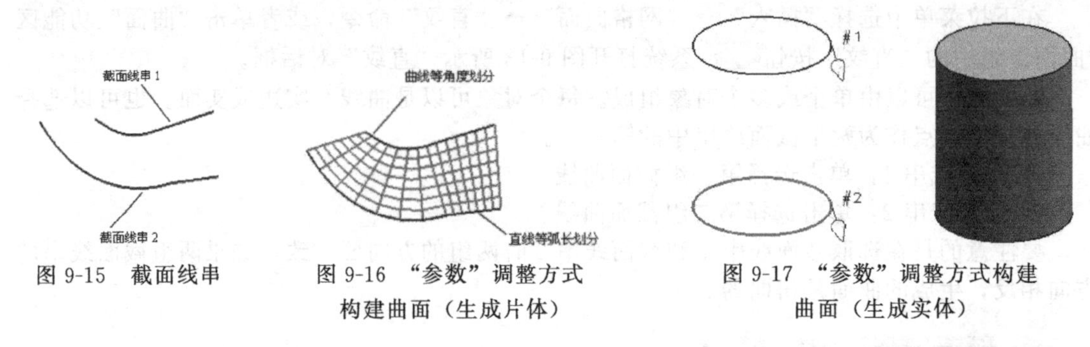

图 9-15　截面线串　　图 9-16　"参数"调整方式构建曲面（生成片体）　　图 9-17　"参数"调整方式构建曲面（生成实体）

9.2.2　实例——风扇

扫一扫，看视频

本例绘制的风扇如图 9-18 所示。首先绘制曲线，根据曲线创建叶片，然后绘制对叶片进行加厚和倒圆角，最后创建圆柱体完成风扇。

绘制步骤

（1）新建文件

在下拉菜单中选择"文件"→"新建"命令，或者单击"主页"功能区"标准"组中的"新建"按钮，打开"新建"对话框，在模型选项卡中选择适当的模板，文件名为"fengshan"，单击"确定"按钮，进入建模环境。

（2）创建圆柱体

在下拉菜单中选择"插入"→"设计特征"→"圆柱"命令，或者单击"主页"功能区"特征"组中的"圆柱"按钮，系统打开图 9-19 所示的"圆柱"对话框。在"类型"下拉列表中选择"轴、直径和高度"，在"指定矢量"下拉列表中选择"ZC 轴"，单击"点对话框"按钮，打开"点"对话框，保持默认的点坐标（0，0，0）作为圆柱体的圆心坐标，单击"确定"按钮，返回到"圆柱"对话框，在"直径"和"高度"文本框中分别输入 400 和 120。单击"确定"按钮，生成圆柱体，如图 9-20 所示。

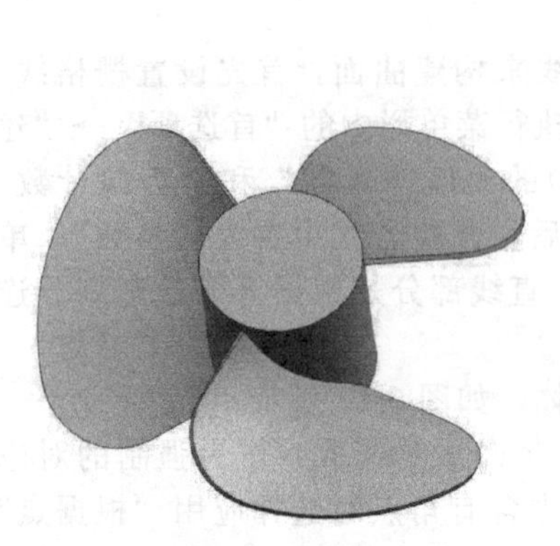

图 9-18　风扇

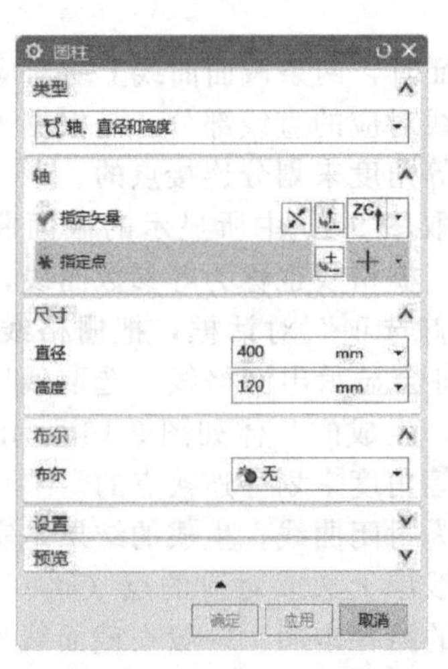

图 9-19　"圆柱"对话框

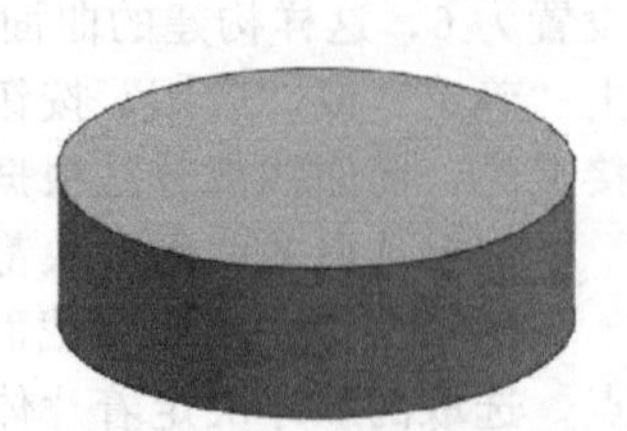

图 9-20　生成的圆柱体

（3）创建孔

在下拉菜单中选择“插入”→“设计特征”→“孔”命令，或者单击“主页”功能区“特征”组中的“孔”按钮，系统打开图 9-21 所示的“孔”对话框。在“成形”下拉列表中选择“简单孔”，捕捉如图 9-22 所示的圆柱体上表面圆弧中心为孔位置，在“直径”和“深度”文本框中分别输入 120 和 120，单击“确定”按钮，完成孔的创建，生成的模型如图 9-23 所示。

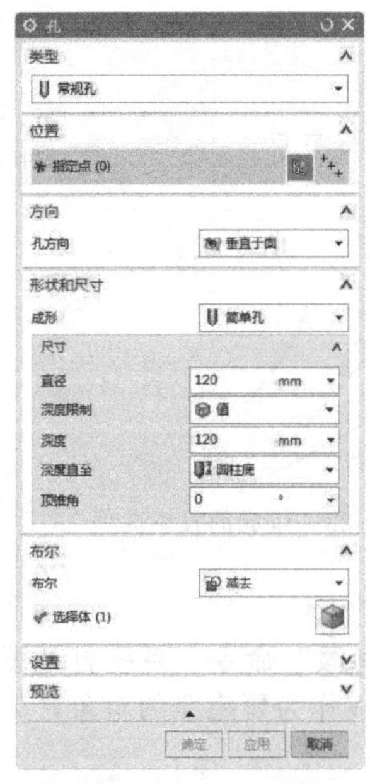

图 9-21　“孔”对话框

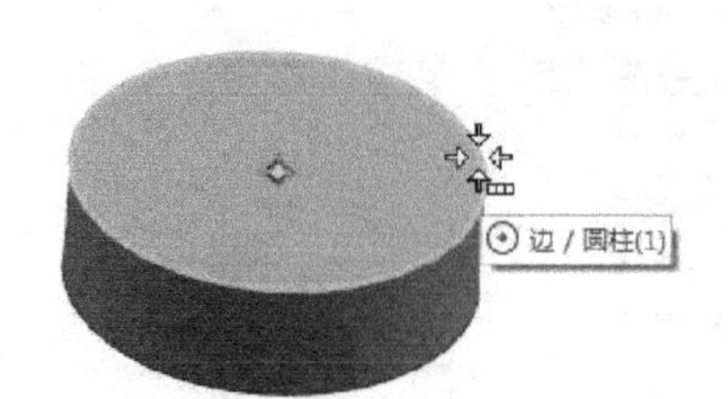

图 9-22　捕捉圆心

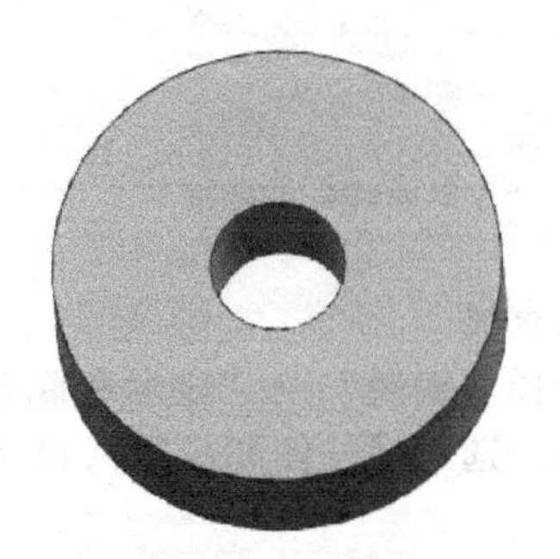

图 9-23　创建孔

（4）创建直线

在下拉菜单中选择“插入”→“曲线”→“直线”命令，或者单击“曲线”功能区“曲线”组中的“直线”按钮，打开如图 9-24 所示的“直线”对话框，选择“选择条”中的“象限点”按钮，选取圆柱体上表面边缘曲线的象限点确定直线起点如图 9-25 所示，选取圆柱体下表面边缘曲线的象限点确定直线终点，单击“确定”按钮，生成图 9-26 所示直线。

图 9-24 “直线”对话框

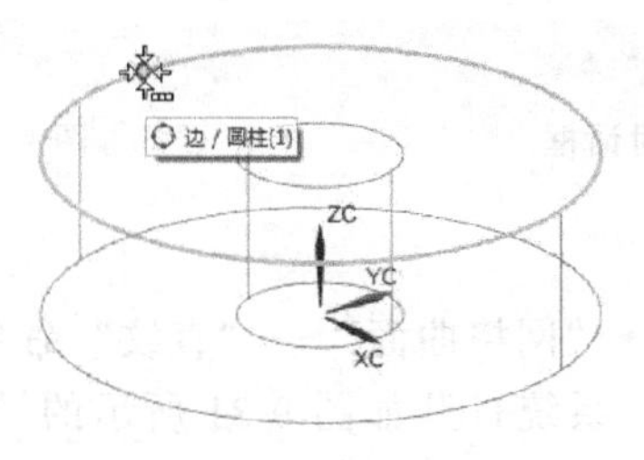

图 9-25　选取直线的第一点

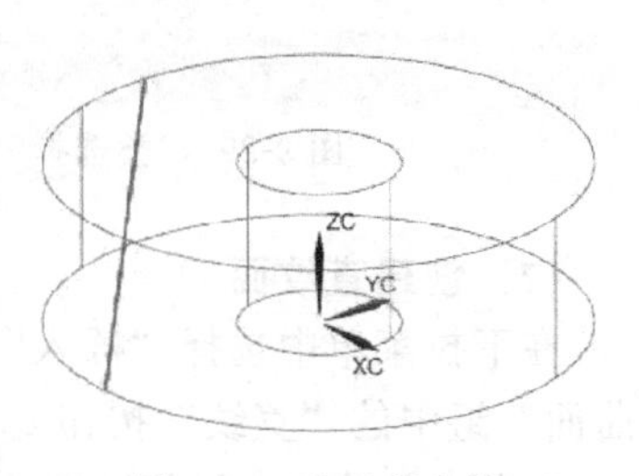

图 9-26　生成的直线

(5) 投影曲线

在下拉菜单栏选择“插入”→“派生曲线”→“投影”命令，或者单击“曲线”功能区“派生曲线”组中的“投影曲线”按钮，系统打开图 9-27 所示的“投影曲线”对话框。选择上步绘制的直线为要投影的曲线，选择圆柱实体表面作为第一个要投影的对象，选取圆柱孔的表面作为第二个要投影的对象，单击“确定”按钮生成图 9-28 所示的两条投影曲线。

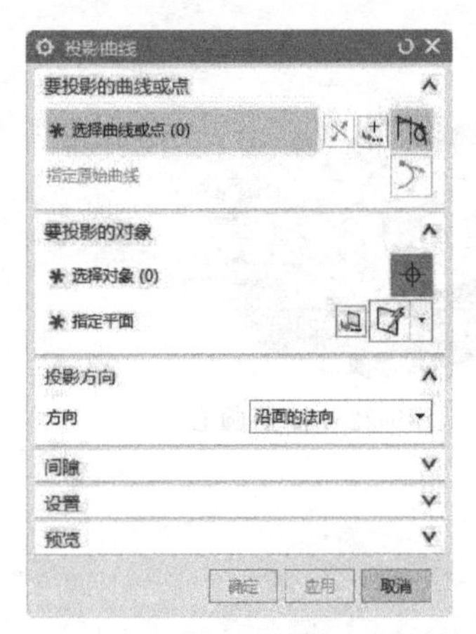

图 9-27 “投影曲线”对话框

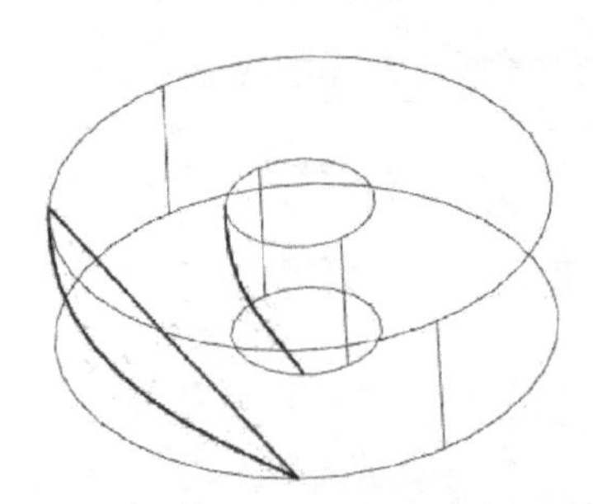

图 9-28 生成的投影曲线

(6) 隐藏实体和直线

在下拉菜单中选择“编辑”→“显示和隐藏”→“隐藏”命令，系统打开图 9-29 所示的“类选择”对话框。选取圆柱体和步骤（4）绘制的直线作为要隐藏的对象，单击“确定”后如图 9-30 所示。

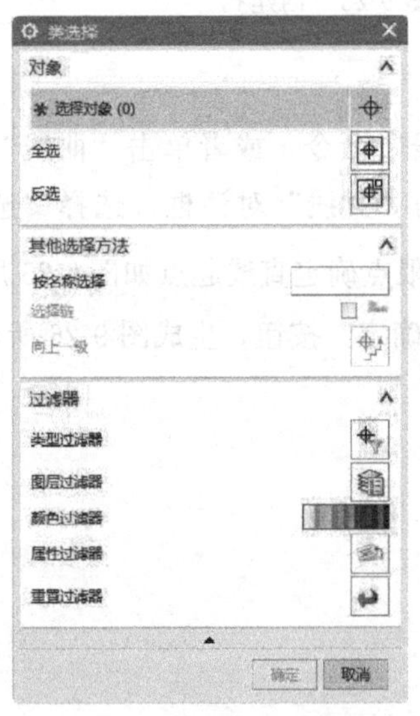

图 9-29 “类选择”对话框

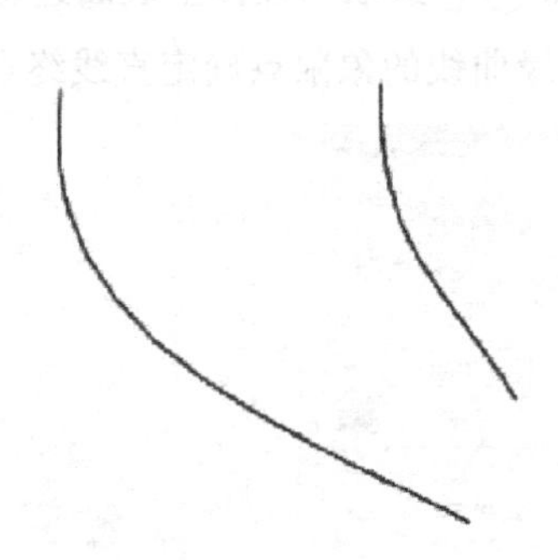

图 9-30 曲线

(7) 创建直纹面

在下拉菜单中选择“插入”→“网格曲面”→“直纹”命令，或者单击“曲面”功能区“曲面”组中的“直纹”按钮，系统打开如图 9-31 所示的“直纹”对话框。选择截面线串 1 和截面线串 2，每条线串选取结束单击鼠标中键，在“对齐”下拉列表中选择“参数”，单击“确定”按钮，生成图 9-32 所示曲面。

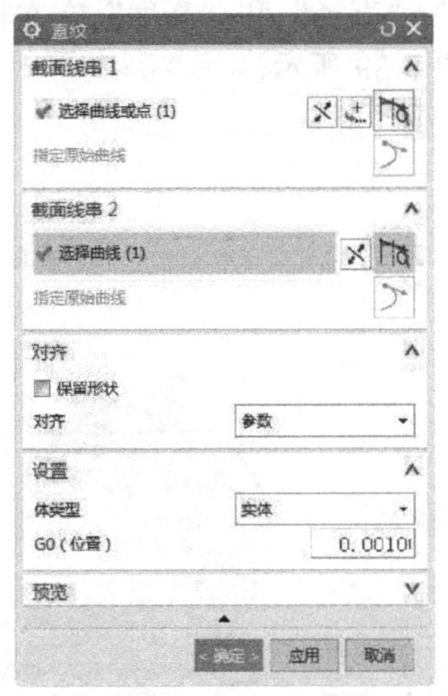

图 9-31　“直纹”对话框

图 9-32　生成的直纹面

(8) 加厚曲面

在下拉菜单中选择“插入”→“偏置/缩放”→“加厚”命令，或者单击“曲面”功能区“曲面操作”组中的“加厚”按钮，系统打开图 9-33 所示的“加厚”对话框。在“偏置 1”和“偏置 2”文本框中分别输入 2 和－2，单击“确定”按钮，生成图 9-34 所示的模型。

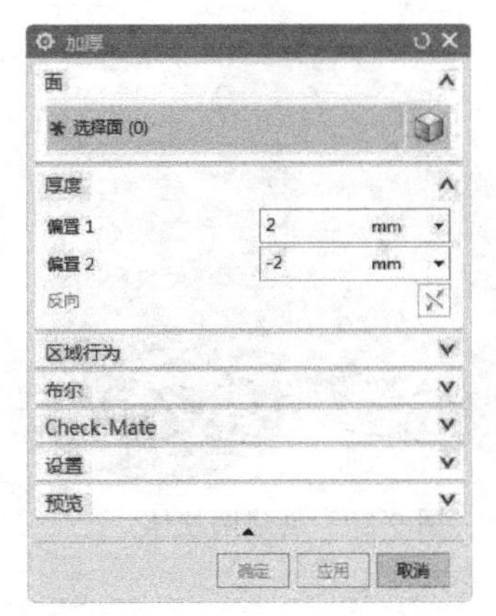

图 9-33　“加厚”对话框

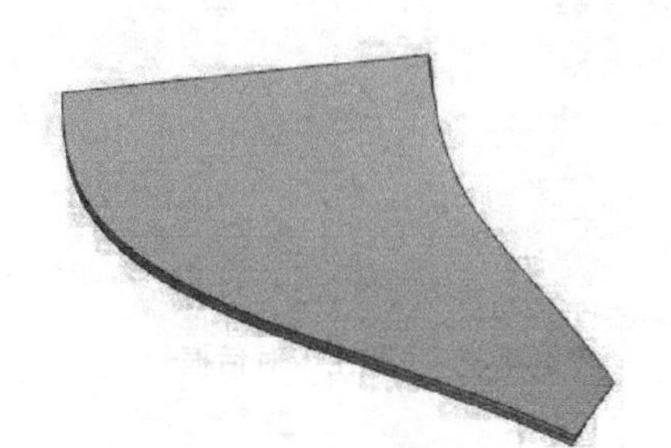

图 9-34　生成的加厚体

(9) 边倒圆

在下拉菜单中选择“插入”→“细节特征”→“边倒圆”命令，或者单击“主页”功能区“特征”组中的“边倒圆”按钮，系统打开图 9-35 所示的“边倒圆”对话框，选择倒圆角边 1 和倒圆角边 2，如图 9-36 所示，在“半径 1”文本框中输入 60，单击“确定”按钮，生成图 9-37 所示的模型。

(10) 创建圆柱体

在下拉菜单中选择“插入”→“设计特征”→“圆柱”命令，系统打开图 9-38 所示的“圆柱”对话框。在“类型”下拉列表中选择“轴、直径和高度”，在“指定矢量”下拉列表选取“ZC 轴” ZC，单击“点对话框”按钮，打开“点”对话框设置点坐标（0，0，−3），单击“确定”按钮，返回到“圆柱”对话框，在“直径”和“高度”文本框中分别输入 132 和 132。单击“确定”按钮，生成圆柱体，如图 9-39 所示。

图 9-35 “边倒圆”对话框

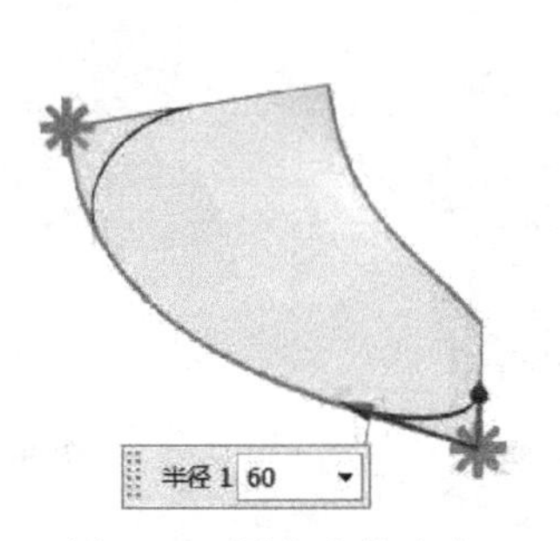

图 9-36 圆角边的选取

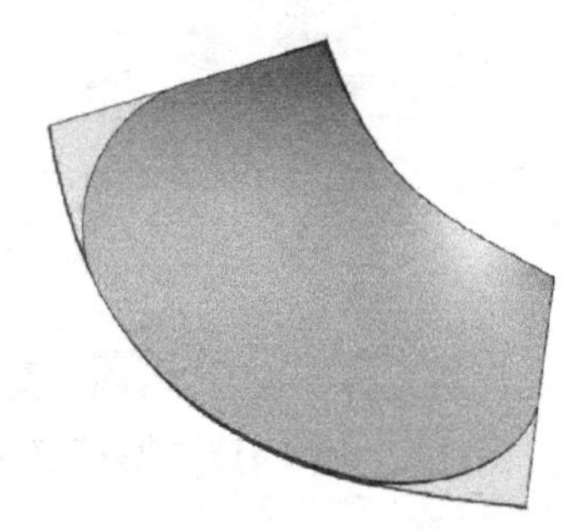

图 9-37 创建倒角

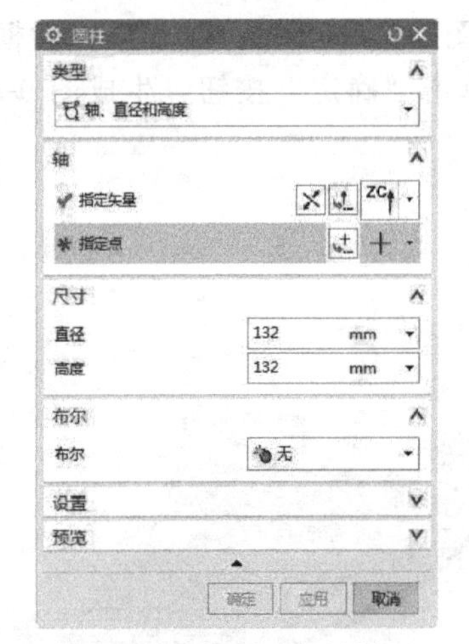

图 9-38 “圆柱”对话框

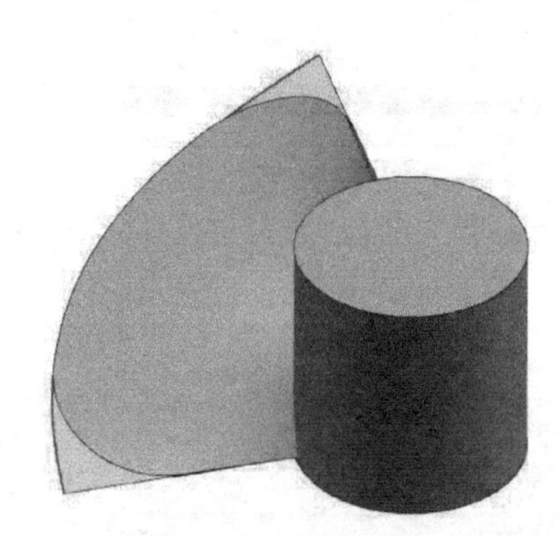

图 9-39 创建圆柱体

（11）创建其余叶片

在下拉菜单中选择“编辑”→“移动对象”命令，系统打开“移动对象”对话框如图 9-40 所示。选择扇叶为移动对象，在“运动”下拉列表中选择“角度”，在“指定矢量”下拉列表中选择“ZC 轴”，单击“点对话框”按钮，系统打开“点”对话框，保持默认的点坐标（0，0，0），单击“确定”按钮，返回到“移动对象”对话框。在“角度”文本框中输入 120。选择“复制原先的”选项，在“非关联副本数”文本框中输入 2。单击“确定”按钮，生成模型如图 9-41 所示。

（12）创建组合体

在下拉菜单中选择“插入”→“组合”→“合并”命令，或者单击“主页”功能区“特征”组中的“合并”按钮，系统打开“合并”对话框如图 9-42 所示。选择圆柱体为目标，选择 3 个叶片为工具，单击“确定”按钮，生成组合体。

图 9-40　“移动对象”对话框

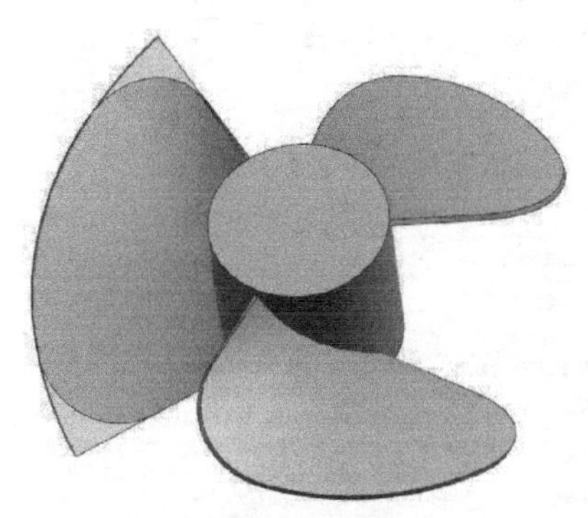

图 9-41　模型

(13) 隐藏曲面和曲线

在下拉菜单中选择“编辑”→“显示和隐藏”→“隐藏”命令，系统打开“类选择”对话框。单击“类型过滤器”按钮，系统打开“按类型选择”对话框如图 9-43 所示，选择“片体”和“曲线”选项，单击“确定”按钮，返回到“类选择”对话框，单击“全选”按钮。单击“确定”按钮，最终模型如图 9-18 所示。

图 9-42　“合并”对话框

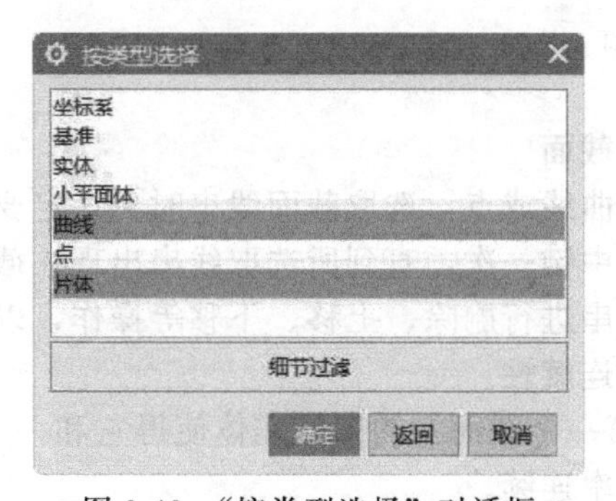

图 9-43　“按类型选择”对话框

9.2.3　通过曲线组

在下拉菜单中选择“插入”→“网格曲面”→“通过曲线组”命令，或者单击“曲面”功能区“曲面”组中的“通过曲线组”按钮，系统打开图 9-44 所示“通过曲线组”对话框。

该选项让用户通过同一方向上的一组曲线轮廓线生成一个体，如图 9-45 所示。这些曲线轮廓称为截面线串。用户选择的截面线串定义体的行。截面线串可以由单个对象或多个对象组成。每个对象可以是曲线、实边或实面。

对话框相关选项功能如下：

图 9-44 “通过曲线组”对话框

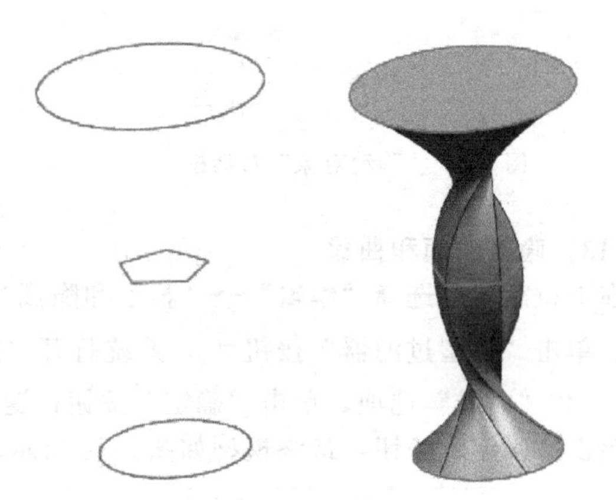

图 9-45 “通过曲线组”构造实体示意图

(1) 截面

选取曲线或点：选取截面线串时，一定要注意选取次序，而且每选取一条截面线，都要单击鼠标中键一次，直到所选取线串出现在截面线串列表框中为止，也可对该列表框中的所选截面线串进行删除、上移、下移等操作，以改变选取次序。

(2) 连续性

① 第一个截面：约束该实体使得它和一个或多个选定的面或片体在第一个截面线串处相切或曲率连续。

② 最后一个截面：约束该实体使得它和一个或多个选定的面或片体在最后一个截面线串处相切或曲率连续。

(3) 对齐

让用户控制选定的截面线串之间对准。

① 参数：沿定义曲线将等参数曲线要通过的点以相等的参数间隔隔开。使用每条曲线的整个长度。

② 弧长：沿定义曲线将等参数曲线将要通过的点以相等的弧长间隔隔开。使用每条曲线的整个长度。

③ 根据点：将不同外形的截面线串间的点对齐。

④ 距离：在指定方向上将点沿每条曲线以相等的距离隔开。

⑤ 角度：在指定轴线周围将点沿每条曲线以相等的角度隔开。

⑥ 脊线：将点放置在选定曲线与垂直于输入曲线的平面的相交处。得到的体的宽度取决于这条脊线曲线的限制。

（4）补片类型

让用户生成一个包含单个面片或多个面片的体。面片是片体的一部分。使用越多的面片来生成片体则用户可以对片体的曲率进行越多的局部控制。当生成片体时，最好是将用于定义片体的面片的数目降到最小。限制面片的数目可改善后续程序的性能并产生一个更光滑的片体。

（5）V 向封闭

对于多个片体来说，封闭沿行（U 方向）的体状态取决于选定截面线串的封闭状态。如果所选的线串全部封闭，则产生的体将在 U 方向上封闭。勾选此复选框，片体沿列（V 方向）封闭。

（6）公差

输入几何体和得到的片体之间的最大距离。默认值为距离公差建模设置。

9.2.4　通过曲线网格

在下拉菜单中选择“插入”→“网格曲面”→“通过曲线网格”命令，或者单击“曲面”功能区“曲面”组中的“通过曲线网格”按钮，系统会打开图 9-46 所示“通过曲线网格”对话框。

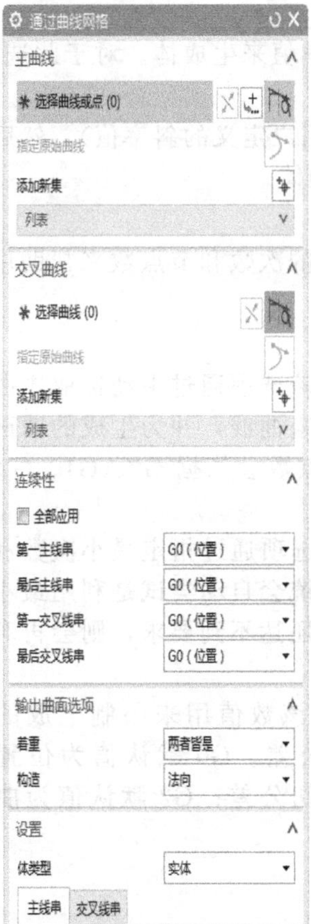

该选项让用户从沿着两个不同方向的一组现有的曲线轮廓（称为线串）上生成体，如图 9-47 所示。生成的曲线网格体是双三次多项式的。这意味着它在 U 向和 V 向的次数都是三次的（次数为 3）。该选项只在主线串对和交叉线串对不相交时才有意义。如果线串不相交，生成的体会通过主线串或交叉线串，或两者均分。

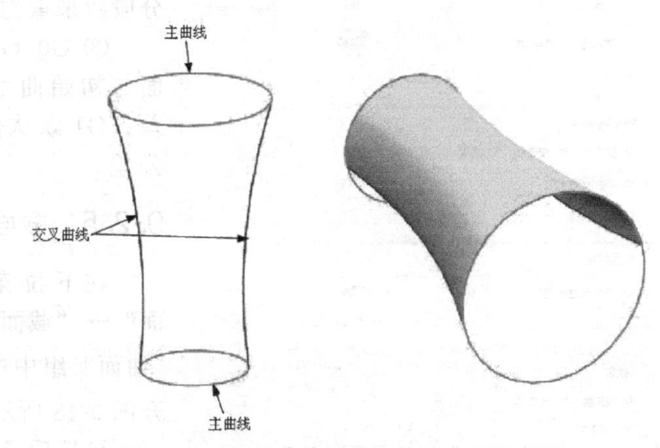

图 9-47　“通过曲线网格”构造曲面示意图

对话框相关选项功能如下：

① 第一主线串：让用户约束该实体使得它和一个或多个选定的面或片体在第一主线串处相切或曲率连续。

图 9-46　“通过曲线网格”对话框

② 最后主线串：让用户约束该实体使得它和一个或多个选定的面或片体在最后一条主线串处相切或曲率连续。

③ 第一交叉线串：让用户约束该实体使得它和一个或多个选定的面或片体在第一交叉线串处相切或曲率连续。

④ 最后交叉线串：让用户约束该实体使得它和一个或多个选定的面或片体在最后一条交叉线串处相切或曲率连续。

⑤ 着重：让用户决定哪一组控制线串对曲线网格体的形状最有影响。

a. 两者皆是：主线串和交叉线串（即横向线串）有同样效果。

b. 主线串：主线串更有影响。

c. 交叉线串：交叉线串更有影响。

⑥ 构造。

a. 法向：使用标准过程建立曲线网格曲面。

b. 样条点：让用户通过为输入曲线使用点和这些点处的斜率值来生成体。对于此选项，选择的曲线必须是有相同数目定义点的单根B曲线。

这些曲线通过它们的定义点临时地重新参数化（保留所有用户定义的斜率值）。然后这些临时的曲线用于生成体。这有助于用更少的补片生成更简单的体。

c. 简单：建立尽可能简单的曲线网格曲面。

⑦ 重新构建：该选项可以通过重新定义主曲线或交叉曲线的次数和节点数来帮助用户构建光滑曲面。仅当“构造选项”为“法向”时，该选项可用。

a. 无：不需要重构主曲线或交叉曲线。

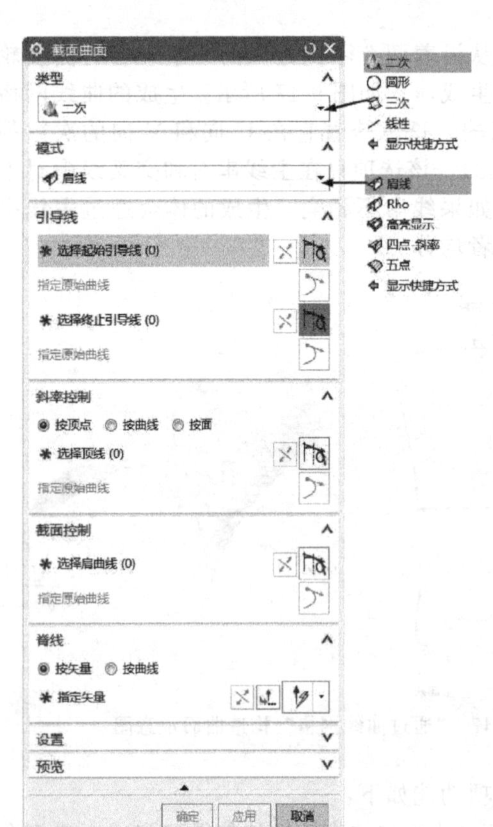

图 9-48 “截面曲面”对话框

b. 次数和公差：该选项通过手动选取主曲线或交叉曲线来替换原来曲线，并为生成的曲面指定U/V向次数。节点数会依据G0、G1、G2的公差值按需求插入。

c. 自动拟合：该选项通过指定最小次数和分段数来重构曲面，系统会自动尝试是利用最小次数来重构曲面，如果还达不到要求，则会再利用分段数来重构曲面。

⑧ G0/G1/G2：该数值用来限制生成的曲面与初始曲线间的公差。G0默认值为位置公差；G1默认值为相切公差；G2默认值为曲率公差。

9.2.5 截面曲面

在下拉菜单中选择“插入”→“网络曲面”→“截面”命令，或者单击“曲面”功能区“曲面”组中的“截面曲面”按钮，系统会打开图9-48所示“截面曲面”对话框。

该选项通过使用二次构造技巧定义的截面来构造体。截面自由形式特征作为位于预先描述平面内的截面曲线的无限族，开始和终止于某些选定控制曲线，并且通过这些曲线。另外，系统从控制曲线直接获取二次端点切矢，并且使用连续的二维二次外形参数沿体改变截面的整个外形。

为符合工业标准并且便于数据传递，“截面”选项产生带有 B 曲面的体作为输出。

① 类型：可选择二次、圆形、三次和线性。

② 模式：根据选择的类型所列出的各个模态。若类型为“二次”，其模式包括肩线、Rho、高亮显示、四点-斜率和五点；若类型为“圆形”，其模式包括三点、两点-半径、两点-斜率、半径-角度-圆弧、中心半径和相切半径等；若类型为“三次”，其模式包括两个斜率和圆角-桥接。

③ 引导线：指定起始和结束位置，在某些情况下，指定截面曲面的内部形状。

④ 斜率控制：控制来自起始边或终止边的任一者或两者、单一顶线或者起始面或终止面的截面曲面的形状。

⑤ 截面控制：控制在截面曲面中定义截面的方式。根据选择的类型，这些选项可以在曲线、边或面选择到规律定义之间变化。

⑥ 脊线：控制已计算剖切平面的方位。

⑦ 设置：用于控制 U 方向上的截面形状，设置重建和公差选项，以及创建顶线。

各选项部分组合功能如下：

① 二次-肩线-按顶线：可以使用这个选项生成起始于第一条选定曲线、通过一条称为肩曲线的内部曲线并且终止于第 3 条选定曲线的截面自由形式特征。每个端点的斜率由选定顶线定义，如图 9-49 所示。

② 二次-肩线-按曲线：该选项可以生成起始于第一条选定曲线、通过一条内部曲线（称为肩曲线）并且终止于第 3 条曲线的截面自由形式特征。切矢在起始点和终止点由两个不相关的切矢控制曲线定义，如图 9-50 所示。

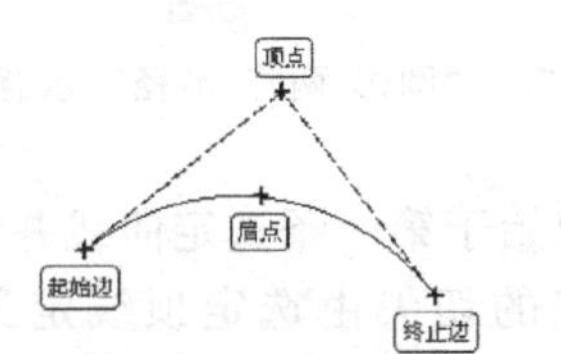

图 9-49　“二次-肩线-按顶线”示意图

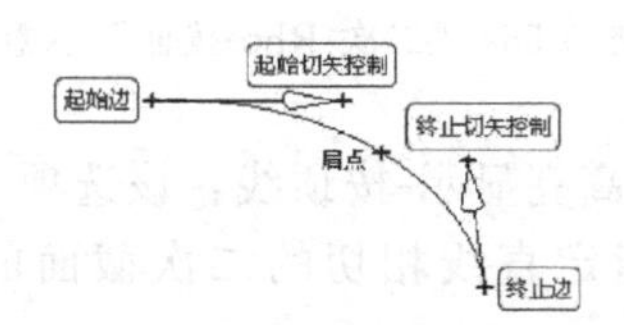

图 9-50　“二次-肩线-按曲线”示意图

③ 二次-肩线-按面：可以使用这个选项生成截面自由形式特征，该特征在分别位于两个体上的两条曲线间形成光顺的圆角。体起始于第一条选定曲线，与第一个选定体相切，终止于第二条曲线，与第二个体相切，并且通过肩曲线，如图 9-51 所示。

④ 圆形-三点：该选项可以通过选择起始边曲线、内部曲线、终止边曲线和脊线曲线来生成截面自由形式特征。片体的截面是圆弧，如图 9-52 所示。

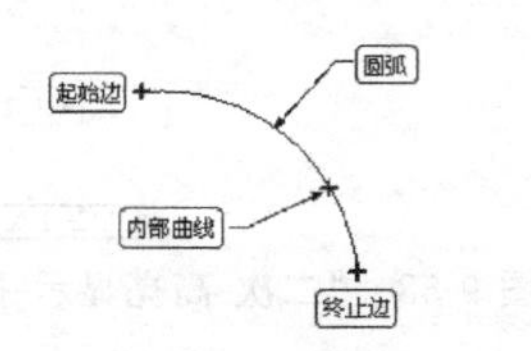

图 9-51　“二次-肩线-按面”示意图

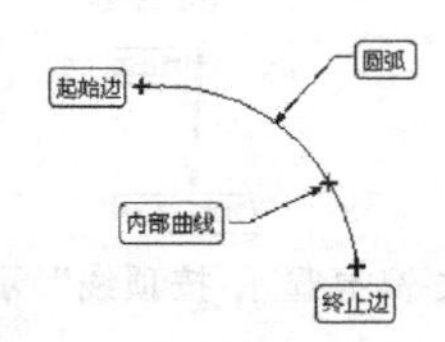

图 9-52　“圆形-三点”示意图

⑤ 二次-Rho-按顶线：可以使用这个选项来生成起始于第一条选定曲线并且终止于第二条曲线的截面自由形式特征。每个端点的切矢由选定的顶线定义。每个二次截面的完整性由相应的 Rho 值控制，如图 9-53 所示。

⑥ 二次-Rho-按曲线：该选项可以生成起始于第一条选定边曲线并且终止于第二条边曲

线的截面自由形式特征。切矢在起始点和终止点由两个不相关的切矢控制曲线定义。每个二次截面的完整性由相应的 Rho 值控制，如图 9-54 所示。

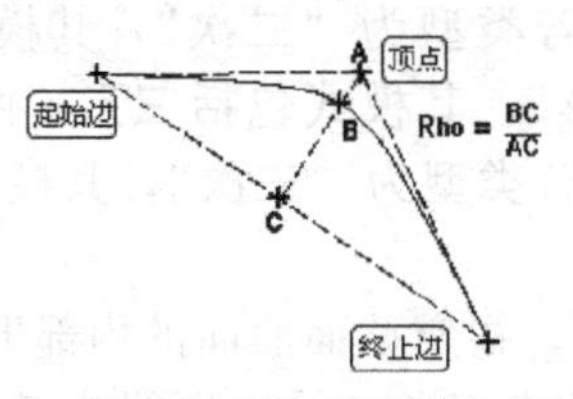

图 9-53 “二次-Rho-按顶线”示意图

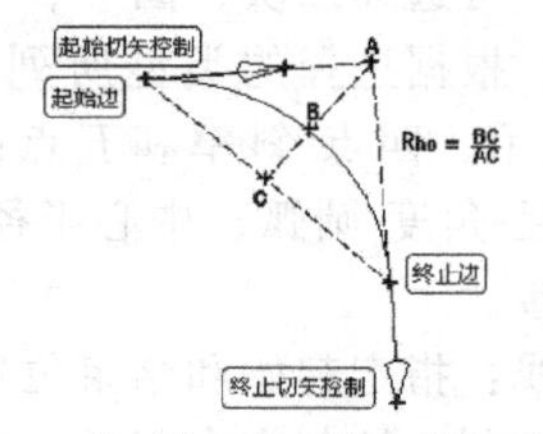

图 9-54 “二次-Rho-按曲线”示意图

⑦ 二次-Rho-按面：可以使用这个选项生成截面自由形式特征，该特征在分别位于两个体上的两条曲线间形成光顺的圆角。每个二次截面的完整性由相应的 Rho 值控制，如图 9-55 所示。

⑧ 圆形-两点-半径：该选项生成带有指定半径圆弧截面的体。对于脊线方向，从第一条选定曲线到第二条选定曲线以逆时针方向生成体。半径必须至少是每个截面的起始边与终止边之间距离的一半，如图 9-56 所示。

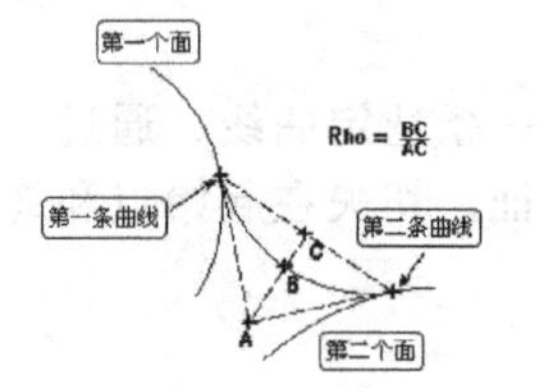

图 9-55 “二次-Rho-按面”示意图

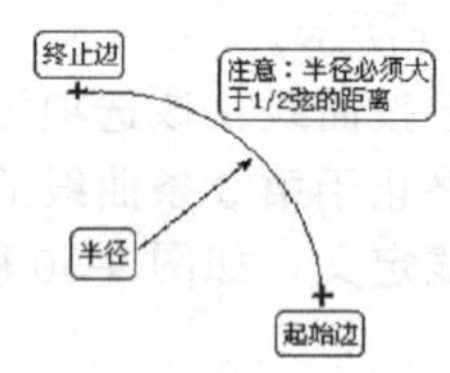

图 9-56 “圆形-两点-半径”示意图

⑨ 二次-高亮显示-按顶线：该选项可以生成带有起始于第一条选定曲线并终止于第二条曲线而且与指定直线相切的二次截面的体。每个端点的切矢由选定顶线定义，如图 9-57 所示。

⑩ 二次-高亮显示-按曲线：该选项可以生成带有起始于第一条选定边曲线并终止于第二条边曲线而且与指定直线相切的二次截面的体。切矢在起始点和终止点由两个不相关的切矢控制曲线定义，如图 9-58 所示。

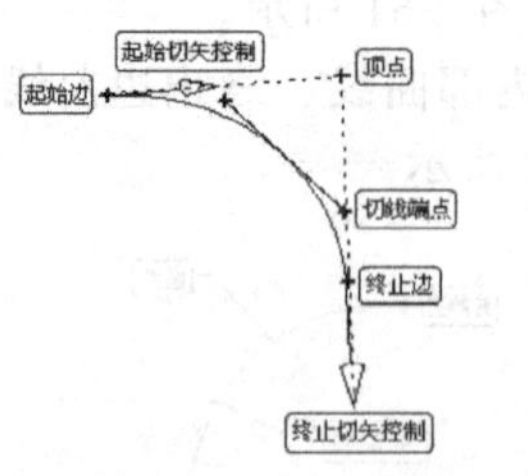

图 9-57 “二次-高亮显示-按顶线”示意图

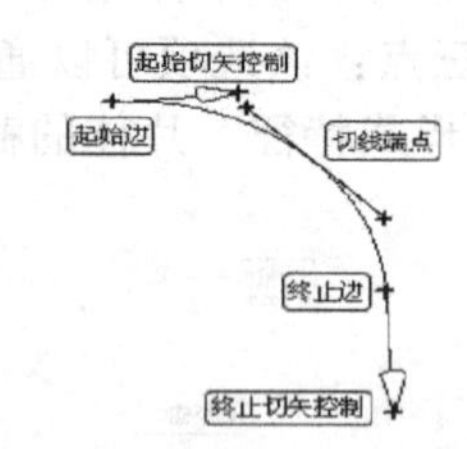

图 9-58 “二次-高亮显示-按曲线”示意图

⑪ 二次-高亮显示-按面：可以使用这个选项生成带有在分别位于两个体上的两条曲线之间构成光顺圆角并与指定直线相切的二次截面的体，如图 9-59 所示。

⑫ 圆形-两点-斜率：该选项可以生成起始于第一条选定边曲线并且终止于第二条边曲线的截面自由形式特征。切矢在起始处由选定的控制曲线决定。片体的截面是圆弧，如图 9-60 所示。

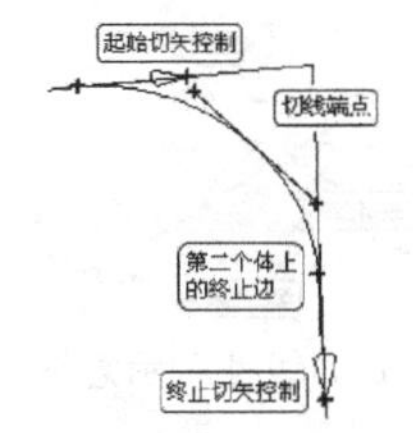

图 9-59 “二次-高亮显示-按面”示意图

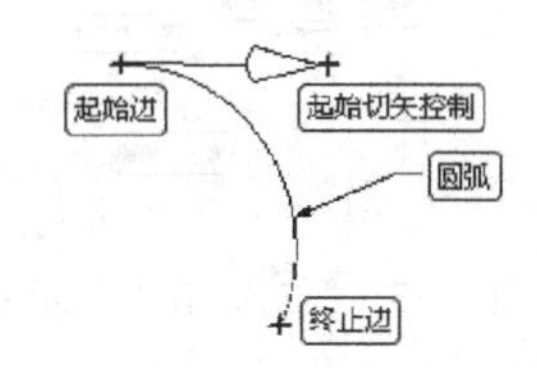

图 9-60 “圆形-两点-斜率”示意图

⑬ 二次-四点-斜率：该选项可以生成起始于第一条选定曲线、通过两条内部曲线并且终止于第四条曲线的截面自由形式特征。也选择定义起始切矢的切矢控制曲线，如图 9-61 所示。

⑭ 三次-两个斜率：该选项生成带有截面的 S 形的体，该截面在两条选定边曲线之间构成光顺的三次圆角。切矢在起始点和终止点由两个不相关的切矢控制曲线定义，如图 9-62 所示。

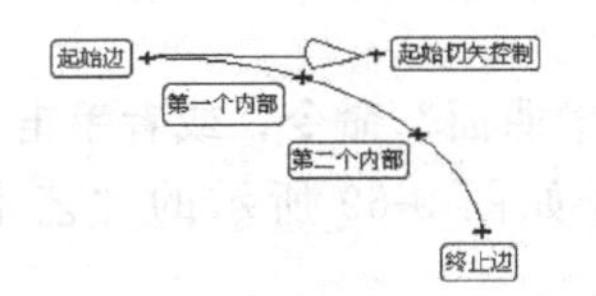

图 9-61 “二次-四点-斜率”示意图

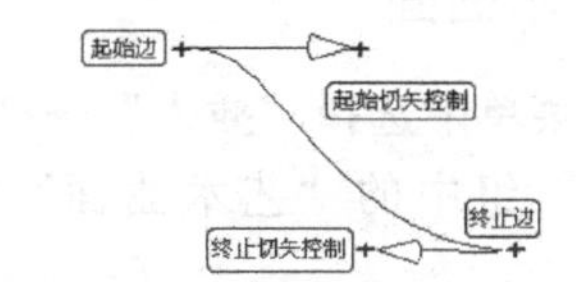

图 9-62 “三次-两个斜率”示意图

⑮ 三次-圆角-桥接：该选项生成一个体，该体带有在位于两组面上的两条曲线之间构成桥接的截面，如图 9-63 所示。

⑯ 圆形-半径/角度/圆弧：该选项可以通过在选定边、相切面、体的曲率半径和体的张角上定义起始点来生成带有圆弧截面的体。角度可以从 $-170°\sim0°$，或从 $0°\sim170°$变化，但是禁止通过零。半径必须大于零。曲面的默认位置在面法向的方向上，或者可以将曲面反向到相切面的反方向，如图 9-64 所示。

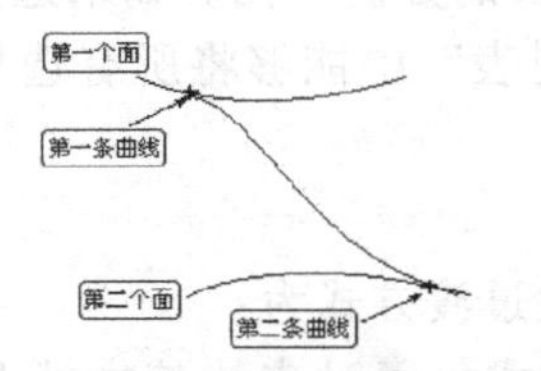

图 9-63 “三次-圆角-桥接”示意图

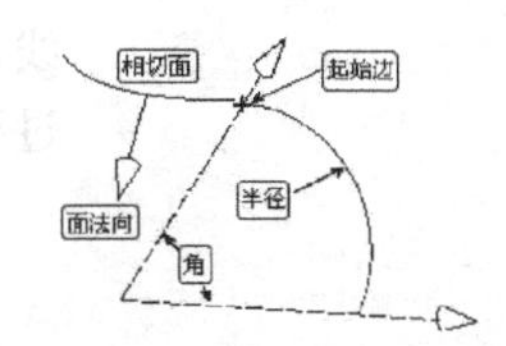

图 9-64 “圆形-半径/角度/圆弧”示意图

⑰ 二次-五点：该选项可以使用 5 条已有曲线作为控制曲线来生成截面自由形式特征。体起始于第一条选定曲线，通过 3 条选定的内部控制曲线，并且终止于第 5 条选定的曲线。而且提示选择脊线曲线。5 条控制曲线必须完全不同，但是脊线曲线可以为先前选定的控制曲线，如图 9-65 所示。

⑱ 线性：该选项可以生成与一个或多个面相切的线性截面曲面。选择其相切面、起始曲面和脊线来生成这个曲面，如图 9-66 所示。

⑲ 圆形-相切半径：该选项可以生成与面相切的圆弧截面曲面。通过选择其相切面、起始曲线和脊线并定义曲面的半径来生成这个曲面，如图 9-67 所示。

⑳ 圆形-中心-半径：可以使用这个选项生成整圆截面曲面。选择引导线串、可选方向线串和脊线来生成圆截面曲面；然后定义曲面的半径，如图 9-68 所示。

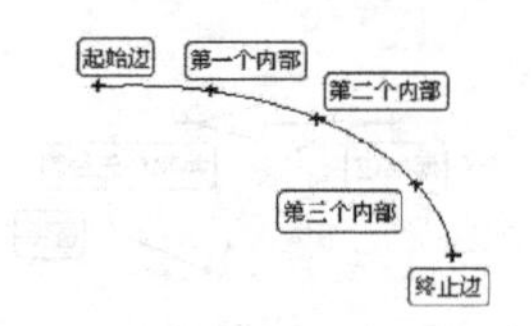

图 9-65 “二次-五点”示意图

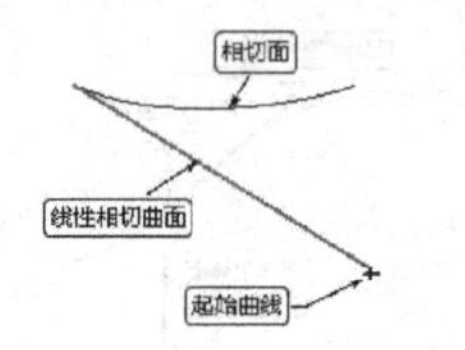

图 9-66 “线性”示意图

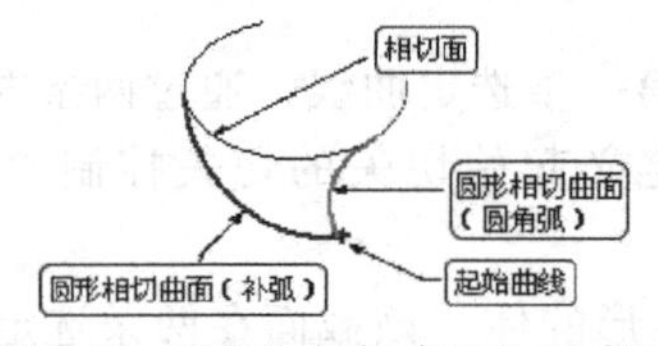

图 9-67 “圆形-相切半径”示意图

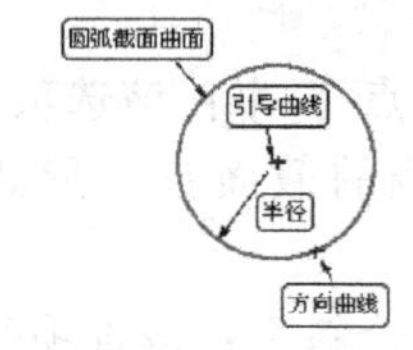

图 9-68 “圆形-中心-半径”示意图

9.2.6 艺术曲面

在下拉菜单中选择“插入”→“网格曲面”→“艺术曲面”命令，或者单击“曲面”功能区“曲面”组中的“艺术曲面”按钮，系统打开如图 9-69 所示的“艺术曲面”对话框。

对话框各选项功能如下：

(1) 截面（主要）曲线

图 9-69 “艺术曲面”对话框

每选择一组曲线可以通过单击鼠标中键完成选择，如果方向相反可以单击该可面板中的“反向”按钮。

(2) 引导（交叉）曲线

在选择交叉线串的过程中，如果选择的交叉曲线方向与已经选择的交叉线串的曲线方向相反，可以通过单击“反向”按钮将交叉曲线的方向反向。如果选择多组引导曲线，那么该面板的“列表”中能够将所有选择的曲线都通过列表方式表示出来。

(3) 连续性

可以设定的连续性过渡方式为：

① GO（位置）方式：通过点连接方式和其他部分相连接。

② G1（相切）方式：通过该曲线的艺术曲面与其相连接的曲面通过相切方式进行连接。

③ G2（曲率）方式：通过相应曲线的艺术曲面与其相连接的曲面通过曲率方式进行连接，在公共边上具有相同的曲率半径，且通过相切连接，从而实现曲面的光滑过渡。

(4) 对齐

在该列表中包括以下 3 个列表选项：

① 参数：截面曲线在生成艺术曲面时（尤其是在通过截面曲线生成艺术曲面时），系统将根据所设置的参数来完成各截面曲线之间的连接过渡。

② 弧长：截面曲线将根据各曲线的圆弧长度来计算曲面的连接过渡方式。

③ 根据点：可以在连接的几组截面曲线上指定若干点，两组截面曲线之间的曲面连接关系将会根据这些点来进行计算。

(5) 过渡控制

在该列表框中主要包括以下选项：

① 垂直于终止截面：连接的平移曲线在终止截面处将垂直于此处截面。

② 垂直于所有截面：连接的平移曲线在每个截面处都将垂直于此处截面。

③ 三次：系统构造的这些平移曲线是三次曲线，所构造的艺术曲面即通过截面曲线组合这些平移曲线来连接和过渡。

④ 线形和圆角：系统将通过线形方式并对连接生成的曲面进行倒角。

9.2.7 N边曲面

在下拉菜单中选择“插入”→“网格曲面”→“N边曲面”命令，或者单击“曲面”功能区“曲面”组中的“N边曲面”按钮，系统打开如图9-70所示的“N边曲面”对话框。

① 类型。

a. 已修剪：在封闭的边界上生成一张曲面，它覆盖被选定曲面封闭环内的整个区域。

b. 三角形：在已经选择的封闭曲线串中，构建一张由多个三角补片组成的曲面，其中的三角补片相交于一点。

② 选择曲线：选择一个轮廓以组成曲线或边的封闭环。

③ 选择面：选择外部表面来定义相切约束。

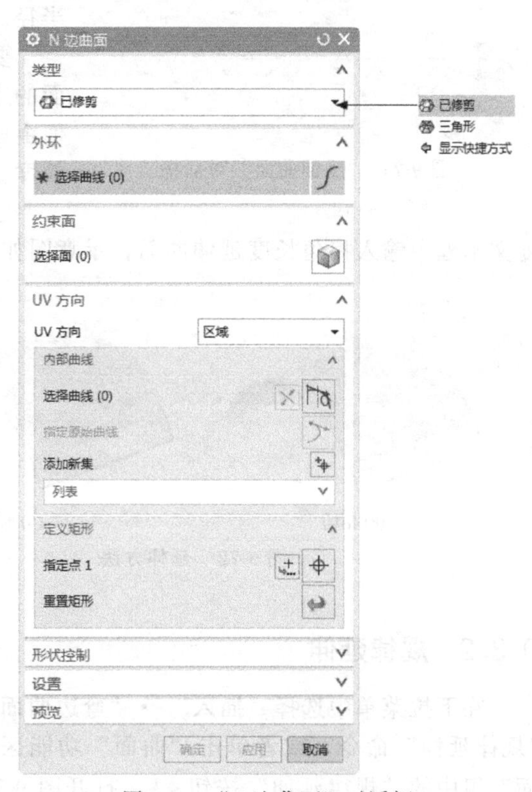

图9-70 “N边曲面”对话框

9.3 弯曲曲面

本节主要介绍弯曲曲面子菜单中的命令。

9.3.1 延伸曲面

在下拉菜单中选择“插入”→“弯边曲面”→“延伸”命令，或者单击“曲面”功能区“曲面”组中的“延伸曲面”按钮，系统打开如图9-71所示“延伸曲面”对话框。

该选项让用户从现有的基片体上生成切向延伸片体、曲面法向延伸片体、角度控制的延伸片体或圆弧控制的延伸片体。

对话框部分选项功能如下：

① 边：选择要延伸的边后，选择延伸方法并输入延伸的长度或百分比延伸曲面，示意图如图9-72所示。

图 9-71 “延伸曲面”对话框

a. 相切：该选项让用户生成相切于面、边或拐角的体。切向延伸通常是相邻于现有基面的边或拐角而生成，这是一种扩展基面的方法。这两个体在相应的点处拥有公共的切面，因而，它们之间的过渡是平滑的。

b. 圆弧：该选项让用户从光顺曲面的边上生成一个圆弧的延伸。该延伸遵循沿着选定边的曲率半径。

要生成圆弧的边界延伸，选定的基曲线必须是面的未裁剪的边。延伸的曲面边的长度不能大于任何由原始曲面边的曲率确定半径的区域的整圆的长度。

② 拐角：选择要延伸的曲面，在%U 和%V 长度文本框中输入拐角长度延伸曲面，示意图如图 9-73 所示。

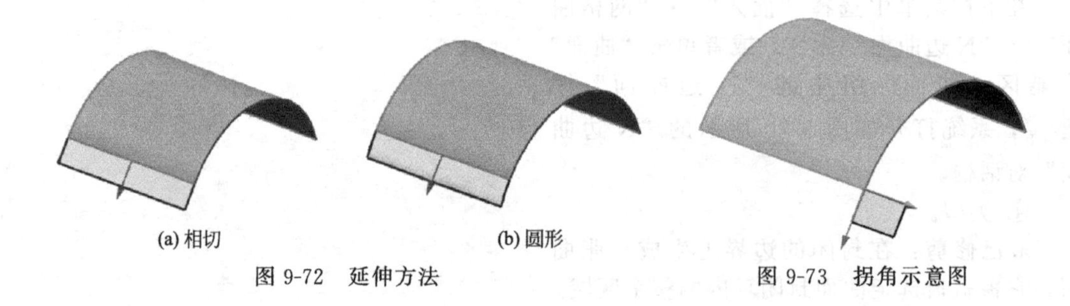

图 9-72 延伸方法

图 9-73 拐角示意图

9.3.2 规律延伸

在下拉菜单中选择“插入”→“弯边曲面”→“规律延伸”命令，或者单击“曲面”功能区“曲面”组中的“规律延伸”按钮，打开图 9-74 所示“规律延伸”对话框。

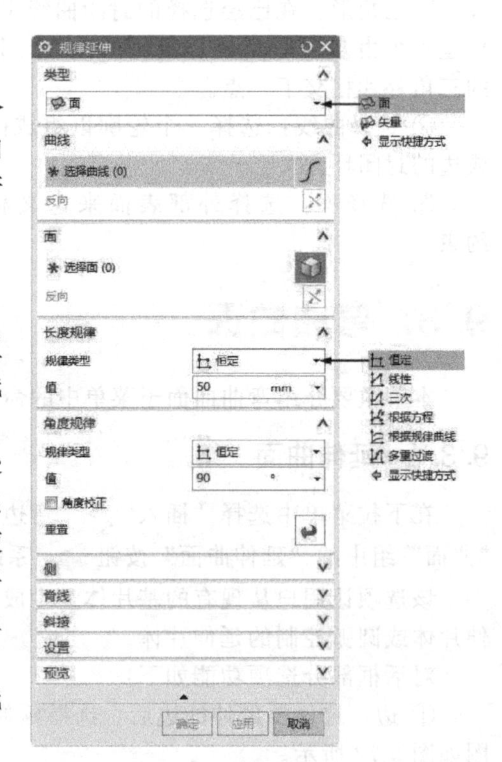

图 9-74 “规律延伸”对话框

部分选项功能如下：

① 类型。

a. 面：指定使用一个或多个面来为延伸曲面组成一个参考坐标系。参考坐标系建立在“基本曲线串”的中点上，示意图如图 9-75 所示。

b. 矢量：指定在沿着基本曲线线串的每个点处计算和使用一个坐标系来定义延伸曲面。此坐标系的方向是这样确定的：使 0°角平行于矢量方向，使 90°轴垂直于由 0°轴和基本轮廓切线矢量定义的平面。此参考平面的计算是在“基本轮廓”的中点上进行的，示意图如图 9-76 所示。

② 曲线：让用户选择一条基本曲线或边界线串，系统用它在它的基边上定义曲面轮廓。

③ 面：让用户选择一个或多个面来定义用于

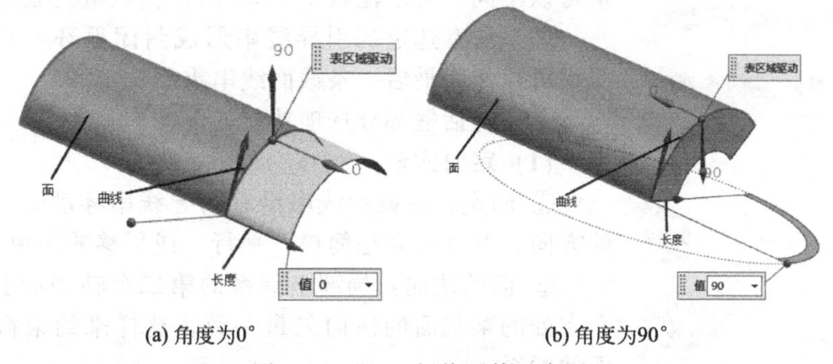

(a) 角度为0°　　(b) 角度为90°

图 9-75 “面”规律延伸示意图

构造延伸曲面的参考方向。

④ 参考矢量：让用户通过使用标准的“矢量方式”或“矢量构造器”指定一个矢量，用它来定义构造延伸曲面时所用的参考方向。

⑤ 脊线：（可选的）指定可选的脊线线串会改变系统确定局部坐标系方向的方法，这样，垂直于脊线线串的平面决定了测量“角度”所在的平面。

⑥ 长度规律：让用户指定用于延伸长度的规律方式以及使用此方式的适当的值。

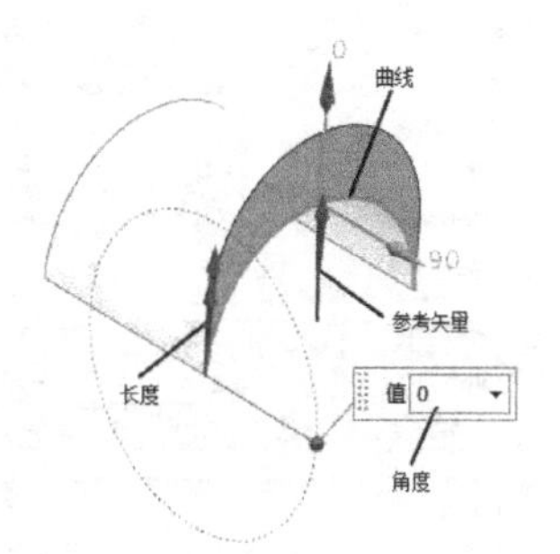

图 9-76 “矢量”规律延伸示意图

a. 恒定：使用恒定的规则（规律），当系统计算延伸曲面时，它沿着基本曲线线串移动，截面曲线的长度保持恒定的值。

b. 线性：使用线性的规则（规律），当系统计算延伸曲面时，它沿着基本曲线线串移动，截面曲线的长度从基本曲线线串起始点的起始值到基本曲线线串终点的终止值呈线性变化。

c. 三次：使用三次的规则（规律），当系统计算延伸曲面时，它沿着基本曲线线串移动，截面曲线的长度从基本曲线线串起始点的起始值到基本曲线线串终点的终止值呈非线性变化。

⑦ 角度规律：让用户指定用于延伸角度的规律方式以及使用此方式的适当的值。

9.4 其他曲面

本节介绍其他创建曲面的命令。

9.4.1 扫掠

在下拉菜单中选择“插入”→“扫掠”→“扫掠”命令，或者单击“曲面”功能区“曲面”组中的“扫掠”按钮，打开图 9-77 所示“扫掠”对话框。

该选项可以用来构造扫掠体，如图 9-78 所示。用预先描述的方式沿一条空间路径移动的曲线轮廓线将扫掠体定义为扫掠外形轮廓。移动曲线轮廓线称为截面线串。该路径称为引导线串，因为它引导运动。

引导线串在扫掠方向上控制着扫掠体的方向和比例。引导线串可以由单个或多个分段组成。每个分段可以是曲线、实体边或实体面。每条引导线串的所有对象必须光顺而且连续。必须提供一条、两条或三条引导线串。截面线串不必光顺，而且每条截面线串内的对象的数

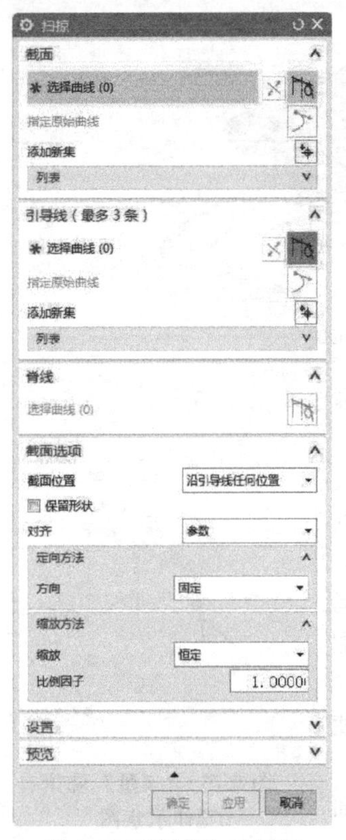

图 9-77 “扫掠”对话框

量可以不同。可以输入 1～150 的任何数量的截面线串。

如果所有选定的引导线串形成封闭循环，则第一条截面线串可以作为最后一条截面线串重新选定。

上述对话框部分选项功能如下：

(1) 定向方法

① 固定：在截面线串沿着引导线串移动时，它保持固定的方向，并且结果是简单、平行、或平移的扫掠。

② 面的法向：局部坐标系的第二个轴和沿引导线串的各个点处的某基面的法向矢量一致。这样来约束截面线串和基面的联系。

③ 矢量方向：局部坐标系的第二个轴和用户在整个引导线串上指定的矢量一致。

④ 另一曲线：通过连接引导线串上的相应的点和另一条曲线来获得局部坐标系的第二个轴（就好像在它们之间建立了一个直纹的片体）。

⑤ 一个点：和“另一曲线”相似，不同之处在于获得第二个轴的方法是通过引导线串和点之间的三面直纹片体的等价物。

⑥ 强制方向：在沿着引导线串扫掠截面线串时，让用户把截面的方向固定在一个矢量。

(2) 缩放方法

① 恒定：让用户输入一个比例因子，它沿着整个引导线串保持不变。

② 倒圆功能：在指定的起始比例因子和终止比例因子之间允许线性的或三次的比例，那些起始比例因子和终止比例因子对应于引导线串的起点和终点。

③ 另一曲线：类似于方向控制中的“另一曲线”，但是此处在任意给定点的比例是以引导线串和其他的曲线或实边之间的划线长度为基础的。

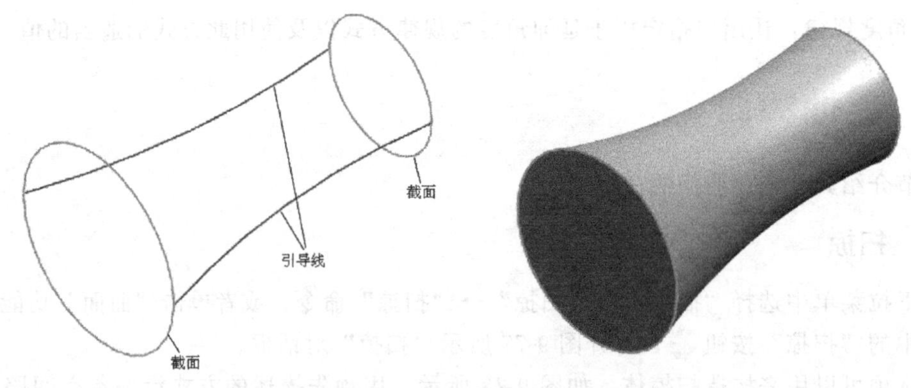

图 9-78 “扫掠”示意图

④ 一个点：和“另一曲线”相同，但是，是使用点而不是曲线。选择此种形式的比例控制的同时还可以使用同一个点作方向控制（在构造三面扫掠时）。

⑤ 面积规律：让用户使用规律子功能控制扫掠体的交叉截面面积。

⑥ 周长规律：类似于“面积规律”，不同的是，用户控制扫掠体的交叉截面的周长，而

不是它的面积。

9.4.2　实例——节能灯泡

扫一扫，看视频

本例节能灯泡如图9-79所示。首先绘制灯座，然后绘制灯管的截面和引导线，利用引导线扫掠命令创建灯管。

绘制步骤

(1) 新建文件

在下拉菜单中选择“文件”→“新建”命令，或者单击“主页”功能区“标准”组中的“新建”按钮，打开“新建”对话框，在模型选项卡中选择适当的模板，文件名为“dengpao”，单击“确定”按钮，进入建模环境。

图9-79　节能灯泡

(2) 创建圆柱体

在下拉菜单中选择“插入”→“设计特征”→“圆柱”命令，系统打开如图9-80所示的“圆柱”对话框。在“类型”下拉列表中选择“轴、直径和高度”，在“指定矢量”下拉列表中选择“ZC轴”，单击“点对话框”按钮，打开“点”对话框，保持默认的点坐标（0，0，0）作为圆柱体的圆心坐标，单击“确定”按钮，返回到“圆柱”对话框。在“直径”和“高度”文本框中分别输入62和40。单击“确定”按钮，生成圆柱体，如图9-81所示。

(3) 圆柱体倒圆角

在下拉菜单中选择“插入”→“细节特征”→“边倒圆”命令，或者单击“主页”功能区“特征”组中的“边倒圆”按钮，系统打开图9-82所示的“边倒圆”对话框，选择倒圆角边1和倒圆角边2，如图9-83所示，在“半径1”文本框中输入半径值为7，单击“确定”按钮，生成图9-84所示的模型。

图9-80　“圆柱”对话框

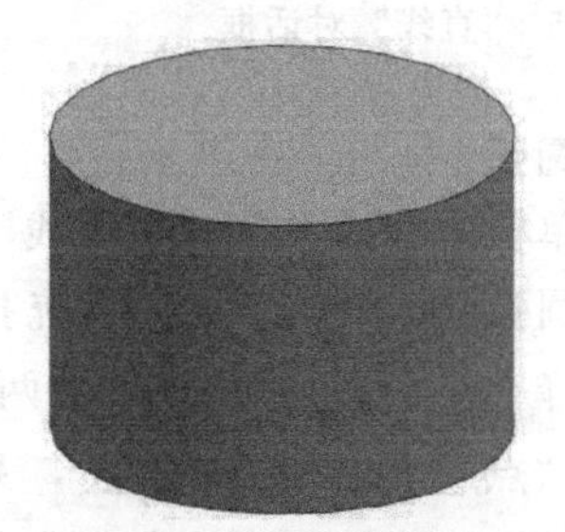

图9-81　创建圆柱体

(4) 创建直线

在下拉菜单中选择“插入”→“曲线”→“直线”命令，或者单击“曲线”功能区“曲线”组中的“直线”按钮，系统打开图9-85所示的“直线”对话框。单击“开始”选项中的“点对话框”按钮，打开“点”对话框，输入起点坐标为（13，－13，0），单击

“结束”选项中的“点对话框”按钮，打开“点”对话框，输入终点坐标为（13，－13，－60），单击“确定”按钮，生成直线如图 9-86 所示。

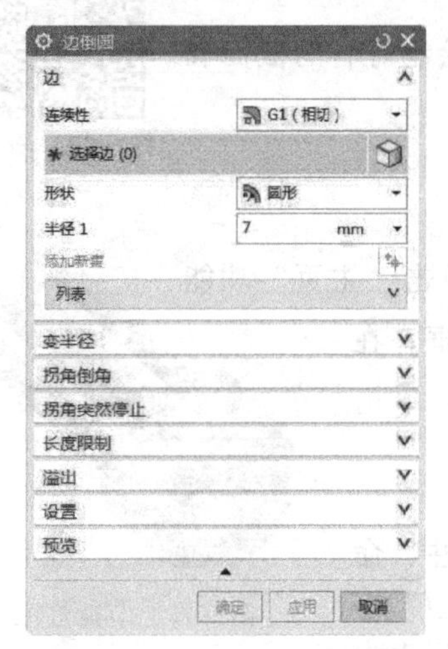

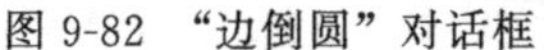

图 9-82 “边倒圆”对话框

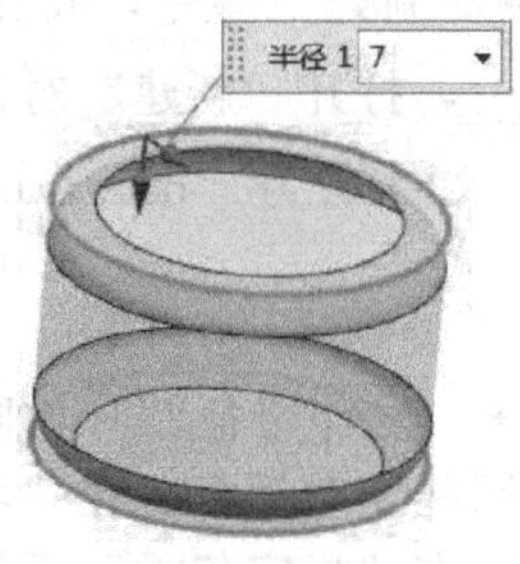

图 9-83 圆角边的选取

图 9-84 倒圆角后的模型

同样的方法创建另一条直线，输入起点坐标为（13，13，0），输入终点坐标为（13，13，－60），生成直线如图 9-87 所示。

图 9-85 “直线”对话框

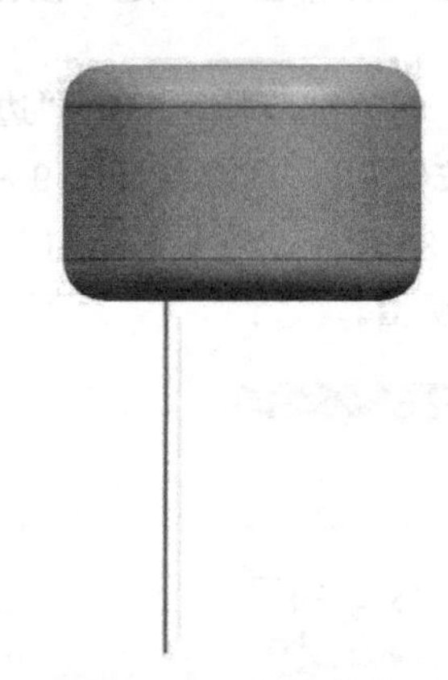

图 9-86 生成直线

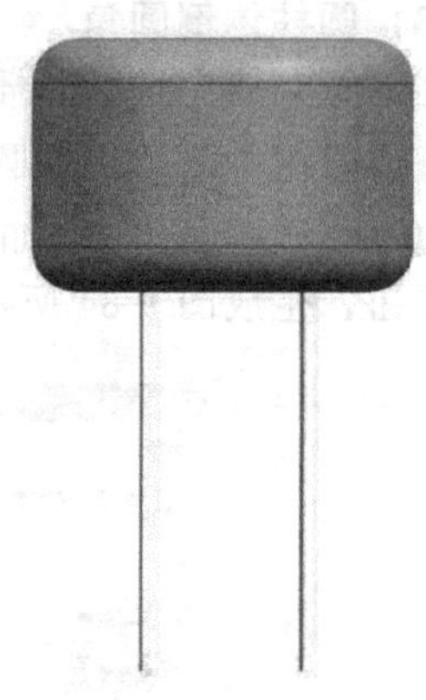

图 9-87 直线

(5) 创建圆弧

在下拉菜单栏中“插入”→“曲线”→“圆弧/圆”命令，或单击“曲线”功能区“曲线”组中的“圆弧/圆”按钮，系统打开图 9-88 所示的“圆弧/圆”对话框。在“类型”下拉列表中选择“三点画圆弧”，单击两直线的两个端点作为圆弧的起点和端点，单击“中点”选项中的“点对话框”按钮，系统打开“点”对话框，输入中点坐标为（0，0，－73），点参考设置为 WCS，单击“确定”按钮，在“圆弧/圆”对话框中单击“确定”按钮，生成圆弧如图 9-89 所示。

(6) 创建圆

在下拉了菜单中选择“插入”→“曲线”→“圆弧/圆”命令，或者单击“曲线”功能区“曲线”组中的“圆弧/圆”按钮，打开“圆弧/圆”对话框，在“限制”选项勾选“整圆”复选框，在“类型”下拉列表中选择“从中心开始的圆弧/圆”，在“中心点”选项单击“点对话框”按钮 ，系统打开“点”对话框，输入中心点坐标为（13，－13，0），单击“确定”按钮，返回到“圆弧/圆”对话框，在“终点选项”下拉列表中选择“半径”，在“大小”选项“半径”文本框输入半径为 5，按回车键，单击“确定”按钮，生成圆如图 9-90 所示。

图 9-88 “圆弧/圆”对话框

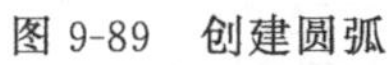
图 9-89 创建圆弧

图 9-90 创建圆

（7）创建扫掠特征

在下拉菜单中选择“插入”→“扫掠”→“扫掠”命令，或者单击“曲面”功能区“曲面”组中的“扫掠”按钮 ，系统打开图 9-91 所示的“扫掠”对话框。选择上步创建的圆为扫掠截面，选择直线和圆弧为引导线。在“扫掠”对话框中单击“确定”按钮，生成扫掠曲面如图 9-92 所示。

图 9-91 “扫掠”对话框

（8）隐藏

在下拉菜单中选择“编辑”→“显示和隐藏”→“隐藏”命令，系统打开“类选择”对话框。选取曲线直线作为要隐藏的对象，如图 9-93 所示，单击“确定”按钮，曲线被隐藏。

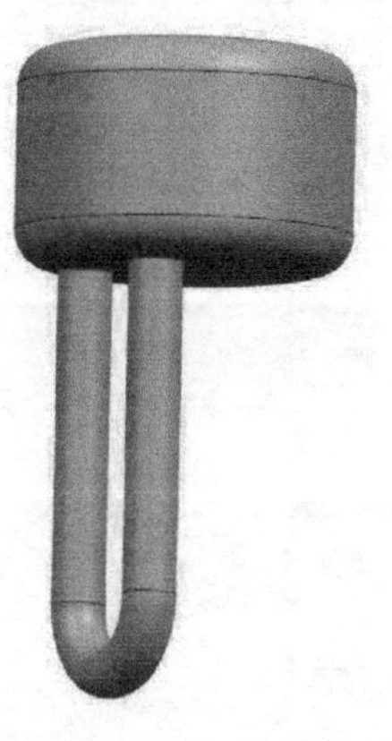
图 9-92 灯管

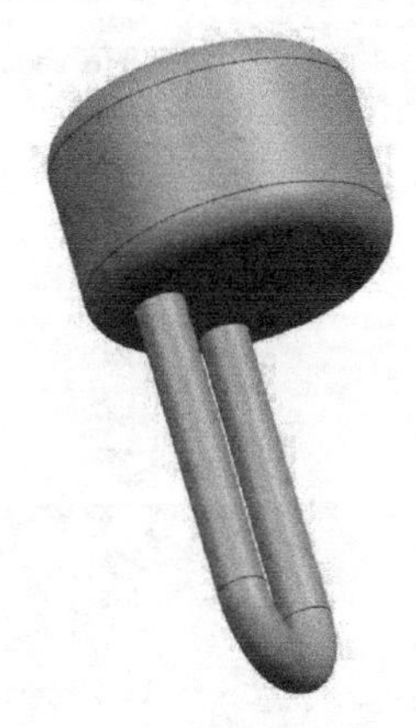
图 9-93 要隐藏的对象

（9）创建另一个灯管

在下拉菜单中选择“编辑”→“移动对象”命令，系统打开“移动对象”对话框如图 9-94 所示。选择灯管为移动对象，在“运动”下拉列表中选择“点到点”，在“指定出发点”选项单击“点对话框”按钮，打开“点”对话框，输入点坐标（13，−13，0）。在“指定目标点”选项单击“点对话框”按钮，打开“点”对话框，输入点坐标（−13，−13，0）。选择“复制原先的”选项，在“非关联副本数”文本框中输入 1，单击“确定”按钮，灯管复制到如图 9-95 所示的位置。

图 9-94 “移动对象”对话框

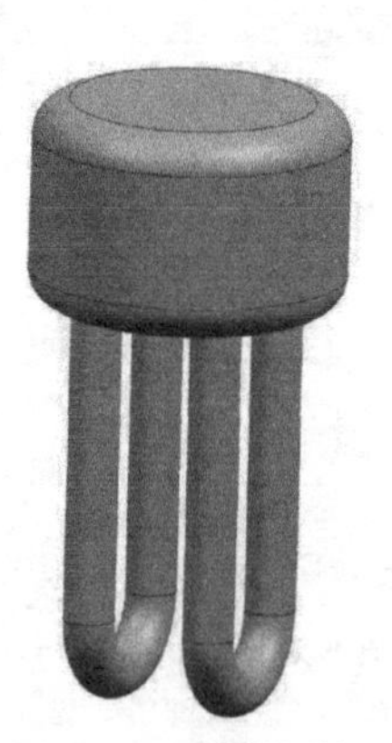

图 9-95 创建灯管

（10）创建圆柱体

在下拉菜单中选择“插入”→“设计特征”→“圆柱”命令，系统打开图 9-96 所示“圆柱”对话框。在“类型”下拉列表中选择“轴、直径和高度”，在“指定矢量”下拉列表中选择“ZC 轴”，单击“指定点”中的“点对话框”按钮，打开“点”对话框，保持默认的点坐标（0，0，40）作为圆柱体的圆心坐标，单击“确定”按钮，返回到“圆柱”对话框，在“直径”和“高度”文本框中分别输入 38 和 12，在“布尔”下拉列表中选择“合并”，选择视图中的实体进行合并。单击“确定”按钮，生成圆柱体，如图 9-97 所示。

图 9-96 “圆柱”对话框

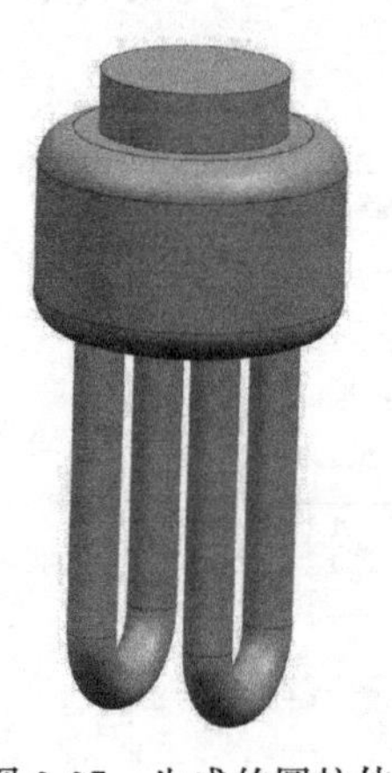

图 9-97 生成的圆柱体

(11) 圆柱体倒圆角

在下拉菜单中选择“插入”→“细节特征”→“边倒圆”命令，或者单击“主页”功能区“特征”组中的“边倒圆”按钮，系统打开“边倒圆”对话框，选择倒圆角边如图 9-98 所示，在“半径 1”文本框中输入 5，单击“确定”按钮生成如图 9-99 所示的节能灯泡模型。

图 9-98　圆角边的选取

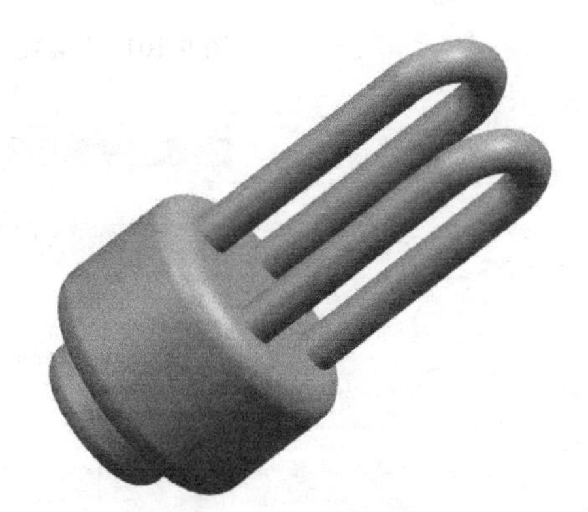

图 9-99　节能灯泡模型

9.4.3　偏置曲面

在下拉菜单中选择“插入”→“偏置/比例”→“偏置曲面”命令，或者单击“曲面”功能区“曲面操作”组中的“偏置曲面”按钮，系统打开图 9-100 所示“偏置曲面”对话框，示意图如图 9-101 所示。

该选项可以从一个或更多已有的面生成偏置曲面。

系统用沿选定面的法向偏置点的方法来生成正确的偏置曲面。指定的距离称为偏置距离，并且已有面称为基面。可以选择任何类型的面作为基面。如果选择多个面进行偏置，则产生多个偏置体。

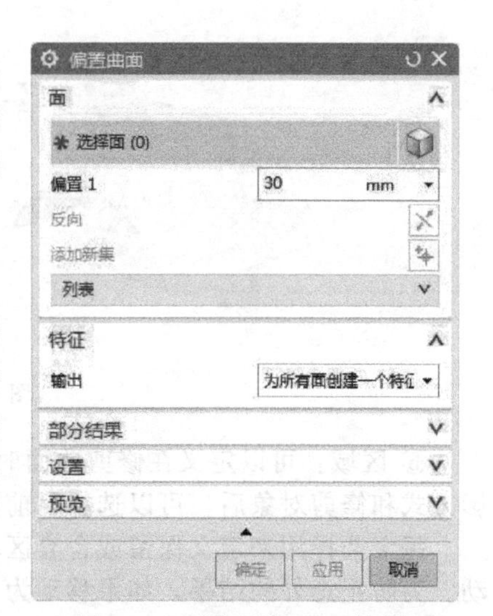

图 9-100　“偏置曲面”对话框

9.4.4　修剪片体

在下拉菜单中选择“插入”→“修剪”→“修剪片体”命令，或者单击“曲面”功能区“曲面操作”组中的“修剪片体”按钮，系统会打开图 9-102 所示“修剪片体”对话框，该选项用于生成相关的修剪片体，示意图 9-103 所示。

选项功能如下：

① 目标：选择目标曲面体。

② 边界：选择修剪的工具对象，该对象可以是面、边、曲线和基准平面。

③ 允许目标体边作为工具对象：帮助将目标片体的边作为修剪对象过滤掉。

④ 投影方向：可以定义要作标记的曲面/边的投影方向。可以在“垂直于面”“垂直于曲线平面”和“沿矢量”间选择。

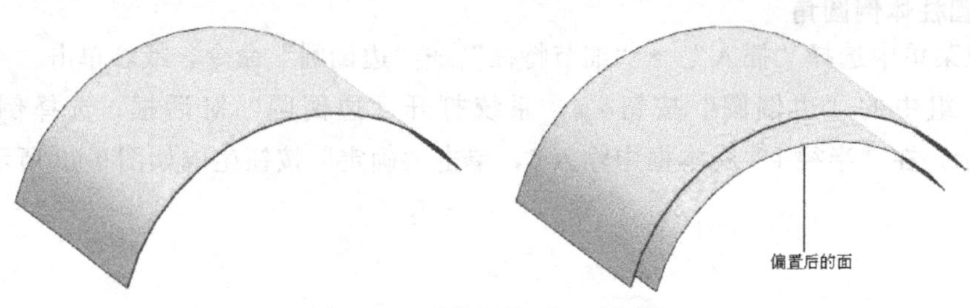

图 9-101 “偏置曲面”示意图

图 9-102 “修剪片体”对话框

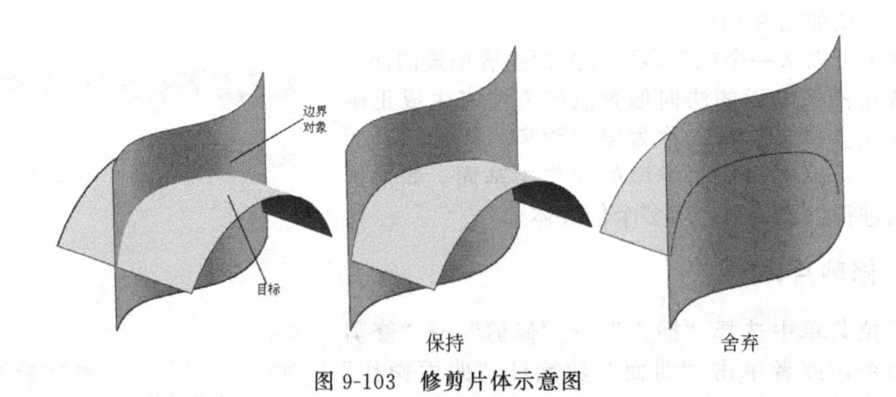

图 9-103 修剪片体示意图

⑤ 区域：可以定义在修剪曲面时选定的区域是保留还是舍弃。在选定目标曲面体、投影方式和修剪对象后，可以选择目前选择的区域是否“保持”或“放弃”。

每个选择用来定义保留或舍弃区域的点在空间中固定。如果移动目标曲面体，则点不移动。为防止意外的结果，如果移动为“修剪边界”选择步骤选定的曲面或对象，则应该重新定义区域。

9.4.5 加厚

在下拉菜单中选择“插入”→“偏置/缩放”→“加厚”命令，或者单击“主页”功能区“特征”组中的“加厚”按钮，系统打开图 9-104 所示“加厚”对话框。

该选项可以偏置或加厚片体来生成实体，在片体的面的法向应用偏置，如图 9-105 所示，各选项功能如下：

① 面：该选项用于选择要加厚的片体。一旦选择了片体，就会出现法向于片体的矢量箭头来指明法向方向。

② 偏置 1/偏置 2：指定一个或两个偏置（图 9-105 所示为偏置对实体的影响）。

③ Check-Mate：如果出现加厚片体错误，则此按钮可用。点击此按钮会识别导致加厚片体操作失败的可能的面。

图 9-104　“加厚”对话框

9.4.6　实例——咖啡壶

本例绘制咖啡壶，如图 9-106 所示。首先利用通过曲线网格绘制壶身，然后利用 N 边曲面命令绘制壶底，最后绘制壶把。

扫一扫，看视频

绘制步骤

(1) 创建一个新文件

在下拉菜单中选择“文件”→“新建”命令，或者单击“标准”组中的“新建”按钮，打开“新建”对话框。单位设置为毫米，在“模板”中选择“模型”选项，在“新文件名”→“名称”中输入文件名“kafeihu”，然后在“新文件名”→“文件夹”中选择文件存盘的位置，完成后单击“确定”按钮进入建模模式。

图 9-105　“加厚”示意图

(2) 创建曲线模型

① 创建圆。在下拉菜单中选择“插入”→“曲线”→“圆弧/圆”命令，或者单击“曲线”功能区“曲线”组中的“圆弧/圆”按钮，系统打开图 9-107 所示的“圆弧/圆”对话框。创建圆心坐标为（0，0，0），通过点坐标为（100，0，0）的圆 1；圆心坐标为（0，0，－100），通过点坐标为（70，0，－100）的圆 2；圆心为（0，0，－200），通过点坐标为（100，0，－200）的圆 3；圆心坐标为（0，0，－300），通过点坐标为（70，0，－300）的圆 4；圆心坐标为（115，0，0），通过点坐标为（120，0，0）的圆 5。生成的曲线模型如图 9-108 所示。

② 创建圆角。在下拉菜单中选择“插入”→“曲线”→“圆弧/圆”命令，或者单击“曲线”功能区“曲线”组中的“圆弧/圆”按钮，系统打开图 9-109 所示的“圆弧/圆”对话框。创建半径为 15，和圆 1 和圆 5 相切的 2 条圆弧，生成的曲线模型如图 9-110 所示。

③ 修剪曲线。在下拉菜单中选择“编辑”→“曲线”→“修剪”命令，或者单击“曲线”功能区“编辑曲线”组中的“修剪曲线”按钮，系统打开“修剪曲线”对话框如图 9-111 所示。选择要修剪的曲线为圆 5，边界对象分别为圆角 1 和圆角 2，要放弃的区域

为线段 1，单击“确定”完成对圆 5 的修剪。

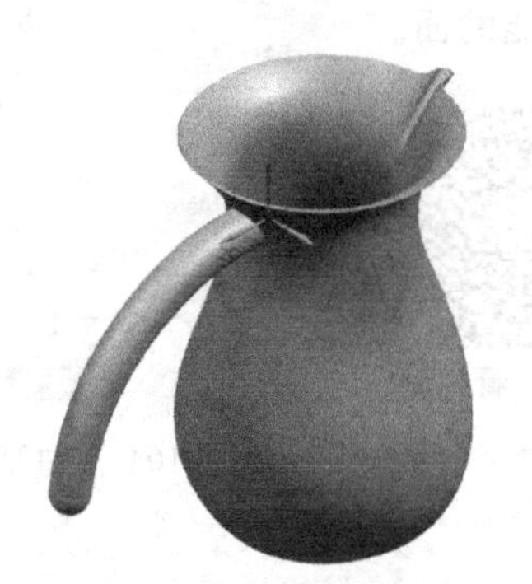

图 9-106　最终模型

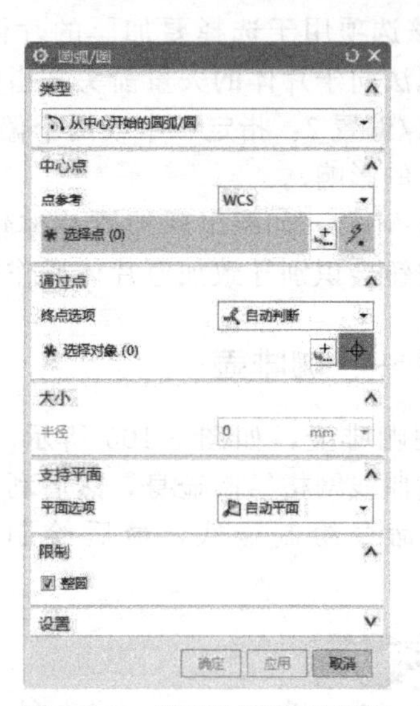

图 9-107　“圆弧/圆”对话框

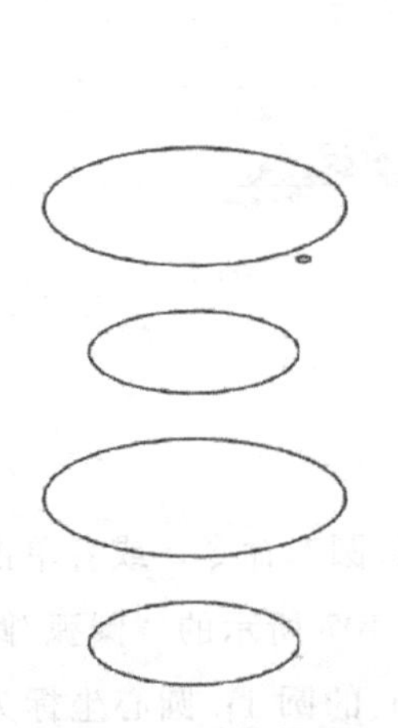

图 9-108　曲线模型

图 9-109　“圆弧/圆”对话框

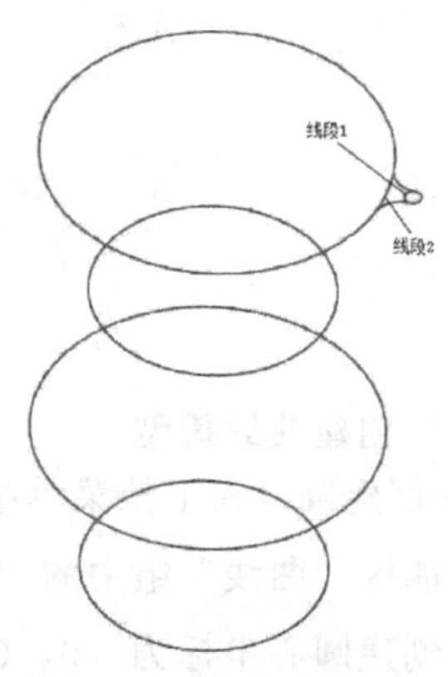

图 9-110　曲线模型

按照上面的步骤，选择要修剪的曲线为圆 1，边界对象分别为圆角 1 和圆角 2，要放弃的区域为线段 2，单击“确定”完成对圆 1 的修剪。生成的曲线模型如图 9-112 所示。

(3) 创建艺术样条

在下拉菜单中选择“插入”→“曲线”→“艺术样条”命令，或者单击“曲线”功能区“曲线”组中的“艺术样条”按钮，系统打开图 9-113 所示的“艺术样条”对话框。在“类型”下拉列表中选择“通过点”，在“次数”文本框中输入 3，选择通过的点如图 9-114 所示，第 1 点为圆 4 的圆心，第 2、3、4 点分别为圆 4、圆 3、圆 2、圆 1 的象限点。单击“确定”按钮，生成样条 1。

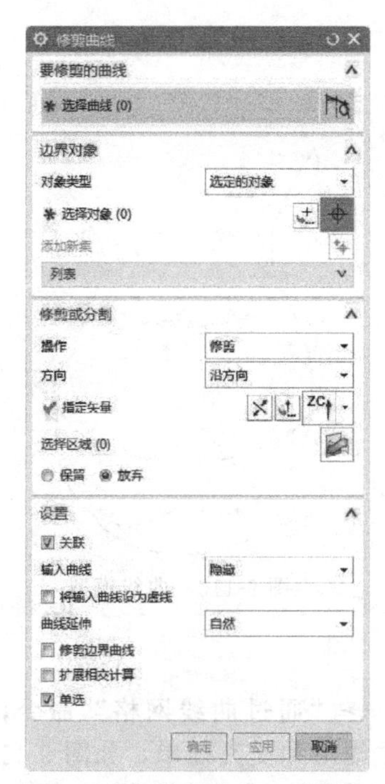

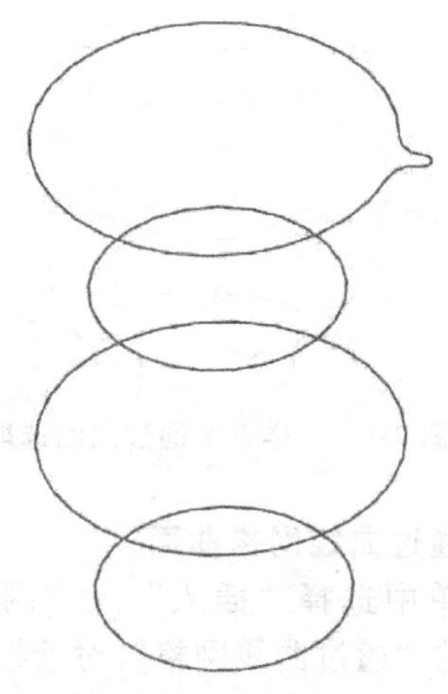

图 9-111　“修剪曲线”对话框　　　　图 9-112　曲线模型

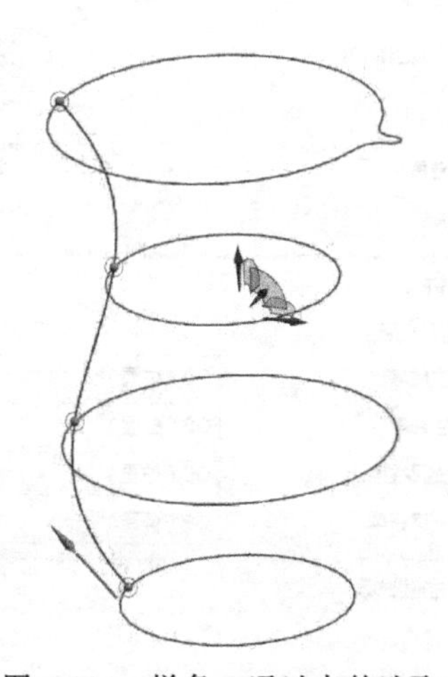

图 9-113　“艺术样条”对话框　　　　图 9-114　样条 1 通过点的选取

采用上面相同的方法构建样条 2，选择通过的点如图 9-115 所示，第 1 点为圆 4 的圆心，第 2、3、4 点分别为圆 4、圆 3、圆 2、圆 5 的象限点。单击“确定”按钮，生成样条 2。生成的曲线模型如图 9-116 所示。

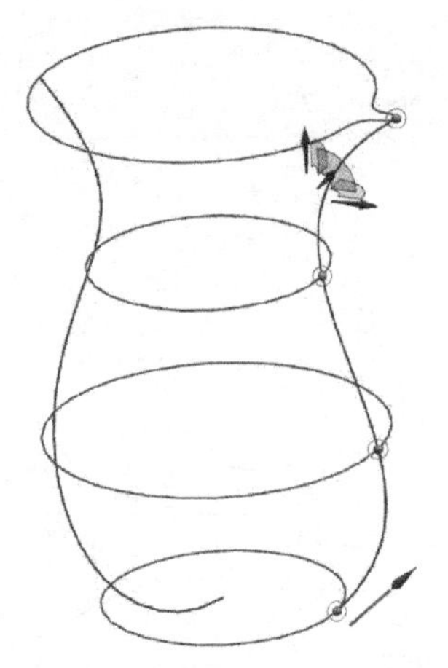

图 9-115 样条 2 通过点的选取

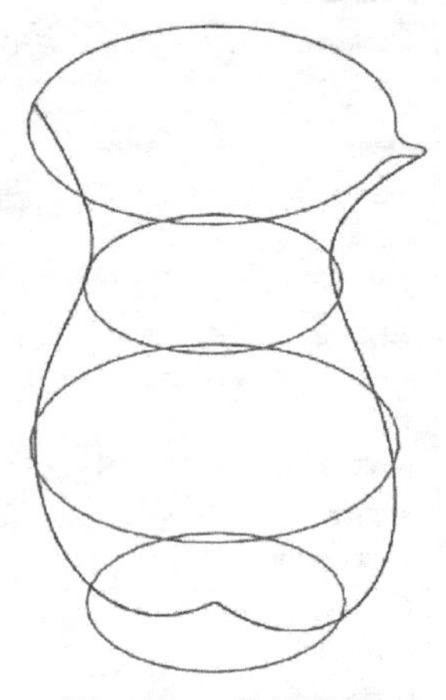

图 9-116 曲线模型

(4) 创建通过曲线网格曲面

在下拉菜单中选择“插入”→“网格曲面”→“通过曲线网格”命令，系统打开如图 9-117 所示的“通过曲线网格”对话框。选取主线串和交叉线串，如图 9-118 所示，其余选项保持默认状态，单击“确定”按钮生成曲面，结果如图 9-119 所示

图 9-117 “通过曲线网格”对话框

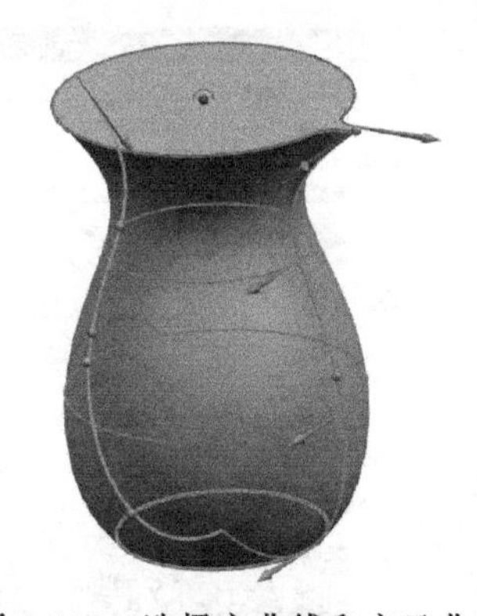

图 9-118 选择主曲线和交叉曲线

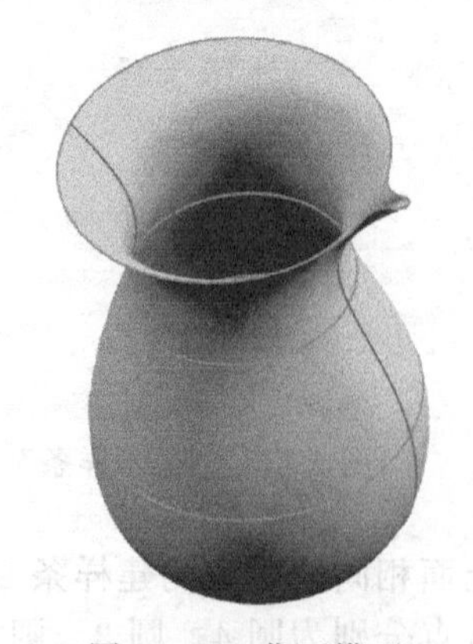

图 9-119 曲面模型

（5）创建 N 边曲面

在下拉菜单中选择“插入”→“网格曲面”→“N 边曲面”命令，或者单击“曲面”功能区“曲面”组中的“N 边曲面”按钮，系统打开如图 9-120 所示的“N 边曲面”对话框。在“类型”下拉列表中选择“已修剪”，选择外部环为圆 4，单击鼠标中键，其余选项保持默认状态，单击“确定”按钮，生成底部曲面如图 9-121 所示。

（6）修剪曲面

在下拉菜单中选择“插入”→“修剪”→“修剪片体”命令，或者单击“曲面”功能区“曲面操作”组中的“修剪片体”按钮，打开如图 9-122 所示的“修剪片体”对话框。选择 N 边曲面为目标体，选择网格曲面为边界对象，选择“放弃”选项，其余选项保持默认状态，单击“确定”按钮生成底部曲面，如图 9-123 所示。

图 9-120　“N 边曲面”对话框

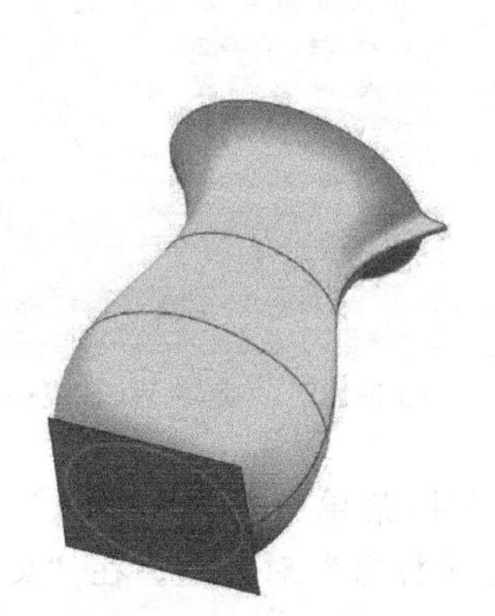

图 9-121　曲面模型

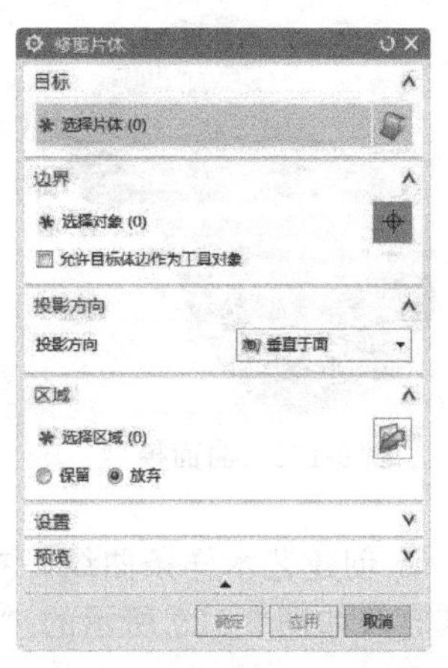

图 9-122　“修剪片体”对话框

（7）创建加厚曲面

在下拉菜单中选择“插入”→“偏置/缩放”→“加厚”命令，或者单击“曲面”功能区“曲面操作”组中的“加厚”按钮，系统打开如图 9-124 所示的“加厚”对话框。选择加厚面为曲线网格曲面和 N 边曲面，在“偏置 1”和“偏置 2”文本框中分别输入 2 和 0，如图 9-125 所示，单击“确定”按钮生成模型。

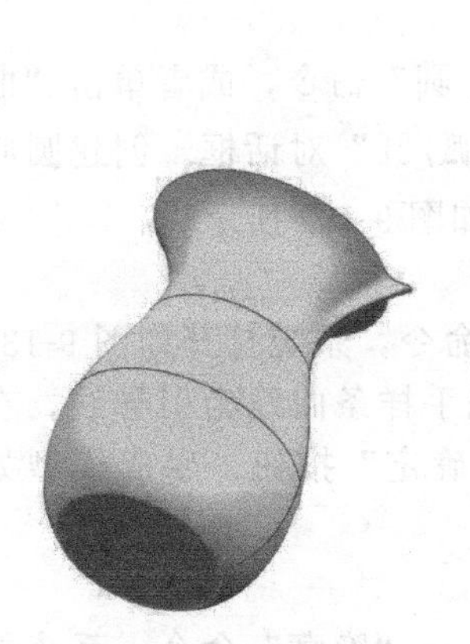

图 9-123　修剪曲面

图 9-124　“加厚”对话框

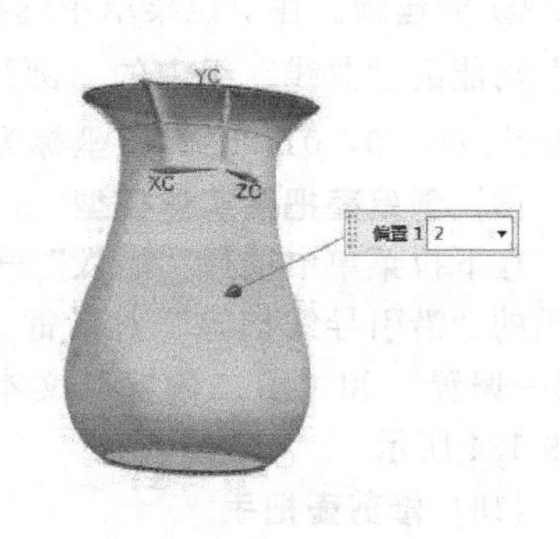

图 9-125　要加厚的曲面

(8) 创建壶把手曲线模型

① 隐藏实体。在下拉菜单中选择“编辑”→“显示和隐藏”→“隐藏”命令，系统打开“类选择”对话框。单击“类型过滤器”按钮，系统打开“按类型选择”对话框，选择“曲线”和“片体”单击“确定”，点击“全选”按钮。单击“确定”按钮，片体被隐藏，模型如图9-126所示。

② 改变WCS。在下拉菜单中选择“格式”→“WCS”→“旋转”命令，打开如图9-127所示的“旋转WCS绕…”对话框。选择“+XC轴：YC→ZC”选项，在“角度”文本框中输入90，单击“确定”按钮，将绕XC轴旋转YC轴到ZC轴，新坐标系位置如图9-128所示。

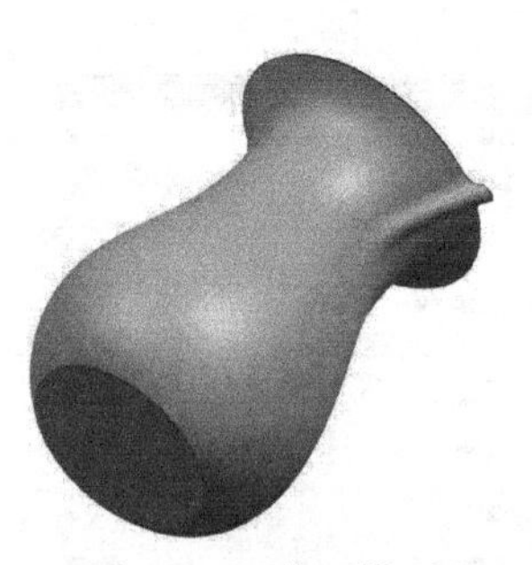

图9-126 曲面模型

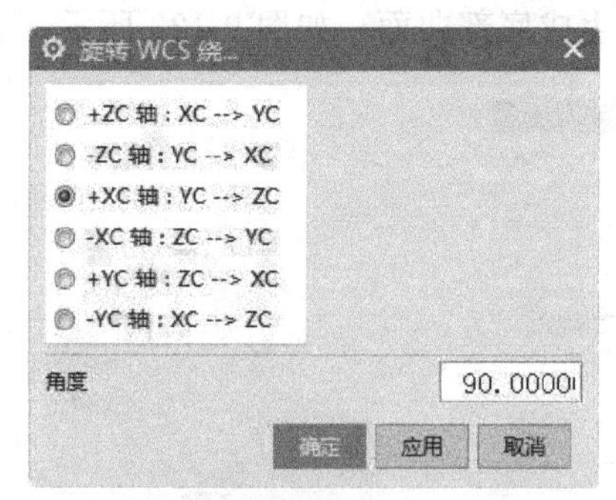

图9-127 “旋转WCS绕…”对话框

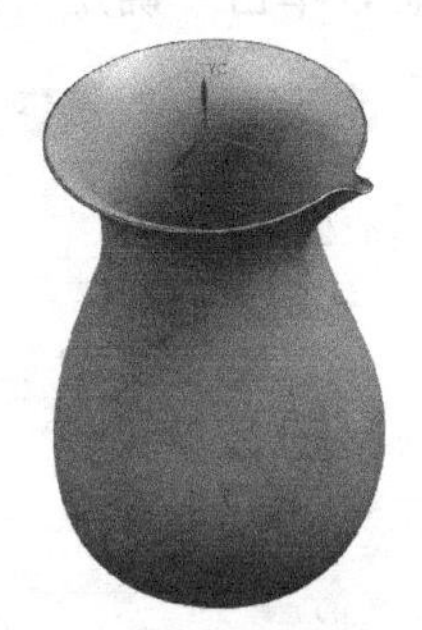

图9-128 旋转坐标系

③ 创建艺术样条曲线。在下拉菜单中选择“插入”→“曲线”→“艺术样条”命令，系统打开如图9-129所示的“艺术样条”对话框。在“类型”下拉列表框中选择“通过点”，在“次数”文本框中输入5，其他保持系统默认选项，单击“点对话框”按钮，打开“点”对话框，输入艺术样条通过点，分别为（−50，−48，0），（−98，−48，0），（−167，−77，0），（−211，−120，0），（−238，−188，0），单击“确定”按钮，生成样条曲线。生成的曲线模型如图9-130所示。

④ 改变WCS。在下拉菜单中选择“格式”→“WCS”→“原点”命令，打开“点”对话框，捕捉壶把手样条曲线端点，将坐标系移动到样条曲线端点。执行菜单中的“格式”→“WCS”→“旋转”命令，打开“旋转WCS绕…”对话框。选择“−YC轴：XC→ZC”选项，在“角度”文本框中输入90，单击“确定”按钮，绕YC轴，旋转XC轴到ZC轴，新坐标系位置如图9-131所示。

⑤ 创建圆。在下拉菜单中选择“插入”→“曲线”→“圆弧/圆”命令，或者单击“曲线”功能区“曲线”组中的“圆弧/圆”按钮，系统打开“圆弧/圆”对话框。创建圆心坐标为（0，0，0），通过点坐标为（16，0，0）的圆，完成的圆如图9-132所示。

(9) 创建壶把手实体模型

在下拉菜单中选择“插入”→“扫掠”→“沿引导线扫掠”命令，系统打开如图9-133所示的“沿引导线扫掠”对话框。选择圆6为截面线，选择壶把手样条曲线为引导线，在“第一偏置”和“第二偏置”文本框中分别输入0和0，单击“确定”按钮，生成模型如图9-134所示。

(10) 修剪壶把手

① 隐藏曲线。在下拉菜单中选择“编辑”→“显示和隐藏”→“隐藏”命令，系统打开“类选择”对话框。单击“类型过滤器”，系统打开“按类型选择”对话框，选择

“曲线”选项后单击“确定”按钮，返回到类选择对话框中单击“全选”按钮。单击“确定”按钮，曲线被隐藏，如图 9-135 所示。

图 9-129　“艺术样条”对话框

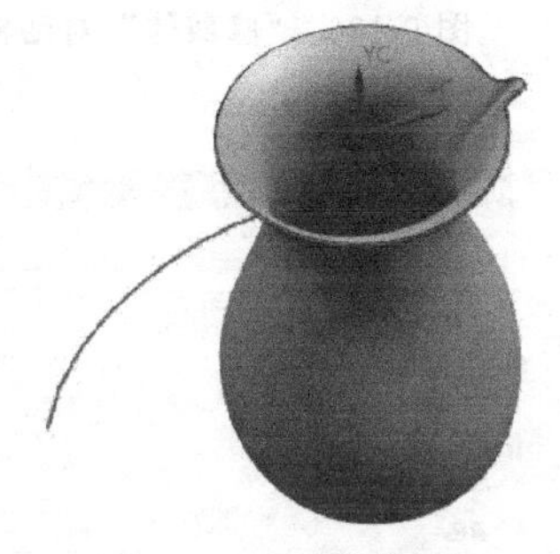

图 9-130　曲线模型

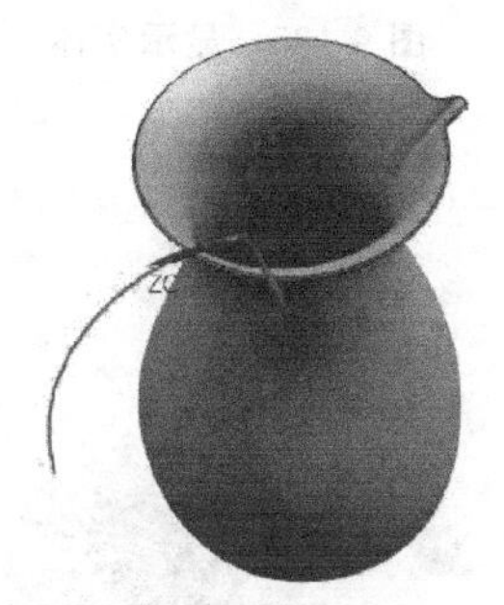

图 9-131　坐标模型

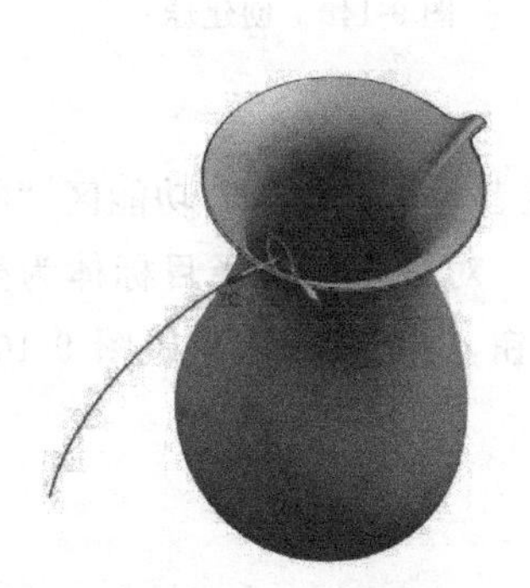

图 9-132　创建圆

图 9-133　“沿引导线扫掠”对话框

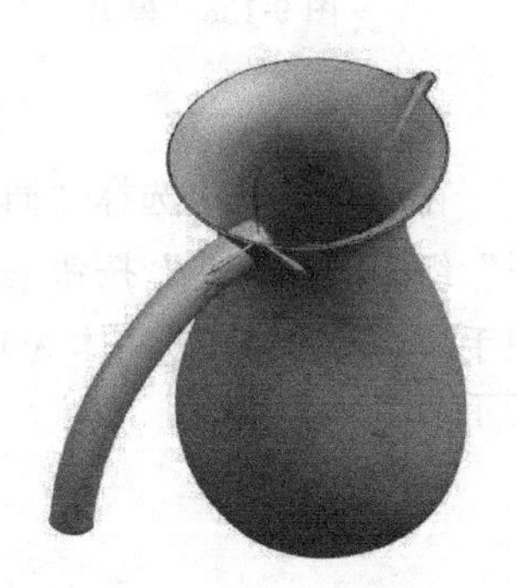

图 9-134　模型

② 修剪体。在下拉菜单中选择“插入”→“修剪”→“修剪体”命令，或者单击“曲面”功能区“曲面操作”组中的“修剪体”按钮，系统打开图 9-136 所示的“修剪体”对话框。首先选取目标体，选择扫掠实体壶把手，单击鼠标中间，进入工具的选取，提示行中的“面规则”设置为单个面，选择咖啡壶外表面，方向指向咖啡壶内侧如图 9-137 所示，单击“确定”按钮，生成的模型如图 9-138 所示。

(11) 创建球体

在下拉菜单中选择“插入”→“设计特征”→“球”命令，系统打开如图 9-139 所示的“球”对话框。在“类型”下拉列表中选择“中心点和直径”，在“直径”文本框中输 32。单击“点对话框”按钮，打开“点”对话框，输入圆心为（0，−140，188），单击“确定”按钮，返回到“球”对话框，单击“确定”按钮，生成的模型如图 9-140 所示。

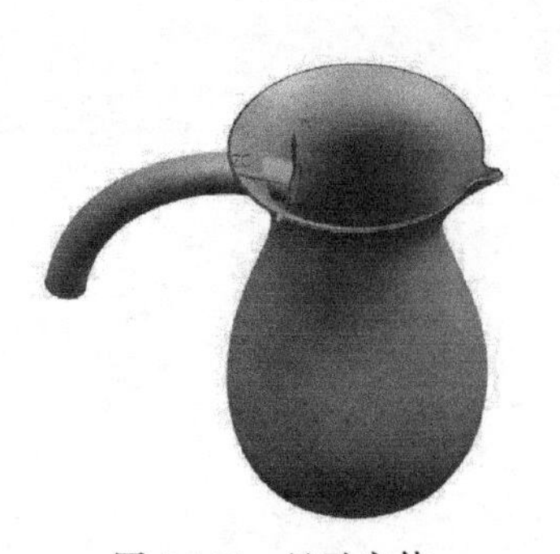

图 9-135　显示实体

图 9-136　“修剪体”对话框

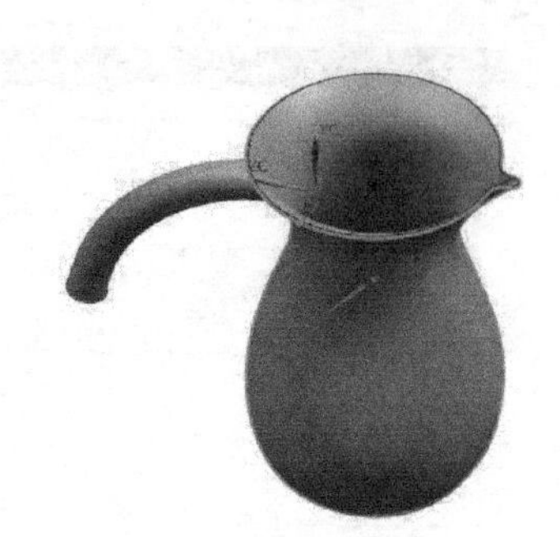

图 9-137　修剪方向

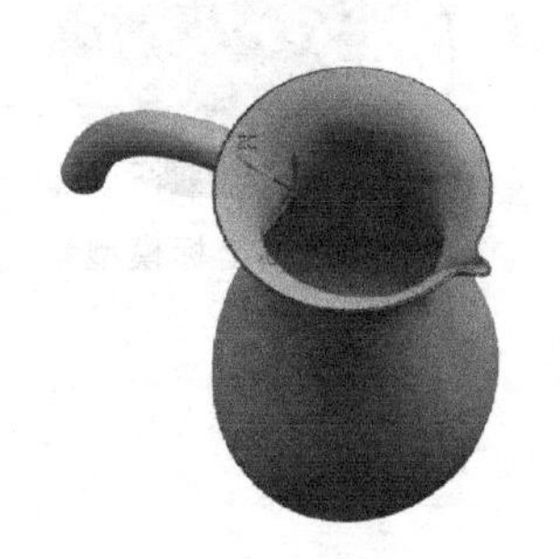

图 9-138　模型

图 9-139　“球”对话框

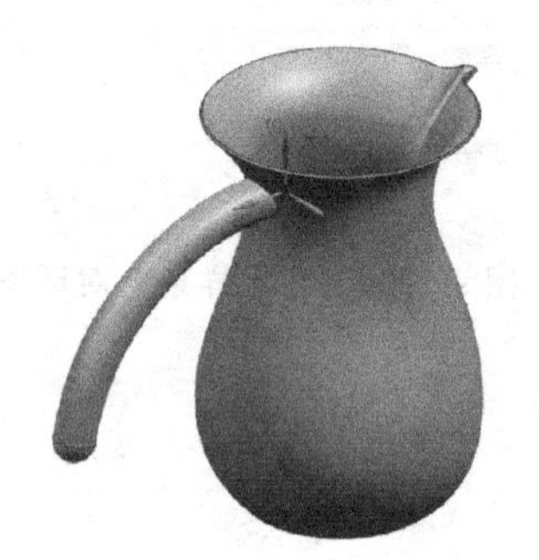

图 9-140　创建球

（12）合并运算

在下拉菜单中选择“插入”→“组合”→“合并”命令，或者单击“主页”功能区“特征”组中的“合并”按钮，系统打开图 9-141 所示的“合并”对话框。选择目标体为壶把手实体，选择工具体为球实体和壶实体，单击“确定”按钮，生成的模型如图 9-106 所示。

图 9-141　“合并”对话框

第10章 特征和曲面编辑

本章导读

初步完成三维实体建模之后，往往还需要做一些特征的更改编辑工作，需要使用更为高级的命令，另外，UG还可以对来自其他CAD系统的模型或是非参数化的模型使用“直接建模”功能。

本章详细介绍特征的编辑和直接建模命令功能。

内容要点

- 特征编辑
- 自由曲面编辑

10.1 特征编辑

特征编辑主要是完成特征创建以后，对特征不满意的地方进行编辑的过程。用户可以重新调整尺寸、位置、先后顺序等，在多数情况下，保留与其他对象建立起来的关联性，以满足新的设计要求。

10.1.1 编辑特征参数

在下拉菜单中选择“编辑”→“特征”→“编辑参数”命令，或者单击“主页”功能区“编辑特征”组中的“编辑特征参数”按钮，打开图10-1所示的“编辑参数”对话框。该选项可以在生成特征或自由形式特征的方式和参数值的基础上，编辑特征或曲面特征。用户的交互作用由所选择的特征或自由形式特征类型决定。

当选择了“编辑参数”并选择了一个要编辑的特征时，根据所选择的特征，在弹出的对话框上显示的选项可能会改变，以下就几种常用对话框选项作一介绍：

① 特征对话框：列出选中特征的参数名和参数值，并可在其中输入新值。所有特征都出现在此选项。

② 重新附着：重新定义特征的特征参考，可以改变特征的位置或方向。可以重新附着的特征才出现此选项。其对话框如图10-2所示，部分选项功能如下：

a. 指定目标放置面：给被编辑的特征选择一个新的附着面。

b. 指定参考方向：给被编辑的特征选择新的水平参考。

图 10-1 “编辑参数”对话框

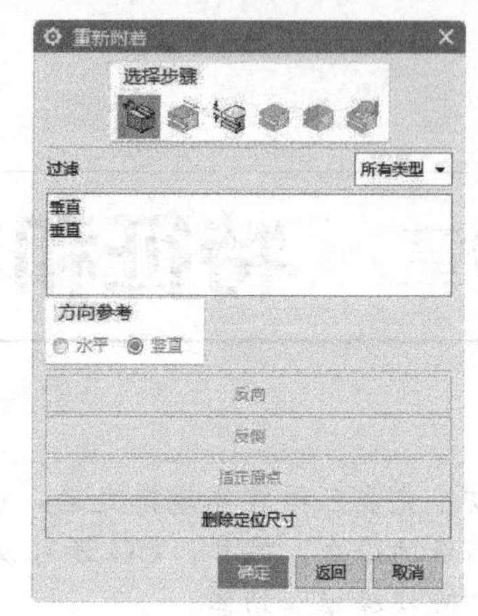

图 10-2 “重新附着”对话框

c. 重新定义定位尺寸：选择定位尺寸并能重新定义它的位置。

d. 指定第一通过面：重新定义被编辑的特征的第一通过面/裁剪面。

e. 指定第二个通过面：重新定义被编辑的特征的第二个通过面/裁剪面。

f. 指定工具放置面：重新定义用户定义特征（UDF）的工具面。

g. 方向参考：用它可以选择想定义一个新的水平特征参考还是竖直特征参考（缺省始终是为已有参考设置的）。

h. 反向：将特征的参考方向反向。

i. 反侧：将特征重新附着于基准平面时，用它可以将特征的法向反向。

j. 指定原点：将重新附着的特征移动到指定原点，可以快速重新定位它。

k. 删除定位尺寸：删除选择的定位尺寸。如果特征没有任何定位尺寸，该选项就变灰。

10.1.2 编辑位置

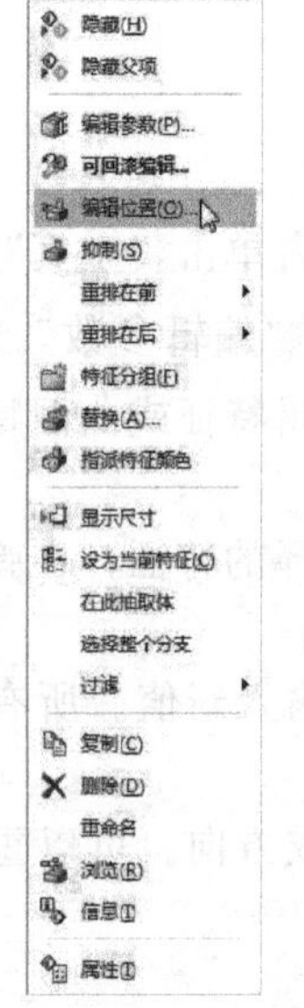

图 10-3 快捷菜单中的“编辑位置”

在下拉菜单中选择“编辑”→“特征”→“编辑位置”命令，或者单击“主页”功能区“编辑特征”组中的“编辑位置”按钮，另外也可以在右侧“资源栏”的“部件导航器”相应对象上右击鼠标，在弹出的快捷菜单中来编辑定位（见图 10-3），打开图 10-4 所示“编辑位置”对话框。该选项允许通过编辑特征的定位尺寸来移动特征，可以编辑尺寸值、增加尺寸或删除尺寸。

对话框部分选项介绍如下：

① 添加尺寸：用它可以给特征增加定位尺寸。

② 编辑尺寸值：允许通过改变选中的定位尺寸的特征值来移动特征。

③ 删除尺寸：用它可以从特征删除选中的定位尺寸。

需要注意的是：增加定位尺寸时，当前编辑对象的尺寸不能依赖于创建时间晚于它的特征体。例如，在图 10-5 中，特征按其生成的顺序编号。如果想定位特征＃2，不能使用任何来自特征＃3 的物体作标注尺寸几何体

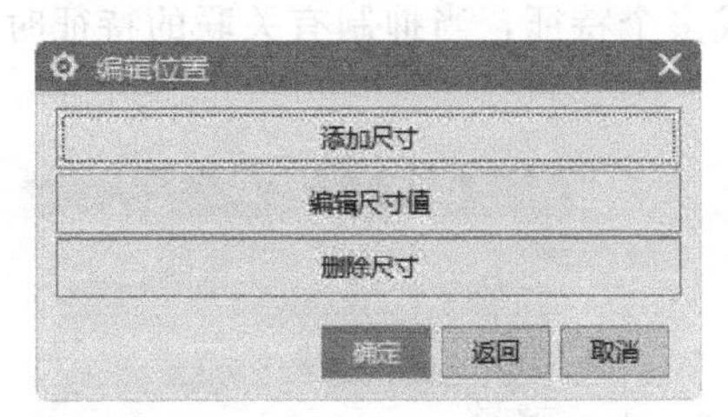

图 10-4　“编辑位置”对话框

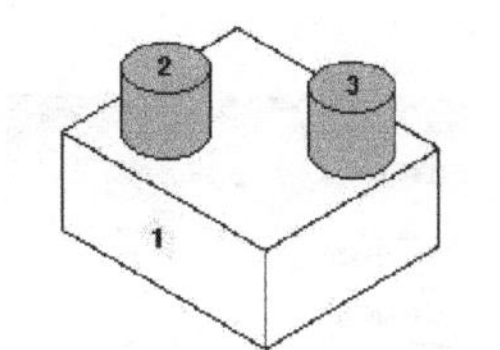

图 10-5　特征顺序示意图

10.1.3　移动特征

在下拉菜单中选择“编辑”→“特征”→“移动”命令，或者单击“主页”功能区“编辑特征”组中的“移动特征”按钮，打开图 10-6 所示“移动特征”对话框。该选项可以把无关联的特征移到需要的位置。不能用此选项来移动位置已经用定位尺寸约束的特征。如果想移动这样的特征，需要使用“编辑定位尺寸”选项。

对话框部分选项功能如下：

① DXC、DYC、DZC 增量：用矩形（XC 增量、YC 增量、ZC 增量）坐标指定距离和方向，可以移动一个特征，该特征相对于工作坐标系作移动。

② 至一点：用它可以将特征从参考点移动到目标点。

③ 在两轴间旋转：通过在参考轴和目标轴之间旋转特征来移动特征。

④ 坐标系到坐标系：将特征从参考坐标系中的位置重定位到目标坐标系中。

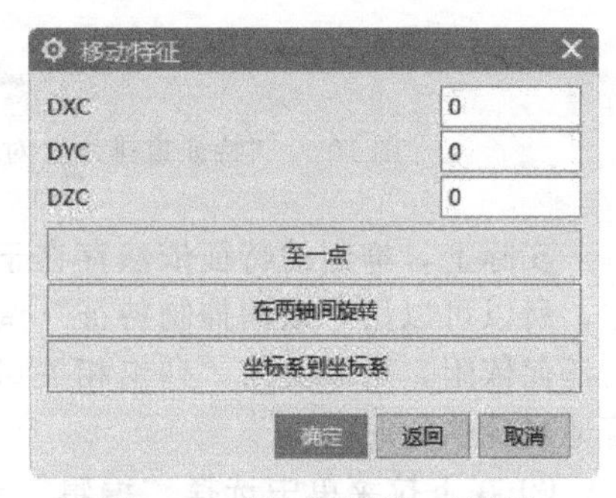

图 10-6　“移动特征”对话框

10.1.4　特征重排序

在下拉菜单中选择“编辑”→“特征”→“重排序”命令，或者单击“主页”功能区“编辑特征”组中的“特征重排序”按钮，打开图 10-7 所示“特征重排序”对话框。该选项允许改变将特征应用于体的次序。在选定参考特征之前或之后可对所需要的特征重排序。

对话框部分选项功能如下：

① 参考特征：列出部件中出现的特征。所有特征连同其圆括号中的时间标记一起出现于列表框中。

② 选择方法：该选项用来指定如何重排序“重定位”特征，允许选择相对“参考”特征来放置“重定位”特征的位置。

a. 之前：选中的“重定位”特征将被移动到“参考”特征之前。

b. 之后：选中的“重定位”特征将被移动到“参考”特征之后。

③ 重定位特征：允许选择相对于“参考”特征要移动的“重定位”特征。

10.1.5　抑制特征和释放

① 在下拉菜单中选择“编辑”→“特征”→“抑制”命令，或者单击“主页”功能区“编辑特征”组中的“抑制特征”按钮，打开如图 10-8 所示的“抑制特征”对话框。该

选项允许临时从目标体及显示中删除一个或多个特征，当抑制有关联的特征时，关联的特征也被抑制。

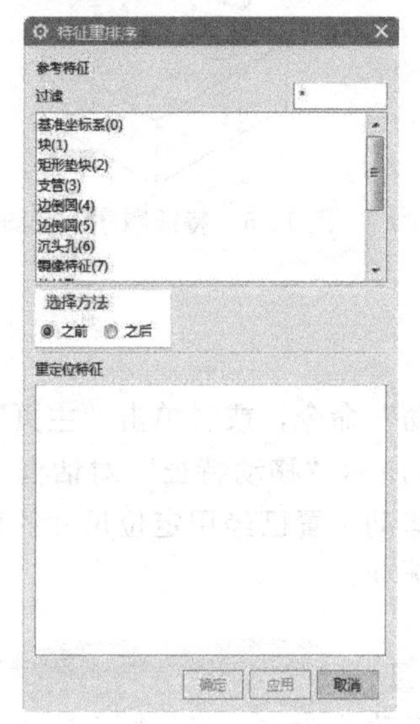

图 10-7 “特征重排序”对话框

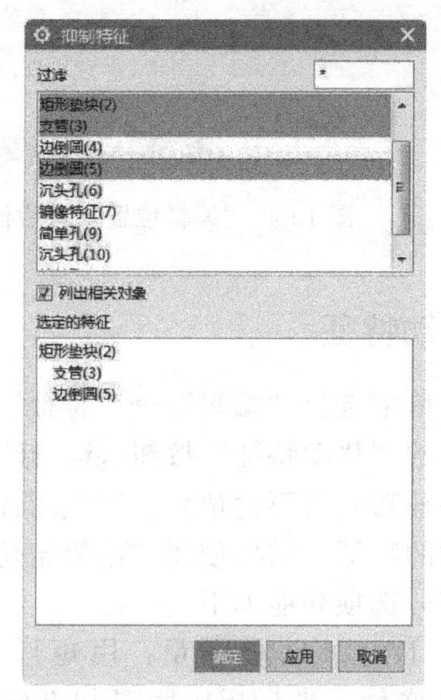

图 10-8 “抑制特征”对话框

实际上，抑制的特征依然存在于数据库里，只是将其从模型中删除了。因为特征依然存在，所以可以用“取消抑制特征”调用它们。如果不想让对话框中“选定的特征”列表里包括任何依附，可以关闭“列出相关对象”（如果选中的特征有许多依附的话，这样操作可显著地减少执行时间）。

② 在下拉菜单中选择“编辑”→“特征”→“取消抑制”命令，或者单击“主页”功能区“编辑特征”组中的“取消抑制特征”按钮，则该选项可调用先前抑制的特征。如果“编辑时延迟更新”是激活的，则不可用。

10.1.6 由表达式抑制

在下拉菜单中选择“编辑”→“特征”→“由表达式抑制”命令，或者单击“主页”功能区“编辑特征”组中的“由表达式抑制”按钮，打开图 10-9 所示的“由表达式抑制”对话框。该选项可利用表达式编辑器用表达式来抑制特征，此表达式编辑器提供一个可用于编辑的抑制表达式列表。如果“编辑时延迟更新”是激活的，则不可用。

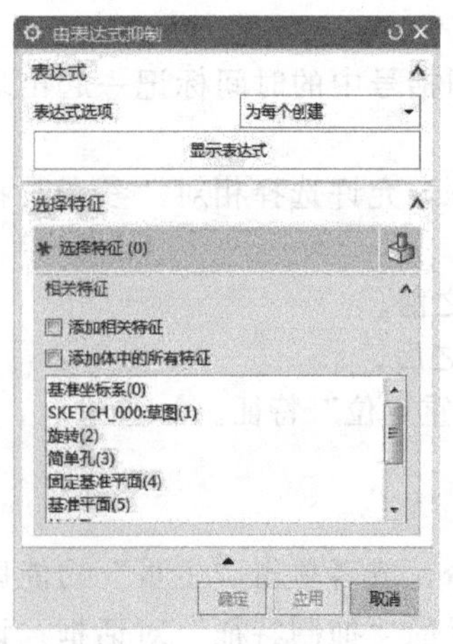

图 10-9 “由表达式抑制”对话框

对话框部分选项功能如下：

① 为每个创建：允许为每一个选中的特征生成单个的抑制表达式。对话框显示所有特征，可以是被抑制的，或者是被释放的以及无抑制表达式的特征。如果选中的特征被抑制，则其新的抑制表达式的值为 0，否则为 1。按升序自动生成抑制表达式（即 p22、p23、p24、……）。

② 创建共享的：允许生成被所有选中特征共用的单个抑制表达式。对话框显示所有特征，可以是被抑制的，或者是被释放的以及无抑制表达式的特征。所有选中的特征必须具有相同的状态，或者是被抑制的或者是被释放的。如果它们

是被抑制的，则其抑制表达式的值为 0，否则为 1。当编辑表达式时，如果任何特征被抑制或被释放，则其他有相同表达式的特征也被抑制或被释放。

③ 为每个删除：允许删除选中特征的抑制表达式。对话框显示具有抑制表达式的所有特征。

④ 删除共享的：允许删除选中特征的共有的抑制表达式。对话框显示包含共有的抑制表达式的所有特征。如果选择特征，则对话框高亮显示共有该相同表达式的其他特征。

10.1.7　移除参数

在下拉菜单中选择“编辑”→“特征”→“移除参数”命令，或者单击“主页”功能区“编辑特征”组中的“移除”按钮，打开图 10-10 所示“移除参数”对话框。该选项允许从一个或多个实体和片体中删除所有参数。还可以从与特征相关联的曲线和点删除参数，使其成为非相关联。如果“编辑时延迟更新”是激活的，则不可用。

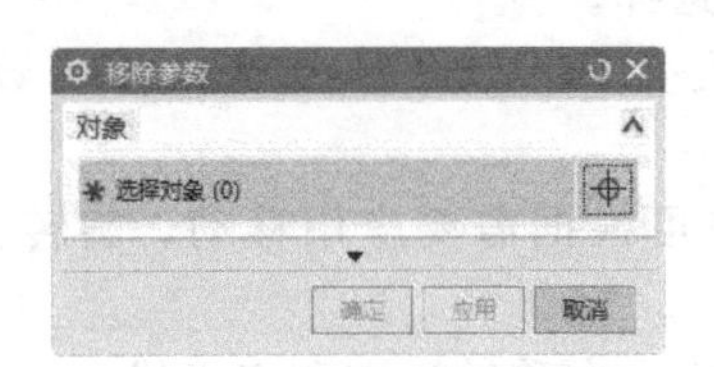

图 10-10　“移除参数”对话框

图 10-11　“指派实体密度”对话框

10.1.8　编辑实体密度

在下拉菜单中选择“编辑”→“特征”→“实体密度”命令，或者单击“主页”功能区“编辑特征”组中的“编辑实体密度”按钮，打开图 10-11 所示的“指派实体密度”对话框。该选项可以改变一个或多个已有实体的密度和/或密度单位。改变密度单位，让系统重新计算新单位的当前密度值，如果需要也可以改变密度值。

10.1.9　特征重播

在下拉菜单中选择“编辑”→“特征”→“重播”命令，或者单击“主页”功能区“编辑特征”组中的“特征重播”按钮，打开图 10-12 所示“特征重播”对话框。用该选项可以逐个特征地查看模型是如何生成的。

图 10-12　“特征重播”对话框

对话框部分选项功能如下：

① 时间戳记数：指定要开始重播特征的时间戳编号。可以在框中键入一个数字，或者移动滑块。

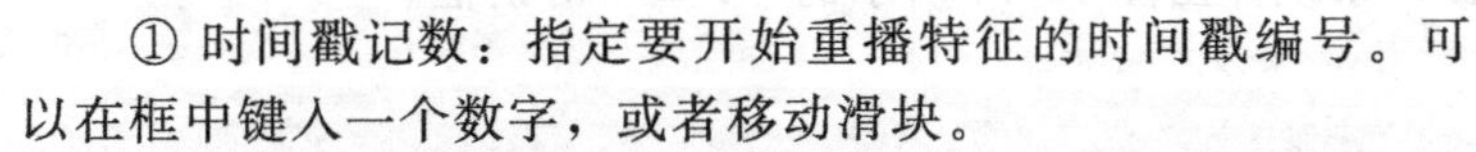

② 步骤之间的秒数：指定特征重播每个步骤之间暂停的秒数。

10.2　自由曲面编辑

通过对自由曲面创建的学习，在用户创建一个自由曲面特征之后，还需要对其进行相关的编辑工作，以下主要讲述部分常用的自由曲面的编辑操作，这些功能是曲面造型的后期修整的常用技术。

10.2.1 X型

在下拉菜单中选择“编辑”→“曲面”→“X型”命令，或者单击“曲面”功能区“编辑曲面”组中的“X型”按钮，打开图10-13所示“X型”对话框提示用户选取需要编辑的曲面。

图10-13 “X型”对话框

X型可以移动片体的极点。这在曲面外观形状的交互设计中（如消费品或汽车车身）非常有用。当要修改曲面形状以改善其外观或使其符合一些标准时，就要移动极点。可以沿法向矢量拖动极点至曲面或与其相切的平面上。拖动行，保留在边处的曲率或切向。

选项部分功能说明如下：

① 单选：选择要编辑的单个或多个曲面或曲线。

② 极点选择：选择要操控的极点和多义线。有任意、极点、行三种可供选择。

③ 参数化：改变U/V向的次数和补片数从而调节曲面。

④ 方法：用户可根据需要应用移动、旋转、比例和平面化编辑曲面。

a. 移动：在指定方向移动极点和多义线。

b. 旋转：将极点和多义线旋转到指定矢量。

c. 比例：使用主轴和平面缩放选定极点。

d. 平面化：显示位于投影平面的操控器可用于定义平面位置和方向。标准旋转和拖动手柄可用。

⑤ 边界约束：用户可以调节U最小值（或最大值）和V最小值（或最大值）来约束曲面的边界。

⑥ 设置：用户可以设置提取方法和提取公差值，恢复父面选项，可以恢复曲面到编辑之前的状态。

⑦ 微定位：指定使用微调选项时动作的速率。

a. 比率：通过使用微小移动来移动极点，从而允许对曲线进行精细调整。

b. 步长值：设置一个值，以按该值移动、旋转或缩放选定的极点。

10.2.2 I型

在下拉菜单中选择“编辑”→“曲面”→“I型”命令，或者单击“曲面”功能区“编辑曲面”组中的“I型”按钮，系统弹出图10-14所示的“I型”对话框。

对话框各选项功能如下：

(1) 选择面

选择单个或多个要编辑的东西，或使用面查找器来选择。

(2) 等参数曲线

① 方向：用于选择要沿其创建等参数曲线的U方向/V方向。

② 位置：用于指定将等参数曲线放置在所选面上的位置方法。

a. 均匀：将等参数曲线按相等的距离放置在所选面上。

b. 通过点：将等参数曲线放置在所选面上，使其通过每个指定的点。

c. 在点之间：在两个指定的点之间按相等的距离放置等参数曲线。

③ 数量：指定要创建的等参数曲线的总数。

(3) 等参数曲线形状控制

① 插入手柄：通过均匀、通过点和在点之间等方法在曲线上插入控制点。

② 线性过渡：勾选复选框，拖动一个控制点时，整条等参数的区域变形。

③ 沿曲线移动手柄：勾选此复选框，在等参数线上移动控制点。也可以单击鼠标右键来选择此选项。

(4) 曲面形状控制

① 局部：拖动控制点，只有控制点周围的局部区域变形。

② 全局：拖动一个控制点时，整个曲面跟着变形。

图 10-14　“I 型”对话框

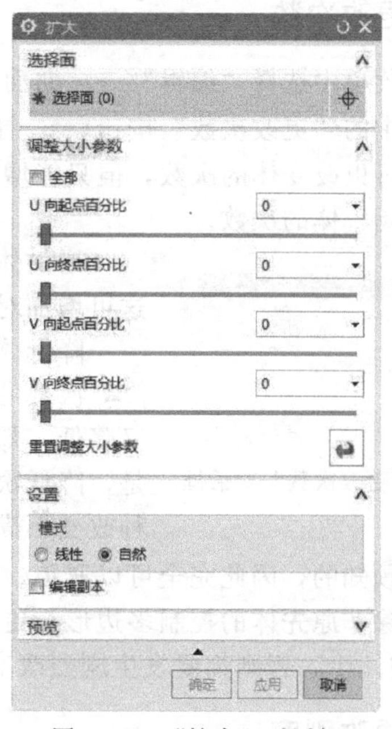

图 10-15　“扩大”对话框

10.2.3 扩大

在下拉菜单中选择“编辑”→“曲面”→“扩大”命令，或者单击“曲面”功能区“编辑曲面”组中的“扩大”按钮，打开图 10-15 所示的“扩大”对话框，该选项让用户改变未修剪片体的大小，方法是生成一个新的特征，该特征和原始的、覆盖的未修剪面相关。

用户可以根据给定的百分率改变 ENLARGE（扩大）特征的每个未修剪边。

当使用片体生成模型时，将片体生成得过大是一个良好的习惯，以消除后续实体建模的问题。如果用户没有把这些原始片体建造得足够大，则用户如果不使用“等参数修剪/分割”功能就不能增加它们的大小。然而，“等参数修剪”是不相关的，并且在使用时会打断片体的参数化。“扩大”选项让用户生成一个新片体，它既和原始的未修剪面相关，又允许用户改变各个未修剪边的尺寸。

对话框部分选项功能如下：

① 全部：让用户把所有的“U/V 最小/最大”滑尺作为一个组来控制。当此开关为开时，移动任一单个的滑尺，所有的滑尺会同时移动并保持它们之间已有的百分率。若关闭

“所有的”开关，使得用户可以对滑尺和各个未修剪的边进行单独控制。

② U向起点百分比、U向终点百分比、V向起点百分比、V向终点百分比：使用滑尺或它们各自的数据输入字段来改变扩大片体的未修剪边的大小。在数据输入字段中输入的值或拖动滑尺达到的值是原始尺寸的百分比。可以在数据输入字段中输入数值或表达式。

③ 重置调整大小参数：把所有的滑尺重设回它们的初始位置。

④ 模式。

a. 线性：在一个方向上线性地延伸扩大片体的边。使用“线性的类型”可以增大扩大特征的大小，但不能减小它。

b. 自然：沿着边的自然曲线延伸扩大片体的边。如果用“自然的类型”来设置扩大特征的大小，则既可以增大也可以减小它的大小。

10.2.4 更改次数

在下拉菜单中选择“编辑”→“曲面”→“次数”命令，或者单击“曲面”功能区“编辑曲面”组中的“更改次数”按钮，打开“更改次数”对话框如图10-16所示。

该选项可以改变体的次数，但只能增加带有底层多面片曲面的体的次数，也只能增加所生成的“封闭”体的次数。

图10-16 “更改次数”对话框

增加体的次数不会改变它的形状，却能增加其自由度，这可增加对编辑体可用的极点数。

降低体的次数会降低试图保持体的全形和特征的次数。降低次数的公式（算法）是这样设计的，如果增加次数随后又降低，那么所生成的体将与开始时的一样。这样做的结果是，降低次数有时会导致体的形状发生剧烈改变。如果对这种改变不满意，可以放弃并恢复到以前的体。何时发生这种改变是可以预知的，因此完全可以避免。

通常，除非原先体的控制多边形与更低次数体的控制多边形类似，因为低次数体的拐点（曲率的反向）少，否则都要发生剧烈改变。

10.2.5 更改刚度

更改刚度命令是改变曲面U和V方向参数线的次数，曲面的形状有所变化。

在下拉菜单中选择“编辑”→“曲面”→“更改刚度”命令，或者单击“曲面”功能区“编辑曲面”组中的“更改刚度”按钮，打开图10-17所示的“更改刚度”对话框。该对话框中选项的含义和前面的一样，不再介绍。

在视图区选择要进行操作的曲面后，弹出“确认”对话框，提示用户该操作将会移除特征参数，是否继续在菜单栏中选择，单击“确定”按钮，弹出“更改刚度”参数输入对话框。

使用更改刚度功能，增加曲面次数，曲面的极点不变，补片减少，曲面更接近它的控制多边形，反之则相反。封闭曲面不能改变硬度。

10.2.6 法向反向

法向反向命令是用于创建曲面的反法向特征。

在下拉菜单中选择“编辑”→“曲面”→“法向反向”命令，或者单击“曲面”功能区“编辑曲面”组中的“法向反向”按钮，打开图10-18所示的“法向反向”对话框。

使用法向反向功能，创建曲面的反法向特征，改变曲面的法线方向。改变法线方向，可以解决因表面法线方向不一致造成的表面着色问题和使用曲面修剪操作时因表面法线方向不一致而引起的更新故障。

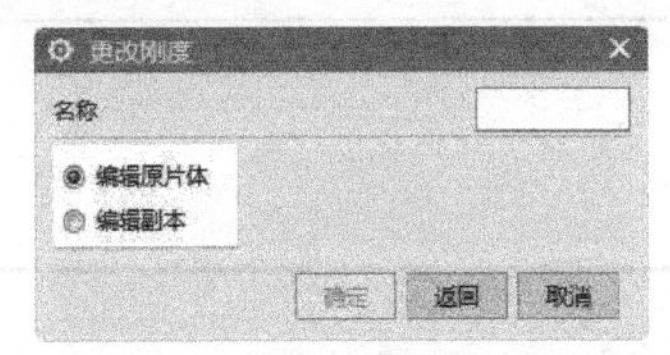

图 10-17 “更改刚度”对话框

图 10-18 “法向反向”对话框

第11章　查询与分析

本章导读

在 UG 建模过程中，点、线的质量直接影响了构建实体的质量，从而影响了产品的质量。所以在建模结束后，需要分析实体的质量来确定曲线是否符合设计要求，这样才能保证生产出合格的产品。本章将简要讲述如何对特征点和曲线的分布进行查询和分析。

内容要点

- 信息查询
- 几何分析
- 模型分析

11.1　信息查询

在设计过程中或对已完成的设计模型，经常需要从文件中提取其各种几何对象和特征的信息，UG 针对操作的不同需求，提供了大量的信息命令，用户可以通过这些命令来详细地查找需要的几何、物理和数学信息。

在下拉菜单中选择“信息”菜单命令将会显示所有的信息查询命令，如图 11-1 所示，该子菜单命令仅具有显示功能，不具备编辑功能。

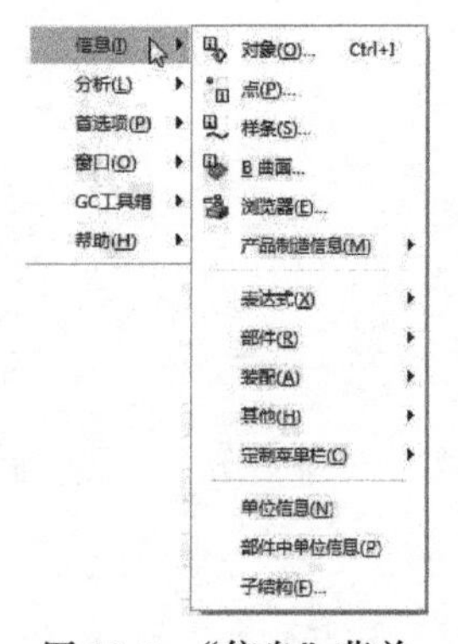

图 11-1　“信息”菜单

11.1.1　对象信息

在下拉菜单中选择“信息”→“对象”或其他子菜单命令后，系统会打开对话框选取对象，之后系统会列出其所有相关的信息，一般的对象都具有一些共同的信息，如创建时间、作者、当前部件名、图层、线宽、单位信息等。

(1) 点

当获取点时，系统除了列出一些共同信息之外，还会列出点的坐标值。

(2) 直线

当获取直线时，系统除了列出一些共同信息之外，还会列出直线的长度、角度、起点坐标、终点坐标等信息。

(3) 样条曲线

当获取样条曲线时，系统除列出一些共同信息之外，还会列出样条曲线的闭合状态、阶数、控制点数目、段数、有理状态、定义数据、近似 Rho 等信息。如图 11-2 所示，获取信息完后，对工作区的图像可按“F5”或“刷新”命令来刷新屏幕。

图 11-2 样条曲线的“信息”对话框

11.1.2 点信息

在下拉菜单中选择“信息”→“点”命令可以查询指定点的信息，在信息栏中会列出该点的坐标值及单位，其中的坐标值包括“点在绝对坐标系”和“WCS 坐标系中的坐标值”，如图 11-3 所示。

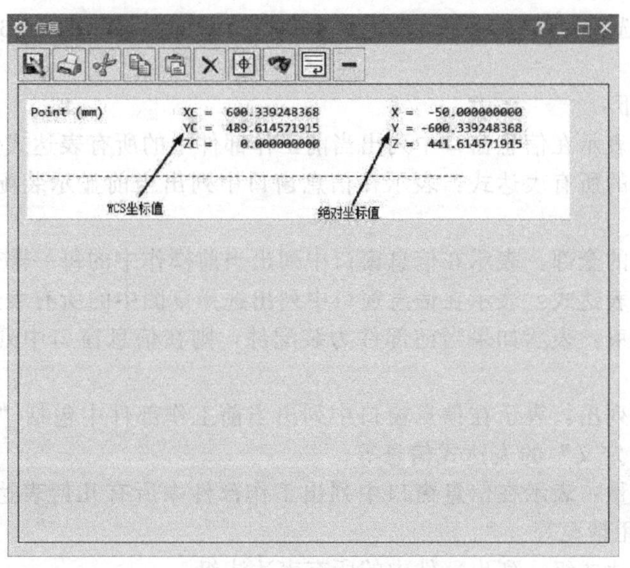

图 11-3 “点信息”对话框

11.1.3 样条曲线信息

在下拉菜单中选择“信息”→“样条”命令可以查询样条曲线的相关信息，还可以在打开的对话框（如图 11-4 所示）中设置需要显示的信息，对话框上部包括“显示结点”“显示极点”“显示定义点”3 个复选框，选取选项后，相应的信息就会显示出来。

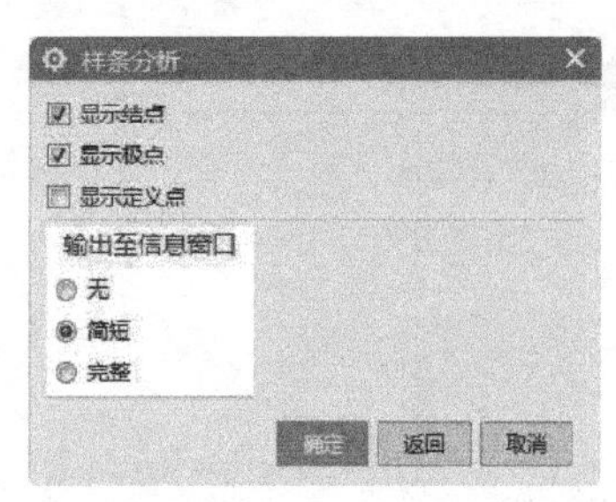

图 11-4　样条曲线信息显示设置

对话框的下部选项是用来控制输出至窗口信息如何显示的单选框，意义说明如下：

① 无：表示窗口不输出任何信息。

② 简短：表示向窗口中输出样条曲线的次数、极点数目、阶数目、有理状态、定义数据、比例约束、近似 Rho 等简短信息。

③ 完整：表示向窗口中输出样条曲线的除简短信息外还包括每个节点的坐标及其连续性（即 G0、G1、G2），每个极点的坐标及其权重，每个定义点的坐标、最小二乘权重等全部信息。

11.1.4　B 曲面信息

在下拉菜单中选择“信息”→“B 曲面”命令，可以查询 B 曲面的有关信息，包括列出曲面的 U、V 方向的阶数，U、V 方向的补片数、法面数、连续性等信息。该命令会打开图 11-5 所示“B 曲面分析”对话框来设置查询信息。

相关功能如下：

① 显示补片边界：用于控制是否显示 B-曲面的面片信息。

② 显示极点：用于控制是否显示 B-曲面的极点信息。

③ 输出至列表窗口：控制是否输出信息到窗口显示。

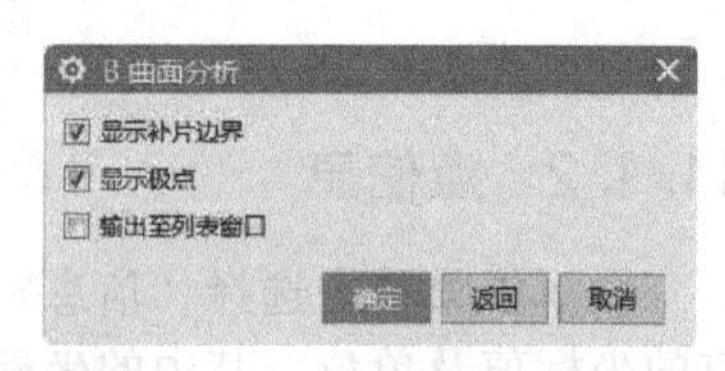

图 11-5　“B 曲面分析”对话框

11.1.5　表达式信息

在下拉菜单中选择“信息”→“表达式”命令，系统会打开图 11-6 所示“表达式”子菜单。

其相关功能如下：

① 全部列出：表示在信息窗口中列出当前工作部件中的所有表达式信息。

② 列出装配中的所有表达式：表示在信息窗口中列出当前显示装配件部件的每一组件中的表达式信息。

③ 列出会话中的全部：表示在信息窗口中列出当前操作中的每一部件的表达式信息。

④ 按草图列出表达式：表示在信息窗口中列出选择草图中的所有表达式信息。

⑤ 列出装配约束：表示如果当前部件为装配件，则在信息窗口中列出其匹配的约束条件信息。

⑥ 按引用全部列出：表示在信息窗口中列出当前工作部件中包括“特征”“草图”“匹配约束条件”“用户定义”的表达式信息等。

⑦ 列出所有测量：表示在信息窗口中列出工作部件中所有几何表达式及相关信息，如特征名和表达式引用情况等。

⑧ 列出所有表达式组：列出部件中的所有表达式组。

11.1.6　其他信息的查询

除了以上几种可供查询的信息之外，还有“部件”信息查询、“装配”信息查询，以及“其他”等信息查询，如图 11-7 所示为“其他”提供的部分查询信息。

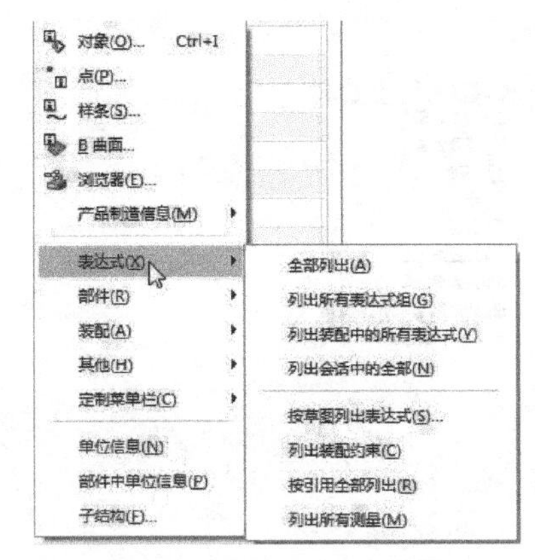

图 11-6 “表达式”子菜单

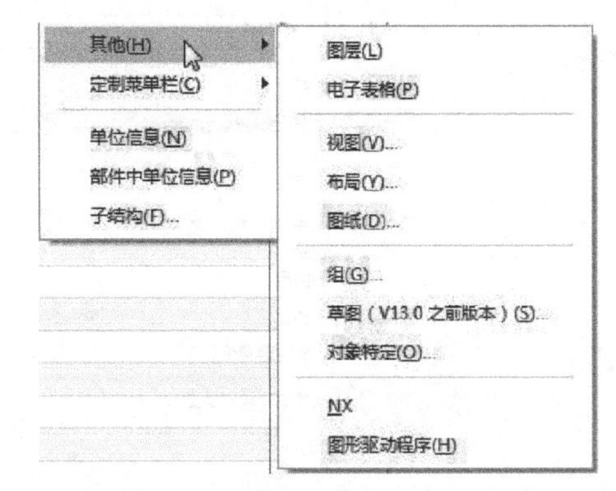

图 11-7 “其他”信息查询子菜单

其相关功能如下：

① 图层：在信息窗口中列出当前每一个图层的状态。

② 电子表格：在信息窗口中列出相关电子表格信息。

③ 视图：在信息窗口中列出一个或多个工程图或模型视图的信息。

④ 布局：在信息窗口中列出当前文件中视图布局数据信息。

⑤ 图纸：在信息窗口中列出当前文件中工程图的相关信息。

⑥ 组：在信息窗口中列出当前文件中群组的相关信息。

⑦ 草图（V13.0 版本之前）：在信息窗口中列出 13.0 版本之前所作的草图几何约束和相关约束是否通过检测的信息。

⑧ 对象特定：在信息窗口中列出当前文件中特定对象的信息。

⑨ NX：在信息窗口中列出当前文件中显示用户当前所用的 Parasolid 版本、计划文件目录、其他文件目录和日志信息。

⑩ 图形驱动程序：在信息窗口中列出显示有关图形驱动的特定信息。

11.2 几何分析

在使用 UG 设计分析过程中，需要经常性地获取当前对象的几何信息。该功能可以对距离、角度、偏差、弧长等多种情况进行分析，详细指导用户设计工作，现将其部分功能介绍如下。

11.2.1 距离

在下拉菜单中选择“分析”→“测量距离”命令，或者单击“分析”功能区“测量”组中的“测量距离”按钮，打开“测量距离”对话框（见图 11-8），该功能能计算出用户选择的两个对象间的最小距离。在类型中包含了“距离”“投影距离”“屏幕距离”“长度”“半径”“直径”“点在曲线上”“对象集之间”和“对象集之间的投影距离”共 9 个。

用户可以选择的对象有点、线、面、体、边等，需要注意的是，如果在曲线获取曲面上有多个点与另一个对象存在最短距离，那应该制定一个起始点加以区分。

在打开的对话框中（见图 11-9），将会显示的信息包括：两个对象间的三维距离和两对象上相近点的绝对坐标和相对坐标，以及在绝对坐标和相对坐标中两点之间的轴向坐标增量。

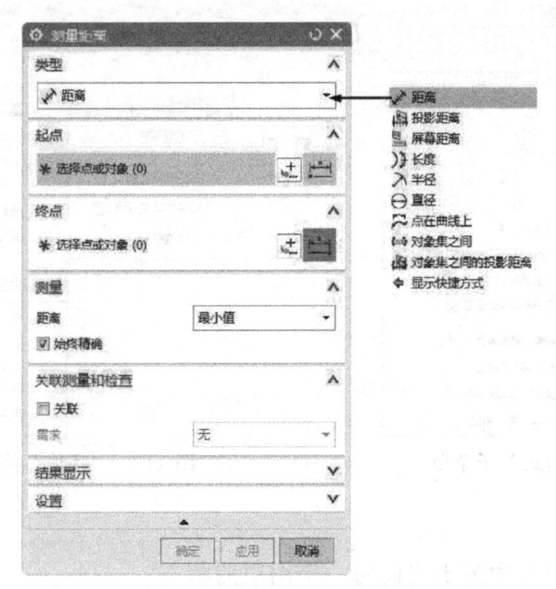

图 11-8 “距离测量”对话框

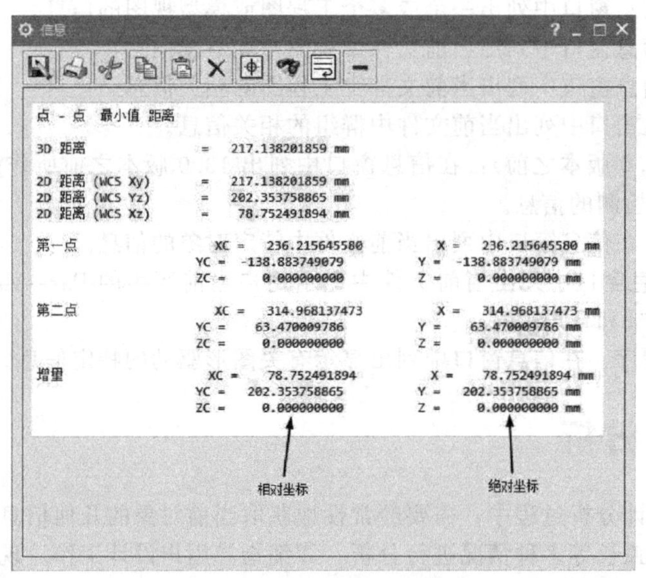

图 11-9 距离“信息”对话框

11.2.2 角度

在下拉菜单中选择“分析”→“测量角度”命令，或者单击“分析”功能区“测量”组中的“测量角度”按钮，打开“测量角度”对话框，如图 11-10 所示，用户可以在绘图工作区中选择几何对象，该功能可以计算两个对象之间（如曲线之间、两平面间、直线和平面间）的角度，包括两个选择对象的相应矢量在工作平面上的投影矢量间的夹角和在三维空间中两个矢量的实际角度。

当两个选择对象均为曲线时，若两者相交，则系统会确定两者的交点并计算在交点处两曲线的切向矢量的夹角；否则，系统会确定两者相距最近的点，并计算这两点在各自所处曲线上的切向矢量间的夹角。切向矢量的方向取决于曲线的选择点与两曲线相距最近点的相对方位，其方向为由曲线相距最近点指向选择点的一方。

当选择对象均为平面时，计算结果是两平面的法向矢量间的最小夹角。

① 类型：用于选择测量方法，包括按对象、按 3 点和按屏幕点。

② 参考类型：用于设置选择对象的方法，包括对象、特征和矢量。

③ 评估平面：用于选择测量角度，包括 3D 角度、WCS XY 平面里的角度、真实角度。

④ 方向：用于选择测量类型，有外角和内角两种类型。

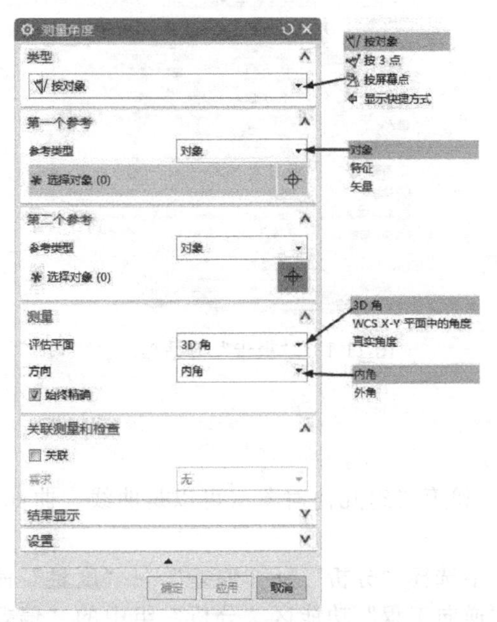

图 11-10 “测量角度”对话框

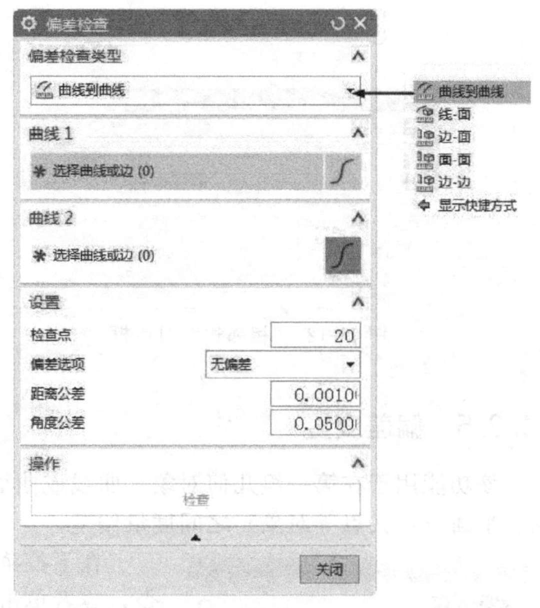

图 11-11 “偏差检查”对话框

11.2.3 偏差检查

在下拉菜单中选择“分析”→“偏差”→“检查”命令，打开图 11-11 所示“偏差检查”对话框。通过该对话框功能可以根据过某点斜率连续的原则，即将第一条曲线、边缘或表面上的检查点与第二条曲线上的对应点进行比较，检查选择对象是否相接、相切以及边界是否对齐等，并得到所选对象的距离偏移值和角度偏移值。

① 曲线到曲线：用于测量两条曲线之间的距离偏差以及曲线上一系列检查点的切向角度偏差。

② 线-面：系统依据过点斜率的连续性，检查曲线是否真位于表面上。

③ 边-面：用于检查一个面上的边和另一个面之间的偏差。

④ 面-面：系统依据过某点法相对齐原则，检查两个面的偏差。

⑤ 边-边：用于检查两条实体边或片体边的偏差。

选择一种检查对象类型后，选取要检查的两个对象，在对话框中设置用户所需的数值，单击“检查”按钮，打开的“信息”窗口，包括分析点的个数、对象间的最小距离、最大距离以及各分析点的对应数据等信息。

11.2.4 邻边偏差分析

该功能用于检查多个面的公共边的偏差。

在下拉菜单中选择“分析”→“偏差”→“相邻边”命令，打开图 11-12 所示的“相邻边”对话框。在该对话框中“检查点”有“等参数”和“弦偏差”两种检查方式。在图形工作区选择具有公共边的多个面后，单击“确定”按钮，打开图 11-13 所示的“报告”对话框，在该对话框中可选择在信息窗口中要指定列出的信息。

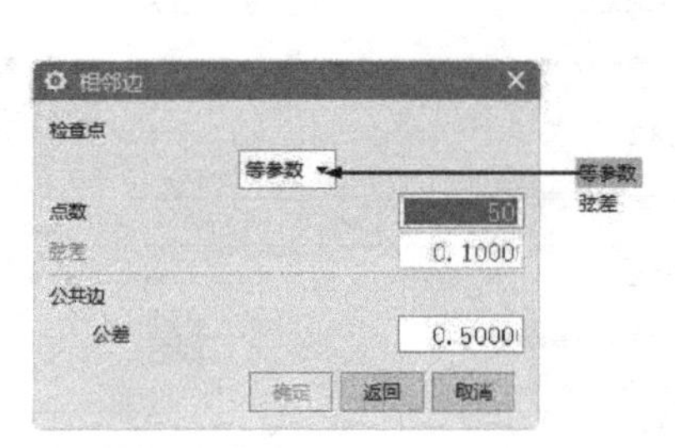

图 11-12 “相邻边”对话框

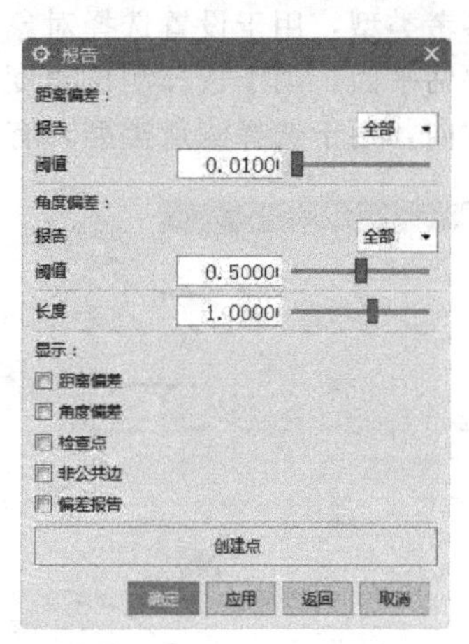

图 11-13 “报告”对话框

11.2.5 偏差度量

该功能用于在第一组几何对象（曲线或曲面）和第二组几何对象（可以是曲线、曲面、点、平面、定义点等对象）之间度量偏差。

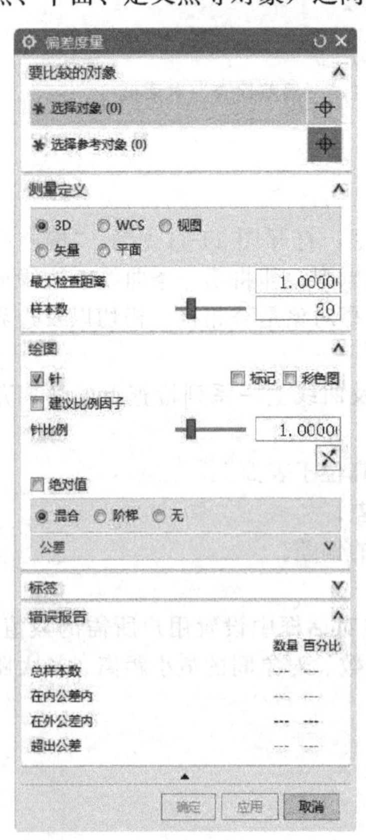

图 11-14 “偏差度量”对话框

在下拉菜单中选择“分析”→“偏差”→“度量”命令，或者单击“逆向工程”功能区“分析”组中的“偏差度量”按钮，打开图 11-14 所示的“偏差度量”对话框。

对话框中主要选项的介绍如下：

① 测量定义：在该选项下拉列表框中选择用户所需的测量方法。

② 最大检查距离：用于设置最大检查的距离。

③ 标记：用于设置输出针叶的数目，可直接输入数值。

④ 标签：用于设置输出标签的类型，是否插入中间物，若插入中间物，要在“偏差矢量间隔”设置间隔几个针叶插入中间物。

⑤ 彩色图：用于设置偏差矢量起始处的图形样式。

11.2.6 最小半径

在下拉菜单中选择“分析”→“最小半径”命令，打开“最小半径”对话框，如图 11-15 所示。系统提示用户在图形工作区选择一个或者多个表面或曲面作为几何对象，选择几何对象后，系统会在打开的信息对话框窗口列出选择几何对象的最小曲率半径。若勾选“在最小半径处创建点”复选框，则在选择几何对象的最小曲率半径处将产生一个点标记。

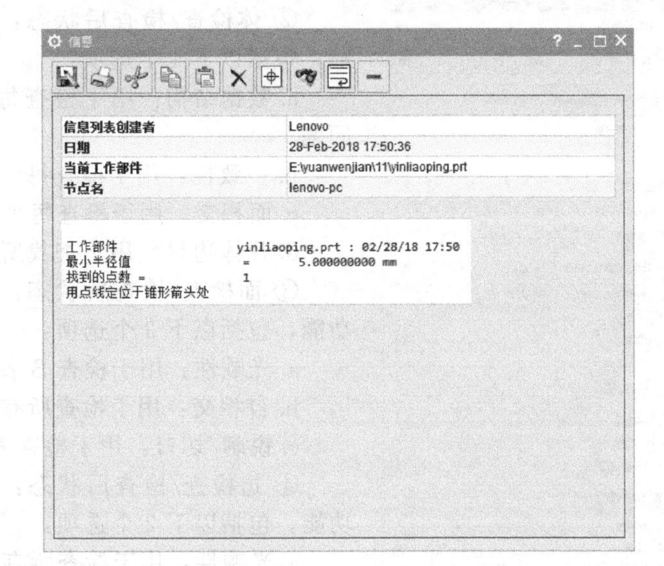

图 11-15　分析“最小半径”

11.2.7　几何属性

在下拉菜单中选择“分析”→“几何属性”命令，打开图 11-16 所示“几何属性”对话框，选取指定的表面或曲面对象后，可以计算和在信息框中显示出 U、V 向百分比和 U、V 向一阶导数、单位面法向和主曲率的最大最小半径值等信息。

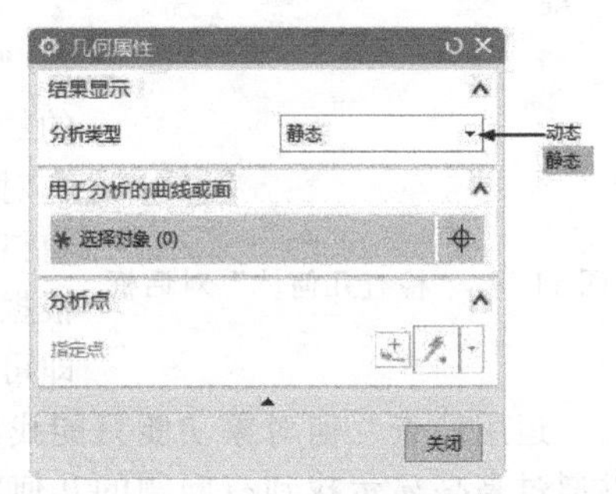

图 11-16　“几何属性”对话框

11.3　模型分析

UG 中除了查询基本的物体信息之外，还提供了大量的分析工具，信息查询工具获取的是部件中已有的数据，而分析则是根据用户的要求，针对被分析几何对象通过临时的运算来获得所需的结果。

通过使用这些分析工具可以及时发现和处理设计工作中的问题，这些工具除了常规的几何参数分析之外，还可以对曲线和曲面作光顺性分析、对几何对象作误差和拓扑分析、几何特性分析、计算装配的质量、计算质量特性、对装配作干涉分析等，还可以将结果输成各种数据格式。

11.3.1　检查几何体

在下拉菜单中选择“分析”→“检查几何体”命令，打开图 11-17 所示“检查几何体”对话框。该功能可以用于计算分析各种类型的几何体对象，找出错误的或无效的几何体，也可以分析面和边等几何对象，找出其中无用的几何对象和错误的数据结构。

以下介绍对话框中部分选项用法：

① 对象检查/检查后状态：该选项组用于设置对象的检查功能，其中包括“微小的”和“未对齐的”两个选项：

a. 微小：用于在所选几何对象中查找所有微小的实体、面、曲线和边。

图 11-17 “检查几何体”对话框

b. 未对齐：用于检查所有几何对象和坐标轴的对齐情况。

② 体检查/检查后状态：该选项用于设置实体的检查功能，包括以下 4 个选项：

a. 数据结构：用于检查每个选择实体中的数据结构有无问题。

b. 一致性：用于检查每个所选实体的内部是否有冲突。

c. 面相交：用于检查每个所选实体的表面是否相互交叉。

d. 片体边界：用于查找所选片体的所有边界。

③ 面检查/检查后状态：该选项组用于设置表面的检查功能，包括以下 3 个选项：

a. 光顺性：用于检查 B 表面的平滑过渡情况。

b. 自相交：用于检查所有表面是否有自相交情况。

c. 锐刺/切口：用于检查表面是否有被分割情况。

④ 边检查/检查后状态：该选项组用于设置边缘的检查功能，包括以下 2 个选项：

a. 光顺性：用于检查所有与表面连接但不光滑的边。

b. 公差：用于在所选择的边组中查找超出距离误差的边。

⑤ 检查准则：该选项组用于设置临界公差值的大小，包括“距离”和“角度”2 个选项，分别用来设置距离和角度的最大公差值大小。依据几何对象的类型和要检查的项目，在对话框中选择相应的选项并确定所选择的对象后，在信息窗口中会列出相应的检查结果，并打开高亮显示对象对话框。根据用户需要，在对话框中选择了需要高亮显示的对象之后，即可以在绘图工作区中看到存在问题的几何对象。

运用检查几何对象功能只能找出存在问题的几何对象，而不能自动纠正这些问题，但可以通过高亮显示找到有问题的几何对象，利用相关命令对该模型作修改，否则会影响到后续操作。

11.3.2 曲线分析

在下拉菜单中选择“分析”→“曲线”→“曲率梳”命令，或者单击“分析”功能区“曲线形状”组中的“曲线分析”按钮，打开图 11-18 所示的“曲线分析”对话框。

(1) 投影

该选项允许指定分析曲线在其上进行投影的平面。可以选择下面某个选项：

① 无：指定不使用投射平面，表明在原先选中的曲线上进行曲率分析。

② 曲线平面：根据选中曲线的形状计算一个平面（称为“曲线的平面”）。例如，一个平面曲线的曲线平面是该曲线所在的平面。3D 曲线的曲线平面是由前两个主长度构成的平面。这是默认设置。

③ 矢量：能够使“矢量”选项按钮可用，利用该按钮可定义曲线投影的具体方向。

④ 视图：指定投射平面为当前的“工作视图”。

⑤ WCS：指定投影方向为 XC/YC/ZC 矢量。

(2) 分析显示

① 显示曲率梳：勾选此复选框，显示已选中曲线、样条或边的曲率梳。

② 建议比例因子：该复选框可将比例因子自动设置为最合适的大小。

③ 针比例：该选项允许通过拖动比例滑尺控制梳状线的长度或比例。“比例”的数值表示梳状线上齿的长度（该值与曲率值的乘积为梳状线的长度）。

④ 针数：该选项允许控制梳状线中显示的总齿数。齿数对应于需要在曲线上采样的检查点的数量（在 U 起点和 U 最大值指定的范围内）。此数字不能小于 2。默认值为 50。

⑤ 最大长度：该复选框允许指定梳状线元素的最大允许长度。如果为梳状线绘制的线比此处指定的临界值大，则将其修剪至最大允许长度。在线的末端绘制星号（*）表明这些线已被修剪。

(3) 点

① 创建峰值点：该选项用于显示选中曲线、样条或边的峰值点，即局部曲率半径（或曲率的绝对值）达到局部最大值的地方。

② 创建拐点：该选项用于显示选中曲线、样条或边上的拐点，即曲率矢量从曲线一侧翻转到另一侧的地方，清楚地表示出曲率符号发生改变的任何点。

11.3.3　曲面特性分析

UG 提供了 4 种平面分析方式：半径、反射、斜率和距离，下面就主要菜单命令作一介绍：

(1) 半径

在下拉菜单中选择“分析”→“形状”→“半径”命令，或者单击“分析”功能区“更多”库中的“半径”按钮，打开图 11-19 所示的“半径分析”对话框，用于分析曲面的曲率半径变化情况，并且可以用各种方法显示和生成。这些显示和生成方法可以在各选项的下拉列表中查询。

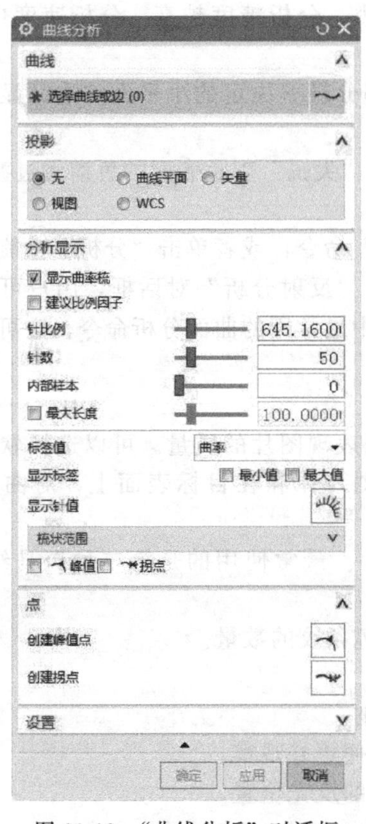

图 11-18　“曲线分析”对话框

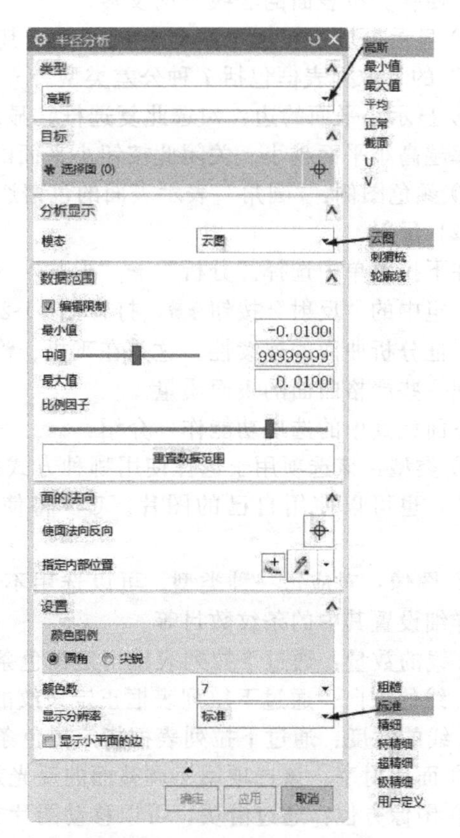

图 11-19　“半径分析”对话框

① 类型：用于指定欲分析的曲率半径类型，“高斯”的下拉列表框中包括 8 种半径类型。

② 分析显示：用于指定分析结果的显示类型，“云图”的下拉列表框中包括 3 种显示类型。图形区的右边将显示一个“色谱表”，分析结果与“色谱表”比较就可以由“色谱表”上的半径数值了解表面的曲率半径，如图 11-20 所示。

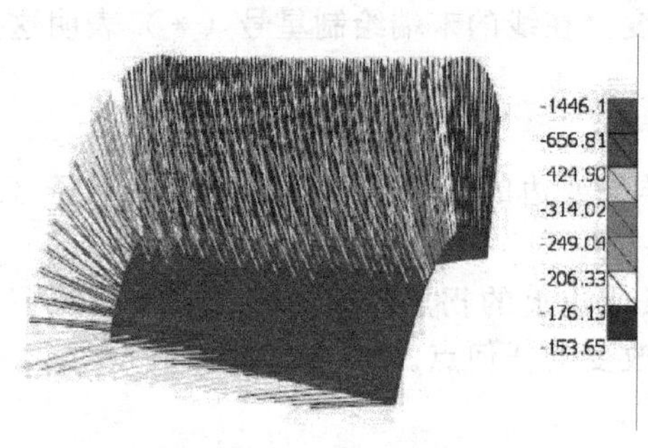

图 11-20　刺猬梳显示分析结果及色谱表

③ 编辑限制：勾选该复选框，可以输入最大值、最小值来扩大或缩小“色谱表”的量程；也可以通过拖动滑动按钮来改变中间值使量程上移或下移。去掉勾选，“色谱表”的量程恢复默认值，此时只能通过拖动滑动按钮来改变中间值使量程上移或下移，最大最小值不能通过输入改变。需要注意的是，因为“色谱表”的量程可以改变，所以一种颜色并不固定地表达一种半径值，但是“色谱表”的数值始终反映的是表面上对应颜色区的实际曲率半径值。

④ 比例因子：拖动滑动按钮通过改变比例因子扩大或所选“色谱表”的量程。

⑤ 重置数据范围：恢复“色谱表”的默认量程。

⑥ 锐刺长度：用于设置刺猬式针的长度。

⑦ 面的法向：通过两种方法之一来改变被分析表面的法线方向。指定内部位置是通过在表面的一侧指定一个点来指示表面的内侧，从而决定法线方向；使面法向反向是通过选取表面，使被分析表面的法线方向反转。

⑧ 显示分辨率：用于指定分析公差。其公差越小，分析精度越高，分析速度也越慢。“标准”的下拉列表框包括 7 种公差类型。

⑨ 显示小平面的边：勾选此复选框，显示由曲率分辨率决定的小平面的边。显示曲率分辨率越高小平面越小。关闭此按钮小平面的边消失。

⑩ 颜色图例：“圆角”表示表面的色谱逐渐过渡；“尖锐”表示表面的色谱无过渡色。

（2）反射

在下拉菜单中选择“分析”→“形状”→“反射”命令，或者单击“分析”功能区“面形状”组中的“反射”按钮，打开图 11-21 所示的“反射分析”对话框，用户可以利用该对话框分析曲面的连续性。这是在飞机、汽车设计中最常用的曲面分析命令，它可以很好地表现一些严格曲面的表面质量。

下面就其中的选项功能作一介绍：

① 类型：该选项用于选择使用哪种方式的图像来表现图片的质量。可以选择软件推荐的图片，也可以使用自己的图片。UG 将使用这些图片体和在目标表面上，对曲面进行分析。

② 图像：对应每一种类型，可以选用不同的图片。最常使用的是第二种斑马纹分析。可以详细设置其中的条纹数目等。

a. 线的数量：通过下拉列表框指定黑色条纹或彩色条纹的数量。

b. 线的方向：通过下拉列表框正定条纹的方向。

c. 线的宽度：通过下拉列表框指定黑色条纹的粗细。

③ 面反射率：该选项用于调整面的反光效果，以便更好观察。

④ 图像方位：通过滑块，可以移动图片在曲面上的反光位置。

⑤ 图像大小：该选项用于指定用来反射的图片的大小。

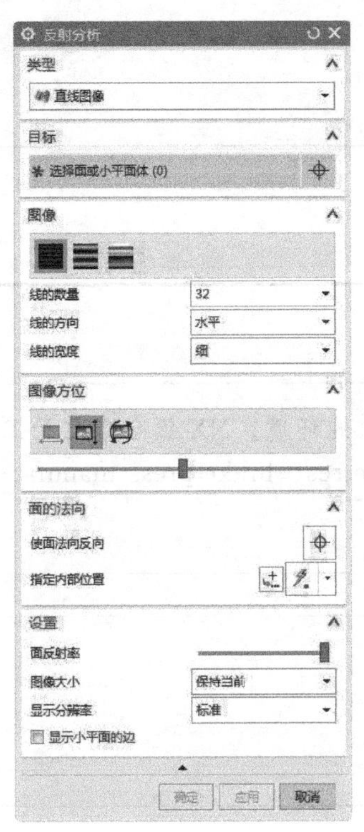

图 11-21　“反射分析”对话框

⑥ 显示分辨率：该选项用于指定分辨率的大小。

⑦ 面的法向：通过两种方法之一来改变被分析表面的法线方向。指定内部位置是通过在表面的一侧指定一个点来指示表面的内侧，从而决定法线方向；使面法向反向是通过选取表面，使被分析表面的法线方向反转。

通过使用反射分析这种方法可以分析曲面的 C0、C1、C2 连续性。

（3）斜率

在下拉菜单中选择“分析”→“形状”→“斜率”命令，或者单击“分析”功能区“更多”库中的“斜率”按钮，打开图 11-22 所示的“斜率分析”对话框。可以用来分析曲面的斜率变化。在模具设计中，正的斜率代表可以直接拔模的地方，因此这是模具设计最常用的分析功能。该对话框中的选项功能与前述对话框选项用法差异不大，在这里就不再详细介绍。

（4）距离

在下拉菜单中选择“分析”→“形状”→“距离”命令，或者单击“分析”功能区“更多”库中的“距离”按钮，打开图 11-23 所示“距离分析”对话框，用于分析当前曲面和其他曲面之间的距离。

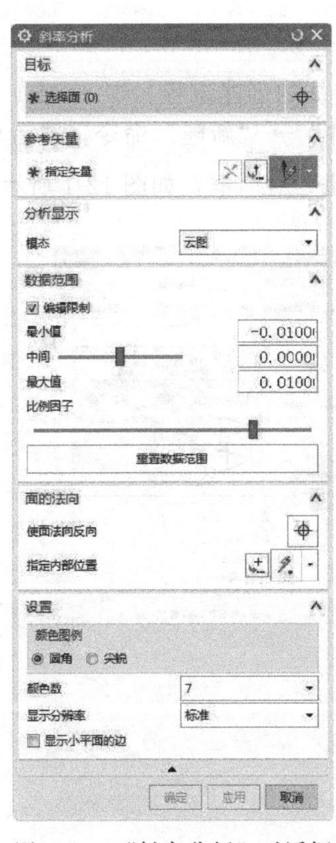

图 11-22　“斜率分析”对话框

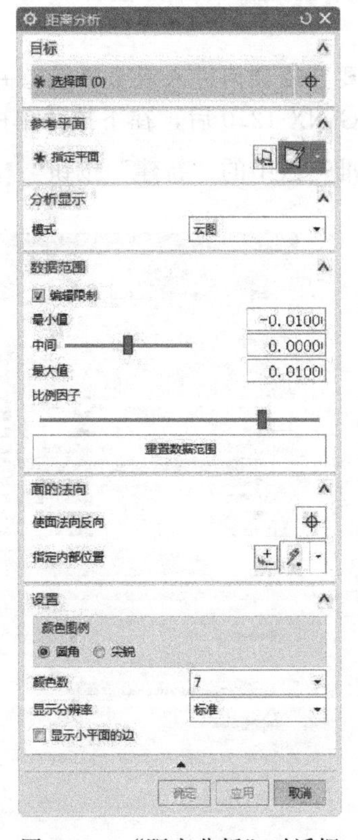

图 11-23　“距离分析”对话框

第12章 钣金设计

本章导读

NX 钣金应用提供了一个直接操作钣金零件设计的集中的环境。NX 钣金建立于工业领先的 Solid Edge 方法，目的是设计 machinery、enclosures、brake-press manufactured parts 和其他具有线性折弯线的零件。

内容要点

- NX 钣金概述
- 钣金基本特征
- 钣金高级特征
- 综合实例——机箱左右板

12.1 NX 钣金概述

本节主要介绍如何进入钣金环境，并介绍钣金特征的创建流程。

启动 UG NX 12.0 后，在下拉菜单中选择“文件”→“新建”命令，或者单击“主页”功能区“标准”组中的“新建”按钮，打开“新建”对话框，如图 12-1 所示。

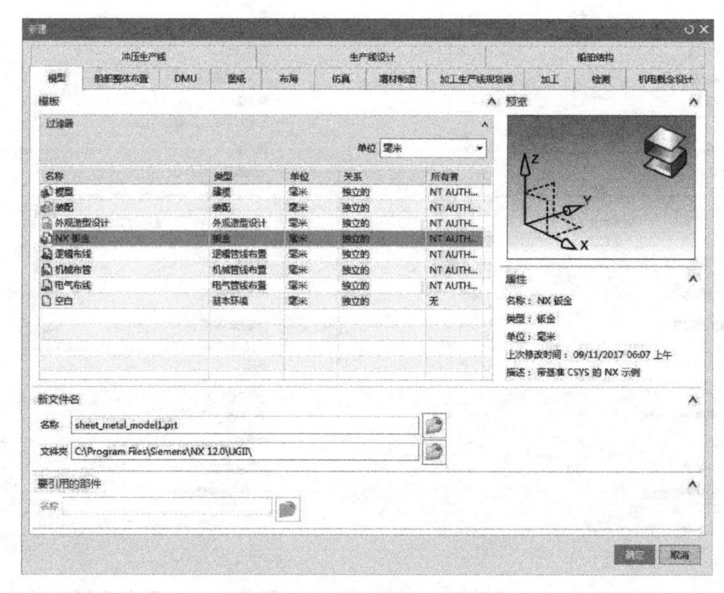

图 12-1 “新建”对话框

在模板列表中选择“NX 钣金”，输入文件名称和文件路径，单击“确定”按钮，进入 UG NX 钣金环境，如图 12-2 所示。它提供了 UG 专门面向钣金件的直接的钣金设计环境。

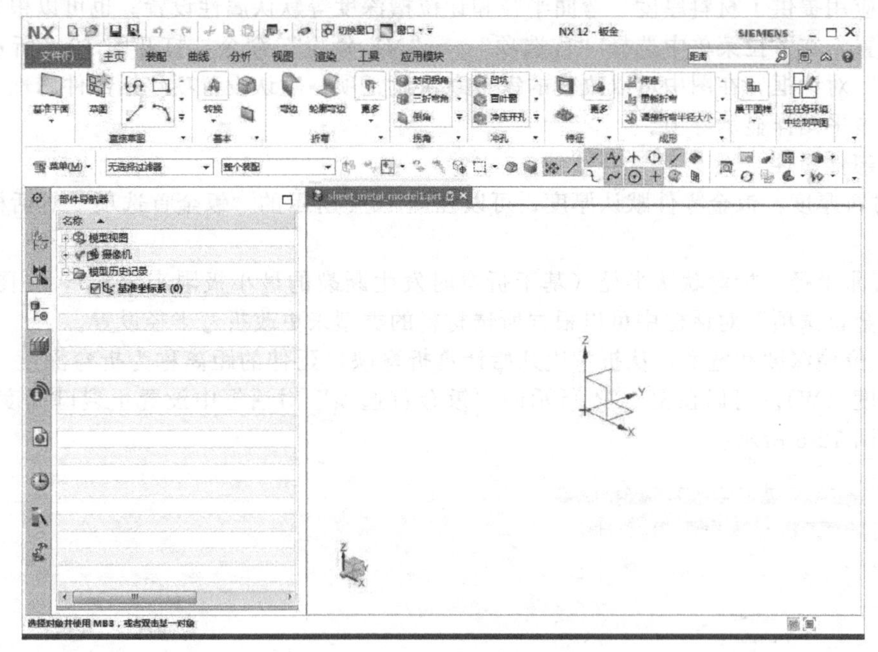

图 12-2　NX 钣金建模环境

或者在其他环境中，单击“应用模块”功能区“设计”组中的“钣金”按钮，如图 12-3 所示，进入钣金设计环境。

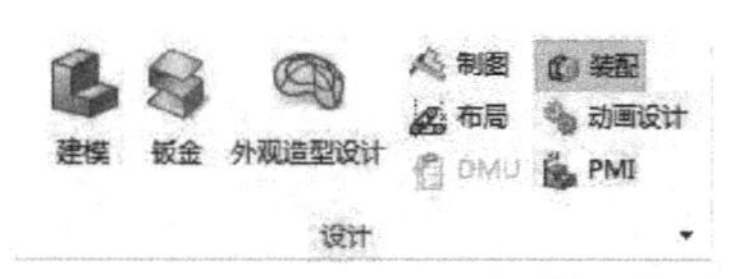

图 12-3　“设计”组

12.1.1　NX 钣金流程

典型的 NX 钣金流程如下：

① 设置钣金属性的默认值。

② 草绘基本特征形状，或者选择已有的草图。

③ 创建基本特征（常用标签特征）。

创建钣金零件的典型工作流程一开始就是创建基本特征，基本特征是要创建的第一个特征，典型的定义零件形状。在 NX 钣金中，常使用突出块特征来创建基本特征，但也可以使用轮廓弯边和放样弯边来创建。

④ 添加特征如弯边、凹坑和使用折弯进一步定义已经成形的钣金零件的基本特征。

在创建了基本特征之后，使用 NX 钣金和成形特征命令来完成钣金零件，这些命令有弯边、凹坑、折弯、孔、腔体等。

⑤ 根据需要采用取消折弯展开折弯区域，在钣金零件上添加孔、开孔、压花和百叶窗特征。

⑥ 重新折弯展开的折弯面来完成钣金零件。

⑦ 生成零件展平实体便于图样和以后的加工。

应用“展平实体”命令在零件文件中创建新的实体同时保持最初的实体。

展平实体在时间次序表中总是放在最后。每当有新特征添加到父特征上时，将展平实体都放在最后，更新父特征来考虑更改。

12.1.2 NX钣金首选项

钣金应用提供了材料厚度、弯曲半径和让位槽深度等默认属性设置。也可以根据需要更改这些设置。在下拉菜单中选择“首选项”→“NX钣金”命令，打开图12-4所示的“钣金首选项”对话框，在图中可以改变的钣金默认设置项，默认设置项包括部件属性、展平图样处理和展平图样显示等项。

(1) 部件属性

① 材料厚度：钣金零件默认厚度，可以在图12-4所示的“钣金首选项”对话框中设置材料厚度。

② 弯曲半径：折弯默认半径（基于折弯时发生断裂的最小极限来定义），在图12-4所示的“钣金首选项”对话框中可以根据所选材料的类型来更改折弯半径设置。

③ 让位槽深度和宽度：从折弯边开始计算折弯缺口延伸的距离称为折弯深度（D），跨度称为宽度（W）。可以在图12-4所示的“钣金首选项”对话框中设置止裂口宽度和深度，其含义如图12-5所示。

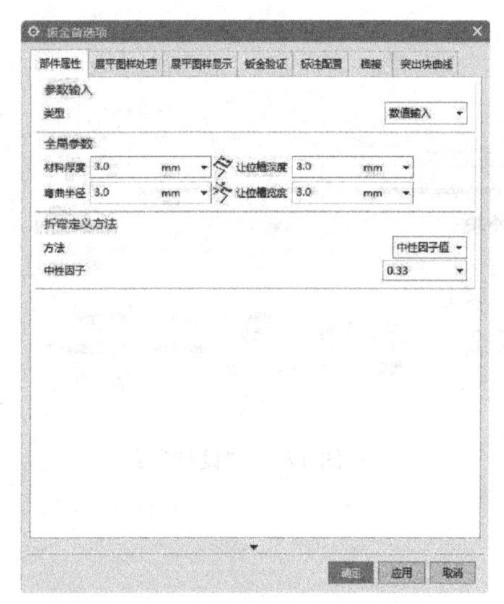

图12-4 “钣金首选项”对话框

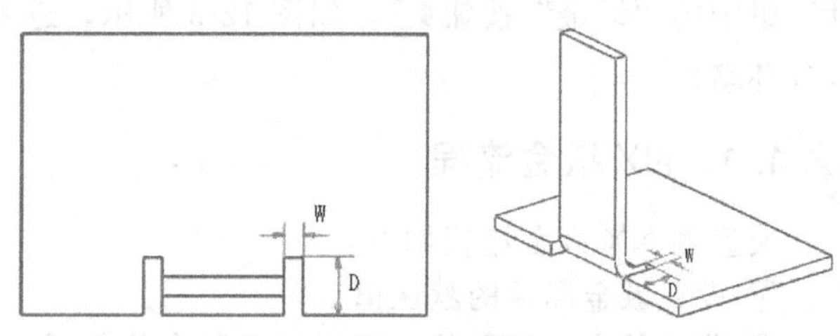

图12-5 止裂口参数含义示意图

④ 折弯定义方法（中性因子值）：中性轴是指折弯外侧拉伸应力等于内侧挤压应力处，它用来表示平面展开处理的折弯需要公式。由折弯材料的机械特性决定，用材料厚度的百分比来表示，从内侧折弯半径来测量，默认为0.33，有效范围为0~1。

(2) 展平图样处理

单击“展平图样处理”属性页，可以设置平面展开图处理参数，如图12-6所示。

① 处理选项：对于平面展开图处理的对内拐角和外拐角进行倒角和倒圆。在后面的输入框中输入倒角的边长或倒圆半径。

② 展平图样简化：对圆柱表面或者折弯线上具有裁剪特征的钣金零件进行平面展开时，生成B样条曲线，该选项可以将B样条曲线转化为简单直线和圆弧。用户可以在如图12-6所示对话框中定义最小圆弧和偏差的公差值。

③ 移除系统生成的折弯止裂口：当创建没有止裂口的封闭拐角时，系统在3D模型上生成一个非常小的折弯止裂口。在图12-6所示对话框中设置在定义平面展开图实体时是否移除系统生成的折弯止裂口。

(3) 展平图样显示

单击“展平图样显示”属性页，可以设置平面展开图显示参数，如图 12-7 所示，包括各种曲线的显示颜色、线性、线宽和标注。

(4) 钣金验证

在此属性页中设置最小工具间隙和最小腹板长度的验证参数。

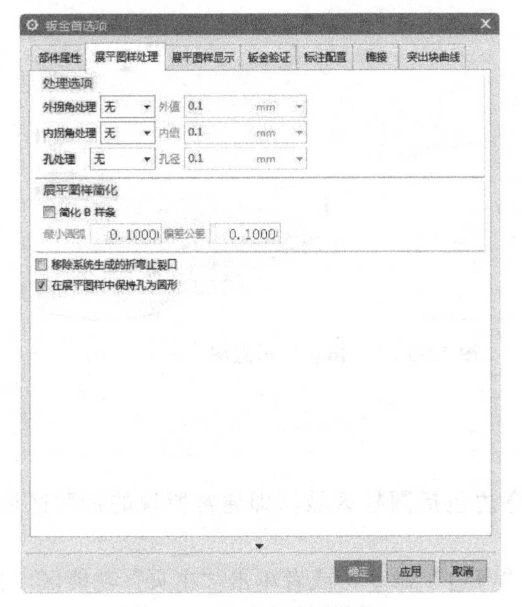

图 12-6　设置展平图样处理

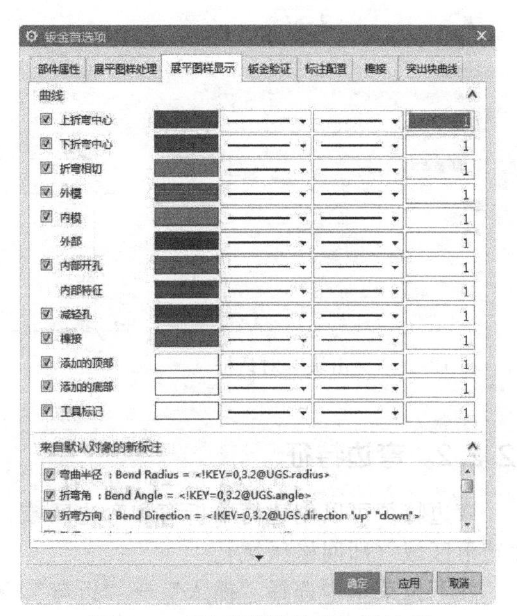

图 12-7　“展平图样显示”属性页

12.2　钣金基本特征

NX 钣金包括基本的钣金特征如弯边、突出块、轮廓弯边以及折弯等特征。在钣金设计中系统也提供了通用的典型建模特征（如孔、槽）和其他基本编辑方法（如拷贝、粘贴和镜像）。

12.2.1　突出块特征

突出块命令可以使用封闭轮廓创建任意形状的扁平特征。

突出块是在钣金零件上创建平板特征，可以使用该命令来创建基本特征或者在已有钣金零件的表面添加材料。

在下拉菜单中选择“插入”→“突出块”命令，或者单击“主页”功能区“基本”组中的“突出块”按钮，打开图 12-8 所示的“突出块”对话框，“突出块”示意图如图 12-9 所示。

对话框部分选项功能如下：

① 表区域驱动。

a. 选择曲线：用来指定使用已有的草图来创建平板特征。

b. 绘制截面：可以在参考平面上绘制草图来创建平板特征。

② 厚度：输入突出块的厚度。

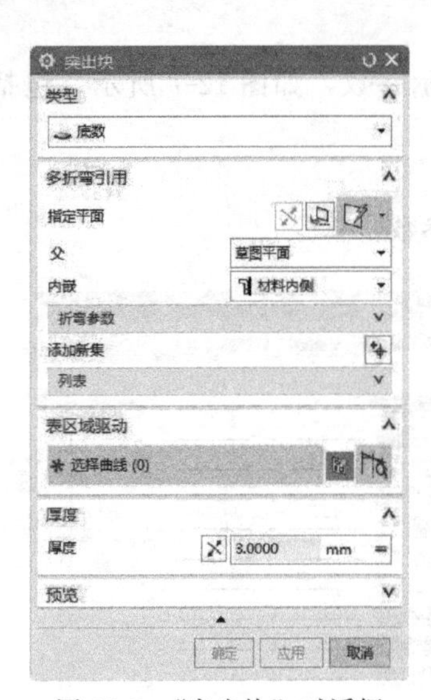

图 12-8 “突出块”对话框

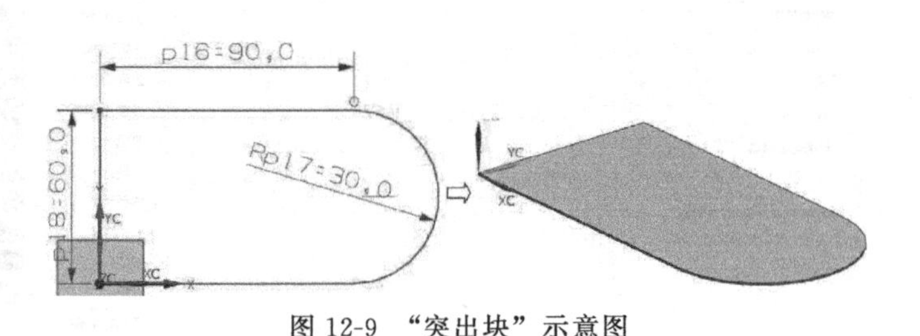

图 12-9 “突出块”示意图

12.2.2 弯边特征

弯边特征可以创建简单折弯和弯边区域。弯边包括圆柱区域（即通常所说的折弯区域）和矩形区域（即网格区域）。

在下拉菜单中选择“插入”→“折弯”→“弯边”命令，或者单击“主页”功能区“折弯”组中的“弯边”按钮，打开图 12-10 所示的“弯边”对话框。

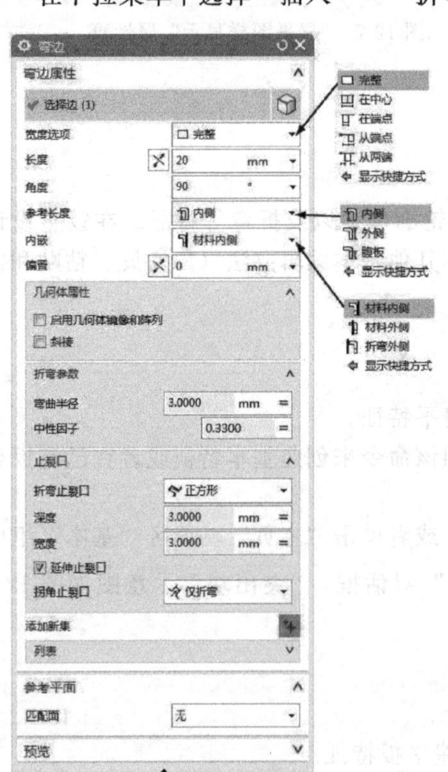

图 12-10 “弯边”对话框

对话框部分选项功能如下：

① 宽度选项：用来设置定义弯边宽度的测量方式。宽度选项包括完整宽度、在中心、在端点、从两端和从端点五种方式，示意图如图 12-11 所示。

a. 完整：指沿着所选择折弯边的边长来创建弯边特征，当选择该选项创建弯边特征时，弯边的主要参数有长度、偏置和角度。

b. 在中心：指在所选择的折弯边中部创建弯边特征，可以编辑弯边宽度值和使弯边居中，默认宽度是所选择折弯边长的三分之一，当选择该选项创建弯边特征时，弯边的主要参数有长度、偏置、角度和宽度（两宽度相等）。

c. 在端点：指从所选择的端点开始创建弯边特征，当选择该选项创建弯边特征时，弯边的主要参数有长度、偏置、角度和宽度。

d. 从两端：指从所选择折弯边的两端定义距离来创建弯边特征，默认宽度是所选择折弯边长的三分之一，当选择该选项创建弯边特征时，弯边的主要参数有长度、偏置、角度、距离 1 和距离 2。

e. 从端点：指从所选折弯边的端点定义距离来创建弯边特征，当选择该选项创建弯边特征时，弯边的主要参数有长度、偏置、角度、从端点（从端点到弯边的距离）和宽度。

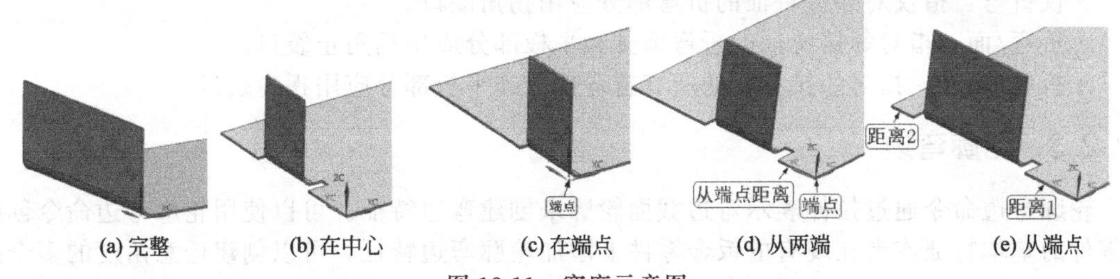

(a) 完整　(b) 在中心　(c) 在端点　(d) 从两端　(e) 从端点

图 12-11　宽度示意图

② 角度：创建弯边特征的折弯角度，可以在视图区动态更改角度值。

③ 参考长度：用来设置定义弯边长度的度量方式，参考长度选项包括内侧、外侧和腹板三种方式。示意图如图 12-12 所示。

a. 内侧：指从已有材料的内侧测量弯边长度。

b. 外侧：指从已有材料的外侧测量弯边长度。

c. 腹板：指从已有材料的折弯处测量弯边长度。

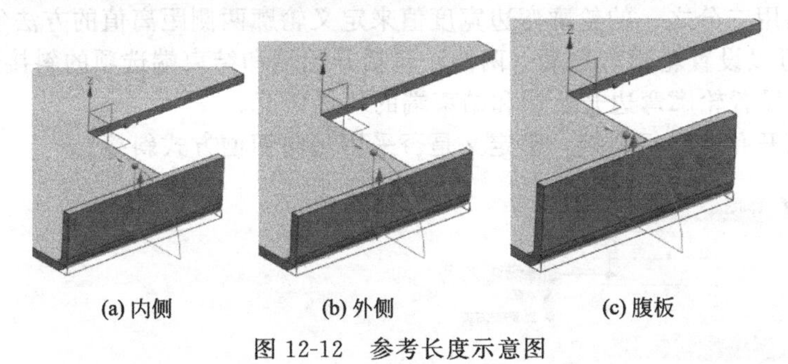
(a) 内侧　(b) 外侧　(c) 腹板

图 12-12　参考长度示意图

④ 内嵌：用来表示弯边嵌入基础零件的距离。嵌入类型包括材料内侧、材料外侧和折弯外侧三种，示意图如图 12-13 所示。

a. 材料内侧：指弯边嵌入到基本材料的里面，这样突出块区域的外侧表面与所选的折弯边平齐。

b. 材料外侧：指弯边嵌入到基本材料的外面，这样突出块区域的内侧表面与所选的折弯边平齐。

c. 折弯外侧：指材料添加到所选中的折弯边上形成弯边。

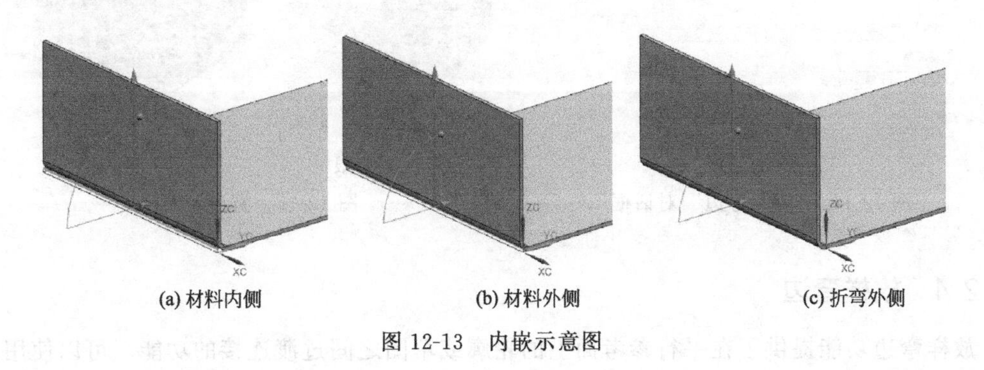

(a) 材料内侧　(b) 材料外侧　(c) 折弯外侧

图 12-13　内嵌示意图

⑤ 止裂口。

a. 折弯止裂口：用来定义是否折弯止裂口到零件的边。

b. 拐角止裂口：定义是否要创建的弯边特征所邻接的特征采用拐角止裂口。

• 仅折弯：指仅对邻接特征的折弯部分应用拐角缺口。

• 折弯/面：指对邻接特征的折弯部分和平板部分应用拐角止裂口。

• 折弯/面链：指对邻接特征的所有折弯部分和平板部分应用拐角缺口。

12.2.3 轮廓弯边

轮廓弯边命令通过拉伸表示弯边截面轮廓来创建弯边特征。可以使用轮廓弯边命令创建新零件的基本特征或者在现有的钣金零件上添加轮廓弯边特征，可以创建任意角度的多个折弯特征。

在下拉菜单中选择“插入”→“折弯”→“轮廓弯边”命令，或者单击“主页”功能区“折弯”组中的“轮廓弯边”按钮，打开图 12-14 所示“轮廓弯边”对话框。

对话框部分选项功能如下：

① 底数：可以使用基部轮廓弯边命令创建新零件的基本特征。

② 宽度选项：包括有限范围和对称范围选项。示意图如图 12-15 所示。

a. 有限：指创建有限宽度的轮廓弯边的方法。

b. 对称：指用二分之一的轮廓弯边宽度值来定义轮廓两侧距离值的方法创建轮廓弯曲。

③ 斜接：可以设置轮廓弯边端（两侧）包括开始端和结束端选项的斜接选项和参数。

a. 斜接角：设置轮廓弯边开始端和结束端的斜接角度。

b. 使用法向开孔法进行斜接：来定义是否采用法向切槽方式斜接。

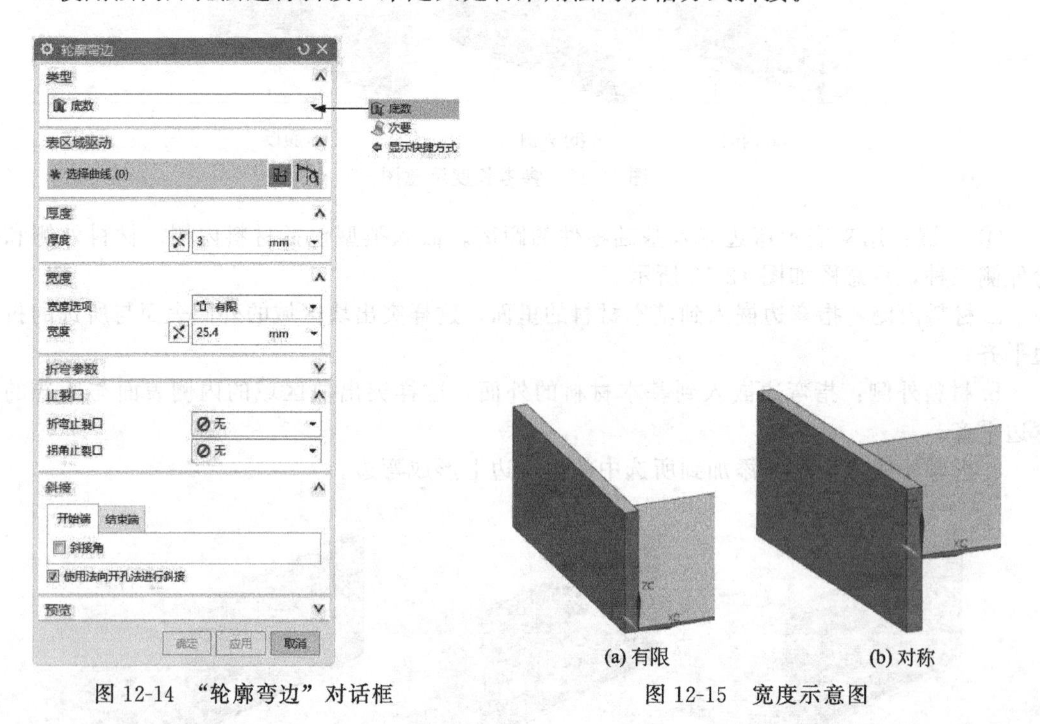

(a) 有限　　(b) 对称

图 12-14 “轮廓弯边”对话框　　图 12-15 宽度示意图

12.2.4 放样弯边

放样弯边功能提供了在平行参考面上的轮廓或草图之间过渡连接的功能。可以使用放样弯边命令创建新零件的基本特征。

在下拉菜单中选择“插入”→“折弯”→“放样弯边”命令，或者单击“主页”功能区“折弯”组中“更多”库中“折弯”库中的“放样弯边”按钮，打开图 12-16 所示“放样弯边”对话框。示意图如图 12-17 所示。

对话框部分选项功能如下：

① 类型-底数：可以使用基部放样弯边选项创建新零件的基本特征。

② 选择曲线：用来指定使用已有的轮廓作为放样弯边特征的起始轮廓来创建放样弯边特征。

③ 绘制起始截面：在参考平面上绘制开轮廓草图作为放样弯边特征的起始轮廓来创建基部放样弯边特征。

④ 指定点：用来指定放样弯边起始轮廓的顶点。

图 12-16　“放样弯边”对话框

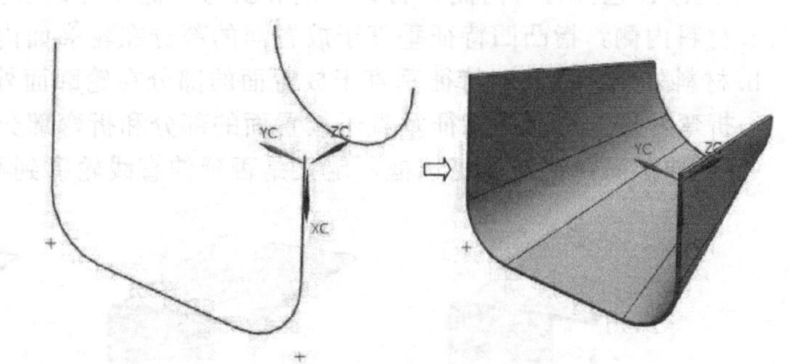

图 12-17　“放样弯边”示意图

12.2.5　二次折弯特征

二次折弯功能可以在钣金零件平面上创建两个 90°的折弯，并添加材料到折弯特征。二次折弯功能的轮廓线必须是一条直线，并且位于放置平面上。

在下拉菜单中选择“插入”→“折弯”→“二次折弯”命令，或者击“主页”功能区“折弯”组中“更多”库中“折弯”库中的“二次折弯”按钮，打开图 12-18 所示“二次折弯”对话框。

对话框部分选项功能如下：

① 高度：创建二次折弯特征时可以在视图区中动态更改高度值。

② 参考高度：包括内部和外部两种选项，如图 12-19 所示。

a. 内侧：指定义选择放置面到二次折弯特征最近表面的高度。

b. 外侧：指定义选择放置面到二次折弯特征最远表面的高度。

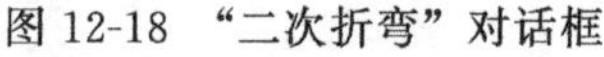
图 12-18 “二次折弯”对话框

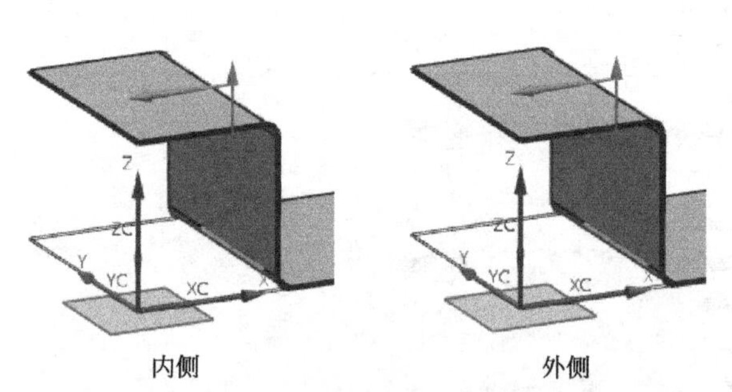

图 12-19 参考高度示意图

③ 内嵌：包括材料内侧、材料外侧和折弯外侧三种选项。示意图如图 12-20 所示。

a. 材料内侧：指凸凹特征垂直于放置面的部分在轮廓面内侧。

b. 材料外侧：指凸凹特征垂直于放置面的部分在轮廓面外侧。

c. 折弯外侧：指凸凹特征垂直于放置面的部分和折弯部分都在轮廓面外侧。

④ 延伸截面：选择该复选框，定义是否延伸直线轮廓到零件的边。

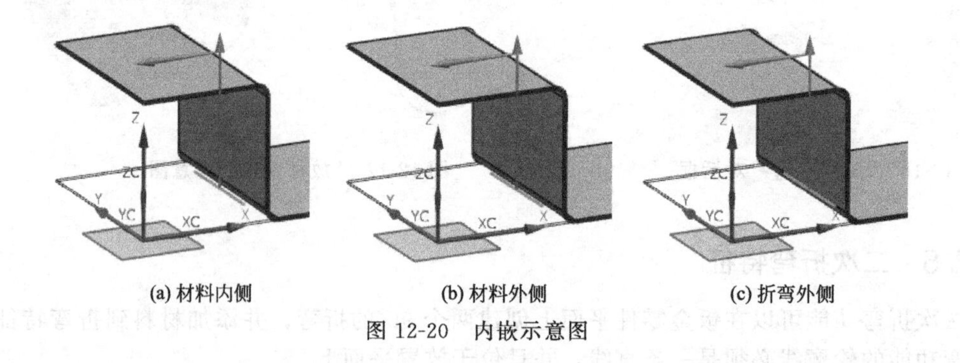

图 12-20 内嵌示意图

12.2.6 折弯

折弯命令可以在钣金零件的平面区域上创建折弯特征。

在下拉菜单中选择“插入”→“折弯”→“折弯”命令，或者单击“主页”功能区“折弯”组中“更多”库中“折弯”库中的“折弯”按钮，打开图 12-21 所示“折弯”对话框。

对话框部分选项功能如下：

① 内嵌：包括外模线轮廓、折弯中心线轮廓、内模线轮廓、材料内侧和材料外侧五种。

a. 外模线轮廓：指轮在展开状态时廓线表示平面静止区域和圆柱折弯区域之间连接的直线。

b. 折弯中心线轮廓：指轮廓线表示折弯中心线，在展开状态时折弯区域均匀分布在轮廓线两侧。

c. 内模线轮廓：指轮廓线表示在展开状态时的平面区域和圆柱折弯区域之间连接的直线。

d. 材料内侧：指在成形状态下轮廓线在平面区域外侧平面内。

e. 材料外侧：指在成形状态下轮廓线在平面区域内侧平面内。

② 延伸截面：定义是否延伸截面到零件的边。

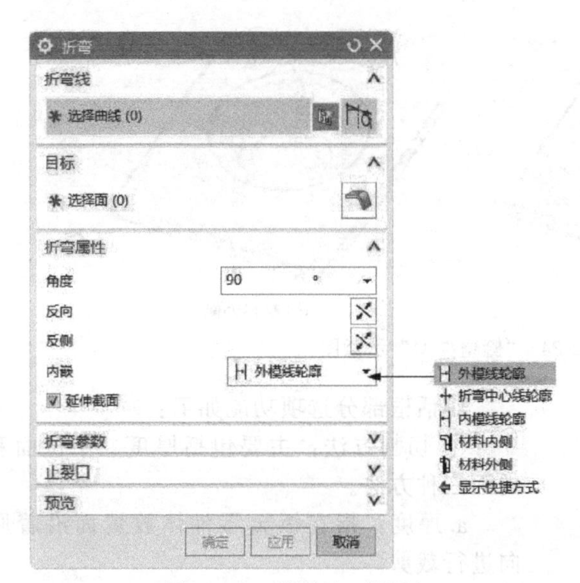

图 12-21　“折弯”对话框

图 12-22　“凹坑”对话框

12.2.7　凹坑

凹坑是指用一组连续的曲线作为成形面的轮廓线，沿着钣金零件体表面的法向成形，同时在轮廓线上建立成形钣金部件的过程，它和冲压开孔有一定的相似之处，主要不同的是凹坑不裁剪由轮廓线生成的平面。

在下拉菜单中选择“插入”→“冲孔”→“凹坑”命令，或者单击“主页”功能区“冲孔”库中的“凹坑”按钮，打开如图 12-22 所示“凹坑”对话框。

和二次折弯功能的对应部分参数含义相同，这里不再详述。参考示意图和侧壁示意图分别如图 12-23 和图 12-24 所示。

12.2.8　法向开孔

法向开孔是指用一组连续的曲线作为裁剪的轮廓线，沿着钣金零件体表面的法向进行裁剪。

在下拉菜单中选择“插入”→“切割”→“法向开孔”命令，或者单击“主页”功能区

“特征”组中的“法向开孔”按钮，打开图 12-25 所示“法向开孔”对话框。

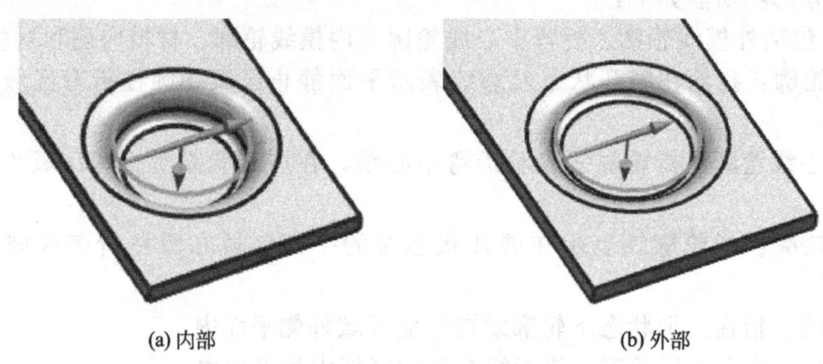

图 12-23 “参考类型”示意图

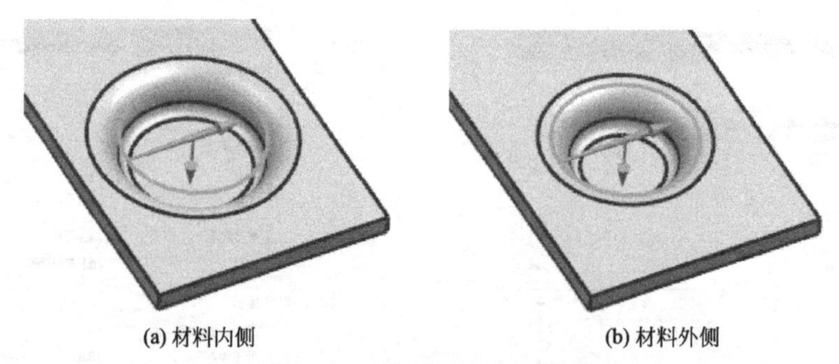

图 12-24 “侧壁类型”示意图

图 12-25 “法向开孔”对话框

对话框部分选项功能如下：

① 切割方法：主要包括厚度、中位面和最近的面三种方法。

a. 厚度：指在钣金零件体放置面沿着厚度方向进行裁剪。

b. 中位面：是在钣金零件体的放置面的中间面向钣金零件体的两侧进行裁剪。

c. 最近的面：是在钣金零件体放置面的最近的面向钣金零件的另一侧进行裁剪。

② 限制：包括值、所处范围、直至下一个和贯通四种类型。

a. 值：是指沿着法向，穿过至少指定一个厚度的深度尺寸的裁剪。

b. 所处范围：指沿着法向从开始面穿过钣金零件的厚度，延伸到指定结束面的裁剪。

c. 直至下一个：指沿着法向穿过钣金零件的厚度，延伸到最近面的裁剪。

d. 贯通：指沿着法向，穿过钣金零件所有面的裁剪。

12.2.9 实例——机箱顶板

本例绘制机箱顶板，如图 12-26 所示。首先绘制机箱基体主板，然后在其上面创建弯边，最后创建造型和孔，完成机箱顶板。

扫一扫，看视频

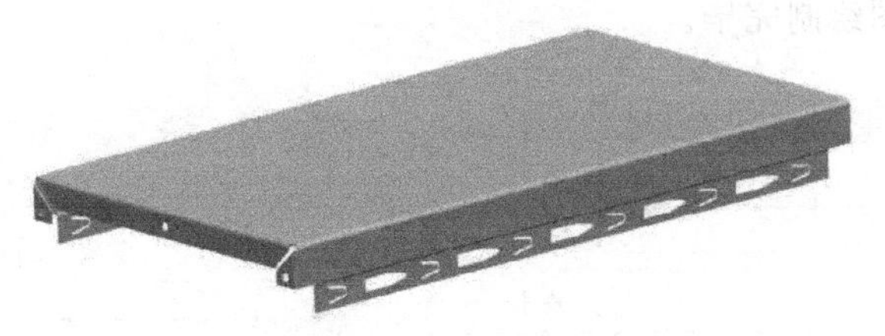

图 12-26　机箱顶板

绘制步骤

(1) 创建新文件

在下拉菜单中选择“文件”→“新建”命令，或者单击“快速访问”工具条中的“新建”按钮，打开“新建”对话框。在模板列表中选择“NX 钣金”，输入名称为 top _ cover，单击“确定”按钮，进入 NX 钣金环境。

(2) 钣金参数预设置

① 在下拉菜单中选择“首选项”→“钣金”命令，打开图 12-27 所示的“钣金首选项”对话框。

② 在“材料厚度”文本框中输入 1，“弯曲半径”文本框中输入 2，其他采用默认设置，单击“确定”按钮，完成 NX 钣金预设置。

(3) 创建突出块特征

① 在下拉菜单中选择“插入”→“突出块”命令，或者单击“主页”功能区“基本”组中的“突出块”按钮，打开图 12-28 所示的“突出块”对话框。

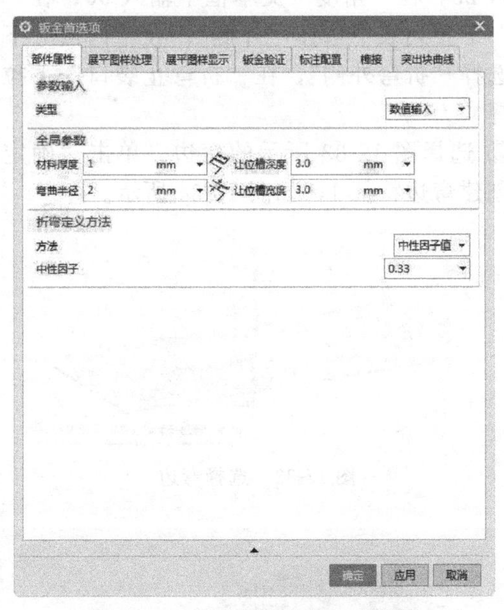

图 12-27　“钣金首选项”对话框

图 12-28　“突出块”对话框

② 在“类型”下拉列表框中选择“底数”，单击“绘制截面”按钮，打开图 12-29 所示的“创建草图”对话框。设置“XC-YC 平面”为参考平面，单击“确定”按钮，进入草图绘制环境，绘制图 12-30 所示的草图。单击“主页”功能区“草图”组中的

“完成”按钮🏁，草图绘制完毕。

图 12-29 “创建草图”对话框

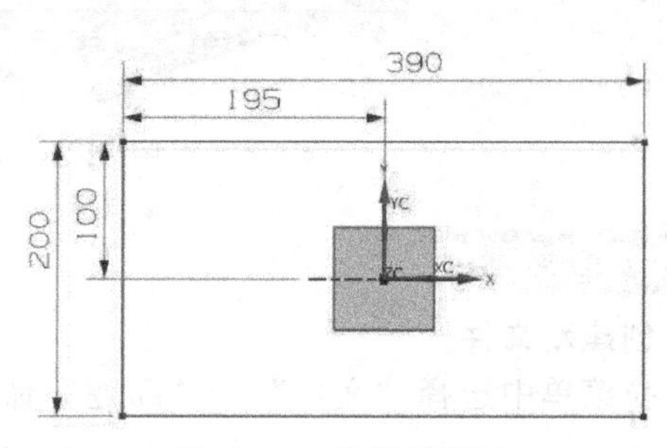

图 12-30 绘制的草图

③ 在“厚度”文本框中输入 1。单击“确定”按钮，创建突出块特征，如图 12-31 所示。

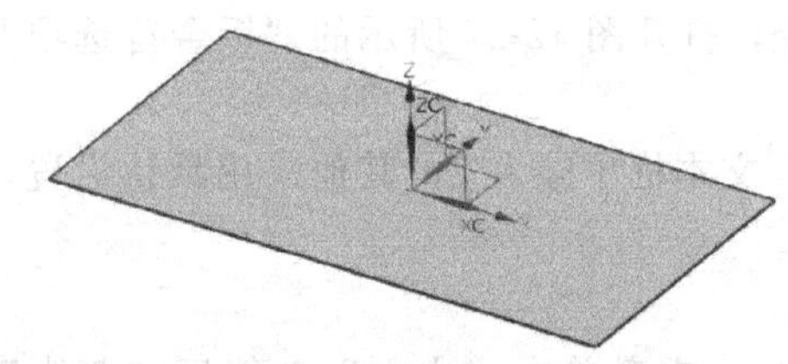

图 12-31 创建突出块特征

(4) 创建弯边特征 1

① 在下拉菜单中选择“插入”→“折弯”→“弯边”命令，或者单击“主页”功能区“折弯”组中的“弯边”按钮，打开图 12-32 所示的“弯边”对话框。

② 在图 12-32 所示的对话框中，在“宽度选项”下拉列表中选择“完整”，在“长度”文本框中输入 23，在“角度”文本框中输入 90，在“参考长度”下拉列表中选择“外侧”，在“内嵌”下拉列表中选择“折弯外侧”，在“折弯止裂口”下拉列表中选择“无”。

③ 选择图 12-33 所示的弯边。单击“确定”按钮，创建弯边特征 1，如图 12-34 所示。

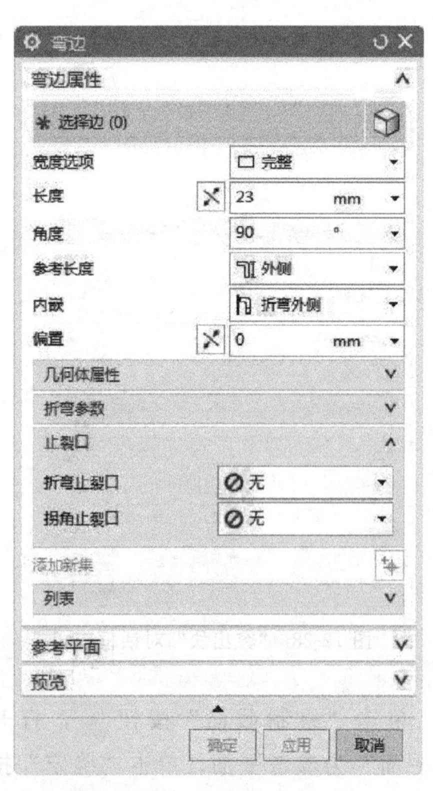

图 12-32 “弯边”对话框

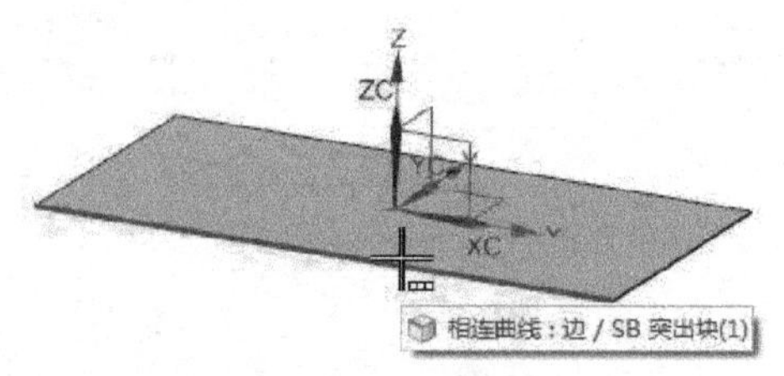

图 12-33 选择弯边

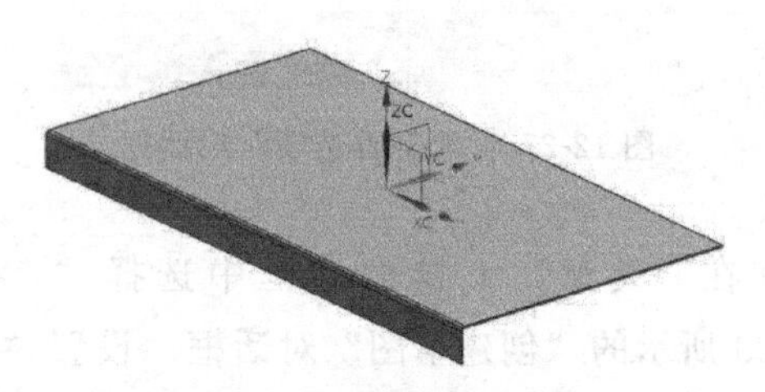

图 12-34 创建弯边特征 1

(5) 创建轮廓弯边特征

① 在下拉菜单中选择“插入”→“折弯”→“轮廓弯边”命令，或者单击“主页”功能区“折弯”组中的“轮廓弯边”按钮，打开图 12-35 所示“轮廓弯边”对话框。

② 在图 12-35 所示的对话框中，在“类型”下拉列表中选择“底数”，单击“绘制截面”按钮，打开图 12-36 所示的“创建草图”对话框。

图 12-35　“轮廓弯边”对话框

图 12-36　“创建草图”对话框

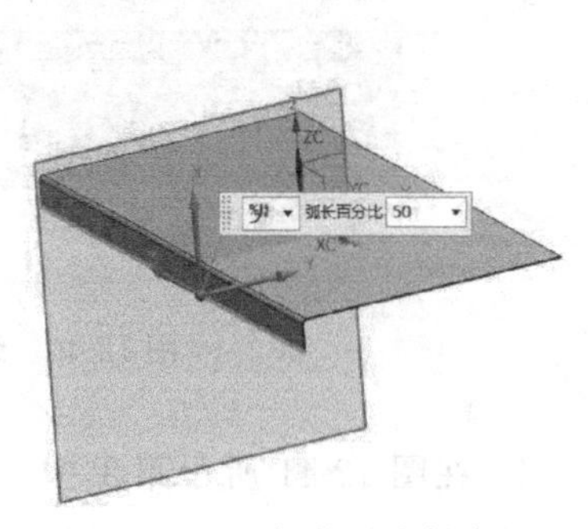

图 12-37　选择草图绘制路径

③ 选择草图绘制路径，如图 12-37 所示。在“弧长百分比”文本框中输入 50，单击“确定”按钮，进入草图绘制环境。

④ 绘制图 12-38 所示的草图，单击“主页”功能区“草图”组中的“完成”按钮，草图绘制完毕，返回图 12-35 所示的对话框。

⑤ 在对话框中，在“宽度选项”下拉列表中选择“对称”，在“宽度”文本框中输入 360。单击“确定”按钮，创建轮廓弯边特征，如图 12-39 所示。

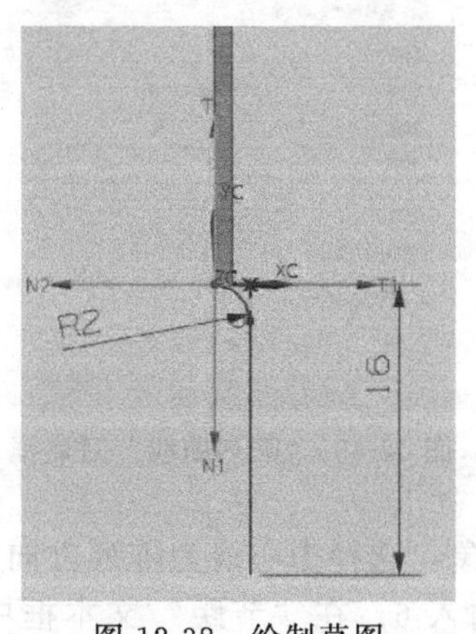

图 12-38　绘制草图

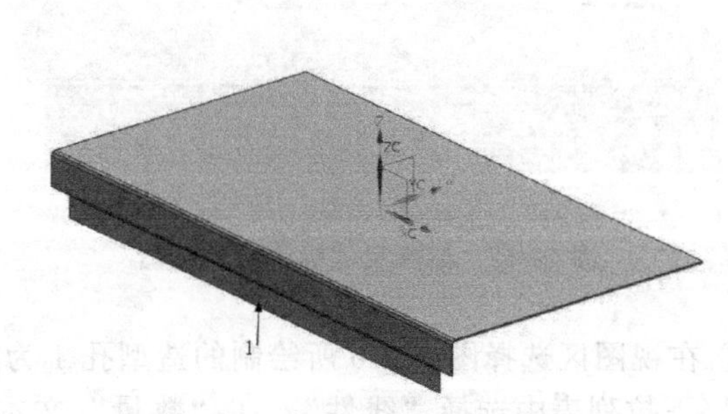

图 12-39　创建轮廓弯边特征

(6) 草图绘制

① 在下拉菜单中选择“插入”→“草图”命令，或者单击“主页”功能区“直接草图”

组中的“草图”按钮，打开“创建草图”对话框。

② 在视图区选择图 12-39 所示的平面 1 作为草图工作平面，绘制图 12-40 所示的草图。

③ 在图 12-40 所示的草图中，选择所有已经标注的尺寸并单击鼠标右键，打开图 12-41 所示的打开菜单。

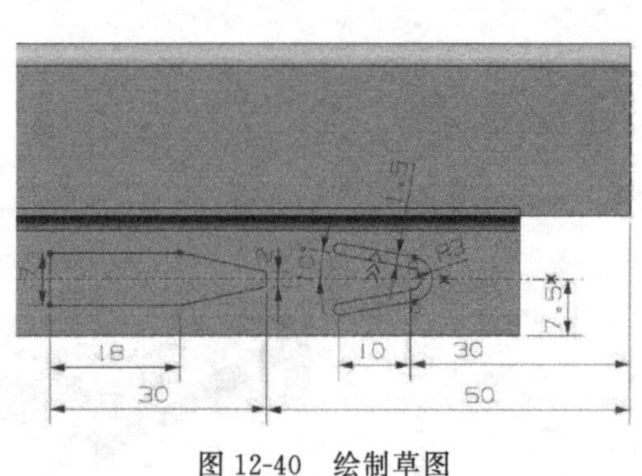

图 12-40 绘制草图

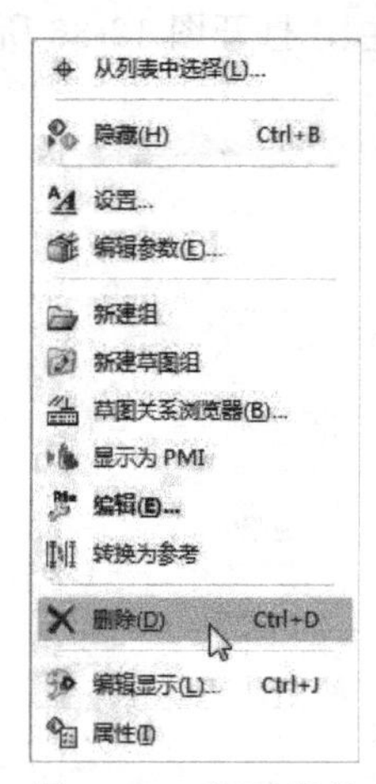

图 12-41 打开菜单

④ 在图 12-41 所示菜单中，单击“✕删除”，删除所有选中的尺寸标注，如图 12-42 所示。

⑤ 在下拉菜单中选择“插入”→“草图曲线”→“阵列曲线”命令，打开图 12-43 所示的“阵列曲线”对话框。

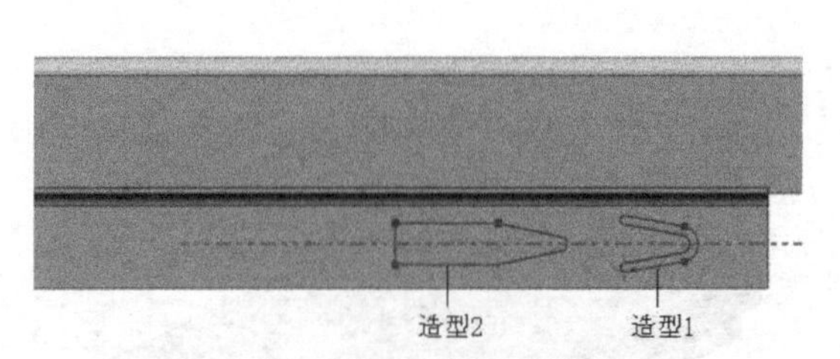

图 12-42 删除尺寸标注后的草图

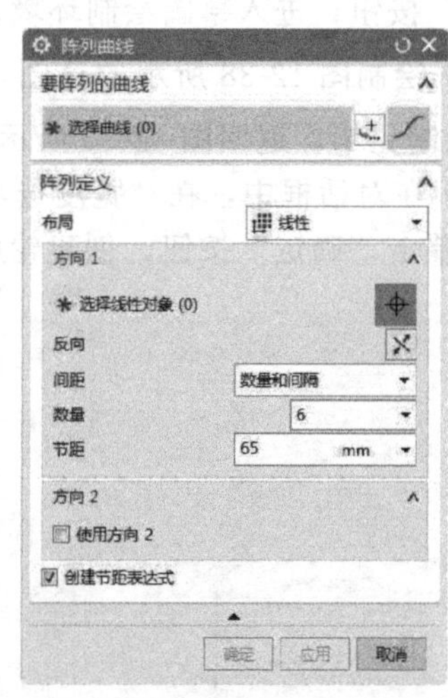

图 12-43 “阵列曲线”对话框

⑥ 在视图区选择图 12-40 所绘制的造型孔 1 为阵列对象，选择中心线为阵列方向 1。在“布局”下拉列表中选择“线性”，在“数量”文本框中输入 6，在“节距”文本框中输入 65，单击“应用”按钮，完成造型 1 的阵列。

⑦ 重复步骤⑤和⑥，选择造型孔 2 为阵列对象，在“数量”文本框中输入 5，在“节距”文本框中输入 65，单击“确定”按钮，完成造型的阵列，如图 12-44 所示。

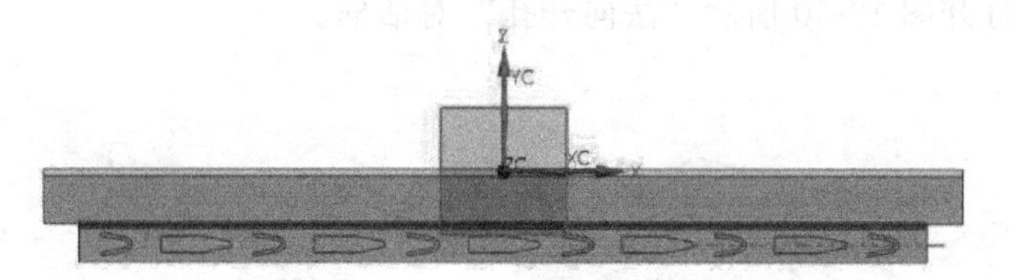

图 12-44　阵列造型后的草图

(7) 创建法向开孔特征 1

① 在下拉菜单中选择“插入”→“切割”→“法向开孔”命令，或者单击“主页”功能区“特征”组中的“法向开孔”按钮，打开图 12-45 所示的“法向开孔”对话框。

② 在视图区选择图 12-44 所绘制的草图为表区域驱动。

③ 在“切割方法”下拉列表中选择“厚度”，在“限制”下拉列表中选择“贯通”，单击“确定”按钮，创建法向开孔特征 1，如图 12-46 所示。

图 12-45 “法向开孔”对话框

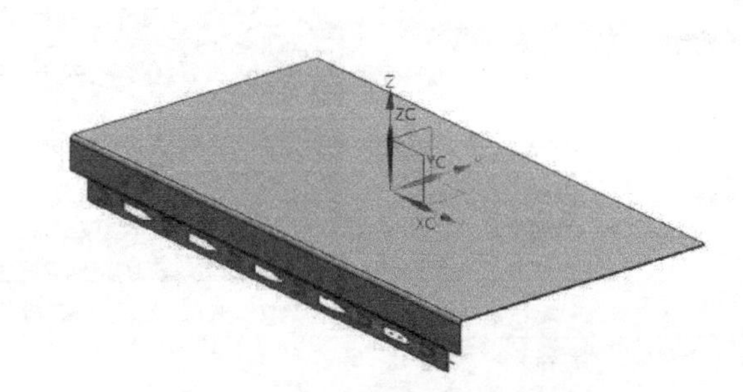

图 12-46　创建法向开孔特征 1

(8) 创建弯边特征 2

① 在下拉菜单中选择“插入”→“折弯”→“弯边”命令，或者单击“主页”功能区“折弯”组中的“弯边”按钮，打开“弯边”对话框。

② 在“宽度选项”下拉列表中选择“在中心”，在“宽度”文本框中输入 194，在“长度”文本框中输入 14，在“角度”文本框中输入 90，在“参考长度”下拉列表中选择“内侧”，在“内嵌”下拉列表中选择“材料内侧”，在“折弯止裂口”下拉列表框中选择“无”，参数设置完毕的“弯边”对话框如图 12-47 所示。

③ 选择折弯边，如图 12-48 所示。单击“确定”按钮，创建弯边特征 2，如图 12-49 所示。

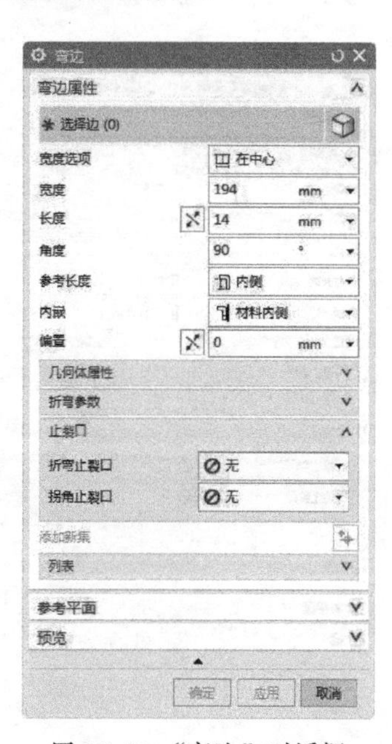

图 12-47 “弯边”对话框

(9) 创建法向开孔特征 2

① 在下拉菜单中选择“插入”→“切割”→“法向开孔”命令，或者单击“主页”功能区“特征”组中的“法向

开孔”按钮，打开图 12-50 所示“法向开孔”对话框。

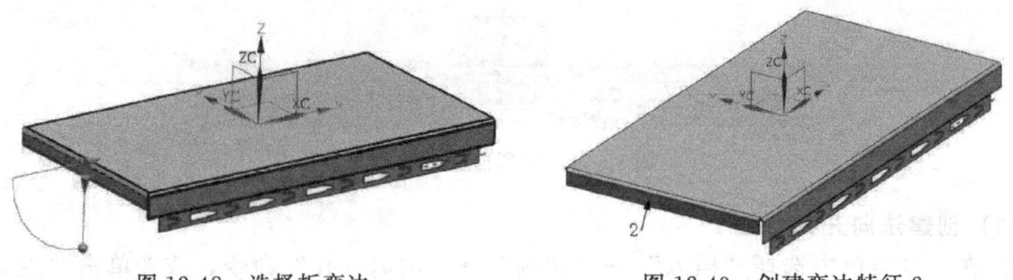

图 12-48 选择折弯边　　图 12-49 创建弯边特征 2

② 在视图区选择图 12-49 所示的面 2 为草图绘制面，进入草图绘制环境，绘制图 12-51 所示的草图。单击“主页”功能区“草图”组中的“完成”按钮，草图绘制完毕。

③ 在“切割方法”下拉列表中选择“厚度”，在“限制”下拉列表中选择“直至下一个”，单击“确定”按钮，创建法向开孔特征 2，如图 12-52 所示。

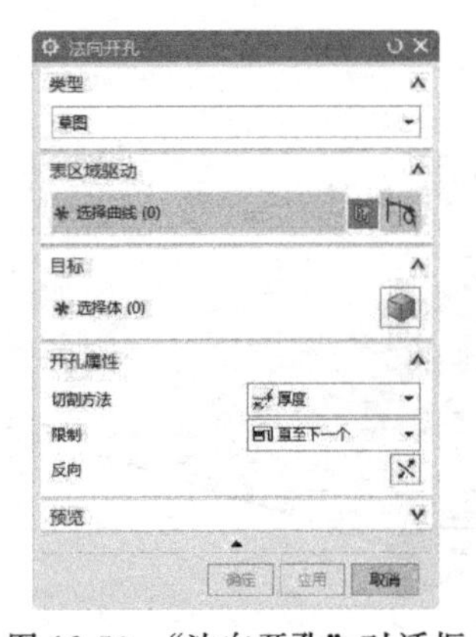

图 12-50 “法向开孔”对话框

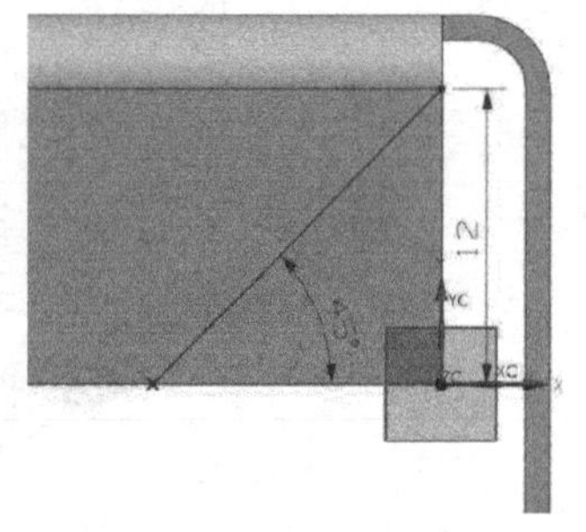

图 12-51 绘制草图

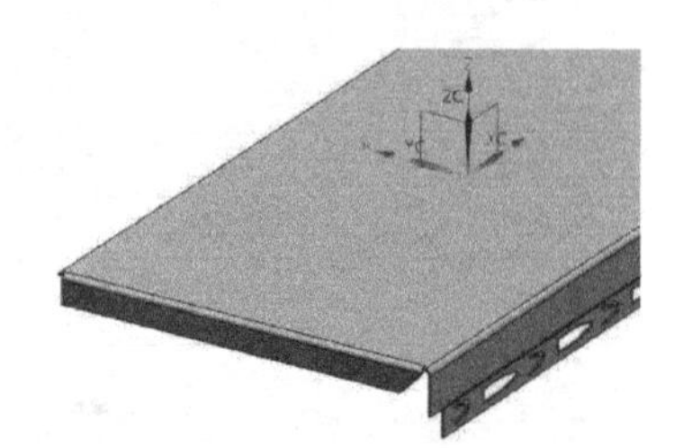

图 12-52 创建法向开孔特征 2

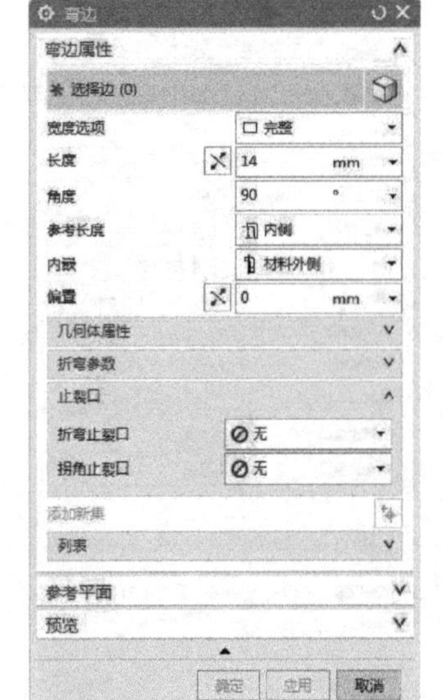

图 12-53 “弯边”对话框

(10) 创建弯边特征 3

① 在下拉菜单中选择“插入”→“折弯”→“弯边”命令，或者单击“主页”功能区“折弯”组中的“弯边”按钮，打开图 12-53 所示“弯边”对话框。

② 在“宽度选项”下拉列表中选择“□完整”，在“长度”文本框中输入 14，在“角度”文本框中输入 90，在“参考长度”下拉列表中选择“内侧”，在“内嵌”下拉列表中选择“材料外侧”，在“折弯止裂口”下拉列表框中选择“⊘无”。

③ 选择折弯边，如图 12-54 所示。单击“确定”按钮，创建弯边特征 3，如图 12-55 所示。

(11) 创建法向开孔特征 3

① 在下拉菜单中选择“插入”→“剪切”→“法向开孔”命令，或者单击“主页”功能区“特征”组中的“法向开孔”按钮，打开“法向开孔”对话框。

② 在视图区选择草图工作平面，如图 12-55 所示，进入草图绘制环境，绘制图 12-56 所示的草图。单击“主页”功能区“草图”组中的“完成”按钮，草图绘制完毕。

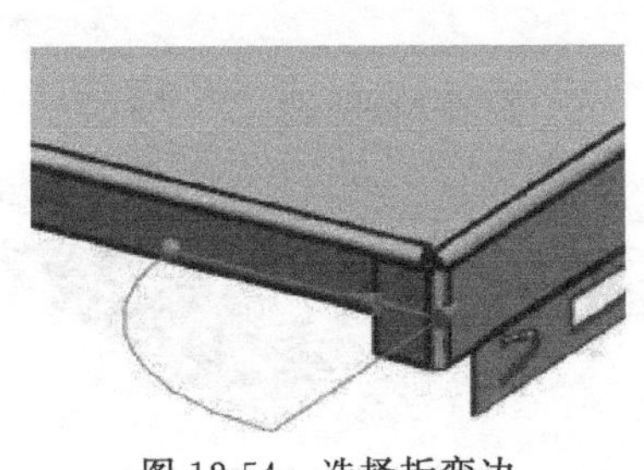

图 12-54　选择折弯边

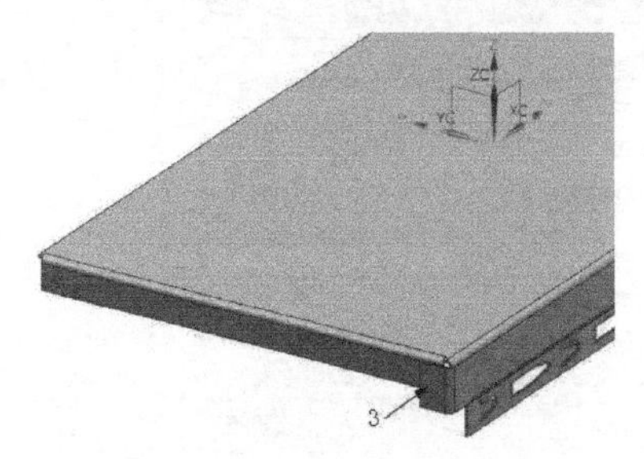

图 12-55　创建弯边特征 3

③ 在“切割方法”下拉列表中选择“厚度”，在“限制”下拉列表中选择“直至下一个”，单击“确定”按钮，创建法向开孔特征 3，如图 12-57 所示。

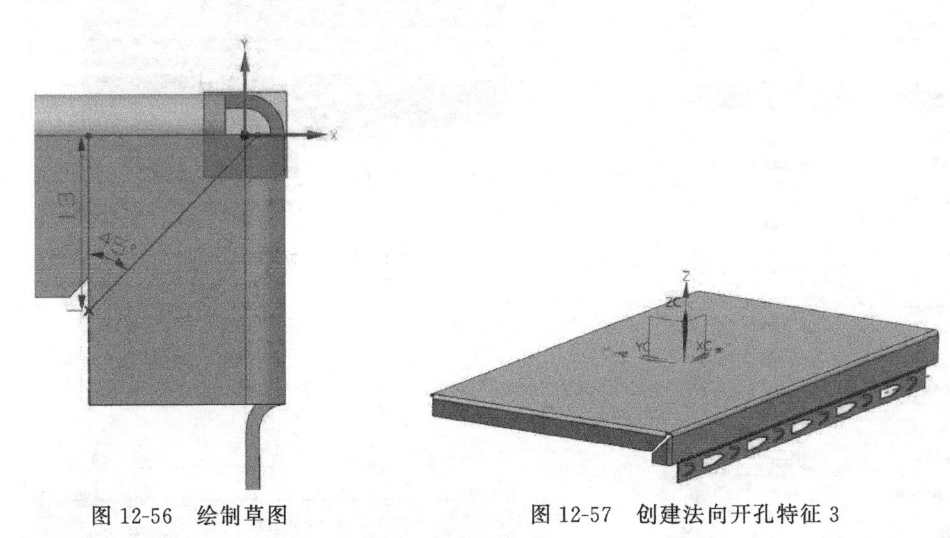

图 12-56　绘制草图　　图 12-57　创建法向开孔特征 3

(12) 镜像特征

① 在下拉菜单中选择“插入”→“关联复制”→“镜像特征”命令，打开“镜像特征”对话框，如图 12-58 所示。

② 在模型中选择步骤（4）、(5)、(7)、(8)、(9) 创建的特征为要镜像的特征。

③ 在“平面”下拉列表中选择“新平面”，在“指定平面”下拉列表中选择“XC-ZC 平面”，单击“确定”按钮，创建镜像特征。

④ 重复步骤（10）和（11），在另一侧创建弯边和开孔特征，如图 12-59 所示。

(13) 创建孔特征 1

① 在下拉菜单中选择“插入”→“设计特征”→“孔”命令，或者单击“主页”功能区“特征”组中的“更多”库中“设计特征”库中的“孔”按钮，打开图 12-60 所示的“孔”对话框。

② 在“直径”和“深度”文本框中都输入 5。

③ 在视图区选择图 12-61 所示的面 4 为孔放置面，进入草图绘制环境，绘制图 12-62 所示的草图。单击“主页”功能区“草图”组中的“完成”按钮，草图绘制完毕。

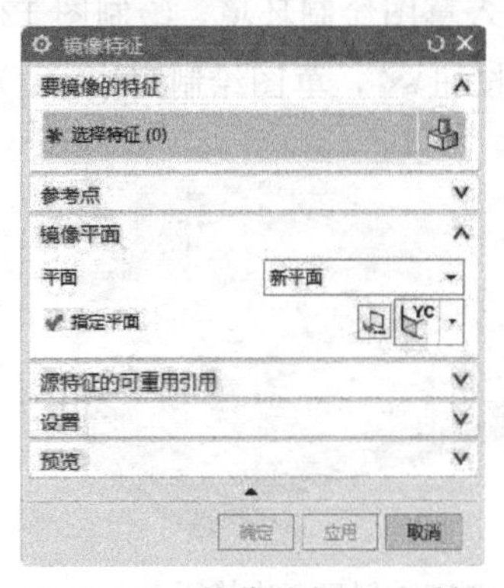

图 12-58 “镜像特征”对话框

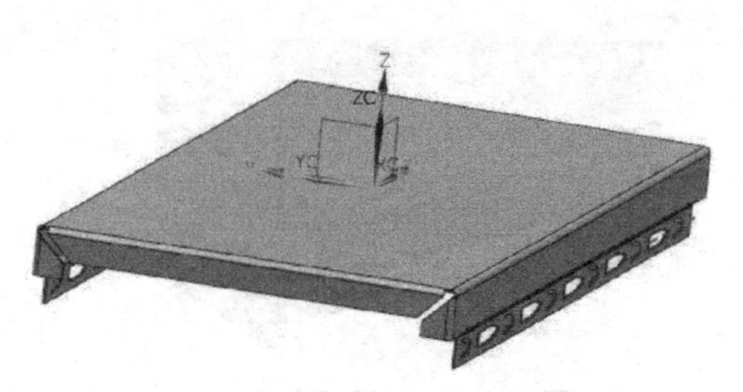

图 12-59 创建镜像特征后的钣金件

图 12-60 “孔”对话框

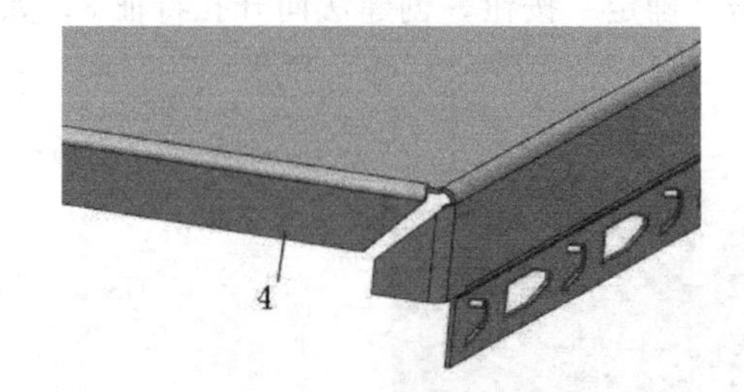

图 12-61 选择放置面

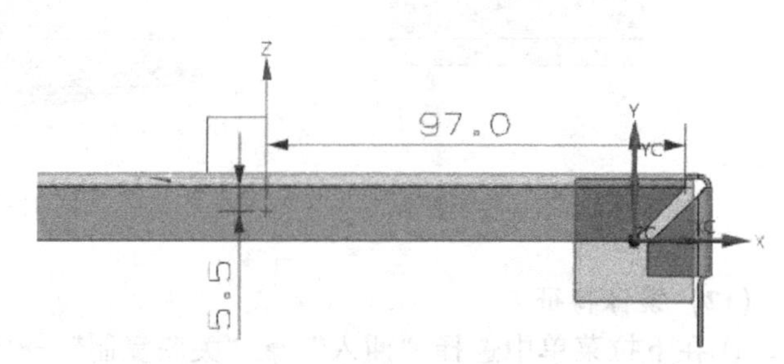

图 12-62 定位尺寸

④ 单击“确定”按钮，创建孔特征 1 后的钣金件，如图 12-63 所示。

(14) 创建孔特征 2

① 在下拉菜单中选择“插入”→“设计特征”→“孔”命令，或者单击“主页”功能区“特征”组中“更多”库中“设计特征”库中的“孔”按钮，打开“孔”对话框。

② 在“直径”和“深度”文本框中都输入 5。

③ 在视图区选择图 12-64 所示的面 5 为孔放置面。进入草图绘制环境，绘制图 12-65 所示的草图。单击“主页”功能区“草图”组中的“完成”按钮，草图绘制完毕。

④ 单击“确定”按钮，创建孔特征 2 后的钣金件，如图 12-66 所示。

(15) 镜像孔特征

① 在下拉菜单中选择“插入”→“关联复制”→“镜像特征”命令，或者单击“主页”

功能区“特征”组中“更多”库中“关联复制”库中的“镜像特征”按钮，打开图 12-67 所示的“镜像特征”对话框。

② 在选择上一步所创建的孔特征为镜像特征。

③ 在“平面”下拉列表中选择“新平面”，在“指定平面”下拉列表中选择“XC-ZC 平面”。

④ 单击“确定”按钮，创建镜像孔特征后的钣金件，如图 12-68 所示。

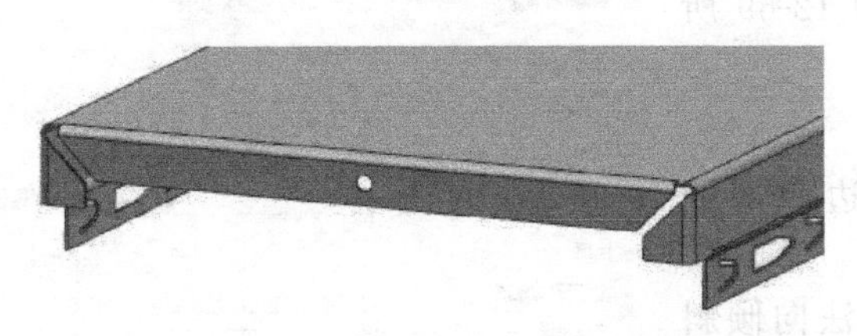

图 12-63　创建孔特征 1 后的钣金件

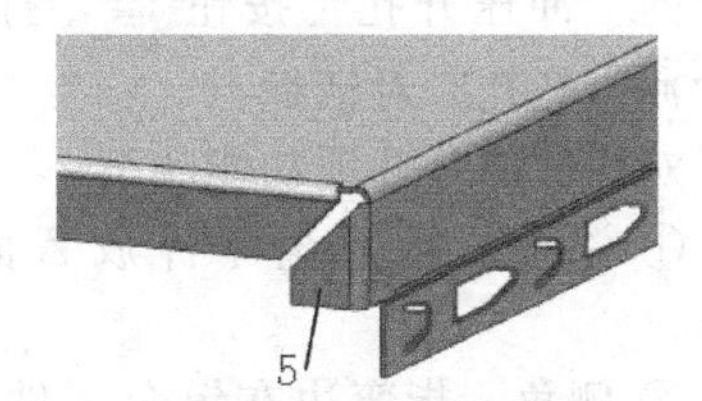

图 12-64　选择放置面

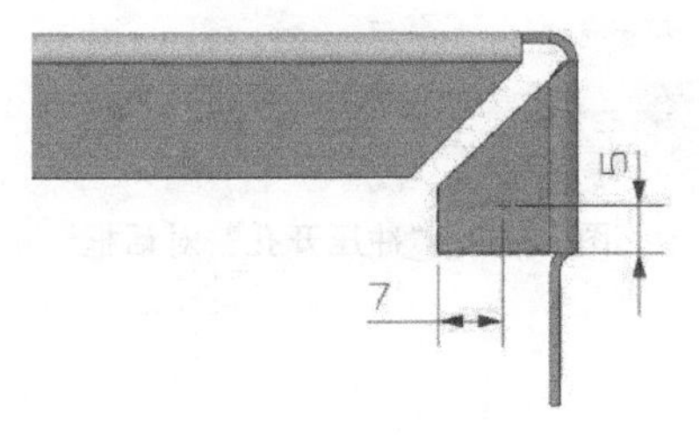

图 12-65　定位尺寸

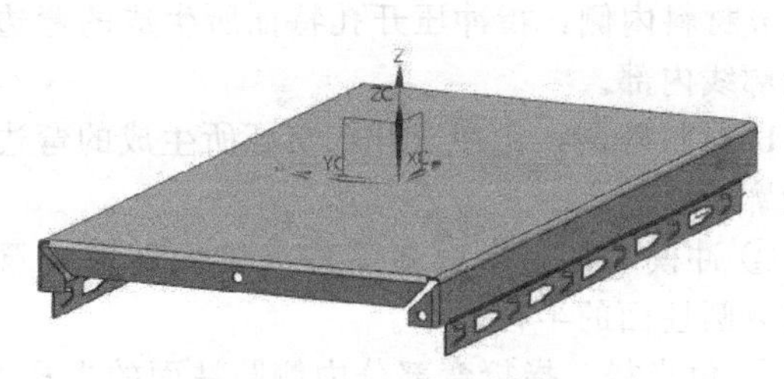

图 12-66　创建孔特征 2

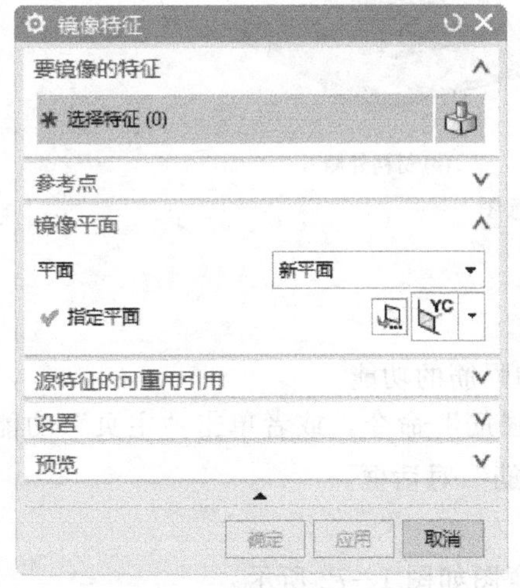

图 12-67　“镜像特征”对话框

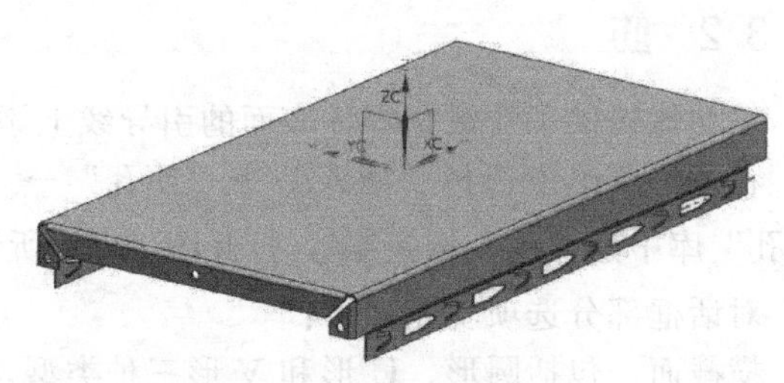

图 12-68　钣金件

12.3　钣金高级特征

在上一节讲述 NX 钣金的基础上，本节将继续讲述 NX 钣金的一些高级特征，包括冲压开孔、凹坑、封闭拐角、转换为钣金件、展平实体等特征。

12.3.1 冲压开孔

冲压开孔是指用一组连续的曲线作为裁剪的轮廓线，沿着钣金零件体表面的法向进行裁剪，同时在轮廓线上建立弯边的过程。

在下拉菜单中选择“插入”→“冲孔”→“冲压开孔”命令，或者单击“主页”功能区“冲孔”库中的“冲压开孔”按钮，打开如图12-69所示“冲压开孔”对话框。

图12-69 “冲压开孔”对话框

对话框部分选项功能如下：

① 深度：指钣金零件放置面到弯边底部的距离。

② 侧角：指弯边在钣金零件放置面法向倾斜的角度。

③ 侧壁：示意图如图12-70所示。

a. 材料内侧：指冲压开孔特征所生成的弯边位于轮廓线内部。

b. 材料外侧：指冲压开孔特征所生成的弯边位于轮廓线外部。

④ 冲模半径：指钣金零件放置面转向折弯部分内侧圆柱面的半径大小。

⑤ 角半径：指折弯部分内侧圆柱面的半径大小。

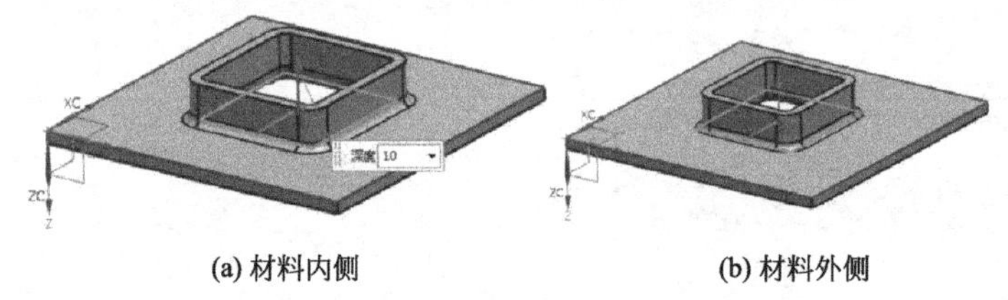

(a) 材料内侧　　(b) 材料外侧

图12-70 侧壁示意图

12.3.2 筋

筋功能提供了在钣金零件表面的引导线上添加加强筋的功能。

在下拉菜单中选择“插入”→“冲孔”→“加强筋”命令，或者单击“主页”功能区“冲孔”库中的“筋”按钮，打开图12-71所示“筋”对话框。

对话框部分选项功能如下：

横截面：包括圆形、U形和V形三种类型，示意图如图12-72所示。

① 圆形：创建“圆形筋”的示意图如图12-71所示。

a. 深度：是指圆形筋的底面和圆弧顶部之间的高度差值。

b. 半径：是指圆形筋的截面圆弧半径。

c. 冲模半径：是指圆形筋的侧面或端盖与底面倒角半径。

② U形：选择U形筋，系统显示图12-73所示的参数。

a. 深度：是指U形筋的底面和顶面之间的高度差值。

b. 宽度：是指U形筋顶面的宽度。

c. 角度：是指 U 形筋的底面法向和侧面或者端盖之间的夹角。

d. 冲模半径：是指 U 形筋的顶面和侧面或者端盖倒角半径。

e. 冲压半径：是指 U 形筋的底面和侧面或者端盖倒角半径。

③ V 形：选择 V 形筋，系统显示图 12-74 所示的参数。

a. 深度：是指 V 形筋的底面和顶面之间的高度差值。

b. 角度：是指 V 形筋的底面法向和侧面或者端盖之间的夹角。

c. 半径：是指 V 形筋的两个侧面或者两个端盖之间的倒角半径。

d. 冲模半径：是指 V 形筋的底面和侧面或者端盖倒角半径。

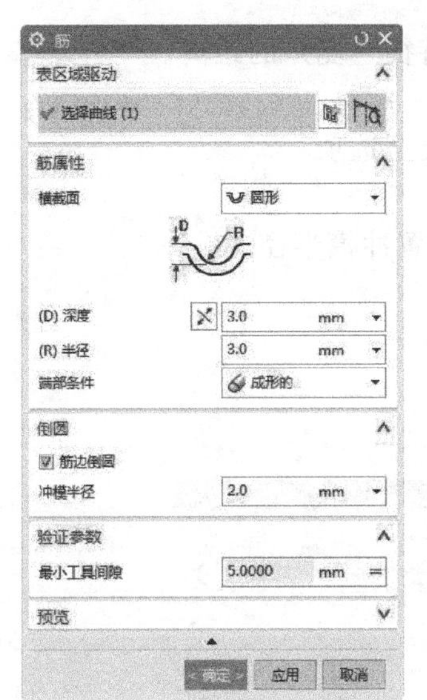

图 12-71　“筋”对话框

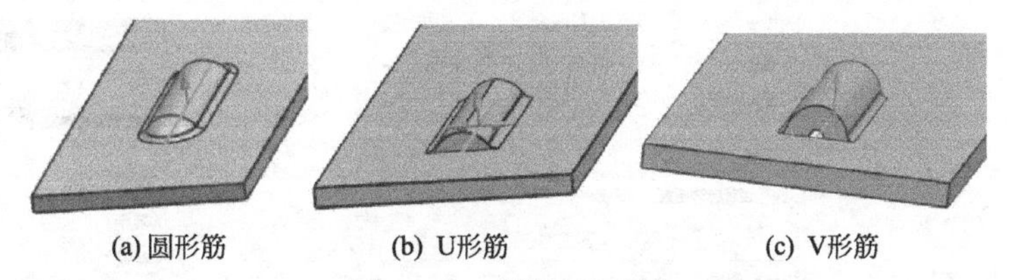

图 12-72　“筋”示意图

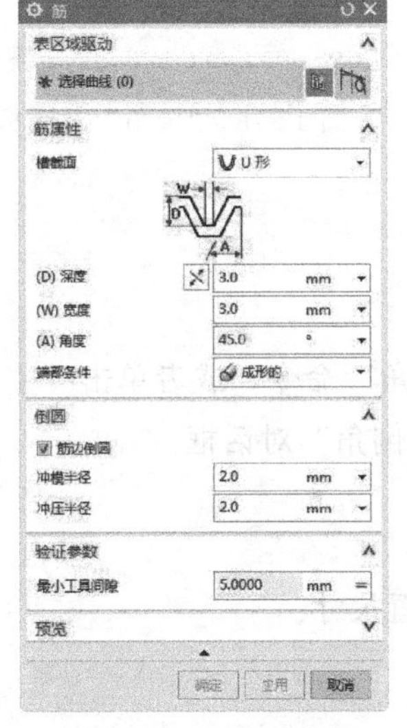

图 12-73　U 形筋参数

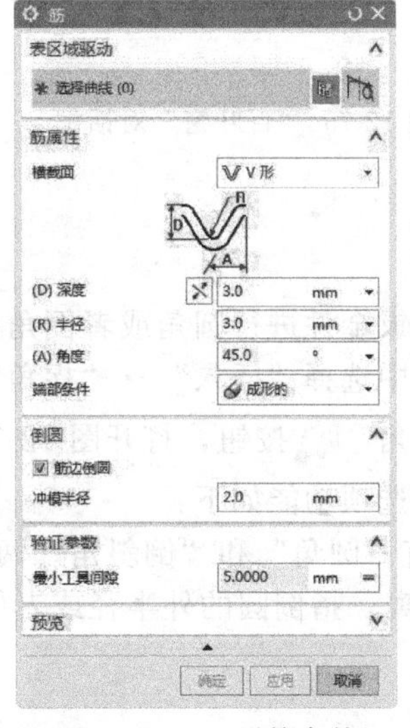

图 12-74　V 形筋参数

12.3.3 百叶窗

百叶窗功能提供了在钣金零件平面上创建通风窗的功能。

在下拉菜单中选择“插入”→“冲孔”→“百叶窗”命令，或者单击“主页”功能区“冲孔”库中的“百叶窗”按钮，打开图 12-75 所示的“百叶窗”对话框。

对话框部分选项功能如下：

(1) 切割线

① 曲线：用来指定使用已有的单一直线作为百叶窗特征的轮廓线来创建百叶窗特征。

② 绘制截面：以零件平面作为参考平面绘制的直线草图作为百叶窗特征的轮廓线来创建切开端百叶窗特征。

(2) 百叶窗属性

① 深度：百叶窗特征最外侧点距钣金零件表面（百叶窗特征一侧）的距离。

② 宽度：百叶窗特征在钣金零件表面投影轮廓的宽度。

③ 百叶窗形状：包括成形的百叶窗和冲裁的百叶窗两种类型选项。

(3) 百叶窗边倒圆

勾选此选项，此时冲模半径输入框有效，可以根据需求设置冲模半径。

图 12-75 “百叶窗”对话框

图 12-76 “倒角”对话框

12.3.4 倒角

倒角就是对钣金件进行圆角或者倒角处理。

在下拉菜单中选择“插入”→“拐角”→“倒角”命令，或者单击“主页”功能区“拐角”库中的“倒角”按钮，打开图 12-76 所示“倒角”对话框。

对话框部分选项功能如下：

① 方法：有“圆角”和“倒斜角”两种。

② 半径/距离：指倒圆的外半径或者倒角的偏置尺寸。

12.3.5 撕边

撕边是指在钣金实体上沿着草绘直线或者钣金零件体已有边缘创建开口或缝隙。

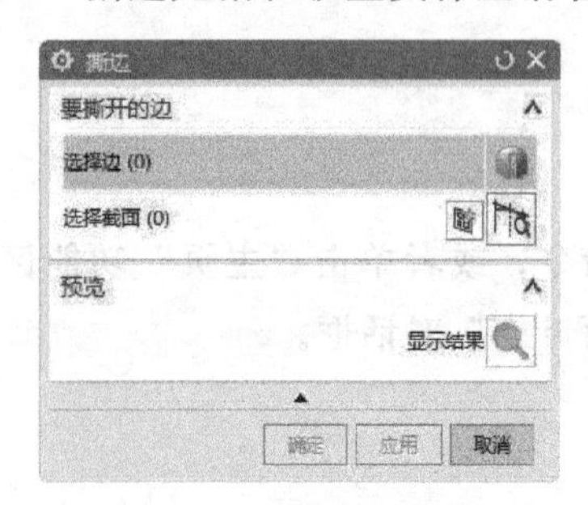

图 12-77 “撕边”对话框

在下拉菜单中选择“插入”→“转换”→“撕边”命令，或者单击“主页”功能区“基本”组中“转换”库中的“撕边”按钮，打开图 12-77 所示“撕边”对话框。

对话框部分选项功能如下：

① 选择边：指定使用已有的边缘来创建切口特征。

② 曲线：用来指定已有的边缘来创建切口特征。

③ 绘制截面：可以在钣金零件放置面上绘制边缘草图来创建切口特征。

12.3.6　转换为钣金件

转换为钣金件是指把非钣金件转换为钣金件，但钣金件必须是等厚度的。

在下拉菜单中选择“插入”→“转换”→“转换为钣金”命令，或者单击“主页”功能区“基本”组中“转换”库中的“转换为钣金”按钮，打开图 12-78 所示“转换为钣金”对话框。

对话框部分选项功能如下：

① 全局转换：指定选择钣金零件平面作为固定位置来创建转换为钣金件特征。

② 选择边：用于创建边缘裂口所要选择的边缘。

③ 选择截面：用来指定已有的边缘来创建“转换到钣金件”特征。

④ 绘制截面：选择零件平面作为参考平面绘制直线草图作为转换为钣金件特征的边缘来创建转换为钣金件特征。

图 12-78　“转换为钣金”对话框

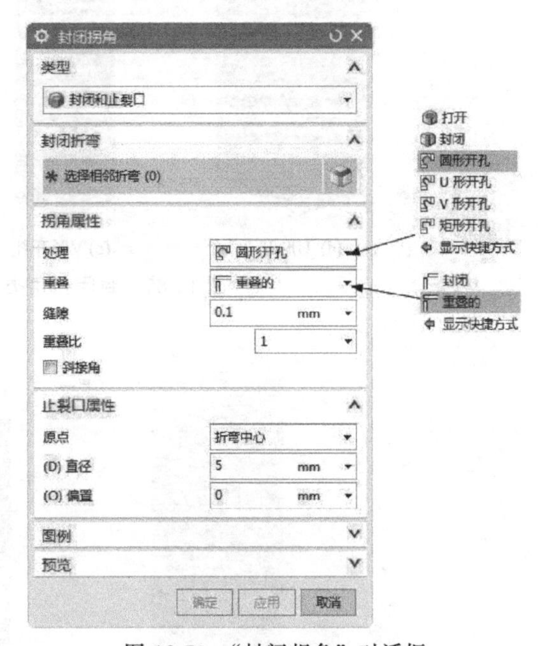

图 12-79　“封闭拐角”对话框

12.3.7　封闭拐角

封闭拐角是指在钣金件基础面和以其相邻的两个具有相同参数的弯曲面，在基础面同侧所形成的拐角处创建一定形状拐角的过程。

在下拉菜单中选择“插入”→“拐角”→“封闭拐角”命令，或者单击“主页”功能区“拐角”库中的“封闭拐角”按钮，打开图 12-79 所示“封闭拐角”对话框。

对话框部分选项功能如下：

① 处理：包括“打开”“封闭”“圆形开孔”“U 形开孔”“V 形开孔”和“矩形开孔”六种类型，示意图如图 12-80 所示。

② 重叠：有“封闭”和“重叠的”两种方式，示意图如图 12-81 所示。

a. 封闭：指对应弯边的内侧边重合。

b. 重叠的：指一条弯边叠加在另一条弯边的上面。

③ 缝隙：指两弯边封闭或者重叠时铰链之间的最小距离。

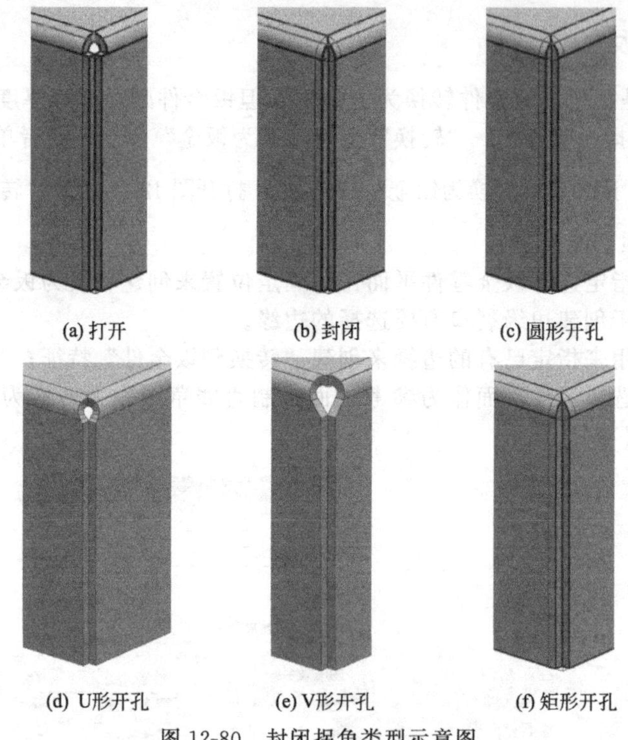

(a) 打开　(b) 封闭　(c) 圆形开孔

(d) U形开孔　(e) V形开孔　(f) 矩形开孔

图 12-80　封闭拐角类型示意图

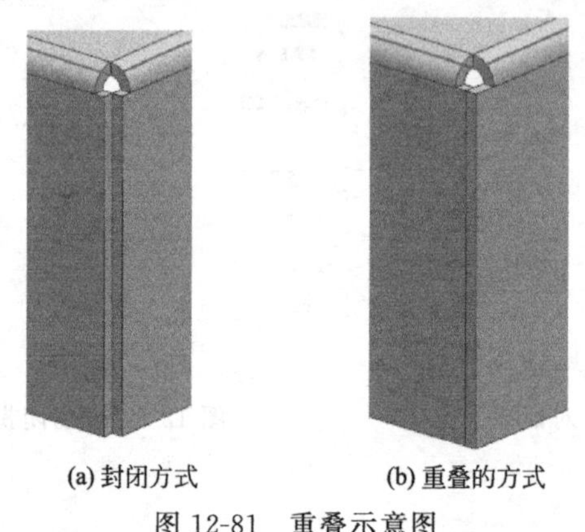

(a) 封闭方式　(b) 重叠的方式

图 12-81　重叠示意图

12.3.8 展平实体

采用展平实体命令可以在同一钣金零件文件中创建平面展开图，展平实体特征版本与成形特征版本相关联。当采用展平实体命令展开钣金零件时，将展平实体特征作为“引用集”在“部件导航器”中显示。如果钣金零件包含变形特征，这些特征将保持原有的状态；如果钣金模型更改，展平图样处理也自动更新并包含了新的特征。

在下拉菜单中选择“插入”→“展平图样”→“展平实体”命令，或者单击“主页”功能区“展平图样”库中的“展平实体”按钮，打开图 12-82 所示“展平实体”对话框。

对话框部分选项功能如下：

① 固定面：可以选择钣金零件的平面表面作为展平实体的参考面，在选定参考面后系统将以该平面为基准将钣金零件展开。

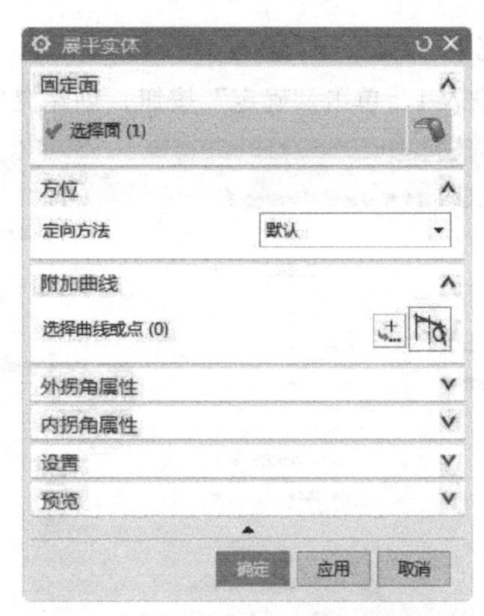

图 12-82　“展平实体”对话框

② 方位：可以选择钣金零件边作为展平实体的参考轴（X 轴）方向及原点，并在视图区中显示参考轴方向，在选定参考轴后系统将该参考轴和①中选择的参考面为基准将钣金零件展开，创建钣金实体。

12.4　综合实例——机箱左右板

扫一扫，看视频

本例绘制计算机机箱左右板，如图 12-83 所示。首先利用突出块命令创建基体，然后在其上面创建弯边和轮廓弯边，再利用法向开孔和弯边做造型，最后创建凹坑和散热孔。

操作步骤

(1) 创建新文件

在下拉菜单中选择“文件”→“新建”命令，或者单击“快速访问”工具条中的“新建”按钮，打开“新建”对话框。在模板列表中选择“NX 钣金”，输入名称为 side _ cover，单击“确定”按钮，进入 NX 钣金环境。

图 12-83　计算机机箱左右板

(2) 钣金参数预设置

① 在下拉菜单中选择“首选项”→“钣金”命令，打开图 12-84 所示的“钣金首选项”对话框。

② 在“材料厚度”文本框中输入 1，在“弯曲半径”文本框中输入 1，其他采用默认设置。单击“确定”按钮，完成 NX 钣金预设置。

(3) 创建突出块特征

① 在下拉菜单中选择“插入”→“突出块”命令，或者单击“主页”功能区“基本”组中的“突出块”按钮，打开图 12-85 所示的“突出块”对话框。

② 在“类型”下拉列表框中选择“底数”，单击“绘制截面”按钮，打开图 12-86 所示的“创建草图”对话框。设置“XC-YC 平面”为参考平面，单击“确定”按钮，进入草图绘制环境，绘制图 12-87 所示的草图。单击“主页”功能区“草图”组中的

“完成”按钮，草图绘制完毕。

③ 在“厚度”文本框中输入1，单击“确定”按钮，创建突出块特征，如图12-88所示。

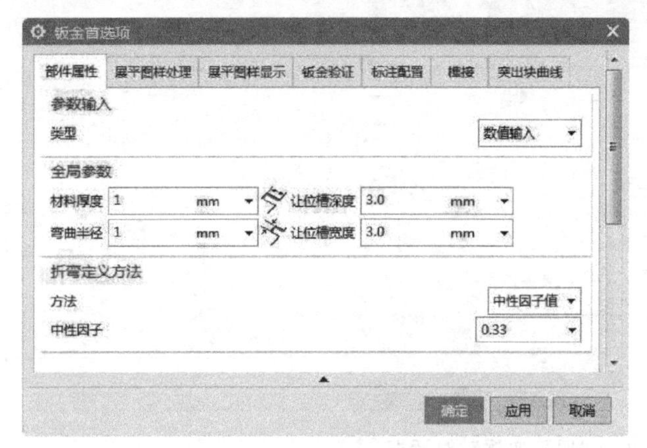

图12-84 “钣金首选项”对话框

图12-85 “突出块”对话框

图12-86 “创建草图”对话框

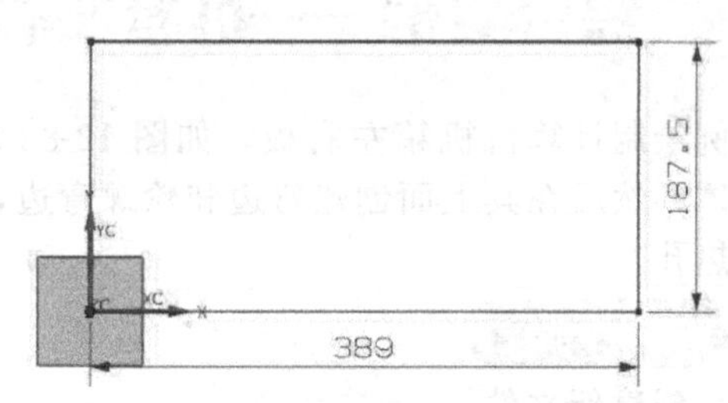

图12-87 绘制的草图

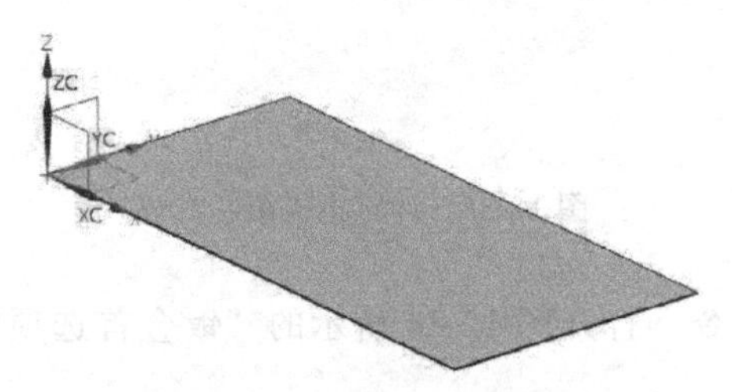

图12-88 创建突出块特征

(4) 创建弯边特征

① 在下拉菜单中选择“插入”→“折弯”→“弯边”命令，或者单击“主页”功能区“折弯”组中的“弯边”按钮，打开图12-89所示的“弯边”对话框。

② 在图12-89所示的对话框中，在“宽度选项”下拉列表中选择“完整”，在“长度”文本框中输入16，在“角度”文本框中输入90，在“参考长度”下拉列表中的选择“外侧”，在“内嵌”下拉列表中选择“折弯外侧”，在“止裂口”列表框中的“折弯止裂口”下拉列表中选择“无”。

③ 选择图12-90所示的弯边，单击“确定”按钮，创建弯边特征，如图12-91所示。

(5) 创建轮廓弯边特征

① 在下拉菜单中选择“插入”→“折弯”→“轮廓弯边”命令，或者单击“主页”功能区“折弯”组中的“轮廓弯边”按钮，打开图12-92所示的“轮廓弯边”对话框。

② 在“类型”下拉列表中选择“底数”，单击“绘制截面”按钮，打开图12-93所示

的“创建草图”对话框。

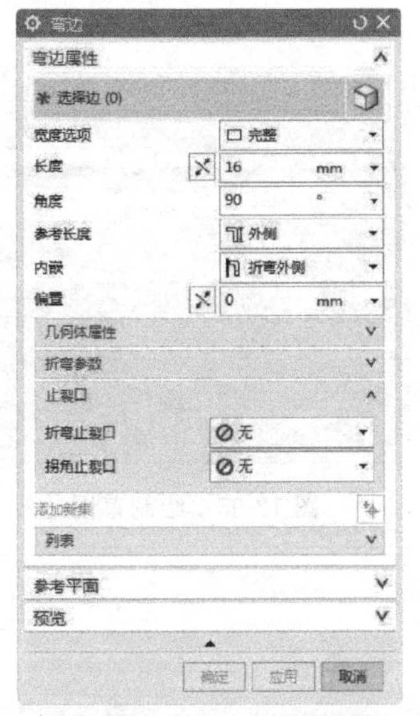

图 12-89　“弯边”对话框

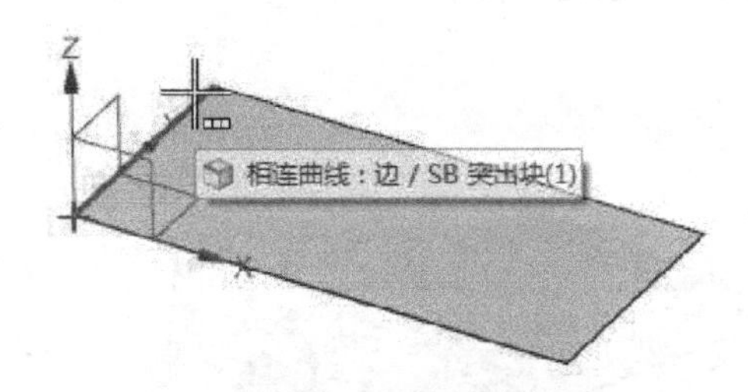

图 12-90　选择弯边

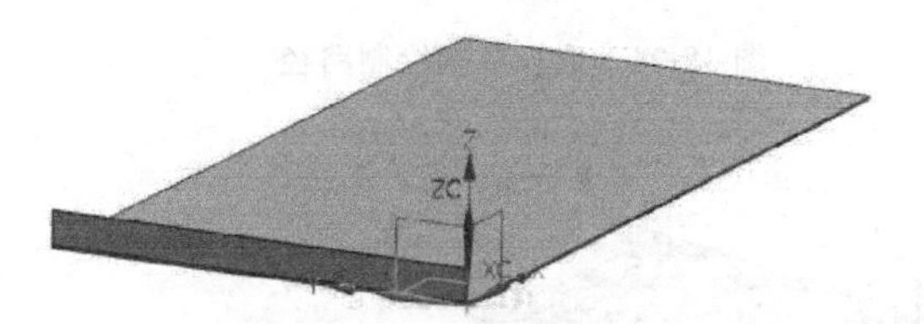

图 12-91　创建弯边特征

图 12-92　“轮廓弯边”对话框

图 12-93　“创建草图”对话框

③ 选择草图绘制路径，如图 12-94 所示。在“弧长百分比”文本框中输入 50，单击“确定”按钮，进入草图绘制环境。

④ 绘制图 12-95 的草图，单击“主页”功能区“草图”组中的“完成”按钮，草图绘制完毕，返回图 12-92 所示对话框。

⑤ 在“宽度选项”下拉列表中选择“对称”，在“宽度”文本框中输入 379，单击“确定”按钮，创建轮廓弯边特征，如图 12-96 所示。

(6) 绘制草图

① 在下拉菜单中选择“插入”→“草图”命令，或者单击“主页”功能区“直接草图”组中的“草图”按钮，打开“创建草图”对话框。

② 选择草图工作平面，如图 12-96 所示，单击“确定”按钮，进入草图绘制环境，绘制图 12-97 所示的草图。

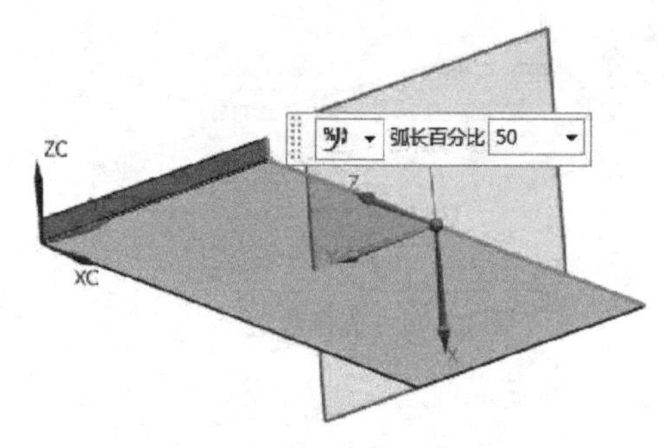

图 12-94　选择草图绘制路径

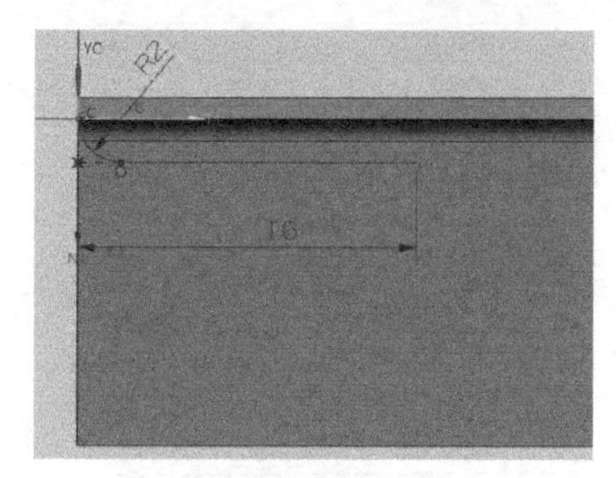

图 12-95　绘制草图

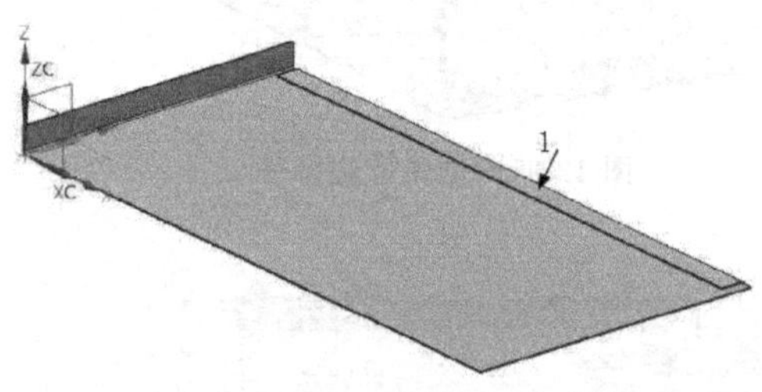

图 12-96　创建轮廓弯边特征

图 12-97　绘制草图

(7) 创建法向开孔特征

① 在下拉菜单中选择“插入”→“切割”→“法向开孔”命令，或者单击“主页”功能区“特征”组中的“法向开孔”按钮，打开图 12-98 所示“法向开孔”对话框。

② 在视图区选择图 12-97 所绘制的草图为表区域驱动。

③ 在“切割方法”下拉列表中选择“厚度”，在“限制”下拉列表中选择“直至下一个”，单击“确定”按钮，创建法向开孔特征，如图 12-99 所示。

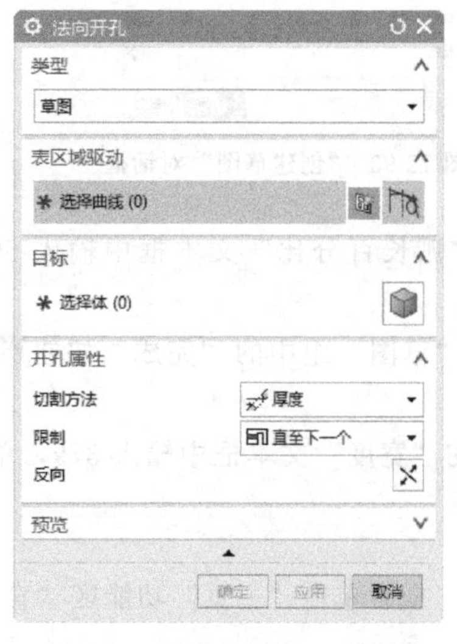

图 12-98　“法向开孔”对话框

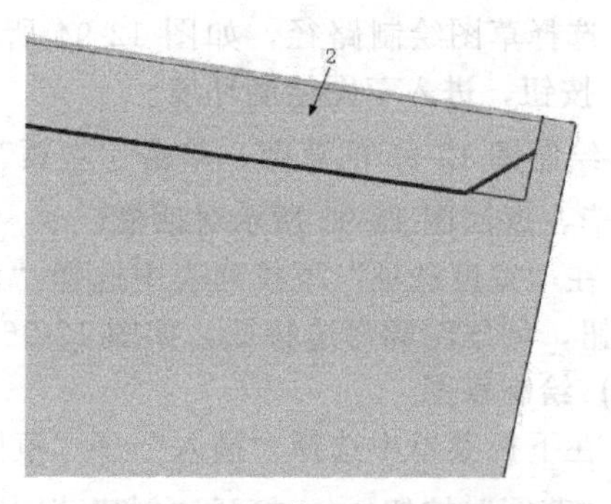

图 12-99　创建法向开孔特征

(8) 绘制草图

① 在下拉菜单中选择“插入”→“草图”命令，或者单击“主页”功能区“直接草图”组中的“草图”按钮，打开“创建草图”对话框。

② 选择图 12-99 所示的面 2 为草图工作平面，单击“确定”按钮，进入草图绘制环境，绘制图 12-100 所示的草图。

③ 在下拉菜单中选择“插入”→“草图曲线”→“阵列曲线”命令，打开图 12-101 所示的“阵列曲线”对话框。

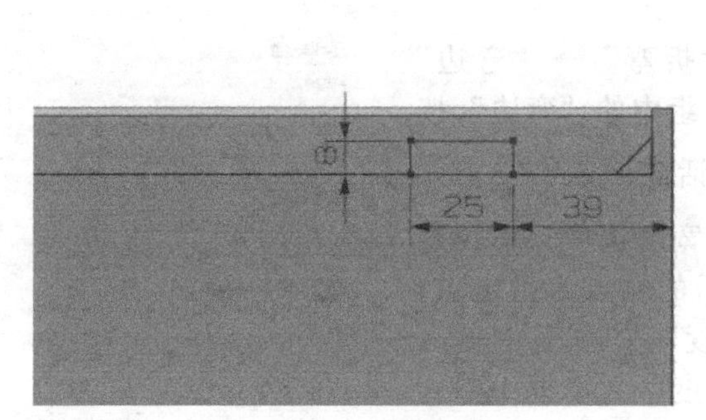

图 12-100　绘制草图

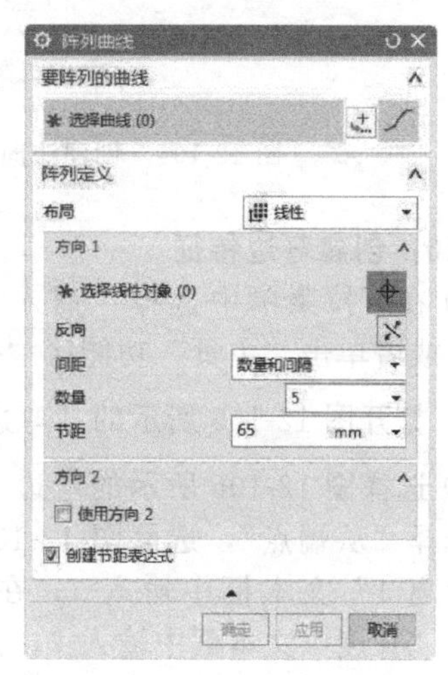

图 12-101　“阵列曲线”对话框

④ 选择图 12-100 所绘制的矩形为阵列对象，选择－XC 轴为阵列方向 1。在“布局”下拉列表中选择“线性”，在“数量”文本框中输入 5，在“节距”文本框中输入 65，单击“确定”按钮，完成矩形的阵列，如图 12-102 所示。

(9) 创建法向开孔特征

① 在下拉菜单中选择“插入”→“切割”→“法向开孔”命令，或者单击“主页”功能区“特征”组中的“法向开孔”按钮，打开图 12-103 所示的“法向开孔”对话框。

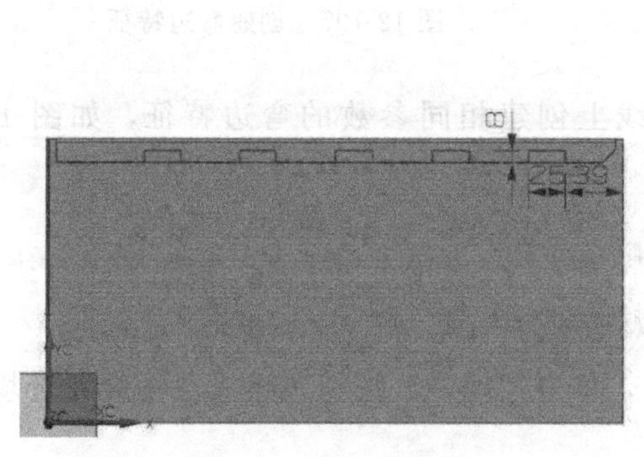

图 12-102　阵列矩形

图 12-103　“法向开孔”对话框

② 在视图区选择图 12-102 所绘制的草图为表区域驱动。

③ 在“切割方法”下拉列表中选择“厚度”，在“限制”下拉列表中选择“直至下一个”，单击“确定”按钮，创建法向开孔特征，如图 12-104 所示。

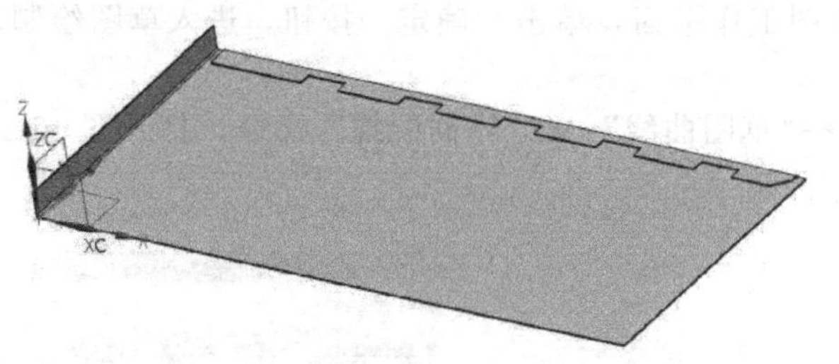

图 12-104　创建法向开孔特征

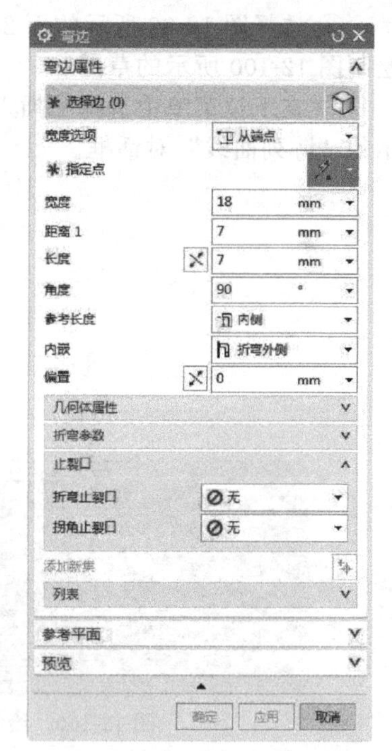

图 12-105　“弯边”对话框

（10）创建弯边特征

① 在下拉菜单中选择“插入”→“折弯”→“弯边”命令，或者单击“主页”功能区“折弯”组中的“弯边”按钮，打开图 12-105 所示的“弯边”对话框。

② 选择图 12-106 所示的弯边。在“宽度选项”下拉列表中选择“从端点”，选取图 12-106 所示的端点为指定点，在“距离 1”文本框中输入 7，在“宽度”文本框中输入 18，在“长度”文本框中输入 7，在“角度”文本框中输入 90，在“参考长度”下拉列表中选择“内侧”，在“内嵌”下拉列表中选择“折弯外侧”，在“止裂口”列表框中的“折弯止裂口”下拉列表框中选择“无”。

③ 单击“应用”按钮，创建弯边特征，如图 12-107 所示。

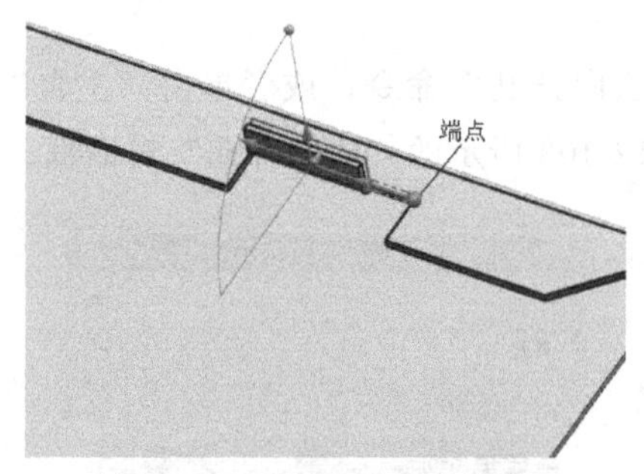

图 12-106　选择弯边和端点

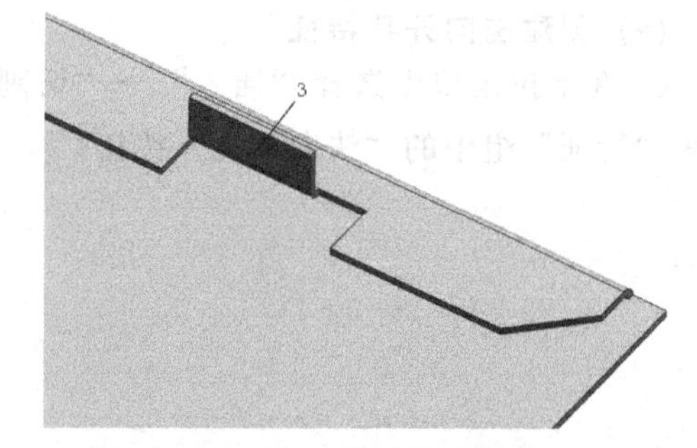

图 12-107　创建弯边特征

④ 重复上述步骤，在其他开孔特征边线上创建相同参数的弯边特征，如图 12-108 所示。

（11）绘制草图

① 在下拉菜单中选择“插入”→“草图”命令，或者单击“主页”功能区“直接草图”组中的“草图”按钮，打开“创建草图”对话框。

② 选择草图工作平面，如图 12-108 所示，单击“确定”按钮，进入草图绘制环境，绘制图 12-109 所示的草图。

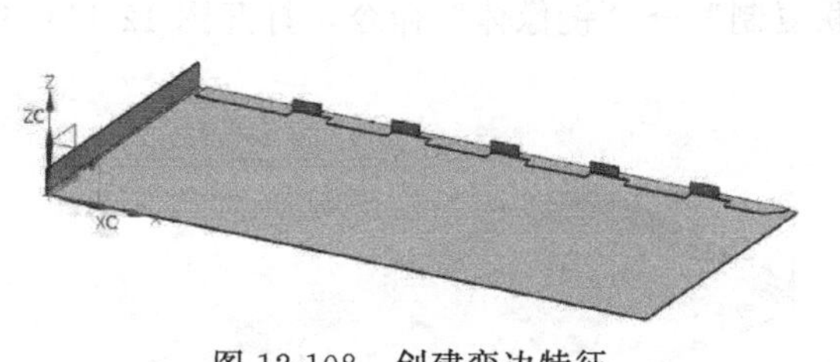

图 12-108　创建弯边特征

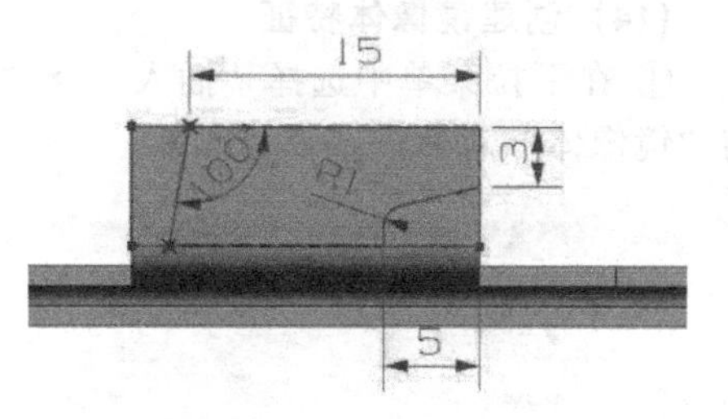

图 12-109　绘制草图

(12) 拉伸操作

① 在下拉菜单中选择“插入”→“设计特征”→“拉伸”命令，或者单击“主页”功能区“特征”组中“更多”库中“设计特征”库中的“拉伸”按钮，打开图 12-110 所示的“拉伸”对话框。

② 选择上步绘制的草图为拉伸曲线。

③ 在“指定矢量”下拉列表中选择“YC 轴”为拉伸方向。

④ 在“开始距离”和“结束距离”文本框中输入 0、5，在“布尔”下拉列表中选择“减去”，单击“确定”按钮，结果如图 12-111 所示。

图 12-110　“拉伸”对话框

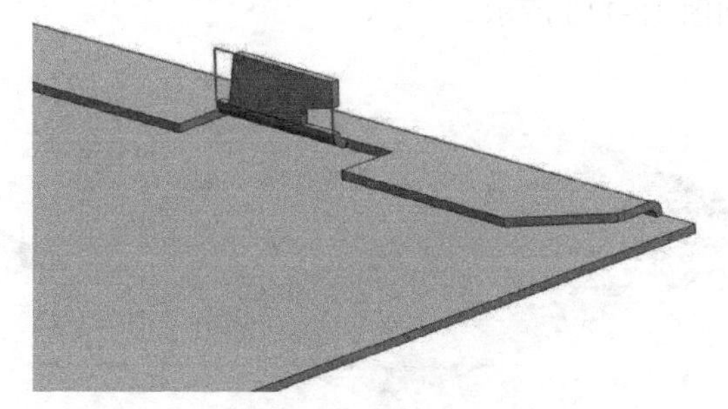

图 12-111　法向开孔

(13) 阵列拉伸特征

① 在下拉菜单中选择“插入”→“关联复制”→“阵列特征”命令，打开图 12-112 所示的“阵列特征”对话框。

② 选择上步绘制的拉伸特征为阵列对象，在“指定矢量”下拉列表中选择“－XC 轴”为阵列方向 1。在“布局”下拉列表中选择“线性”，在“数量”文本框中输入 5，在“节距”文本框中输入 65。

③ 在对话框中单击“确定”按钮，完成阵列特征的创建，如图 12-113 所示。

(14) 创建镜像体特征

① 在下拉菜单中选择“插入”→“关联复制”→“镜像体”命令，打开图 12-114 所示的“镜像体”对话框。

图 12-112 “阵列特征”对话框

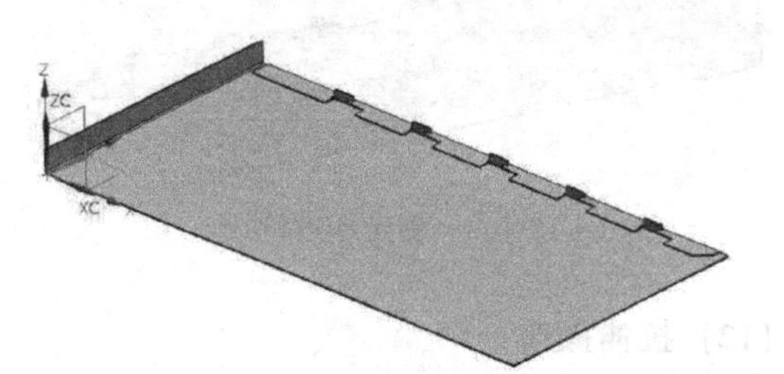

图 12-113 阵列特征

图 12-114 “镜像体”对话框

② 在视图区选择体，如图 12-115 所示。

③ 在视图区选择“XC-ZC 平面”镜像平面，如图 12-115 所示。单击“确定”按钮，镜像体如图 12-116 所示。

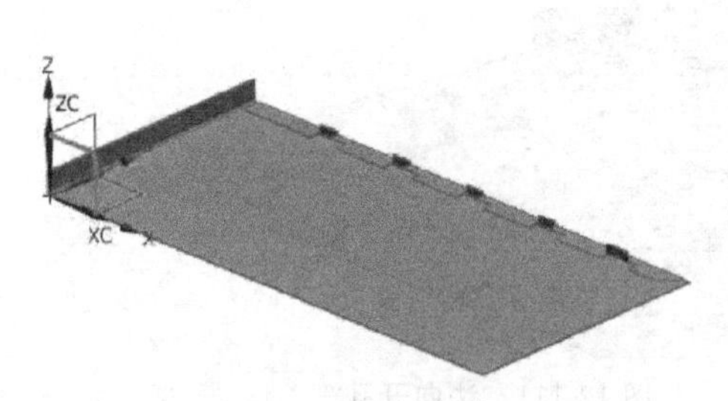

图 12-115 选择体

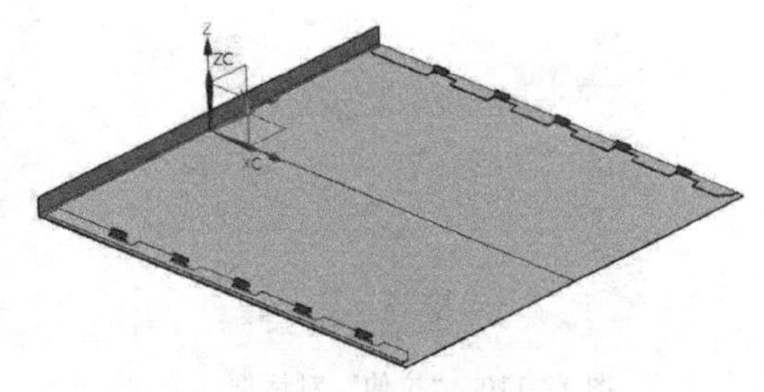

图 12-116 镜像体

(15) 创建合并特征

① 单击“应用模块”功能区“设计”组中的“建模”按钮，进入建模环境。

② 在下拉菜单中选择“插入”→“组合”→“合并”命令，或者单击“主页”功能区“特征”组中“组合”下拉菜单中的“合并”按钮，打开图 12-117 所示的“合并”对话框。

③ 在视图区选择目标体和工具体。如图 12-118 所示。

④ 单击“确定”按钮，合并实体。

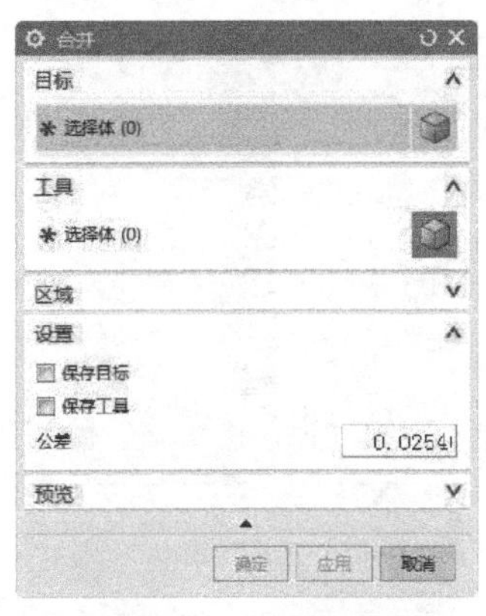

图 12-117　“合并”对话框

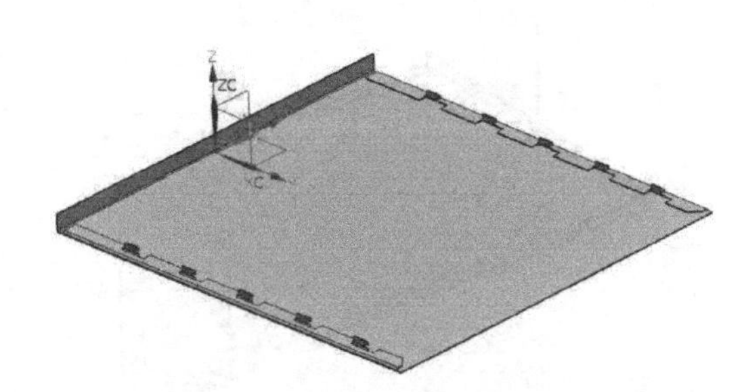

图 12-118　选择目标体

(16) 创建轮廓弯边特征

① 单击“应用模块”功能区“设计”组中的“钣金”按钮，进入钣金环境。

② 在下拉菜单中选择“插入”→“折弯”→“轮廓弯边”命令，或者单击“主页”功能区“折弯”组中的“轮廓弯边”按钮，打开图 12-119 所示“轮廓弯边”对话框。

③ 在“类型”下拉列表中选择“底数”，单击“绘制截面”按钮，打开图 12-120 所示的“创建草图”对话框。

图 12-119　“轮廓弯边”对话框

图 12-120　“创建草图”对话框

④ 选择草图绘制路径，如图 12-121 所示。在“弧长百分比”文本框中输入 50，单击“确定”按钮，进入草图绘制环境。

⑤ 绘制图 12-122 的草图，单击“主页”功能区“草图”组中的“完成”按钮，草图

绘制完毕，返回图 12-119 所示对话框。

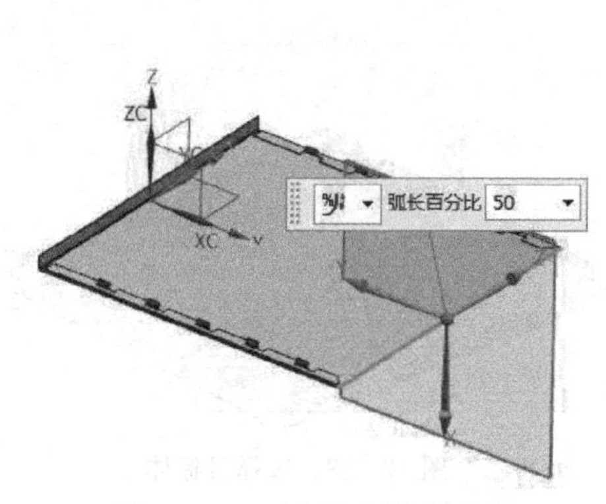

图 12-121 选择草图绘制路径

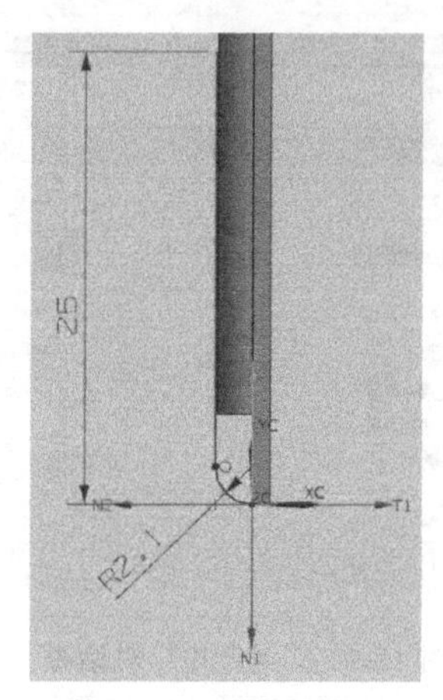

图 12-122 绘制草图

⑥ 在“宽度选项”下拉列表中选择“对称”，在“宽度”文本框中输入 355，单击“确定”按钮，创建轮廓弯边特征，如图 12-123 所示。

(17) 绘制草图

① 在下拉菜单中选择“插入”→“草图”命令，或者单击“主页”功能区“直接草图”组中的“草图”按钮，打开“创建草图”对话框。

② 选择图 12-123 所示的平面 4 为草图工作平面，单击“确定”按钮，进入草图绘制环境，绘制图 12-124 所示的草图。

(18) 创建法向开孔特征

① 在下拉菜单中选择“插入”→“切割”→“法向开孔”命令，或者单击“主页”功能区“特征”组中的“法向开孔”按钮，打开图 12-125 所示的“法向开孔”对话框。

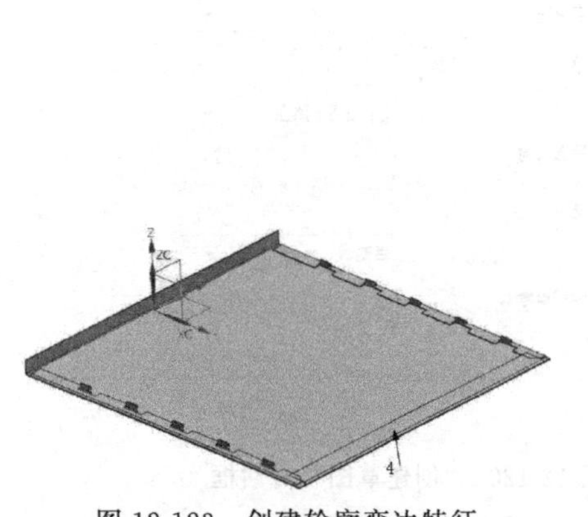

图 12-123 创建轮廓弯边特征

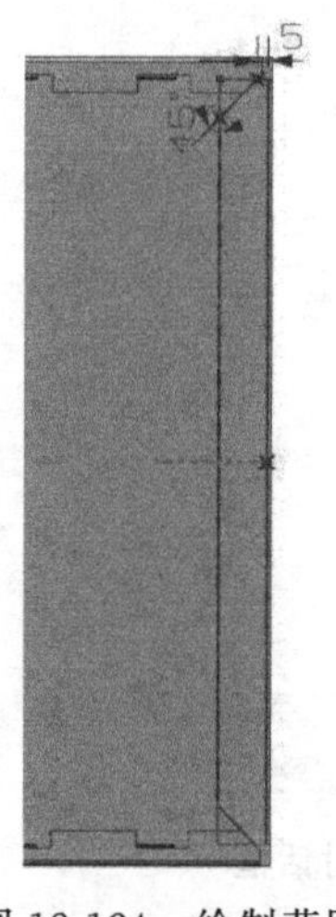

图 12-124 绘制草图

图 12-125 “法向开孔”对话框

② 在“切割方法”下拉列表中选择“厚度”，在“限制”下拉列表中选择“直至下一个”。

③ 在视图区选择图 12-126 所绘制的草图为表区域驱动。

④ 单击“确定”按钮，创建法向开孔特征，如图 12-126 所示。

(19) 绘制草图

① 在下拉菜单中选择“插入”→“草图”命令，或者单击“主页”功能区“直接草图”组中的“草图”按钮，打开“创建草图”对话框。

② 选择图 12-123 所示的面 4 为草图工作平面，单击“确定”按钮，进入草图绘制环境，绘制如图 12-127 所示的草图。单击“主页”功能区“直接草图”组中的“完成”按钮，草图绘制完毕。

(20) 创建百叶窗特征

① 在下拉菜单中选择“插入”→“冲孔”→“百叶窗”命令，或者单击“主页”功能区“冲孔”组中的“百叶窗”按钮，打开图 12-128 所示的“百叶窗”对话框。

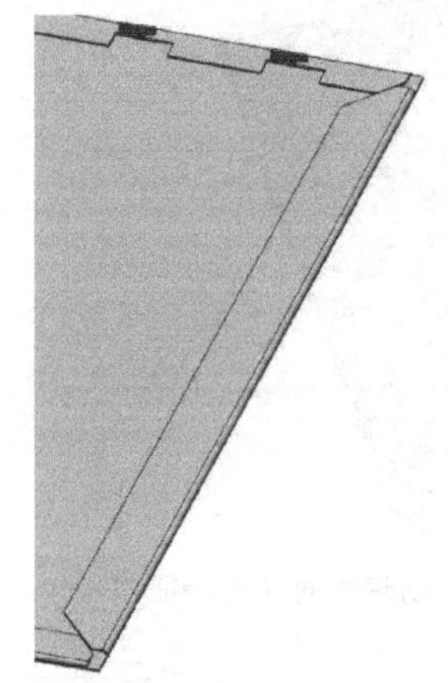

图 12-126 创建法向开孔

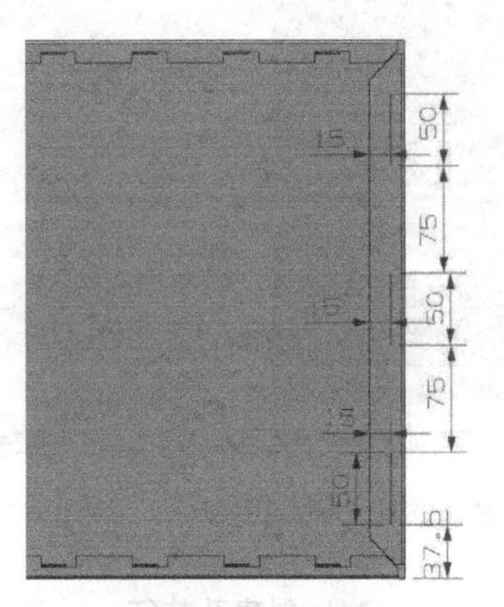

图 12-127 绘制草图

图 12-128 “百叶窗”对话框

② 在视图区选择切割线。

③ 在“深度”和“宽度”文本框中分别输入 2 和 9。在“百叶窗形状”下拉列表中选择“冲裁的”，勾选“百叶窗边倒圆”复选框，在“冲模半径”文本框中输入 2。

④ 单击“应用”按钮，创建百叶窗特征，如图 12-129 所示。

⑤ 同理，创建分割线为其他直线的百叶窗，创建百叶窗完毕的钣金件如图 12-130 所示。

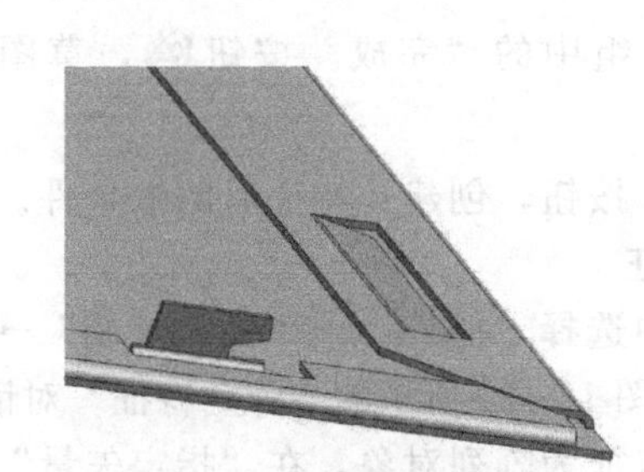

图 12-129 创建百叶窗特征

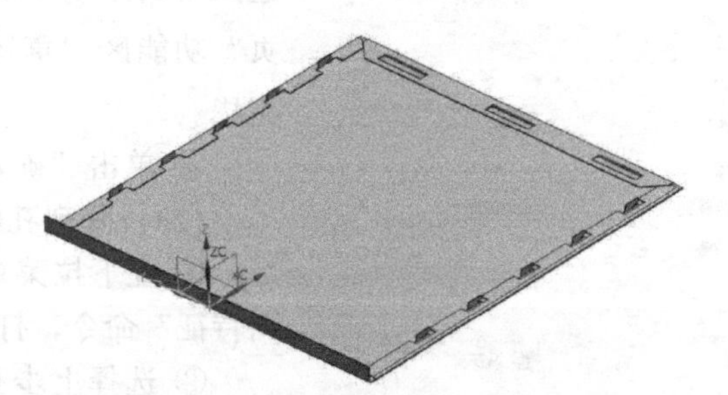

图 12-130 创建百叶窗完毕的钣金件

(21) 创建法向开孔特征

① 在下拉菜单中选择“插入”→“切割”→“法向开孔”命令，或者单击“主页”功能区“特征”组中的“法向开孔”按钮，打开“法向开孔”对话框。

② 单击“绘制截面”按钮，打开“创建草图”对话框。在视图区选择图 12-123 所示的面 4 为草图工作平面，单击“确定”按钮，进入草图设计环境。

③ 绘制图 12-131 所示的裁剪轮廓。单击“主页”功能区“草图”组中的“完成”按钮，草图绘制完毕。

④ 在“切割方法”下拉列表中选择“厚度”，在“限制”下拉列表中选择“直至下一个”，单击“确定”按钮，创建法向开孔特征，如图 12-132 所示。

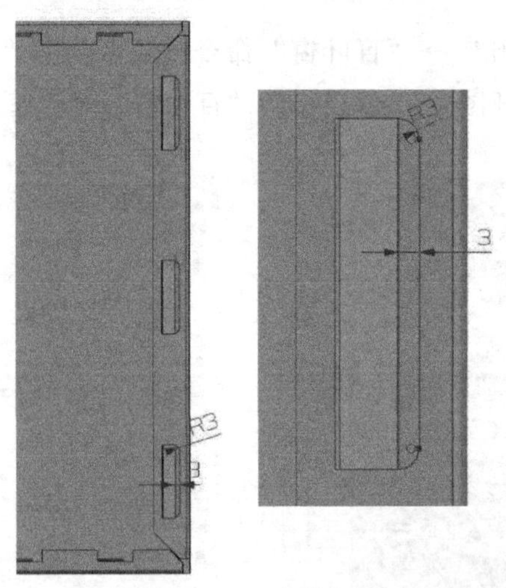

图 12-131　绘制草图

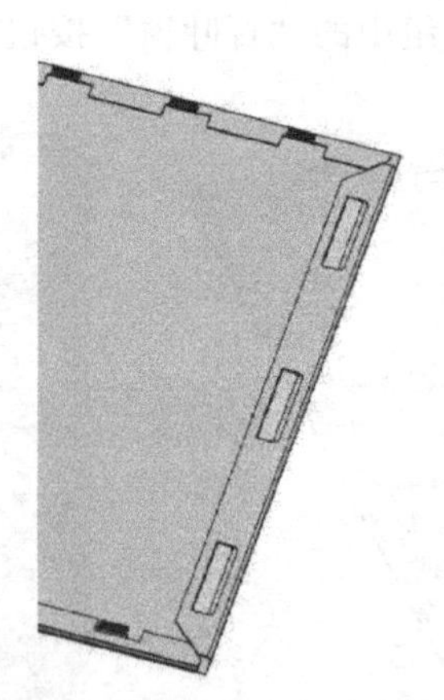

图 12-132　创建法向开孔特征

(22) 创建孔特征

① 在下拉菜单中选择“插入”→“设计特征”→“孔”命令，或者单击“主页”功能区“特征”组中“更多”库中“设计特征”库中的“孔”按钮，打开图 12-133 所示的“孔”对话框。

② 在“直径”和“深度”文本框中都输入 5。

③ 在视图区选择图 12-134 所示的面 5 为孔放置面，进入草图绘制环境，绘制图 12-135 所示的草图。单击“主页”功能区“草图”组中的“完成”按钮，草图绘制完毕。

④ 单击“确定”按钮，创建孔特征后的钣金件。

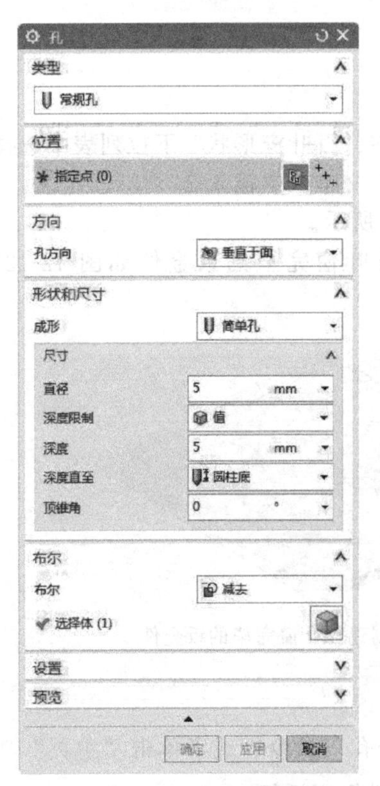

图 12-133　“孔”对话框

(23) 阵列孔特征

① 在下拉菜单中选择“插入”→“关联复制”→“阵列特征”命令，打开图 12-136 所示的“阵列特征”对话框。

② 选择上步孔特征为阵列对象，在“指定矢量”下拉列表中选择“YC 轴”为阵列方向 1。在“布局”下拉列表中选择“线性”，在“数量”文本框中输入 3，在“节距”文本框中输入 125。

③ 单击“确定”按钮，阵列孔特征，如图 12-137 所示。

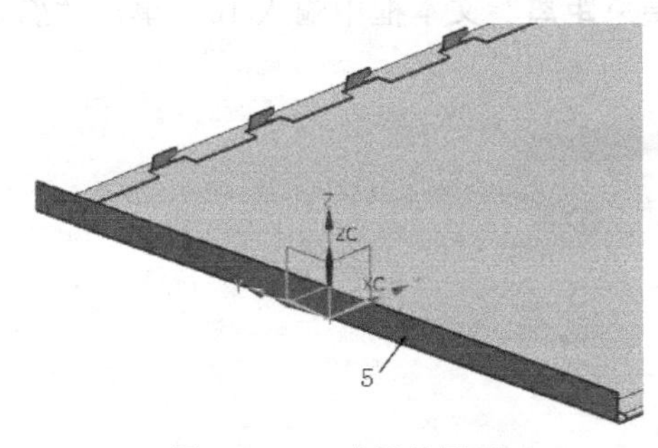

图 12-134 选择放置面

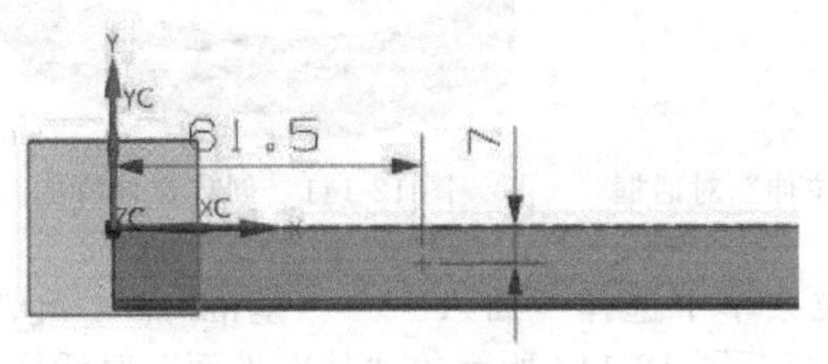

图 12-135 绘制草图

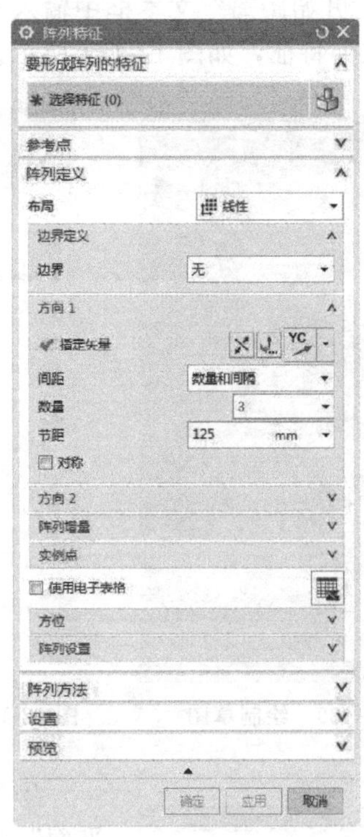

图 12-136 “阵列特征”对话框

(24) 绘制草图

① 在下拉菜单中选择“插入”→“草图”命令，或者单击“主页”功能区“直接草图”组中的“草图”按钮，打开“创建草图”对话框。

② 选择图 12-138 所示草图工作平面，单击“确定”按钮，进入草图绘制环境，绘制图 12-139 所示的草图。

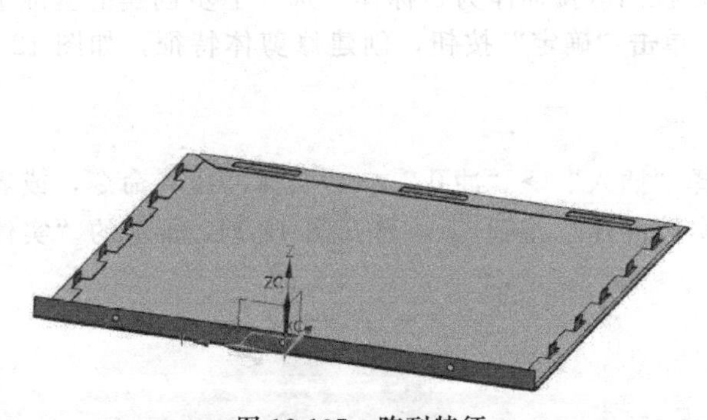

图 12-137 阵列特征

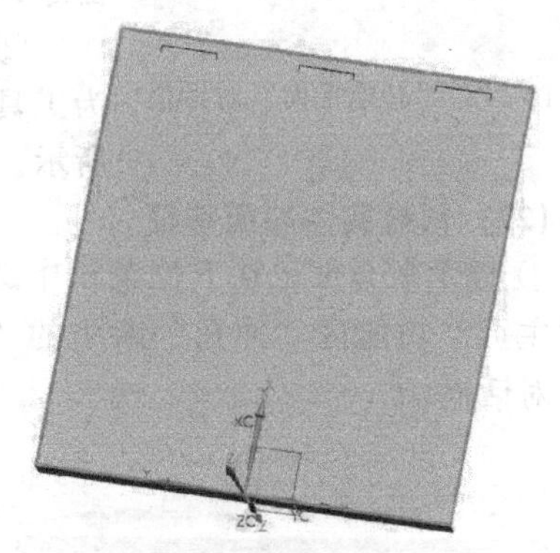

图 12-138 选择草图工作平面

(25) 创建拉伸体

① 隐藏钣金件，在下拉菜单中选择“插入”→“设计特征”→“拉伸”命令，或者单击“主页”功能区“特征”组中“更多”库中“设计特征”库中的“拉伸”按钮，打开图 12-140 所示的“拉伸”对话框。

② 在视图区选择图 12-139 所绘制的草图曲线为表区域驱动。

③ 在“开始距离”文本框中输入－10，“结束距离”文本框中输入 10，单击“确定”按钮，创建拉伸特征，如图 12-141 所示。

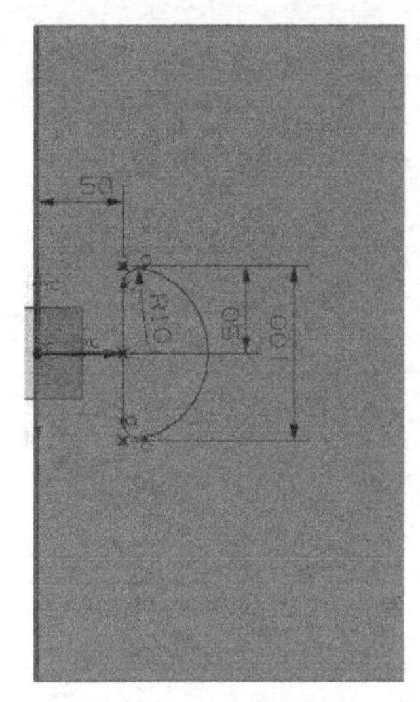

图 12-139　绘制草图

图 12-140　“拉伸”对话框

图 12-141　创建拉伸特征

图 12-142　“基准平面”对话框

④ 在下拉菜单中选择“插入”→“基准/点”→“基准平面”命令，打开图 12-142 所示的“基准平面”对话框。

⑤ 在图 12-142 所示的对话框中的“类型”下拉列表中选择“曲线和点”。

⑥ 在视图区选择曲线和点，如图 12-143 所示。单击“确定”按钮，创建基准平面，如图 12-144 所示。

(26) 修剪体

① 在下拉菜单中选择“插入”→“修剪”→“修剪体”命令，打开图 12-145 所示的“修剪体”对话框。

② 在视图区拉伸体为目标体，选择上步创建的基准平面为工具，单击“确定”按钮，创建修剪体特征，如图 12-146 所示。

(27) 创建实体冲压特征

① 显示钣金件，在下拉菜单中选择“插入”→“冲孔”→“实体冲压”命令，或者单击“主页”功能区“冲孔”库中的“实体冲压”按钮，打开图 12-147 所示的“实体冲压”对话框。

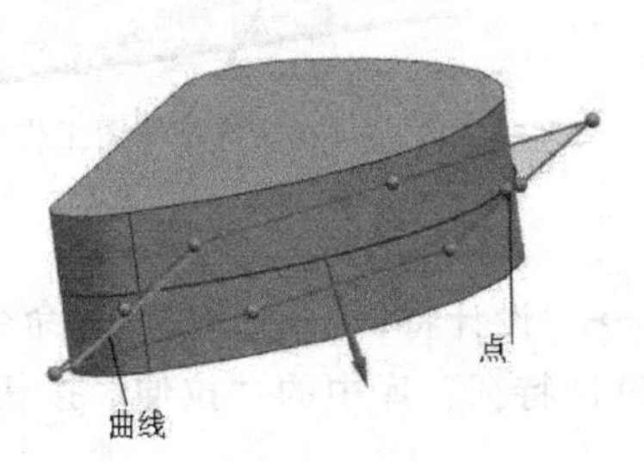

图 12-143　选择曲线和点

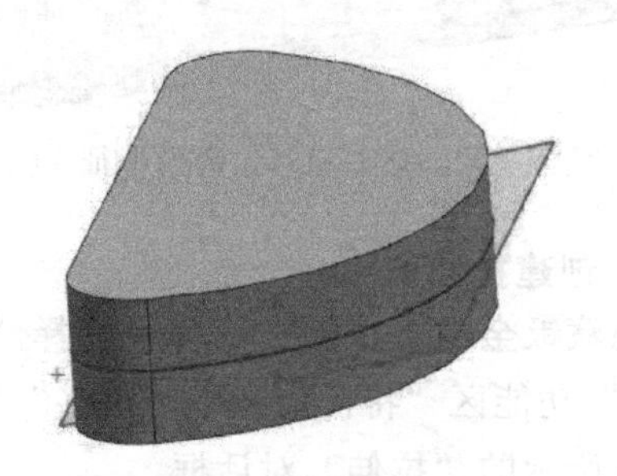
图 12-144　创建基准平面

图 12-145 “修剪体”对话框

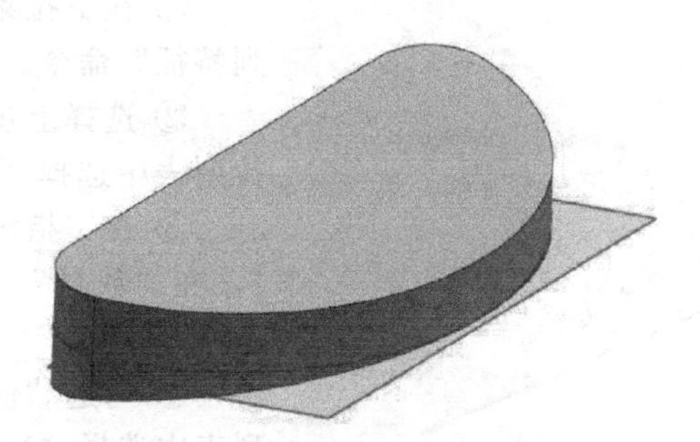

图 12-146 创建修剪体特征

② 在“类型”下拉列表中选择“冲压”，在视图区选择目标面，如图 12-148 所示。

③ 在视图区选择图 12-149 所示的工具体，单击“确定”按钮，创建实体冲压特征，如图 12-150 所示。

图 12-147 “实体冲压”对话框

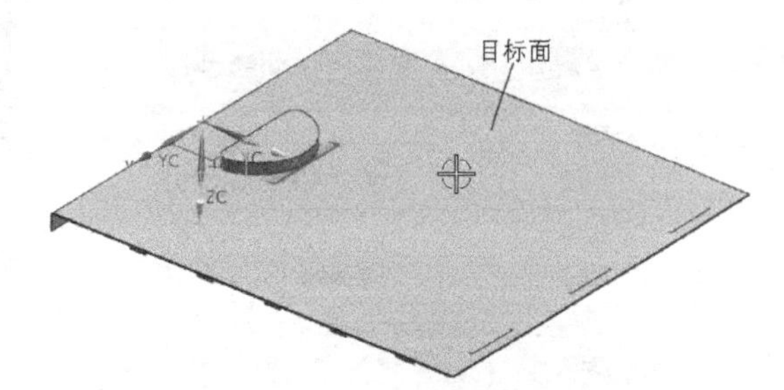

图 12-148 选择目标面

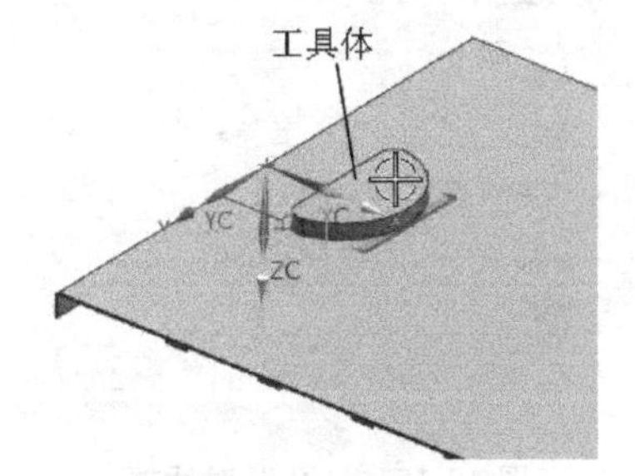

图 12-149 选择工具体

(28) 创建孔特征

① 在下拉菜单中选择“插入”→“设计特征”→“孔”命令，或者单击“主页”功能区“特征”组中“更多”库中“设计特征”库中的“孔”按钮，打开图 12-151 所示的“孔”对话框。

② 在“直径”和“深度”文本框中都输入 3。

③ 在视图区选择图 12-150 所示的面 6 为孔放置面，进入草图绘制环境，绘制图 12-152 所示的草图。单击“主页”功能区“草图”组中的“完成”按钮，草图绘制完毕。

④ 单击“确定”按钮，创建孔特征后的钣金件。

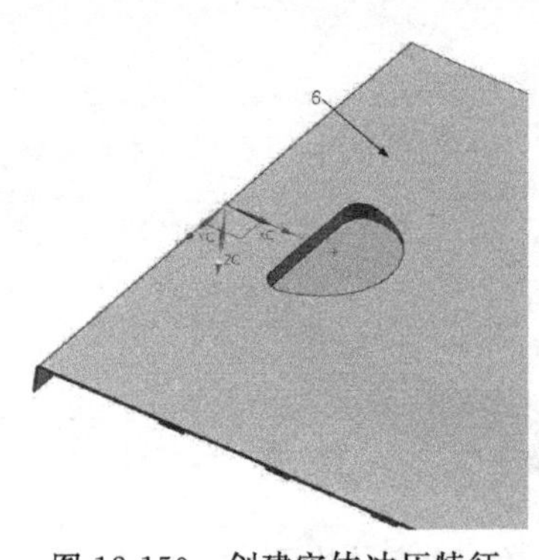

图 12-150　创建实体冲压特征

(29) 阵列钣金孔

① 在下拉菜单中选择“插入”→“关联复制”→“阵列特征”命令，打开“阵列特征”对话框。

② 选择上步绘制的孔特征为阵列对象，在“布局”下拉列表中选择“线性”。

③ 在“指定矢量”下拉列表中选择“XC 轴”为方向 1，在“数量”文本框中输入 5，在“节距”文本框中输入 40。

④ 勾选“使用方向 2”复选框。在“指定矢量”下拉列表中选择“YC 轴”为方向 2，在“数量”文本框中输入 5，在“节距”文本框中输入 40。

⑤ 在对话框中单击“确定”按钮，阵列钣金孔，如图 12-153 所示。

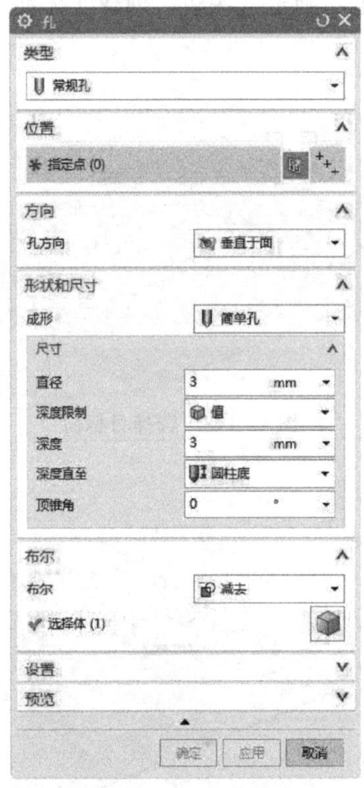

图 12-151　“孔”对话框

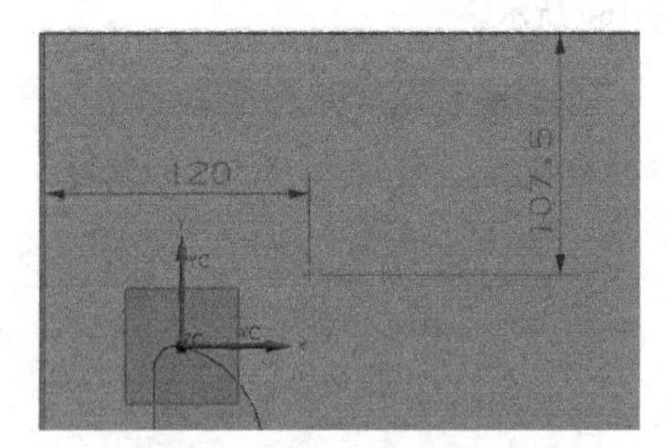

图 12-152　绘制草图

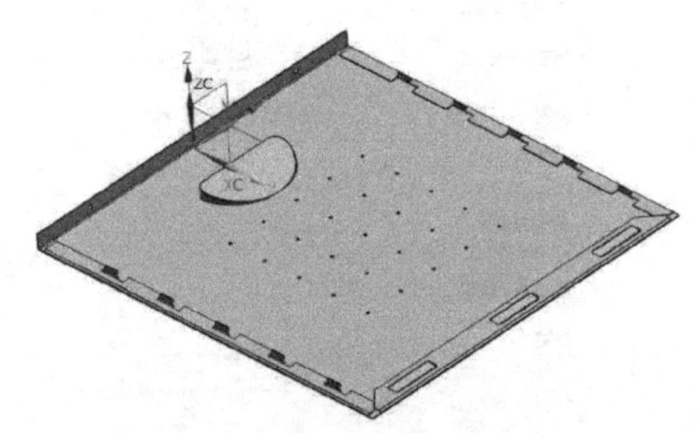

图 12-153　阵列钣金孔

第13章 装配建模

本章导读

UG的装配模块不仅能快速组合零部件成为产品，而且在装配中，可以参考其他部件进行部件关联设计，并可以对装配建模型进行间隙分析、重量管理等相关操作。在完成装配模型后，还可以建立爆炸视图，并将其导入到装配工程图中。同时，可以在装配工程图中生成装配明细表，并能对轴测图进行局部剖切。

本章中主要讲解装配过程的基础知识和常用模块及方法，让用户对装配建模能有进一步的认识。

内容要点

- 装配概述
- 装配导航器
- 自底向上装配
- 自顶向下装配
- 装配爆炸图
- 组件族
- 装配信息查询
- 装配序列化

13.1 装配概述

在装配前先介绍装配的相关术语和概念。

13.1.1 相关术语和概念

以下主要介绍装配中的常用术语。

① 装配：是指在装配过程中建立部件之间的连接功能，由装配部件和子装配组成。

② 装配部件：由零件和子装配构成的部件。在UG中允许任何一个prt文件中添加部件构成装配，因此任何一个prt文件都可以作为装配部件。UG中零件和部件不必严格区分。需要注意的是：当存储一个装配时，各部件的实际几何数据并不是储存在装配部件文件中，而是储存在相应的部件（即零件文件）中。

③ 子装配：是在高一级装配中被用作组件的装配，子装配也拥有自己的组件。子装配是一个相对概念，任何一个装配可在更高级的装配中作为子装配。

④ 组建对象：是一个从装配部件链接到部件主模型的指针实体。一个组件对象记录的信息有：部件名称、层、颜色、线型、线宽、引用集和配对条件等。

⑤ 组建部件：也就是装配里组件对象所指的部件文件。组件部件可以是单个部件（即

零件），也可以是子装配。需要注意的是：组件部件是装配体引用而不是复制到装配体中的。

⑥ 单个零件：是指在装配外存在的零件几何模型，它可以添加到一个装配中去，但它本身不能含有下级组件。

⑦ 主模型：利用 Master Model 功能来创建的装配模型，它是由单个零件组成的装配组件，是供 UG 模块共同引用的部件模型。同一主模型，可同时被工程图、装配、加工、机构分析和有限元分析等模块引用，当主模型修改时，相关引用自动更新。

⑧ 自顶向下装配：在装配级中创建与其他部件相关的部件模型，是在装配部件的顶级向下生成子装配和部件（即零件）的装配方法。

⑨ 自底向上装配：先创建部件几何模型，再组合成子装配，最后生成装配部件的装配方法。

⑩ 混合装配：是将自顶向下装配和自底向上装配结合在一起的装配方法。例如，先创建几个主要部件模型，再将其装配到一起，然后在装配中设计其他部件，即为混合装配。

13.1.2 引用集

在装配中，各部件含有草图、基准平面及其他辅助图形对象，如果在装配中列出显示所有对象不但容易混淆图形，而且会占用大量内存，不利于装配工作的进行。通过引用集命令能够限制加载于装配图中的装配部件的不必要信息量。

图 13-1 “引用集”对话框

引用集是用户在零部件中定义的部分几何对象，它代表相应的零部件参与装配。引用集可以包含下列数据对象：零部件名称、原点、方向、几何体、坐标系、基准轴、基准平面和属性等。创建完引用集后，就可以单独装配到部件中。一个零部件可以有多个引用集。

在下拉菜单中选择“格式”→“引用集”命令，系统打开图 13-1 所示“引用集”对话框。

部分选项功能如下：

① 添加新的引用集：可以创建新的引用集。输入使用于引用集的名称，并选取对象。

② 删除：已创建的引用集的项目中可以选择性地删除，删除引用集只不过是在目录中被删除而已。

③ 设为当前的：把对话框中选取的引用集设定为当前的引用集。

④ 属性：编辑引用集的名称和属性。

⑤ 信息：显示工作部件的全部引用集的名称和属性，个数等信息。

13.2 装配导航器

装配导航器也叫装配导航工具，它提供了一个装配结构的图形显示界面，也被称为“树形表”。如图 13-2 所示，掌握了装配导航器才能灵活地运用装配的功能。

13.2.1 功能概述

① 节点显示：采用装配树形结构显示，非常清楚地表达了各个组件之间的装配关系。

② 装配导航器按钮：装配结构树中用不同的按钮来表示装配中子装配和组件的不同。

同时，各零部件不同的装载状态也用不同的按钮表示。

a. ：表示装配或子装配。

• 如果按钮是黄色，则此装配在工作部件内。

• 如果是黑色实线按钮，则此装配不在工作部件内。

• 如果是灰色虚线按钮，则此装配已被关闭。

b. ：表示装配结构树组件。

• 如果按钮是黄色，则此组件在工作部件内。

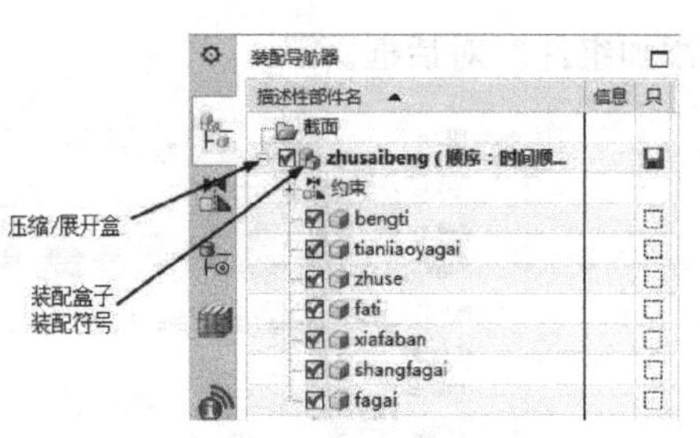

图 13-2　“树形表”示意图

• 如果是黑色实线按钮，则此组件不在工作部件内。

• 如果是灰色虚线按钮，则此组件已被关闭。

③ 检查盒：检查盒提供了快速确定部件工作状态的方法，允许用户用一个非常简单的方法装载并显示部件。部件工作状态用检查盒指示器表示。

☐：表示当前组件或子装配处于关闭状态。

☑：表示当前组件或子装配处于隐藏状态，此时检查框显灰色。

☑：表示当前组件或子装配处于显示状态，此时检查框显红色。

④ 打开菜单选项：如果将光标移动到装配树的一个节点或选择若干个节点并单击右键，则打开快捷菜单，其中提供了很多便捷命令，以方便用户操作（见图 13-3）。

图 13-3　打开的快捷菜单

13.2.2　预览面板和相关性面板

“预览”面板是装配导航器的一个扩展区域，显示装载或未装载的组件。此功能在处理大装配时，有助于用户根据需要打开组件，更好地掌握其装配性能。

“相关性”面板是装配导航器和部件导航器的一个特殊扩展。装配导航器的相关性面板允许查看部件或装配内选定对象的相关性，包括配对约束和 WAVE 相关性，可以用它来分析修改计划对部件或装配的潜在影响。

13.3　自底向上装配

自底向上装配的设计方法是常用的装配方法，即先设计装配中的部件，再将部件添加到装配中，由底向上逐级进行装配。

选择“装配”→“组件”下拉菜单，如图 13-4 所示。

采用自底向上的装配方法，选择添加已存组件的方式有两种，一般来说，第一个部件采用绝对坐标定位方式添加，其余部件采用配对定位的方法添加。

13.3.1　添加已经存在的部件

在下拉菜单中选择“装配”→“组件”→“添加组件”命令，或者单击“装配”功能区“组件”组中的“添加”按钮，打开图 13-5 所示“添加组件”对话框。如果要进行装配的部件还没有打开，可以选择“打开”按钮，从磁盘目录选择；已经打开的部件名字会出现在“已加载的部件”列表框中，可以从中直接选择。单击“确定”按钮，返回图 13-5 所示

“添加组件”对话框。

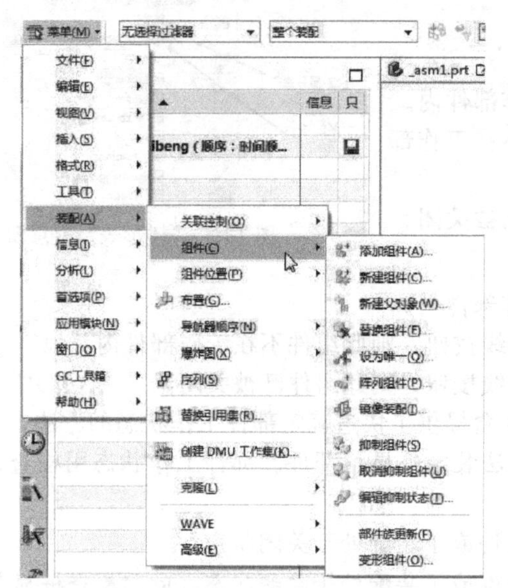

图 13-4 “组件”子菜单命令

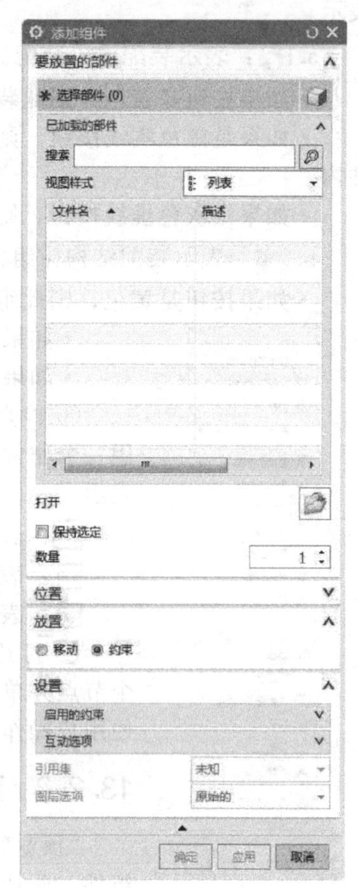

图 13-5 “添加组件”对话框

部分选项功能如下：

① 保持选定：勾选此选项，维护部件的选择，这样可以在下一个添加操作中快速添加相同的部分。

② 组件名：可以为组件重新命名，默认为组件的零件名。

③ 引用集：用于改变引用集。默认引用集是模型，表示只包含整个实体的引用集。用户可以通过该下拉列表框选择所需的引用集。

④ 位置

a. 装配位置：装配中组件的目标坐标系。该下拉列表框中提供了“对齐”“绝对坐标系-工作部件”“绝对坐标系-显示部件”和“工作坐标系”4 种装配位置。

- 对齐：通过选择位置来定义坐标系。
- 绝对坐标系-工作部件：将组件放置于当前工作部件的绝对原点。
- 绝对坐标系-显示部件：将组件放置于显示装配的绝对原点。
- 工作坐标系：将组件放置于工作坐标系。

b. 组件锚点：坐标系来自用于定位装配中组件的组件，可以通过在组件内创建产品接口来定义其他组件系统。

⑤ 放置：用于通过点对话框或坐标系操控器指定部件的方向。

a. 移动：按照几何对象之间的配对关系指定部件在装配图中的位置。单击该选项，系统打开如图 13-6 所示对话框，要求用户指定部件之间的配对关系，设置完以后，单击“确定”完成操作。

- 指定方位：用于选择组件的放置点。
- 只移动手柄：用于重定位坐标系操控器，而不重定位选定的对象。这样可以在同一个操作中指定下一个运动定位和定向坐标操控器。

b. 约束：用于通过装配约束放置部件。在“放置”选项选择“约束”选项，“添加组件”对话框如图 13-6 所示。

• 接触对齐：用于约束两个对象，使其彼此接触或对齐，如图 13-7 所示。

接触：定义两个同类对象相一致。

对齐：对齐匹配对象。

自动判断中心/轴：使圆锥、圆柱和圆环面的轴线重合。

图 13-6 “添加组件”对话框

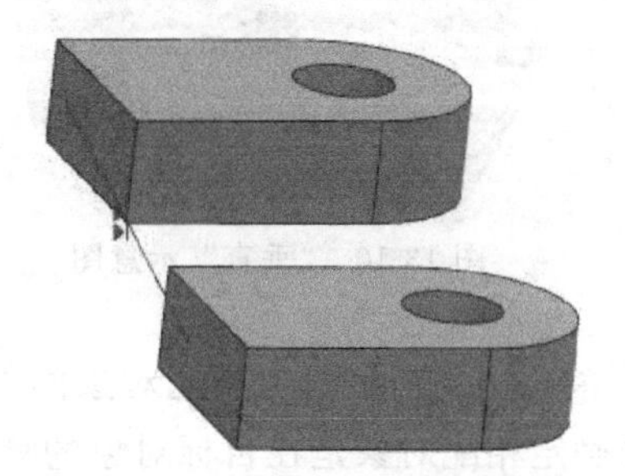
图 13-7 “接触对齐”示意图

• 角度：用于在两个对象之间定义角度尺寸，约束相配组件到正确的方位上，如图 13-8 所示。角度约束可以在两个具有方向矢量的对象间产生，角度是两个方向矢量间的夹角。这种约束允许配对不同类型的对象。

• 平行：用于约束两个对象的方向矢量彼此平行，如图 13-9 所示。

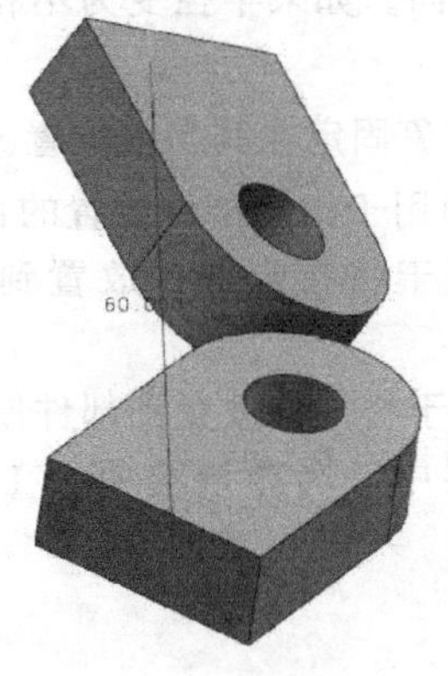
图 13-8 “角度”示意图

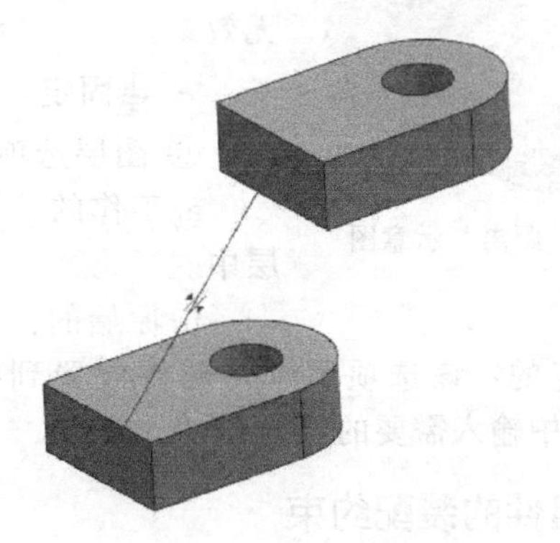
图 13-9 “平行”示意图

• 垂直：用于约束两个对象的方向矢量彼此垂直，如图 13-10 所示。

• 同心：用于将相配组件中的一个对象定位到基础组件中的一个对象的中心上，其中一个对象必须是圆柱或轴对称实体，如图 13-11 所示。

• 中心：用于约束两个对象的中心对齐。

1 对 2：用于将相配组件中的一个对象定位到基础组件中的两个对象的对称中心上。

2 对 1：用于将相配组件中的两个对象定位到基础组件中的一个对象上，并与其对称。

2 对 2：用于将相配组件中的两个对象与基础组件中的两个对象呈对称布置。

提示：

相配组件是指需要添加约束进行定位的组件，基础组件是指位置固定的组件。

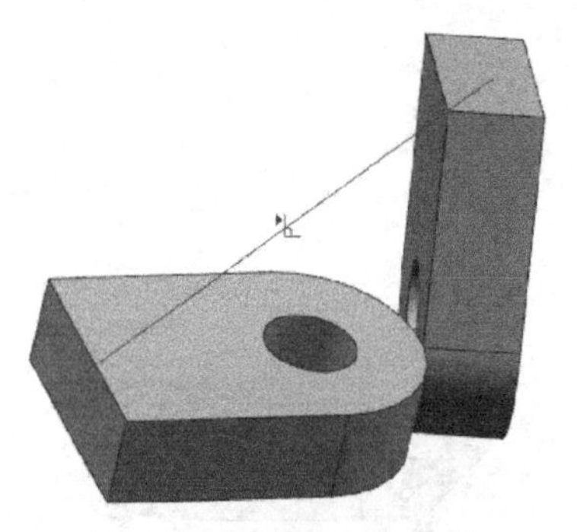

图 13-10 “垂直”示意图

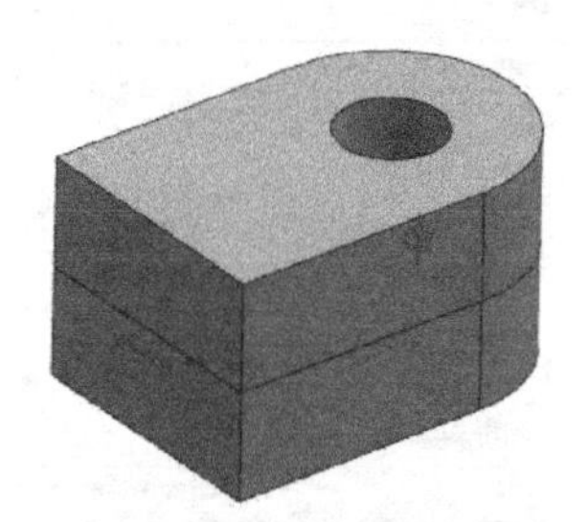

图 13-11 “同心”示意图

• 距离：用于指定两个相配对象间的最小三维距离。距离可以是正值，也可以是负值，正负号确定相配对象是在目标对象的哪一边，如图 13-12 所示。

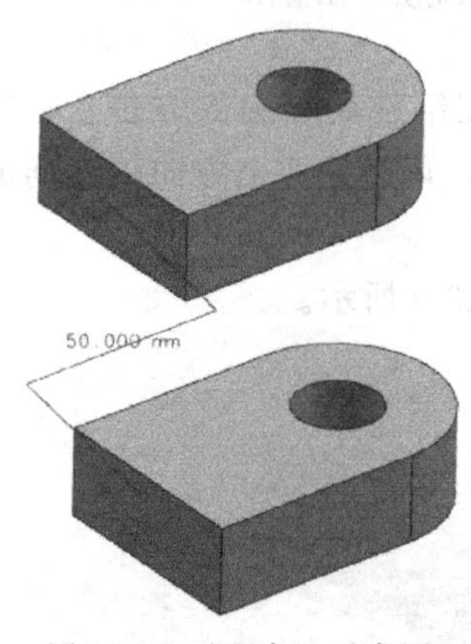

图 13-12 “距离”示意图

• 对齐/锁定：用于对齐不同对象中的两个轴，同时防止绕公共轴旋转。通常，当需要将螺栓完全约束在孔中时，这将作为约束条件之一。

• 胶合：用于将对象约束到一起以使它们作为刚体移动。

• 适合窗口：用于约束半径相同的两个对象，例如圆边或椭圆边，圆柱面或球面。如果半径变为不相等，则该约束无效。

• 固定：用于将对象固定在其当前位置。

⑥ 图层选项：该选项用于指定部件放置的目标层。

a. 工作的：该选项用于将指定部件放置到装配图的工作层中。

b. 原始的：该选项用于将部件放置到部件原来的层中。

c. 按指定的：该选项用于将部件放置到指定的层中。选择该选项，在其下端的指定“层”文本框中输入需要的层号即可。

13.3.2 组件的装配约束

约束关系是指组件的点、边、面等几何对象之间的配对关系，以此确定组件在装配中的相对位置。这种装配关系由一个或者多个关联约束组成，通过关联约束来限制组件在装配中的自由度。对组件的约束效果有：

① 完全约束：组件的全部自由度都被约束，在图形窗口中看不到约束符号。

② 欠约束：组件还有自由度没被限制，称为欠约束，在装配中允许欠约束存在。

③ 移动组件：在下拉菜单中选择“装配”→“组件位置”→“移动组件”命令，或者单击“装配”功能区“组件位置”组中的“移动组件”按钮，打开图 13-13 所示的“移动组件”对话框。

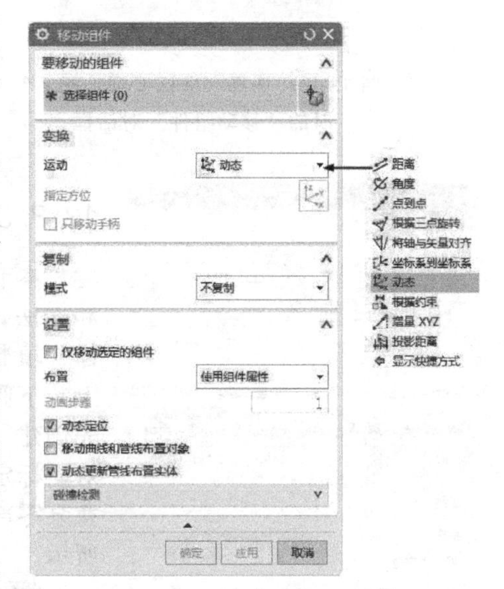

图 13-13　“移动组件”对话框

a. 点到点：用于采用点到点的方式移动组件。在“运动”下拉列表框中选择“点对点”，然后选择两个点，系统便会根据这两点构成的矢量和两点间的距离，沿着其矢量方向移动组件。

b. 增量 XYZ：用于平移所选组件。在“运动”下拉列表框中选择“增量 XYZ”，“移动组件”对话框将变为图 13-14 所示。该对话框用于沿 X、Y 和 Z 坐标轴方向移动一个距离。如果输入的值为正，则沿坐标轴正向移动；反之，则沿负向移动。

c. 角度：用于绕轴和点旋转组件。在“运动”下拉列表框中选择“角度”时，“移动组件”对话框将变为图 13-15 所示。选择旋转轴，然后选择旋转点，在“角度”文本框中输入要旋转的角度值，单击“确定”按钮即可。

d. 坐标系到坐标系：用于采用移动坐标方式重新定位所选组件。在“运动”下拉列表框中选择“坐标系到坐标系”时，“移动组件”对话框将变为图 13-16 所示。首先选择要定位的组件，然后指定参考坐标系和目标坐标系。选择一种坐标定义方式定义参考坐标系和目标坐标系后，单击“确定”按钮，则组件从参考坐标系的相对位置移动到目标坐标系中的对应位置。

e. 将轴与矢量对齐：用于在选择的两轴之间旋转所选的组件。在“运动”下拉列表框中选择“将轴与矢量对齐”时，“移动组件”对话框将变为图 13-17 所示。选择要定位的组件，然后指定参考点、参考轴和目标轴的方向，单击“确定”按钮即可。

图 13-14　选择“增量 XYZ”时的“移动组件”对话框

图 13-15　选择“角度”时的“移动组件”对话框

④ 装配约束：在“添加组件”对话框中，将放置方式设为“约束”，或者在下拉菜单中选择“装配”→“组件位置”→“装配约束”命令，打开图 13-18 所示“装配约束”对话

框。该对话框用于通过配对约束确定组件在装配中的相对位置。

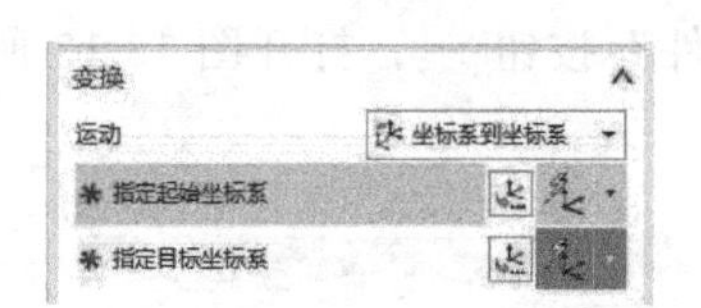

图 13-16　选择“坐标系到坐标系”时的“移动组件”对话框

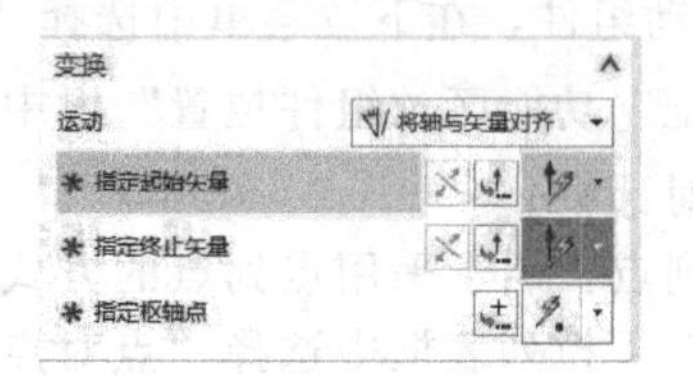

图 13-17　选择“将轴与矢量对齐”时的“移动组件”对话框

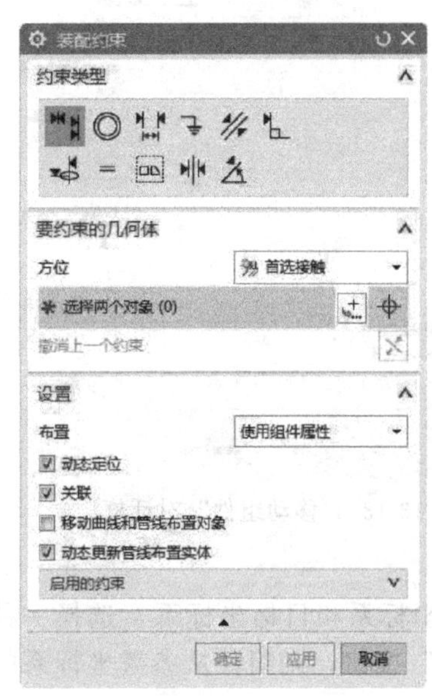

图 13-18　“装配约束”对话框

13.3.3　实例——柱塞泵装配图

扫一扫，看视频

本节将介绍柱塞泵装配的具体过程和方法，将柱塞泵的七个零部件——泵体、填料压盖、柱塞、阀体、阀盖以及上、下阀瓣等装配成完整的柱塞泵。具体操作步骤为：首先创建一个新文件，用于绘制装配图；然后，将泵体以绝对坐标定位方法添加到装配图中；最后，将余下的六个柱塞泵零部件以配对定位方法添加到装配图中，如图 13-19 所示。

装配步骤

（1）新建文件

在下拉菜单中选择“文件”→“新建”命令，或者单击“主页”功能区“标准”组中的“新建”按钮，打开“新建”对话框，选择装配模板，输入文件名为 zhusaibeng，如图 13-20 所示。单击“确定”按钮，进入装配环境。

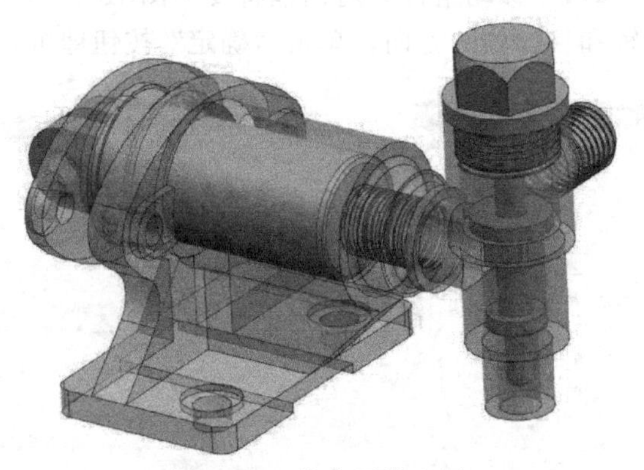

图 13-19　柱塞泵装配图

（2）添加泵体零件

① 在下拉菜单中选择“装配”→“组件”→“添加组件”命令，或单击“装配”功能区“组件”组中的“添加”按钮，打开“添加组件”对话框，如图 13-21 所示。

② 在没有进行装配前，此对话框的“已加载的部件”列表中是空的，但是随着装配的进行，该列表中将显示所有加载进来的零部件文件的名称，便于管理和使用。单击“打开”

按钮，打开“部件名”对话框，如图 13-22 所示。

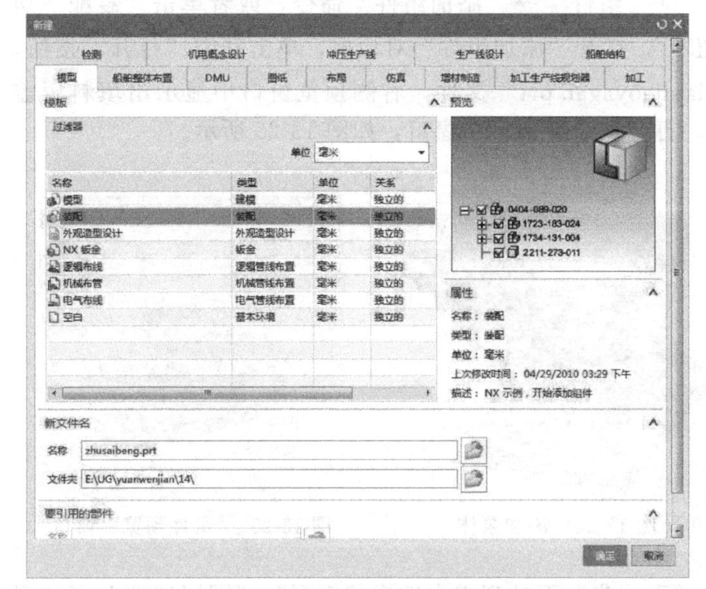

图 13-20 “新建”对话框

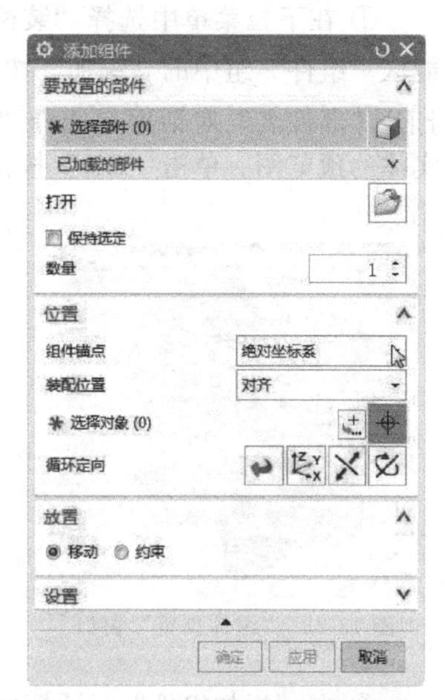

图 13-21 “添加组件”对话框

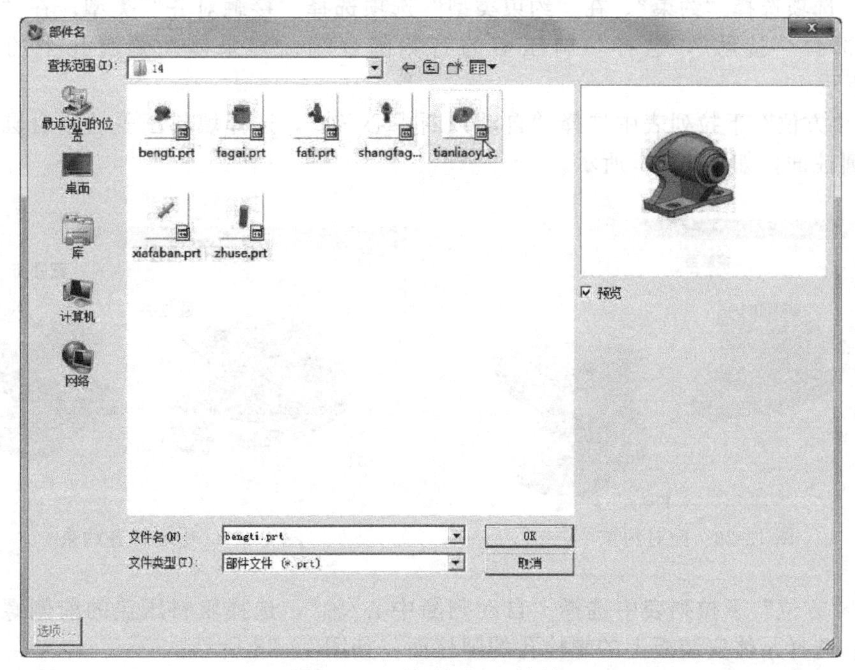

图 13-22 “部件名”对话框

③ 在“部件名”对话框中，选择已存的零部件文件，单击右侧“预览”复选框，可以预览已存的零部件。选择“bengti. prt”文件，右侧预览窗口中显示出该文件中保存的泵体实体，单击“OK”按钮，打开“组件预览”窗口，如图 13-23 所示。

④ 在“添加组件”对话框中，“引用集”下拉列表中选择“模型”，“装配位置”下拉列表中选择“绝对坐标系-工作部件”，“图层选项”下拉列表中选择“原始的”，单击“确定”按钮，完成按绝对坐标定位方法添加泵体零件，结果如图 13-24 所示。

(3) 添加填料压盖零件

① 在下拉菜单中选择“装配”→“组件”→“添加组件”命令，或者单击“装配”功能区“组件”组中的“添加”按钮，打开“添加组件”对话框，单击其中“打开”按钮，打开“部件名”对话框，选择“tianliaoyagai.prt”文件，右侧预览窗口中显示出填料压盖实体的预览图。单击“OK”按钮，打开“组件预览”窗口，如图13-25所示。

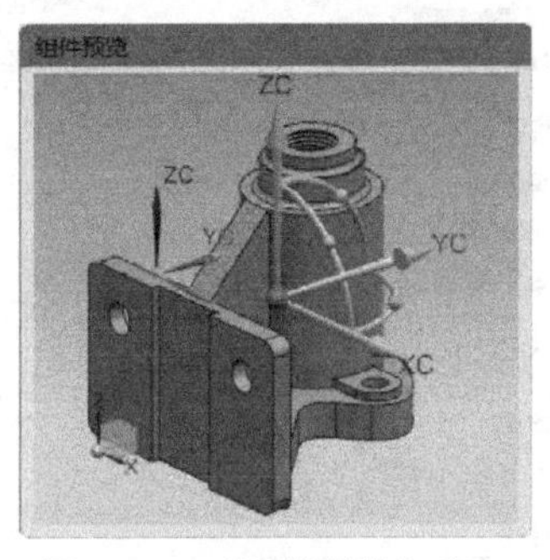

图13-23 “组件预览”窗口

图13-24 添加泵体

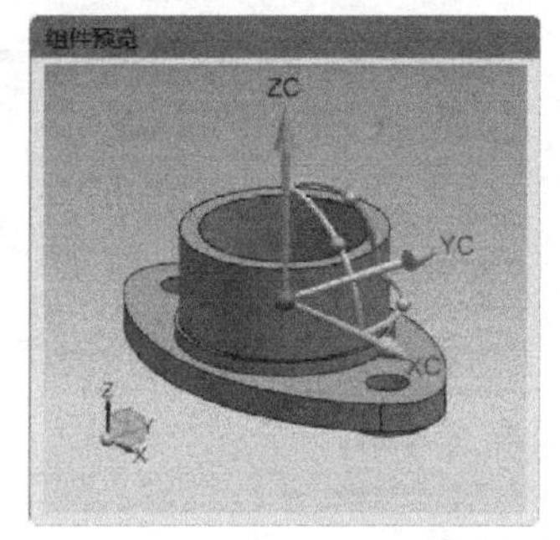

图13-25 “组件预览”窗口

② 在“添加组件”对话框中，“引用集”下拉列表中选择“模型”，“图层选项”下拉列表中选择“原始的”，“装配位置”下拉列表中选择“对齐”，在绘图区指定放置组件的位置，在“放置”选项选择“约束”。在“约束类型”选项选择“接触对齐”类型，在“方位”下拉列表中选择“接触”，选择填料压盖的右侧圆台端面和泵体左侧膛孔中的端面，如图13-26所示。

③ 在“方位”下拉列表中选择“自动判断中心/轴”，选择填料压盖的圆台圆柱面和泵体膛体的圆柱面，如图13-27所示。

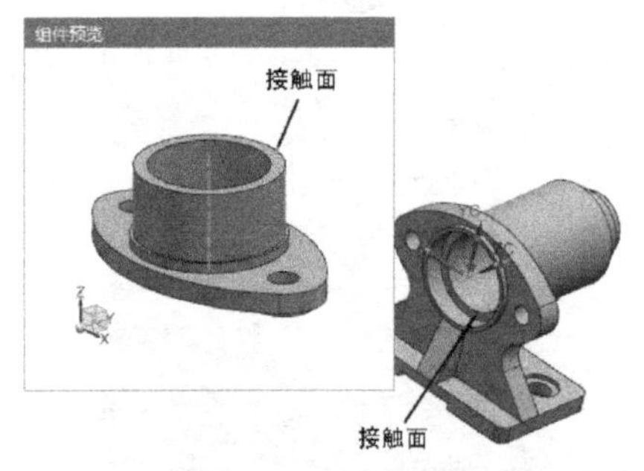

图13-26 配对约束

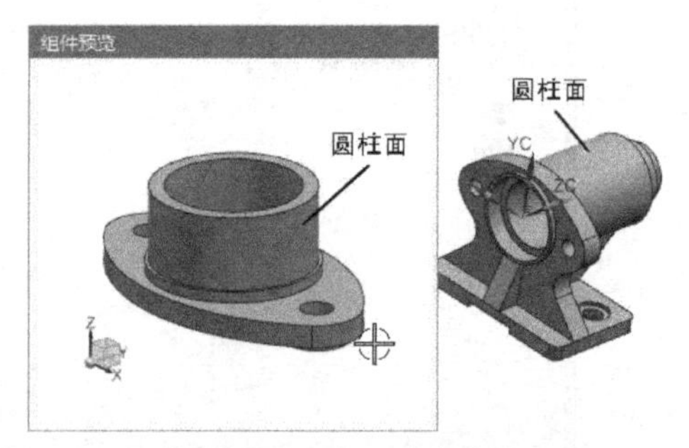

图13-27 中心对齐约束

④ 在“方位”下拉列表中选择“自动判断中心/轴”，选择填料压盖的前侧螺栓安装孔的圆柱面，选择泵体安装板上的螺栓孔的圆柱面，如图13-28所示。

⑤ 对于填料压盖与泵体的装配，由以上三个配对约束：一个配对约束和两个中心约束可以使填料压盖形成完全约束，单击“添加组件”对话框中的“确定”按钮，完成填料压盖与泵体的配对装配，结果如图13-29所示。

(4) 添加柱塞零件

① 在下拉菜单中选择“装配”→“组件”→“添加组件”命令，或者单击“装配”功能区“组件”组中的“添加”按钮，打开“添加组件”对话框，单击“打开”按钮，打开“部件名”对话框，选择“zhusai.prt”文件，右侧预览窗口中显示出柱塞实体的预览图。

单击“OK”按钮，打开“组件预览”窗口，图 13-30 所示。

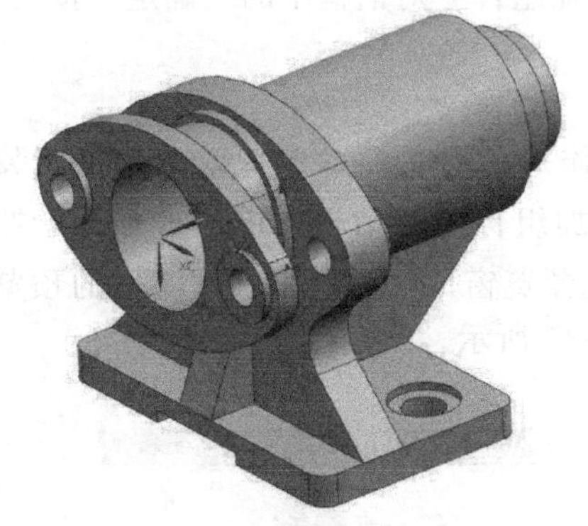

图 13-28　中心对齐约束

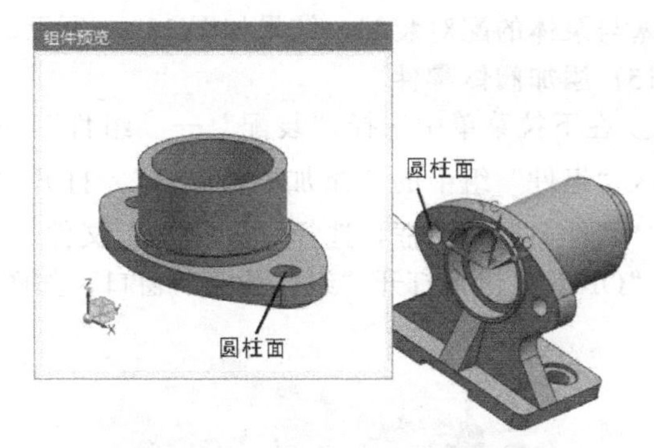

图 13-29　填料压盖与泵体的配对装配

② 在“添加组件”对话框中，使用默认设置值，在绘图区指定放置组件的位置，在“放置”选项选择“约束”。在“约束类型”选项选择“接触对齐”类型，在“方位”下拉列表中选择“接触”，选择柱塞底面端面和泵体左侧膛孔中的第二个内端面，如图 13-31 所示。

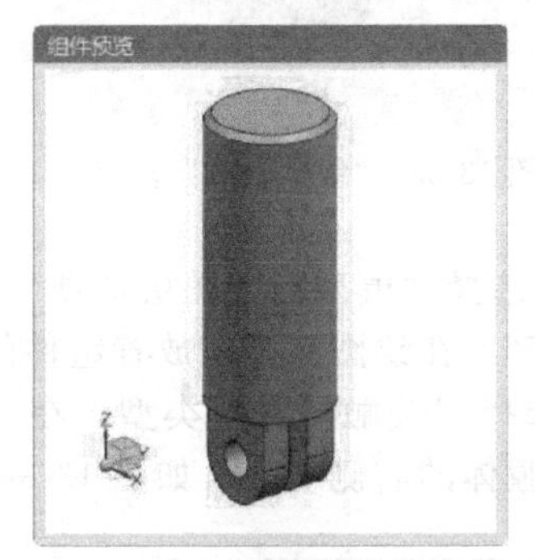

图 13-30　“组件预览”窗口

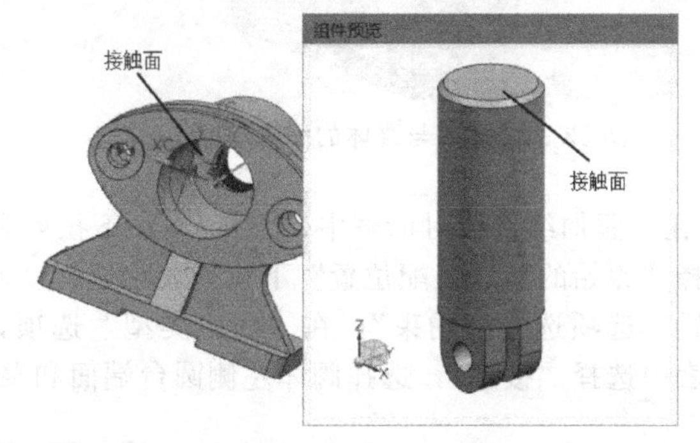

图 13-31　配对约束

③ 在“方位”下拉列表中选择“自动判断中心/轴”，选择柱塞外环面和泵体膛体的圆环面，如图 13-32 所示。

④ 现有的两个约束依然不能防止柱塞在膛孔中以自身中心轴线作旋转运动，因此继续添加配对约束以限制柱塞的回转，选择“平行”类型，选择柱塞右侧凸垫的侧平面和泵体肋板的侧平面，如图 13-33 所示。

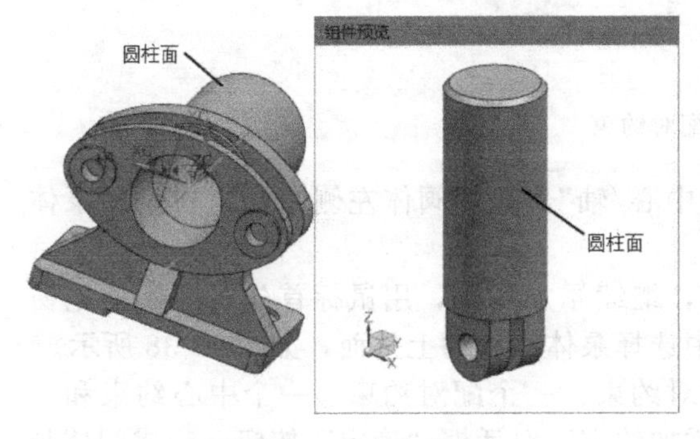

图 13-32　中心约束

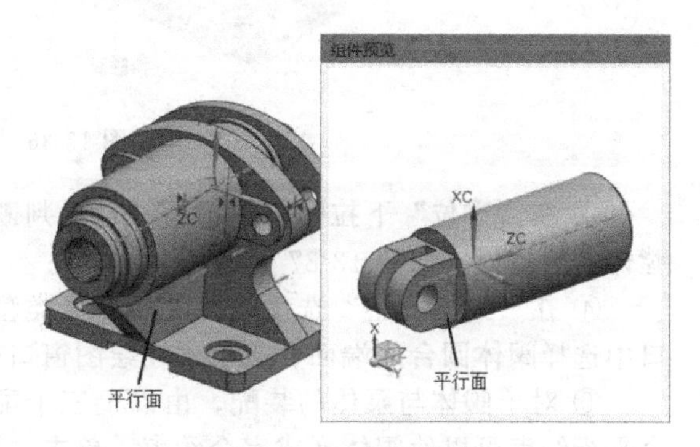

图 13-33　平行约束

⑤ 对于柱塞与泵体的装配，由以上三个配对约束：一个配对约束、一个中心对齐约束和一个平行约束可以使柱塞形成完全约束，单击“添加组件”对话框中的“确定”按钮，完成柱塞与泵体的配对装配，结果如图 13-34 所示。

（5）添加阀体零件

① 在下拉菜单中选择“装配”→“组件”→“添加已存的”命令，或者单击“装配”功能区“组件”组中的“添加”按钮，打开“添加组件”对话框，单击“打开”按钮，打开“部件名”对话框，选择“fati. prt”文件，右侧预览窗口中显示出阀体实体的预览图。单击“OK”按钮，打开“组件预览”窗口，如图 13-35 所示。

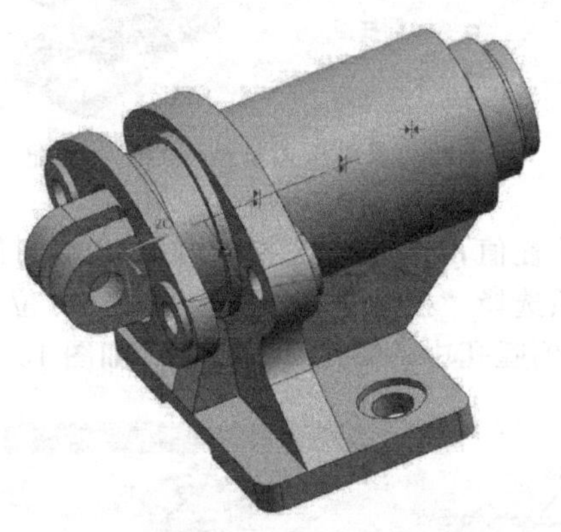

图 13-34　柱塞与泵体的配对装配

图 13-35　“组件预览”窗口

② 在“添加组件”对话框中，“引用集”下拉列表中选择“模型”，“图层选项”下拉列表中选择“原始的”，“装配位置”下拉列表中选择“对齐”，在绘图区指定放置组件的位置，在“放置”选项选择“约束”。在“约束类型”选项，选择“接触对齐”类型，在“方位”下拉列表中选择“接触”，选择阀体左侧圆台端面和泵体膛体的右侧端面，如图 13-36 所示。

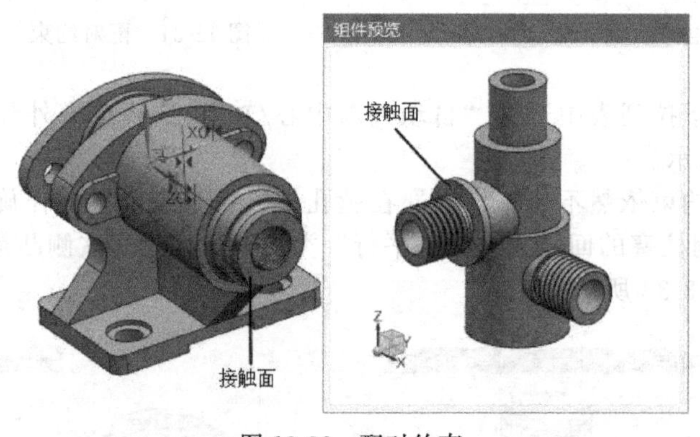

图 13-36　配对约束

③ 在“方位”下拉列表中选择“自动判断中心/轴”，选择阀体左侧圆台圆柱面和泵体膛体的圆柱面，如图 13-37 所示。

④ 在“约束类型”选项选择“平行”类型，继续添加约束，用鼠标首先在组件预览窗口中选择阀体圆台的端面，接下来在绘图窗口中选择泵体底板的上平面，如图 13-38 所示。

⑤ 对于阀体与泵体的装配，由以上三个配对约束：一个配对约束、一个中心约束和一个平行约束可以使阀体形成完全约束，单击“添加约束”对话框“确定”按钮，完成阀体与泵体的配对装配，结果如图 13-39 所示。

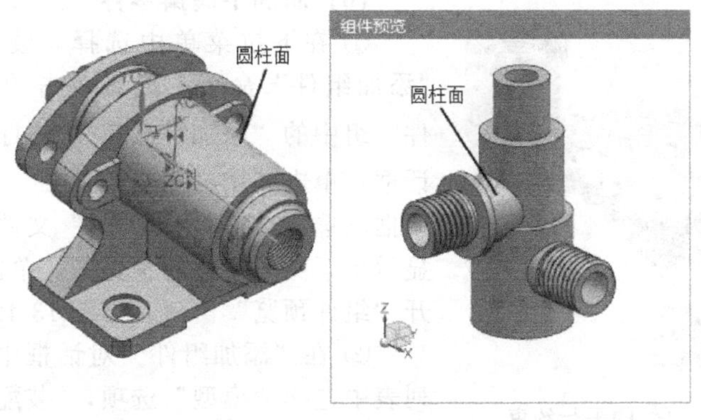

图 13-37　中心对齐约束

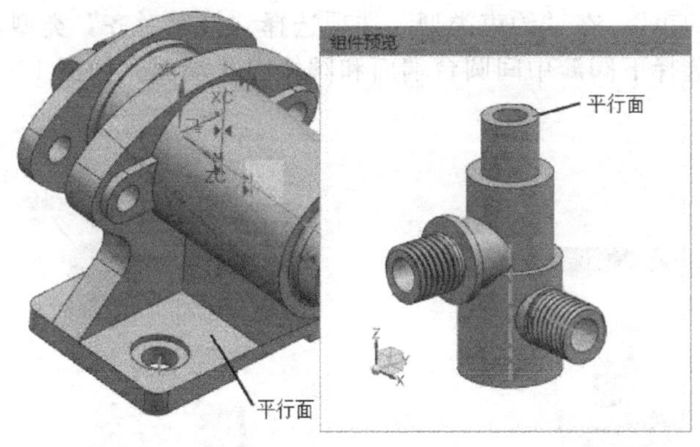

图 13-38　平行约束

⑥ 在约束导航器中选择泵体和阀体的“平行”约束，单击鼠标右键，打开如图 13-40 所示的快捷菜单，选择“反向”选项，调整阀体的方向，如图 13-41 所示。

图 13-39　阀体与泵体的配对装配

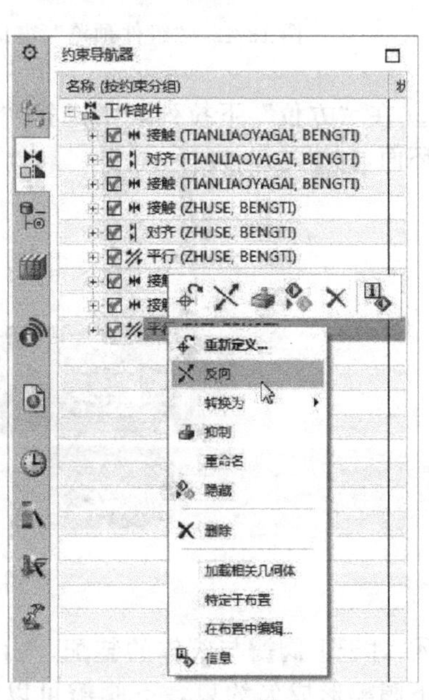

图 13-40　快捷菜单

图 13-41　阀体与泵体的平行约束

（6）添加下阀瓣零件

① 在下拉菜单中选择“装配”→“组件”→“添加组件”命令，或者单击“装配”功能区“组件”组中的“添加”按钮，打开“添加组件”对话框，单击其中“打开”按钮，打开“部件名”对话框，选择“xiafaban. prt”文件，右侧预览窗口中显示出下阀瓣实体的预览图。单击“OK”按钮，打开“组件预览”窗口，如图 13-42 所示。

② 在“添加组件”对话框中，“引用集”下拉列表中选择“模型”选项，“装配位置”下拉列表中选择“对齐”选项，在绘图区指定放置组件的位置，“图层选项”下拉列表中选择“原始的”选项，在“放置”选项选择“约束”。在“约束类型”选项选择“接触对齐”类型，在“方位”下拉列表中选择“接触”，选择下阀瓣中间圆台端面和阀体内孔端面，如图 13-43 所示。

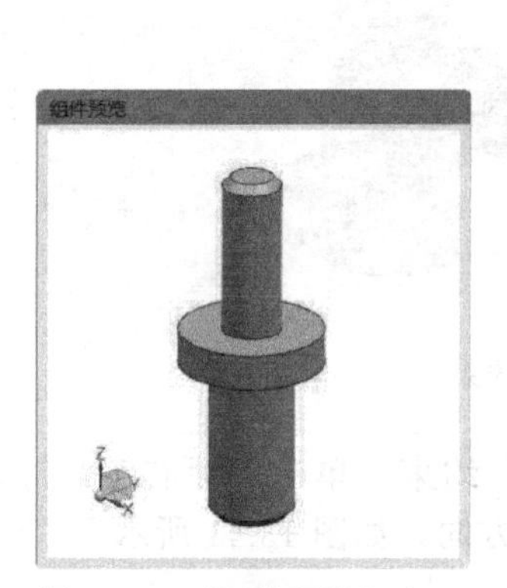

图 13-42　“组件预览”窗口

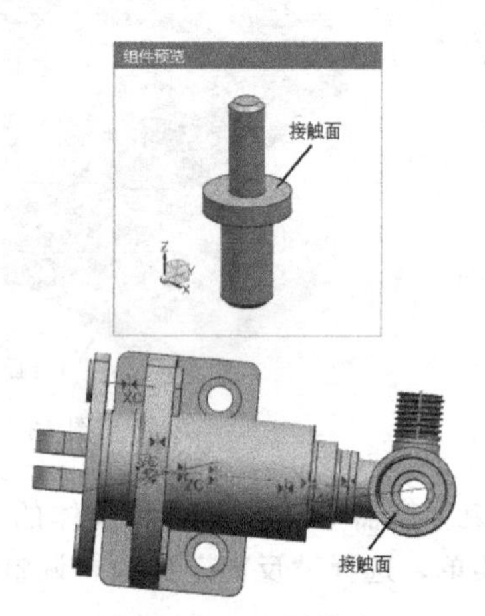

图 13-43　配对约束

③ 在“方位”下拉列表中选择“自动判断中心/轴”，选择下阀瓣圆台外环面和阀体的外圆环面，如图 13-44 所示。

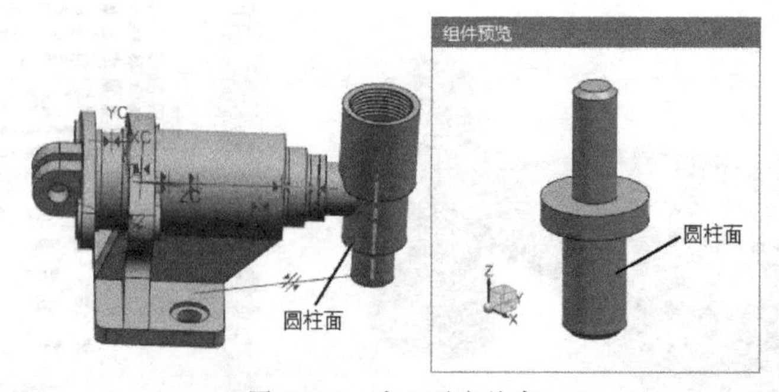

图 13-44　中心对齐约束

④ 对于下阀瓣与阀体的装配，由以上两个配对约束：一个配对约束和一个中心约束可以使下阀瓣形成欠约束，下阀瓣可以绕自身中心轴线旋转，单击“添加组件”对话框中的“确定”按钮，完成下阀瓣与阀体的配对装配，结果如图 13-45 所示。

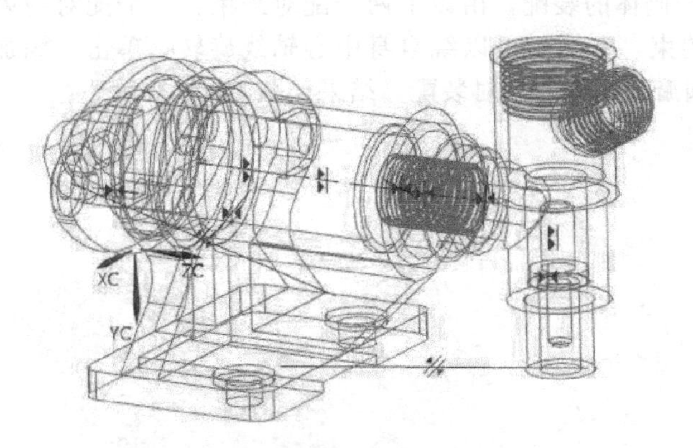

图 13-45　下阀瓣与阀体的配对装配

(7) 添加上阀瓣零件

① 在下拉菜单中选择“装配”→“组件”→“添加组件”命令，或者单击“装配”功能区“组件”组中的“添加”按钮，打开“添加组件”对话框，单击“打开”按钮，打开“部件名”对话框，选择“shangfagai.prt”文件，右侧预览窗口中显示出上阀瓣实体的预览图。单击“OK”按钮，打开“组件预览”窗口如图 13-46 所示。

② 在“添加组件”对话框中，采用默认设置，在绘图区指定放置组件的位置，在“放置”选项选择“约束”。在“约束类型”选项选择“接触对齐”类型，在“方位”下拉列表中选择“接触”，选择上阀瓣中间圆台端面和阀体内孔端面，如图 13-47 所示。

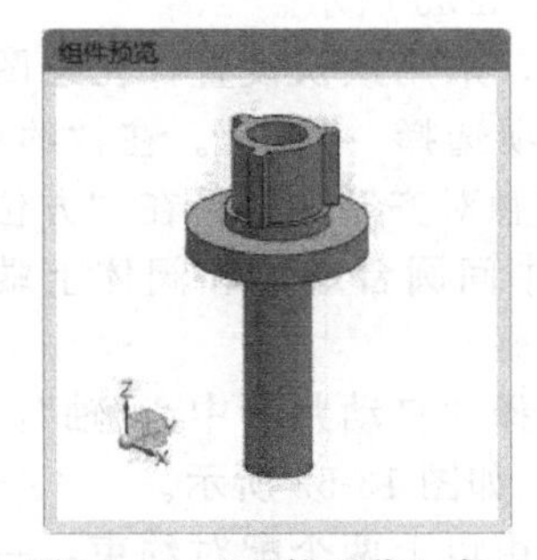

图 13-46　“组件预览”窗口

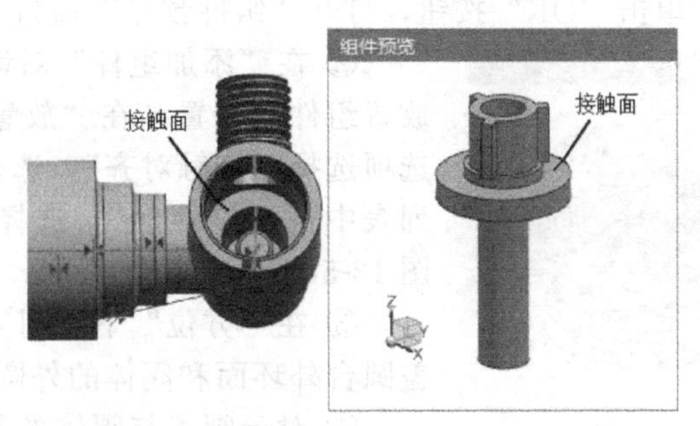

图 13-47　配对约束

③ 在“方位”下拉列表中选择“自动判断中心/轴”，选择上阀瓣圆台外环面和阀体的外圆环面，如图 13-48 所示。

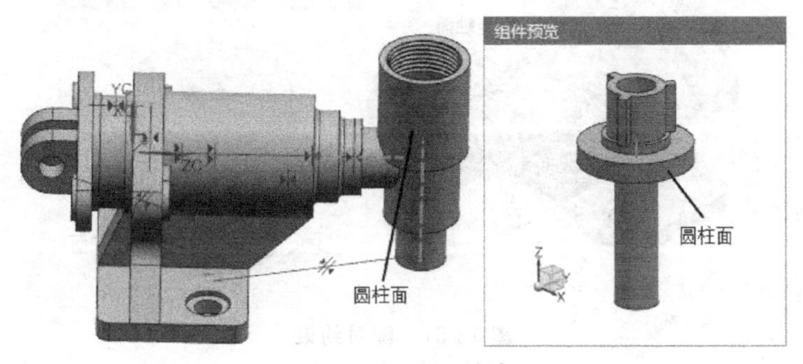

图 13-48　中心约束

④ 对于上阀瓣与阀体的装配，由以上两个配对约束：一个配对约束和一个中心约束可以使上阀瓣形成欠约束，上阀瓣可以绕自身中心轴线旋转，单击“添加组件”对话框“确定”按钮，完成上阀瓣与阀体的配对装配，结果如图 13-49 所示。

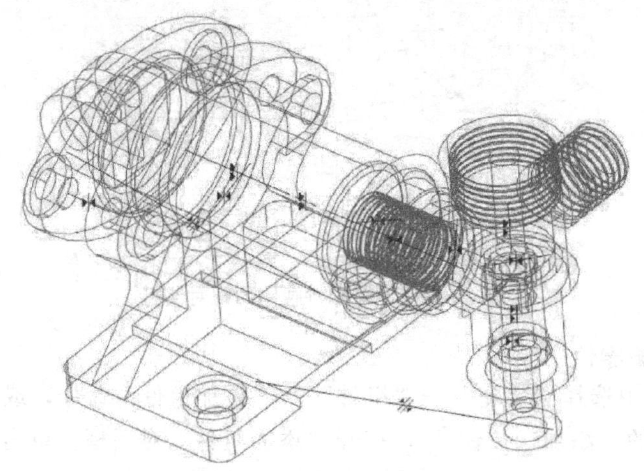

图 13-49　上阀瓣与阀体的配对装配

（8）添加阀盖零件

① 在下拉菜单中选择“装配”→“组件”→“添加组件”命令，或者单击“装配”功能区“组件”组中的“添加”按钮，打开“添加组件”对话框，将“fagai. prt”文件加载进来。单击“OK”按钮，打开“组件预览”窗口，如图 13-50 所示。

图 13-50　“组件预览”窗口

② 在“添加组件”对话框中，采用默认设置，在绘图区指定放置组件的位置，在“放置”选项选择“约束”。在“约束类型”选项选择“接触对齐”，选择“接触对齐”类型，在“方位”下拉列表中选择“接触”，选择阀盖中间圆台端面和阀体上端面，如图 13-51 所示。

③ 在“方位”下拉列表中选择“自动判断中心/轴”，选择阀盖圆台外环面和阀体的外圆环面，如图 13-52 所示。

④ 对于阀盖与阀体的装配，由以上两个配对约束：一个配对约束和一个中心约束可以使上阀瓣形成欠约束，单击“添加组件”对话框“确定”按钮，完成阀盖与阀体的配对装配，结果如图 13-53 所示。

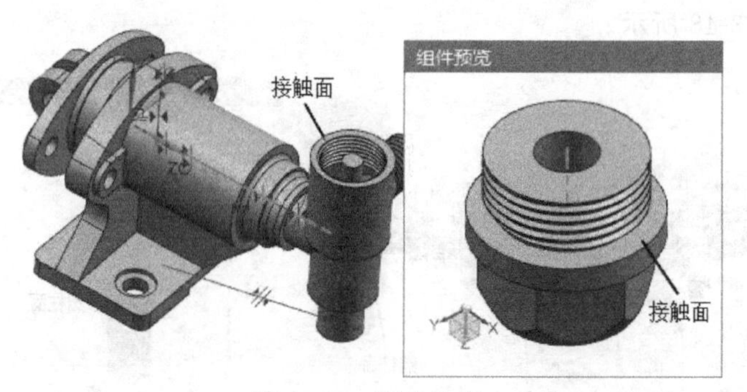

图 13-51　配对约束

至此，已经将柱塞泵的七个零部件全部装配到一起，形成一个完整的柱塞泵的装配图，

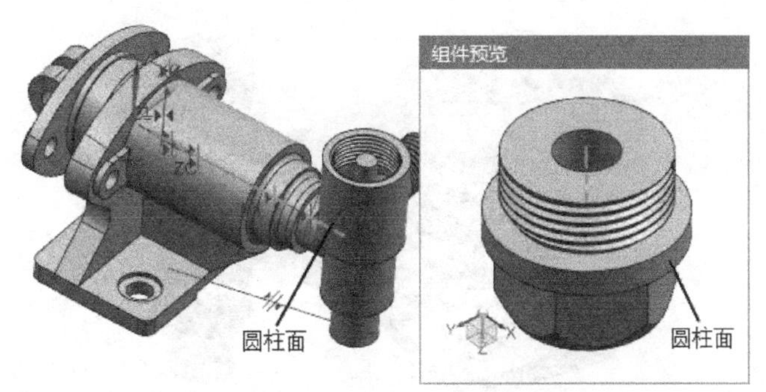

图 13-52　中心对齐约束

下面将学习如何设置装配图的显示效果，以便更好地显示零部件之间的装配关系。

为了将装配体内部的装配关系表现出来，可以将外包的几个零部件的显示设置为半透明，以达到透视装配体内部的效果。

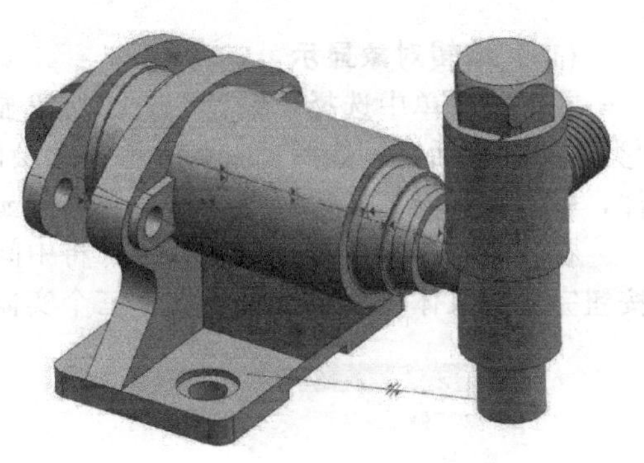

图 13-53　阀盖与阀体的配对装配

（9）隐藏约束关系

在下拉菜单中选择“编辑”→“显示和隐藏”→“隐藏”命令，打开如图 13-54 所示的“类选择”对话框，选择“类型过滤器”按钮，打开图 13-55 所示的“按类型选择”对话框，选择“装配约束”选项，单击“确定”按钮，返回到“类选择”对话框，单击“全选”按钮，选择视图中所有装配约束关系，单击“确定”按钮，隐藏装配约束关系，如图 13-56 所示。

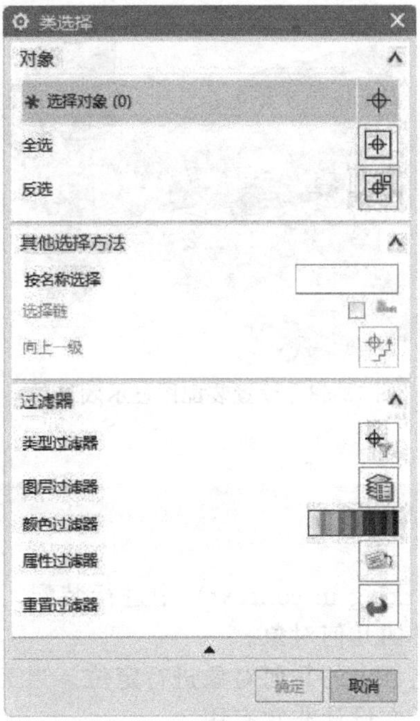

类选择
对象
选择对象 (0)
全选
反选
其他选择方法
按名称选择
选择链
向上一级
过滤器
类型过滤器
图层过滤器
颜色过滤器
属性过滤器
重置过滤器
确定　取消

图 13-54　“类选择”对话框

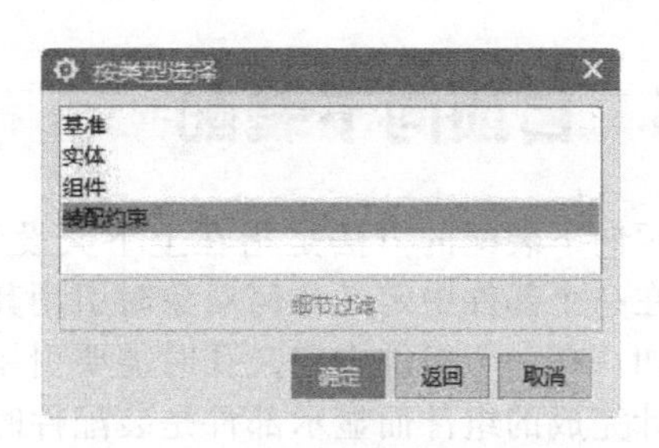

图 13-55　“按类型选择”对话框

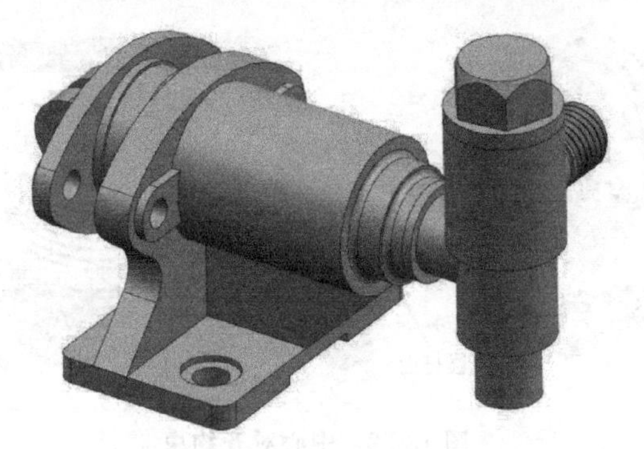

图 13-56　隐藏装配约束关系

(10) 编辑对象显示

在下拉菜单中选择“编辑”→“对象显示”命令，或使用快捷组合键“Ctrl+J”，打开“类选择”对话框，如图 13-54 所示。在绘图窗口中，单击泵体、填料压盖和阀体三个零部件，单击“确定”按钮，打开“编辑对象显示”对话框，如图 13-57 所示。

在“编辑对象显示”对话框中，将中间的“透明度”指示条拖动到 60 处，单击“确定”按钮完成对泵体、填料压盖和阀体三个实体的透明显示设置，效果如图 13-58 所示。

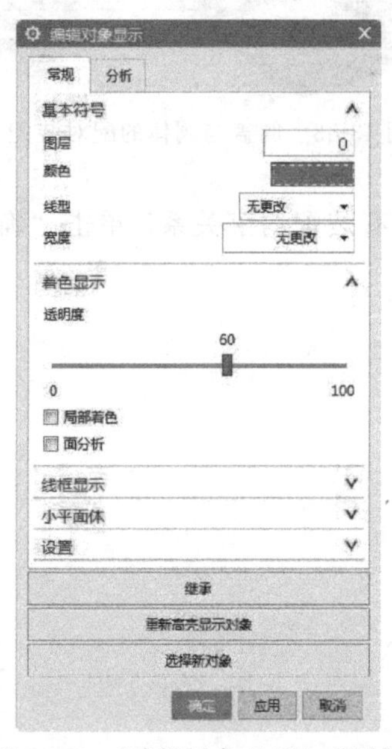

图 13-57 “编辑对象显示”对话框

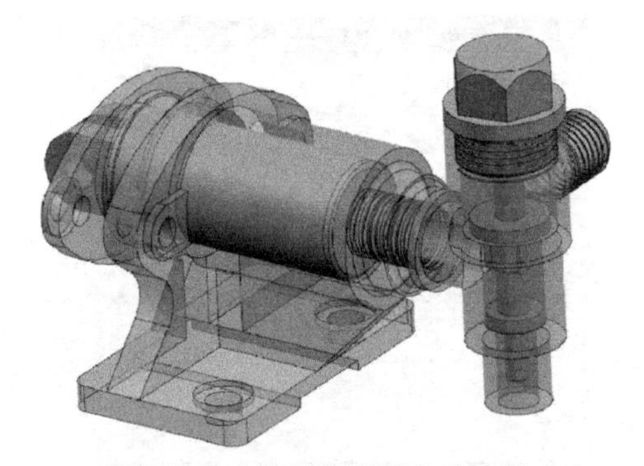

图 13-58　设置装配图显示效果

13.4　自顶向下装配

自顶向下装配的方法是指在上下文设计（working in context）中进行装配。上下文设计是指在一个部件中定义几何对象时引用其他部件的几何对象。

例如，在一个组件中定义孔时需要引用其他组件中的几何对象进行定位。当工作部件是尚未设计完成的组件而显示部件是装配件时，上下文设计非常有用。

自顶向下装配的方法有两种：

方法一：

① 先建立装配结构，此时没有任何的几何对象。

② 使其中一个组件成为工作部件。

③ 在该组件中建立几何对象。

④ 依次使其余组件成为工作部件并建立几何对象，注意可以引用显示部件中的几何对象。

方法二：

① 在装配件中建立几何对象。

② 建立新的组件，并把图形加到新组件中。

在装配的上下文设计（designing in context of an assembly）中，当工作部件是装配中的一个组件而显示部件是装配件时，定义工作部件中的几何对象时可以引用显示部件中的几何对象，即引用装配件中其他组件的几何对象。建立和编辑的几何对象发生在工作部件中，但是显示部件中的几何对象是可以选择的。

提示：

组件中的几何对象只是被装配件引用而不是复制，修改组件的几何模型后装配件会自动改变，这就是主模型的概念。

13.4.1　第一种设计方法

该方法首先建立装配结构即装配关系，但不建立任何几何模型，然后使其中的组件成为工作部件，并在其中建立几何模型，即在上下文中进行设计，边设计边装配。

其详细设计过程如下：

① 建立一个新装配件，如：_asm1.prt。

② 在下拉菜单中选择“装配”→“组件”→“新建组件”命令，或者单击“装配”功能区“组件”组中的“新建”按钮。

③ 在打开的“新组件文件”对话框中输入新组件的路径和名称，如 P1，单击“确定”按钮。

④ 系统打开如图 13-59 所示“新建组件”对话框，单击“确定”按钮，新组件即可被装到装配件中。

⑤ 重复上述②～⑤的步骤，用上述方法建立新组件 P2。

⑥ 打开装配导航器查看，如图 13-60 所示。

图 13-59　创建新的组件

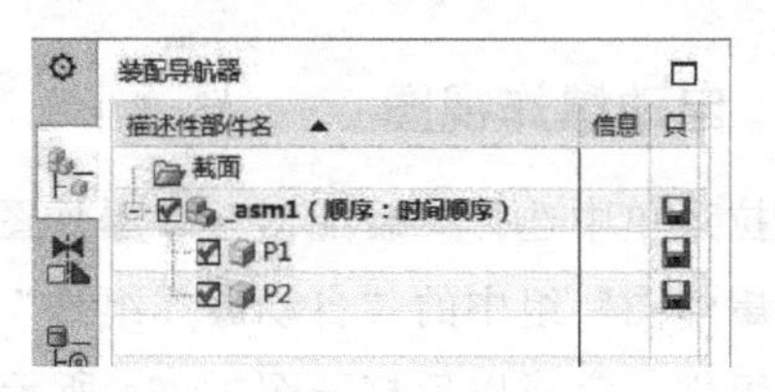

图 13-60　装配导航器

⑦ 以下要在新的组件中建立几何模型，先选择 P1 成为工作部件，建立实体。

⑧ 然后使得 P2 为工作部件，建立实体。

⑨ 使装配件 _ asm1. prt 成为工作部件。

⑩ 在下拉菜单中选择“装配”→“组件”→“装配约束”命令，给组件 P1 和 P2 建立装配约束。

13.4.2 第二种设计方法

该方法首先在装配件中建立几何模型，然后建立组件即建立装配关系，并将几何模型添加到组件中。

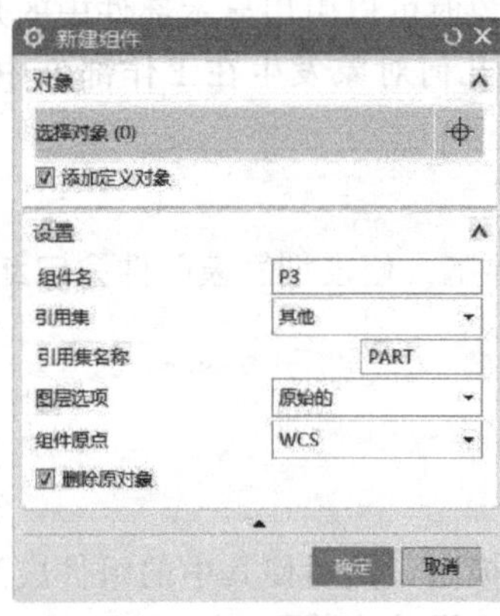

图 13-61 “新建组件”对话框

其详细设计过程如下：

① 打开一个包含几何体的装配件或者在打开的装配件中建立一个几何体。

② 在下拉菜单中选择“装配”→“组件”→“新建组件”命令，打开“新组件文件”对话框，在装配件中选择需要添加的几何模型，单击“确定”按钮，在选择部件对话框中，选择新组件的路径，并输入名字，单击“确定”按钮。

③ 打开图 13-61 所示对话框，勾选“删除原对象”按钮，则几何模型添加到组件后删除装配件中的几何模型，单击“确定”按钮，新组件就装到装配件中了，并添加了几何模型。

④ 重复上面的②～③步，直至完成自顶向下装配设计为止。

13.5 装配爆炸图

爆炸图是在装配环境下把组成装配的组件拆分开来，更好地表达整个装配的组成状况，便于观察每个组件的一种方法。爆炸图是一个已经命名的视图，一个模型中可以有多个爆炸图。UG 默认的爆炸图名为 Explosion，后加数字后缀。用户也可根据需要指定爆炸图名称。在下拉菜单中选择“装配”→“爆炸图”命令，打开图 13-62 所示下拉菜单。在下拉菜单中选择“信息”→“装配”→“爆炸”命令可以查询爆炸信息。

13.5.1 爆炸图的建立

在下拉菜单中选择“装配”→“爆炸图”→“新建爆炸”命令，或者单击“装配”功能区“爆炸图”组中的“新建爆炸”按钮，打开图 13-63 所示“新建爆炸”对话框。在该对话框中输入爆炸视图的名称，或者接受默认名，单击“确定”按钮建立一个新的爆炸视图。

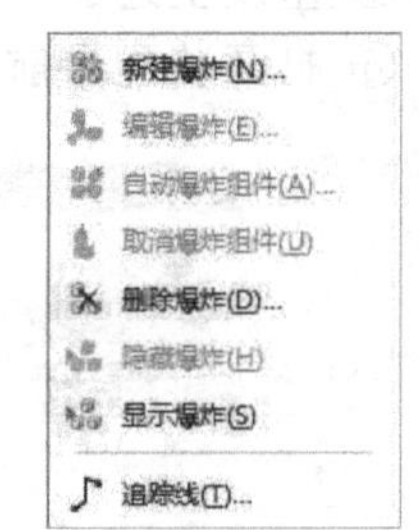

图 13-62 “爆炸图”下拉菜单

13.5.2 自动爆炸视图

在下拉菜单中选择“装配”→“爆炸图”→“自动爆炸组件”命令，或者单击“装配”功能区“爆炸图”组中的“自动爆炸组件”按钮，系统打开“类选择”对话框，选择需要爆炸的组件，完成以后打开图 13-64 所示“自动爆炸组件”对话框。

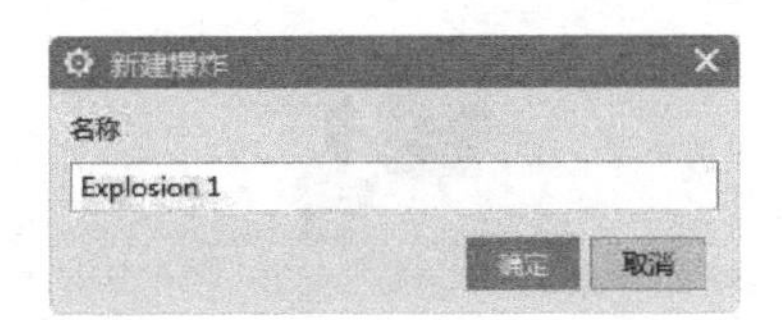

图 13-63　“新建爆炸”对话框

图 13-64　“自动爆炸组件”对话框

对话框部分选项功能如下：

距离：该选项用于设置自动爆炸组件之间的距离。

13.5.3　编辑爆炸视图

在下拉菜单中选择“装配”→“爆炸图”→“编辑爆炸”命令，或者单击“装配”功能区“爆炸图”组中的“编辑爆炸”按钮，系统打开图 13-65 所示“编辑爆炸”对话框。选择需要编辑的组件，然后选择需要的编辑方式，再选择点选择类型，确定组件的定位方式。然后可以直接用鼠标选取屏幕中的位置，移动组件位置。

① 取消爆炸组件：在下拉菜单中选择“装配”→“爆炸图”→“取消爆炸组件”命令，或者单击“装配”功能区“爆炸图”组中的“取消爆炸组件”按钮，系统打开“类选择”对话框，选择需要复位的组件后，单击“确定”，即可使已爆炸的组件回到原来的位置。

② 删除爆炸：在下拉菜单中选择“装配”→“爆炸图”→“删除爆炸”命令，或者单击“装配”功能区“爆炸图”组中的“删除爆炸”按钮，系统打开图 13-66 所示“爆炸图”对话框，选择要删除的爆炸图的名称。单击“确定”，即可完成删除操作。

图 13-65　“编辑爆炸”对话框

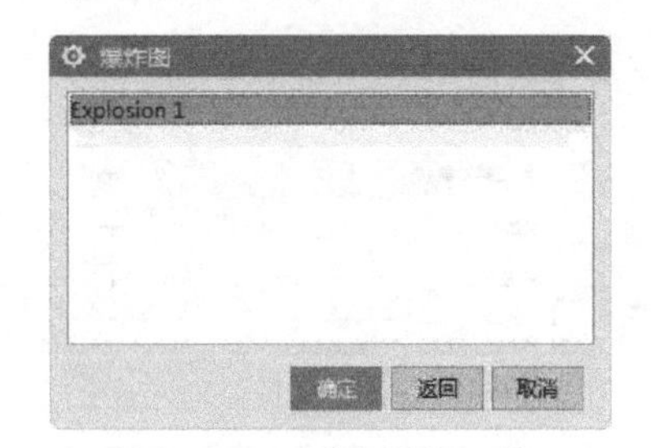

图 13-66　删除爆炸组件

③ 隐藏爆炸：隐藏爆炸图是将当前爆炸图隐藏起来，使图形窗口中的组件恢复到爆炸前的状态。在下拉菜单中选择“装配”→“爆炸图”→“隐藏爆炸”命令即可。

④ 显示爆炸：显示爆炸图是将已建立的爆炸图显示在图形区中。在下拉菜单中选择“装配”→“爆炸图”→“显示爆炸”命令即可。

13.5.4　实例——柱塞泵爆炸图

扫一扫，看视频

本节将对柱塞泵的爆炸图进行详细地讲解。爆炸图是在装配模型中零部件按照装配关系偏离原来的位置的拆分图形。通过爆炸视图可以方便查看装配中的零部件及其相互之间的装配关系，如图 13-67 所示。

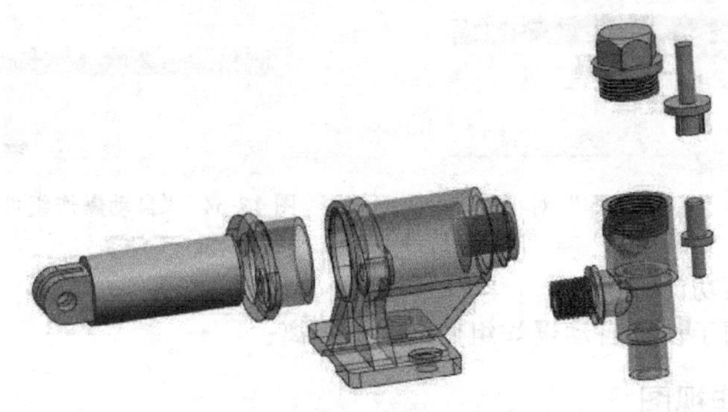

图 13-67　柱塞泵爆炸图

操作步骤

① 建立爆炸视图。在下拉菜单中选择“装配”→“爆炸图”→“新建爆炸”命令，或者单击“装配”功能区“爆炸图”组中的“新建爆炸”按钮，打开“新建爆炸”对话框，如图 13-68 所示。

图 13-68　“新建爆炸”对话框

在“名称”文本框中可以输入爆炸视图的名称，或是接受默认名称。单击“确定”按钮，建立“Explosion 1”爆炸视图，此时绘图窗口中并没有什么变化，各个零部件并没有从它们的装配位置偏离。接下来就是将零部件都炸开，有两种方法：编辑爆炸视图和自动爆炸组件。

② 自动爆炸组件。在下拉菜单中选择“装配”→“爆炸图”→“自动爆炸组件”命令，打开“类选择”对话框，如图 13-69 所示。单击“全选”按钮，选择绘图窗口中所有组件，单击“确定”按钮，打开“自动爆炸组件”对话框，如图 13-70 所示，在“距离”文本框中输入 40。

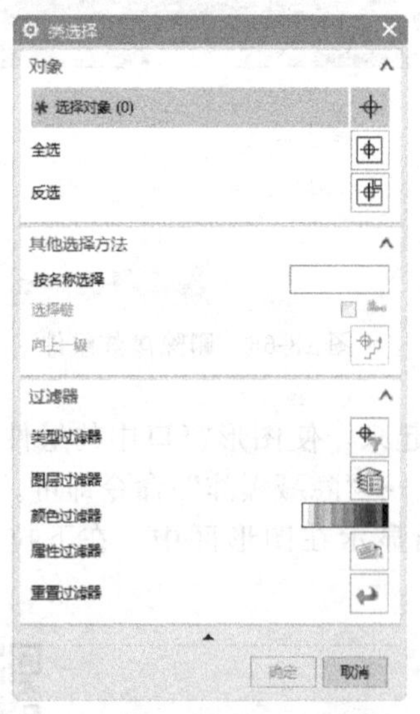

图 13-69　“类选择”对话框

图 13-70　“自动爆炸组件”对话框

单击“自动爆炸组件”对话框中“确定”按钮，完成自动爆炸组件操作，如图 13-71 所示。

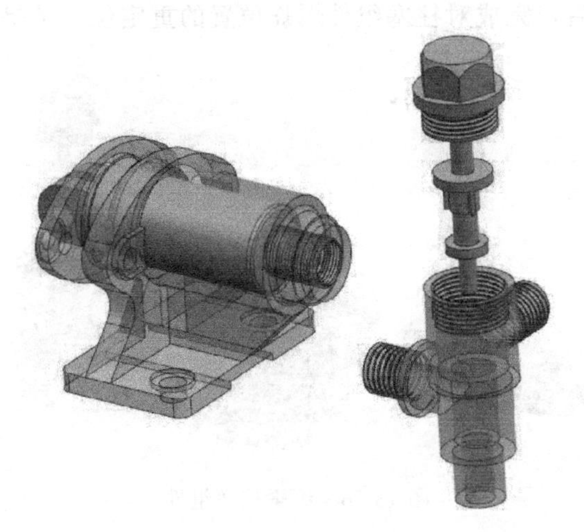

图 13-71　自动爆炸组件

③ 编辑爆炸视图。在下拉菜单中选择“装配”→“爆炸图”→“编辑爆炸”命令，或者单击“装配”功能区“爆炸图”组中的“编辑爆炸”按钮，打开“编辑爆炸”对话框，如图 13-72 所示。

在绘图窗口中单击左侧柱塞组件，然后在“编辑爆炸”对话框单击“移动对象”单选框，如图 13-73 所示，在绘图窗口中鼠标单击 Z 轴，如图 13-74 所示，激活“编辑爆炸”对话框中“距离”设定文本框，设定移动距离为－120，即沿 Z 轴负方向移动 120mm，如图 13-75 所示。

图 13-72　“编辑爆炸”对话框

图 13-73　“移动对象”选项

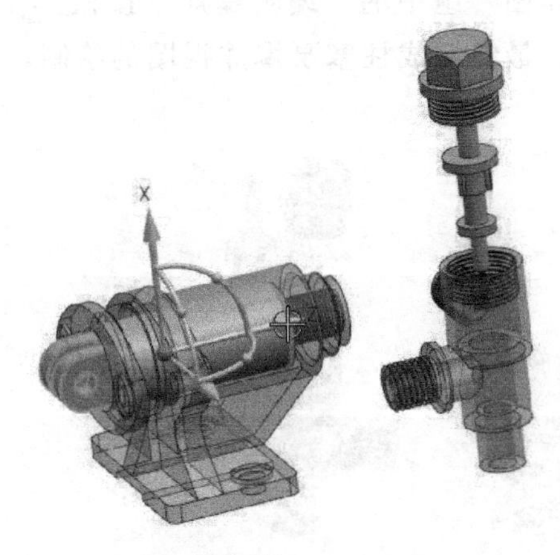

图 13-74　点击 Z 轴

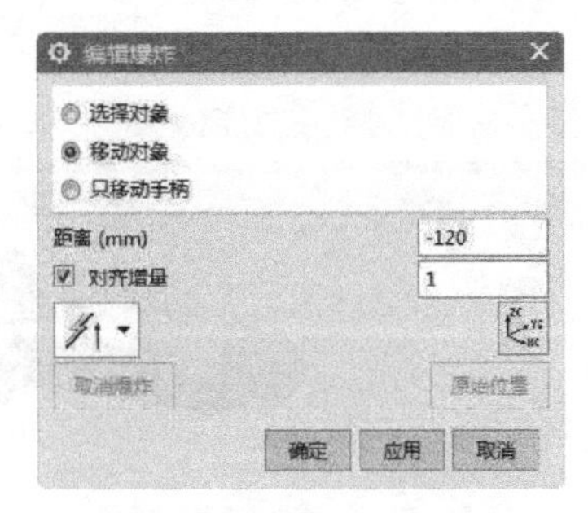

图 13-75　设定移动距离

单击“确定”按钮后，完成对柱塞组件爆炸位置的重定位，结果如图 13-76 所示。

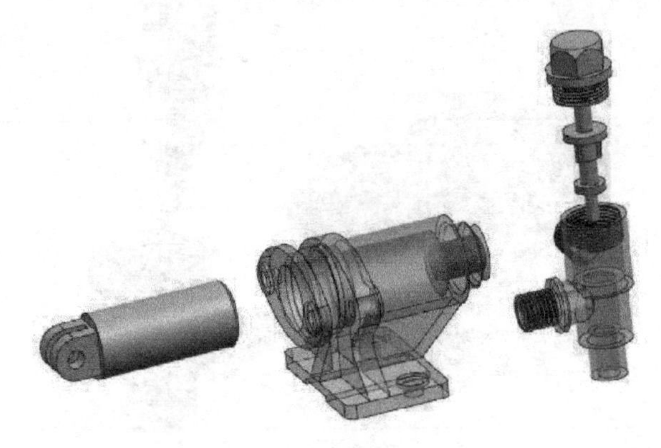

图 13-76　编辑柱塞组件

④ 编辑填料压盖组件。在下拉菜单中选择“装配”→“爆炸图”→“编辑爆炸”命令，或者单击“装配”功能区“爆炸图”组中的“编辑爆炸”按钮，将填料压盖沿 Z 轴正向相对移动 10mm，如图 13-77 所示。结果如图 13-78 所示。

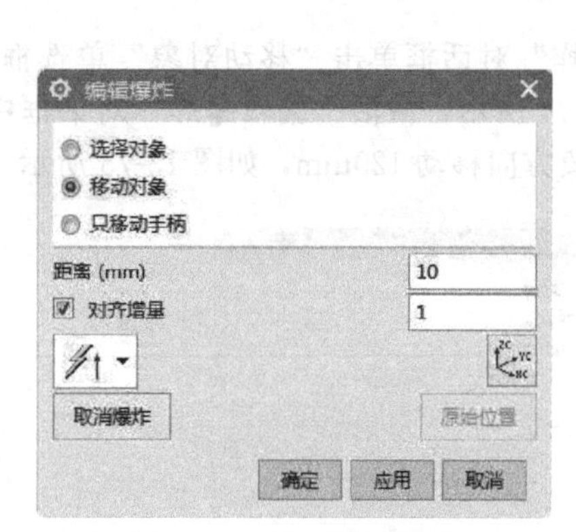

图 13-77　设定移动距离

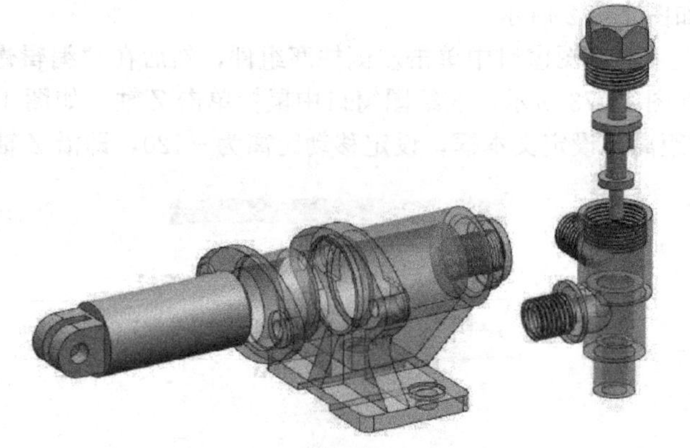

图 13-78　编辑填料压盖组件

⑤ 编辑上下阀瓣以及阀盖三个组件。在下拉菜单中选择“装配”→“爆炸图”→“编辑爆炸”命令，或者单击“装配”功能区“爆炸图”组中的“编辑爆炸”按钮，将上、下阀瓣以及阀盖三个组件分别移动到适当位置，最终完成柱塞泵爆炸视图的绘制，结果如图 13-79 所示。

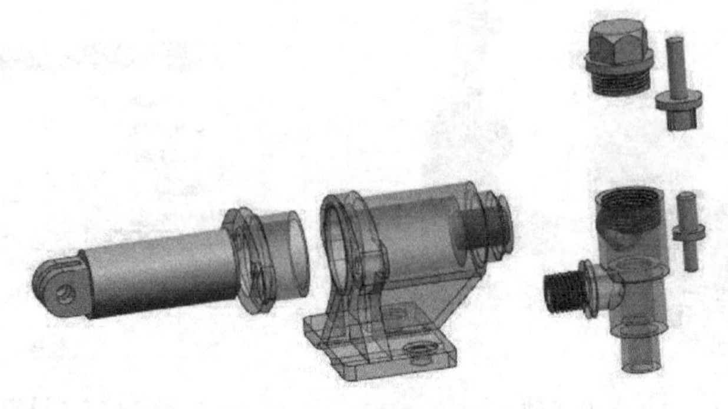

图 13-79　柱塞泵爆炸图

13.5.5　对象干涉检查

在下拉菜单中选择“分析”→“简单干涉”命令，打开如图 13-80 所示“简单干涉”对话框。该对话框提供了 2 种干涉检查结果对象的方法，介绍如下：

① 干涉体：该选项用于以产生干涉体的方式显示给用户发生干涉的对象。在选择了要检查的实体后，则会在工作区中产生一个干涉实体，以便用户快速地找到发生干涉的对象。

② 高亮显示的面对：该选项主要用于加亮表面的方式显示给用户干涉的表面。选择要检查干涉的第一体和第二体，高亮显示发生干涉的面。

图 13-80　“简单干涉”对话框

13.6　组件族

组件族提供通过一个模板零件快速定义一类类似的组件（零件或装配）族方法。该功能主要用于建立一系列标准件，可以一次生成所有的相似组件。

在下拉菜单中选择“工具”→“部件族”命令，打开如图 13-81 所示“部件族”对话框。

部分选项功能如下：

① 可导入部件族模板：该选项用于连接 UG/Manager 和 IMAN 进行产品管理，一般情况下，保持默认选项即可。

② 可用的列：该下拉列表框中列出了用来驱动系列组件的参数选项：

a. 表达式：选择表达式作为模板，使用不同的表达式值来生成系列组件。

b. 属性：将定义好的属性值设为模板，可以为系列件生成不同的属性值。

c. 组件：选择装配中的组件作为模板，用以生成不同的装配。

d. 镜像：选择镜像体作为模板，同时可以选择是否生成镜像体。

e. 密度：选择密度作为模板，可以为系列件生成不同的密度值。

f. 特征：选择特征作为模板，同时可以选择是否生成指定的特征。

选择相应的选项后，双击列表框中的选项或选中指定选项后单击“添加列”按钮，就可以将其添加到“选中的列”列表框中，“选中的列”中不需要的选项可以通过“移除列”按钮来删除。

③ 族保存目录：可以利用“浏览…”按钮来指定生成的系列件的存放目录。

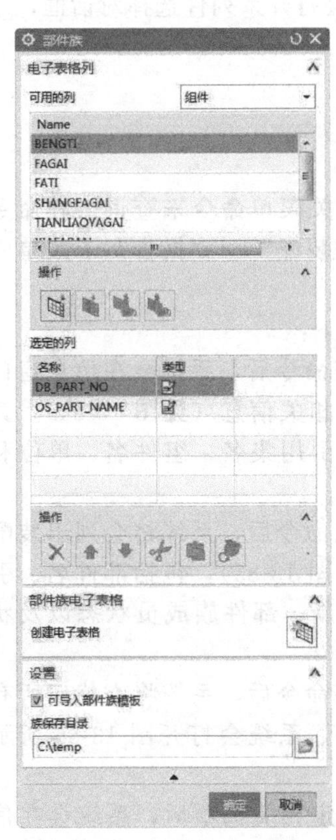

图 13-81　“部件族”对话框

④ 部件族电子表格：该选项组用于控制如何生成系

列件。

a. 创建电子表格：选中该选项后，系统会自动调用 Excel 表格，选中的相应条目会被列举在其中，如图 13-82 所示。

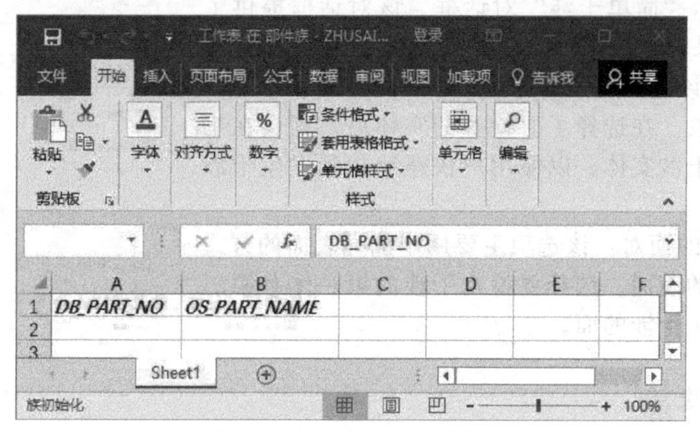

图 13-82 创建 Excel 表格

b. 编辑电子表格：保存生成的 Excel 表格后，返回 UG 中，单击该按钮可以重新打开 Excel 表格进行编辑。

c. 删除组：删除定义好的部件族。

d. 取消：用于取消对于 Excel 的当前编辑操作，Excel 中还保持上次保存过的状态。一般在“确认部件”以后发现参数不正确，可以利用该选项取消这次编辑。

另外，如果在装配环境中加入了模板文件的主文件，系统会打开系列件选择对话框，用户可以自己指定需要导入的部件，完成装配。

13.7 装配信息查询

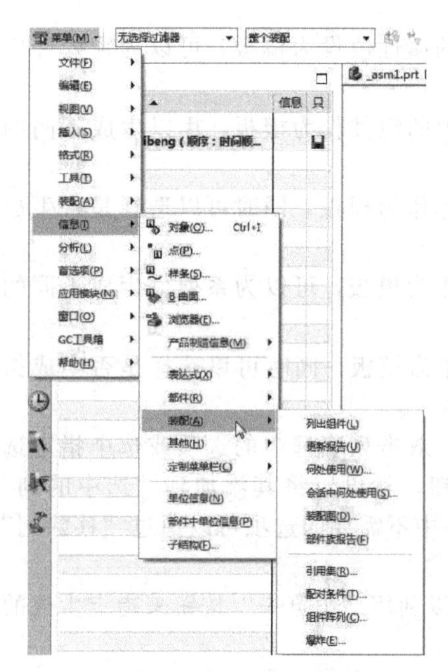

图 13-83 查询信息命令

装配信息可以通过相关菜单命令来查询。其命令功能主要在“信息”→“装配”→“报告”子菜单中（见图 13-83）。

相关命令功能介绍如下：

① 列出组件：执行该命令后，系统会在信息窗口列出工作部件中各组件的相关信息（见图 13-84）。其中包括节点名、部件名、引用集名、组件名、单位和组件被加载的数量等信息。

② 更新报告：执行该命令后，系统将会列出装配中各部件的更新信息（见图 13-85），包括部件名、引用集名、加载的版本、更新、部件族成员状态以及状态字段中的注释等。

③ 何处使用：执行该命令后，系统将查找出所有的引用指定部件的装配件。系统会打开图 13-86 所示对话框。

当输入部件名称和指定相关选项后，系统会在信息窗口中列出引用该部件的所有装配部件，包括信息列表创建者、日期、当前工作部件路径和引用的装配部件名等信息，如图 13-87 所示。

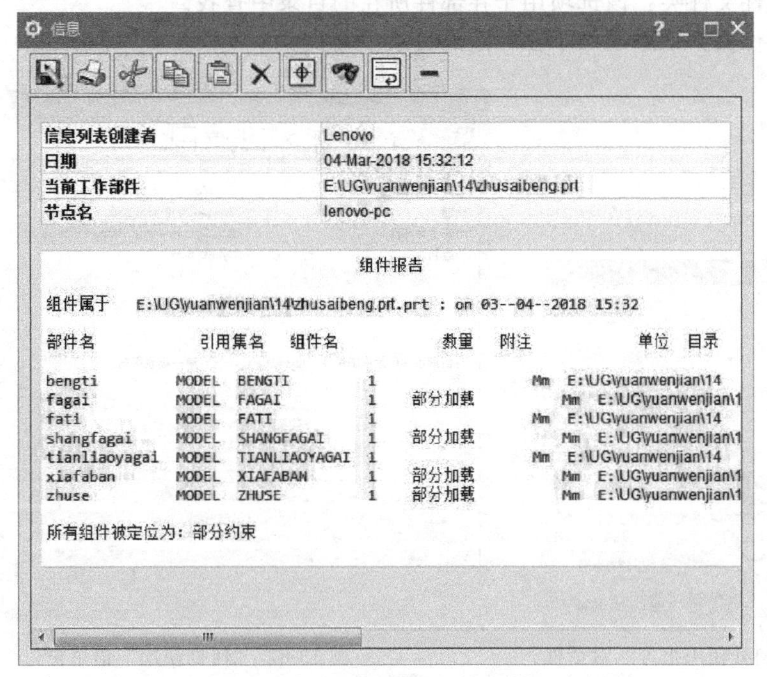

图 13-84　“列出组件”信息窗口

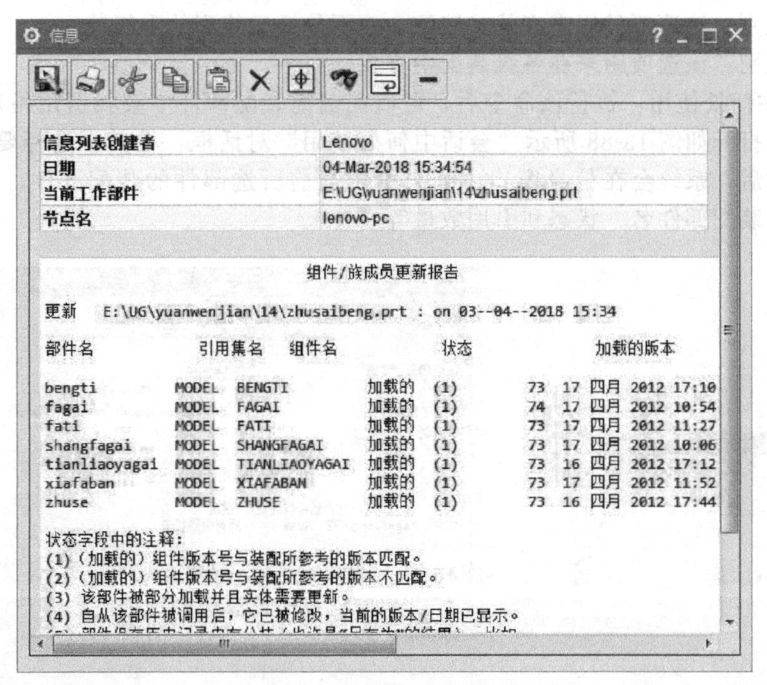

图 13-85　“更新报告”信息窗口

对话框中主要选项功能：

a. 部件名：该文本框中用于输入要查找的部件名称，默认值为当前工作部件名称。

b. 搜索选项。

• 按搜索文件夹：该选项用于在定义的搜寻目录中查找。
• 搜索部件文件夹：该选项用于在部件所在的目录中查找。
• 输入文件夹：该选项用于在指定的目录中查找。

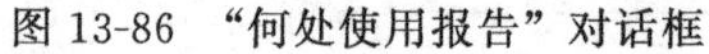

图 13-86 “何处使用报告”对话框

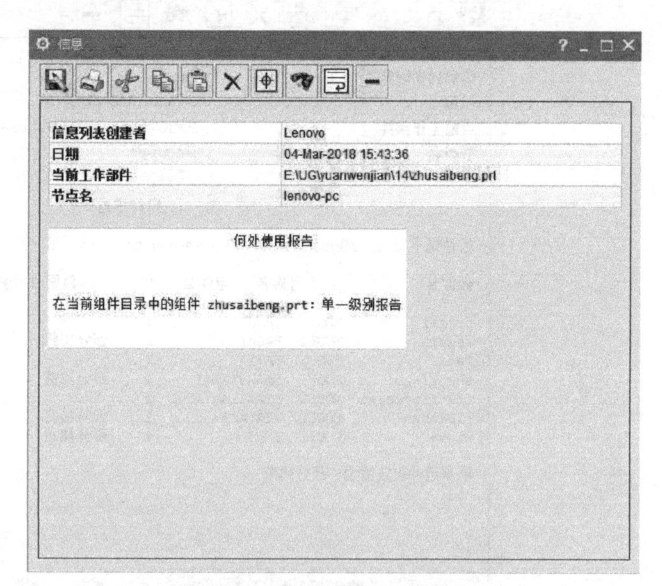

图 13-87 “何处使用”信息窗口

c. 选项：该选项用于定义查找装配的级别范围。
• 单一级别：该选项只用来查找父装配，而不包括父装配的上级装配。
• 所有级别：该选项用来在各级装配中查找。

④ 会话中何处使用：执行该命令后，可以在当前装配部件中查找引用指定部件的所有装配。系统会打开如图 13-88 所示“会话中何处使用”对话框，在其中选择要查找的部件，选择指定部件后，系统会在信息窗口中列出引用当前所选部件的装配部件，如图 13-89 所示。信息包括装配部件名、状态和引用数量等。

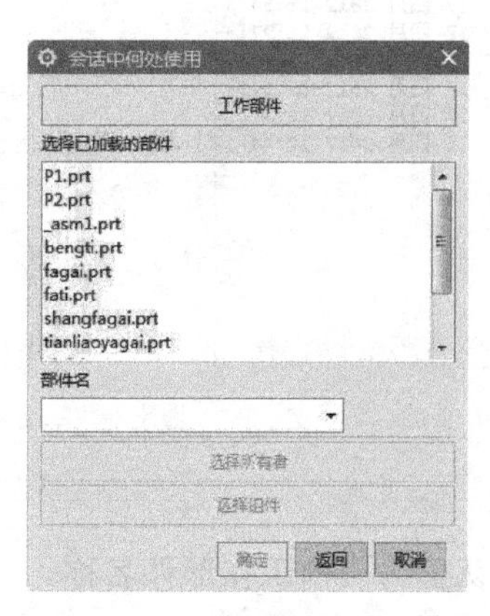

图 13-88 “会话中何处使用”对话框

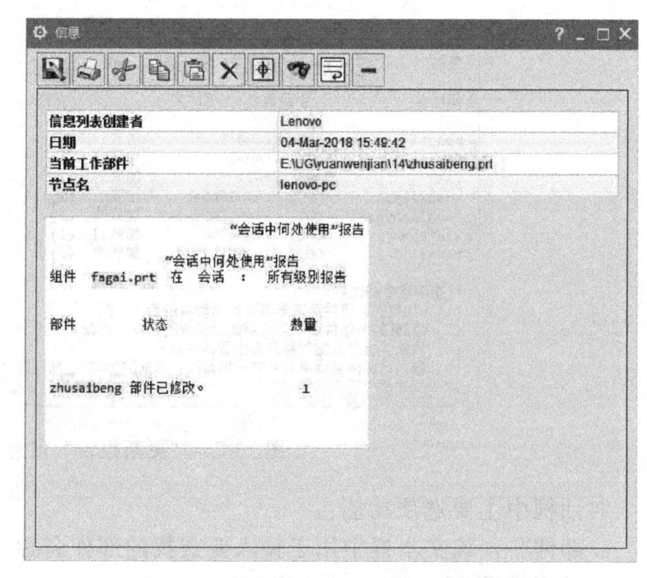

图 13-89 “会话中何处使用”信息窗口

⑤ 装配图：执行该命令后，系统打开图 13-90 所示“装配图”对话框，在该对话框中设置完显示项目和相关信息后，指定一点用于放置装配结构图。

对话框上部是已选项目列表框，可以进行添加、删除信息操作，用于设置装配结构间要显示的内容和排列顺序。

对话框中部是当前部件属性列表框和属性名文本框。用户可以在属性列表框中选择属性直接加到项目列表框中，也可以在文本框中输入名称来获取。

对话框下部是指定图形的目标位置，可以将生成的图表放置在当前部件、存在的部件或者是新部件中。

如果要将生成的装配结构图形删除，选取“移除已有的图表”复选框即可。

图 13-90　“装配图”对话框

13.8　装配序列化

装配序列化的功能主要有两个：一个是规定一个装配的每个组件的时间与成本特性；另一个是用于表演装配顺序，指定一线的装配工人进行现场装配。

完成组件装配后，可建立序列化来表达装配各组件间的装配顺序。

13.8.1　参数介绍

在下拉菜单中选择“装配”→“序列”命令，或者单击“装配”功能区“常规”组中的“序列”按钮，系统会自动进入序列环境并打开图 13-91 所示的“主页”功能区。

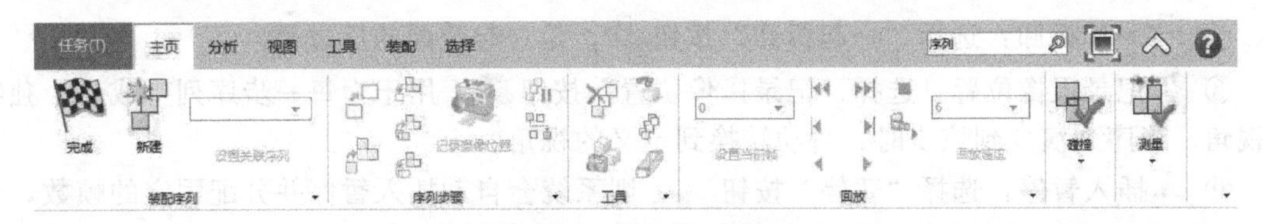

图 13-91　“主页”功能区

下面介绍该工具栏中主要选项的用法：

① 完成：选择“完成”按钮，退出序列化环境。

② 新建：选择“新建”按钮，用于创建一个序列。系统会自动为这个序列命名为序列 _ 1，以后新建的序列为序列 _ 2、序列 _ 3 等依次增加。用户也可以自己修改名称。

③ 插入运动：选择“插入运动”，打开图 13-92 所示的“记录组件运动”工具条。该工具条用于建立一段装配动画模拟。

a. 选择对象：单击该按钮，选择需要运动的组件对象。

b. 移动对象：单击该按钮，用于移动组件。

c. 只移动手柄：单击该按钮，用于移动坐标系。

d. 运动记录首选项：单击该按钮，打开图 13-93 所示的“首选项”对话框。该对话框用于指定步进的精确程度和运动动画的帧数。

e. 拆卸：单击该按钮，拆卸所选组件。

f. 摄像机：单击该按钮，用来捕捉当前的视角，以便于回放的时候在合适的角度观察运动情况。

④ 装配：选择“装配”按钮，打开“类选择”对话框，按照装配步骤选择需要添加的组件，该组件会自动出现在视图区右侧。用户可以依次选择要装配的组件，生成装配序列。

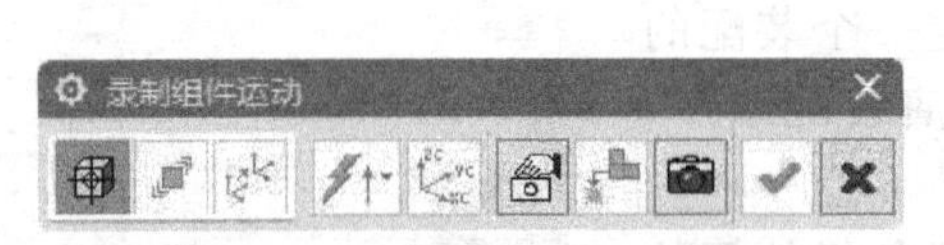

图 13-92 “记录组件运动”工具条

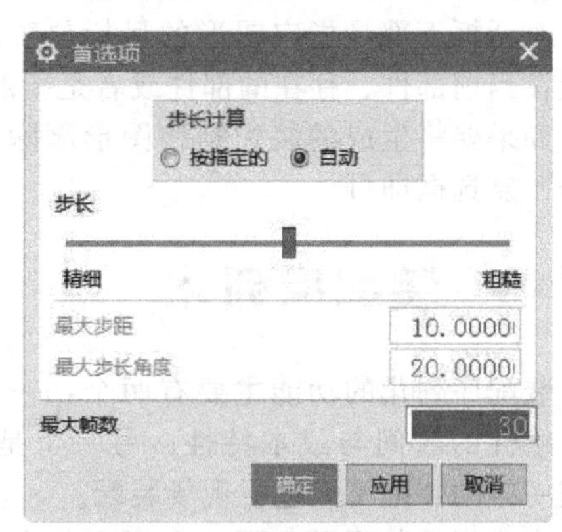

图 13-93 “首选项”对话框

⑤ 一起装配：选择“一起装配”按钮，用于在视图区选择多个组件，一次全部进行装配。“装配”功能只能一次装配一个组件，该功能在“装配”功能选中之后可选。

⑥ 拆卸：选择“拆卸”按钮，在视图区选择要拆卸的组件，该组件会自动恢复到绘图区左侧。该功能主要是模拟反装配的拆卸序列。

⑦ 一起拆卸：选择“一起拆卸”按钮，是一起装配的反过程。

⑧ 记录摄像位置：选择“记录摄像位置”按钮，用于为每一步序列生成一个独特的视角。当序列演变到该步时，自动转换到定义的视角。

⑨ 插入暂停：选择“暂停”按钮，则系统会自动插入暂停并分配固定的帧数，当回放的时候，系统看上去像暂停一样，直到走完这些帧数。

⑩ 删除：选择“删除”按钮，用于删除一个序列步。

⑪ 在序列中查找：选择“在序列中查找”按钮，打开“类选择”对话框，可以选择一个组件，然后查找应用了该组件的序列。

⑫ 显示所有序列：选择“显示所有序列”按钮，显示所有的序列。

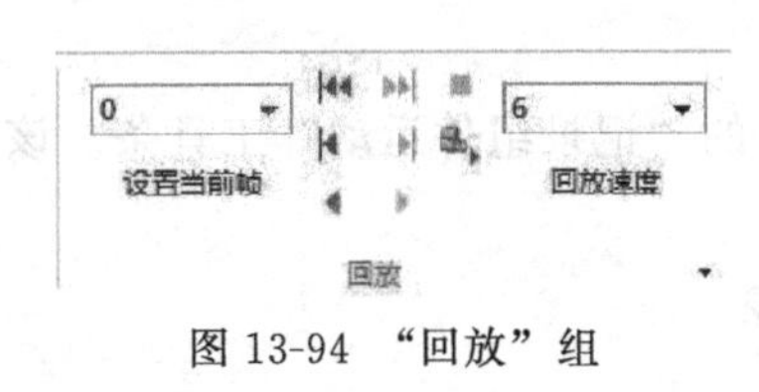

图 13-94 “回放”组

⑬ 捕捉布置：选择“捕捉布置”按钮，可以把当前的运动状态捕捉下来，作为一个装配序列。用户可以为这个排列取一个名字，系统会自动记录这个排列。

定义完成序列以后，用户就可以通过如图 13-94 所示的“回放”组来播放装配序列。在最左边的是设置当前帧数，在最右边的是播放速度调节，从 1 到 10，数字越大，播放的速度就越快。

13.8.2　实例——柱塞泵装配动画图

扫一扫，看视频

在上一节中，通过爆炸视图可以查看装配中的零部件及其相互之间的装配关系。在这一节中，将通过创建装配动画来查看组件的装配过程。创建装配动画可以很形象地表达各个零部件之间的装配关系和整个产品的装配顺序。

操作步骤

① 打开“主页”功能区。在下拉菜单中选择“装配”→“序列”命令，或者单击“装配”功能区“常规”组中的“序列”按钮，系统会自动进入序列环境并打开“主页”功能区，如图 13-95 所示。

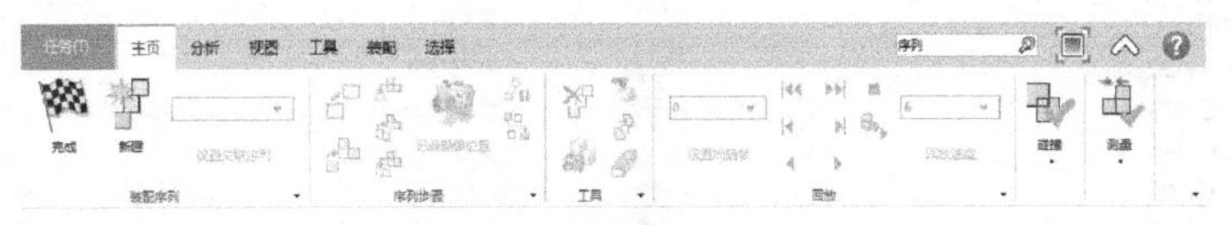

图 13-95　“主页”功能区

② 创建装配动画图。在下拉菜单中选择“任务”→“新建序列”命令，或者选择“主页”功能区“装配序列”组中的“新建”按钮，在“主页”功能区“装配序列”组中会显示当前创建的装配动画图名称“序列 _ 1”。

同时，系统会在绘图窗口左侧的装配动画导航窗口中自动显示创建的新装配动画和在该装配动画中各种属性的装配零部件，如图 13-96 所示。

③ 编辑装配动画。在下拉菜单中选择“插入”→“运动”命令，或者单击“主页”功能区“序列步骤”组中的“插入运动”按钮，打开“录制组件运动”对话框，如图 13-97 所示。

图 13-96　装配动画导航窗口（1）

图 13-97　“录制组件运动”对话框

在左侧绘图窗口中鼠标左键选择阀盖“fagai”零件，单击“录制组件运动”对话框中的“拆卸”按钮，该零件即被加入到装配动画中，在左侧装配动画显示窗口中显示出来，同时，系统会在绘图窗口右侧的装配动画导航窗口中自动显示该零件名称，如图 13-98 所示。

④ 添加其他零部件。重复上面编辑装配动画操作，依次将上阀瓣、下阀瓣、阀体、填料压盖、柱塞以及泵体添加到装配动画之中去，在装配动画导航窗口将显示这些零部件的名称，如图 13-99 所示。

在完成了加入零部件的操作后，查看所创建的装配动画的选项将会被自动激活，可以利用“主页”功能区“回放”组中的按钮来查看装配动画，如图 13-100 所示。

在装配动画播放时，可以看到装配动画导航窗口中加入到装配动画中的各个零部件前面的符号会依次发生变化，如图 13-101 所示。

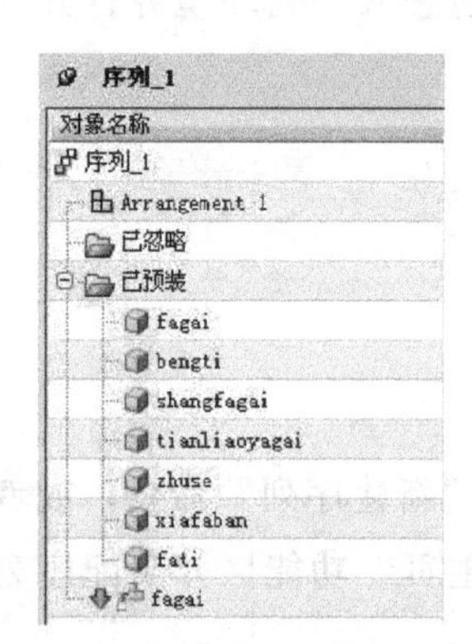

图 13-98 装配动画导航窗口（2）

图 13-99 装配动画导航窗口（3）

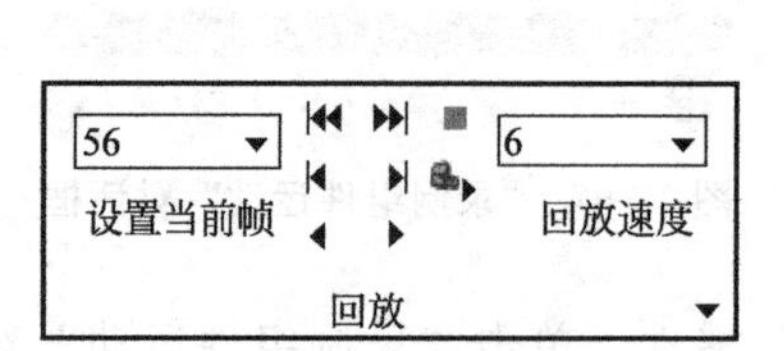

图 13-100 “回放”组

图 13-101 装配动画导航窗口（4）

第14章　工程图

本章导读

UG NX 12.0 的工程图是为了满足用户的二维出图功能。尤其是对传统的二维设计用户来说，很多工作还需要二维工程图。利用 UG 建模功能中创建的零件和装配模型，可以被引用到 UG 制图功能中快速生成二维工程图，UG 制图功能模块建立的工程图是由投影三维实体模型得到的，因此，二维工程图与三维实体模型完全关联。模型的任何修改都会引起工程图的相应变化。本章中简要介绍了 UG 制图中的常用功能。

内容要点

- 工程图概述
- 工程图参数预设置
- 图纸管理
- 视图管理
- 视图编辑
- 标注与符号

14.1　工程图概述

本节主要介绍如何进入工程图界面，并对工程图的中的常见工具栏进行简单介绍。

在下拉菜单中选择“文件”→“新建”命令，在“新建”对话框中选择“图纸”选项卡，选择适当模板，单击“确定”按钮，即可启动 UG 工程制图模块，进入工程制图界面(见图 14-1)。

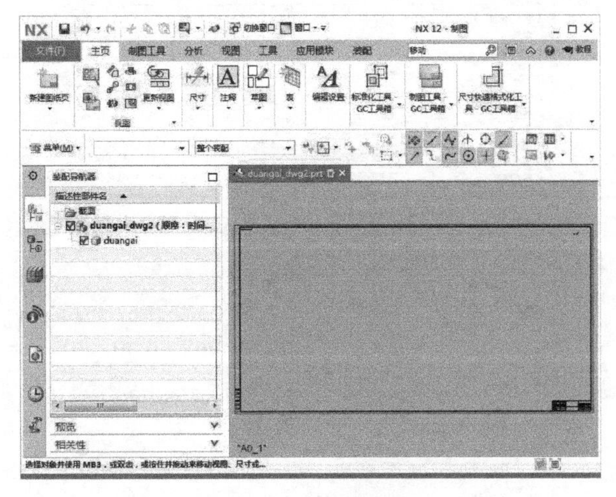

图 14-1　工程制图界面

UG工程绘图模块提供了自动视图布置、剖视图、各向视图、局部放大图、局部剖视图、自动、手工尺寸标注、形位公差、表面粗糙度符号标注、支持GB、标准汉字输入、视图手工编辑、装配图剖视、爆炸图、明细表自动生成等功能。

具体各操作说明如下：

① 功能区（见图14-2）。

图14-2 “主页”功能区

② 制图导航器操作（见图14-3和图14-4）。和建模环境一样，用户同样可以通过图纸导航器来操作图纸。对应于每一幅图纸也会有相应的父子关系和细节窗口可以显示。在图纸导航器上同样有很强大的快捷菜单命令功能（单击鼠标右键即可实现）。对于不同层次，单击鼠标右键后打开的快捷菜单功能是不一样的。

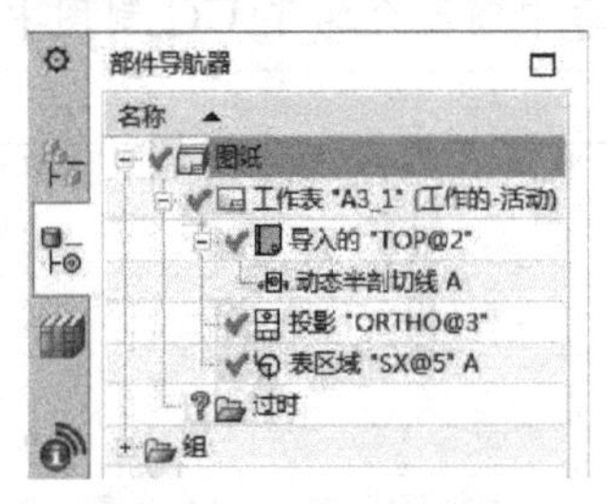

图14-3 部件导航器

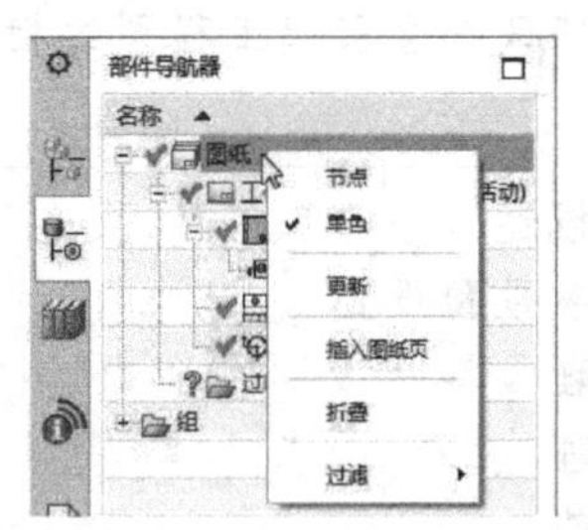

图14-4 导航器上快捷菜单

14.2 工程图参数预设置

在添加视图时，应预先设置工程图的有关参数。设置符合国标的工程图尺寸，控制工程图的风格，以下对一些常用的工程图参数设置进行简单介绍，其他用户可以参考帮助文件。

在下拉菜单中选择“首选项”→“制图”命令，打开图14-5所示的“制图首选项”对

图14-5 “制图首选项”选项框

话框，用于进行包括“常规/设置”“公共”“图纸格式”“视图”“注释”和“表”等 11 部分选项操作。用户选取相应的选项卡，对话框中就会出现相应的选项。

下面介绍常用的几种参数的设置方法。

① 尺寸：设置尺寸相关的参数的时候，根据标注尺寸的需要，用户可以利用对话框中上部的尺寸和直线/箭头工具条进行设置。在尺寸设置中主要有以下几个设置选项。

a. 尺寸线：根据标注的尺寸的需要，勾选箭头之间是否有线，或者修剪尺寸线。

b. 方向和位置：在下拉列表中可以选择 5 种文本的放置位置，如图 14-6 所示。

c. 公差：可以设置最高 6 位的精度和 12 种类型的公差，图 14-7 显示了可以设置的 12 种类型的公差的形式。

d. 倒斜角：系统提供了 4 种类型的倒斜角样式，可以设置分割线样式和间隔，也可以设置指引线的格式。

② 公共：“直线/箭头”选项卡如图 14-8 所示。

a. 箭头：该选项用于设置剖视图中的截面线箭头的参数，用户可以改变箭头的大小和箭头的长度以及箭头的角度。

水平文本
文本与尺寸线对齐
文本在尺寸线上方
文本与尺寸线垂直
文本成指定角度
显示快捷方式

图 14-6　尺寸值的放置位置

b. 箭头线：该选项用于设置截面的延长线的参数。用户可以修改剖面延长线长度以及图形框之间的距离。

直线和箭头相关参数的设置可以设置尺寸线箭头的类型和箭头的形状参数，同时还可以设置尺寸线、延长线和箭头的显示颜色、线型和线宽。在设置参数时，用户根据要设置的尺寸和箭头的形式，在对话框中选择箭头的类型，并且输入箭头的参数值。如果需要，还可以在下部的选项中改变尺寸线和箭头的颜色。

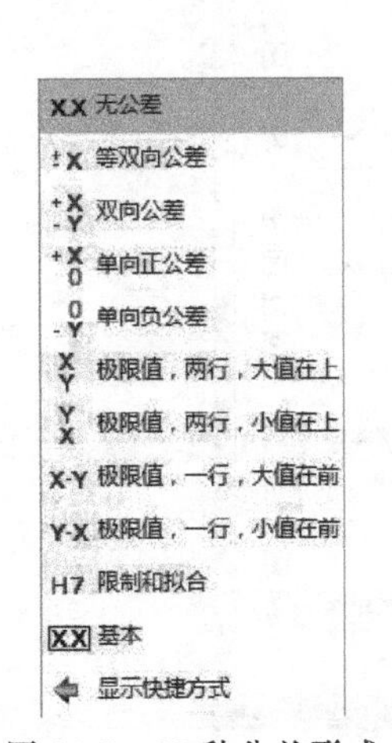

图 14-7　12 种公差形式

图 14-8　“直线/箭头”选项卡

c. 文字：设置文字相关的参数时，用户可以设置 4 种“文字类型”选项参数：尺寸、附加的、公差和一般。设置文字参数时，先选择文字对齐位置和文本对准方式，再选择要设置的“文字类型”参数，最后在“文字大小”“间隙因子”“宽高比”和“行间距因子”等文本框中输入设置参数，这时用户可在预览窗口中看到文字的显示效果。

d. 符号：符号参数选项可以设置符号的颜色、线型和线宽等参数。

③ 注释：设置各种标注的颜色、线条和线宽。

剖面线/区域填充：用于设置各种填充线/剖面线样式和类型，并且可以设置角度和线型。在此选项卡中设置了区域内应该填充的图形以及比例和角度等，如图 14-9 所示。

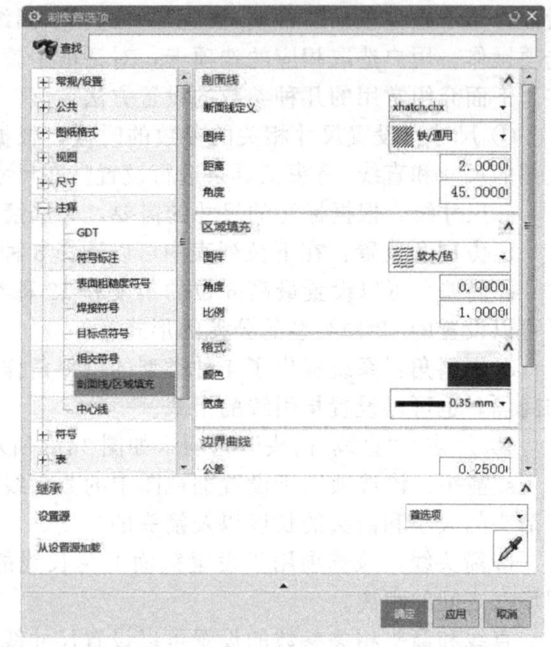

图 14-9 “填充/剖面线”选项

④ 表：用于设置二维工程图表格的格式、文字标注等参数。

a. 零件明细表：用于指定生成明细表时默认的符号、标号顺序、排列顺序和更新控制等。

b. 单元格：用来控制表格中每个单元格的格式、内容和边界线设置等。

另外，对于制图的预设置操作，在 UG NX 12.0 中“用户默认设置”管理工具中可以统一设置默认值。在下拉菜单中选择“文件”→“实用工具”→“用户默认设置”命令，打开图 14-10 所示“用户默认设置”对话框进行默认设置的更改。

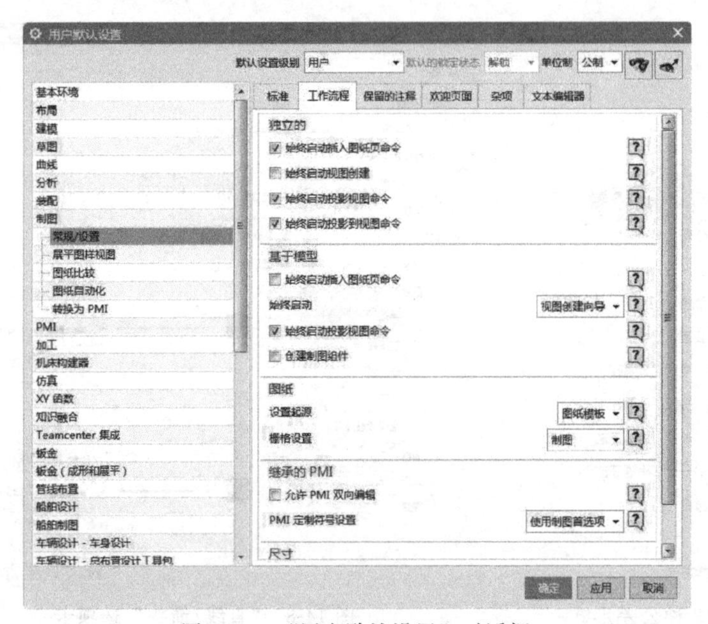

图 14-10 “用户默认设置”对话框

14.3 图纸管理

在 UG 中，任何一个三维模型，都可以通过不同的投影方法、不同的图样尺寸和不同的比例创建灵活多样的二维工程图。本节包括了工程图纸的创建、打开、删除和编辑。

14.3.1　新建工程图

在下拉菜单中选择“插入”→“图纸页”命令，或者单击“主页”功能区中的“新建图纸页”按钮，打开如图 14-11 所示“工作表”对话框。

图 14-11　“工作表”对话框

对话框部分选项功能介绍如下：

① 大小。

a. 使用模板：选择此选项，在该对话框中选择所需的模板即可。

b. 标准尺寸：选择此选项，通过图 14-11 所示的对话框设置标准图纸的大小和比例。

c. 定制尺寸：选择此选项，通过此对话框可以自定义设置图纸的大小和比例。

d. 大小：用于指定图纸的尺寸规格。

e. 比例：用于设置工程图中各类视图的比例大小，系统默认的设置比例为 1∶1。

② 图纸页名称：该文本框中用来输入新建工程图的名称。名称最多可包含 30 个字符，但不允许含有空格，系统自动将所有字符转换成大写方式。

③ 投影：该选项用来设置视图的投影角度方式。系统提供的投影角度分为“第三角投影”和“第一角投影”两种。

14.3.2　编辑工程图

在进行视图添加及编辑过程中，有时需要临时添加剖视图、技术要求等，那么新建过程中设置的工程图参数可能无法满足要求（例如比例不适当），这时需要对已有的工程图进行修改编辑。

在下拉菜单中选择“编辑”→“图纸页”命令，打开图 14-11 所示“工作表”对话框。在对话框中修改已有工程图的名称、尺寸、比例和单位等参数。完成修改后，系统会按照新的设置对工程图进行更新。需要注意的是：在编辑工程图时，投影角度参数只能在没有产生投影视图的情况下进行修改，否则，需要删除所有的投影视图后执行投影视图的编辑。

14.4　视图管理

创建完工程图之后，下面就应该在图纸上绘制各种视图来表达三维模型。生成各种投影是工程图最核心的问题，UG 制图模块提供了各种视图的管理功能，包括添加各种视图、对齐视图和编辑视图等。

14.4.1　建立基本视图

在下拉菜单中选择“插入”→“视图”→“基本”命令，或者单击“主页”功能区“视图”组中的“基本视图”按钮，打开如图 14-12 所示“基本视图”对话框。

对话框部分选项功能介绍如下：

① 视图样式：该选项用于启动“视图样式”设置对话框，可以进行相关视图参数设置。

② 要使用的模型视图：该选项包括俯视图、左视图、前视图、正等轴测图等 8 种基本

视图的投影。

③ 比例：该选项用于指定添加视图的投影比例，其中共有 9 种方式，如果是表达式，用户可以指定视图比例和实体的一个表达式保持一致。

④ 定向视图工具：单击该按钮，打开如图 14-13 所示“定向视图工具”对话框，用于定向视图的投影方向。

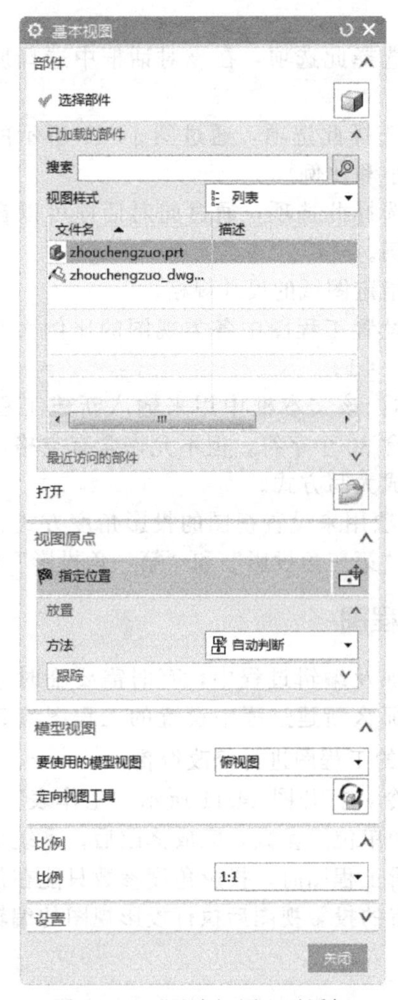

图 14-12 “基本视图”对话框

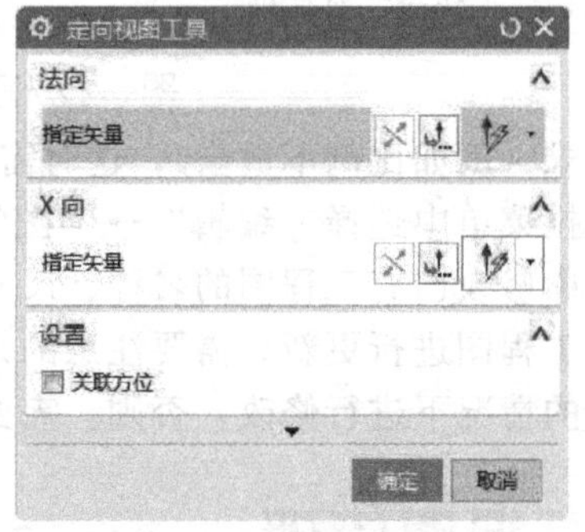

图 14-13 “定向视图工具”对话框

14.4.2 投影视图

在下拉菜单中选择“插入”→“视图”→“投影”命令，或者单击“主页”功能区“视图”组中的“投影视图”按钮，打开如图 14-14 所示“投影视图”对话框。

部分选项功能如下：

① 父视图：该选项用于在绘图工作区选择视图作为基本视图（父视图），并从它投影出其他视图。

② 铰链线：选择父视图后，定义折页线图标会被自动激活，所谓折页线就是与投影方向垂直的线。用户也可以单击该图标来定义一个指定的、相关联的折页线方向。如不满足要求用户还可以使用“反向”图标进行调整。

14.4.3　局部放大视图

在下拉菜单中选择“插入”→“视图”→“局部放大图”命令，或者单击“主页”功能区“视图”组中的“局部放大图”按钮，打开图 14-15 所示“局部放大图”对话框。

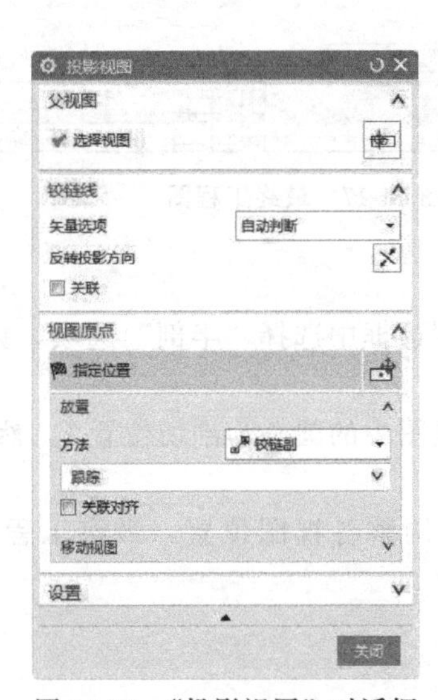

图 14-14　“投影视图”对话框

图 14-15　“局部放大图”对话框

部分选项功能如下：

① 矩形：在父视图中选择了局部放大部位的中心点后，拖动鼠标来定义矩形视图边界的大小。

② 圆形：在父视图中选择了局部放大部位的中心点后，拖动鼠标来定义圆形视图边界的大小。

14.4.4　剖视图

在下拉菜单中选择“插入”→“视图”→“剖视图”命令，或者单击“主页”功能区“视图”组中的“剖视图”按钮，打开图 14-16 所示的“剖视图”对话框。

部分选项功能如下：

(1) 简单剖/阶梯剖

① 在“剖视图”对话框中，选择“方法”下拉列边框中选择“简单剖/阶梯剖”选项。

② 系统提示定义剖视图的切割位置，选择基本视图中的圆心为剖切位置。

③ 拖动视图到适当位置，完成剖视图的创建。调整各视图位置，最终工程图效果如图 14-17 所示。

图 14-16 “剖视图”对话框

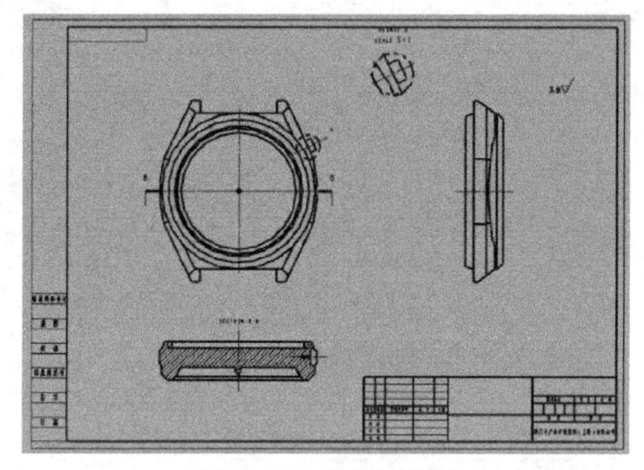

图 14-17 最终工程图

(2) 半剖

① 在“剖视图”对话框中，选择“方法”下拉列边框中选择“半剖”选项，如图 14-18 所示。

② 系统提示定义剖视图的切割位置，选择基本视图中的圆心为剖切位置 1，然后选择半剖的剖切位置 2。

③ 拖动视图到适当位置，完成剖视图的创建。调整各视图位置，最终工程图效果如图 14-19 所示。

图 14-18 “剖视图”对话框

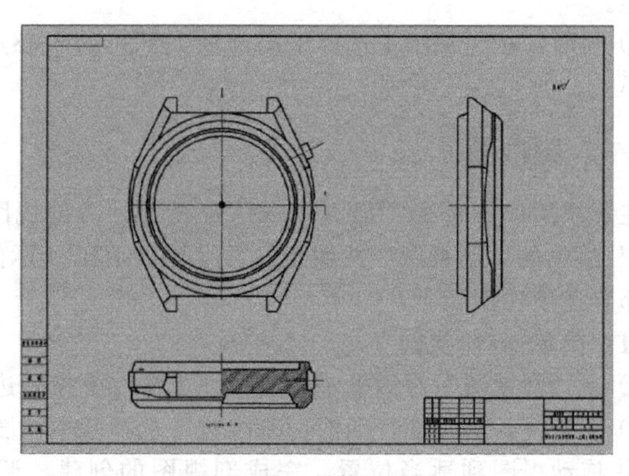

图 14-19 最终工程图

(3) 旋转剖

① 在“剖视图”对话框中，选择“方法”下拉列边框中选择“旋转”选项，如图 14-20 所示。

② 系统提示定义剖视图的切割位置，选择基本视图中的圆心为剖切位置，在基本视图上确定“旋转剖”的角度范围。

③ 拖动视图到适当位置，完成剖视图的创建。调整各视图位置，最终工程图效果如图 14-21 所示。

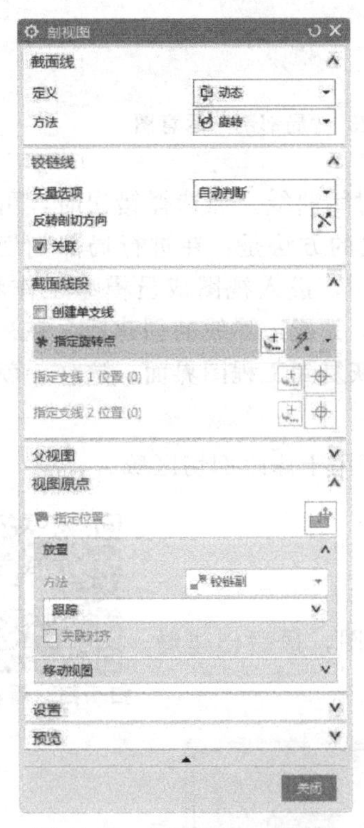

图 14-20 “剖视图”对话框

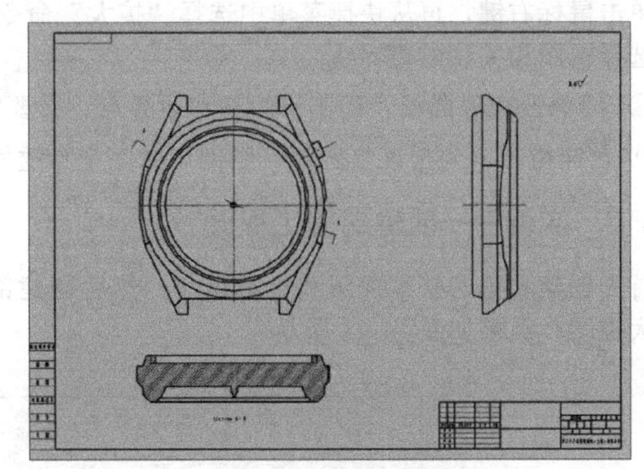

图 14-21 最终工程图

14.4.5 局部剖视图

在下拉菜单中选择“插入”→“视图”→“局部剖”命令，或者单击“主页”功能区“视图”组中的“局部剖视图”按钮，打开图 14-22 所示的“局部剖”对话框。该对话框用于通过任何父图纸视图中移除一个部件区域来创建一个局部剖视图。其示意图如图 14-23 所示。

对话框中的功能选项说明如下：

① 创建：激活局部剖视图创建步骤。

② 编辑：修改现有的局部剖视图。

③ 删除：从主视图中移除局部剖。

④ 选择视图：用于选择要进行局部剖切的视图。

⑤ 指出基点：用于确定剖切区域沿拉伸方向开始拉伸的参考点，该点可通过“捕捉点”工具栏指定。

⑥ 指出拉伸矢量：用于指定拉伸方向，可用矢量构造器指定，必要时可使拉伸反

向，或指定为视图法向。

图 14-22 “局部剖”对话框

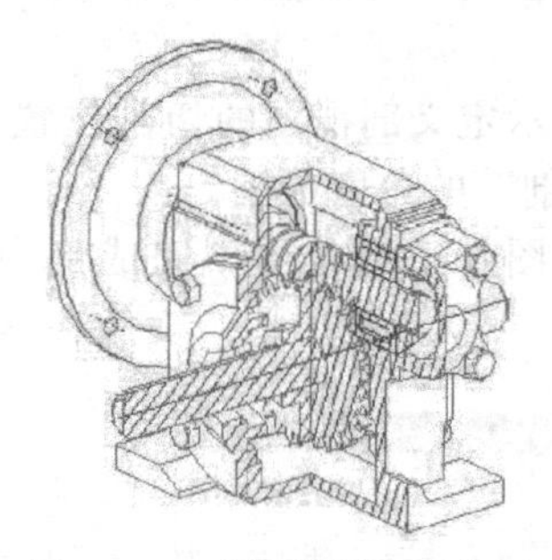

图 14-23 “局部剖”示意图

⑦ 选择曲线：用于定义局部剖切视图剖切边界的封闭曲线。当选择错误时，可单击“取消选择上一个”按钮，取消上一个选择。定义边界曲线的方法是：在进行局部剖切的视图边界上单击鼠标右键，在打开的快捷菜单中选择“展开”，进入视图成员模型工作状态。用曲线功能在要产生局部剖切的位置创建局部剖切边界线。完成边界线的创建后，在视图边界上单击鼠标右键，再从快捷菜单中选择“扩大”命令，恢复到工程图界面。这样，就建立了与选择视图相关联的边界线。

⑧ 修改边界曲线：用于修改剖切边界点，必要时可用于修改剖切区域。

⑨ 切穿模型：勾选该复选框，则剖切时完全穿透模型。

14.4.6 实例——创建端盖工程图

扫一扫，看视频

首先创建端盖的基本视图和投影视图，然后创建剖视图，最后创建局部放大视图。结果如图 14-24 所示。

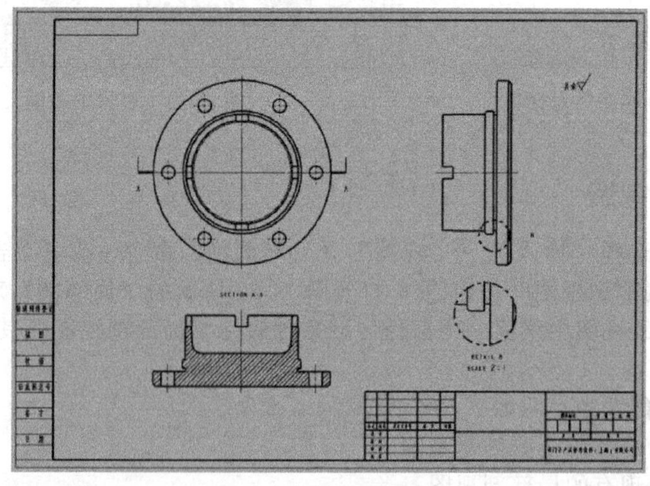

图 14-24 端盖工程图

绘制步骤

(1) 新建文件

在下拉菜单栏中的选择“文件”→“新建”命令，打开“新建”对话框。在“图纸”选项卡中选择“A3-无视图”模板。在“要创建图纸的部件”栏中单击“打开”按钮，打开

“选择主模型部件”对话框，单击“打开”按钮，打开“部件名”对话框，选择要创建工程图的“duangai”零件，然后单击“确定”按钮。进入制图界面。

(2) 创建基本视图

在下拉菜单中选择“插入”→“视图”→“基本”命令，或者单击“主页”功能区“视图”组中的“基本视图”按钮，打开图 14-25 所示的“基本视图”对话框。在要使用的模型视图下拉列表中选择“前视图”，在图纸中适当的地方放置基本视图，如图 14-26 所示。

图 14-25　“基本视图”对话框

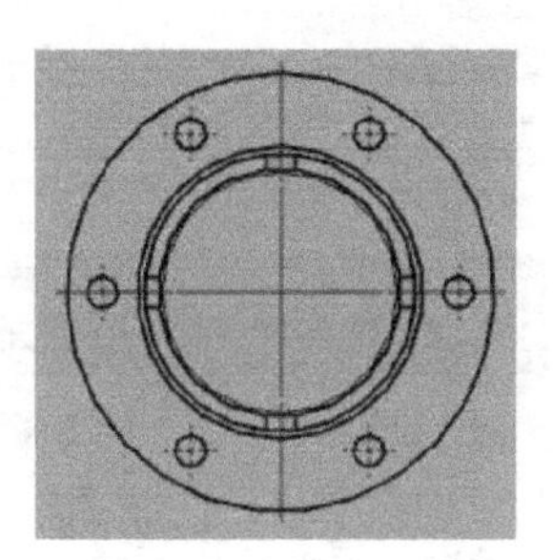

图 14-26　基本视图

(3) 创建投影视图

在下拉菜单中选择“插入”→“视图”→“投影”命令，或者单击“主页”功能区“视图”组中的“投影视图”按钮，打开图 14-27 所示的“投影视图”对话框。选择上步创建的基本视图为父视图，选择投影方向，如图 14-28 所示，将投影放置在图纸中适当的位置，如图 14-29 所示。

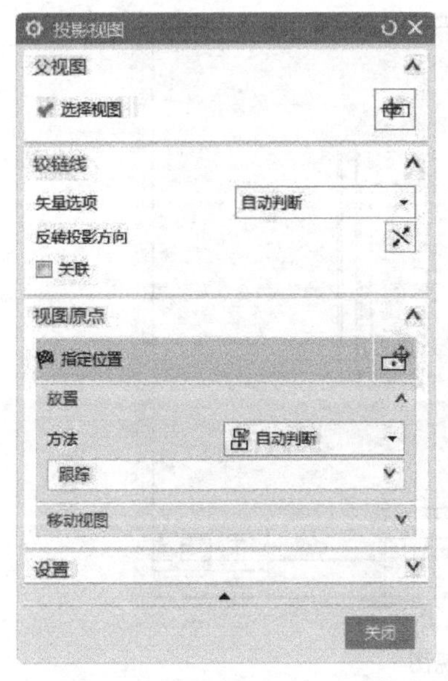

图 14-27　“投影视图”对话框

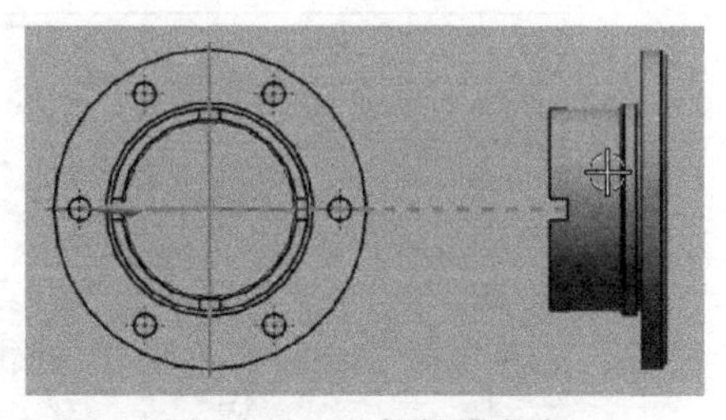

图 14-28　选择投影方向

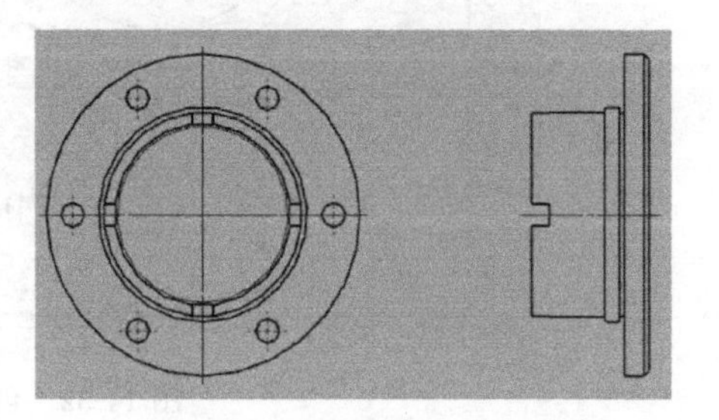

图 14-29　放置适当的位置

(4) 创建剖视图

在下拉菜单中选择“插入”→“视图”→“剖视图”命令，或者单击“主页”功能区“视图”组中的“剖视图”按钮，选择基本视图为父视图，打开图 14-30 所示的“剖视图”对话框。选择圆心为铰链线的放置位置，单击鼠标左键确定剖视图的位置，如图 14-31 所示。调整剖切方向，将剖视图放置在图纸中适当的位置，创建的剖视图如图 14-32 所示。

图 14-30 “剖视图”对话框

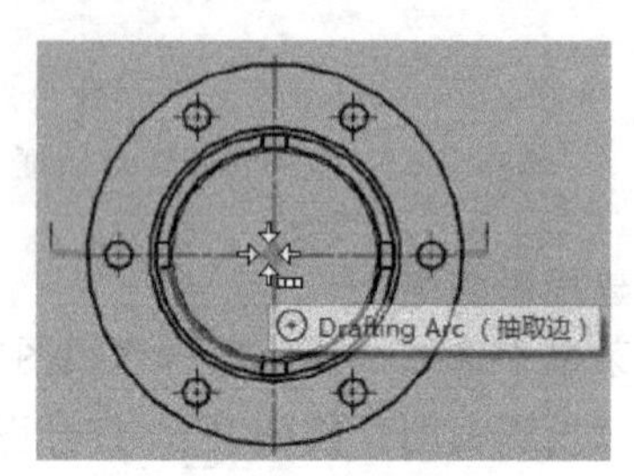

图 14-31 放置位置

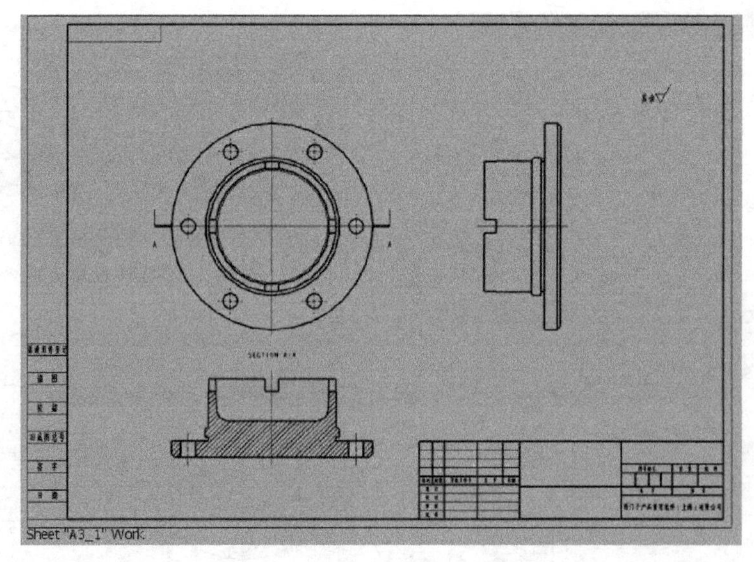

图 14-32 创建的剖视图

(5) 创建局部放大图

在下拉菜单中选择“插入”→“视图”→“局部放大图”命令，或者单击“主页”功能区“视图”组中的“局部放大图”按钮，打开图 14-33 所示的“局部放大图”对话框。选择“圆形”类型，选取圆心和半径，如图 14-34 所示。系统自动创建局部放大图，放置到图纸中适当的位置如图 14-35 所示。

图 14-33　“局部放大图”对话框

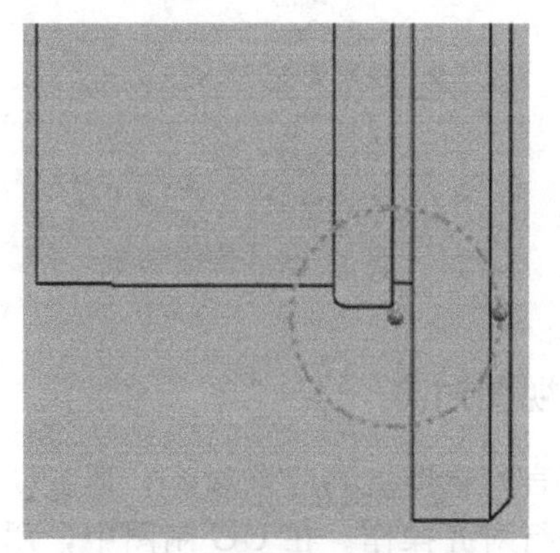

图 14-34　选择局部放大的范围

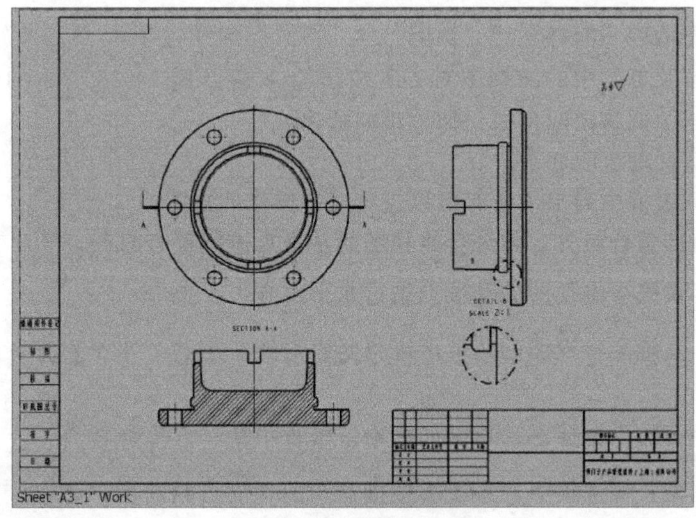

图 14-35　局部放大图

14.5 视图编辑

选中需要编辑的视图，在其中单击右键打开快捷菜单（见图 14-36），可以更改视图样式、添加各种投影视图等。

视图的详细编辑命令集中在“编辑”→“视图”子菜单下，如图 14-37 所示。

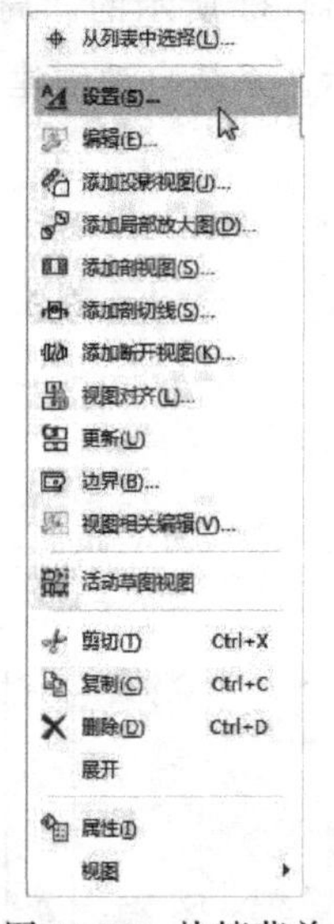

图 14-36 快捷菜单

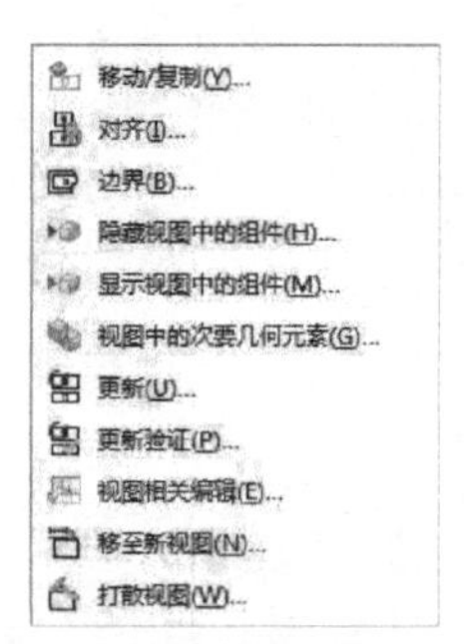

图 14-37 “视图”子菜单

14.5.1 视图对齐

一般而言，视图之间应该对齐，但 UG 在自动生成视图时是可以任意放置的，需要用户根据需要进行对齐操作。在 UG 制图中，用户可以拖动视图，系统会自动判断用户意图（包括中心对齐、边对齐多种方式），并显示可能的对齐方式，基本上可以满足用户对于视图放置的要求。

在下拉菜单中选择“编辑”→“视图”→“对齐”命令，单击“主页”功能区“视图”组“编辑视图下拉菜单”中的“视图对齐”按钮，打开图 14-38 所示的“视图对齐”对话框。该对话框用于调整视图位置，使之排列整齐。

对话框中部分选项说明如下：

列表框：在列表框中列出了所有可以进行对齐操作的视图。

① 叠加：即重合对齐，系统会将视图的基准点进行重合对齐。

② 水平：系统会将视图的基准点进行水平对齐。

③ 竖直：系统会将视图的基准点进行竖直对齐。它与“水平对齐”都是较为常用的对齐方式。

④ 垂直于直线：系统会将视图的基准点垂直于某一直线对齐。

⑤ 自动判断：该选项中，系统会根据选择的基准点判断用户意图，并显示可能的对齐方式。

⑥ 铰链副：将所选视图以铰链的方式对齐。

⑦ 对齐方式。

a. 对齐至视图：用于选择视图对齐视图。

b. 模型点：使用模型上的点对齐视图。

c. 点到点：用于分别在不同的视图上选择点对齐视图。以第一个视图上的点为固定点，其他视图上的点以某一对齐方式向该点对齐。

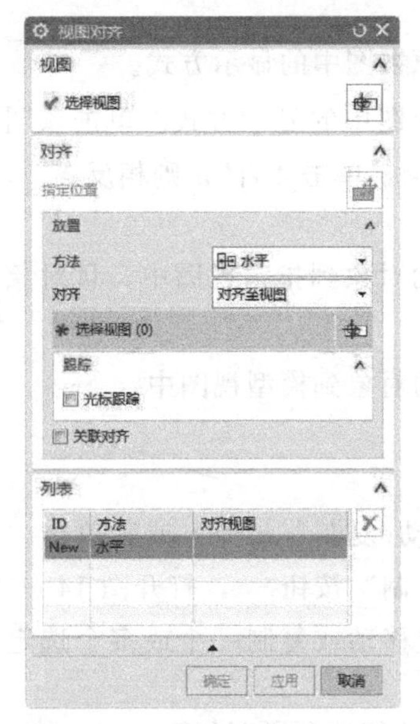

图 14-38　“视图对齐”对话框

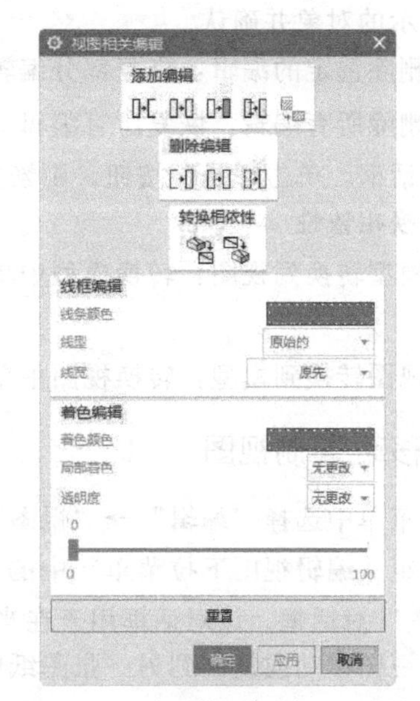

图 14-39　“视图相关编辑”对话框

14.5.2　视图相关编辑

在下拉菜单中选择“编辑”→“视图”→“视图相关编辑”命令，或者单击“主页”功能区“视图”组中的“视图相关编辑”按钮，打开如图 14-39 所示的“视图相关编辑”对话框。该对话框用于编辑几何对象在某一视图中的显示方式，而不影响在其他视图中的显示。

对话框中的相关选项如下：

(1) 添加编辑

① 擦除对象：擦除选择的对象，如曲线、边等。擦除并不是删除，只是使被擦除的对象不可见而已，使用“删除选择的擦除”命令可使被擦除的对象重新显示。若要擦除某一视图中的某个对象，则先选择视图；而若要擦除所有视图中的某个对象，则先选择图纸，再选择此功能，然后选择要擦除的对象并单击“确定”按钮，则所选择的对象被擦除。

② 编辑完整对象：编辑整个对象的显示方式，包括颜色、线型和线宽。单击该按钮，设置颜色、线型和线宽，单击“应用”按钮。打开“类选择”对话框，选择要编辑的对象并单击“确定”按钮，则所选对象按设置的颜色、线型和线宽显示。如要隐藏选择的视图对象，则只用设置选择对象的颜色与视图背景色相同即可。

③ 编辑着色对象：编辑着色对象的显示方式。单击该按钮，设置颜色，单击“应用”按钮。打开“类选择”对话框，选择要编辑的对象并单击“确定”按钮，则所选的着色对象按设置的颜色显示。

④ 编辑对象分段：编辑部分对象的显示方式，用法与编辑整个对象相似。再选择编辑对象后，可选择一个或两个边界，则只编辑边界内的部分。

⑤ 编辑剖视图背景：编辑剖视图背景线。在建立剖视图时，可以有选择地保留背景线，而使背景线编辑功能，不但可以删除已有的背景线，而且可添加新的背景线。

(2) 删除编辑

① 删除选定的擦除：恢复被擦除的对象。单击该图标，将高显已被擦除的对象，选择要恢复显示的对象并确认。

② 删除选定的编辑：恢复部分编辑对象在原视图中的显示方式。

③ 删除所有编辑：恢复所有编辑对象在原视图中的显示方式。单击该图标，将显示警告信息对话框，单击“是”按钮，则恢复所有编辑，单击“否”，则相反。

(3) 转换相依性

① 模型转换到视图：转换模型中单独存在的对象到指定视图中，且对象只出现在该视图中。

② 视图转换到模型：转换视图中单独存在的对象到模型视图中。

14.5.3 移动/复制视图

在下拉菜单中选择“编辑”→“视图”→“移动/复制”命令，或者单击“主页”功能区“视图”组“编辑视图下拉菜单”中的“移动/复制”按钮，打开图 14-40 所示的“移动/复制视图”对话框。该对话框用于在当前图纸上移动或复制一个或多个选定的视图，或者把选定的视图移动或复制到另一张图纸中。

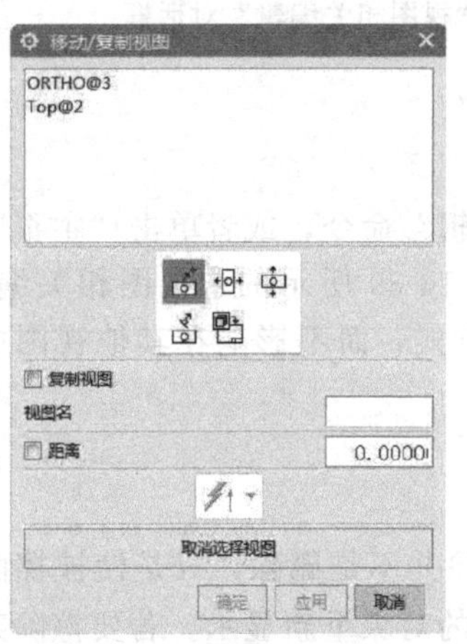

图 14-40 “移动/复制视图”对话框

对话框中的功能选项说明如下：

① 至一点：移动或复制选定的视图到指定点，该点可用光标或坐标指定。

② 水平的：在水平方向上移动或复制选定的视图。

③ 竖直的：在竖直方向上移动或复制选定的视图。

④ 垂直于直线：在垂直于指定方向移动或复制视图。

⑤ 至另一图纸：移动或复制选定的视图到另一张图纸中。

⑥ 复制视图：勾选该复选框，用于复制视图，否则移动视图。

⑦ 距离：勾选该复选框，用于输入移动或复制后的视图与原视图之间的距离值。若选择多个视图，则以第一个选定的视图作为基准，其他视图将与第一个视图保持指定的距离。若不勾选该复选框，则可移动光标或输入坐标值指定视图位置。

14.5.4 视图边界

在下拉菜单中选择“编辑”→“视图”→“边界”命令，或者单击“主页”功能区“视图”组“编辑视图下拉菜单”中的“视图边界”按钮，或在要编辑视图边界的视图的边界上单击鼠标右键，在打开的菜单中选择“视图边界”命令，打开图 14-41 所示的“视图边界”对话框。该对话框用于重新定义视图边界，既可以缩小视图边界只显示视图的某一部分，也可以放大视图边界显示所有视图对象。

对话框中的相关选项如下：

（1）边界类型

① 断裂线/局部放大图：定义任意形状的视图边界，使用该选项只显示出被边界包围的视图部分。用此选项定义视图边界，则必须先建立与视图相关的边界线。当编辑或移动边界曲线时，视图边界会随之更新。

② 手工生成矩形：以拖动方式手工定义矩形边界，该矩形边界的大小是由用户定义的，可以包围整个视图，也可以只包围视图中的一部分。该边界方式主要用在一个特定的视图中隐藏不要显示的几何体。

③ 自动生成矩形：自动定义矩形边界，该矩形边界能根据视图中几何对象的大小自动更新，主要用在一个特定的视图中显示所有的几何对象。

④ 由对象定义边界：由包围对象定义边界，该边界能根据被包围对象的大小自动调整，通常用于大小和形状随模型变化的矩形局部放大视图。

（2）其他参数

① 锚点：用于将视图边界固定在视图对象的指定点上，从而使视图边界与视图相关，当模型变化时，视图边界会随之移动。锚点主要用在局部放大视图或用手工定义边界的视图。

② 边界点：用于指定视图边界要通过的点。该功能可使任意形状的视图边界与模型相关。当模型修改后，视图边界也随之变化，也就是说，当边界内的几何模型的尺寸和位置变化时，该模型始终在视图边界之内。

③ 包含的点：视图边界要包围的点，只用于由“对象定义的边界”定义边界的方式。

④ 包含的对象：选择视图边界要包围的对象，只用于由“由对象定义边界”定义边界的方式。

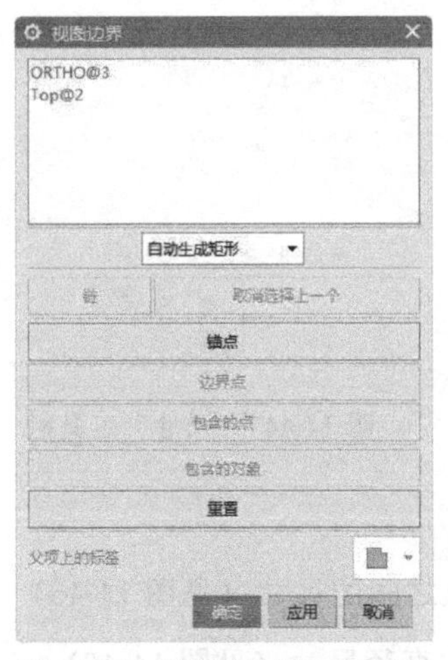

图 14-41　“视图边界”对话框

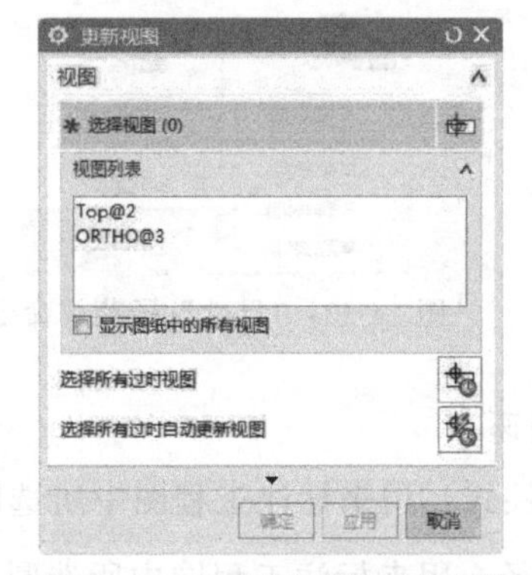

图 14-42　“更新视图”对话框

14.5.5　显示与更新视图

① 视图的显示：在下拉菜单中选择“视图”→“显示图纸页”命令，则系统会在对象的三维模型与二维工程图纸间进行转换。

② 视图的更新：在下拉菜单中选择“编辑”→“视图”→“更新”命令，或者单击“主页”功能区“视图”组中的“更新视图”按钮，打开图 14-42 所示“更新视图”对话框。

对话框部分选项作一介绍：

① 显示图纸中的所有视图：该选项用于控制在列表框中是否列出所有的视图，并自动选择所有过期视图。选取该复选框之后，系统会自动在列表框中选取所有过期视图，否则，需要用户自己更新过期视图。

② 选择所有过时视图：用于选择当前图纸中的过期视图。

③ 选择所有过时自动更新视图：用于选择每一个在保存时勾选“自动更新”的视图。

14.6 标注与符号

为了表达零件的几何尺寸，需要引入各种投影视图，为了表达工程图的尺寸和公差信息，必须进行工程图的标注。

14.6.1 尺寸标注

UG标注的尺寸是与实体模型匹配的，与工程图的比例无关。在工程图中进行标注的尺寸是直接引用三维模型的真实尺寸，如果改动了零件中某个尺寸参数，工程图中的标注尺寸也会自动更新。

在下拉菜单中选择“插入”→“尺寸”下的命令（如图 14-43 所示），或在相应的“尺寸”标注工具栏中激活某一图标命令，系统会打开各自的尺寸标注对话框，如图 14-44 所示，共包含了 9 种尺寸类型，各种尺寸标注方式如下：

图 14-43 “尺寸”子菜单命令

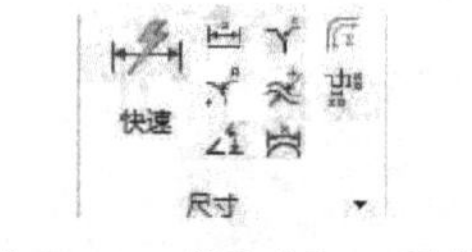

图 14-44 “尺寸”工具栏

① 快速。

a. 圆柱式：用来标注工程图中所选圆柱对象之间的尺寸（见图 14-45）。

b. 直径：用来标注工程图中所选圆或圆弧的直径尺寸（见图 14-46）。

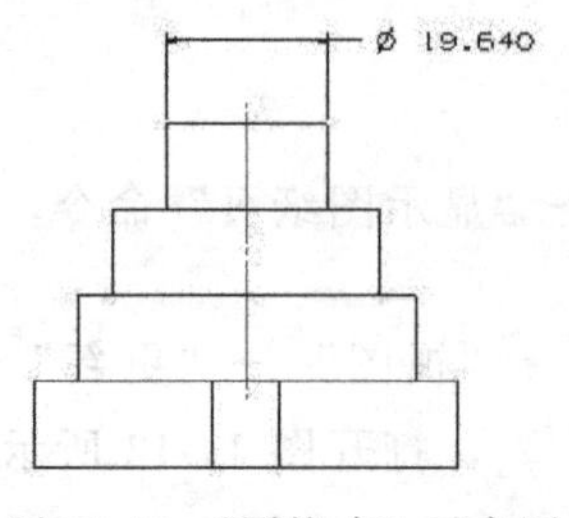

图 14-45 “圆柱式”示意图

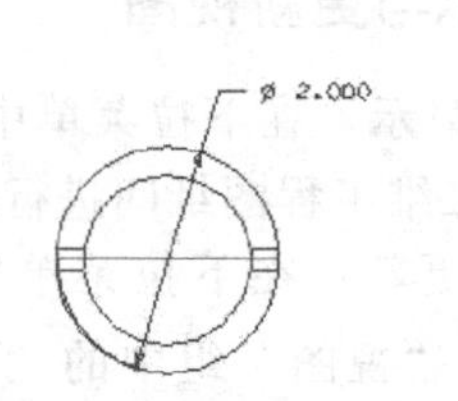

图 14-46 “直径”示意图

c. 自动判断：由系统自动推断出选用哪种尺寸标注类型来进行尺寸的标注。

d. 水平：用来标注工程图中所选对象间的水平尺寸（见图 14-47）。

e. 竖直：用来标注工程图中所选对象间的垂直尺寸（见图 14-48）。

f. 点到点：用来标注工程图中所选对象间的平行尺寸（见图 14-49）。

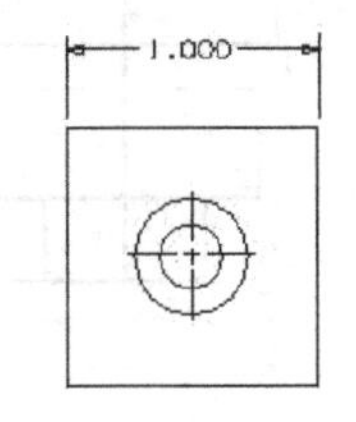

图 14-47 “水平”示意图

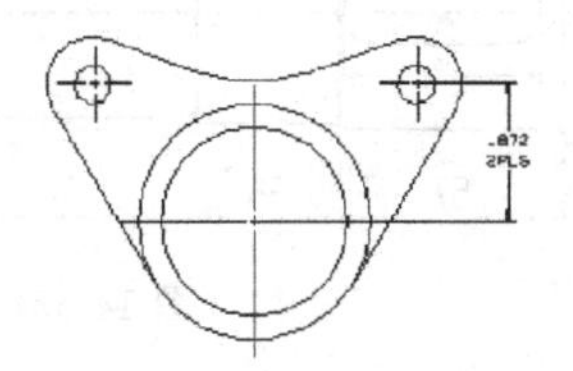

图 14-48 “竖直”示意图

g. 垂直：用来标注工程图中所选点到直线（或中心线）的垂直尺寸（见图 14-50）。

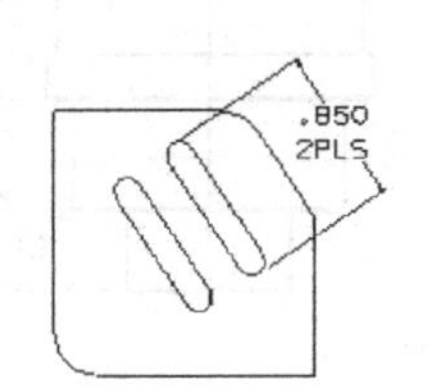

图 14-49 “点到点”示意图

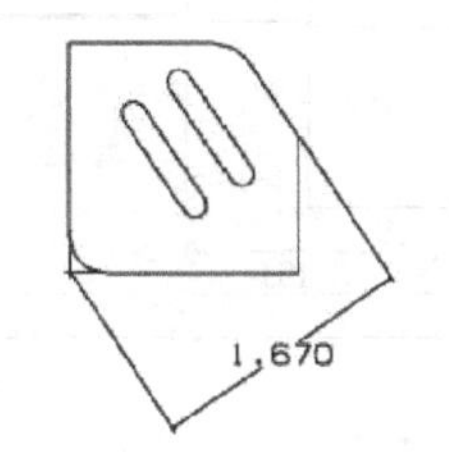

图 14-50 “垂直”示意图

② 倒斜角：用来标注对于国标的 45°倒角的标注。目前不支持对于其他角度倒角的标注（见图 14-51）。

③ 线性：可将六种不同线性尺寸中的一种创建为独立尺寸，或者创建为一组链尺寸或基线尺寸。可以创建下列尺寸类型（其中常见尺寸在快速尺寸中都提到，这块就不再重复）。

a. 孔标注：用来标注工程图中所选孔特征的尺寸（见图 14-52）。

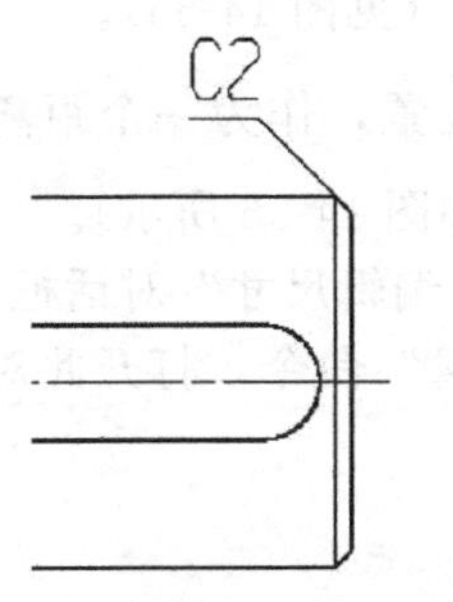

图 14-51 “倒斜角尺寸”示意图

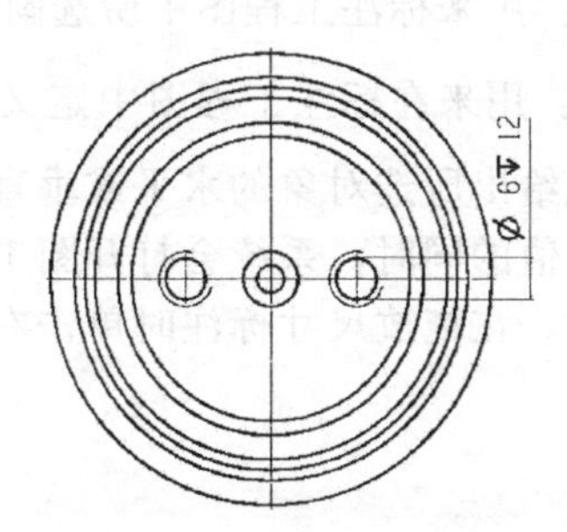

图 14-52 “孔标注”示意图

b. 链：用来在工程图上生成一个水平方向（XC 方向）或竖直方向（YC 方向）的尺寸链，即生成一系列首尾相连的水平/竖直尺寸，如图 14-53 所示（注：在测量方法中选择水平或竖直，即可在尺寸集中选择链）。

c. 基线：用来在工程图上生成一个水平方向（XC 方向）或竖直方向（YC 方向）的尺寸系列，该尺寸系列分享同一条水平/竖直基线，如图 14-54 所示（注：在测量方法中选择水平或竖直，即可在尺寸集中选择基线）。

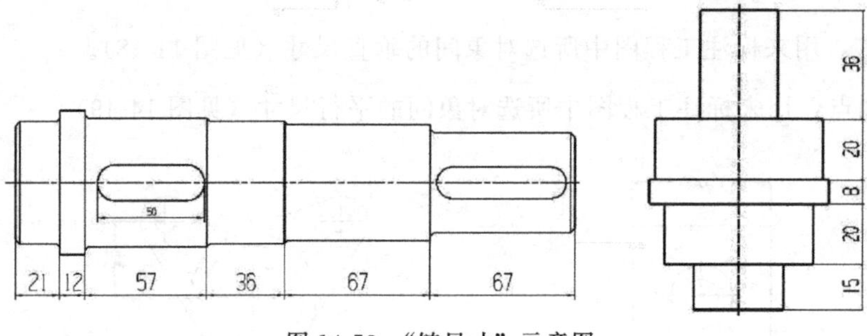

图 14-53 “链尺寸”示意图

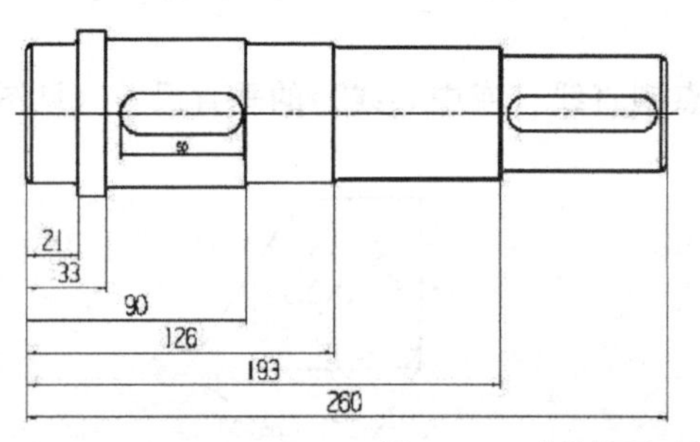

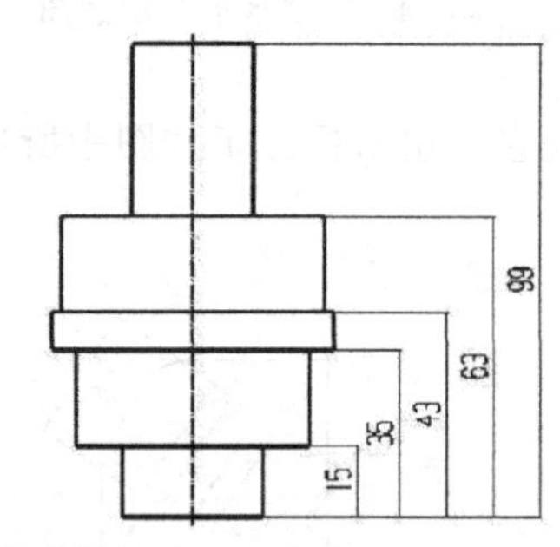

图 14-54 “基线尺寸”示意图

④ 角度：用来标注工程图中所选两直线之间的角度。

⑤ 径向：用于创建 3 个不同的径向尺寸类型中的一种。

a. 径向：用来标注工程图中所选圆或圆弧的半径尺寸，但标注不过圆心。

b. 直径：用来标注工程图中所选圆或圆弧的直径尺寸。

c. 孔标注：用来标注工程图中所选大圆弧的半径尺寸。

⑥ 弧长：用来标注工程图中所选圆弧的弧长尺寸（见图 14-55）。

⑦ 坐标：用来在标注工程图中定义一个原点的位置，作为一个距离的参考点位置，进而可以明确地给出所选对象的水平或垂直坐标距离（如图 14-56 所示）。

在放置尺寸值的同时，系统会打开图 14-57 所示的“编辑尺寸”对话框（也可以单击每一个标注图标后，在拖放尺寸标注时单击右键选择“编辑”命令，打开此对话框），其功能如下：

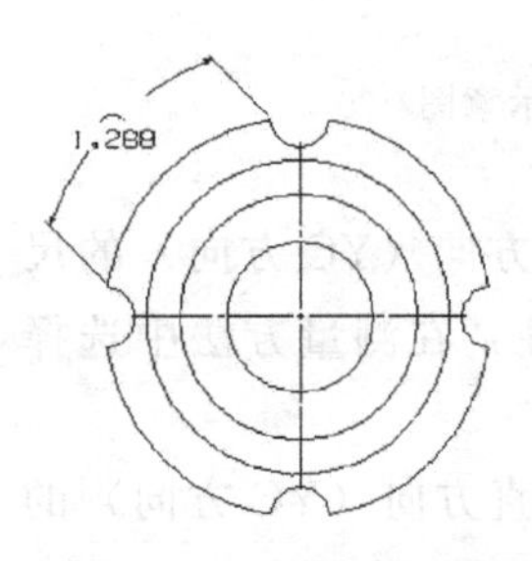

图 14-55 “弧长”示意图

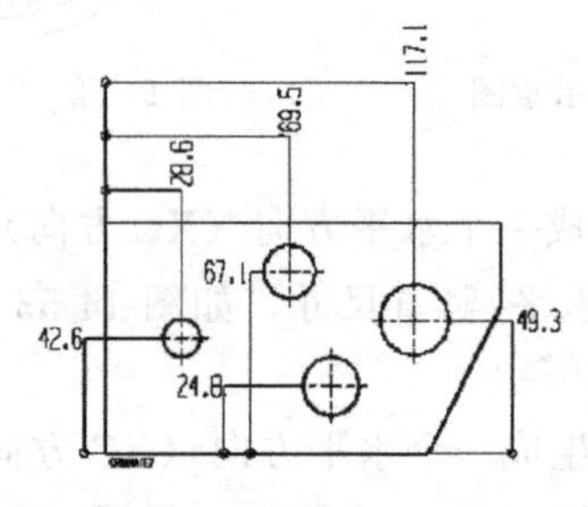

图 14-56 “坐标尺寸”示意图

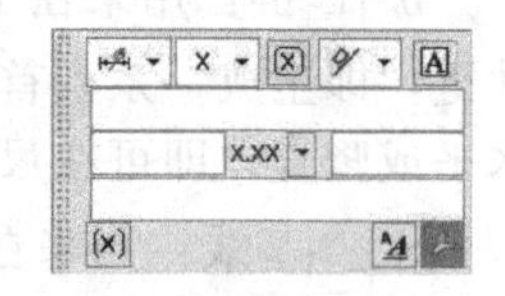

图 14-57 “编辑尺寸”对话框

a. 文本设置：该选项会打开图 14-58 所示“设置”对话框，用于设置详细的尺寸类型，包括尺寸的位置、精度、公差、线条和箭头、文字和单位等。

b. X.XX 精度：该选项用于设置尺寸标注的精度值，可以使用其下拉选项进行详细设置。

c. 公差：用于设置各种需要的精度类型，可以使用其下拉选项进行详细设置。

d. 编辑附加文本：单击该图标，打开“附加文本”对话框，如图 14-59 所示，可以进行各种符号和文本的编辑。

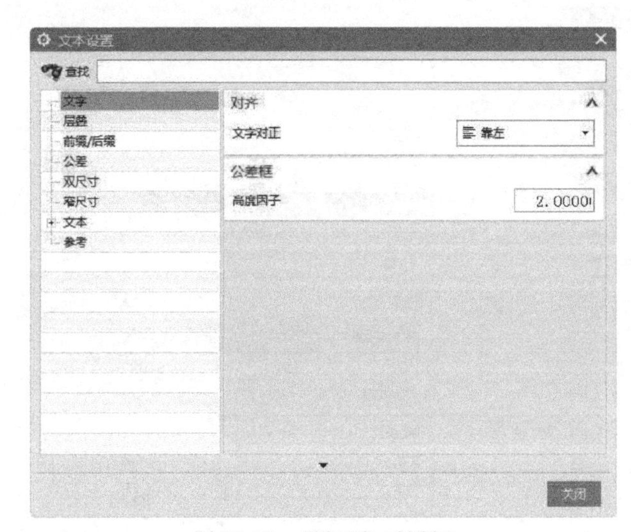

图 14-58 “设置”对话框

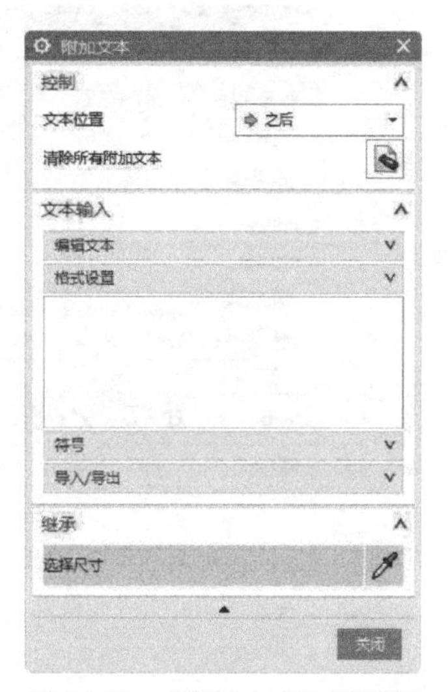

图 14-59 “附加文本”对话框

“附加文本”对话框功能如下：

• 用户定义（见图 14-60）。如果用户已经定义好了自己的符号库，可以通过指定相应的符号库来加载它们，同时还可以设置符号的比例和投影。

• 关系（见图 14-61）。用户可以将物体的表达式、对象属性、零件属性、图纸页区域标注出来，并实现关联。

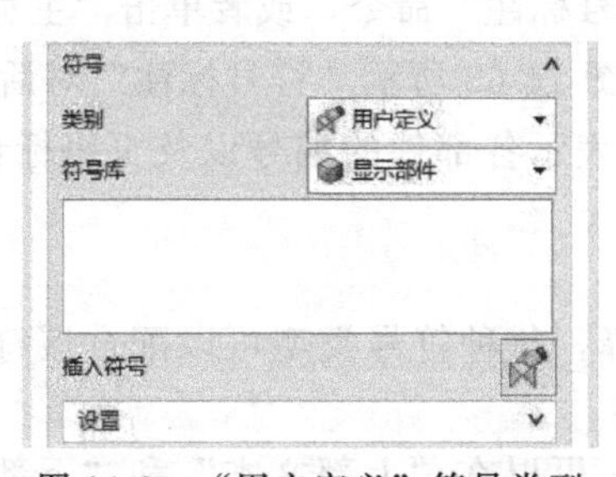

图 14-60 “用户定义”符号类型

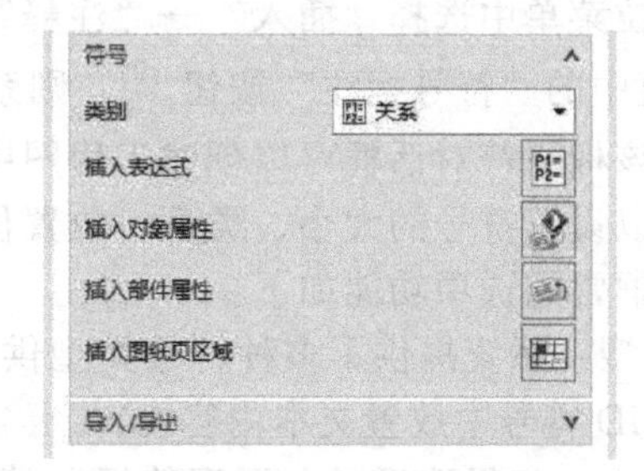

图 14-61 “关系”符号类型

14.6.2 注释编辑器

在下拉菜单中选择“插入”→“注释”→“注释”命令，或者单击“主页”功能区“注释”组中的“注释”按钮A，打开图 14-62 所示“注释”对话框。

对话框中的相关选项如下：

① 清除：清除所有输入的文字。

② 删除文本属性：删除字型为斜体或粗体的属性。

③ 选择下一个符号：注释编辑器输入的符号来移动光标。

④ 上标：在文字上面添加内容。

⑤ 下标：在文字下面添加内容。

⑥ chinesef 选择字体：用于选择合适的字体。

图 14-62 “注释”对话框

图 14-63 “符号标注”对话框

14.6.3 标示符号

在下拉菜单中选择“插入”→“注释”→“符号标注”命令，或者单击“主页”功能区“注释”组中的“符号标注”按钮，则系统打开图 14-63 所示“符号标注”对话框。

利用该标识符对话框可以创建工程图中的各种表示各部件的编号以及页码标识等 ID 符号，还可以设置符号的大小、类型、放置位置。

对话框常用选项功能如下：

① 类型：系统提供了多种符号类型供用户选择，每种符号类型可以配合该符号的文本选项，在 ID 符号中放置文本内容。

② 文本：如果选择了上下型的标示符号类型，可以在“上部文本”和“下部文本”中输入两行文本的内容，如果选择的是独立型 ID 符号，则只能在“上部文本”中输入文本内容。

③ 大小：各标示符号都可以通过“大小”来设置其比例值。

④ 指引线：为 ID 符号指定引导线。单击该按钮，可指定一条引导线的开始端点，最多可指定 7 个开始端点，同时每条引导线还可指定多达 7 个中间点。根据引导线类型，一般可选择尺寸线箭头、注释引导线箭头等作为引导线的开始端点。

14.6.4　综合实例——标注端盖工程图

扫一扫，看视频

首先设置注释首选项，然后标注端盖的各个尺寸，最后标注技术要求。结果如图 14-64 所示。

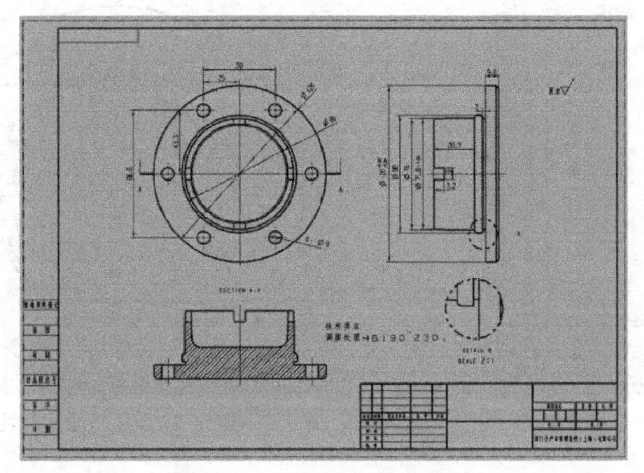

图 14-64　标注端盖工程图

绘制步骤

(1) 制图首选项设置

在下拉菜单中选择“首选项”→“制图”命令，打开图 14-65 所示的“制图首选项”对话框，对各选项卡进行设置。

图 14-65　“制图首选项”对话框

(2) 标注线性尺寸

在下拉菜单中选择“插入”→“尺寸”→“线性”命令，选择左视图中各端面的端点进行合理的尺寸标注，如图 14-66 所示。

(3) 标注直径尺寸

在下拉菜单中选择“插入”→“尺寸”→“径向”命令，选择主视图中的圆进行合理的尺寸标注，如图 14-67 所示。

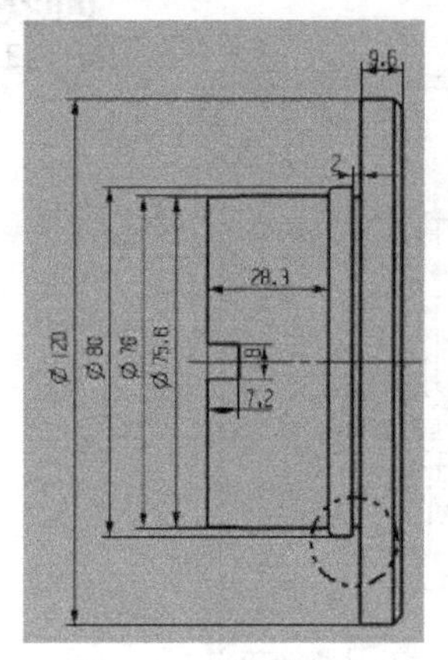

图 14-66　尺寸标注

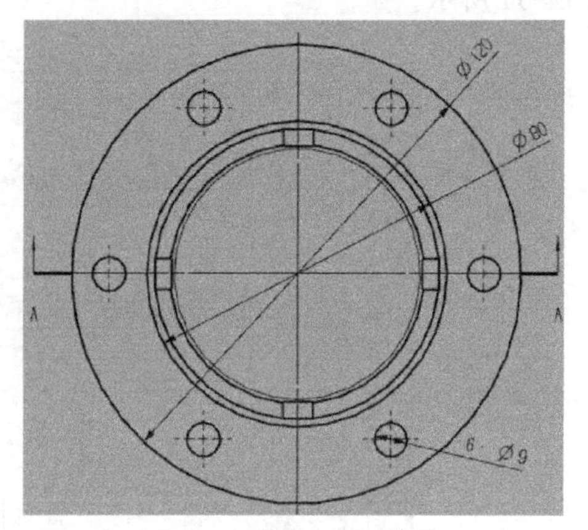

图 14-67　直径尺寸标注

(4) 标注线性的尺寸

在下拉菜单中选择“插入”→“尺寸”→“快速”命令，进行线性尺寸标注，如图 14-68 所示。

(5) 标注公差

选择要标注公差的尺寸，单击鼠标右键，打开图 14-69 所示的快捷菜单，选择“编辑”选项。打开图 14-70 所示的“编辑尺寸”对话框，选择“双向公差，等值”，单击“公差值”选项，在公差文本框中输入公差值，结果如图 14-71 所示。

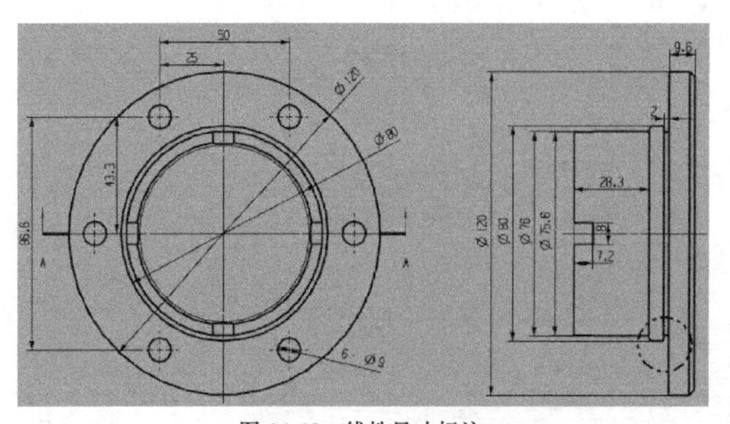

图 14-68　线性尺寸标注

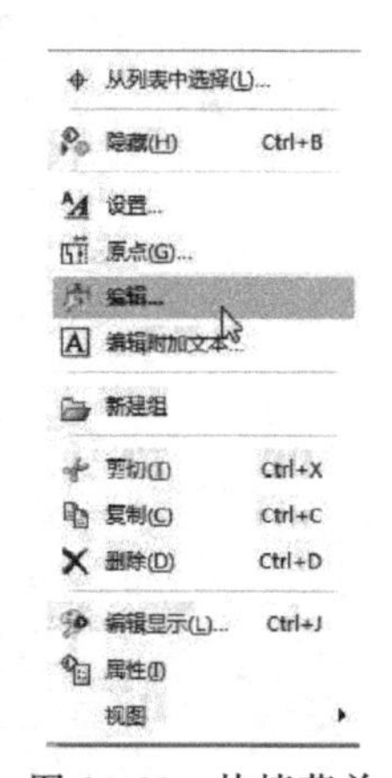

图 14-69　快捷菜单

图 14-70　“编辑尺寸”对话框

(6) 技术要求

在下拉菜单中选择“插入”→“注释”→“注释”命令，或者单击“主页”功能区“注释”组中的“注释”按钮A，打开图 14-72 所示的“注释”对话框。在文本框中输入图 14-72 所示的技术要求文本，拖动文本到合适位置处，单击鼠标左键，将文本固定在图样中，效果如图 14-73 所示。

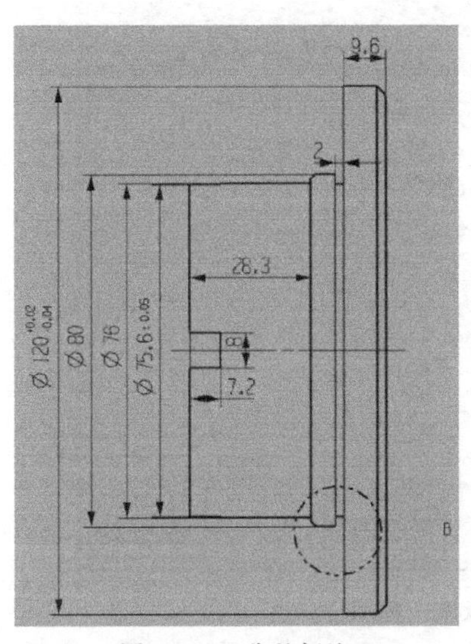

图 14-71　公差标注

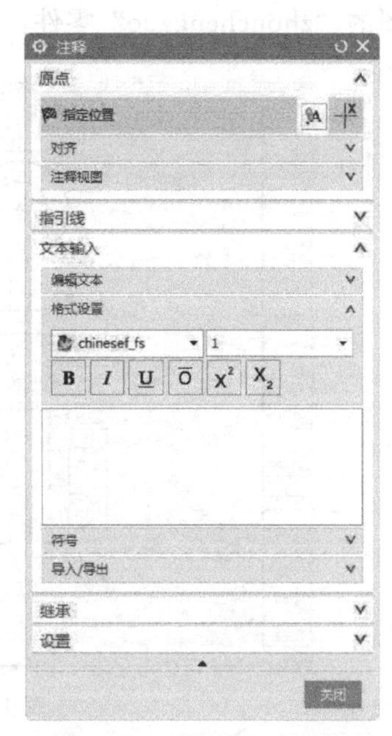

图 14-72　“注释”对话框

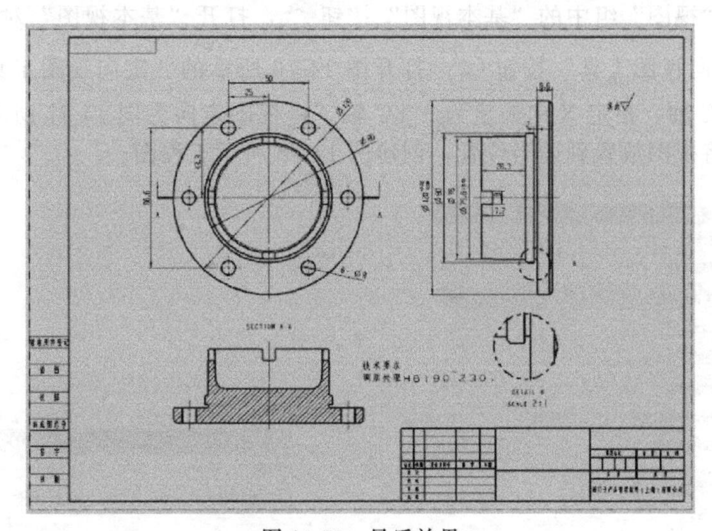

图 14-73　最后效果

14.7　综合实例——轴承座工程图

本例主要介绍工程制图模块的各项功能，包括创建视图、视图预设置、投影等制图操作，最后生成如图 14-74 所示工程图。

绘制步骤

① 新建文件。在下拉菜单中选择“文件”→“新建”命令，打开“新建”对话框。在“图纸”选项卡中选择“A3-无视图”模板。在“要创建图纸的部件”栏中单击“打开”按钮，打开“选择主模型部件”对话框，单击“打开”按钮，打开“部件名”对话框，选择要

创建工程图的“zhouchengzuo”零件，然后单击“确定”按钮。进入制图界面。

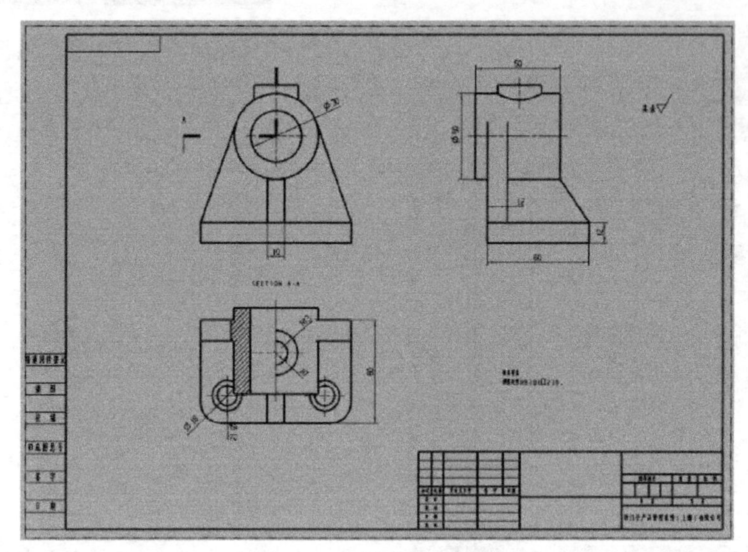

图 14-74　轴承座工程图

② 创建基本视图。在下拉菜单中选择“插入”→“视图”→“基本”命令，或者单击“主页”功能区“视图”组中的“基本视图”按钮，打开“基本视图”对话框如图 14-75 所示，单击“定向视图工具”按钮，打开图 14-76 所示的“定向视图工具”对话框，指定法向矢量为 ZC 轴，指定 X 向矢量为－YC 轴，将视图定向为图 14-77 所示的位置。单击“确定”按钮，将视图放置到适当位置，创建图 14-78 所示工程图。

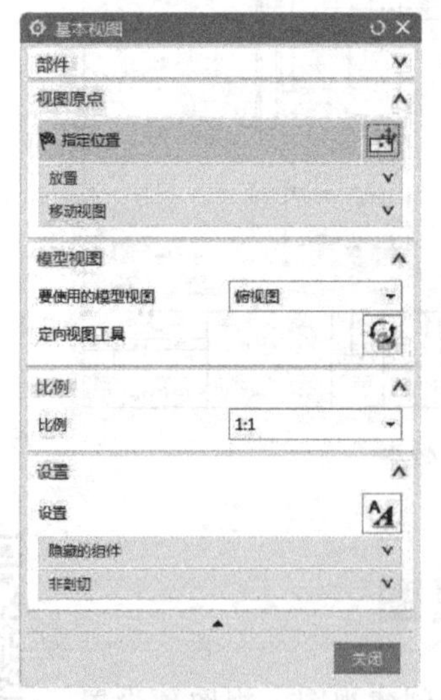

图 14-75　“基本视图”对话框

图 14-76　“定向视图工具”对话框

③ 创建投影视图。在下拉菜单中选择“插入”→“视图”→“投影”命令，或者单击“主页”功能区“视图”组中的“投影视图”按钮，打开“投影视图”对话框如图 14-79 所示，视图根据鼠标位置投影不同视图，在基本视图右边单击鼠标左键如图 14-80 所示，完成视图侧视图的创建。

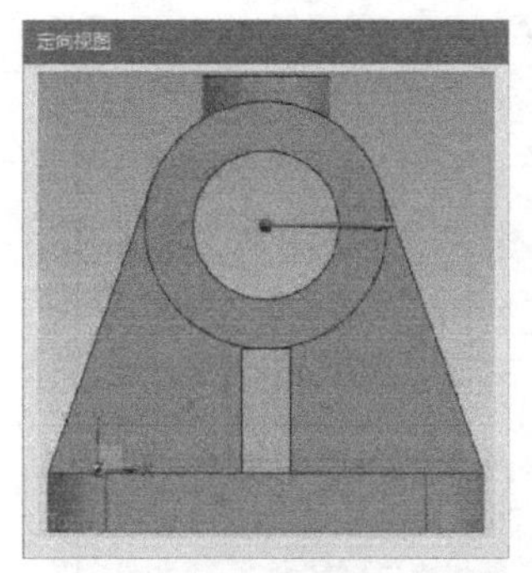

图 14-77　“定向视图”对话框

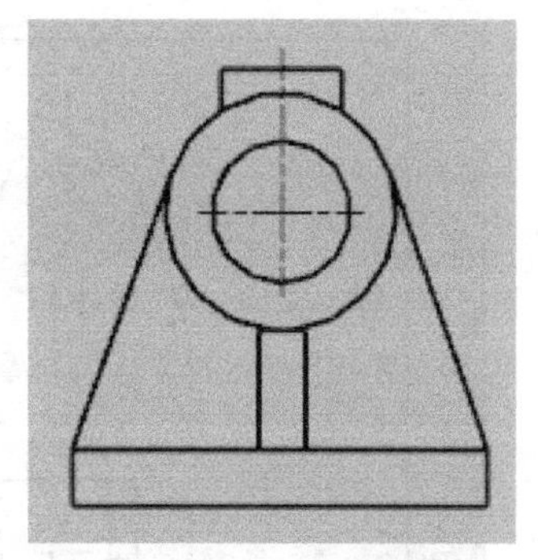

图 14-78　基本视图

④ 创建半剖视图。在下拉菜单中选择“插入”→“视图”→“剖视图”命令，或者单击“主页”功能区“视图”组中的“剖视图”按钮，打开“剖视图”对话框如图 14-81 所示，在“方法”下拉列表中选择“半剖”，选择屏幕中的基本视图为父视图，捕捉基本视图的圆心为半剖视图的切割位置，再捕捉基本视图的圆心为半剖视图的折弯位置，完成半剖视图的创建。如图 14-82 所示。

图 14-79　“投影视图”对话框

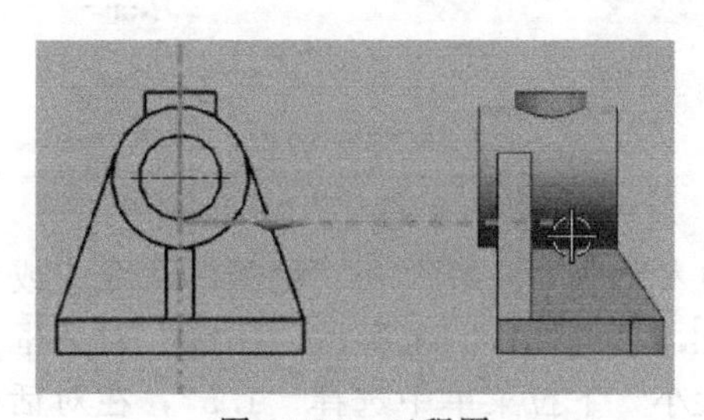

图 14-80　工程图

图 14-81　“剖视图”对话框

⑤ 利用各种形式的标注方式进行尺寸标注。如图 14-83 所示。

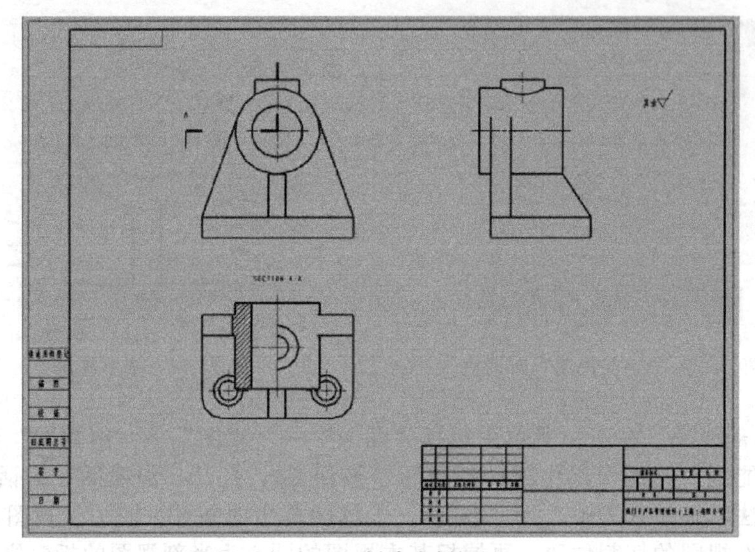

图 14-82　创建半剖视图

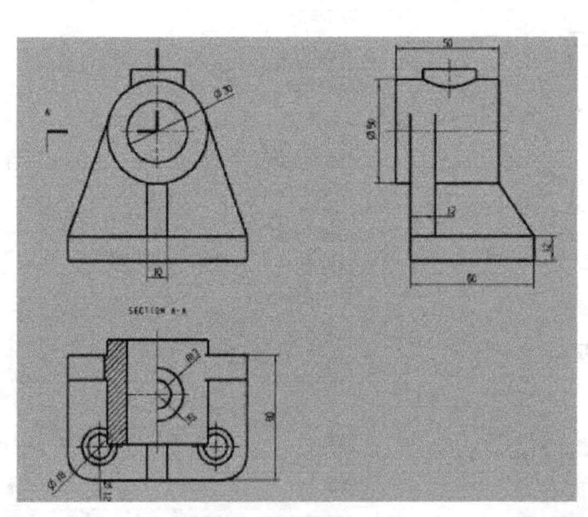

图 14-83　标注尺寸

图 14-84　“注释”对话框

⑥ 标注技术要求。在下拉菜单中选择“插入”→“注释”→“注释”命令，或者单击“主页”功能区“注释”组中的“注释”按钮A，打开图 14-84 所示“注释”对话框。在文字类型下拉菜单中选择“chinesef _ fs”，在“大小”下拉菜单中选择“1.5”，在对话框中部输入技术要求，单击“关闭”按钮，将文字放在图面右侧中间。生成工程图如图 14-74 所示。

第15章 动力学分析

本章导读

本章主要介绍机构的基本概念，如机构、机构自由度、运动副等，以及Scenario导航工具的使用、机构工作环境的设置和机构参数预设置的方法。

在用户创建运动分析对象后，若对创建对象感到不满意，可以在模型准备中对模型进行重新编辑和其他操作。模型准备阶段主要包括对模型尺寸的编辑，运动对象的编辑，标记点和智能点的创建，封装和函数管理器的建立几部分。

完成模型准备后，可以利用运动分析模块对模型进行全面的运动分析。

内容要点

- 构分析基本概念
- 仿真模型
- 运动分析首选项
- 连杆及运动副
- 连接器和载荷
- 模型编辑
- 标记和智能点
- 封装
- 解算方案的创建和求解
- 运动分析
- 综合实例——落地扇运动仿真

15.1 机构分析基本概念

机构分析是UG里的一个特殊分析功能模块，对应该功能涉及很多特殊的概念和定义，本节将简要介绍。

15.1.1 机构的组成

(1) 构件

任何机器都是由许多零件组合而成的。这些零件中，有的是作为一个独立的运动单元体而运动的，有的由于结构和工艺上的需要，而与其他零件刚性地连接在一起，作为一个整体而运动，这些刚性连接在一起的各个零件共同组成了一个独立的运动单元体。机器中每一个独立的运动单元体称为一个构件。

(2) 运动副

由构件组成机构时，需要以一定的方式把各个构件彼此连接起来，这种连接不是刚性连接，而是能产生某些相对运动。这种由两个构件组成的可动连接称为运动副，把两个构件上能够参加接触而构成运动副的表面称为运动副元素。

(3) 自由度和约束

设有任意两构件，它们在没有构成运动副之前，两者之间有 6 个相对自由度（在正坐标系中三个运动和三个转动自由度）。若将两者以某种方式连接而构成运动副，则两者间的相对运动便受到一定的约束。

运动副常根据两构件的接触情况进行分类，两构件通过点或线接触而构成运动副统称高副，通过面接触而构成运动副称为低副，另外也有按移动方式分类的如移动副、回转副、螺旋副、球面副等，移动方式分别为移动、转动、螺旋运动和球面运动。

15.1.2 机构自由度的计算

在机构创建过程中，每个自由构件将引入 6 个自由度，同时运动副又给机构运动带来约束，常用运动副引入的约束数目如表 15-1 所示。

表 15-1 常用运动副的约束数

运动副类型	转动副	移动副	圆柱副	螺旋副	球副	平面副
约束数	5	5	4	1	3	3
运动副类型	齿轮副	齿轮齿条幅	缆绳副	万向联轴器	点线接触高副	曲线间接触高副
约束数	1	1	1	4	2	2

机构总自由度数可用以下计算式进行计算：

机构自由度总数＝活动构件数×6－约束总数－原动件独立输入运动数

15.2 仿真模型

同结构分析相似，仿真模型是在主模型的基础上创建的，两者间存在密切联系。

① 单击“应用模块”功能区“仿真”组中的“运动”按钮，进入运动分析模块。

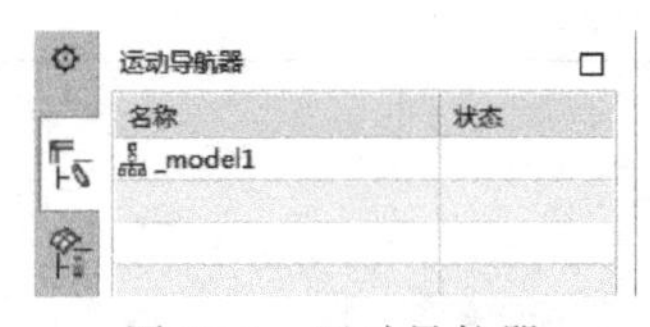

图 15-1 运动导航器

② 单击绘图窗口左侧“运动导航器”按钮，打开“运动导航器”，如图 15-1 所示。

③ 右键单击运动导航器中的主模型名称，在打开快捷菜单中选择“新建仿真”，打开“新建仿真”对话框，如图 15-2 所示，单击“确定”按钮，打开图 15-3 所示的“环境”对话框，单击“确定”按钮。

④ 打开图 15-4 所示的“机构运动副向导”对话框，单击“取消”按钮，创建缺省名为“motion _ 1”的运动仿真文件。

⑤ 右键单击该文件名，打开图 15-5 所示的快捷菜单，用户可以对仿真模型进行多项操作，各选项含义如下：

a. 新建连杆：在模型中创建连杆，通过创建连杆对话框可以为连杆赋予质量特性、转动惯量等，在下章会详细介绍相关操作过程。

b. 新建运动副：在模型中的接触连杆间定义运动副，包括旋转副、滑动副、球面副等。

c. 新建连接器、载荷：为机构各连杆定义力学对象，包括标量力、力矩、矢量力、力矩和弹簧副、阻尼等。

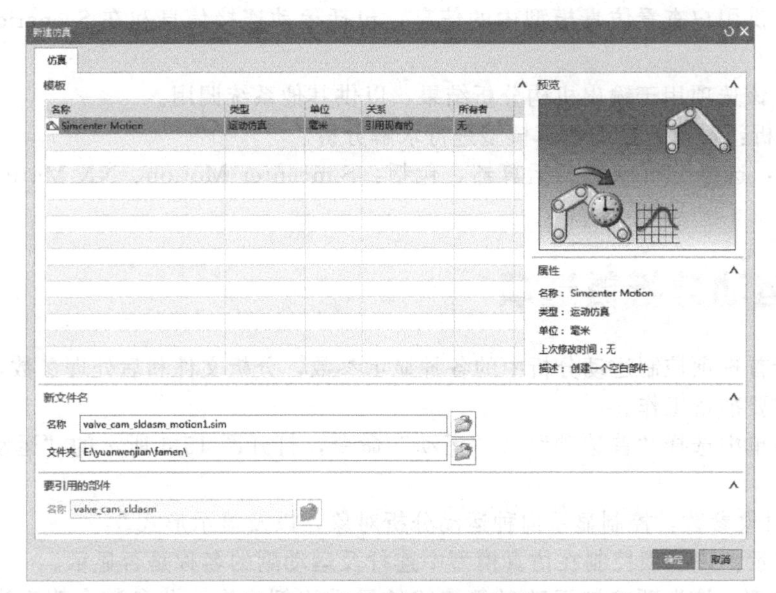

图 15-2 “新建仿真”对话框

图 15-3 “环境”对话框

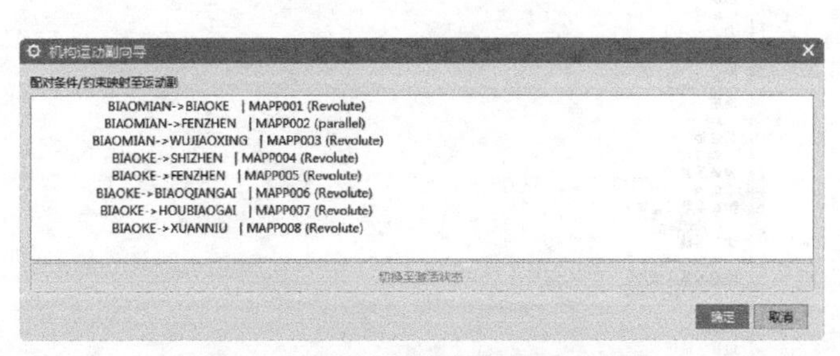

图 15-4 “机构运动副向导”对话框

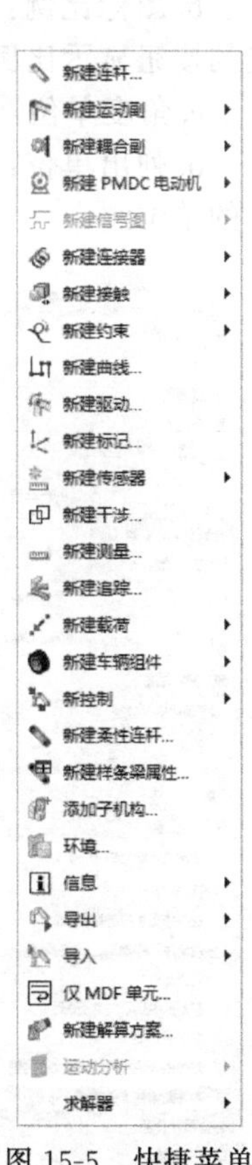

图 15-5 快捷菜单

d. 新建标记：通过在连杆产生标记点，可方便地为分析结果产生该点接触力、位移、速度。

e. 新建约束：为模型定义高低副，包括点在线上副、线在线上副和点在面上副。

f. 环境：为运动分析定义解算器，包括运动学和动态两种解算器。

g. 信息：供用户查看仿真模型中的信息，包括运动连接信息和在 Scenario 模型修改表达式的信息。

h. 导出：该选项用于输出机构分析结果，以供其他系统调用。

i. 运动分析：对设置好的仿真模型进行求解分析。

j. 求解器：选择分析求解的运算器，包括：Simcenter Motion、NX Motion、Recurdyn 和 Adams。

15.3 运动分析首选项

运动分析首选项控制运动分析中的各种显示参数，分析文件和后处理参数，它是进行机构分析前的重要准备工作。

在下拉菜单中选择“首选项”→“运动”命令，打开图 15-6 所示的“运动首选项”对话框。

① 运动对象参数：控制显示何种运动分析对象，以及显示形式。

a. 名称显示：该选项控制在仿真模型中连杆及运动副的名称是否显示。

b. 图标比例：该选项控制运动对象按钮的显示比例，修改此参数会改变当前和以后创建的按钮显示比例。

c. 角度单位：确定角度单位是弧度还是度，缺省选项为“度”。

d. 列出单位：当点击该选项打开“信息”对话框，如图 15-7 所示，显示当前运动分析中的单位制。

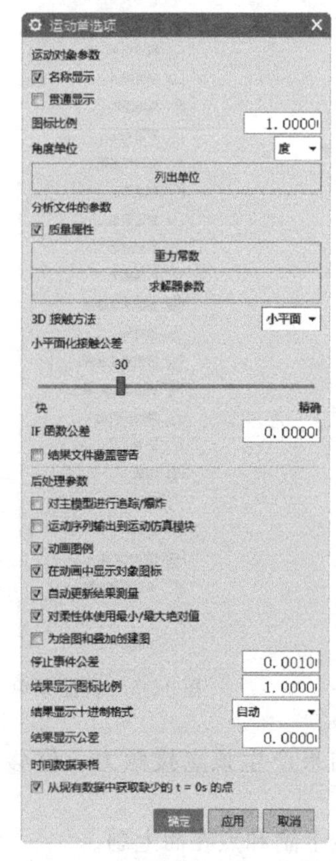

图 15-6 “运动首选项”对话框

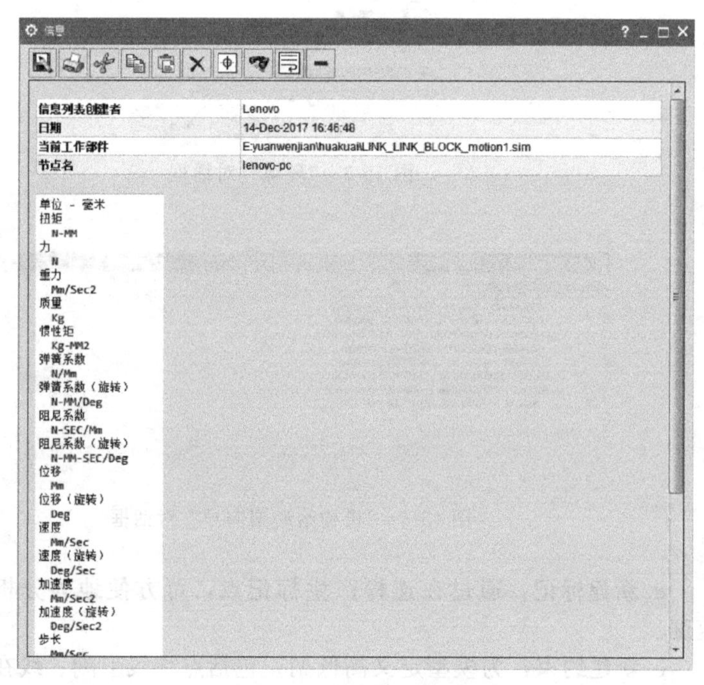

图 15-7 “信息”对话框

② 分析文件参数：控制对象的质量属性和重力常数两个参数。

a. 质量属性：该选项控制解算器在求解时是否采用构件的质量特性。

b. 重力常数：该选项控制重力常数 G 的大小，单击该选项打开“全局重力系数”对话框。在采用 mm 单位中，重力加速度为 $-9806.65\mathrm{mm/s^2}$（负号表示垂直向下方向）。

③ 求解器参数：控制运动分析中的积分和微分方程的求解精度，但是求解精度越高意味着对计算机的性能要求越高，耗费的时间也越长。这时就需要用户合理选择求解精度。单击此按钮，打开图 15-8 所示的“求解器参数”对话框。

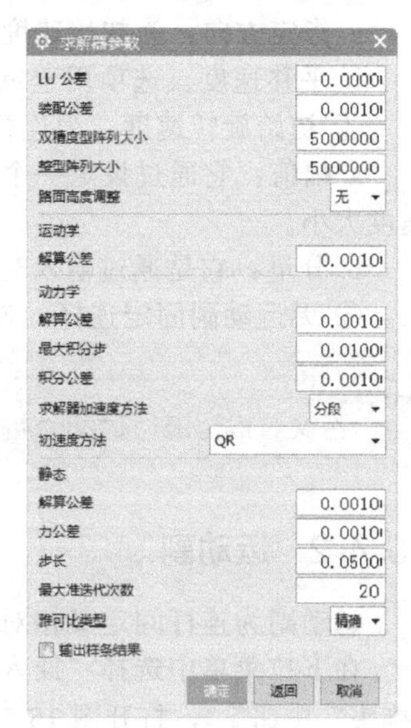

图 15-8 “求解器参数”对话框

a. 步长：控制积分和微分方程的 dx 因子大小，dx 越小求解的精度越高。

b. 解算公差：控制求解结果和求解方程间的误差，误差越小，解算精度越高。

c. 最大准迭代次数：控制解算器的最大迭代次数时，当解算器达到最大迭代次数时，即使迭代结果不收敛，解算器也停止迭代。

动力学分析和静态分析的最大解算器迭代选项意义同上。

④ 3D 接触方法：有两种方式定义构件间的接触方式，即小平面和精确。

a. 小平面：构件间以平面接触形式表现，同时可以通过下方的滑杆控制接触精度。

b. 精确：精确模拟构件间的接触情况。

⑤ 后处理参数：对主模型进行追踪/爆炸。选中此复选框，表示将在运动分析方案中创建的跟踪或爆炸的对象输出到主模型中。

图 15-9 “连杆”对话框

15.4　连杆及运动副

在运动分析中连杆和运动副是组成构件的最基本要素，没有这两部分机构就不可能运动。

15.4.1　连杆

在通常机构学中，固定的部分称为机架。而在运动仿真分析模块中固定的零件和发生运动的零件都统称为连杆。在创建连杆中，用户应注意一个几何对象只能创建一个连杆，而不能创建多个连杆。

在下拉菜单中选择“插入”→“连杆”命令，或者单击“主页”功能区“机构”组中的“连杆”按钮，打开图 15-9 所示的“连杆”对话框。

① 连杆对象：选择几何体为连杆。

② 质量与力矩：当在质量属性选项中选择“用户定义”选项时，此选项组可以为定义的杆件赋予质量并可使用点构造器定义杆件质心。

在定义惯性矩和惯性积前，必须先编辑坐标方向，也可以采用系统默认的坐标方向。惯性矩表达式 $I_{XX}=\int_A x^2\mathrm{d}A \quad I_{YY}=\int_A y^2\mathrm{d}A \quad I_{ZZ}=\int_A z^2\mathrm{d}A$；惯性积表达式 $I_{XY}=\int_A xy\mathrm{d}A \quad I_{XZ}=\int_A xz\mathrm{d}A \quad I_{YZ}=\int_A yz\mathrm{d}A$

③ 初始平移速度：为连杆定义一个初始平移速度。

a. 指定方向：为初始速度定义速度方向。

b. 平移速度：选项用于重新设定构件的初始平移速度。

④ 初始旋转速度：为连杆定义一个初始转动速度。

a. 幅值：它通过设定一个矢量作为角速度的旋转轴，然后在“旋转速度”选项中输入角速度大小。

b. 分量：它是通过输入初始角速度的各坐标分量大小来设定连杆的初始角速度大小。

⑤ 无运动副固定连杆：勾选此复选框，选择目标零件后为固定连杆。

> **提示：**
> 若仅对机构进行运动分析，可不必为连杆赋予质量和惯性矩、惯性积参数。

15.4.2 运动副

运动副为连杆间定义相对运动方式。不同运动副的创建对话框大致相同。

在下拉菜单中选择“插入”→“接头”命令，或者单击“主页”功能区“机构”组中的“接头”按钮，打开图 15-10 所示的“运动副”对话框。

① 旋转副。

a. 啮合连杆：控制由不连接杆件组成的运动副在调用机构分析解算器时产生关联关系。

b. 极限：控制转动副的相对转动范围，该选项只在基于位移的动态仿真中有效。同时注意在“上限”和“下限”值的输入应分别输入旋转副的旋转范围数值。

c. 摩擦：为运动副提供摩擦选项，如图 15-11 所示。

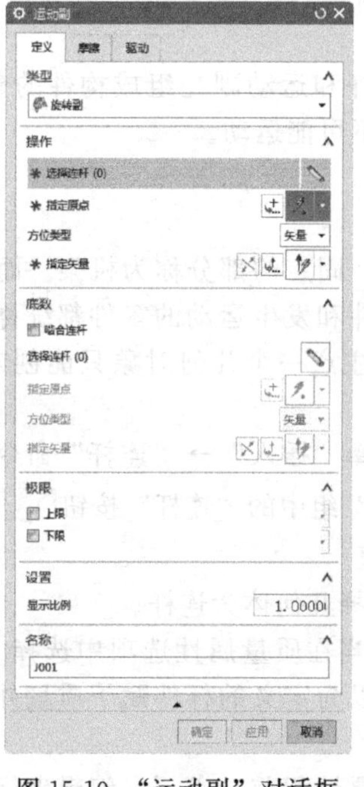

图 15-10 “运动副”对话框

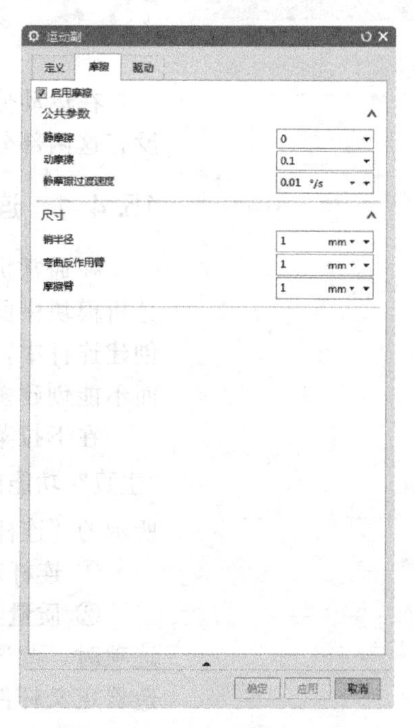

图 15-11 “摩擦”功能区

d. 驱动：控制转动副是否为原动运动副，系统为原动运动副提供六种驱动运动规律：多项式、谐波、函数、铰接运动、控制和曲线 2D。

• “多项式”运动规律表达式：$x+vt+1/2at^2$，x、v、a、t 分别表示位移、速度、加速度和时间。在“驱动类型”选项中选择“多项式”，打开操作对话框。

• “谐波”运动规律表达式：$A\sin(\omega t+\phi)+B$，A、ω、ϕ、B、t 分别表示幅值、角频率、相位角、角位移和时间。在图 15-12 所示对话框“驱动类型”选项中选择“谐波”，打开图 15-13 所示的操作对话框。

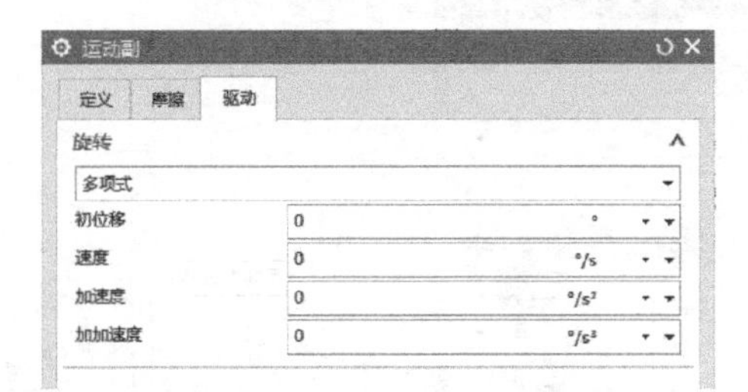

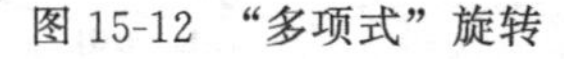
图 15-12 “多项式”旋转

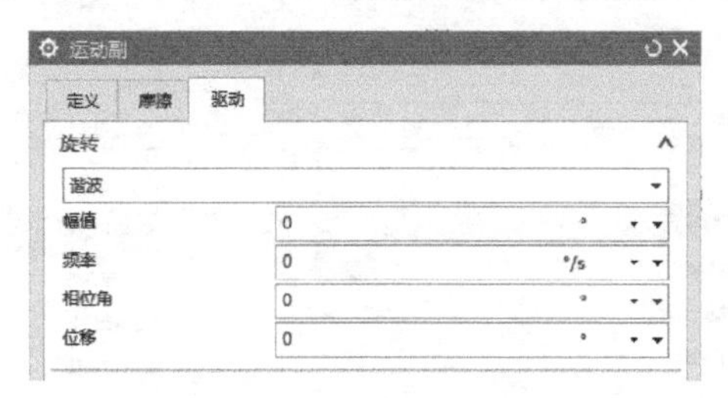

图 15-13 “谐波”旋转

• “函数”由用户通过函数编辑器自定义一个表达式，在图 15-14 所示的对话框“驱动类型”选项中选择“函数”，打开图 15-15 所示的操作对话框。

图 15-14 “函数”对话框

图 15-15 函数管理器

• 单击图 15-14 所示对话框中“函数管理器”按钮 f(x)，打开“XY 函数管理器”对话框，如图 15-15 所示。

• “铰接运动”选项用于设置基于位移的动态仿真，该运动规律选项设定转动副具有独立时间的运动。

② 滑块：操作对话框和旋转副操作对话框相同，各选项的意义也相似，这里就不详述。

③ 柱面副：圆柱副包括沿某一轴的移动副和旋转副两种传动形式，其操作对话框与上述介绍的相比没有了“极限”和“运动驱动”选项，其他选项相同。

④ 螺旋副：组成螺旋副的两杆件沿某轴作相对移动和相对转动运动，两者间只有一个独立运动参数，但实际上不可能依靠该副单独为两连杆生成 5 个约束，因此要达到施加 5 个

约束的效果，应将螺旋副和圆柱副结合起来使用。首先为两连杆定义一个圆柱副，然后定义一个螺旋副，两者结合起来，才能为组成螺旋副的两连杆定义 5 个约束。在螺旋副中螺旋模数比表示输入螺旋副的螺距，其单位与主模型文件所采用的单位相同，若定义螺距为正，则第一个连杆相对于第二连杆正向移动，若定义螺距为负，则反之。

⑤ 万向节副：用于将轴线不重合的两个回转构件连接起来，对话框如图 15-16 所示。万向节的创建模型按钮如图 15-17 所示。

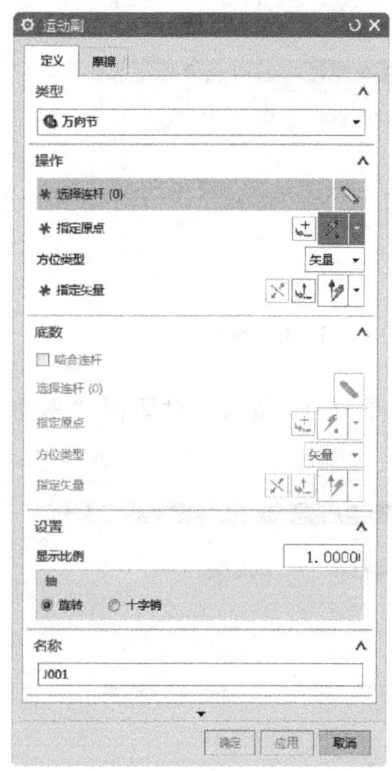

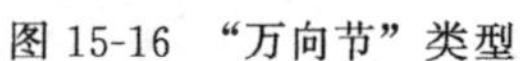

图 15-16 “万向节”类型

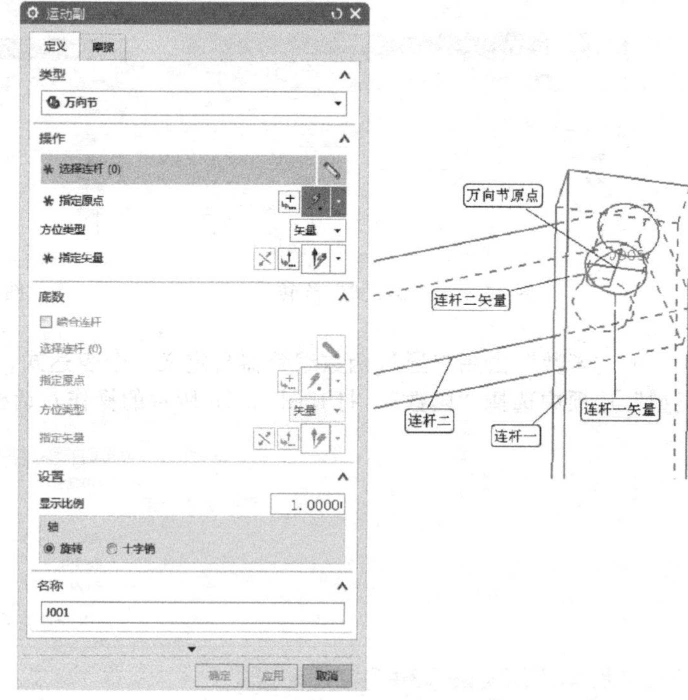

图 15-17 万向节

⑥ 球面副：组成球形副的两连杆具有三个分别绕 X、Y、Z 轴相对旋转的自由度。组成球面副的两连杆的坐标系原点必重合。球面副的创建模型按钮如图 15-18 所示。

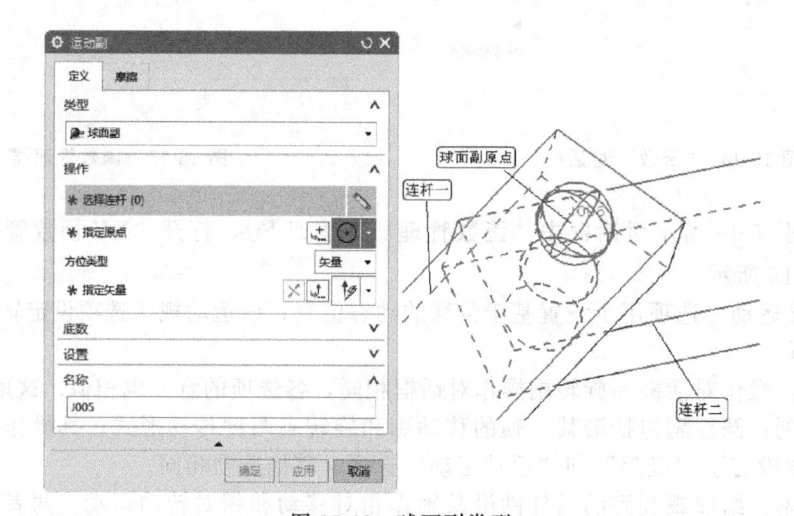

图 15-18 球面副类型

⑦ 平面副：用于创建两连杆的平面相对运动，包括在平面内的沿两轴向的相对移动和相对平面法向的相对转动。平面副创建模型按钮如图 15-19 所示，平面矢量 Z 轴垂直于相对移动和旋转平面。

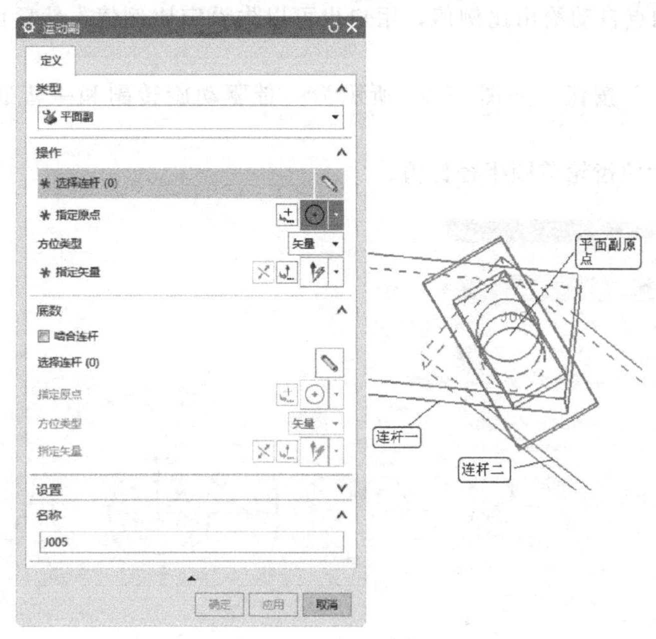

图 15-19　平面副类型

⑧ 固定副：在连杆间创建一个固定连接副，相当于以刚性连接两连杆，两连杆间无相对运动。

15.4.3　齿轮齿条副

齿轮齿条副模拟齿轮与齿条间的啮合运动，在该副中齿轮相对于齿条作相对移动和相对转动运动。创建齿轮齿条副之前，应先定义一个滑动副和一个旋转副，然后创建齿轮副。

① 在下拉菜单中选择“插入”→“耦合副”→“齿轮齿条副”命令，或者单击“主页”功能区“耦合副”组中的“齿轮齿条副”按钮，打开图 15-20 所示的“齿轮齿条副”对话框。

② 选择已创建的滑动副、转动副和接触点。

③ 系统能自动给定比例参数，用户也可以直接设定比例值，然后由系统给出接触点位置。

④ 单击“确定”按钮，如图 15-21 所示为齿轮齿条副示意图，由一个与机架连接的滑动副和一个与机架连接的具有驱动能力的转动副组成。

“比率（销半径）”参数等效于齿轮的节圆半径，即齿轮中心到接触点间距离。

15.4.4　齿轮副

齿轮副用来模拟一对齿轮的啮合传动，在创建齿轮副之前，应先定义两个转动副。齿轮副可以通过为旋转副定义驱动或极限来设定驱动或运动极限范围。

① 在下拉菜单中选择“插入”→“耦合副”→“齿轮耦合副”命令，或者单击“主页”

功能区“耦合副”组中的“齿轮耦合副”按钮，打开图 15-22 所示的“齿轮耦合副”对话框。

② 依次选择两转动副和接触点。

③ 系统由接触点自动给出比例值，用户也可以先设定比例值，然后由系统给出接触点位置。

④ 单击“确定”按钮，如图 15-23 所示为一带驱动旋转副和一普通旋转副组成的齿轮副。

“显示比例”为两齿轮节圆半径比值。

图 15-20 “齿轮齿条副”对话框

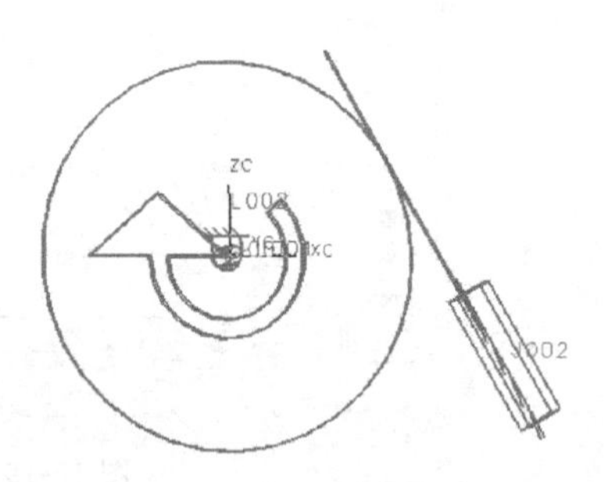

图 15-21 齿轮齿条副

图 15-22 “齿轮耦合副”对话框

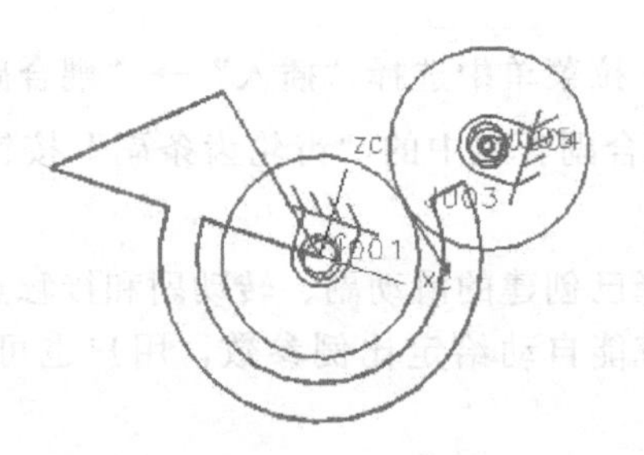

图 15-23 齿轮副

15.4.5 线缆副

线缆副使两个滑动副产生关联关系。在创建线缆副之前，应先定义两个移动副。线缆副可以通过定义其中一个滑动副的驱动或极限来设定线缆副的驱动或运动极限范围。

① 在下拉菜单中选择“插入”→“耦合副”→“线缆副”命令，或者单击“主页”功能区“耦合副”组中的“线缆副”按钮，打开图 15-24 所示的“线缆副”对话框。

② 首先选择连杆，然后选择接触副。

③ 选择线，接受系统默认的显示比例和名称。

④ 单击“确定”按钮，生成图 15-25 所示的线缆副。

“比率”表示第一个滑动副相对于第二个滑动副的传动比，正值表示两滑动副滑动方向相同，负值表示两滑动副滑动方向相反。

如图 15-25 所示为两滑动副组成的线缆副。

图 15-24 “线缆副”对话框

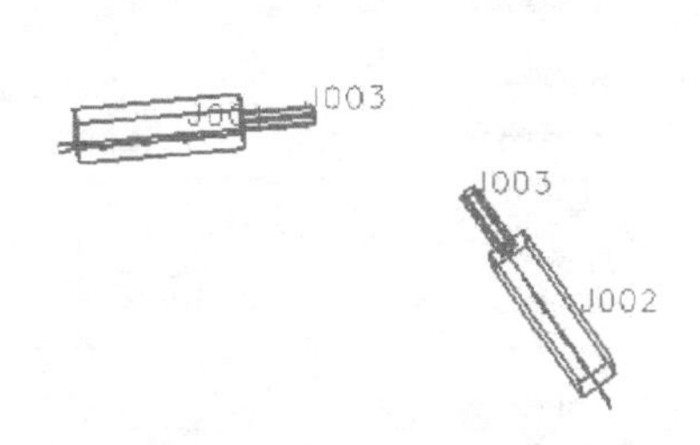

图 15-25 线缆副

15.4.6 点线接触副

点线接触副允许在两连杆间具有四个运动自由度。

① 在下拉菜单中选择“插入”→“约束”→“点在线上副”命令，或者单击“主页”功能区“约束”组中的“点在线上副”按钮，打开图 15-26 所示的“点在线上副”对话框。

② 首先选择连杆，然后选择接触点。

③ 选择线，接受系统默认的显示比例和名称。

④ 单击“确定”按钮，生成图 15-27 所示的点线接触副。

图 15-26 “点在线上副”对话框

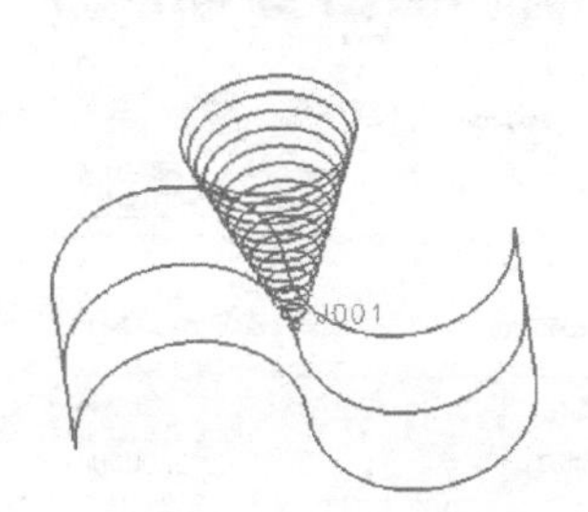

图 15-27 点线接触副

15.4.7 线线接触副

线线接触副常用来模拟凸轮运动关系。在线线接触副中，两构件共有四个自由度。接触副中两曲线不但要保持接触还要保持相切。

① 在下拉菜单中选择“插入”→“约束”→“线在线上副”命令，或者单击“主页”功能区“约束”组中的“线在线上副”按钮，打开图 15-28 所示的“线在线上副”对话框。

② 首先选择连杆，然后选择接触副。

③ 选择线，接受系统默认的显示比例和名称。

④ 单击“确定”按钮，生成图 15-29 所示的线线接触副。

图 15-28 “线在线上副”对话框

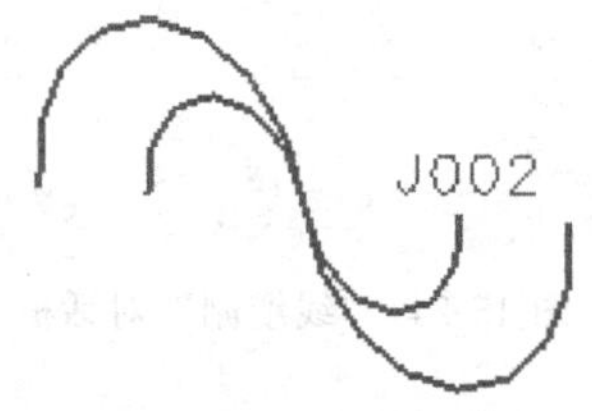

图 15-29 线线接触副

15.4.8 点面副

点面副允许两构件间有五个自由度（点在面上的两个移动自由度和绕自身轴的三个旋转自由度）。

① 在下拉菜单中选择“插入”→“约束”→“点在面上副”命令，或者单击“主页”功能区“约束”组中的“点在面上副”按钮，打开图 15-30 所示的“曲面上的点”对话框。

② 选择连杆，然后选择点和面。

③ 接受系统默认的显示比例和名称。

④ 单击“确定”按钮，生成图 15-31 所示的点面副。

图 15-30 “曲面上的点”对话框

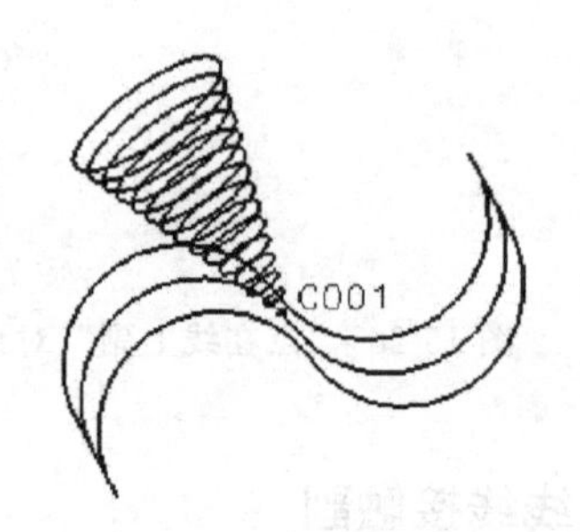

图 15-31 点面副

15.5　连接器和载荷

在机构分析中可以为两个连杆间添加载荷，用于模拟构件间的弹簧、阻尼、力或力矩等。在连杆间添加的载荷不会影响机构的运动分析，仅用于动力学分析中的求解作用力和反作用力。在系统中常用载荷包括弹簧、阻尼、力、力矩、弹性衬套、接触副等。

15.5.1　弹簧

弹簧力是位移和刚度的函数。弹簧在自由长度时，处于完全松弛状态，弹簧力为零，当弹簧伸长或缩短后，产生一个正比于位移的力。

① 在下拉菜单中选择“插入”→“连接器”→“弹簧”命令，或者单击“主页”功能区“连接器”组中的“弹簧”按钮，打开图 15-32 所示的“弹簧”对话框。

② 依次在屏幕中选择连杆一、原点一、连杆二和原点二，如果弹簧与机架连接，则可不选杆件二。

③ 根据需要设置好“弹簧刚度”参数及弹簧名称，系统默认弹簧名称为 S001。

图 15-32　“弹簧”对话框

图 15-33　“阻尼器”对话框

15.5.2　阻尼

阻尼是一个耗能组件，阻尼力是运动物体速度的函数，作用方向与物体的运动方向相反，对物体的运动起反作用。阻尼一般将连杆的机械能转化为热能或其他形式能量，同弹簧相似，阻尼也提供拉伸阻尼和扭转阻尼两种形式元件。阻尼元件可添加在两连杆间或运动副中。

在下拉菜单中选择“插入”→“连接器”→“阻尼器”命令，或者单击“主页”功能区“连接器”组中的“阻尼器”按钮，执行上述方式后，打开图15-33所示的“阻尼器”对话框。

添加阻尼的操作步骤和弹簧相似。用户根据需要设置阻尼系数及阻尼名称。

15.5.3 标量力

标量力是一种施加在两连杆间的已知力，标量力的作用方向是从连杆一的一指定点指向连杆二的一点。由此可知标量力的方向与相应的连杆相关联，当连杆运动时，标量力的方向也不断变化。标量力的大小可以根据用户需要设定为常数，也可以给出一函数表达式，系统默认名称为F001。

① 在下拉菜单中选择“插入”→“载荷”→“标量力”命令，或者单击“主页”功能区“加载”组中的“标量力”按钮，打开图15-34所示的“标量力”对话框。

② 依据选择步骤在屏幕中选择第一连杆。

③ 选择标量力原点，选择第二连杆，选择标量力终点（标量力方向由起点指向终点）。

④ 设置“幅值”参数。

⑤ 单击“确定”按钮，完成标量力创建操作。

15.5.4 矢量力

矢量力与标量力不同，它不光具有一定大小，其方向在用户选定的一个坐标系中保持不变。

① 在下拉菜单中选择“插入”→“载荷”→“矢量力”命令，或者单击“主页”功能区“加载”组中的“矢量力”按钮，打开图15-35所示的“矢量力”对话框。

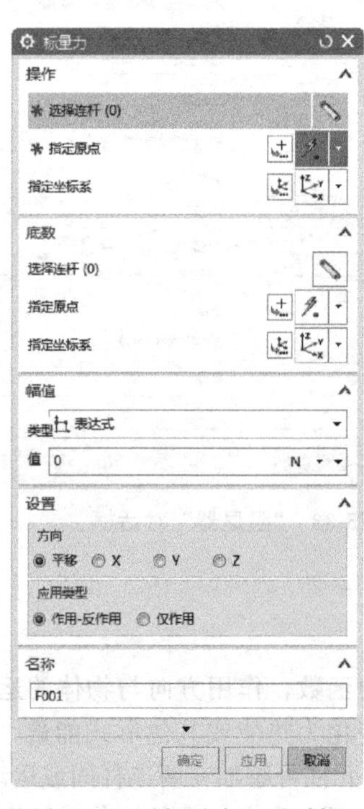

图15-34 “标量力”对话框

图15-35 “矢量力”对话框

② 用户根据需要可以为矢量力定义不同的力坐标系。在绝对坐标系中用户应分别给定三个力分量，可以给定常值也可以给定函数值。

③ 在用户定义坐标系中用户需给定力方向。系统给定默认力名称为 G001。

15.5.5　标量扭矩

标量扭矩只能添加在已存在的旋转副上，大小可以是常数或一函数值，正扭矩表示绕旋转轴正 Z 轴旋转，负扭矩与之相反。

① 在下拉菜单中选择“插入”→“载荷”→“标量扭矩”命令，或者单击“主页”功能区“加载”组中的“标量扭矩”按钮，打开图 15-36 所示的“标量扭矩”对话框。

② 用户为扭矩输入设定值，系统默认的标量扭矩名称为 T001。

15.5.6　矢量扭矩

矢量扭矩与标量扭矩主要区别是旋转轴的定义，标量扭矩必须施加在旋转副上，而矢量扭矩则是施加在连杆上的，其旋转轴可以是用户自定义坐标系的 Z 轴或绝对坐标系的一个或多个轴线。

① 在下拉菜单中选择“插入”→“载荷”→“矢量扭矩”命令，或者单击“主页”功能区“加载”组中的“矢量扭矩”按钮，打开图 15-37 所示的“矢量扭矩”对话框。

② 选择连杆，选择原点。

③ 单击“矢量对话框”按钮，选择合适的方位。

④ 设置“幅值”参数。

⑤ 系统默认的矢量扭矩为 G001。

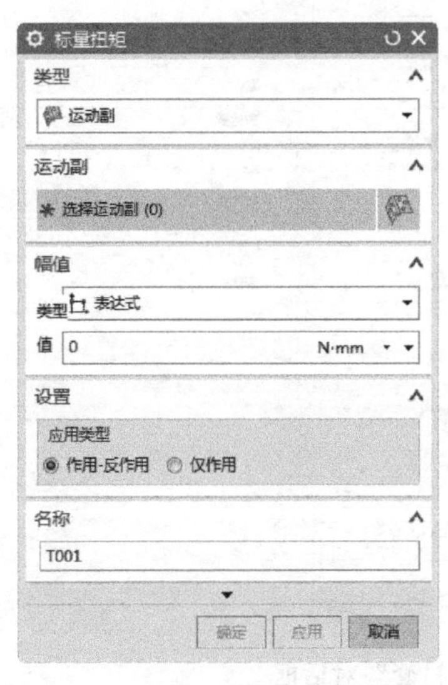

图 15-36　“标量扭矩”对话框

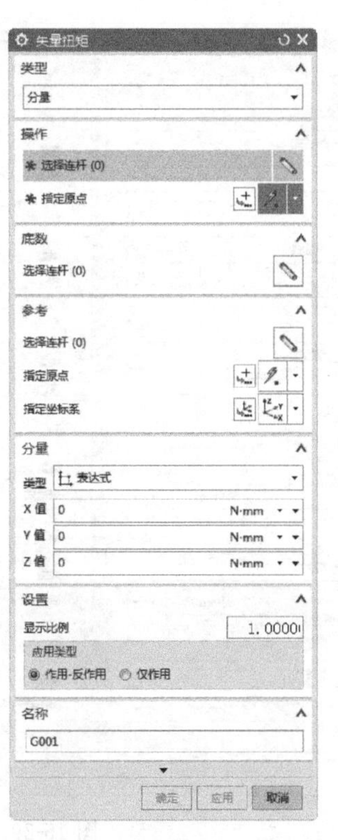

图 15-37　“矢量扭矩”对话框

15.5.7 弹性衬套

弹性衬套用来定义两个连杆之间弹性关系的对象。有两种类型的弹性衬套供用户选择：圆柱形弹性连接和一般弹性连接。圆柱形弹性连接需对径向、纵向、锥形和扭转四种不同运动类型分别定义刚度和阻尼两个参数，常用于由对称和均质材料构成的弹性衬套。

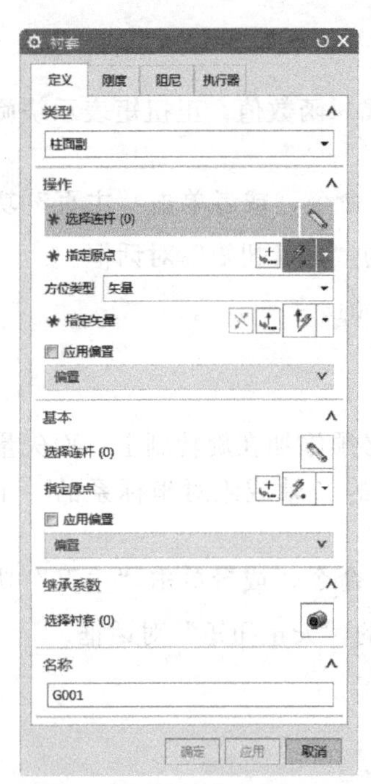

图 15-38 “衬套”对话框

常规弹性连接衬套需对六个不同的自由度（三个平动自由度和三个旋转自由度）分别定义刚度、阻尼和预装入 3 个参数。

“预装入”参数表示在系统进行运动仿真前载入的作用力或作用力矩。

① 在下拉菜单中选择“插入”→“连接器”→“衬套”命令，或者单击“主页”功能区“连接器”组中的“衬套”按钮，打开图 15-38 所示的“衬套”对话框。

② 在“弹性连接类型”中选择“常规”选项。根据“选择步骤”在屏幕中依次选择第一连杆、第一原点、第一方位、第二连杆、第二原点、第二方位。

③ 完成以上设置后，单击“刚度”“阻尼”和“执行器”标签，如图 15-39 所示，设置参数选项，用户可以直接输入参数。

④ 单击“确定”按钮，如图 15-40 所示表示弹性衬套。系统默认衬套名称为 G001。

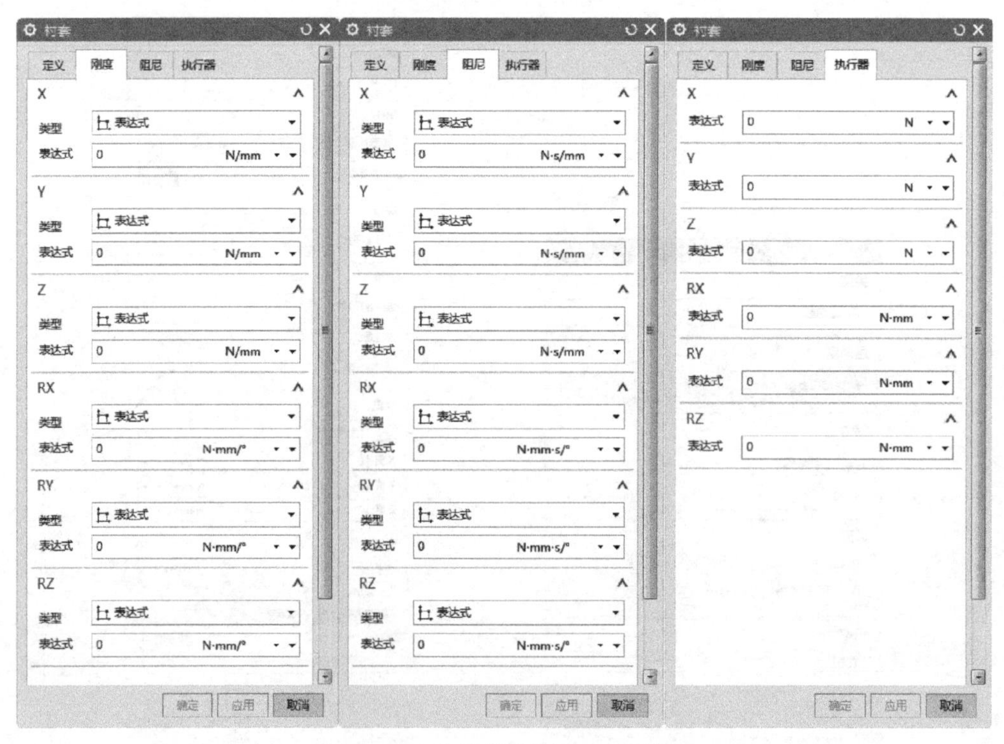

图 15-39 常规弹性“衬套”对话框

15.5.8　2D 接触

2D 接触定义组成曲线接触副间两杆件接触力，通常用来表达两杆件间弹性或非弹性冲击。

在下拉菜单中选择“插入”→“接触”→“2D 接触”命令，打开图 15-41 所示的“2D 接触”对话框。

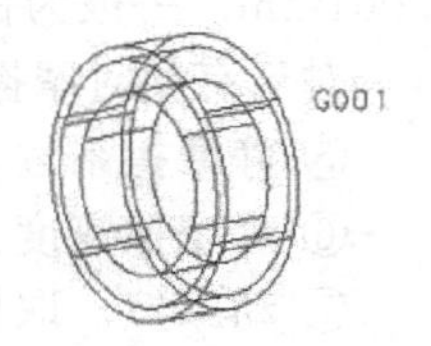

图 15-40　弹性衬套

在选择平面曲线过程中，若选择曲线为封闭曲线，则激活反向材料侧选项，该选项用来确定实体在曲线外侧或内侧。

在“2D 接触”对话框中大部分参数与 3D 接触中的参数相同，最多接触点数表示两接触曲线最大点数目，取值范围在 1～32，当取值为 1 时，系统定义曲线接触区域中点为接触点。

图 15-41　“2D 接触”对话框

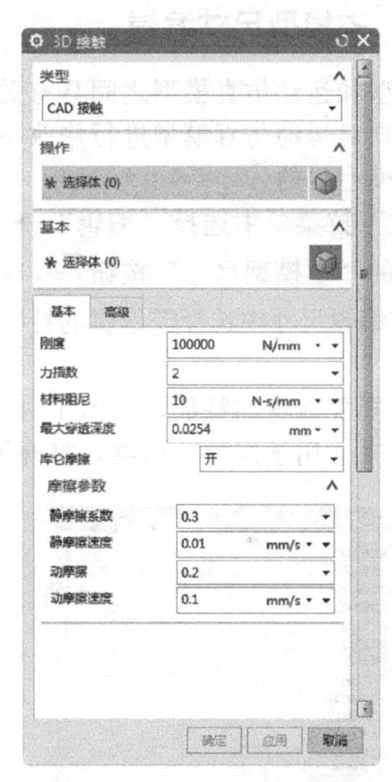

图 15-42　“3D 接触”对话框

15.5.9　3D 接触

3D 接触副通常用来建立连杆之间的接触类型，可描述连杆间的碰撞或连杆间的支撑状况。

在下拉菜单中选择“插入”→“接触”→“3D 接触”命令，或者单击“主页”功能区“接触”组中的“3D 接触”按钮，打开图 15-42 所示的“3D 接触”对话框。

① 刚度：刚度用来描述材料抵抗变形的能力，不同材料具有不同的刚度。

② 力指数：定义输入变形特征指数，当接触变硬时选择大于 1，变软时选择小于 1。对于钢通常选择 1～8.3。

③ 材料阻尼：定义材料最大的黏性阻尼，根据材料的不同定义不同的取值，通常取值范围在 1～1000，一般可取刚度的 0.1%，对于钢通常选择 100。

④ 最大穿透深度：输入碰撞表面的陷入深度，该取值一般较小，在国际单位值中常取

0.001mm。一般为保持求解的连续性，必须设置该选项。

对于有相对摩擦的杆件，根据两者间是否有相对运动，分别设置以下参数：

⑤ 静摩擦系数：取值范围在0～1，对于材料钢与钢之间取0.08左右。

⑥ 静摩擦速度：与静摩擦速度相关的滑动速度，该值一般取0.1左右。

⑦ 动摩擦：取值范围在0～1，对于材料钢与钢之间取0.05左右。

⑧ 动摩擦速度：与动摩擦系数相关的滑动速度。

对于不考虑摩擦的运动分析情况，可在“库仑摩擦”选项中设置“关”。3D接触副的默认名称为G001。

15.6 模型编辑

15.6.1 主模型尺寸编辑

主模型和运动仿真模型之间具有关联性，用户对主模型进行修改会直接影响运动仿真模型。但用户对运动仿真模型进行修改不能直接影响到主模型，需进行输出表达式操作才能达到编辑主模型目的。

① 在下拉菜单中选择“编辑”→“主模型尺寸”命令，或者单击“主页”功能区“设置”组中的“主模型尺寸”按钮，打开图15-43所示的“编辑尺寸”对话框。

② 在编辑尺寸中选择需编辑的特征，在“特征表达式”中选择“描述”选项，如图15-43所示。

③ 选择要编辑的特征，在图15-43对话框下部的输入值中输入新值。

④ 单击“用于何处”选项，打开图15-44所示的“信息”对话框。

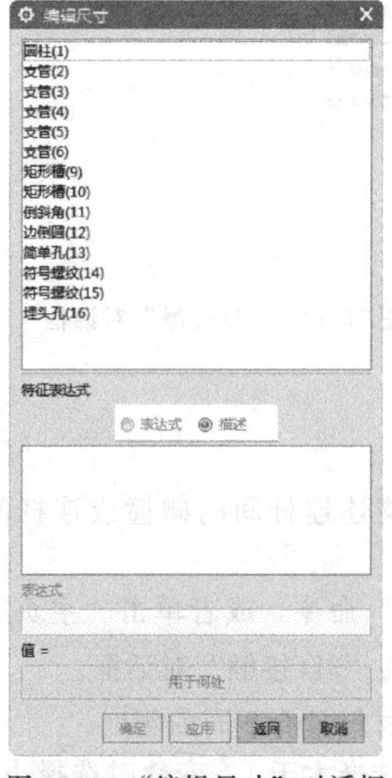

图15-43 “编辑尺寸”对话框

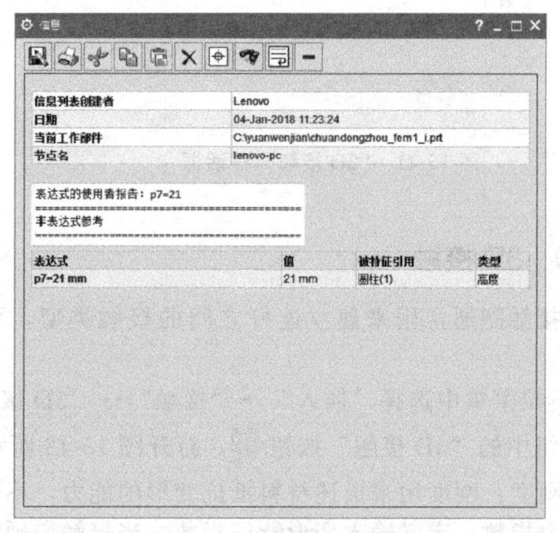

图15-44 “信息”对话框

⑤ 按回车键，单击“确定”按钮，完成对模型尺寸的编辑操作。

图15-43所示“编辑尺寸”对话框上半部分列出了模型包含的各项特征。中间部分通过尺寸描述特征，有两种表达方式：一是通过表达式，分别给出特征名称、尺寸代号和

尺寸大小；二是通过描述，直接给出尺寸形式和大小，后者更直观而前者给出内容比较详细。

15.6.2　编辑运动对象

编辑运动对象可以对已创建的机构对象进行编辑，如对连杆、运动副、力类对象、标记和约束进行编辑。

① 在下拉菜单中选择“编辑”→“运动对象”命令，打开图 15-45 所示的“类选择”对话框。

② 用户可以直接在屏幕中选择需要编辑的对象。

③ 在屏幕中直接选择需编辑对象，打开原来生成该对象的操作对话框。

④ 用户根据需要重新对其进行编辑操作，单击“确定”按钮完成编辑运动对象操作。

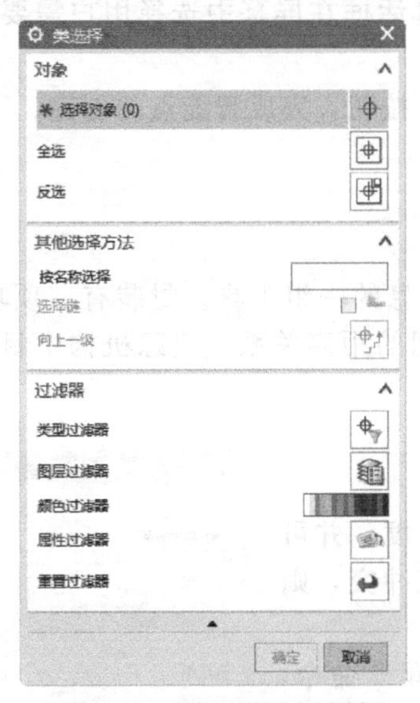

图 15-45　“类选择”对话框

图 15-46　“标记”对话框

15.7　标记和智能点

标记和智能点一般和运动机构分析结果相联系，例如在机构模型中希望得到一点的运动位移、速度等分析结果，则在进行分析解算前通过标记或智能点确定用户关心的点，分析解算后可获取标记或智能点所在位置的机构分析结果。

15.7.1　标记

与智能点相比，标记点功能更加强大。在创建标记点时应当注意标记点始终是与连杆相关的，且必须为其定义方向。标记的方向特性在复杂的动力学分析中特别有用，例如分析一些与杆件相关的矢量结果问题——角速度、角加速度等。标记系统默认名称是 A001。

① 在下拉菜单中选择“插入”→“标记”命令，或者单击“主页”功能区“机构”组中的“标记”按钮，打开图 15-46 所示的“标记”对话框。

② 用户可以通过直接在屏幕中选择连杆对象，或在打开的点坐标对话框中输入坐标生成标记点。

③ 在后续的指定方位步骤中用户根据需要调整标记点的坐标方位，完成标记点方向的定义。

图 15-47 “点”对话框

④ 单击“确定”按钮，完成标记创建操作。

15.7.2 智能点

智能点是没有方向的点，只作为空间的一个点创建且不与连杆相关联，这是与标记最大的区别。智能点系统默认名称是 Me001。

① 在下拉菜单中选择“插入”→“智能点”命令，或者单击“主页”功能区“机构”组中的“智能点”按钮，打开“点”对话框，如图 15-47 所示。

② 根据“点”对话框在屏幕中选择用户需要的点（可以连续选择多个点）

③ 单击“确定”按钮，完成智能点的创建。

15.8 封装

封装是用来收集或封装特定的感兴趣的对象信息的一组工具。封装有三项功能：测量、追踪和干涉，分别可以用来测量机构中目标对象间的距离关系，追踪机构中目标对象的运动，确定机构中目标对象是否发生干涉。

15.8.1 测量

测量功能用来测量机构中目标对象的距离或角度，并可以建立安全区域，若测量结果与定义的安全区域有冲突，则系统会发出警告。

在下拉菜单中选择“工具”→“封装”→“测量”命令，或者单击“分析”功能区“运动”组中的“测量”按钮，打开图 15-48 所示的“测量”对话框。

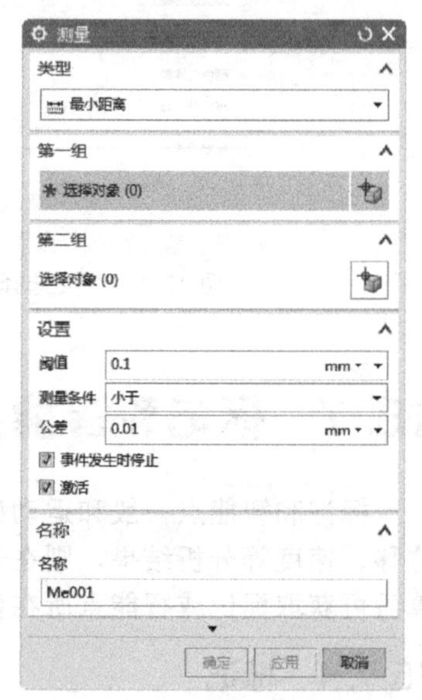

图 15-48 “测量”对话框

① 阈值：设定两连杆间的距离。系统每作一步运动都会比较测量距离和设定的距离，若与测量条件相矛盾，则系统会给出提示信息。

② 测量条件：包括小于、大于和目标三个选项。

15.8.2 追踪

追踪功能用来生成每一分析步骤处目标对象的一个复制对象。

在下拉菜单中选择“工具”→“封装”→“追踪”命令，或者单击“分析”功能区“运动”组中的“追踪”按钮，打开图 15-49 所示的“追踪”对话框。

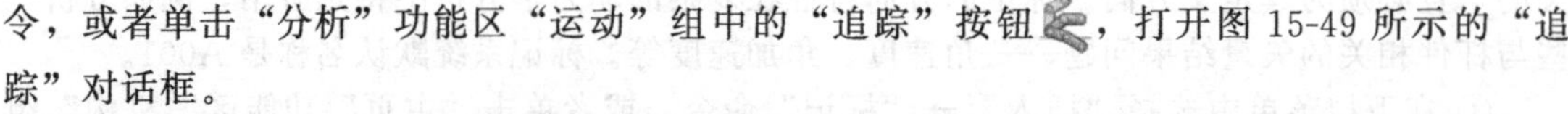

① 目标层：用来指定放置复制对象的层。

② 参考框：用来指定追踪对象的参考框架，当在绝对参考框架中时，表示被追踪对象作为机构正常运动范围的一部分进行定位和复制；当在相对参考框架中时，系统会生成相对

于参考对象的追踪对象。

15.8.3　干涉

干涉主要比较在机构运动过程中是否发生重叠现象。

在下拉菜单中选择“工具”→“封装”→“干涉”命令，或者单击“分析”功能区“运动”组中的“干涉”按钮，打开图 15-50 所示的“干涉”对话框。

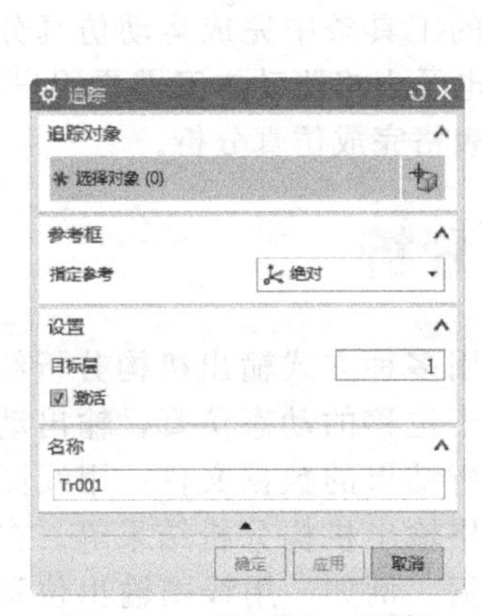

图 15-49　“追踪”对话框

图 15-50　“干涉”对话框

① 类型：当机构发生干涉时，系统根据用户选择可以产生高亮显示和创建实体两种动作。当选择高亮显示时，若发生干涉，则会高亮显示干涉连杆，同时在状态行也会给出提示信息。当选择创建实体时，若发生干涉，系统会生成一个相交实体，描述干涉发生的体积。

② 参考框：参考框包括绝对、相对于组 1、相对于组 2、相对于两个组和相对于选定的。当选择绝对参考帧时，重叠体定位于干涉发生处；当选择相对参考帧时，重叠体定位于干涉连杆上。用户可以通过相对参考帧将重叠体和连杆作布尔减操作，达到消除干涉现象的目的。

15.9　解算方案的创建和求解

当用户完成连杆、运动副和驱动等条件的设立后，即可以进入解算方案的创建和求解，进行运动的仿真分析步骤。

15.9.1　解算方案的创建

解算方案包括定义分析类型、解算方案类型以及特定的传动副驱动类型等。用户可以根据需求对同一组连杆、运动副定义不同的解算方案。

在下拉菜单中选择“插入”→“解算方案”命令，或者单击“主页”功能区“解算方案”组中的“解算方案”按钮，打开图 15-51 所示的“解算方案”对话框。

① 常规驱动：这种解算方案包括动力学分析和静力平衡分析，通过用户设定时间和步数，在此范围内进行仿真分析解算。

图 15-51 “解算方案”对话框

② 铰链运动驱动：在求解的后续阶段通过用户设定的传动副及定义步长进行仿真分析。

③ 电子表格驱动：用户通过 Excel 电子表格列出传动副的运动关系，系统根据输入电子表格进行运动仿真分析。

与求解器相关的参数基本保持默认设置，解算方案默认名称：Solution_1。

15.9.2 求解

完成解算方案的设置后，进入系统求解阶段。对于不同的解算方案，求解方式不同。常规解算方案系统直接完成求解，用户在运动分析的工具条中完成运动仿真分析的后置处理。铰链运动驱动和电子表格驱动方案需要用户设置传动副、定义步长和输入电子表格完成仿真分析。

15.10 运动分析

运动分析模块可用多种方式输出机构分析结果，如基于时间的动态仿真，基于位移的动态仿真，输出动态仿真的图像文件，输出机构分析结果的数据文件，用线图表示机构分析结果以及用电子表格输出机构分析结果等。在每种输出方式中可以输出各类数据。例如，用线图输出位移图、速度或加速度图等，输出构件上标记的运动规律图、运动副上的作用力图。利用机构模块还可以计算构件的支承反力，动态仿真构件的受力情况。

本节主要对运动分析模块各功能做比较详细的介绍。

15.10.1 动画

动画是基于时间的机构动态仿真，包括静力平衡分析和静力/动力分析两类仿真分析。静力平衡分析将模型移动到平衡位置，并输出运动副上的反作用力。

在下拉菜单中选择“分析”→“运动”→“动画”命令，或者单击“分析”功能区“运动”组中的“仿真”下拉菜单中的“动画”按钮，打开图 15-52 所示的“动画”对话框。

① 滑动模式：包括“时间”和“步数”两个选项，时间表示动画以时间为单位进行播放，步数表示动画以步数为单位一步一步进行连续播放。

② 动画延时：当动画播放速度过快时，可以设置动画每两帧之间间隔的时间，每两帧间最长延迟时间是 1s。

③ 播放模式：系统提供三种播放模式，包括播放一次、循环播放和返回播放。

④ 设计位置：表示机构各连杆在进入仿真分析前所处的位置。

⑤ 装配位置：表示机构各连杆按运动副设置的连接关系所处的位置。

⑥ 封装选项：如果用户在封装操作中设置了测量、追踪或干涉，则激活打包选项。

a. 测量：勾选此复选框，则在动态仿真时，根据封装对话框中所作的最小距离或角度设置，计算所选对象在各帧位置的最小距离。

b. 跟踪：勾选此复选框，在动态仿真时，根据封装对话框所作的追踪，对所选构件或整个机构进行运动追踪。

c. 干涉：勾选此复选框，根据封装对话框所作的干涉设置，对所选的连杆进行干涉检查。

d. 事件发生时停止：勾选此复选框，表示在进行分析和仿真时，如果发生测量的最小距离小于安全距离或发生干涉现象，则系统停止进行分析和仿真，并会打开提示信息。

⑦ 追踪整个机构和爆炸机构：该选项根据封装对话框中的设置，对整个机构或其中某连杆进行跟踪等，包括追踪当前位置，追踪整个机构和机构爆炸图。追踪当前位置将封装设置中选择的对象复制到当前位置；追踪整个机构将追踪整个机构所有连杆的运动到当前位置；爆炸视图用来创建、保存作铰链运动时的各个任意位置的爆炸视图。

图 15-52 “动画”对话框

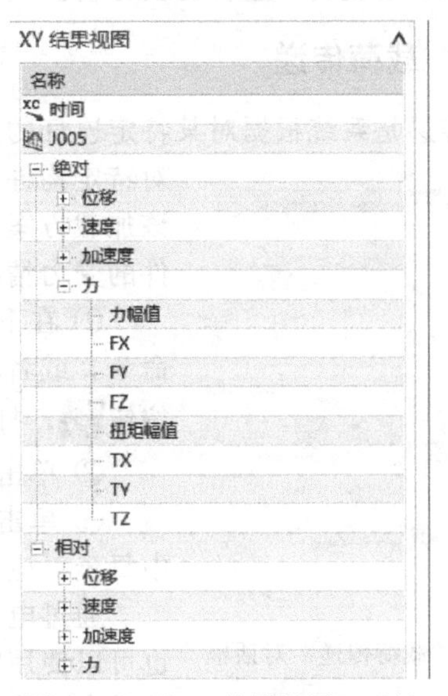

图 15-53 “XY 结果视图”面板

15. 10. 2 生成图表

生成图表：当用户通过前面的动画或铰链运动对模型进行仿真分析后，用户还可以采用生成图表方式输出机构的分析结果。

在下拉菜单中选择“分析”→“运动”→“按钮”命令，或者单击“分析”功能区“运动”组中的“仿真”下拉菜单中的“XY 结果”按钮，打开图 15-53 所示“XY 结果视图”面板。

(1)“名称”面板

“XY 结果视图”中显示出关于运动部件的绝对和相对的位移、速度、加速度、力。我们根据需要，选择正确的位移、速度、加速度、力的分量，结果如图 15-54 所示。

(2) 绘制结果视图

当在选择好需要进行绘制结果视图的分量后，单击鼠标右键，打开结果如图 15-55 所示的快捷菜单。快捷菜单中有绘图、叠加、创建图对象和设为 X 轴。

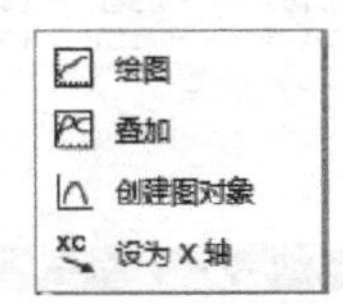

图 15-54 快捷菜单

图 15-55 查看窗口

① 绘图：绘制分量结果视图。

② 叠加：在已绘制好的结果视图中绘制同轴类分量的结果视图。

③ 设为 X 轴：将选择的分量设置为 X 轴。

选择“绘图”命令，打开“查看窗口”对话框，接着选择绘图区域，得出结果视图。

15.10.3 运行电子表格

当机构进行动画或铰链传动时，若用户选择电子表格输出数据，则可通过运行电子表格中的数据来驱动机构，进行仿真分析。具体操作过程将从后面的实例中介绍。

15.10.4 载荷传递

载荷传递是系统根据对某特定连杆的反作用力来定义加载方案功能，该反作用力是通过对特定构件进行动态平衡计算得来的。用户可以根据需要将该加载方案由机构分析模块输出到有限元分析模块，或对构件的受力情况进行动态仿真。

图 15-56 “载荷传递”对话框

① 在下拉菜单中选择“分析”→“运动”→“载荷传递”命令，或者单击“分析”功能区“运动”组中的“载荷传递”按钮，打开图 15-56 所示的“载荷传递”对话框。

② 单击“选择连杆”按钮，在屏幕中选择受载连杆。

③ 单击“播放”按钮，系统生成图 15-57 所示反映仿真中每步对应的载荷数据电子表格。

通过电子表格，用户可以查看连杆在每一步的受力情况，也可以使用电子表格中图表功能编辑连杆在整个仿真过程中的受力曲线。

④ 在“载荷传递”对话框中，用户可以根据自身需要创建连杆加载方案。

	A	B	C	D	E	F	G	H	I
1					载荷分析部件=L003				
2		L003/J003_	L003/J003_	L003/J003_	L003/J003_	L003/J003_	L003/J003_	L003/J003_	L003/J003_i_TM
3	0	0.000	0.000	0.214	0.214	9.485	7.437	0.000	12.053
4	1	0.000	0.000	0.214	0.214	9.487	7.439	0.000	12.055
5	2	0.000	0.000	0.214	0.214	9.485	7.437	0.000	12.053
6	3	0.000	0.000	0.214	0.214	9.486	7.438	0.000	12.055
7	4	0.000	0.000	0.214	0.214	9.485	7.438	0.000	12.054
8	5	0.000	0.000	0.214	0.214	9.486	7.438	0.000	12.054
9	6	0.000	0.000	0.214	0.214	9.486	7.438	0.000	12.054
10	7	0.000	0.000	0.214	0.214	9.485	7.437	0.000	12.053
11	8	0.000	0.000	0.214	0.214	9.488	7.440	0.001	12.057
12	9	0.000	0.000	0.214	0.214	9.483	7.436	0.001	12.051
13	10	0.001	0.000	0.211	0.211	9.346	7.328	-0.042	11.877
14	11	0.002	0.001	0.196	0.196	8.620	6.759	-0.141	10.955
15	12	0.001	0.001	0.182	0.182	7.898	6.193	-0.123	10.037

图 15-57 电子表格

15.11　综合实例——落地扇运动仿真

在本节将讲解普通落地扇的运动仿真。落地扇通常由电动机的转轴直接带动叶片旋转，之间没有任何齿轮、传动带等，比较容易创建运动仿真。

15.11.1　运动要求及分析思路

落地扇通常除电动机带动叶片旋转外，还有一个可以控制风扇摆头的按钮。本例假设开启风扇摆头的按钮的情况下进行模拟，其中风扇摆头的主动力依然是电动机，具体分析思路如下：

① 连杆的划分。落地扇的部件从摆动轴以下都是固定不动的，头部一共是 14 个零件。相对固定零件可以并为一个连杆，一共需要创建 6 个连杆，如图 15-58 所示。

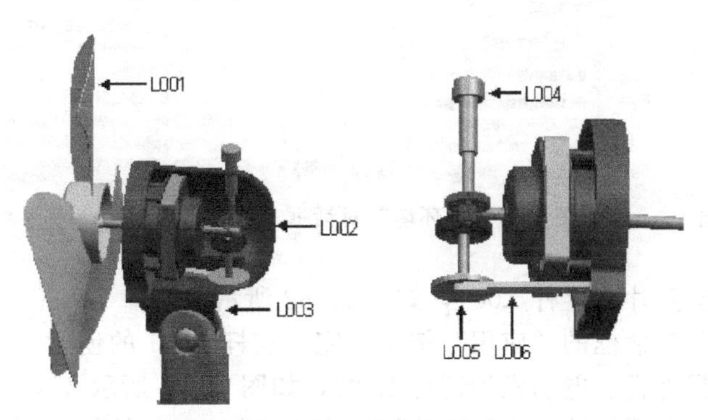

图 15-58　划分连杆

② 运动副的划分。根据各部件规定的动作给出对应的运动副，其中大部分连杆都需要啮合风扇的外壳。

L001 由电动机驱动，为旋转副，为了伴随风扇摆动需要啮合 L002。

L002 为摆动的主支持，为旋转副。

L003 需固定，为固定副。

L004、L005 为旋转副，伴随外壳一起摆动。

L006 为摆动的关键部件，它需要连接 L002 和 L003，在两端都需要创建旋转副。

③ 运动的传动。落地扇通过高速旋转的电动机得到风扇周期性的摆动，期间经过了 3 次传动，需要创建的传动副如下：

L004 和 L001 之间需要创建齿轮，且为涡轮蜗杆形式，传动比为 0.1。

L005 和 L004 之间需要创建齿轮，传动比为 0.3。

L006 和 L007 之间为普通的运动副。

15.11.2　创建连杆

落地扇固定不动的部件可以不用设置为连杆，最终一共需要创建 6 个连杆，具体的步骤如下：

① 启动 UG NX 12.0，打开 Motion /chapter11/11.3/dfs.prt，落地扇模型如图 15-59 所示。

② 单击“应用模块”功能区“仿真”组中的“运动”按钮，进入运动仿真界面。

③ 单击资源导航器中选择“运动导航器”，右击“运动仿真” dfs 按钮，选择新建

仿真。

④ 选择新建仿真后，软件自动打开“新建仿真”对话框，单击“确定”按钮，自动打开“环境”对话框，如图 15-60 所示。单击“确定”工具按钮，默认各参数，激活运动工具栏。

⑤ 在下拉菜单中选择“插入”→“连杆”命令，或者单击“主页”功能区“机构”组中的“连杆”按钮，打开“连杆”对话框，如图 15-61 所示。

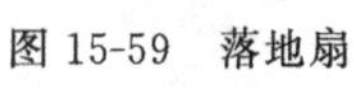

图 15-59 落地扇

图 15-60 “环境”对话框

图 15-61 “连杆”对话框

⑥ 在视图区选择叶片为连杆 L001，如图 15-62 所示。

⑦ 单击“连杆”对话框的“应用”按钮，完成连杆 L001 的创建。

⑧ 在视图区选择外壳、电动机为连杆 L002，如图 15-63 所示。

⑨ 单击“连杆”对话框的“应用”按钮，完成连杆 L002 的创建。

⑩ 在视图区选择支柱为连杆 L003，如图 15-64 所示。

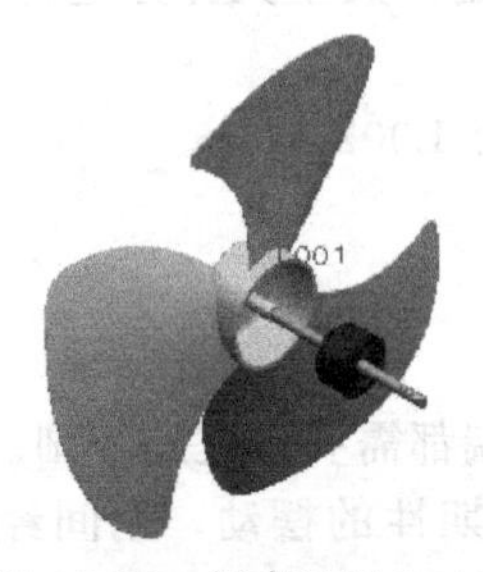

图 15-62 创建连杆 L001

图 15-63 创建连杆 L002

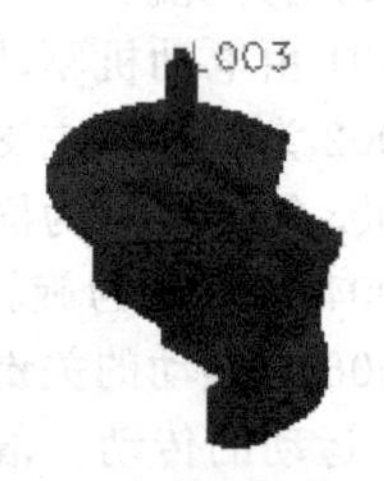

图 15-64 创建连杆 L003

图 15-65 “连杆”对话框

⑪ 勾选“无运动副固定连杆”复选框，固定定模，如图 15-65 所示。

⑫ 单击“连杆”对话框的“应用”按钮，完成连杆 L003 的创建。

⑬ 在视图区选择摆动按钮、小齿轮为连杆 L004，如图 15-66 所示。

⑭ 单击“连杆”对话框的“应用”按钮，完成连杆 L004 的创建。

⑮ 在视图区选择大齿轮、转盘为连杆 L005，如图 15-67 所示。

⑯ 单击“连杆”对话框的“应用”按钮，完成连杆 L005 的创建。

⑰ 在视图区选择摆动杆连杆 L006，如图 15-68 所示。

⑱ 单击“连杆”对话框的“确定”按钮，完成连杆 L006 的创建。

图 15-66　创建连杆 L004

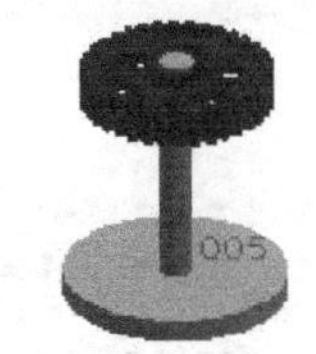

图 15-67　创建连杆 L005

图 15-68　创建连杆 L006

15.11.3　运动副

完成连杆的创建后，按照创建连杆顺序依次创建它们的运动副。具体的步骤如下：

① 在下拉菜单中选择“插入”→“接头”命令，或者单击“主页”功能区“机构”组中的“接头”按钮，打开“运动副”对话框，如图 15-69 所示。

② 在视图区选择连杆 L001。

③ 单击“指定原点”按钮。在视图区选择连杆 L001 转轴上的圆心点，如图 15-70 所示。

④ 单击“指定矢量”按钮。选择 L001 的柱面，使方向指向轴心。

⑤ 单击“底数”选项，打开“底数”选项，如图 15-71 所示。

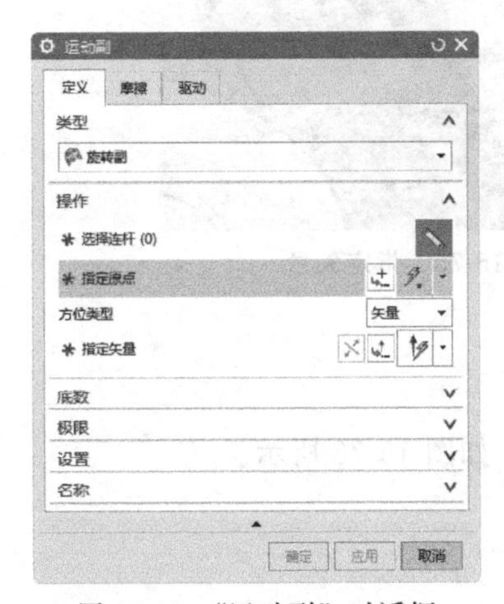

图 15-69　“运动副”对话框

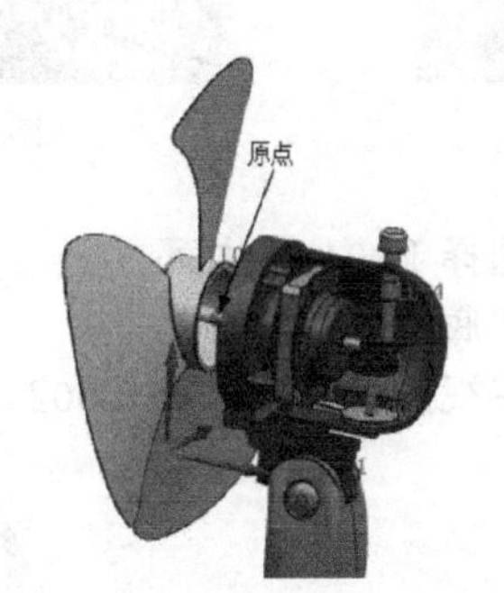

图 15-70　指定原点

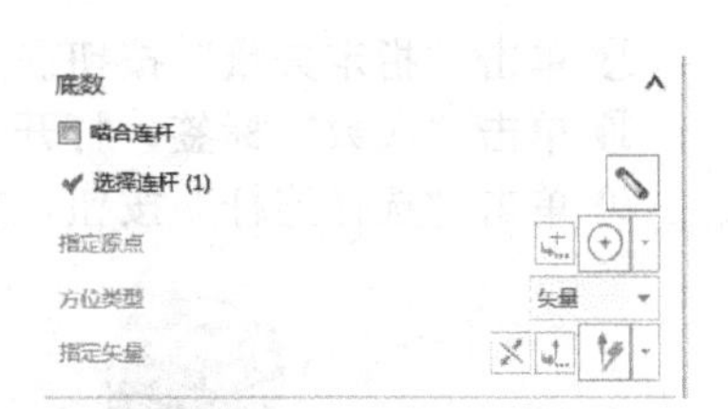

图 15-71　“基本”选项

⑥ 单击“选择连杆”按钮，在视图区选择连杆 L002，如图 15-72 所示。

⑦ 单击“驱动”标签，打开“驱动”功能区，如图 15-73 所示。

⑧ 单击“旋转”下拉列表框，选择“多项式”类型。

⑨ 在“速度”文本框输入 800，如图 15-74 所示。

⑩ 单击“运动副”对话框的“确定”按钮，完成旋转副的创建。

⑪ 在下拉菜单中选择“插入”→“接头”命令，或者单击“主页”功能区“机构”组中的“接头”按钮，打开“运动副”对话框。

⑫ 在视图区选择连杆 L002。

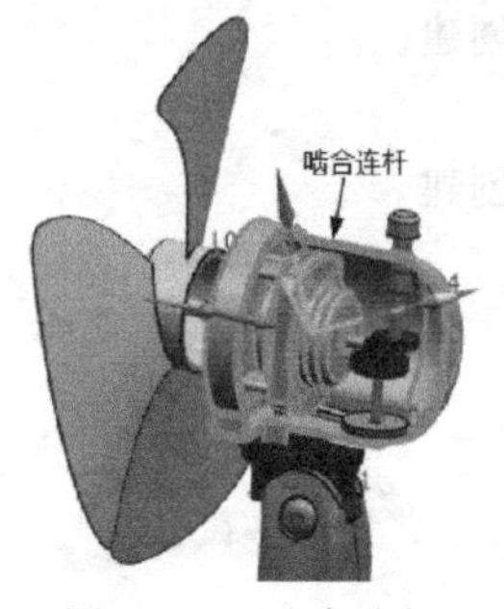

图 15-72　啮合连杆

图 15-73　“驱动”功能区

图 15-74　“旋转”选项

⑬ 单击“指定原点”按钮。在视图区选择连杆 L002 转轴上的圆心点，如图 15-75 所示。

⑭ 单击“指定矢量”按钮。选择连杆 L002 转轴的柱面，如图 15-76 所示。

⑮ 单击“运动副”对话框的“应用”按钮，完成运动副的创建。

⑯ 在视图区选择齿条连杆 L004。

⑰ 单击“指定原点”按钮。在视图区选择 L004 的圆心点为原点，如图 15-77 所示。

图 15-75　指定原点

图 15-76　指定矢量

⑱ 单击“指定矢量”按钮。选择 L004 的柱面。

⑲ 单击“底数”标签，打开“底数”选项。

⑳ 单击“选择连杆”按钮，在视图区选择连杆 L002，如图 15-78 所示。

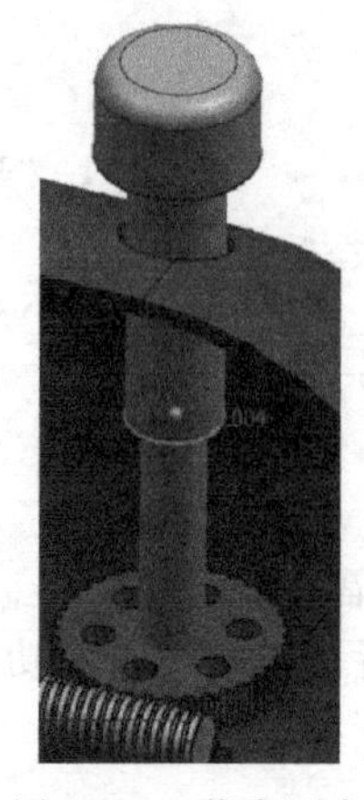
图 15-77　指定原点

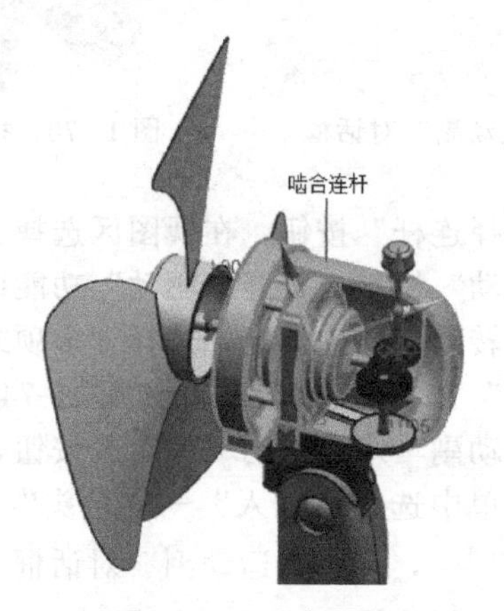

图 15-78　啮合连杆

㉑ 单击“运动副”对话框的“确定”按钮，完成旋转副的创建。

㉒ 按照相同的步骤完成大齿轮旋转副的创建，并啮合 L002。

15.11.4　创建传动副

落地扇通过高速旋转的电动机得到风扇周期性的摆动，在运动的过程中经过了 3 次传递：蜗轮蜗杆、齿轮和连杆，具体的步骤如下：

① 为了方便选择运动副，打开运动导航器，如图 15-79 所示。单击所有的连杆 ☑ 连杆 按钮，隐藏连杆模型，只显示运动副按钮，如图 15-80 所示。

② 在下拉菜单中选择“插入”→“耦合副”→“齿轮耦合副”命令，或者单击“主页”功能区“耦合副”组中的“齿轮耦合副”按钮，打开“齿轮耦合副”对话框，如图 15-81 所示。

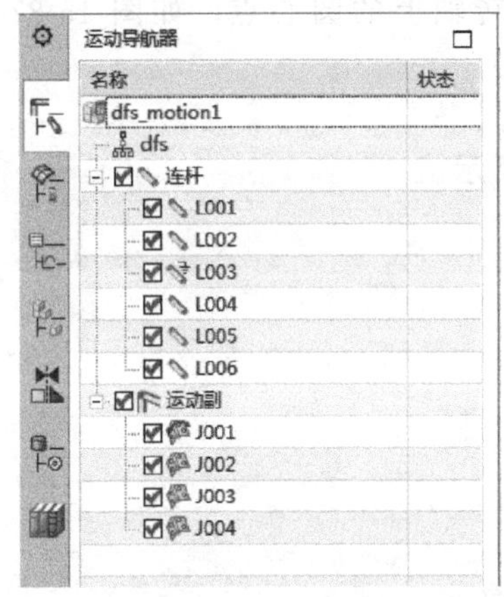

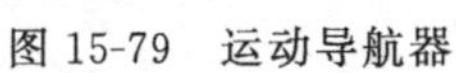

图 15-79　运动导航器

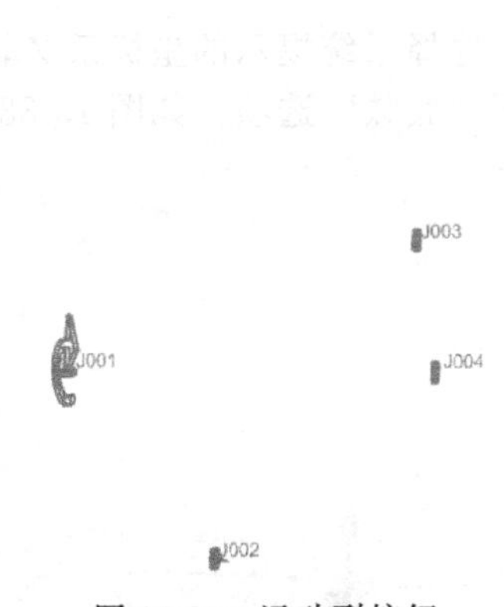

图 15-80　运动副按钮

图 15-81　“齿轮耦合副”对话框

③ 在视图区选择第一个旋转副 J001、第二个旋转副 J003。

④ 单击“设置”标签，打开“设置”功能区，在“显示比例”文本框输入 0.1，如图 15-82 所示。

⑤ 单击“齿轮耦合副”对话框的“应用”按钮，完成蜗轮蜗杆的创建，如图 15-83 所示。

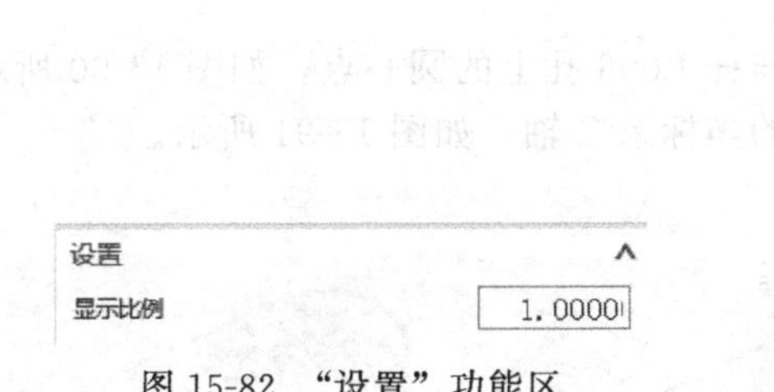

图 15-82　“设置”功能区

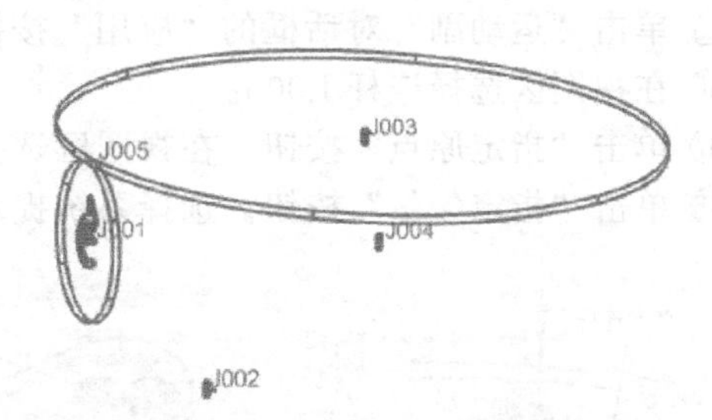

图 15-83　创建齿轮耦合副

⑥ 在视图区选择第一个旋转副 J003、第二个旋转副 J004。

⑦ 在“显示比例”文本框输入 1，如图 15-84 所示。

⑧ 单击“齿轮耦合副”对话框的“应用”按钮，完成齿轮的创建，如图 15-85 所示。

图 15-84 “设置”选项

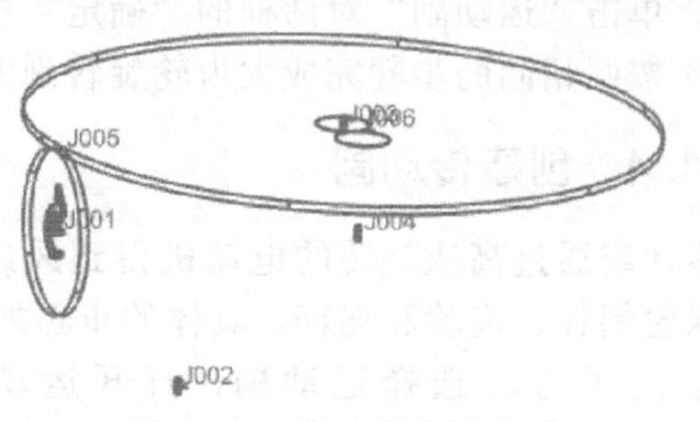

图 15-85 创建齿轮耦合副

⑨ 在下拉菜单中选择“插入”→“接头”命令，或者单击“主页”功能区“机构”组中的“接头”按钮，打开“运动副”对话框，如图 15-86 所示。

⑩ 在视图区选择连杆 L006。

⑪ 单击“指定原点”按钮。在视图区选择连杆 L006 转轴上的圆心点，如图 15-87 所示。

⑫ 单击“指定矢量”按钮。选择系统提示的坐标系 Z 轴。

⑬ 单击“底数”选项，打开“底数”选项，如图 15-88 所示。

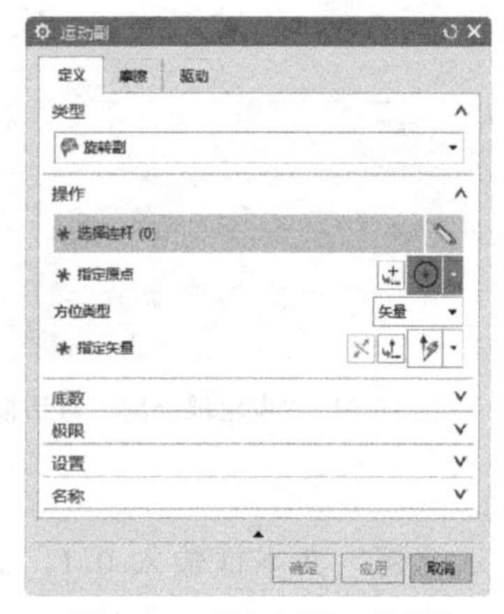

图 15-86 “运动副”对话框

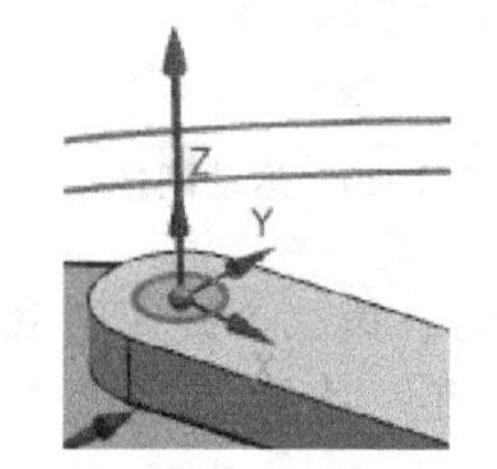

图 15-87 指定原点

图 15-88 “底数”选项

⑭ 单击“选择连杆”按钮，在视图区选择连杆 L005，如图 15-89 所示。

⑮ 单击“运动副”对话框的“应用”按钮，完成运动副的创建。

⑯ 在视图区选择连杆 L006。

⑰ 单击“指定原点”按钮。在视图区选择连杆 L006 孔上的圆心点，如图 15-90 所示。

⑱ 单击“指定矢量”按钮。选择系统提示的坐标系 Z 轴，如图 15-91 所示。

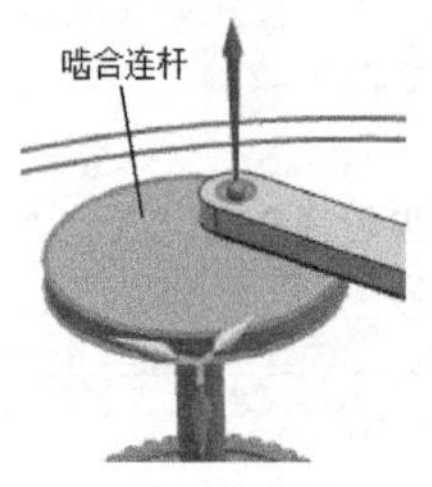

图 15-89 啮合连杆

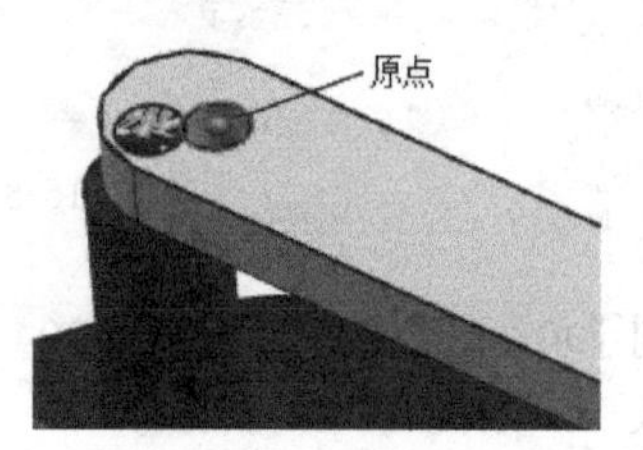

图 15-90 指定原点

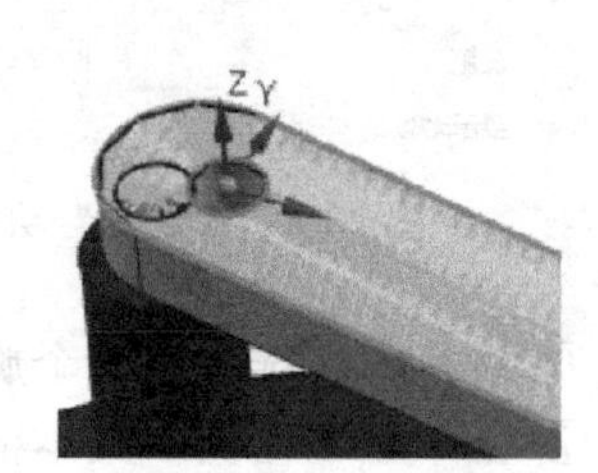

图 15-91 指定矢量

⑲ 单击“底数”标签，打开“底数”选项。
⑳ 勾选“啮合连杆”复选框，激活选项，如图 15-92 所示
㉑ 单击“选择连杆”按钮，在视图区选择连杆 L003。
㉒ 单击“指定原点”按钮。在视图区选择连杆 L003 转轴的圆心点，如图 15-93 所示。

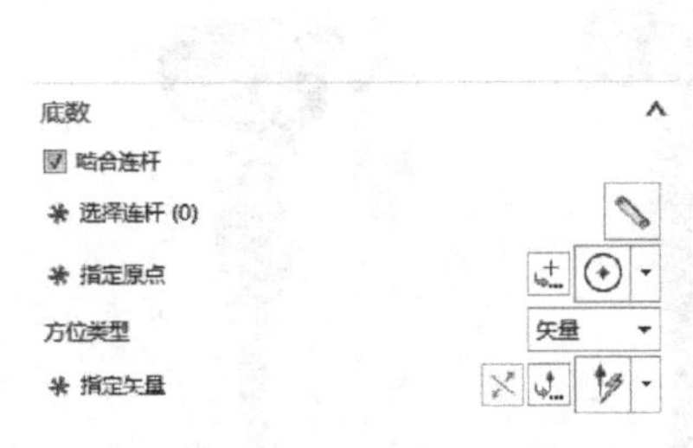

图 15-92　“底数”选项

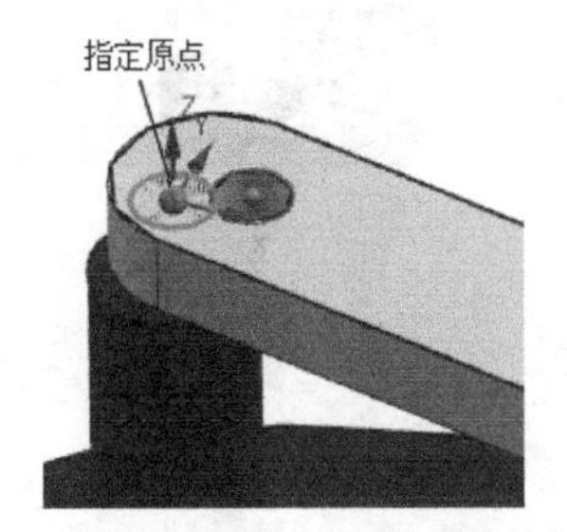

图 15-93　指定原点

㉓ 单击“指定矢量”按钮。选择系统提示的坐标系 Z 轴。
㉔ 单击“运动副”对话框的“确定”按钮，完成运动副的创建。

15.11.5　动画分析

完成运动副的创建，接下来解算模型的运动是否符合要求，具体步骤如下：

① 在下拉菜单中选择“插入”→“解算方案”命令，或者单击“主页”功能区“解算方案”组中的“解算方案”按钮，打开“解算方案”对话框。

② 在“解算方案选项”选项文本框输入时间为 10，步数为 1000。

③ 勾选“通过按‘确定’进行求解”复选框，如图 15-94 所示。

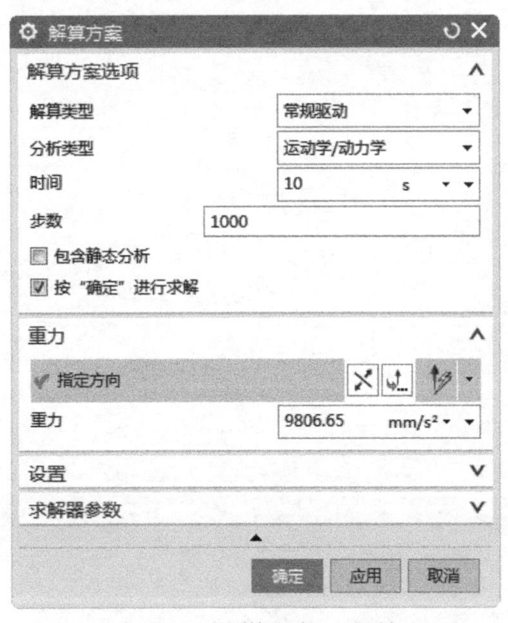

图 15-94　“解算方案”对话框

④ 单击“解算方案”对话框的“确定”按钮，完成解算方案。

⑤ 在下拉菜单中选择“分析”→“运动”→“动画”命令，或者单击“分析”功能区

“运动”组中的“动画”按钮，打开“动画”对话框。

⑥ 单击“播放”按钮，动画分析开始，如图 15-95 所示。

⑦ 单击“动画”对话框的“关闭”按钮，完成动画分析。

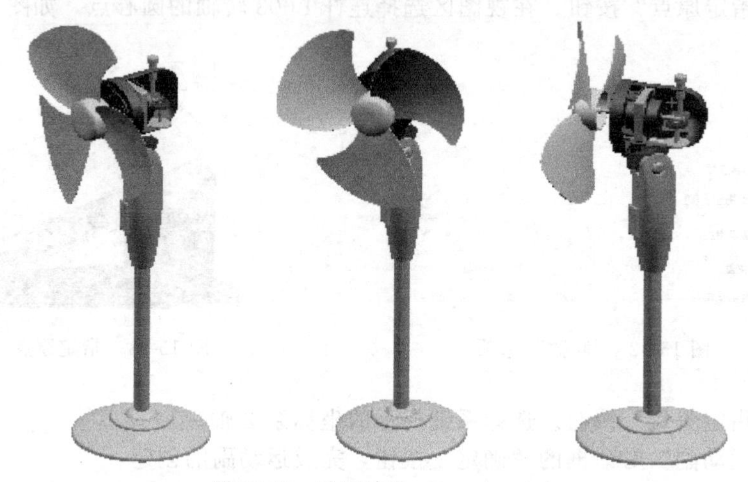

图 15-95　动画结果（0s、4s、9s）

第16章 有限元分析

本章导读

本章主要介绍建立有限元分析时模块的选择，分析模型的建立，分析环境的设置，如何为模型指定材料属性，添加载荷，约束和划分网格等操作。

用户建立完成有限元模型后，若对模型的某一部分感到不满意，可以重新对有限元模型不满意的部分进行编辑，若重新建立有限元模型则要花费大量时间。本章是在前两章的基础上介绍一系列的有限元模型编辑功能，主要包括分析模型的编辑、主模型尺寸的编辑、二维网格的编辑和属性编辑器，然后介绍有限元模型的分析和对求解结果的后处理。

内容要点

- 分析模块的介绍
- 有限元模型和仿真模型的建立
- 模型准备
- 材料属性
- 添加载荷
- 边界条件的加载
- 划分网格
- 解算方法
- 单元操作
- 分析
- 后处理控制
- 综合实例——传动轴有限元分析

16.1 分析模块的介绍

在UG NX系统的高级分析模块中，首先将几何模型转换为有限元模型，然后进行前置处理（包括赋予质量属性，施加约束和载荷等），接着提交解算器进行分析求解，最后进入后置处理，采用直接显示资料或采用图形显示等方法来表达求解结果。

该模块是专门针对设计工程师和对几何模型进行专业分析的人员开发的，功能强大，采用图形应用接口，使用方便，具有以下几种特点。

① 图形接口，交互操作简便。

② 前置处理功能强大：在UG系统中建立模型，在高级分析模块中直接可以转化成有限元模型并可以对模型进行简化，忽略一些不重要的特征；可以添加多种类型载荷，指定多种边界条件，采用网格生成器自动生成网格。

③ 支持多种分析求解器，NX. NASTRAN，NX 热流，NX 空间系统热，MSC. NASTRAN，ANSYS 和 ABAQUS 等，及多种分析解算类型（包括结构分析、稳态分析、模态分析、热和热-结构分析等）。

④ 后置处理功能强大：后置处理器在一个独立窗口中运行，可以让分析人员同时检查有限元模型和后置处理结果，结果可以以图形的方式直观地显示出来方便分析人员的判断，分析人员也可以采用动画形式反映分析过程中对象的变化过程。

UG 的分析模块主要包括以下 5 种分析类型。

① 结构（线性静态分析）：在进行结构线性静态分析时，可以计算结构的应力、应变、位移等参数；施加的载荷包括力、力矩、温度等，其中温度主要计算热应力；可以进行线性静态轴对称分析（在环境选中轴对称选项）。结构线性静态分析是使用最为广泛的分析之一，UG NX 根据模型的不同和用户的需求提供极为丰富的单元类型。

② 稳态（线性稳态分析）：线性稳态分析主要分析结构失稳时的极限载荷和结构变形，施加的载荷主要是力，不能进行轴对称分析。

③ 模态（标准模态分析）：模态分析主要是对结构进行标准模态分析，分析结构的固有频率、特征参数和各阶模态变形等，对模态施加的激励可以是脉冲、阶跃等。不能进行轴对称分析。

④ 热（稳态热传递分析）：稳态热传递分析主要是分析稳定热载荷对系统的影响，可以计算温度、温度梯度和热流量等参数，可以进行轴对称分析。

⑤ 热-结构（线性热结构分析）：线性热结构分析可以看成结构和热分析的综合，先对模型进行稳态热传递分析，然后对模型进行结构线性静态分析，应用该分析可以计算模型在一定温度条件下施加载荷后的应力和应变等参数。可以进行轴对称分析。

“轴对称分析”表示如果分析模型是一个旋转体，且施加的载荷和边界约束条件仅作用在旋转半径或轴线方向，则在分析时，可采用一半或四分之一的模型进行有限元分析，这样可以大大减少单元数量，提高求解速度，而且对计算精度没有影响。

16.2 有限元模型和仿真模型的建立

在 UG NX 建模模块中建立的模型称为主模型，它可以被系统中的装配、加工、工程图和高级分析等模块引用。有限元模型是在引用零件主模型的基础上建立起来的，用户可以根据需要由同一个主模型建立多个包含不同属性的有限元模型。有限元模型主要包括几何模型的信息（如对主模型进行简化后），在前后置处理后还包括材料属性信息、网格信息和分析结果等信息。

有限元模型虽然是从主模型引用而来，但在资料存储上是完全独立的，对该模型进行修改不会对主模型产生影响。

在建模模块中完成需要分析的模型建模，单击“应用模块”功能区“仿真”组中的“前/后处理”按钮，进入高级仿真模块。单击屏幕左侧的“仿真导航器”按钮，在屏幕左侧打开“仿真导航器”界面，如图 16-1 所示。

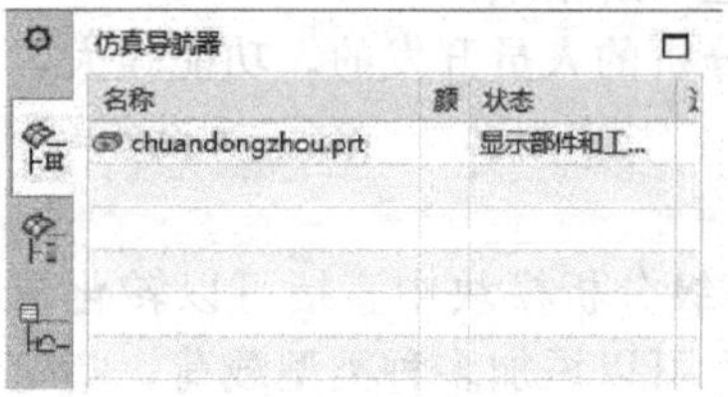

图 16-1 仿真导航器

在仿真导航器中，右键单击模型名称，在打开的菜单中选择“新建 FEM 和仿真”，或者单击“主页”功能区“关联”组中的“新建 FEM 和仿真”按钮，打开如图 16-2 所示“新建 FEM 和仿真”对话框。系统根据模型名称，默认给出有限元和仿真模型名称（模型名称：

model1. prt；FEM 名称：model1 _ fem1. fem；仿真名称：model1 _ sim1. sim），用户根据需要在解算器下拉菜单和分析类型下拉菜单中选择合适的解算器和分析类型，单击“确定”按钮，进入“解算方案”对话框如图 16-3 所示；接受系统设置的各选项值（包括最大作业时间，默认温度等），单击“确定”按钮，完成创建解法的设置。这时，单击仿真导航器按钮，进入该界面，用户可以清楚地看到各模型间的层级关系，如图 16-4 所示。

图 16-2　“新建 FEM 和仿真”对话框

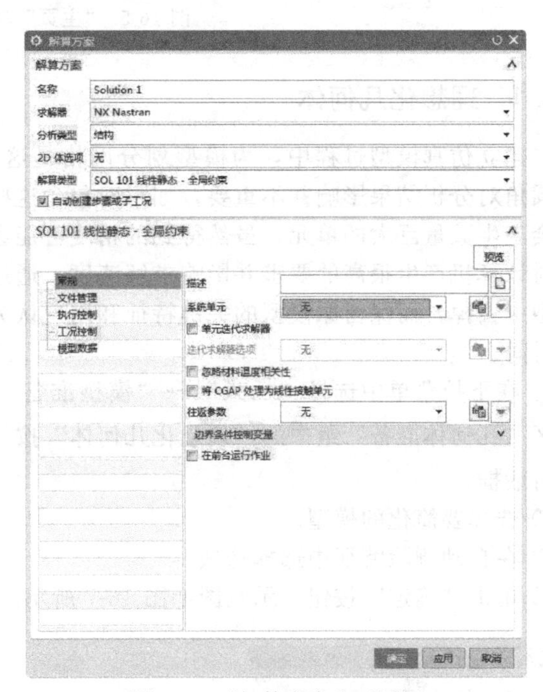

图 16-3　“解算方案”对话框

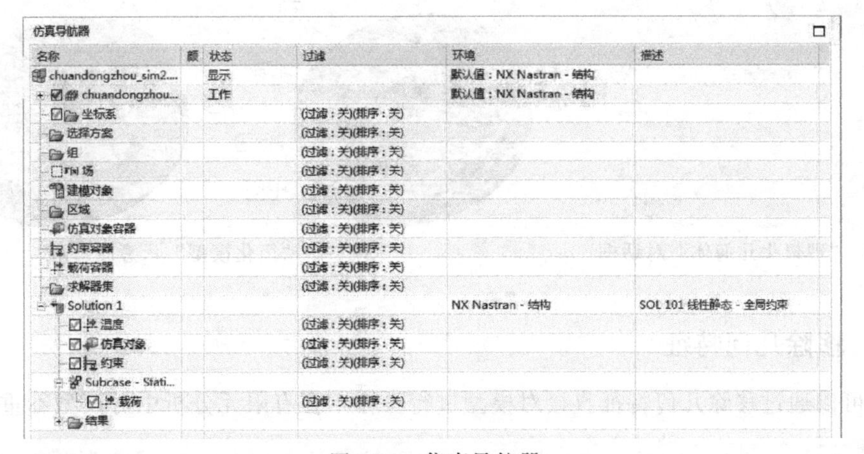

图 16-4　仿真导航器

16.3　模型准备

在 UG NX 高级仿真模块中进行有限元分析，可以直接引用建立的有限元模型，也可以通过高级仿真操作简化模型，经过高级仿真处理过的仿真模型有助于网格划分，提高分析精度，缩短求解时间。常用命令在“主页”功能区中，如图 16-5 所示。

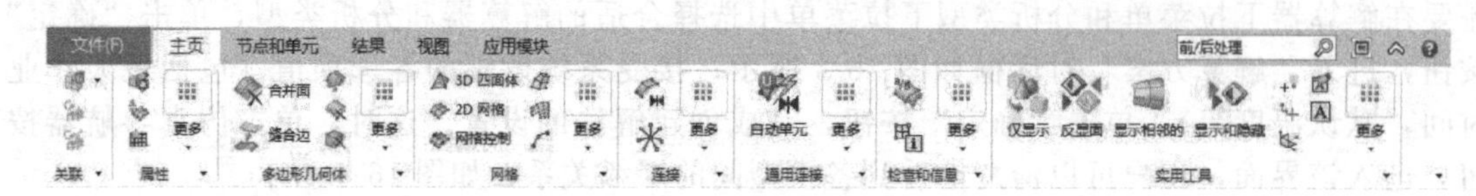

图 16-5 “主页”功能区

16.3.1 理想化几何体

在建立仿真模型过程中，为模型划分网格是这一过程重要的一步。模型中有些诸如小孔、圆角对分析结果影响并不重要，如果对包含这些不重要特征的整个模型进行自动划分网格，会产生数量巨大的单元，虽然得到的精度可能会高些，但在实际的工作中意义不大，而且会对计算机产生很高的要求并影响求解速度。通过简化几何体可将一些不重要的细小特征从模型中去掉，而保留原模型的关键特征和用户认为需要分析的特征，缩短划分网格时间和求解时间。

① 在下拉菜单中选择“插入”→“模型准备”→“理想化”命令，或者单击“主页”功能区“几何体准备”组中的“理想化几何体”按钮，打开图 16-6 所示的“理想化几何体”对话框。

② 选择要简化的模型。

③ 在自动删除特征中选择选项。

④ 单击“确定”按钮。示意图如图 16-7 所示。

图 16-6 “理想化几何体”对话框

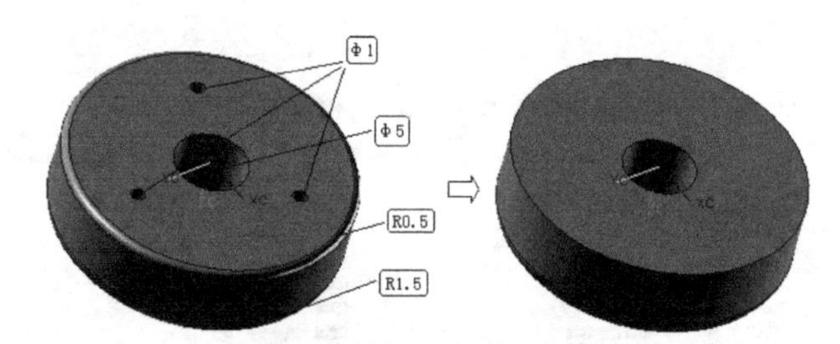

图 16-7 “简化模型”示意图

16.3.2 移除几何特征

用户可以通过移除几何特征直接对模型进行操作，在有限元分析中对模型不重要的特征进行移除。

① 在下拉菜单中选择“插入”→“模型准备”→“移除几何特征”命令，或者单击“主页”功能区“几何体准备”组中的“更多”库中的“移除几何特征”按钮，打开图 16-8 所示的“移除几何特征”对话框。

② 选择要简化的模型。

③ 在自动删除特征中选择选项。

④ 单击“确定”按钮，简化模型如图 16-9 所示。

⑤ 可以直接在模型中选择单个面，同时也可以选择与之相关的面和区域，如添加与选择面相切的边界，相切的面以及区域。

⑥ 单击“确定”按钮，完成移除特征操作，如图 16-9 所示。

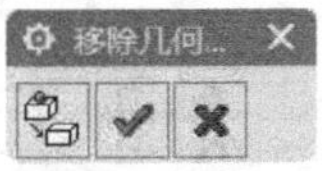

图 16-8 “移除几何特征”对话框

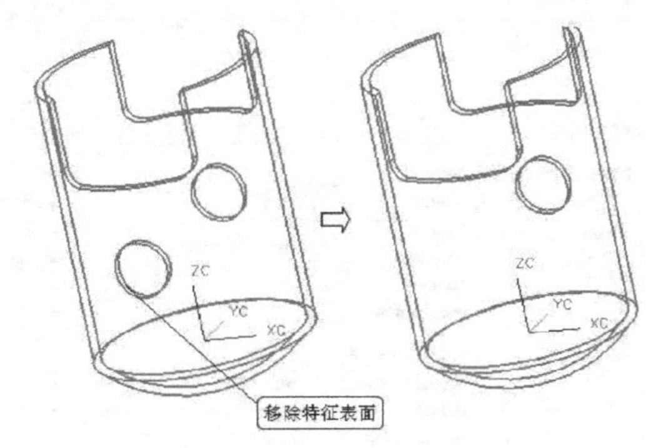

图 16-9 “移除几何特征”示意图

16.4 材料属性

在有限元分析中，实体模型必须赋予一定的材料，指定材料属性即是将材料的各项性能包括物理性能或化学性能赋予模型，然后系统才能对模型进行有限元分析求解。

① 在下拉菜单中选择“工具”→“材料”→“指派材料”命令，或者单击“主页”功能区“属性”组中的“更多”库中的“材料”库中的“指派材料”按钮，打开图 16-10 所示的“指派材料”对话框。

② 在“材料列表”和“类型”选项分别选择用户材料所需选项，若出现用户所需材料，用户即可选中材料。

③ 若用户对材料进行删除，更名，取消材料赋予的对象或更新材料库等操作，可以点击位于图 16-10 对话框中下部命令按钮。

材料的物理性能分为四种：各向同性，各向异性，正交各向异性和流体。

a. 各向同性：在材料的各个方向具有相同的物理特性，大多数金属材料都是各向同性的，在 UG NX 中列出了各向同性材料常用物理参数表格，如图 16-11 所示。

b. 正交各向异性：该材料是用于壳单元的特殊各向异性材料，在模型中包含三个正交的材料对称平面，在 UG NX 中列出正交各向异性材料常用物理参数表格，如图 16-12 所示。

正交各向异性材料主要常用的物理参数和各向同性材料相同，但是由于正交各向异性材料在各正交方向的物理参数值不同，为方便计算列出了材料在三个正交方向（x，y，z）的物理参数值，同时也可根据温度不同给出各参数的温度表值，建立方式同上。

c. 各向异性：在材料各个方向的物理特性都不同，在 UG NX 中列出各向异性材料物理参数表格，如图 16-13 所示。

各向异性材料由于在材料的各个方向具有不同的物理特性，不可能把每个方向的物理参数都详细列出来，用户可以根据分析需要列出材料重要的六个方向的物理参数值，同时也可根据温度不同给出各物理参数的温度表值。

d. 流体：在做热或流体分析中，会用到材料的流体特性，系统给出了液态水和气态空气的常用物体特性参数，如图 16-14 所示。

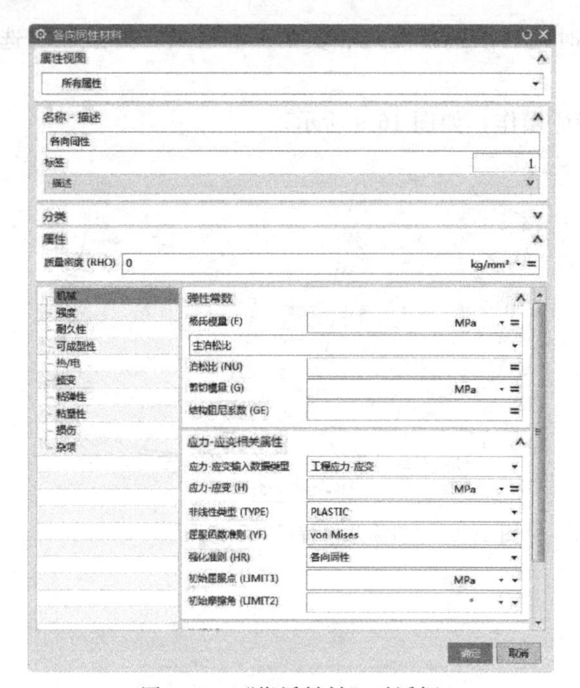

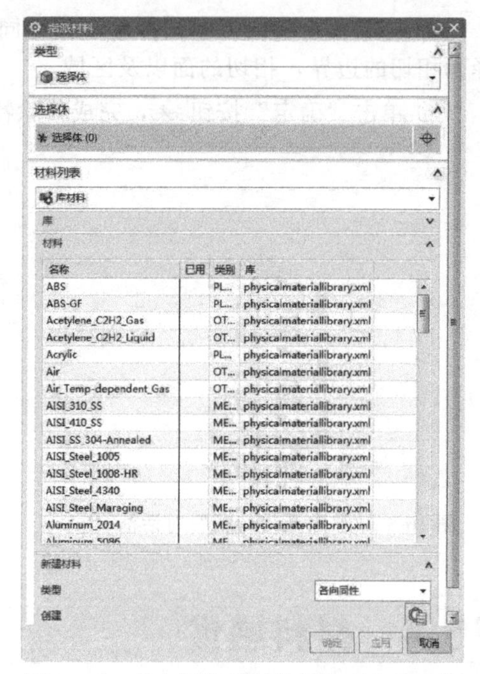

图 16-10 “指派材料”对话框　　　　图 16-11 各向同性材料常用物理参数表格

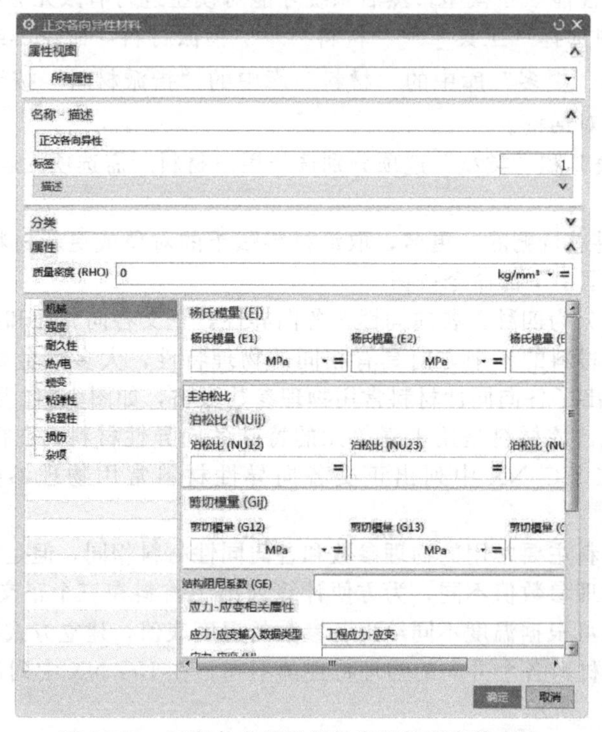

图 16-12 正交各向异性材料常用物理参数表格

在 UG NX 中，带有常用材料物理参数的数据库，用户根据自己需要可以直接从材料库中调出相应的材料，对于材料库中材料缺少某些物理参数时，用户也可以直接给出作为补充。

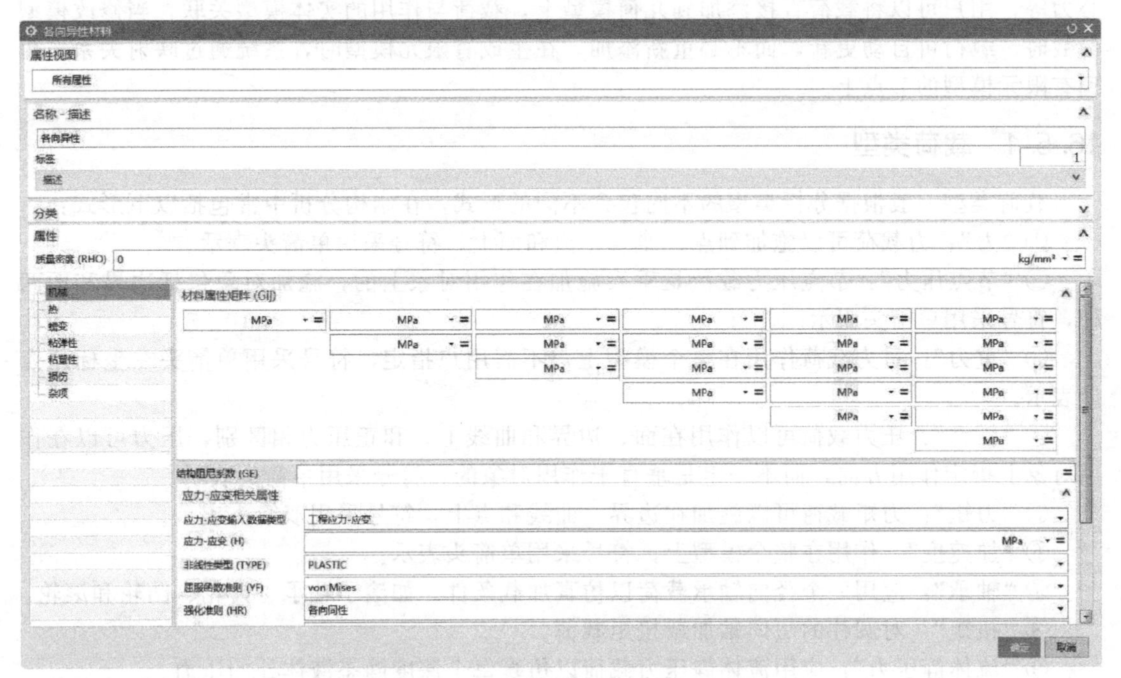

图 16-13　各向异性材料物理参数表格

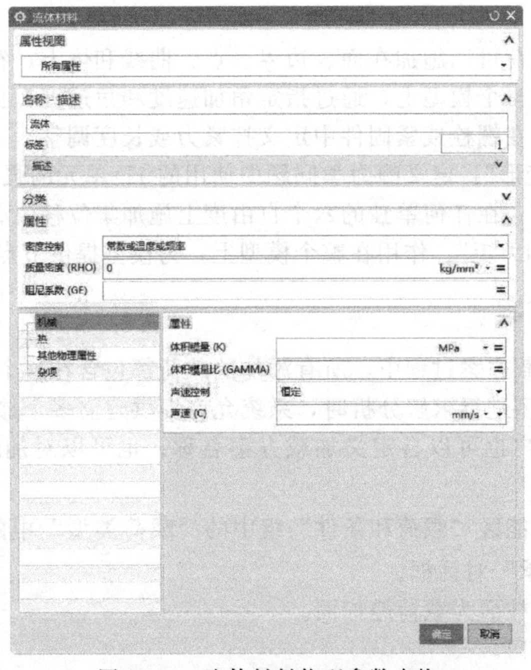

图 16-14　流体材料物理参数表格

16.5　添加载荷

在 UG NX 高级分析模块中载荷包括力、力矩、重力、压力、边界剪切、轴承载荷、离心力等，用户可以将载荷直接添加到几何模型上，载荷与作用的实体模型关联，当修改模型参数时，载荷可自动更新，而不必重新添加，在生成有限元模型时，系统通过映射关系作用到有限元模型的节点上。

16.5.1 载荷类型

载荷类型一般根据分析类型的不同包含不同的形式，在结构分析中常包括以下形式：

①“力”：力载荷可以施加到点、曲线、边和面上，符号采用单箭头表示。

②“节点压力”：节点压力载荷是垂直施加在作用对象上的，施加对象包括边界和面两种，符号采用单箭头表示。

③“重力”：重力载荷作用在整个模型上，不需用户指定，符号采用单箭头在坐标原点处表示。

④“压力”：压力载荷可以作用在面、边界和曲线上，和正压力相区别，压力可以在作用对象上指定作用方向，而不一定是垂直于作用对象的，符号采用单箭头表示。

⑤“力矩”：力矩载荷可以施加在边界、曲线和点上，符号采用双箭头表示。

⑥“加速度”：作用在整个模型上，符号采用单箭头表示。

⑦“轴承”：应用一个径向轴承载荷以仿真加载条件，如滚子轴承、齿轮、凸轮和滚轮。

⑧“扭矩”：对圆柱的法向轴加载扭矩载荷。

⑨“流体静压力”：应用流体静压力载荷以仿真每个深度静态液体处的压力。

⑩“离心压力”：离心压力作用在绕回转中心转动的模型上，系统默认坐标系的 Z 轴为回转中心，在添加离心力载荷时用户需指定回转中心与坐标系的 Z 轴重合。符号采用双箭头表示。

⑪“温度”：温度载荷可以施加在面、边界、点、曲线和体上，符号采用单箭头表示。

⑫“旋转”：作用在整个模型上，通过指定角加速度和角速度，提供旋转载荷。

⑬“螺栓预紧力”：在螺栓或紧固件中定义拧紧力或长度调整。

⑭“轴向 1D 单元变形”：定义静力学问题中使用的 1D 单元的强制轴向变形。

⑮“强制运动载荷”：在任何单独的六个自由度上施加集位移值载荷。

⑯“Darea 节点力和力矩”：作用在整个模型上，为模型提供节点力和力矩。

16.5.2 载荷添加方案

在用户建立一个加载方案过程中，所有添加的载荷都包含在这个加载方案中。当用户需在不同加载状况下对模型进行求解分析时，系统允许提供建立多个加载方案，并为每个加载方案提供一个名称，用户也可以自定义加载方案名称。也可以对加载方案进行复制、删除操作。

① 单击“主页”功能区“载荷和条件”组中的“载荷类型”中的“轴承”按钮，打开图 16-15 所示的“轴承”对话框。

② 选择模型的外圆柱面为载荷施加面。

③ 指定载荷矢量方向。

④ 设置力的大小、力的分布区域角及分布方法。

⑤ 单击“确定”按钮，完成轴承载荷的加载，如图 16-16 所示。

注意：

在仿真模型中才能添加载荷，仿真模型系统默认名称：model1 _ sim1. sim。

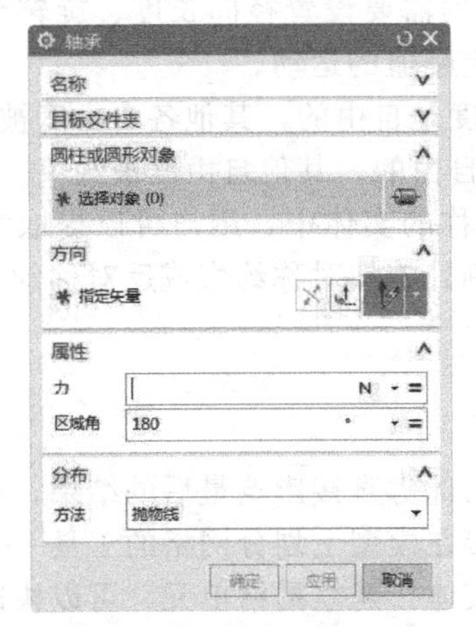

图 16-15　“轴承”对话框

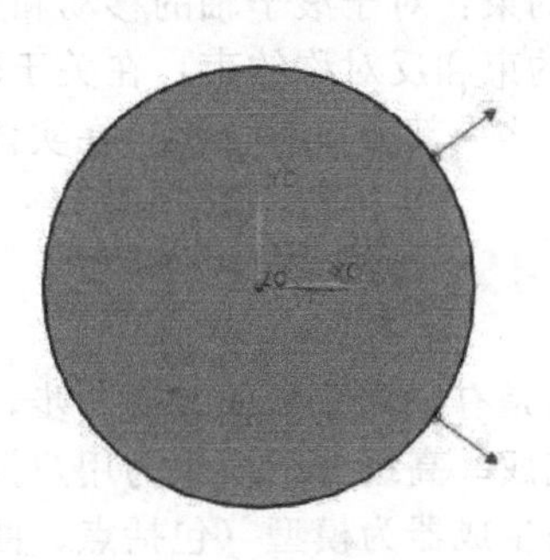

图 16-16　显示轴承载荷

16.6　边界条件的加载

一个独立的分析模型，在不受约束的状况下，存在三个移动自由度和三个转动自由度，边界条件即是为了限制模型的某些自由度，约束模型的运动。边界条件是 UG NX 系统的参数化对象，与作用的几何对象关联。当模型进行参数化修改时，边界条件自动更新，而不必重新添加。边界条件施加在模型上，由系统映射到有限元单元的节点上，不能直接指定到单独的有限元单元上。

16.6.1　边界条件类型

不同的分析类型有不同的边界类型，系统根据用户选择的选择类型提供相应的类型，常用边界类型有五种：移动/旋转、移动、旋转、固定温度边界、自由传导。后两者主要用于温度场的分析。

16.6.2　约束类型

在用户为约束对象选择了边界条件类型后，系统为用户提供了标准的约束类型。共有以下几类，如图 16-17 所示。

图 16-17　约束类型下拉菜单

① 用户定义约束：根据用户自身要求设置所选对象的移动和转动自由度，各自由度可以设置成为固定、自由或限定幅值的运动。

② 强制位移约束：用户可以为六个自由度分别设置一个运动幅值。

③ 固定约束：用户选择对象的六个自由度都被约束。

④ 固定平移约束：三个移动自由度被约束，而转动副都是自由的。

⑤ 固定旋转约束：三个转动自由度被约束，而移动副都是自由的。

⑥ 简支约束：在选择面的法向自由度被约束，其他自由度处于自由状态。

⑦ 销住约束：在一个圆柱坐标系中，旋转自由度是自由的，其他自由度被约束。

⑧ 圆柱形约束：在一个圆柱坐标系中，用户根据需要设置径向长度、旋转角度和轴向高度三个值，各值可以分别设置为固定、自由和限定幅值的运动。

⑨ 滑块约束：在选择平面的一个方向上的自由度是自由的，其他各自由度被约束。

⑩ 滚子约束：对于滚子轴的移动和旋转方向是自由的，其他自由度被约束。

⑪ 对称约束和反对称约束：在关于轴或平面对称的实体中，用户可以提取实体模型的一半，或四分之一部分进行分析，在实体模型的分割处施加对称约束或反对称约束。

16.7 划分网格

划分网格是有限元分析的关键一步，网格划分的优劣直接影响最后的结果，甚至会影响求解是否能完成。高级分析模块为用户提供一种直接在模型上划分网格的工具——网格生成器。使用网格生成器为模型（包括点、曲线、面和实体）建立网格单元，可以快速建立网格模型，大大减少划分网格的时间。

注意：

在有限元模型中才能为模型划分网格，有限元模型系统默认名称：model1 _ fem1. fem。

16.7.1 网格类型

在 UG NX 高级分析模块包括零维网格、一维网格、二维网格、三维网格和接触网格五种类型，每种类型都适用于一定的对象。

① 一维网格：一维网格单元由两个节点组成，用于对曲线、边的网格划分（如杆、梁等）。

② 二维网格：二维网格包括三角形单元（3 节点或 6 节点组成）、四边形单元（4 节点或 8 节点组成），适用于对片体、壳体实体进行划分网格，如图 16-18 所示。注意在使用二维网格划分网格时尽量采用正方形单元，这样分析结果就比较精确；如果无法使用正方形网格，则要保证四边形的长宽比小于 10；如果是不规则四边形，则应保证四边形的各角度在 45°～135°之间；在关键区域应避免使用有尖角的单元，且避免产生扭曲单元，因为对于严重的扭曲单元，UG NX 的各解算器可能无法完成求解。在使用三角形单元划分网格时，应尽量使用等边三角形单元。还应尽量避免混合使用三角形和四边形单元对模型划分网格。

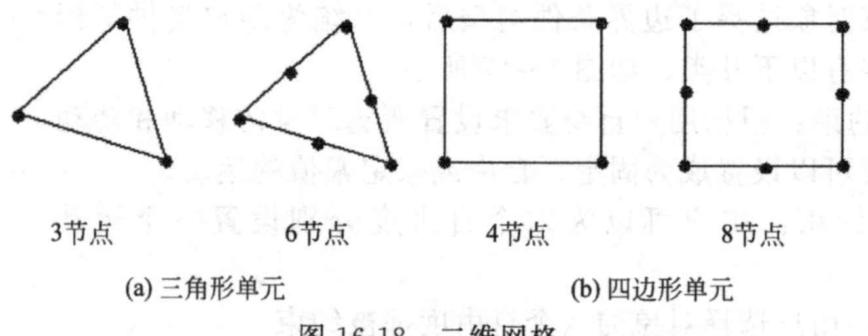

图 16-18　二维网格

③ 三维网格：三维网格包括四面体单元（4 节点或 10 节点组成）、六面体单元（8 节点或 20 节点组成），如图 16-19 所示。10 节点四面体单元是应力单元，4 节点四面体单元是应变单元，后者刚性较高，在对模型进行三维网格划分时，使用四面体单元应优先采用 10 节点四面体单元。

④ 接触网格：连接单元在两条接触边或接触面上产生点到点的接触单元，适用于有装配关系的模型的有限元分析。系统提供焊接、边接触、曲面接触和边面接触四类接触单元。

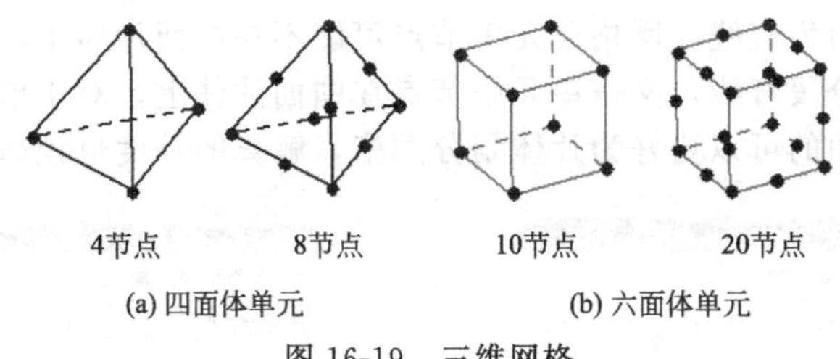

图 16-19　三维网格

16.7.2　零维网格

零维网格用于产生集中质量点，适用于为点、线、面、实体或网格的节点处产生质量单元。

① 在下拉菜单中选择“插入”→“网格”→“0D 网格”命令，或者单击“主页”功能区“网格”组中的“更多”库中的“1D 和 0D”库→“0D 网格”按钮，打开图 16-20 所示的“0D 网格”对话框。

② 选择现有的单元或几何体。

③ 在“单元属性”栏下选择单元的属性。

④ 通过设置单元大小或数量，将质量集中到用户指定的位置。

图 16-20　“0D 网格”对话框

16.7.3　一维网格

一维网格定义两个节点的单元，是沿直线或曲线定义的网格。

在下拉菜单中选择“插入”→“网格”→“1D 网格”命令，或者单击“主页”功能区“网格”组中的“1D 网格”按钮，打开“1D 网格”对话框，如图 16-21 所示。

① 类型：一维网格包括梁、杆、棒、带阻尼弹簧，两自由度弹簧和刚性件等多种类型。

② 网格密度选项。

a. 数目：表示在所选定的对象上产生的单元个数；

b. 大小：表示在所选定的对象按指定的大小产生单元。

16.7.4　二维网格

对于片体或壳体常采用二维网格划分单元。

在下拉菜单中选择“插入”→“网格”→“2D 网格”命令，或者单击“主页”功能区“网格”组中的“2D 网格”按钮，打开图 16-22 所示的“2D 网格”对话框。

① 类型：二维网格可以对面、片体以及对二维网格进行再编辑的操作，生成网格的类型包括 3 节点三角形板元、6 节点三角形板元、4 节点四边形板元和 8 节点四边形板元。

② 网格参数：控制二维网格生成单元的方法和大小，用户根据需要设置大小。单元设置得越小，分析精度越可以在一定范围内提高，但解算时间也会增加。

③ 网格质量选项：当在“类型”选项中选择 6 节点三角形板元或 8 节点四边形板元时，“中节点”选项被激活。该选项用来定义三角形板元或四边形板元中间节点位置类型，定义中节点的类型可以是线性的、弯曲的或混合的三种，“线性”中节点如图 16-23 所示，“弯曲”中节点如图 16-24 所示。两图中片体均采用 4 节点四边形板元划分网格，图 16-23 中节

点为线性，网格单元边为直线，网格单元中节点可能不在曲面片体上，图 16-24 中节点为弯曲，网格单元边成为分段直线，网格单元中节点在曲面片体上，对于单元尺寸大小相同的板元，采用中节点为弯曲的可以更好为片体划分网格，解算的精度也较高。

图 16-21 “1D 网格”对话框

图 16-22 “2D 网格”对话框

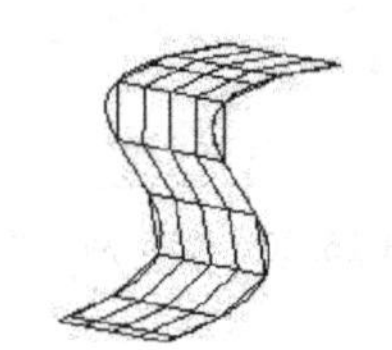

图 16-23 “线性”中节点

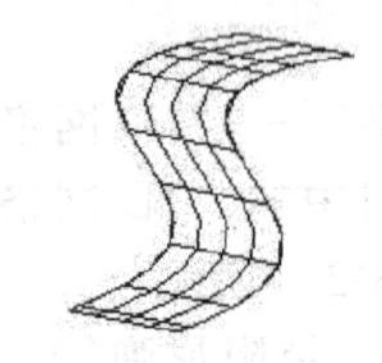

图 16-24 “弯曲”中节点

④ 网格设置：控制滑块，对过渡网格大小进行设置。

⑤ 模型清理选项：可设置“匹配边”，通过输入匹配边的距离公差，来判定两条边是否匹配。当两条边的中点间距离小于用户设置的距离公差时，系统判定两条边匹配。

16.7.5 三维四面体网格

3D 四面体网格常用来划分三维实体模型。不同的解算器能划分不同类型的单元，在 NX.NASTRAN，MSC.NASTRAN 和 ANSYS 解算器中都包含 4 节点四面体和 10 节点四面体单元，在 ABAQUS 解算器中三维四面体网格包含 tet4 和 tet10 两单元。

在下拉菜单中选择“插入”→“网格”→“3D 四面体网格”命令，或者单击“主页”功能区“网格”组

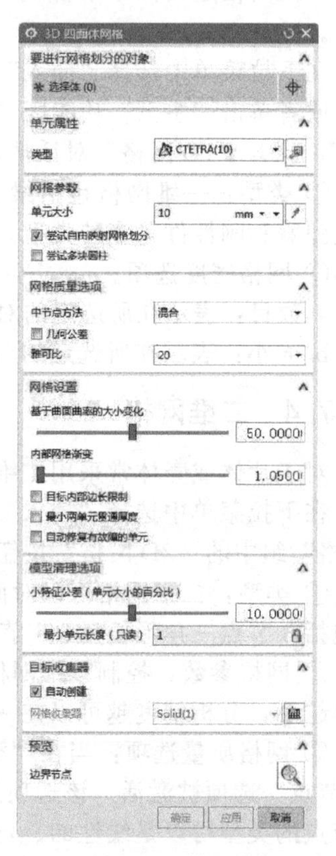

图 16-25 “3D 四面体网格”对话框

中的“3D 四面体”按钮，打开图 16-25 所示“3D 四面体网格”对话框。

① 单元大小：用户可以自定义全局单元尺寸大小，当系统判定用户定义单元大小不理想时，系统会根据模型判定单元大小自动划分网格。

② 中节点方法：包含混合、弯曲和线性三种选择。

示意图如图 16-26 所示。

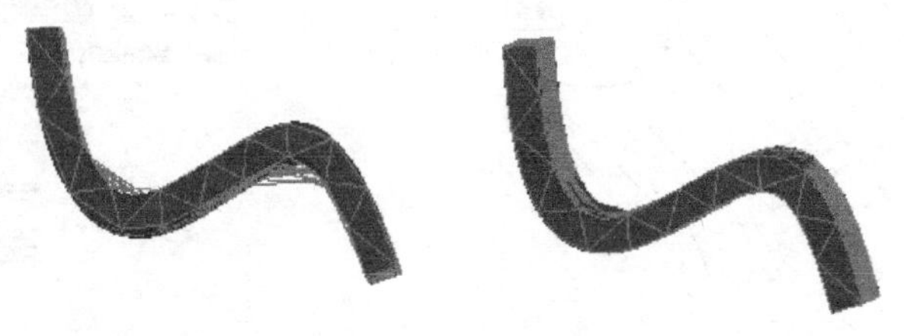

(a) 4节点划分网格　　(b) 10节点划分网格

图 16-26　划分网格

16.7.6　接触网格

接触网格是在两条边上或两条边的一部分上产生点到点的接触。

在下拉菜单中选择“插入”→“网格”→“接触网格”命令，或者单击“主页”功能区“连接”组“更多”库中的“接触网格”按钮，打开图 16-27 所示“接触网格”对话框。

图 16-27　“接触网格”对话框

① 类型：在不同解算器里有不同的类型单元。在 NX. NASTRANH 和 MSC. NASTRAN 解算器中，只有“接触”一种类型。在 ANSYS 解算器中包含“接触弹簧”和“接触”两种类型，在 ABAQUS 解算器中包含一种“GAPUNI”单元。

② 单元数：用户自定义在接触两边中间产生接触单元的个数。

③ 对齐目标边节点：确定目标边上的节点位置，当选中该选项时，目标边上的节点位置与接触边上的节点对齐，对齐方式有两种，分别是按“最小距离”和“垂直于接触边”方式对齐。

④ 间隙公差：通过间隙公差来判断是否生成接触网格，当两条接触边的距离大于间隙公差时，系统不会产生接触单元，只有小于或等于接触公差，才能产生接触单元。如图 16-28 所示。

16.7.7　面接触

面接触网格常用于装配模型间各零件装配面的网格划分。

在下拉菜单中选择“插入”→“网格”→“面接触网格”命令，或者单击“主页”功能区“连接”组中“更多库”中的“面接触”按钮，打开图 16-29 所示的“面接触网格”对话框。

① 选择步骤：在生成曲面接触网格时，用户可以通过“选择步骤”选择操作对象。

② 自动创建接触对：选中该复选框时，由系统根据用户设置的捕捉距离，自动判断各接触面是否进行曲面接触操作。不选中该复选框时，选择步骤选项被激活，“侧面反向”选项表示转化源面和目标面的关系。

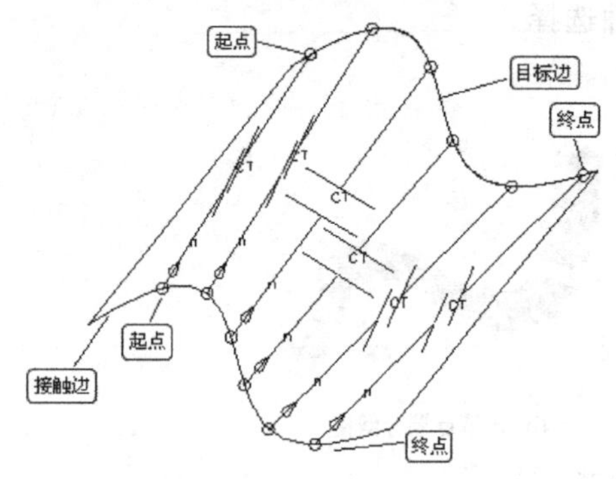

图 16-28　生成接触单元

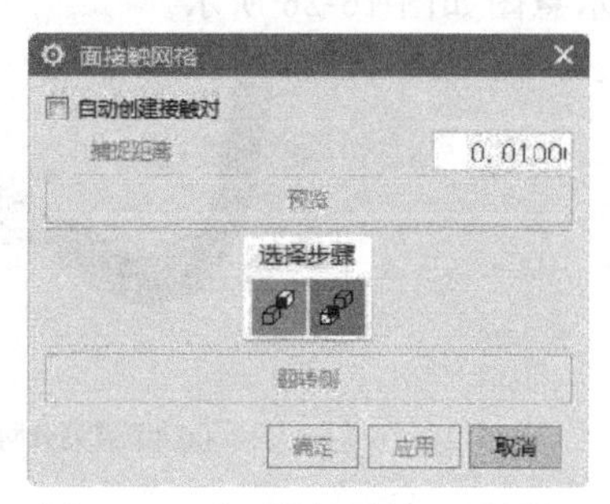

图 16-29　“面接触网格”对话框

16.8　解算方法

解算方案包括解算方案、步骤-子工况和从条件序列新建计算方案三部分。

16.8.1　解算方案

进入仿真模型界面后（文件名为 *.sim），在下拉菜单中选择“插入”→“解算方案”命令，或者单击“主页”功能区“解算方案”组中的“解算方案”按钮，打开图 16-30 所示的“解算方案”对话框。

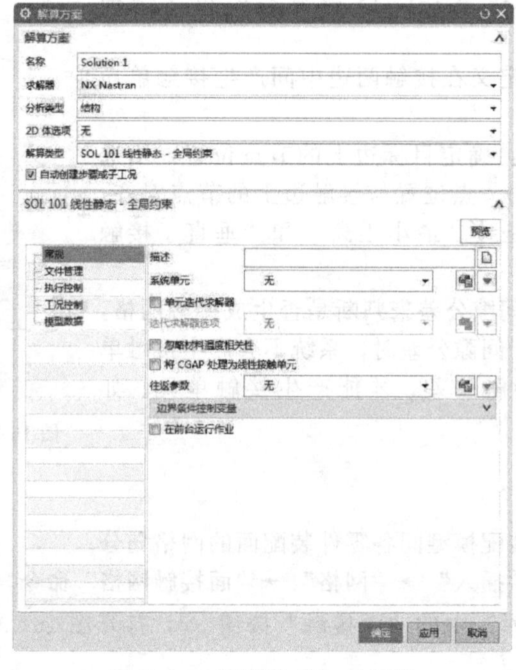

图 16-30　“解算方案”对话框

根据用户需要，选择解法的名称、求解器、分析类型和解算类型等。一般根据不同的求解器和分析类型，“解算方案”对话框有不同的选择选项。“解算类型”下拉列表框有多种类型，一般采用系统自动选择最优算法。在“SOL 101 线性静态-全局约束”下拉框中可以设置最长作业时间、估算温度等参数。

用户可以选定解算完成后的结果输出选项。

16.8.2　步骤-子工况

用户可以通过该步骤为模型加载多种约束和载荷情况，系统最后解算时按各子工况分别进行求解，最后对结果进行叠加。

在下拉菜单中选择“插入”→“步骤-子工况”命令，单击“主页”功能区“解算方案”组中的“步骤-子工况”按钮，打开图 16-31 所示的“解算步骤”对话框。

不同的解算类型包括不同的选项，若在仿真导航器中出现子工况名称，可以激活该项，便可以在其中装入新的约束和载荷。

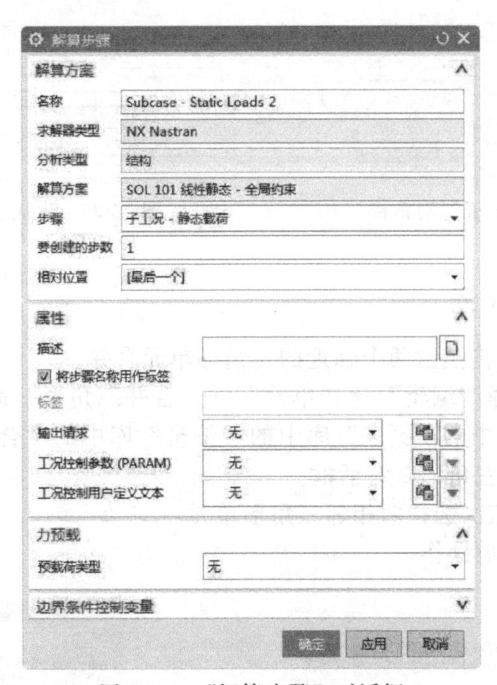

图 16-31　“解算步骤”对话框

16.9　单元操作

对于已产生网格单元的模型，如果生成网格不合适，可以采用单元操作工具对不合适的单元和节点进行编辑，及对二维网格进行拉伸、旋转等操作。单元操作包括拆分壳，合并三角形，移动节点，删除单元和单元创建，单元复制，平移等。该功能是在有限元模型界面中操作完成的（文件名称为 * _ fem1. fem）。

16.9.1　拆分壳

拆分壳操作将选择的四边形单元分割成多个单元（包括 2 个三角形、3 个三角形、2 个四边形、3 个四边形、4 个四边形和按线划分多种形式）。

① 在下拉菜单中选择“编辑”→“单元”→“拆分壳”命令，或者单击“节点和单元”功能区“单元”组中的“更多”库中的“拆分壳”按钮，打开图 16-32 所示的“拆分壳”对话框。

② 在类型下拉菜单中选择“四边形到 2 个三角形”，然后选择系统中任意四边形单元，系统自动生成两个三角形单元，单击对话框中“翻转分割线”按钮，系统变换对角分割线，生成不同形式的 2 个三角形单元。

③ 单击“确定”按钮，生成图 16-33 所示的三角形单元。

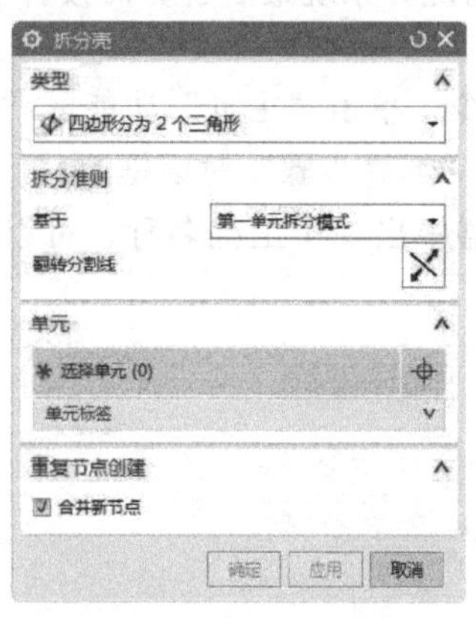

图 16-32 “拆分壳”对话框

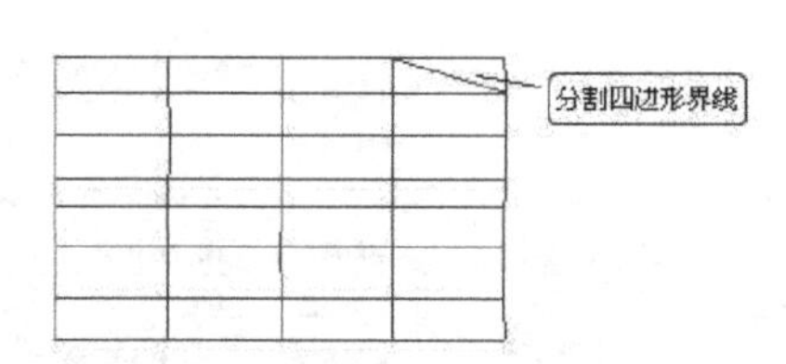

图 16-33 生成三角形单元

16.9.2 合并三角形单元

合并三角形单元操作将模型两个临近的三角形单元合并。

① 在下拉菜单中选择“编辑”→“单元”→“合并三角形”命令，或者单击“节点和单元”功能区“单元”组中的“更多”库中的“编辑”库中的“合并三角形”按钮，打开图 16-34 所示的“合并三角形”对话框。

② 按“选择步骤”依次选择两相邻三角形单元。

③ 单击“确定”，完成操作。

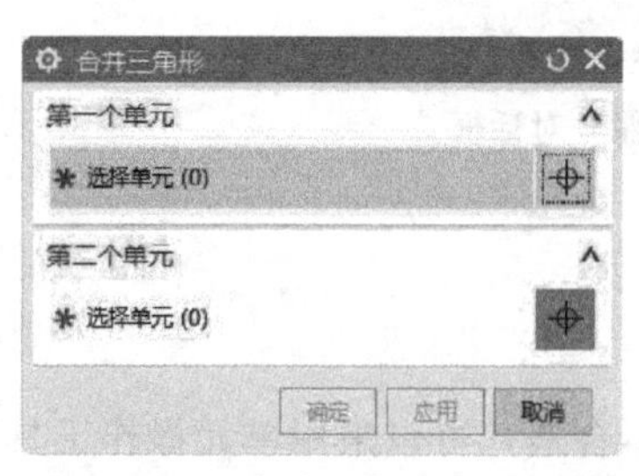

图 16-34 “合并三角形”对话框

图 16-35 “移动节点”对话框

16.9.3 移动节点

移动节点操作将单元中一个节点移动到面上或网格的另一节点上。

① 在下拉菜单中选择“编辑”→“单元”→“移动节点”命令，或者单击“节点和单元”功能区“节点”组中的“更多”库中的“编辑”库中的“移动”按钮，打开如图 16-35 所示

“移动节点”对话框。

② 根据“选择步骤”依次在屏幕上选择“源节点”和“目标节点”。

③ 单击“确定”完成移动节点操作，如图 16-36 所示。

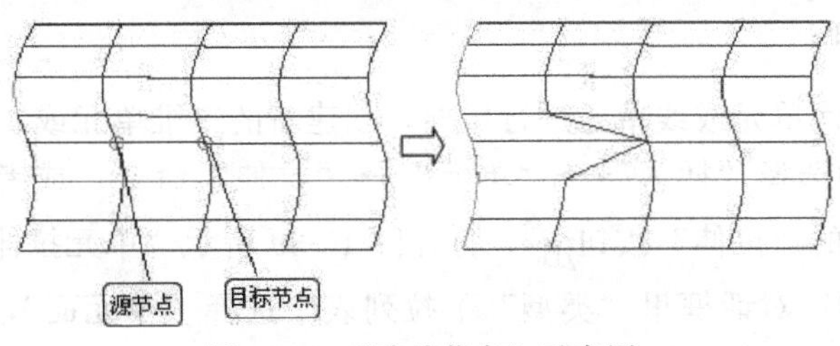

图 16-36　“移动节点”示意图

16.9.4　删除单元

系统对模型划分网格后，用户检查网格单元，对某些单元感到不满意，可以直接进行删除单元操作将不满意的单元删除。

① 在下拉菜单中选择“编辑”→“单元”→“删除”命令，或者单击“节点和单元”功能区“单元”组中的“删除”按钮，打开图 16-37 所示的“单元删除”对话框。

② 选择需删除操作的单元。

③ 单击“确定”按钮完成删除操作。

对于网格中的孤立节点，用户也可以选中对话框中的“删除孤立节点”选项，一起完成删除操作。

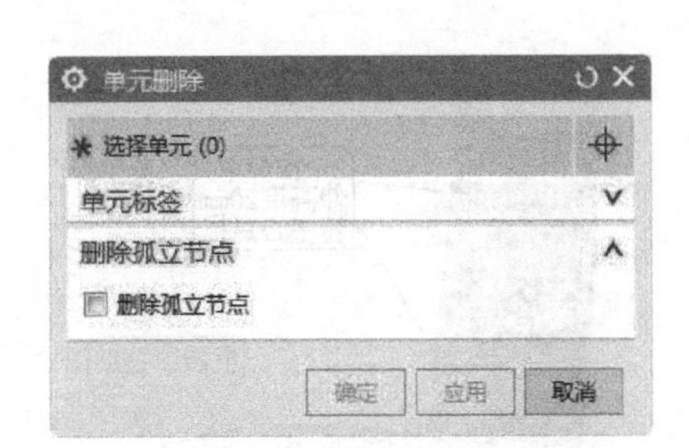

图 16-37　“单元删除”对话框

图 16-38　“单元创建”对话框

16.9.5　创建单元

创建单元操作可以在模型已有节点的情况下，生成零维、一维、二维或三维单元。

① 在下拉菜单中选择“插入”→“单元”→“创建”命令，或者单击“节点和单元”功能区“单元”组中的“单元创建”按钮，打开图 16-38 所示的“单元创建”对话框。

② 在对话框中单元族下拉菜单中选择要生成的单元族和单元属性类型，依次选择各节点，系统自动生成规定单元。

③ 单击“关闭”按钮，完成创建单元操作。

16.9.6 单元拉伸

单元拉伸操作对面单元或线单元进行拉伸，创建新的三维单元或二维单元。

① 在下拉菜单中选择“插入”→“单元”→“拉伸”命令，或者单击“节点和单元”功能区“单元”组中的“拉伸”按钮，打开图16-39所示“单元拉伸”对话框。

② 在“单元拉伸”对话框里“类型”下拉列表中选择“单元面”，选择屏幕中任意一、二维单元，在“副本数”选项中输入需要创建的拉伸单元数量；在“方向”选项的“指定矢量”下拉菜单中选择拉伸的方向。

③ 在“距离”选项中选择“每个副本”，输入距离值。

④ 扭曲角表示拉伸的单元按指定的点扭转一定的角度，指定点选择圆弧的中心点、角度值输入值。

⑤ 单击“确定”按钮，完成单元拉伸操作，如图16-40所示。

图16-39 “单元拉伸”对话框

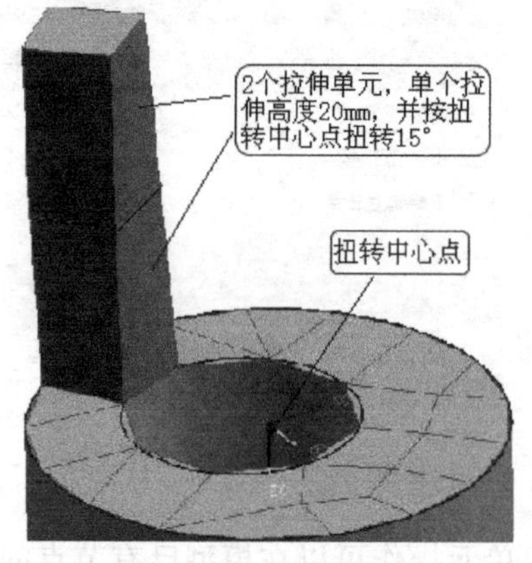

图16-40 拉伸单元

“单元拉伸”对话框中的部分选项说明如下：

a. 每个副本：表示单个副本的拉伸长度。

b. 总数：表示所有副本的总拉伸距离。

16. 9. 7　单元旋转

单元旋转操作对面或线单元绕某一矢量旋转一定角度，在原面或线单元和旋转到达新的位置的面或线单元之间形成新的三维或二维单元。

① 在下拉菜单中选择“插入”→“单元”→“旋转”命令，或者单击“节点和单元”功能区“单元”组中的“旋转”按钮，打开图 16-41 所示的“单元旋转”对话框。

② 选择“单元面”类型，选择屏幕中任意一个二维单元，在“副本数”选项中输入需要创建的拉伸单元数量；指定矢量，选择圆弧中心点为回转轴位置点。

③ 在“角度”选项中选择“每个副本”，输入角度值。

④ 单击“确定”按钮，完成单元拉伸操作，如图 16-42 所示。

图 16-41　“单元旋转”对话框

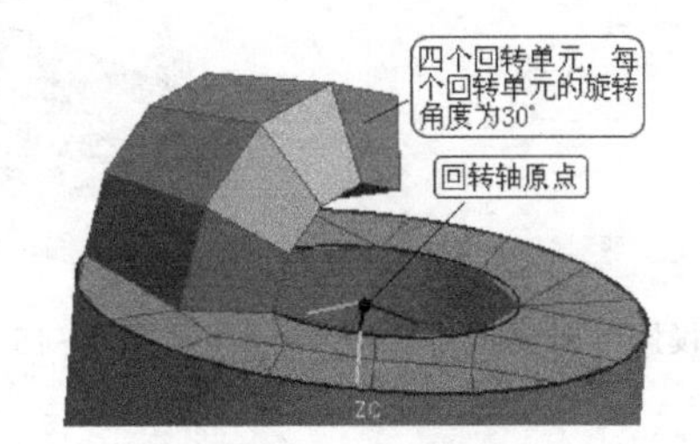

图 16-42　回转单元

图 16-43　“单元复制和平移”对话框

16. 9. 8　单元复制和平移

单元复制和平移操作完成对零维、一维、二维和三维单元的复制平移。

① 在下拉菜单中选择“插入”→“单元”→“复制和平移”命令，或者单击“节点和单元”功能区“单元”组中的“更多”库中的“编辑”库中的“平移”按钮，打开图 16-43 所示的“单元复制和平移”对话框。

② 选择“单元面”类型，选择屏幕中任意一个二维单元，在“副本数”选项中输入需要创建的复制单元数量；在“方向”选项中选择“有方位”，“坐标系”选项选择“全局坐标系”，在“距离”选项中选择“每个副本”，设置参数。

③ 单击“确定”按钮，完成单元复制操作。

16.9.9 单元复制和投影

单元复制和投影操作完成对一维或二维单元在指定曲面投影操作，并在投影面生成新的单元。

“目标投影面”选项中的“曲面的偏置百分比”表示将指定的单元复制投影到新的位置距离与原单元和目标面之间距离的比值。

① 在下拉菜单中选择“插入”→“单元”→“单元复制和投影”命令，或者单击“节点和单元”功能区“单元”组中的“更多”库中的“编辑”库中的“投影”按钮，打开图 16-44 所示的“单元复制和投影”对话框。

② 在“单元复制和投影”对话框里“类型”下拉列表中选择“单元面”，根据选择步骤选择下底面为投影目标面；在“方向”选项中选择“单元法向”，并单击“反向”按钮，使投影方向矢量指向投影目标面。

③ 单击“确定”按钮，完成单元复制和投影操作，如图 16-45 所示。

图 16-44 “单元复制和投影”对话框

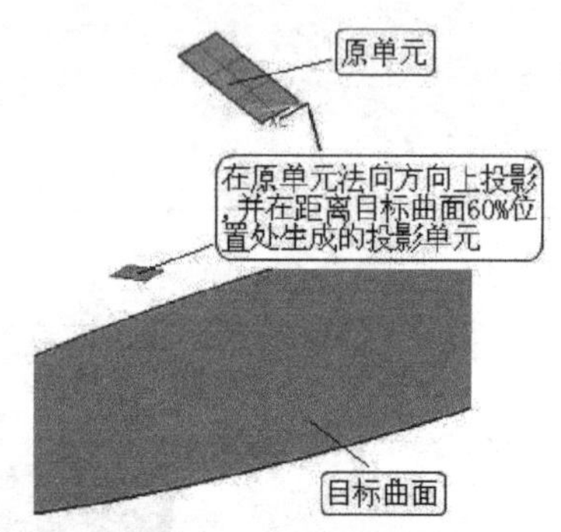

图 16-45 复制投影单元

16.9.10 单元复制和反射

单元复制和反射操作完成对零维、一维、二维和三维单元的复制反射，操作过程和上述复制、投影相似，用户自行完成操作。

16.10 分析

在完成有限元模型和仿真模型的建立后，在仿真模型中（* _ sim1. sim）用户就可以进入分析求解阶段。

16.10.1 求解

在下拉菜单中选择“分析”→“求解”命令，或者单击“主页”功能区“解算方案”组中的“求解”按钮，打开图 16-46 所示的“求解”对话框。

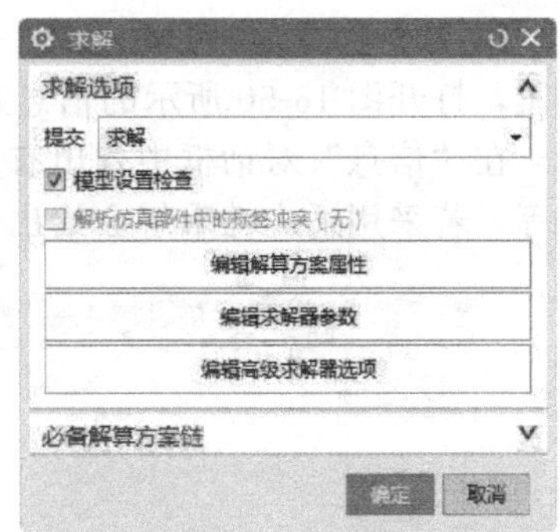

图 16-46　“求解”对话框

① 提交：包括“求解”“写入求解器输入文件”“求解输入文件”“写、编辑并求解输入文件”四选项。在有限元模型前置处理完成后一般直接选择“求解”选项。

② 编辑解算方案属性：单击该按钮，打开图 16-47 所示的“解算方案”对话框，该对话框包含常规、文件管理和执行控制等 5 选项。

③ 编辑求解器参数：单击该按钮，打开图 16-48 所示的“求解器参数”对话框。该对话框为当前求解器建立一个临时目录。完成各选项后，直接单击“确定”按钮，程序开始求解。

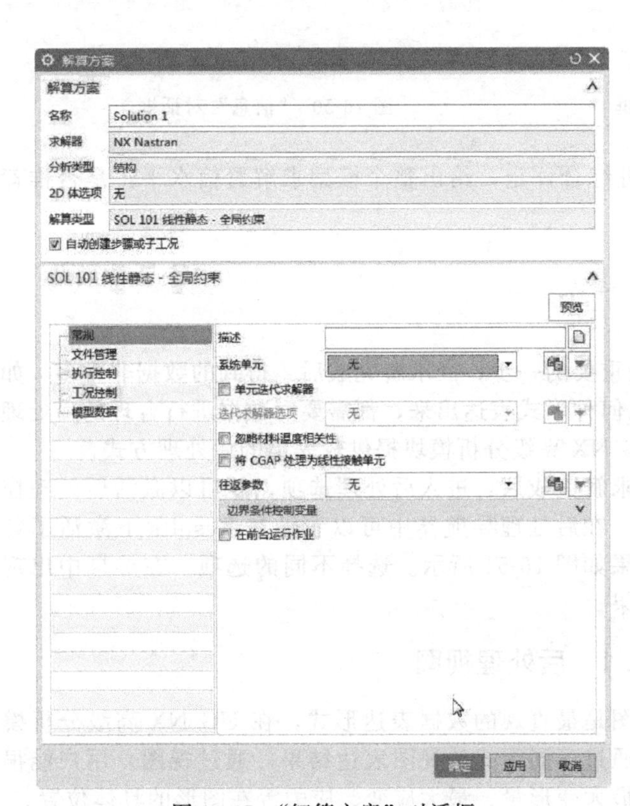

图 16-47　“解算方案”对话框

图 16-48　“求解器参数”对话框

16.10.2　分析作业监视器

分析作业监视器可以在分析完成后查看分析任务信息和检查分析质量。

在下拉菜单中选择“分析”→“分析作业监视”命令，或者单击“主页”功能区“解算方案”组中的“分析作业监监视”按钮，打开图 16-49 所示的“分析作业监视器”对话框。

① 分析作业信息：在图 16-49 对话框中选中列表中完成的项，点击“分析任务信息”按钮，打开图 16-50 所示的信息列表。

在“信息”对话框中列出有关分析模型的各种信息，包括日期、信息列表创建者、节点名等，若采用适应性求解会给出自适应有关参数等信息。

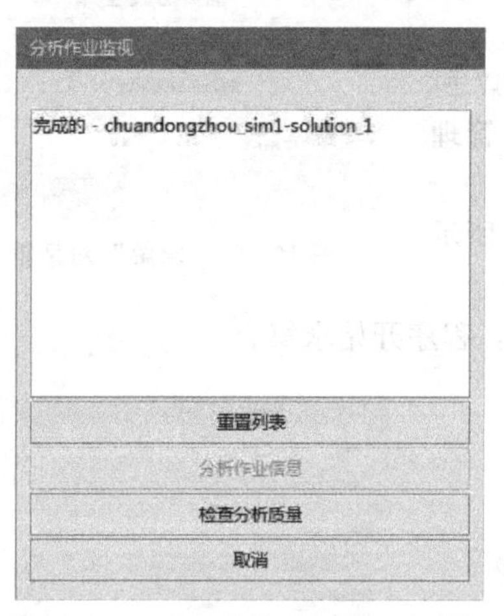

图 16-49 “分析作业监视器”对话框

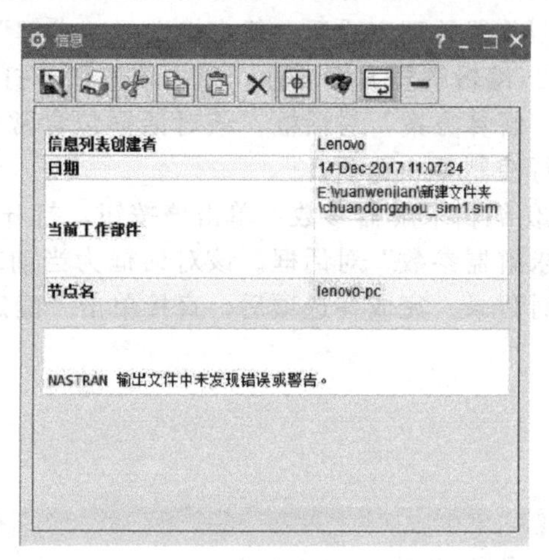

图 16-50 “信息”对话框

② 检查分析质量：对分析结果进综合评定，给出整个模型求解置信水平，是否推荐用户对模型进行更加精细的网格划分。

16.11 后处理控制

后处理控制对有限元分析来说是重要的一步，当求解完成后，得到的数据非常多，如何从中选出对用户有用的数据，数据以何种形式表达出来，都需要对数据进行合理的后处理。

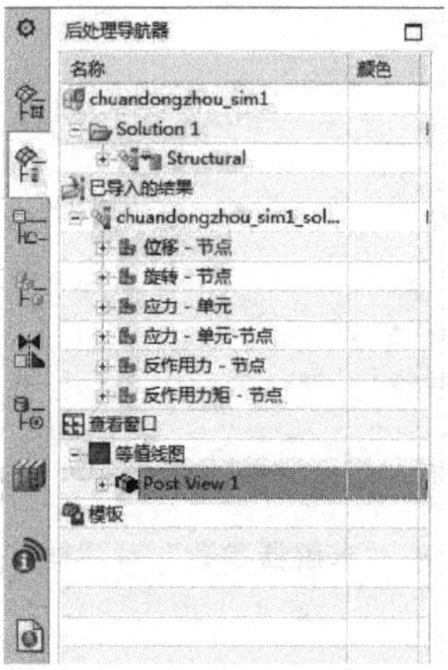

UG NX 高级分析模块提供较完整的后处理方式。

在求解完成后，进入后处理选项，就可以激活后处理控制各操作。在后处理导航器中可以看见在 Results 下激活了各种求解结果如图 16-51 所示。选择不同的选项，在屏幕中出现不同的结果。

图 16-51 求解结果

16.11.1 后处理视图

视图是最直观的数据表达形式，在 UG NX 高级分析模块中一般通过不同形式的视图表达结果。通过视图，用户能很容易识别最大变形量、最大应变、应力等在图形的具体位置。

在下拉菜单中选择“工具”→“结果”→“编辑后处理视图”命令，或者单击“结果”功能区“后处理视图”组中的“编辑后处理视图”按钮，打开图 16-52 所示的“后处理视图”对话框。

① 颜色显示：系统为分析模型提供九种类型的显示方式——光顺、分段、等值线、等值曲面、箭头、立方体、球体、流线、张量。图 16-53 用例图形式分别表示 7 种模型分析结果图形显示方式。

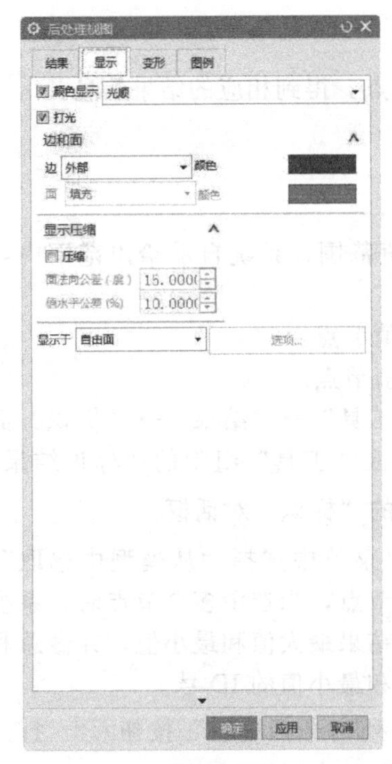

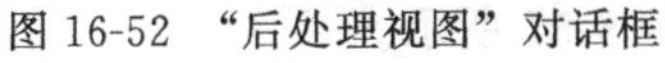

图 16-52　“后处理视图”对话框

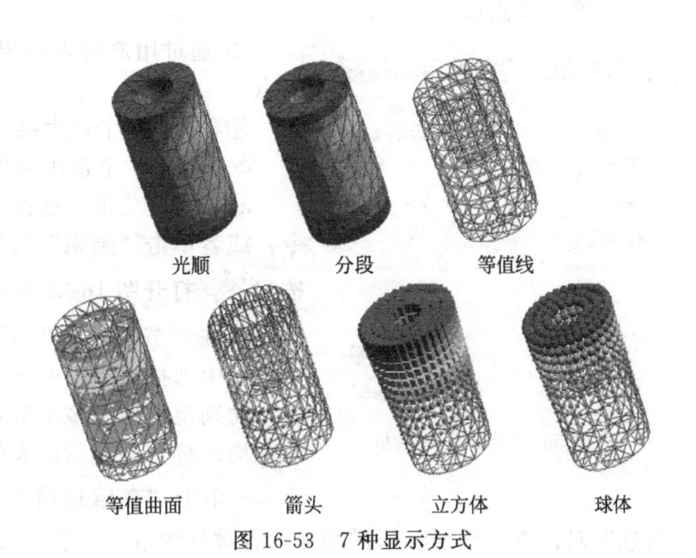

图 16-53　7 种显示方式

② 变形：表示是否用变形的模型视图来表达结果。

③ 显示于：有三种方式，分别为切割平面、自由面和空间体。

“切割平面”选项定义一个平面对模型进行切割，用户通过该选项可以参看模型内部切割平面处数据结果。单击后面的“选项”按钮，打开“切割平面”对话框，如图 16-54 所示。对话框各选项含义如下：

a. 剪切侧：包括正的、负的和两者选项。

• 正的：表示显示切割平面上部分模型

• 负的：表示显示切割平面下部分模型

• 两者：表示显示切割平面与模型接触平面的模型。

b. 切割平面：选择在不同坐标系下的各基准面定义为切割平面或偏移各基准平面来定义切割平面。

如图 16-55 所示，在“光顺”颜色显示方式下，并定义切割平面为 XC-YC 面偏移 60mm，且以“两个”的方式显示视图。

图 16-54　“切割平面”对话框

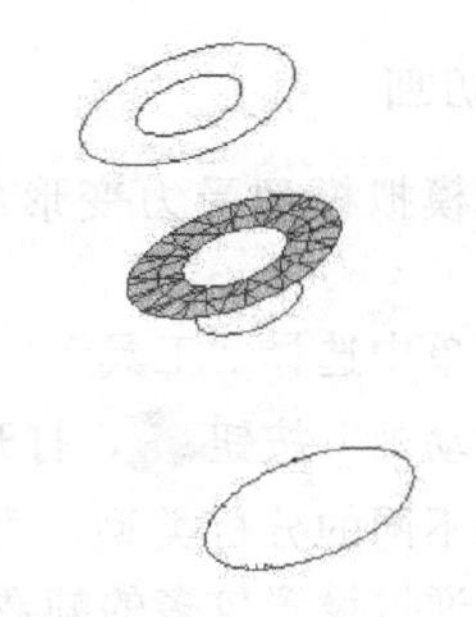

图 16-55　定义 XC-YC 为切割平面

16.11.2 标识（确定结果）

通过标识操作，可以直接在模型视图中选择感兴趣的节点，得到相应的结果信息。

系统提供 5 种方式选取目标节点或单元的方式：

① 直接在模型中选择。

② 输入节点或单元号。

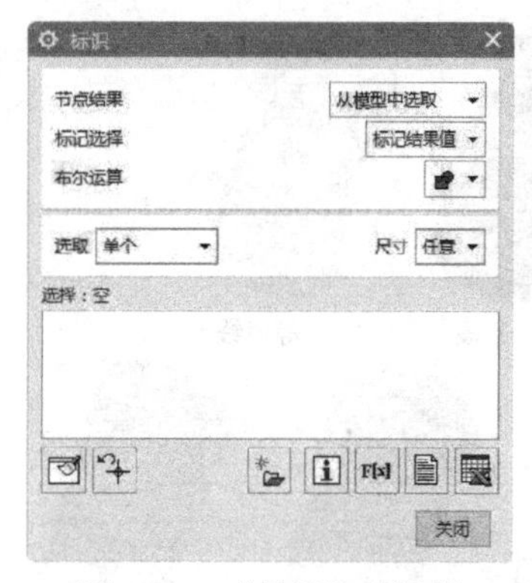

图 16-56 “标识”对话框

③ 通过用户输入结果值范围，系统自动给出范围内各节点。

④ 列出 N 个最大结果值节点。

⑤ 列出 N 个最小结果值节点。

a. 在下拉菜单中选择“工具”→“结果”→“标识”命令，或者单击“结果”功能区“工具”组中的“标识结果”按钮，打开图 16-56 所示的“标识”对话框。

b. 在“节点结果”下拉菜单中选择“从模型中选取”，在模型中选择感兴趣的区域节点，当选中多个节点时，系统就自动判定选择的多个节点结果最大值和最小值，并做总和与平均计算，并显示最大值和最小值的 ID 号。

c. 单击“在信息窗口中列出选择内容”按钮，打开“信息”对话框，该信息框详细显示各被选中节点信息，如图 16-57 所示。

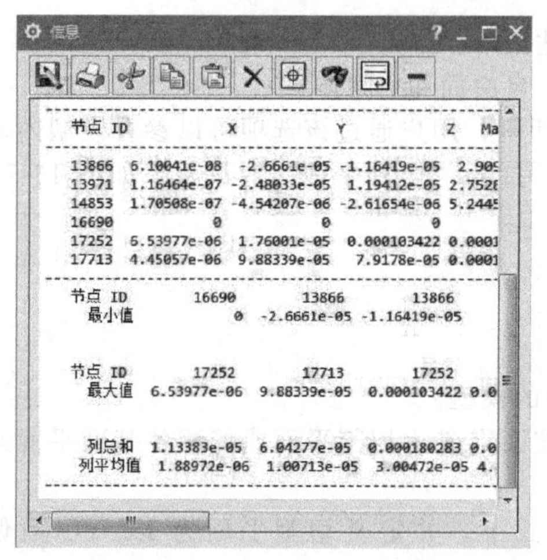

图 16-57 “信息”对话框

图 16-58 “动画”对话框

16.11.3 动画

动画操作模拟模型受力变形的情况，通过放大变形量使用户清楚地了解模型发生的变化。

在下拉菜单中选择“工具”→“结果”→“动画”命令，或者单击“结果”功能区“动画”组中的“动画”按钮，打开图 16-58 所示“动画”对话框。

动画依据不同的分析类型，可以模拟不同的变化过程，在结构分析中可以模拟变形过程。用户可以通过设置较多的帧数来描述变化过程。设置完成后，可以单击动画设置中的播放按钮▶，此时屏幕中的模型动画显示变形过程。用户还可以通过单步播放、后退、暂停和停止对动画进行控制。

16.12　综合实例——传动轴有限元分析

扫一扫，看视频

本实例为传动轴（见图 16-59）的有限元分析，可以直接打开已经建立好的模型，然后为模型指定材料进行网格的划分，之后为传动轴添加约束和扭矩就可以进行求解的操作了。求解之后进行后处理操作，导出分析的报告。

（1）打开模型

① 在下拉菜单中选择“文件”→“打开”命令，或者单击“快速访问”工具条中的“打开”按钮，打开“打开”对话框。

② 在“打开”对话框中选择目标实体目录路径和模型名称：/14/chuandongzhou. prt。单击“OK”按钮，在 UG NX 系统中打开目标模型。

（2）进入高级仿真界面

① 单击“应用模块”功能区“仿真”组中的“前/后处理”按钮，进入高级仿真界面。

② 单击屏幕左侧“仿真导航器”，进入仿真导航器界面并选中模型名称，单击右键，在打开的快捷菜单中选择“新建 FEM 和仿真”选项，如图 16-60 所示，打开“新建 FEM 和仿真”对话框，如图 16-61 所示，接受系统各选项，单击“确定”按钮，打开图 16-62 所示的“解算方案”对话框。采用默认设置，单击“确定”按钮。

图 16-59　传动轴

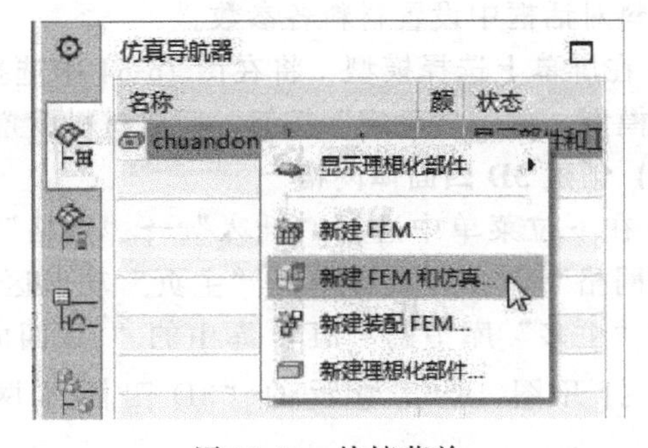

图 16-60　快捷菜单

图 16-61　“新建 FEM 和仿真”对话框

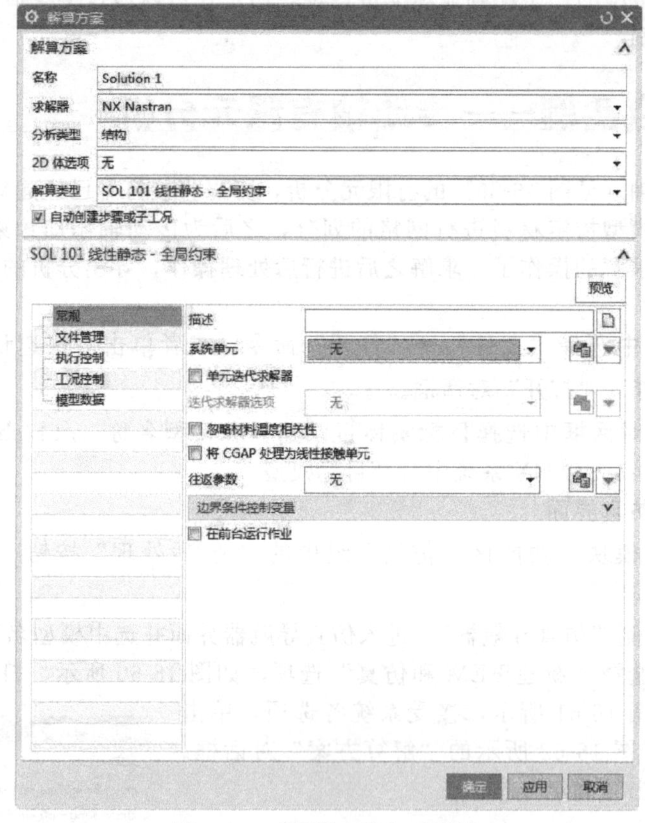

图 16-62 “解算方案”对话框

③ 单击屏幕左侧“仿真导航器”，进入仿真导航器中的仿真文件视图下选中 chuandong-zhou _ fem1 结点，单击右键，在打开的快捷菜单中选择“设为显示部件”选项，如图 16-63 所示，进入编辑有限元模型界面。

图 16-63 快捷菜单

(3) 指派材料

① 在下拉菜单中选择“工具”→“材料”→“指派材料”命令，或者单击“主页”功能区“属性”组中的“更多”库中的“材料”库中的“指派材料”按钮，打开图 16-64 所示的“指派材料”对话框。

② 在材料列表中选择“Steel”材料，单击“确定”按钮。若材料列表中无用户需求的材料，则用户可以直接在材料对话框中设置材料各参数。

③ 在屏幕上选择模型，将在图 16-64 中选择的材料赋予该模型，单击“确定”按钮，完成材料设置。

(4) 创建 3D 四面体网格

① 在下拉菜单中选择“插入”→“网格”→“3D 四面体网格”命令，或者单击“主页”功能区“网格”组中的“更多”库中的“3D”库中的“3D 四面体”按钮，打开图 16-65 所示的“3D 四面体网格”对话框。

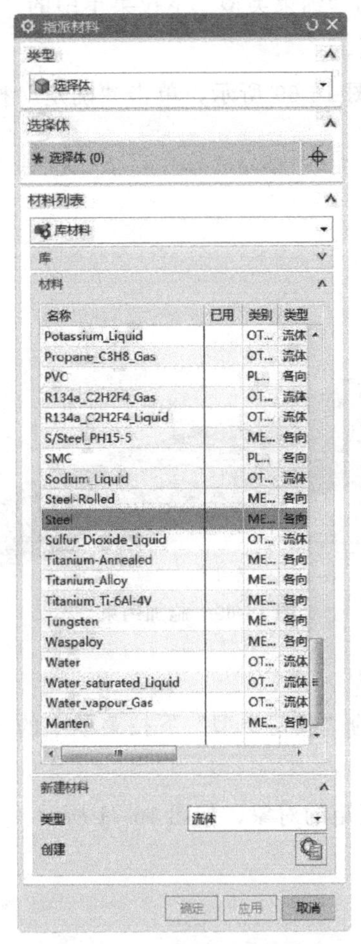

图 16-64　“指派材料”对话框

图 16-65　“3D 四面体网格”对话框

② 在视图区中选择传动轴模型，选择单元属性类型为“CTETRA（10）”，输入单元大小为 10，最大雅可比值为 20，其他采用默认设置。

③ 单击“确定”按钮，开始划分网格。生成图 16-66 所示有限元模型。

(5) 施加约束

① 在仿真文件视图中选择“chuandongzhou _ sim1”的结点，单击右键，并选择“设为显示部件”，如图 16-67 所示，进入仿真模型界面。

图 16-66　有限元模型图

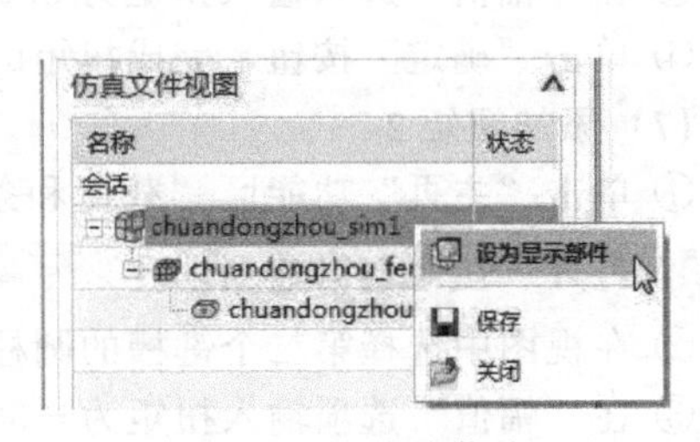

图 16-67　快捷菜单

② 单击“主页”功能区“载荷和条件”组中的“约束类型”下拉菜单中的“固定约束”按钮，打开图 16-68 所示的“固定约束”对话框。

③ 在视图中选择需要施加约束的模型面，如图 16-69 所示，单击“确定”按钮，完成约束的设置。

图 16-68 “固定约束”对话框

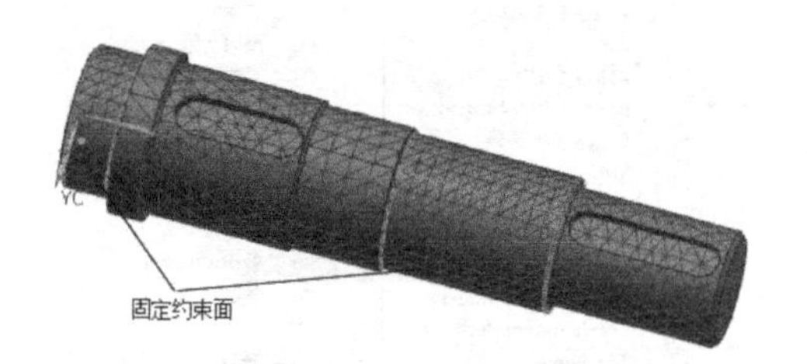

图 16-69 施加约束

(6) 添加扭矩 1

① 单击“主页”功能区“载荷和条件”组中的“载荷类型”下拉菜单中的“扭矩”按钮，打开图 16-70 所示的“扭矩”对话框。

② 在视图中选择第一个键槽的圆柱面为施加扭矩的对象，如图 16-71 所示。

图 16-70 “扭矩”对话框

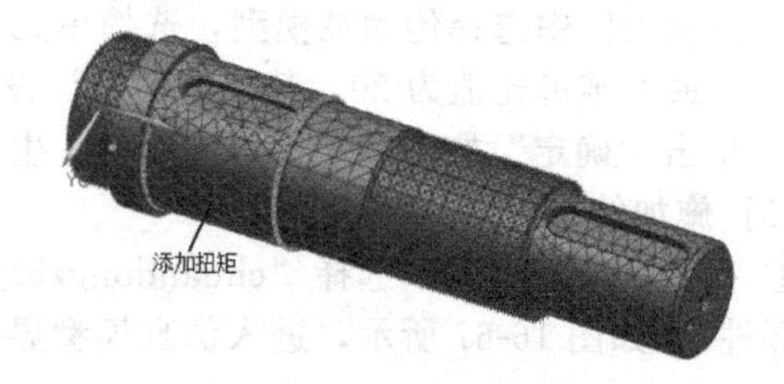

图 16-71 添加扭矩

③ 在“幅值”选项输入扭矩为 3900。

④ 单击“确定”按钮，完成扭矩的设置，如图 16-72 所示。

(7) 添加扭矩 2

① 单击“主页”功能区“载荷和条件”组中的“载荷类型”下拉菜单中的“扭矩”按钮，打开“扭矩”对话框。

② 在视图中选择第二个键槽的圆柱面为施加扭矩的对象，如图 16-73 所示。

③ 在“幅值”选项输入扭矩为－3900。

④ 单击“确定”按钮，完成扭矩的设置，如图 16-74 所示。

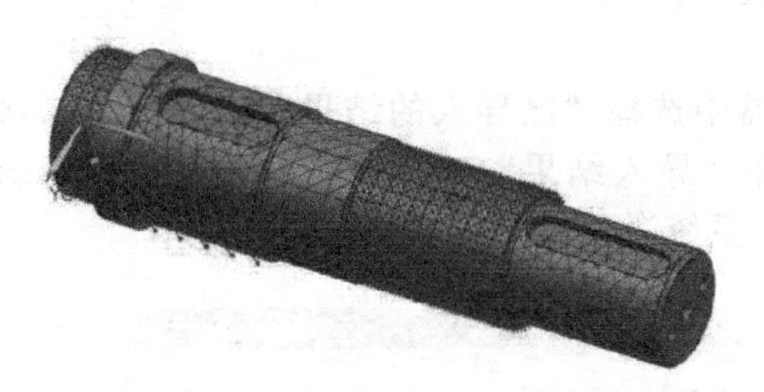

图 16-72　完成第一个扭矩的添加

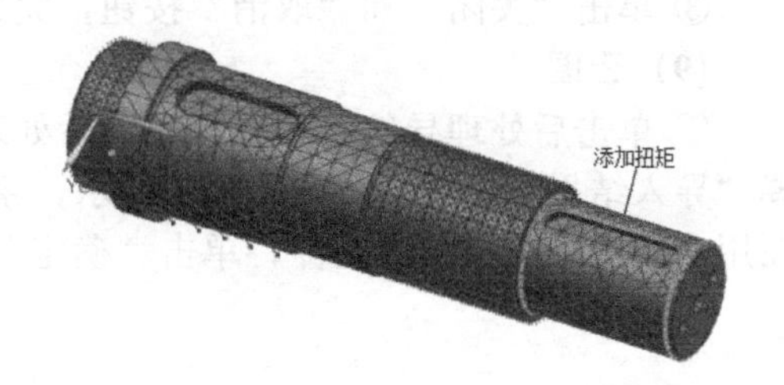

图 16-73　添加扭矩

(8) 求解

① 在下拉菜单中选择“分析”→“求解”命令，或者单击“主页”功能区“解算方案”组中的“求解”按钮，打开图 16-75 所示的“求解”对话框。

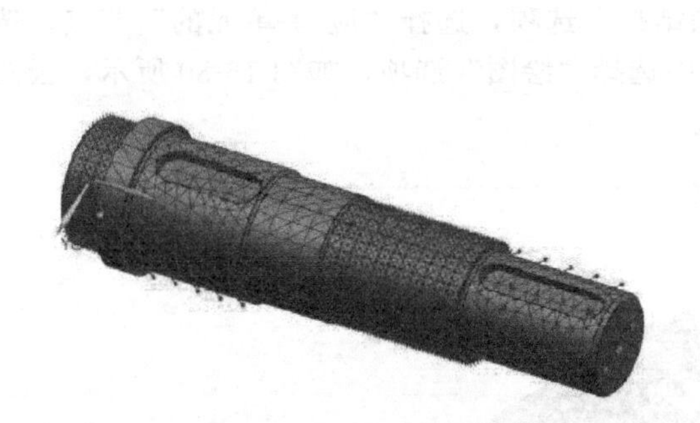

图 16-74　完成扭矩的添加

图 16-75　“求解”对话框

② 单击“确定”按钮，打开如图 16-76 所示的“解算监视器”对话框和如图 16-77 所示的“分析作业监视”对话框。

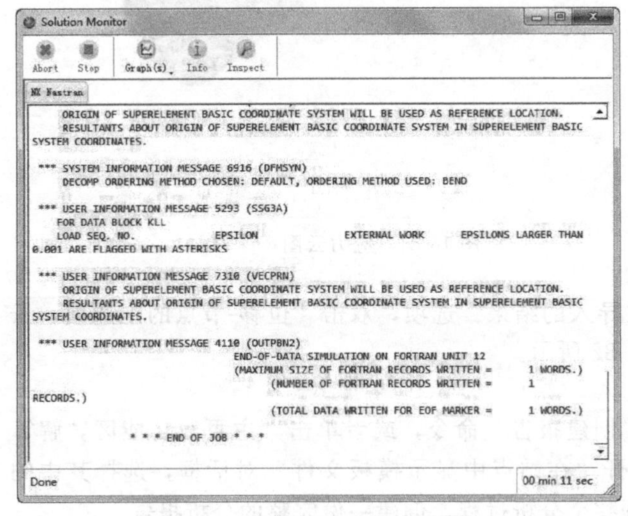

图 16-76　“解算监视器”对话框

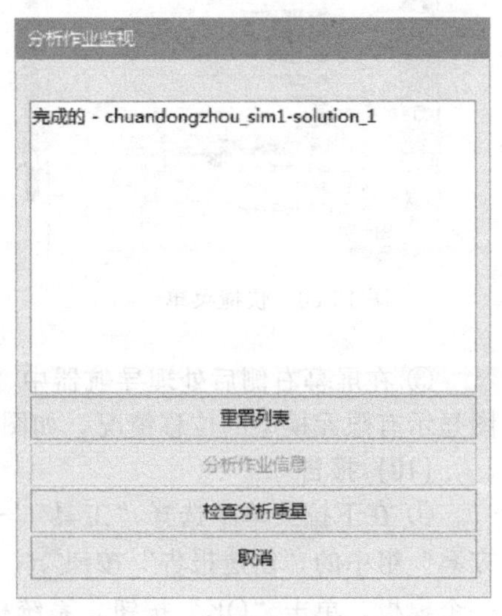

图 16-77　“分析作业监视”对话框

③ 单击“关闭”和“取消”按钮，完成求解过程。

（9）云图

① 单击后处理导航器，在打开的后处理导航器中选择“已导入的结果”，右键单击，选择“导入结果”选项，如图 16-78 所示，系统打开“导入结果”对话框，如图 16-79 所示，在用户硬盘中选择结果文件，单击“确定”按钮，系统激活后处理工具。

图 16-78　快捷菜单

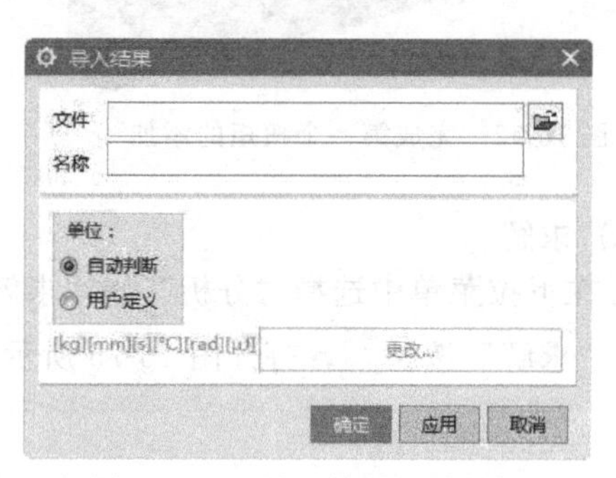

图 16-79　“导入结果”对话框

② 在屏幕右侧后处理导航器中“已导入的结果”选项，选择“应力-单元的”节点，选择 Von Mises 并单击右键，在打开的快捷菜单中选择“绘图”选项，如图 16-80 所示，云图显示有限元模型的应力情况，如图 16-81 所示。

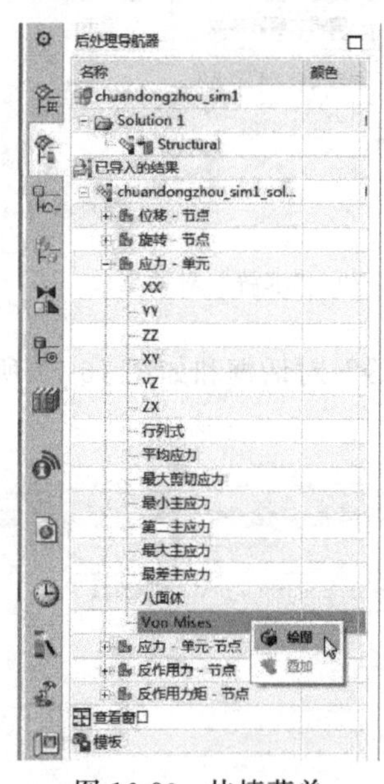

图 16-80　快捷菜单

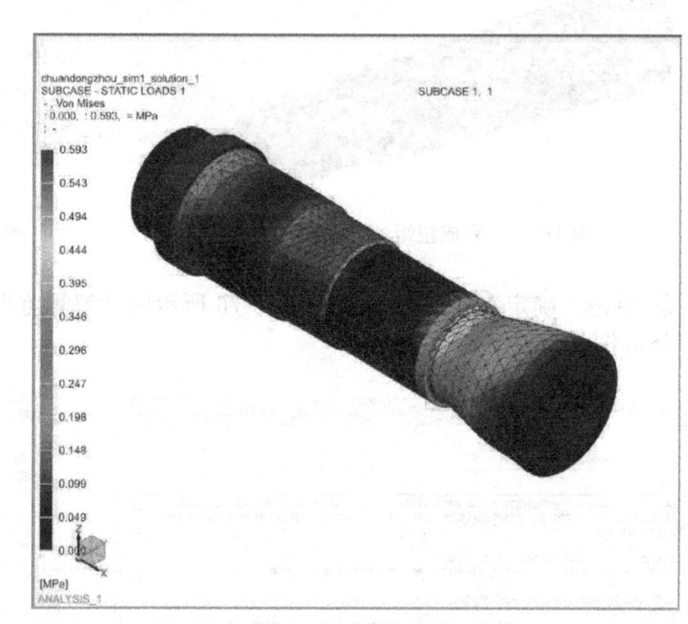

图 16-81　应力云图

③ 在屏幕右侧后处理导航器中“已导入的结果”选项，双击“位移-节点的”选项，云图显示有限元模型的位移情况，如图 16-82 所示。

（10）报告

① 在下拉菜单中选择“工具”→“创建报告”命令，或者单击“主页”功能区“解算方案”组中的“创建报告”按钮，打开“在站点中显示模板文件”对话框，选择其中的一个模板，单击“OK”按钮，系统根据整个分析过程，创建一份完整的分析报告。

② 在“仿真导航器”中选中报告，单击鼠标右键，在打开的快捷菜单中选择“发布报

告”选项，如图 16-83 所示，打开“指定新的报告文档名称”对话框，输入文件名称，单击“OK”进行报告文档的保存，系统显示上述创建的报告，如图 16-84 所示。至此整个分析过程结束。

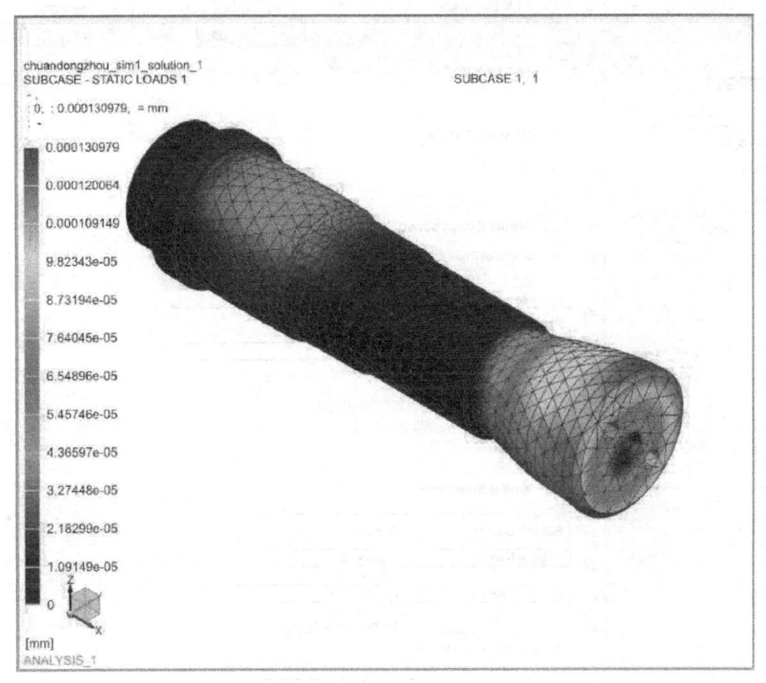

图 16-82　位移云图

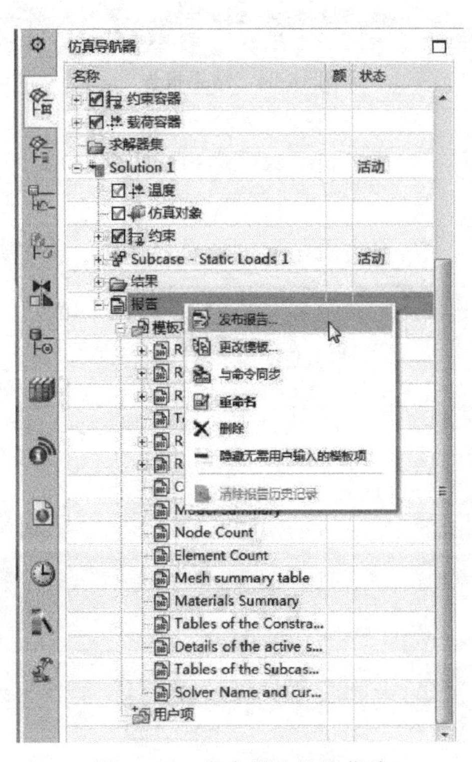

图 16-83　发布报告快捷菜单

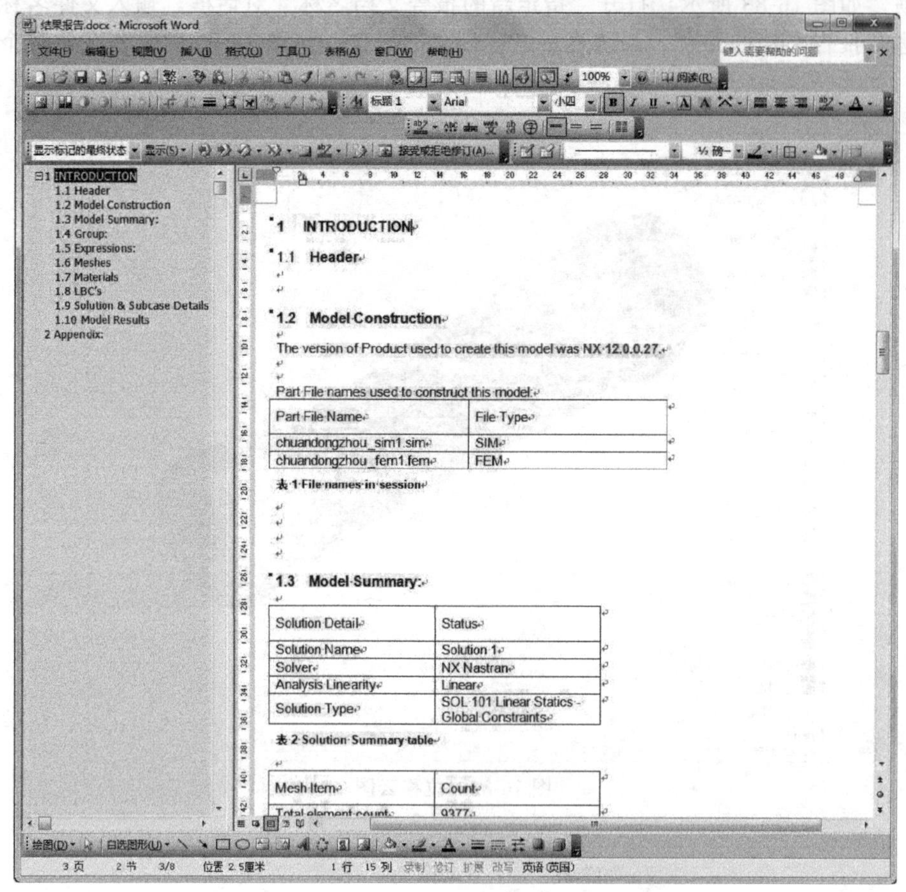
结果报告.docx - Microsoft Word
1 INTRODUCTION
1.1 Header
1.2 Model Construction
1.3 Model Summary:
1.4 Group:
1.5 Expressions:
1.6 Meshes
1.7 Materials
1.8 LBC's
1.9 Solution & Subcase Details
1.10 Model Results
2 Appendix:
1 INTRODUCTION
1.1 Header
1.2 Model Construction
The version of Product used to create this model was NX 12.0.0.27.
Part File names used to construct this model:
Part File Name | File Type
chuandongzhou_sim1.sim | SIM
chuandongzhou_fem1.fem | FEM
表 1 File names in session
1.3 Model Summary:
Solution Detail | Status
Solution Name | Solution 1
Solver | NX Nastran
Analysis Linearity | Linear
Solution Type | SOL 101 Linear Statics - Global Constraints
表 2 Solution Summary table
Mesh Item | Count
Total element count | 9377

图 16-84 结果报告

附　录　配套学习资源

本书配套实例源文件	
UG应用案例视频讲解	

参考文献

[1] 胡仁喜主编. UG NX 10.0 中文版钣金设计从入门到精通. 北京:机械工业出版社,2018.
[2] CAD/CAM/CAE 技术联盟主编. UG NX 10.0 中文版从入门到精通. 北京:清华大学出版社,2018.
[3] 刘昌丽主编. 详解 UG NX 9.0 标准教学. 北京:电子工业出版社,2014.
[4] 胡仁喜主编. UG NX 9.0 中文版入门与提高. 北京:化学工业出版社,2014.
[5] 槐创峰主编. UG NX 10.0 中文版完全自学手册. 北京:人民邮电出版社,2016.
[6] 胡仁喜主编. UG NX 12.0 中文版机械设计从入门到精通. 北京:机械工业出版社,2018.